应用气象论文选集

（下　册）

主　编　陈正洪

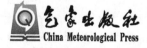

气象出版社
China Meteorological Press

内 容 简 介

本书从陈正洪教授独著及合作发表的 360 余篇论文中选取 126 篇全文及 34 篇摘要,按照应用气象、气候变化及防灾减灾的顺序整理编排而成。全书共 9 章,前 7 章均为纯粹的应用气象,分别是生态气象、农业气象、城市气象、医疗气象、工程气象、能源气象(风能)、能源气象(太阳能),涉及调查考察、监测、评估、预报服务、方法研究、标准制定、服务系统开发及成果推广应用;第 8 章为气候变化影响评估,包括气候变化事实、未来预估、影响评估及应对等全过程;第 9 章为气象灾害影响评估,涉及暴雨洪涝、山洪地质灾害、低温雨雪冰冻、高温、大风及龙卷风、飑线(在工程气象部分)、森林及城市火灾(在生态气象部分)等气象灾害及次生灾害的监测、影响评估及预报服务。本选集可作为他积极倡导的"研究型服务""服务让社会受益"等理念和实践的总结和升华。

全书内容涉及面广、实用性强,相信对相关部门、行业、高校的专业技术人员甚至有兴趣的社会大众开展相关研究和服务有较好的参考借鉴作用,对我国应用气象和专业气象服务的发展起到积极的促进作用。

图书在版编目(CIP)数据

应用气象论文选集/陈正洪主编 . —北京:气象
出版社,2021.4

ISBN 978-7-5029-7391-9

Ⅰ.①应… Ⅱ.①陈… Ⅲ.①应用气象学—文集
Ⅳ.P49-53

中国版本图书馆 CIP 数据核字(2021)第 033126 号

Yingyong Qixiang Lunwen Xuanji

应用气象论文选集

陈正洪 主编

出版发行:气象出版社

地 址:北京市海淀区中关村南大街 46 号	邮政编码:100081	
电 话:010-68407112(总编室) 010-68408042(发行部)		
网 址:http://www.qxcbs.com	E-mail:qxcbs@cma.gov.cn	
责任编辑:林雨晨	终 审:吴晓鹏	
责任校对:张硕杰	责任技编:赵相宁	
封面设计:地大彩印设计中心		
印 刷:北京建宏印刷有限公司		
开 本:787 mm×1092 mm 1/16	印 张:65.5	
字 数:1677 千字		
版 次:2021 年 4 月第 1 版	印 次:2021 年 4 月第 1 次印刷	
定 价:360.00 元(上下册)		

目　录

上　册

三、城市气象

（城市热岛、排水防涝、供电供热供水、城市交通）

四、医疗气象

（高温热浪、慢病、传染病、环境）

五、工程气象

（大型桥梁、核电站、长江航道、三峡工程）

八、气候变化影响评估
（气候变化的事实、预估、影响评估、应对，气候预测）

九、气象灾害影响评估
（暴雨洪涝、山洪地质灾害、高温、大风强对流、低温雨雪冰冻）

附录　论文、论著总览

能源气象

风能资源
监测 预报 评估

大山中的守望者——崔杨 摄

戈壁上的舞者——崔杨 摄

风电场风电功率短期预报方法比较 *

摘 要 通过开展湖北省九宫山风电场短期风电功率预报方法的研究,以不断提高预报准确率,为风电场提供更有价值的预报服务。该文利用 MM5 耦合 CALMET 模式模拟风电场风速资料,采用物理法和动力统计法探讨风电场各种情况下预报应用效果。结果表明:模拟风速释用订正能有效降低风速预报误差,但难以修正预报趋势;动力统计法更适用于九宫山风电场的复杂山区地形,可能由于该方法能自发适应风电场地理位置;采用实测数据建立的风电功率预报模型优于理论风电功率模型,这也与风机实际运行环境会影响风机输出功率有关。

关键词 风电功率;数值模拟;短期预报;模拟风速订正

1 引言

近年来,在全球应对气候变化的大背景下,我国风能资源的开发利用发展迅速,风电装机容量高速增长,截至 2011 年,累计装机容量达到 62.7 GW,继 2010 年之后继续位居世界第一,中国已成为推动全球风电产业发展的火车头[1-4]。风电的随机性、波动性和间歇性等固有特点严重影响了其并网使用,而风电预报则是解决这一问题的有效途径,因此,风电的快速发展也为风电预报带来了良好的机遇与严峻的挑战。此外,国家能源局于 2011 年 6 月下发了《关于风电场功率预测预报管理暂行办法的通知》(国能新能[2011]177 号)后,使风能预报的需求更加重要和迫切,也带动了社会各领域加快风能预报技术及系统建设的发展。

国际上风电场风电功率短期预报的技术方法主要有统计预报、动力与统计结合的预报以及集合预报等方法[5-9],其中统计预报法的预报实效较短,单独使用不能满足风电场短期预报需求,并且对观测资料的质量和长度要求较高;动力与统计结合的预报方法是目前普遍采用的技术方法,可预报未来 3 d 的结果,基本满足风电场短期预报需求,但预报准确率依赖于数值模式预报效果;集合预报是未来风能预报发展的必然趋势,需要在风电场风电功率预报开展一段时间后分析各种方法预报效果差异,再综合多种预报结果得到最佳预报模型,这种方法能够更加有效地消除随机误差,提高预报准确率。目前集合预报在欧美国家风电场功率预报中已广泛应用,但在我国还应用不多。因此,本文以湖北省最早投入运行的通山县九宫山风电场为试点,开展基于数值模式预报[10-12]的风电功率预报方法研究,主要包括物理法和动力统计法,希望通过多种方法的应用对比提高预报准确率,为下一步我国发展更加成熟的风电集合预报方法提供参考。

* 许杨,**陈正洪**,杨宏青,王林,成驰,许沛华.应用气象学报,2013,24(5):625-630.

2 资料与方法

2.1 资料

本文以湖北省九宫山风电场为研究对象。该风电场地处华北平原和鄱阳湖平原之间的季风通道,位于以九宫山铜鼓包为中心的东西向山脊上,共安装台额定功率为 850 kW 的西班牙歌美飒双馈风力发电机,总装机容量为 1.36×10^4 kW。

本文所用资料包括数值预报结果和风电场观测资料,资料时段为 2011 年 7—12 月。

① 数值预报结果为风电场代表点的中尺度 MM5 模式耦合小尺度 CALMET 综合模式模拟结果[13-14],模式水平分辨率为 0.2 km×0.2 km,时间分辨率为 15 min,每日 08:00(北京时,下同)起报,积分 84 h,仅采用未来 17~40 h 的预报结果进行分析。

② 15 min 风速和风电功率实况资料分别为九宫山风电场提供的 16 台风机轮毂高度(50 m)处 10 min 风速和风电功率观测资料平均后插值得到。所用的风电场原始资料均经过质量控制,根据风机理论风电功率曲线对风速和对应风电功率的关系进行判断,删除明显不合理的离散数据。

③ 风电功率预报模型使用九宫山风电场 2009 年 3 月—2010 年 2 月的实测风速及对应风电功率资料建模。预报效果检验资料时段为 2011 年 7—12 月。

2.2 风电功率短期预报方法

根据国家能源局下发的《风电场功率预测预报管理暂行办法》,风电功率预报分日预报和实时预报两种方式,本文主要研究短期预报方法(即日预报),进行次日 24 h 的风电功率预报,方法主要包括物理法和动力统计法[15]。

2.2.1 物理法

物理法是先对风速进行预报,再代入拟合风电功率曲线,最终得到功率预报值。该方法不需要大量的、长期的实测数据,更适用于新建风电场。根据对数值模拟风速订正与否及风电功率预报模型建立方法的不同可细分为 3 种方法,具体预报流程见图 1。

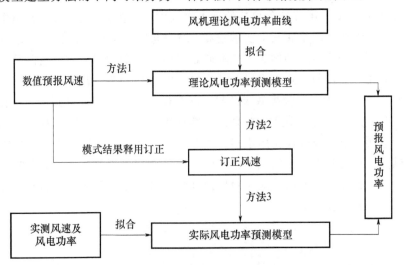

图 1 风电功率短期预报物理法流程图

① 方法1：数值预报风速直接代入理论风电功率预测模型。对风机理论风电功率曲线进行拟合，建立风电功率预报模型，然后直接将数值预报风速代入风电功率预报模型，得到预报功率。该方法适用于初建风电场，既无测风塔资料，也无历史风电功率资料的情况。

② 方法2：数值预报风速订正后代入理论风电功率预测模型。拟合风机理论风电功率曲线建立风电功率预报模型，将模式预报风速订正后代入风电功率预报模型，得到预报功率。该方法适用于风电场有测风塔资料，但无历史风电功率资料的情况。

③ 方法3：数值预报风速订正后代入实际拟合的风电功率预测模型。采用风场实测历史风速资料和风电功率资料建立风电功率预报模型，将模式预报的模拟风速订正后代入风电功率预报模型，得到预报功率。该方法适用于风电场既有测风塔资料，也有历史风电功率资料的情况。

1.2.2 动力统计法

动力统计法就是在数值预报结果（包括风速、气温、气压、湿度等气象要素）和风电场的风电功率之间建立一种映射关系，包括线性的和非线性方法，具体有自回归技术、黑盒子技术（最小平方回归、神经网络等）、灰盒子技术等。

该方法的优点是预报自发地适应风电场位置，所以系统误差自动减小，不需对模拟风速进行订正。缺点是需要长期测量资料和额外的训练；另外，在训练阶段很少出现的罕见天气状况，系统很难准确预报，对这些罕见天气状况的修正预报十分重要，否则将会导致很大的预报误差。

由于数值预报结果季节性变化明显，因此每日采用前一段时间的模拟资料滚动建立模型进行预报能够更加准确地反映模式预报的连续性及季节性变化。

3 风电功率预报模型的建立及效果检验

3.1 模拟风速订正

3.1.1 订正模型建立

风速变化受天气变化及地形条件的影响，具有很强的随机波动性。采用模式对九宫山风电场风速进行数值模拟，虽然引进了气象因素和地形条件对风速的影响，但模式不可避免地存在系统性误差，因此需对模拟风速与实测风速之间的关系及特征进行分析，从而选择合适的订正方法，有效减小系统误差，使预报风速更加准确。由于采用风场诊断模式CALMET只输出预报风速，因此不能利用多元回归、MOS等订正方法，本文采用多项式法建立模拟风速和观测风速之间的关系，对模拟风速进行释用订正。

分析模拟风速和实测风速关系发现，小风速预报准确率较高，因此分段进行订正，$0 \sim 3 \ \mathrm{m \cdot s^{-1}}$ 风速不订正，直接采用模拟值，$3 \ \mathrm{m \cdot s^{-1}}$ 以上风速采用多项式法进行订正，具体订正模型见表1。

表1 模拟风速订正模型

订正条件	订正模型
$v_{模拟} < 3 \ \mathrm{m \cdot s^{-1}}$	$y = x$（不订正）
$v_{模拟} \geqslant 3 \ \mathrm{m \cdot s^{-1}}$	$y = -0.0015x^4 + 0.0544x^3 - 0.6438x^2 + 3.5233x - 2.201$

注：x 为模拟风速，单位：$\mathrm{m \cdot s^{-1}}$；y 为订正风速，单位：$\mathrm{m \cdot s^{-1}}$。

3.1.2 误差检验

对 7—10 月模拟风速订正效果进行检验发现,模拟风速订正前后相关系数无明显变化,即订正不改变模式预报趋势,只在原有基础上进行修正;订正后均方根误差和平均绝对误差均明显变小,说明订正能有效提高风速预报的稳定性和准确度。此外,从各月模拟风速订正前后与实测风速比较可以看出,虽然各月订正效果存在差异,但订正风速均与实测风速更加接近,结果参见表 2。

表 2 模拟风速订正效果检验

月份	条件	相关系数	均方根误差/($m \cdot s^{-1}$)	平均绝对误差/($m \cdot s^{-1}$)
7	实测与模拟	0.584	3.22	2.5
	实测与订正	0.583	2.90	2.3
8	实测与模拟	0.653	3.00	2.4
	实测与订正	0.633	2.85	2.3
9	实测与模拟	0.365	3.77	3.0
	实测与订正	0.381	3.12	2.5
10	实测与模拟	0.230	4.01	3.2
	实测与订正	0.207	3.70	3.0
11	实测与模拟	0.496	3.24	2.9
	实测与订正	0.471	2.95	2.6
12	实测与模拟	0.412	2.38	1.8
	实测与订正	0.396	2.38	1.8

3.2 建立风电功率预报模型

3.2.1 物理法风电功率预报模型建立

物理法风电功率预报模型的建立主要有两种:一种是风机理论风电功率曲线拟合的预报模型,采用九宫山风电场 Gamesa-G50/850 kW 风机标准空气密度下的理论风电功率曲线拟合得到;另一种是实测资料拟合的预报模型,采用九宫山风电场 2009 年 3 月—2010 年 2 月的实测风速及对应风电功率资料建模。具体风电功率预报模型见表 3。

表 3 风电功率预报模型

项目	风速分段/($m \cdot s^{-1}$)	风电功率预报方程
理论风电功率预报模型	$x < 3$	$W = 0$
	$3 \leqslant x < 12$	$W = -3.5293x^3 + 90.842x^2 - 626.38x + 1385.9$
	$x \geqslant 12$	$W = 850$
实际风电功率预报模型	$x < 3$	$W = 0$
	$3 \leqslant x < 13$	$W = -0.0621x^4 + 0.7055x^3 + 11.477x^2 - 80.801x + 148.97$
	$x \geqslant 13$	$W = 850$

注:x 为预报风速,单位:$m \cdot s^{-1}$;W 为风电功率,单位:kW。

通过分析九宫山风电场观测风速及对应风电功率之间的关系（图2），发现风速为13～20 m·s^{-1}时，风机处于满载运行状态，因此将风机额定风速定为13 m·s^{-1}。以风速为划分依据，分段建立风电功率预报模型，其中风速为3～13 m·s^{-1}时采用多项式法建立预报模型，多项式阶数可根据拟合效果确定，得到的预报方程拟合度高，相关系数达0.98。

3.2.2 动力统计法滚动建立风电功率预报模型

本文采用预报当日前20 d数值模拟风速及实测风电功率建立风电功率预报模型，由于模式输出因子有限，因此采用线性回归法每日滚动建模，将模拟风速代人模型即得到预报风电功率结果。

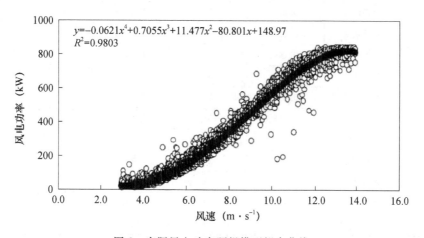

图2　实际风电功率预报模型拟合曲线

3.3 风电功预报效果检验

从7—10月风电功率预报效果检验可看出（表4），8月4种方法预报误差无明显差异，其他月份则差异明显，从相对均方根误差看动力统计法明显优于其他方法。9月物理法3和动力统计法预报准确率均在80%以上，达到国家能源局发布的《风电场功率预测预报管理暂行办法》[16]的要求。

表4　风电功率预报效果检验比较

月份	方法	相关系数	相对均方根误差/%	平均绝对误差/kW	实测平均功率/kW	预报平均功率/kW
7	物理法1	0.593	30	2760.5	3579.4	4195.2
	物理法2	0.605	27	2385.7		3151.3
	物理法3	0.604	26	2344.2		2837.0
	动力统计法	0.644	24	2409.2		2984.1
8	物理法1	0.722	25	2427.4	4033.9	4045.1
	物理法2	0.706	25	2316.2		3100.8
	物理法3	0.699	25	2305.9		2859.9
	动力统计法	0.624	26	2703.2		3091.9

月份	方法	相关系数	相对均方根误差/%	平均绝对误差/kW	实测平均功率/kW	预报平均功率/kW
9	物理法1	0.436	33	2938.6	1368.7	3604.4
	物理法2	0.500	23	2028.7		2597.5
	物理法3	0.504	19	1783.4		2323.5
	动力统计法	0.414	18	1974.7		2731.1
10	物理法1	0.217	34	3007.6	2220.3	2501.6
	物理法2	0.228	30	2646.7		2091.3
	物理法3	0.227	28	2467.5		1890.8
	动力统计法	0.154	25	2492.6		2287.4
11	物理法1	0.480	37	3875.6	3781.2	648.4
	物理法2	0.473	36	3702.8		1030.0
	物理法3	0.558	33	3152.9		774.1
	动力统计法	0.683	24	2501.2		2205.9
12	物理法1	0.319	23	1817.3	1512.0	649.6
	物理法2	0.289	22	1796.5		1004.0
	牧师法3	0.408	18	1291.9		573.6
	动力统计法	0.211	14	1417.3		1718.6

除 8 月以外，其他月份均为物理法 1 预报效果风最差，相对均方根误差基本在 30％ 以上，其他 3 种方法基本在 30％ 以下，预报准确率从物理法 2、物理法 3、动力统计法依次递增（图 3）。以上分析说明采用实测资料建立的风电功率预报模型优于理论风电功率模型，对模拟风速进行释用订正能有效提高预报准确率，动力统计法较适用于类似九宫山复杂山区地形的风电场。

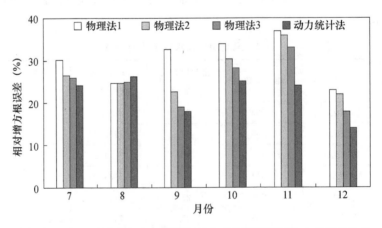

图 3　2011 年 7—12 月九宫山风电场风电功率预报相对均方根误差比较

4　小结

本文采用多种方法对九宫山风电场风电功率进行短期预报,并对预报效果进行检验,分析表明:

(1)MM5 耦合 CALMET 模式基本能够预报出风电场风速变化趋势,模拟风速释用订正能够降低风速预报误差并有效提高预报准确率,但难以修正预报趋势。本研究受数值模式及实测资料所限无法采用更合理的订正方法,如考虑气温、气压、风向等影响进行订正。模拟风速的释用订正还需根据各风电场具体情况,分析误差特点再选用合适的订正方法。

(2)从风电功率预报效果看,动力统计法更适用于九宫山风电场的复杂山区地形,可能是由于该方法能自发地适应风电场地理位置;采用实测资料建立的风电功率预报模型优于理论风电功率模型,这也与风机实际运行环境会对风机输出功率产生影响有关,如果理论风电功率模型在使用时引入适合的折减系数会取得更好的预报效果。

电功率预报影响因素多,除建立预报模型进行预报外,还需单独考虑极端天气事件下风电功率的预报,以及在同样风力条件下不同天气状况对风电功率的影响。此外,对风电场影响较大的气象灾害,如覆冰、雷暴等对风机输出功率的影响还有待深入研究[17]。这些工作的开展均有益于提高风电功率预报准确率及保障风机安全运行。本文所做工作探讨了多种情况下风电功率预报效果,具有一定的参考价值,并已初步应用于九宫山风电场风电功率预报服务,取得较好的服务效果,但还需随着后期资料的累积及技术改进,进行深入研究,以进一步提高预报精度,为风电场提供更有价值的预报服务。

参考文献

[1] 李俊峰.风光无限——中国风电发展报告 2011[M].北京:中国环境科学出版社,2011.

[2] 李俊峰.中国风电发展报告 2012[M].北京:中国环境科学出版社,2012.

[3] 陈正洪,许杨,许沛华,等.风电功率预测预报技术原理及其业务系统[M].北京:气象出版社,2013.

[4] 罗如意,林晔,钱野.世界风电产业发展综述[J].可再生能源,2010,28(2):14-17.

[5] 王勇,李照荣,李晓霞,等.风电功率预报方法研究进展[J].干旱气象,2011,29(2):156-160.

[6] 孙川永.风电场风电功率短期预报技术研究[D].兰州:兰州大学,2009.

[7] 彭晖.风电场风电量短期预测技术研究[D].南京:东南大学,2009.

[8] 韩爽.风电场功率短期预测方法研究[D].北京:华北电力大学,2008.

[9] 李杏培.风电场风速及风电机组发电量的短期预报方法研究[D].北京:华北电力大学,2009,25-28.

[10] 孙川永,陶树旺,罗勇,等.高分辨率中尺度数值模式在风电场风速预报中的应用[J].太阳能学报,2009,30(8):1097-1099.

[11] 穆海振,徐家良,柯晓新,等.高分辨率数值模式在风能资源评估中的应用初探[J].应用气象学报,2006,17(2):152-159.

[12] 张小伟,李正泉,杨忠恩,等.多作业管理方式在风能资源数值模拟中的应用[J].应用气象学报,2010,21(6):747-753.

[13] 王建捷,胡欣.MM5 模式中不同对流参数化方案的比较试验[J].应用气象学报,2001,12(1):41-53.

[14] 朱蓉,徐大海.中尺度数值模拟中的边界层多尺度湍流参数化方案[J].应用气象学报,2004,15(5):543-555.

[15] 黄嘉佑.气象统计分析与预报方法[M].北京:气象出版社,2004.

[16] 国家能源局.风电场功率预测预报管理暂行办法.2011.

[17] 张礼达,张彦南.气象灾害对风电场的影响分析[J].电力科学与工程,2009,25(11):28-30.

风电功率预测预报方法效果检验与评价 *

摘 要 客观检验与评价风电功率预测预报系统对有效改进预测方法意义重大。基于该系统 2011 年 7 月—2012 年 4 月在湖北省九宫山风电场和新疆乌兰达布森风电场的运行资料,根据相关技术规程对系统中多种短期和超短期预报方法效果进行了检验与评价。结果表明,该系统在南北方均具有使用价值,应结合不同区域风电场的气候背景进行测风数据的补缺、订正,校正数值天气预报数据和优化预测模型,以提高系统预测精度和效果

关键词 风电功率;风速;短期预报;超短期预报;效果检验与评价

1 引言

风能作为一种环保清洁的可再生能源,日益受到世界各国的重视,中国已成为全球发展速度最快的风力发电市场[1]。自 20 世纪 90 年代丹麦和德国成功研制出风电功率短期预测系统以来,随着研究的深入,预测精度不断提高[2]。我国相关研究刚刚起步,虽取得了一些成果,但在预测精度、可靠性和对不同风场的适应性方面仍存在很多不足[3]。目前,各种风电功率预报系统均依托数值天气预报数据驱动不同的风电功率预测模型,将风速预报数据转换为风电功率。然而,由于地表风受地形地貌、地表粗糙度及大气湍流运动的影响,数值天气预报不能提供足够精确的预测数据[4-5],因此预报效果的检验与评价成为风电功率预报系统研究中的一项重要内容[6]。预报效果的检验与评价既可评估风电功率预报系统的适用性、检验预报准确率是否满足国家能源局要求[7]、挑选最适宜的风电功率预报方法,还可查找不足、提出方法或参数(系数)的修正方案、提高预报准确率,推动风电功率预报系统的更新升级,进而有利于电网科学调度和风电场的运行和维护[8]。鉴此,本文基于风电功率预测预报系统在湖北省九宫山风电场和新疆乌兰达布森风电场的运行资料,依据相关规程[9]对该系统进行了客观检验与评价,旨在提高系统预测精度和效果。

2 风电功率预报系统及其预报方法简介

2011 年,湖北省气象服务中心主导开发了一套风电功率预测预报系统,该系统的主要特点之一是设计有众多适用不同情况的预报方法,有利于方法的优选和适应于不同环境。该系统主要包括短期和超短期预报方法[1](表1),时效分别为未来 3 d(每天制作 1—2 次)、4 h(每天制作 96 次),时间分辨率均为 15 min,满足了国家电网公司和国家能源局的有关规定[7]。其中物理法是先预报未来 3 d 逐 15 min 风速值(原始值或 MOS 统计订正值),再代入风电功率曲线(风机自带或实际资料拟合),最终得到风电功率预报值。动力统计法则是将风电功率数据与同期数值模式历史输出量统计建模(多元线性回归或神经网络法),只要输入未来 3 d 逐

---

* 王林,陈正洪,许沛华,许杨.水电能源科学,2013,31(3):236-239,134.(通讯作者)

15 min的数值天气预报值,便可做出直接输出所需的风电功率预报。可见,短期预报法以中尺度数值天气预报模式输出量为驱动因子[10],而超短期预报方法则以前期风电功率时间序列的统计外推(多元线性回归或神经网络法)为主,短期预报订正法则是通过实况数据对短期预报结果的动态订正和外推来实现

表1 短期和超短期预报方法

类别	方法分类	预报方法	建模方案	适应条件
短期	物理法	物理法1	模式风速×理论风电功率曲线×K_1×K_2	无测风塔资料 无历史功率数据
		物理法2	模式风速MOS订正×理论风电功率曲×K_1×K_2(1多元回归法,2神经网络法)	有测风塔资料 无历史功率数据
		物理法3	模式风速MOS订正×实际风电功率曲线	有测风塔资料 有历史功率数据
	动力统计法	滚动系数	30天滚动模型	无测风塔资料 有近30天功率数据
		固定系数	数值模式回算资料与历史风电功率资料,分月季建模	无测风塔资料 有历史1年功率数据
超短期	短期订正法	实时订正	基于短期风电功率预报结果的实时订正	有短期风电功率预报 有实况风电功率预报
	统计外推法	多元回归方法	线性统计方法	有实况风电功率数据
		神经网络方法	非线性统计方法	有实况风电功率数据

注:K_1为密度订正系数,K_2为折减系数。

3 资料与方法

风电功率资料取自湖北省九宫山风电场和新疆乌兰达布森风电场。九宫山风电场资料时段为2011年7月—2012年4月,其中2012年1—2月受低温雨雪天气影响,覆冰严重,有效数据样本少,故剔除,有效月份共8个月;乌兰达布森风电场资料时段为2011年10月—2012年3月,11月之后风机不能正常满发,实况功率值小于实际值,因此有效月份只有2011年10月。所有资料分辨率均为15 min,根据相关规定[7],对数据进行质量控制,去掉奇异值,保证数据完整率大于90%[11]。两个风电场采用的中尺度数值天气预报模式分别为MM5和WRF,输出量均包括风速、风向、气温、气压、湿度等。其中,九宫山风电场为高山风电场,16台功率为850 kW的风机分布在海拔1300~1600 m的山包上,装机容量$1.36×10^4$ kW;乌兰达布森风电场位于新疆博州西部口岸,平均海拔235 m,电机轮毂高65 m,装机容量$1.80×10^4$ kW。采用Campbell数据记录仪的测风塔观测数据可实时接收。

根据文献[7]风电功率均方根误差短期预报不超过25%,超短期预报不超过15%。选取相关系数(C_{ORR})、均方根误差(R_{MES})、平均绝对误差(M_{AE})、准确率(r_1)、合格率(r_2)等指标对风电功率预报效果进行检验和评价。各指标计算公式[9,12]分别为:

$$C_{ORR} = \frac{1}{N}\sum_{i=1}^{N}(P_f^i - \overline{P_f})(P_o^i - \overline{P_o}) \Big/ \sqrt{\frac{1}{N}\sum_{i=1}^{N}(P_f^i - \overline{P_f})^2 \cdot \frac{1}{N}\sum_{i=1}^{N}(P_o^i - \overline{P_o})^2} \quad (1)$$

$$R_{MSE} = \frac{1}{C_{ap}}\sqrt{\frac{1}{N}\sum_{i=1}^{N}(P_f^i - P_o^i)^2} \quad (2)$$

$$M_{AE} = \frac{1}{NC_{ap}}\sum_{i=1}^{N}|P_f^i - P_o^i| \quad (3)$$

$$r_1 = \left\{1 - \sqrt{\frac{1}{N}\sum_{i=1}^{N}\left[(P_f^i - P_o^i)/C_{ap}\right]^2 (x+a)^n}\right\}\times 100\% \quad (4)$$

$$r_2 = \left(\frac{1}{N}\sum_{i=1}^{N}B_2\right)\times 100\% \quad (5)$$

其中

$$[1-(|P_f^i - P_o^i|)/C_{ap}]\times 100\% \geqslant 75\% ; B_2 = 1$$
$$[1-(|P_f^i - P_o^i|)/C_{ap}]\times 100\% < 75\% ; B_2 = 0$$

式中，N 为所有样本个数；C_{ap} 风电场的开机总容量；$\overline{P_f}$、$\overline{P_o}$ 分别为所有样本预测功率、实际功率的均值；P_o^i、P_f^i 分别为 i 时刻的实际功率、预测功率。

风速预报的准确性是功率短期预报效果的关键，因此还需对风速预报的准确性进行检验，此外均方根误差和平均绝对误差均需除以开机容量。

4 预报效果检验

4.1 风速短期预报效果检验

九宫山风电场(2011 年 7 月—2012 年 4 月)风速短期预报结果的检验结果，见图 1。由图可知，对模拟输出的风速进行 MOS 统计订正后，平均绝对误差明显减小，预报准确率提高；第 1 天预报效果最好，第 2 天、3 天平均绝对误差增大。以第 1 天风速订正预报为例，以第一天风速订正预报为例，九宫山风电场预报值与实测值的相关系数在 0.21~0.63 之间，平均绝对误差在 2.3~4.2 m/s 之间，7—9 月预报效果优于 10 月—翌年 4 月(图 2a)。同理乌兰达布森风电场风速短期预报效果(图 2b)，且预报效果优于九宫山风电场。

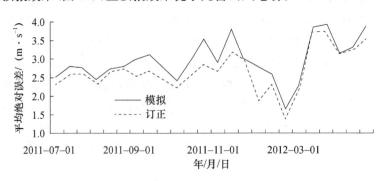

图 1 风速未来 3 d 预报效果时间演变

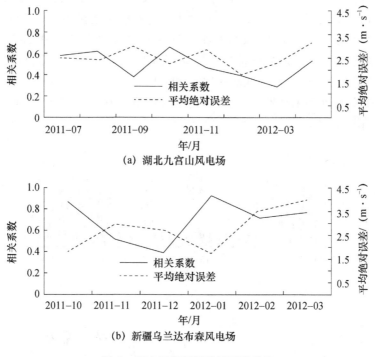

(a) 湖北九宫山风电场

(b) 新疆乌兰达森风电场

图 2　风速短期预报效果逐月差异

4.2　风电功率短期预报效果检验

以九宫山第 1 d 的预报为例,从相关系数、均方根误差、平均绝对误差等指标综合比较,其风电功率各短期预报方法效果随时间演变见图 3。由图可看出,物理法 3 最优,其次为物理法 2,并且物理法 2 中的多元回归法与神经网络法的预报结果在 7—10 月非常接近(图 3)。10 月份后无神经网络法预报结果,12 月份后无动力统计法预报结果,因此无法对这三种方法进行检验。

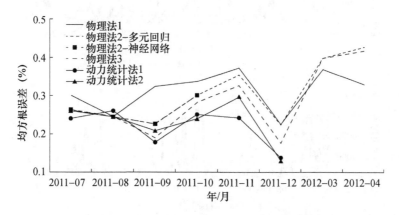

图 3　风电功率短期各种方法预报效果时间演变

图 4 为物理法 3 对 7—10 月风电功率预报(第一天)与实际功率的对比曲线。由图可以看出未来 3 d 7—10 月相关系数在 0.32～0.70 之间,均方根误差在 18%～30% 之间。而 11—12 月、翌年 3—4 月第一天预报的相关系数在 0.20～0.56,均方根误差在 18%～42%,第三天预报效果很不稳定,其中 4 月均方根误差最高,相关系数甚至为 -0.05(图 5a)。表明物理法 3 第一～三天的预报对 9、10、12 月的准确率均在 80% 以上,合格率在 83% 以上。3、4 月受春季大风天气多变的影响,准确率降低,其他月份的准确率维持在 75% 左右;随预报时效延长,预报准确率有所下降(图 5b)。

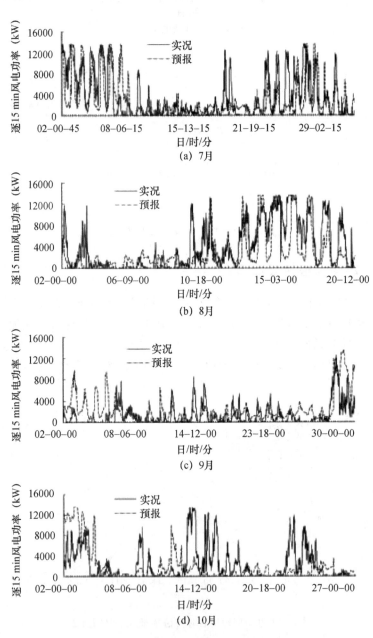

图 4 风电功率短期预报与实况对比曲线

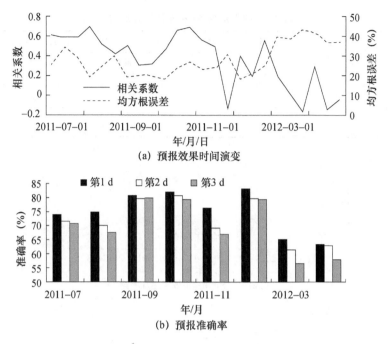

(a) 预报效果时间演变

(b) 预报准确率

图 5　物理法 3 未来 3 d 预报效果时间演变和准确率

结合两个风电场实际情况,2011 年 10 月风电功率短期预报效果见表 2,由表可看出,6 种预报方法中物理法 3 最优,乌兰达布森风电场第一～三天预报与实况的相关系数在 0.76～0.85 之间,均方根误差在 21%～27% 之间,优于九宫山风电场。

表 2　风电功率短期预报检验

预报时间	相关系数		均方根误差/%	
	乌兰达布森	九宫山	乌兰达布森	九宫山
第一天	0.85	0.69	21	22
第二天	0.81	0.66	24	24
第三天	0.76	0.45	27	28

4.3　风电功率超短期预报效果检验

以九宫山风电场为例,对比各预报方法的风电功率超短期预报效果,结果见表 3。由表可看出,神经网络法相对短期订正法和多元回归法在 11 月之后仍保持稳定且预报效果好。神经网络法 45 min 内的预报相关系数在 0.78～0.99 之间,均方根误差为 3%～15%,满足国家相关规定(图 6a)。第 45 min 的风电功率超短期预报结果中,7—12 月及翌年 3 月、4 月的准确率、合格率分别为 89%、86%、94%、89%、87%、91%、85%、84% 和 95%、92%、99%、96%、93%、97%、91%、90%。准确率大于 84%,合格率超过 90%。15～240 min 各时效相关系数在 0.31～0.99,均方根误差在 3%～35%。且随预报时效延长,风电功率超短期预报与实况的相关系数逐渐下降,均方根误差逐渐增大。各月对比表明,9 月预报效果最好,15～240 min 内逐 15 min 的预报与实况均方根误差均小于 15%(图 6b)。

表3　3种方法第45 min预报效果对比

	7月	8月	9月	10月	11月	12月	次年3月	次年4月
	相关系数							
短期预报订正	0.89	0.86	0.87	0.87	0.91	0.85	0.85	0.82
统计外推之多元回归	0.96	0.93	0.94	0.95	0.20	0.35	0.35	0.26
统计外推之神经网络	0.94	0.90	0.92	0.88	0.85	0.89	0.88	0.88

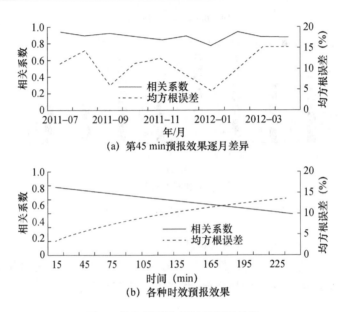

(a) 第45 min预报效果逐月差异

(b) 各种时效预报效果

图6　神经网络法超短期预报效果

以7月2日为例,最优预报法即神经网络法的15~45 min风电功率预报结果与实际值对比见图7。

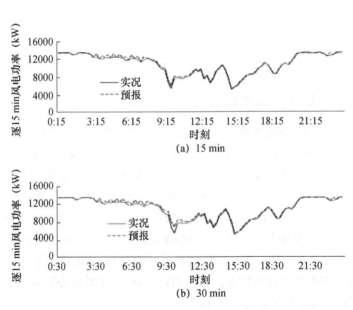

(a) 15 min

(b) 30 min

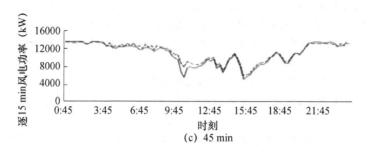

图 7　风电功率超短期预报与实况对比曲线

由图可看出,预报时效越短,误差越小,预报效果越好。由 3 种预报方法对 10 月的风电功率超短期预报效果来看,多元回归法最优。15～240 min 相关系数为 0.79～0.99,均方根误差为 0.05％～0.19％,135 min 以内的预报效果达到国家相关规定。比较乌兰达布森风电场超短期多元回归预报效果和九宫山风电场超短期神经网络预报效果(图 8),2 个风电场 90 min 以内的风电功率预报与实况相关系数达 0.89 以上,均方根误差小于 15％。且乌兰达布森风电场预报效果优于九宫山风电场。

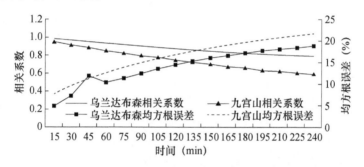

图 8　乌兰达布森风电场和九宫山风电场超短期预报效果对比

5　讨论

(1)风电功率的短期预报方法中物理法 3 预报效果最好,南北方均适用,而统计法受历史资料影响,同期预报效果不稳定;风电功率的超短期预报方法,湖北九宫山以神经网络法最优,新疆乌兰达布森以多元回归法效果最好,45 min 以内的预报满足国家相关规定。

(2)风电功率预报误差主要由数值天气预报误差、测风数据缺失或代表性不足、风电功率曲线等多种原因所致。将物理法 3 应用于不同区域和气候背景的风电场中进行测风数据的补缺、订正,及时校正数值天气预报数据、优化风电机组功率预测模型,从而不断提高系统预测精度和效果。

参考文献

[1] 孙川永.风电场风功率短期预报技术研究[D].兰州:兰州大学,2009.

[2] 刘霄,赖旭,陈玲.大气模式物理过程参数化对风电场风速预报的影响[J].水电能源科学,2012,30(8):208-210,145

[3] 韩爽,杨勇平,刘永前.三种方法在风速预测中的应用研究[J].华北电力大学学报 2008,35(3):57-61.

［4］冯双磊,王伟胜,刘纯,等.风电场功率预测物理方法研究[J].中国电机工程学报,2010,30(2):1-6.

［5］李杏培.风电场风速及风电机组发电量的短期预报方法研究[D].北京:华北电力大学,2009.

［6］洪翠,林维明,温步瀛.风电场风速及风电功率预测方法研究综述[J].电网与清洁能源,2011,27(1):60-66.

［7］国家能源局.关于印发风电场功率预测预报管理暂行办法[J].太阳能 2011,(14):6-7.

［8］杨桂兴,常喜强,王维庆,等.对风电功率预测系统中预测精度的讨论[J].电网与清洁能源,2011,27(1):67-71.

［9］国家电网.风电并网运行控制技术规定[EB/OL].http://wenku.baidu.com/view/b0938e104431690d6c78f.htm.

［10］韩爽.风电场功率短期预测方法研究[D].北京:华北电力大学,2008.

［11］耿天翔,丁茂生,刘纯,等.宁夏电网风电功率预测系统开发[J].宁夏电力,2010(1):1-4.

［12］中国电力科学研究院,吉林省电力有限公司.风电功率预测系统功能规范(Q/GDW588—2011)[S].北京:中国电力出版社,2010.

风电功率预报技术研究综述 *

摘　要　从 20 世纪中后期开始,丹麦等多个西方国家已经展开对风电功率预测的研究,而我国在该领域的研究开展得比较晚。在很长一段时间内,各国风电场均采用单一的预测方法进行风电功率预测,基本能够满足风电场及整个电力系统的需求。但是,随着风电产业的飞速发展,市场竞争越来越激烈,传统单一的预报方法逐渐不能满足需求,而集合预报在很大程度上能够解决这一问题。传统单一的方法所能做到的准确率已经达到比较高的水平,提升空间不大,集合各单一方法的优点能大大提升预测准确率。本文主要综合阐述各种传统预测方法,并结合各国的试验对比分析对集合预报作简要说明。

关键词　风电功率;预测方法;传统;单一;集合预报

1　引言

随着人类的进步与发展,煤炭、石油等主要化石能源日趋紧张,而我们赖以生存的环境也因为矿物能源的大量使用正逐步恶化。为了改善我们的生存环境,风能、太阳能等洁净的可再生能源的利用就显得尤为重要,其中,风资源的开发和利用,在最近几年得到了飞速地发展。据全球风能理事会(Global Wind Energy Council,GWEC)统计[1],截止 2013 年全球风电累计装机容量已达 318 GW,累计增长率达到了 12.5%,在过去的五年(2009—2013 年)全球风电市场规模扩大了约 200 GW。预计 2014 年及未来的市场前景将会更为乐观。我国预计在 2020 年,风电总装机容量将达到 200 GW。由于大规模的风电都采用的并网运行模式,所以对风电功率的预测预报的需要显得尤为重要。

2　风电功率预测预报的意义

风电具有随机性、间歇性、波动性等特点,风力发电给电网调度带来了极大的困难,这些困难严重阻碍了风电的发展。首先,对风电进行有效调度和科学管理,可以提高电网接纳风电的能力。电网系统需要风电场、风电功率预测预报系统提前一天提供准确的风电功率预测曲线,使得电网可以更多的吸纳风电,提高风力发电在电网中所占的份额;同时,根据预报结果合理安排发电计划,减少系统的旋转备用容量,提高电网的经济性。其次,风电功率预报是风电场运营、提高风机可利用率的重要技术手段,还可以指导风电场计划检修。根据风电功率预报安排在小风或无风的情况下进行风电场定期维护、检修、故障排除等工作[2]。因此,只要做好了风电功率预测预报服务工作,对全球风电产业的发展会起到了一个积极的推进作。

---

*　丁乃千,**陈正洪**,杨宏青,许杨.气象科技进展,2016,6(1):42-45.

3 风电功率预测预报技术方法

3.1 技术方法的分类

早期国内外的专家通过把风速的预测值代入风速与风电机组出力的关系式中进行计算可以获得风电功率的预测值,或者根据已有的风电功率数据建立模型计算分析而获得预测值[3]。

按照预测时效,可以划分为:长期预测、中期预测、短期预测、超短期预测[4]。本文主要针对短期预测和超短期预测进行阐述。

按照采用的预测模型划分,可分为:统计方法、物理方法及组合模型方法。

3.2 各种技术方法的介绍

统计预测方法即不考虑风速变化的物理过程(图 1),采用一定的数学统计方法,在历史数据与风电场输出功率之间建立映射关系,以此来对风电功率进行预测的方法的统称。包含:(1)确定性时序模型预测方法,常用的包括卡尔曼滤波法、时间序列法(ARMA)、指数平滑法等[5];(2)基于智能类模型的预测方法,常用的包括人工神经网络法(如 BP 神经网络法)、小波分析法、支持向量机(SVM)回归法、模糊逻辑法等[6-7]。

物理预测方法[8]是指根据气象部门提供的数值天气预报(NWP)的气象预报结果,得到风电场的风向、风速、大气压强和空气密度等天气数据,然后根据风机周围的物理信息(包括地形、等高线、地表粗糙度、周围障碍物等)得到风电机组轮毂高度的风速和风向信息的最优估计值,最后根据已建立的风速与风电功率的统计模型给出风电功率预测(图 2)。

组合预测方法即把两种或者多种预测方法有机综合在一起,提高了预测精度。其中,具有代表性的方法有:利用 BP 神经网络、径向基函数神经网络与 SVW 进行风电功率预测的风电场输出功率组合预测模型[9];将 SVW、模糊逻辑、神经网络结合使用的预测方法[10];基于相似性样本的多层前馈神经网络风速预测方法[11];或是利用小波函数将原始波形进行不同尺度的分解,将分解得到的周期分量用时间序列进行预测,其余部分采用神经网络进行预测,最后将信号序列进行重构得到完整的风速预测结果的预测方法[12];利用自适应模糊神经网络法进行风速预测的方法[13];在模型训练时采用遗传算法的模糊风速及风电功率预测[14]。

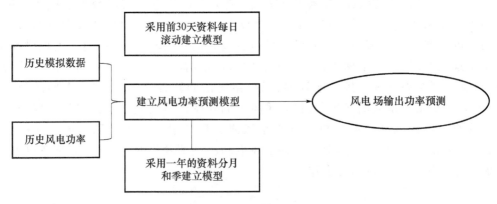

图 1 统计预测方法流程

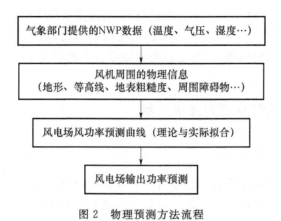

图 2 物理预测方法流程

3.3 技术方法的不足与改进

3.3.1 统计方法

（1）自回归滑动平均（ARMA）模型，它是时间序列建模方法中最为成熟的一种，但它仅适用于零均值的平稳随机序列。风速或者风电功率的时间序列具有非平稳随机序列的特点，因此，建立风速或风电功率预测的 ARMA 模型时首先需进行数据时间序列增加趋势性及周期性的非平稳化处理。模型建立之后，可通过检验变量的自相关函数以及偏相关函数确定模型的阶次，而模型参数的确定通常采用最小二乘法[15]，还可以通过卡尔曼滤波法及滚动时间序列来改进原有预测模型[16-17]，也可以引入经验模式分解[18]或者局域波分解方法[19]来对时间序列法进行改进，而考虑到风速或者是风电场输出功率时间序列本身具有混沌性及混沌时间序列的短期可预测性，也可以采用混沌方法预测风电场的短期风速或者是风电输出功率[20-21]。

（2）人工神经网络法（ANN）中，以 BP 神经网络模型为例，在实际应用中，BP 算法存在两个重要的问题：收敛速度慢和目标函数存在局部极小点，因此在对风速预测模型中主要加入了动量项和采用学习率可变的 BP 算法[22]。

3.3.2 物理方法

基于 NWP 的风电功率预测方法已较成熟，为了优化使用 NWP 数据，可采用结合模糊逻辑的神经网络模型，利用支持向量机进行预测[23]，但它的数学模型复杂，需运行在超级计算机上，应用有一定的局限性，短期预测的效果有时还不如持续型预测模型[24]。可利用改进的 NWP 数据进行短期风电功率预测，通过从邻近风机获得的测量数据提高本风机预测水平，进一步提高预测质量[25]。从 NWP 本身出发，它是在一定的初值条件下，通过数值计算来求解一系列的天气过程方程组，从而得出来的预报数据，所以可以对它的内参进行可行性简化和修改，使得最终算出来的数据的精确度得到进一步的提高。对于中尺度 NWP 模式，往往在运用到每个风电场时，则显得空间分辨率太小，所以就有了中尺度模式嵌套小尺度，这种降尺度的模式通过一些试验，比如 MM5＋CFD＋MOS 的模式[26-28]，能有效提高预报准确率。

3.3.3 组合预测法

组合预测法具有很强的优势，但它们的前提都是要在获得一定数量的历史数据的基础上完成，当遇到某些无法获得历史风速序列数据或仅已知历史年份月平均风速和风速标准差情况时，就难以进行预测。此时利用基于灰色模型的、对未来年份中对应月的风速分布参数进行预测的方法[29]。通过该模型，可以使用较少的历史数据而获得较高的精度，预测所得到的参数既可以用来评估风电场的风资源，又可以根据概率分布的逆运算获得符合预测参数的风速序列。

4 国内外风电功率预测系统的应用现状

4.1 国外风电功率预报系统

由于国外风电功率预测工作起步较早，因而预测方法和手段已经成熟，运行的模式也在不断的实际应用中得到了很好的改进。其中，以丹麦、英国、德国和美国等欧美国家为首的技术最为发达。比较有代表性的预测系统包括[2]：

丹麦 Risø 国家实验室开发的 Prediktor 预测系统，其是全球第一个风电功率预测软件，该模型的 NWP 系统采用的是高分辨率有限区域模型，根据地心自转定律和风速的对数分布图，将高空的 NWP 风速转化为某一地点的地面风速，再利用 WAsP 程序进一步整体考虑风电场附近障碍物、粗糙度变化等因素得到更高分辨率的风速预测，最后经过发电量计算模块 PARK 考虑风机尾流的影响，预测的时间尺度为 36 h。

德国与丹麦共同开发的 Previento 预测系统是一个以德国 6 个地点的时间尺度为 24 h 数值预报结果进行空间细化，同时考虑了当地的粗糙度和地形，并利用制造商提供的风机发电功率曲线将预测的风速映射为输出功率。

西班牙的 LocalPred 预测系统利用高分辨率的中尺度模式 MM5 结合流体力学软件来计算风速等气象场，再通过统计模块对预测的风速进行修正，最后通过历史出力数据与同期风速等气象场建立的功率输出模型，进行功率预测。

还有一些比较先进的预测系统[2]如：德国 ISET 开发的 WPMS 预测系统，丹麦技术大学开发的 WPPT 及 Zephyr 预测系统，英国 GarradHassan 公司开发的 GH Forecaster 功率预测系统，法国的 AWPPS 风功率预测系统以及美国的 AWS Turewind 公司的 eWind 预报系统。

4.2 国内风电功率预报系统

相对国外而言，国内研究起步较晚，但是已有不少系统投入国内各风电场的运行中[2]。

中国电力科学研究院研发的(WPFS)预报系统、中国气象局公共气象服务中心的风电功率预报系统(WINPOP)以及湖北省气象服务中心牵头开发的风电功率预测预报系统(WPPS)等多种预报系统。

WPFS 预报系统是使用 Java 语言进行开发，采用了浏览器/服务器(B/S)结构，数据库使用 ORACLE9i，可以对单独风电场或特定区域的集群预测。能够预测风电场次日 0～24 h 96 个点的出力曲线，系统能够设置每日预测的时间及次数，考虑到出力受阻和风机故障对风电场发电能力的影响，可进行限电和风机故障等特殊情况下的功率预测。目前，该系统已经在吉林电网及江苏的各个风电场正常运行。

WINPOP 系统使用了 MySQL 数据库，采用了 C/S(Client/Server)结构，基于全球天气分析服务系统(GWASS)平台开发，可对各类异类结构数据的综合分析处理，可以实现地图漫游监控，具备地图放大、缩小、漫游、坐标显示、比例尺显示及对风电场的实景监控。本系统所运用的模式算法有：SVM、人工神经网络、自适应最小二乘法。该系统已在河北、甘肃、宁夏和内蒙古等地风电场正常运行。

WPPS 系统使用 C♯作为开发语言，数据库使用 Microsoft Server2008 R2，算法包括：物理法、动力统计法、持续法。其优势在于，可以根据风电场的实际运行情况而对算法进行最优化的选择，灵活有效地解决了预报准确率低的情况，适用于各类地形的风电场场址的选择。该系统已在湖北和甘肃多家风电场正常运行。

5　预报效果检验

国外，Lange 等人[30]对多种方法进行了检验，其中 ANN 的均方根误差（RMSE）在 11.6％左右，SVM 的 RMSE 在 10.3％左右，ME 和 NNS 处于它们之间，而这几种方法的集合比每个单一的方法的 RMSE 都要小在 10.1％左右。NWP1、NWP2 和 NWP3 的 RMSE 分别在 5.8％、5.9％和 6.1％左右，而集合后的 RMSE 则为 4.7％。Sloughter 等[31]利用 BMA（Bayesian model averaging）的各种改进方法对数值天气集合预报方法的结果进行集合订正，发现每种改进方法的平均绝对误差都在 3.3 左右，而覆盖率则在 77％以上。效果明显优于单一的数值天气集合预报。Giebel 等[32]对 DMI-HIRLAM 等各个 NWP 模式进行了介绍，并对丹麦的 6 个风电场进行预报检验对比时，发现所有风电场 DMI、DWD 和 MOS 集合后的风功率预报误差是最小的，而单一的预报方法误差都要大于集合预报的误差。

在国内，刘永前等[33]运用径向基网络法和持续法为代表的单一模型及两者的组合模型进行预报所得到的结论为例，分别对其预报效果进行分析说明：持续法在 3～6 h 以内的预报结果与实际观测值的变化趋势基本相符，风速的 RMSE 为 2.2 m/s，风机出力的预报误差为 12.9％；而径向基神经网络法在短时的预报结果与实际观测值的变化趋势也基本相符，但误差比持续法的稍微大一点，风速的预报 RMSE 为 2.5 m/s，风机出力的预报误差为 15.9％，跟踪风速的变化比持续法要及时；两者组合后的预报结果，风速预报准确率要比神经网络法高 0.3 m/s，比持续法高 0.1 m/s，风电机组出力的预报准确率要比神经网络法高 3％，比持续法高 0.9％。许杨等[34]对多种短期预报方法进行对比发现：物理法 1、2、3 和动力统计法在不同月份的准确率不尽相同，但总体而言动力统计法更适用于该风电场的实际运行。

根据效果检验，可以看出，虽然系统运用的方法不一样，应用的风电场也有所区别，但总的预报效果还是基本能够达到预期，满足了风电场和相关行业的需求。同时，我们在预报方法的改进与准确率的提高上都存在很大的发展空间。

6　结论

风电功率预报技术发展到今天已有 30 多年的历史，目前已形成了一个较为成熟的体系，各种预报方法相继被提出且在业务运行中取得了好的效果。

就各个方法而言，它们都存在优点和缺点，在实际工作中都具有一定的局限性，且难以突破；而当对数值模式集合或对多种预报结果进行组合后，准确率得到了明显的提高，很好地弥补了单一法在适用性上的缺陷。这也为未来的风电功率预报技术的发展指明了新的方向。

参考文献

[1] 于华鹏. 全球风能理事会：2013 年全球风电累计装机达 318GW[DB/OL]. http://news. hexun. com/2014-

02-11/162031694. html,2014-02-11.

［2］陈正洪,许杨,许沛华,等. 风电功率预测预报技术原理及其业务系统［M］.北京:气象出版社,2013.

［3］洪翠,林维明,温步瀛. 风电场风速及风电功率预测方法研究综述［J］.电网与清洁能源,2011,27(1):61-62

［4］韩爽. 风电场功率短期预测方法研究［D］.北京:华北电力大学,2008.

［5］Billlinton R,Chen Hua,Ghajar R. A sequential simulation technique for adequacy evaluation of generating systems including wind enery［J］. IEEE Trans. on Energy Conversion,1996,11(4):728-734

［6］Cao L,Li R. Short-term wind speed forecasting model for wind farm based on wavelet decomposition［J］. IEEE Trans. on DRPT,2008:2525-2529.

［7］Bernhard L,Kurt R,Bernhard E,et al. Wind power prediction in Germany-recent advances and future challenges［C］. European Wind Energy Conference,Athens,2006.

［8］王健,严干贵,宋薇,等. 风电功率预测技术综述［J］.东北电力大学学报,2011,31(3):21-22

［9］刘纯,范高峰,王伟胜,等. 风电场输出功率的组合预测模型［J］.电网技术,33(13):74-79.

［10］Sideratos G,Hatziargyriou N D. An advanced statistical method for wind power forecasting［J］. IEEE transactions on power systems,22(1):258-265.

［11］张国强,张伯明. 基于组合预测的风电场风速及风电机功率预测［J］.电力系统自动化,2009,33(18):92-95.

［12］杨琦,张建华,王向峰,等. 基于小波-神经网络的风速及风力发电量预测［J］.电网技术,2009,33(17):44-48.

［13］吴兴华,周晖,黄梅. 基于模式识别的风电场风速和发电功率预测［J］.继电器,2008,36(1):27-32.

［14］Damousis I G,Theocharis J B,Alexiadis M C,et al. A fuzzy model for wind speed prediction and power generation in wind parks using spatial correlation［J］. IEEE Transactions on Energy Conversion,2004,19(2):352-361.

［15］胡百林,李晓明,李小平,等. 基于 ARMA 模型的水电站概率性发电量预测［J］.电力系统自动化,2003,15(3):62-65.

［16］潘迪夫,刘辉,李燕飞. 风电场风速短期多步预测改进算法［J］.中国电机工程学报,2008,28(26):87-91.

［17］潘迪夫,刘辉,李燕飞. 基于时间序列分析和卡尔曼滤波算法的风电场风速预测优化模型［J］.电网技术,2008,32(7):82-86.

［18］栗然,王粤,肖进永. 基于经验模式分解的风电场短期风速预测模型［J］.中国电力,2009,42(9):77-81.

［19］管胜利. 基于局域波分解及时间序列的风电场风速预测研究［J］.华北电力技术,2009(1):10-13.

［20］罗海洋,刘天琪,李兴源. 风电场短期风速的混沌预测方法［J］.电网技术,2009,33(9):67-71.

［21］罗海洋,刘天琪,李兴源. 风电场短期风速的改进 Volterra 自适应预测方法［J］.四川电力技术,2009,32(3):16-19.

［22］陈玲. 风电场风速和风功率预测方法研究［D］.武汉:武汉大学,2012,35-36

［23］Sideratos G,Hatziargyriou N D. An advanced statistical method for wind power forecasting［J］. IEEE Transactions on Power Systems,22(1):258-265

［24］Negnevitsky M,Potter C W. Innovative short-term wind generation prediction techniques［C］//Power Engineering Society General Meeting. 2006,IEEE.

［25］Khalid M,Savkin A V. Adaptive filtering based short-term wind power prediction with multiple observation points［C］. ICCA. IEEE. 2009:1547-1552.

［26］Adrian G,Fiedler F. Simulation of unstationary wind and temperature fields over complex terrain and comparison with observations［J］. Beitr Phys Atmosph,1991,64:27-48.

［27］Giebel G,Badger J,Marti P I,et al. Short-term forecasting using advanced physical modeling-the results of the ANEMOS project［C］. European Wind Energy Conference,2006:1-29.

[28] Frey-Buness F, Heimann D, Sausen R. A statistical-dynamical downscaling procedure for global climate simulations[J]. Theor Appl Climatology, 1995, 50: 117-131.

[29] 丁明, 吴伟, 吴红斌, 等. 风速概率分布参数预测及应用[J]. 电网技术, 2008, 32(14): 10-14.

[30] Lange B, Rohrig K, Ernst B, et al. Wind power prediction in Germany—Recent advances and future challenges[R]. European Wind Energy Conference and Exhibition, Athens(GR), 2006.

[31] Sloughter J M, T Gneiting T, Rafterya A E et al. Probabilistic wind speed forecasting using ensembles and Bayesian model averaging[J]. Amer Stat Assoc, 2010, 105, 25-35.

[32] Giebel G, Badger J, Landberg L et al. Wind power prediction using ensembles. Technical Report, Risø National Laboratory, Risø-R-1527(EN), Roskilde, Denmark, 2005.

[33] 刘永前, 韩爽, 杨勇平, 等. 提前三小时风电机组出力组合预报研究[J]. 太阳能学报, 2007, 28(8): 840-842.

[34] 许杨, 陈正洪, 杨宏青, 等. 风电场风电功率短期预报方法比较[J]. 应用气象学报, 2013, 24(5): 627-629.

风电功率组合预测技术研究综述 *

摘　要　20 世纪 80 年代,风电功率预测技术的研究工作就已经开始,随着研究的深入,预测方法越来越多,预测精度也不断提高。而在全球风电产业迅猛发展的今天,以单一方法为主的早期预测系统,逐渐不能满足现代行业的需求,组合预测作为一种全新的预测技术慢慢出现于各国研究人员的工作中。通过国内外大量的实际应用,我们发现把多种预测方法进行加权组合,预测精度相比单一的预测方法有了明显提高,为未来的风电功率预测技术指明了发展方向。

关键词:风电功率;单一预测;加权组合;组合预测

1　引言

预测学最早是 Jakob Bernoulli(1654—1705 年)创立的,起初是为了减少人类生活各个方面由于不确定性导致错误决策所产生的风险。随着科学的发展,从 20 世纪 50 年代开始,预测学逐渐成为了一门独立的学科,被广泛地应用于各个部门和行业,同时,随着理论不断地结合实践,也由最初的经验型向分析技术型过渡,学科发展逐渐成熟。

人们用多种方法对同一个预测对象进行预测,通过比较后,往往会选择预测效果最好的那种方法。但每种预测方法所包含的信息与参数都是不一样的,出发的角度也不一样,当我们舍弃其中一种方法的时候,必然会失去一部分有用的信息,所以才有了 1969 年 Bates 和 Granger 两人的组合预测理论[1]。此方法一经提出,就受到了国际学术界的重视,人们开始了对其大量的研究与实践工作。

在组合预测这门学科发展较为成熟的大背景下,风电功率预测技术也得到了充分的发展。在以丹麦为代表的部分欧洲国家,数值天气预报模型的集合、数学方法模型的组合及混合模型都取得了非常好的成果,尤其是在数值预报方面,研发了专门用于风电场的小尺度数值集合预报模型,大大提升了在不同风电场风的预报准确率。而在我国,组合预报才刚刚起步,且主要集中于数学方法的组合研究工作,暂时还没有开展数值集合预报的工作。

2　研究意义

随着风电产业的发展,国外的预测技术已经达到了一个非常成熟的阶段,而国内虽然才起步不久,但是发展的速度比较快,有些已经达到了国际先进水平。

然而,无论是国内还是国外同样面临的一个问题,就是目前的风功率预报水平已经逐渐不能满足风电发展的需要[2-7]:(1)在电网调度方面,系统的旋转备用容量依然很多,大大地增加了电网调度的难度和成本。(2)发电企业本身的压力越来越大,他们的风电要参与市场竞争,风电自身的不可控性大大降低了其竞争力,同时还要受到行业管理层的经济惩罚。(3)对风机

*　丁乃千,陈正洪.气象科技进展,2016,6(6):26-29.

本身来说,能合理有效地进行定期维护与检修,能大大提高发电量和电容系数。(4)我国风资源分布极不均匀,主要以集中分布的风电场为主,对于风资源丰富的地区来说,庞大的电容量上网更需要精确的预测,而风资源相对匮乏的地区,为了使少的资源利用率最大化,也需要精确的预测。

同时还有一个最根本的问题,目前所有已知的单一风电功率预测方法的精度已经几乎达到了最高水平,提升的空间非常小。所以,只有另辟蹊径,才能达到一个更高的水平。

3 组合预测方法分类与简介

(1)根据组合成员不同可以分为物理组合、统计组合和物理-统计组合[8]。

物理组合方法的核心也就是数值天气预报(NWP),随着数值天气预报技术的发展,集合数值预报逐渐取代了单一的数值预报,准确率在原有的基础上也得到了很大提高。最后将数值预报的结果进行人工订正后,代入含有折损系数的风电功率曲线中或实际风电功率曲线中,就能得到准确率相应较高的风电功率的预报值。

统计组合方法是利用两种或者多种线性或非线性的统计算法进行有目的的加权组合,能够有效避免各自系统过程中所存在的一部分误差,较为全面地综合各种方法的优点,最终也可以提高风电功率预报的准确性。

所谓物理-统计组合,是指结合物理预测方法和数学统计预测方法的组合法,它能有效利用混合预测模型,提高预测精度,特别是对长时效的预测效果有了明显改善,比传统的单一预测要更先进,适用性更好。

(2)根据组合预测与各单一预测方法之间的函数关系可分为线性组合预测和非线性组合预测[9]。

所谓线性组合预测法,是指把 M 个单项预测方法预测出来的值 $f_i(i=1,2,3,\cdots,M)$,用一个线性的函数 $\Phi(f_1,f_2,f_3,\cdots,f_M)$ 进行组合,得到最终的预测值 f,它包括等权平均组合法、协方差优选组合法和回归组合法等。

下面介绍常用的两种线性组合方法:

1)等权平均法

$$f = \sum_{i=1}^{M} \omega_i f_i \tag{1}$$

式中:ω_i 为第 i 个单项预测方法的加权系数,$i=1,2,3,\cdots,M$;

$$\sum_{i=1}^{M} \omega_i = 1, \omega_i \geqslant 0$$

其中 $\omega_i=1/M, i=1,2,3,\cdots,M$,则该线性组合预测方法为等权平均方法。该方法是权系数全部相等的预测方法。

2)协方差最优法

假设每个单项的预测误差方差为 $\sigma_{11},\sigma_{22},\sigma_{33},\cdots\sigma_{MM}$,组合预测误差的方差为:

$$V_{ar}(e) = \sum_{i=1}^{M} \omega_i \sigma_{ii} \tag{2}$$

在 $\sum_{i=1}^{M} \omega_i = 1$ 的条件下,对 $V_{ar}(e)$ 引入拉格朗日乘子求极小值,把求得的各变量的值代入原方程,即求得最优方程。

所谓非线性组合预测法,是指把 M 个单项预测方法预测出来的值 $f_i(i=1,2,3,\cdots,M)$,用一个非线性的函数 $\Phi(f_1,f_2,f_3,\cdots,f_M)$ 进行组合,得到最终的预测值 f,常见的几种非线性组合预测方法有:

1)加权几何平均法

$$f = \prod_{i=1}^{M} f_i^{w_i} \tag{3}$$

2)加权调和平均法

$$f = \Big[\sum_{i=1}^{M} \frac{w_i}{f_i}\Big]^{-1} \tag{4}$$

除了上述传统的非线性组合预测方法外,还有神经网络组合法,它能够以任意精度逼近任意的非线性函数,对各单项预测方法进行非线性组合。并且,各方法的权重系数,还可以根据不断的学习训练来进行调整,使得预报准确率一直保持在很高的水平。

(3)根据组合预测加权系数计算方法的不同可分为最优组合预测方法和非最优组合预测方法[10]。

所谓最优组合预测方法是指根据某种准则的构造函数,在一定的约束条件下求得目标函数的最大值或者最小值,从而求得组合预测方法加权系数。协方差最优法就是比较常用的最优组合法之一。

而非最优组合预测方法则是指根据预测学的基本原理,以最简单的方式来确定组合预测的加权系数的一种方法,该方法实际操作简便,但准确率不高。

(4)根据组合预测的加权系数是否随时间变化可分为不变权组合预测方法和可变权组合预测方法[11]。

不变权组合预测法是通过最优化规划模型或者其他方法计算出各个单项预测方法在组合预测中的加权系数,让系数不变来进行预测,最简单的就是等权平均法。

可变权组合预测法是指各单项预测方法的加权系数是随着时间发生变化的,常见于神经网络组合预测方法,它的准确率往往要高于不变加权组合预测方法。

组合预测在预测时效上主要针对短期预测。

4 检验与应用

4.1 预测检验

4.1.1 数值预报集合

1996 年,国家气象中心在超级计算机的基础上建立了最早的全球中期集合数值预报,但由于时间和空间分辨率太低,所以没有普及。随后,我国科学家又开发出了自己的数值预报系统(GRAPES),在此基础上研发中尺度集合预报系统。现阶段的风电功率预测所采用的数值预报都是单一的本地化之后的中小尺度天气预报模式,基本上没有针对风电场专门的集合数值预报,而这将成为日后重点突破的对象[12]。

相对国内,国外的数值预报研究开展得要早很多,而集合预报的研究也非常成熟,已经由最初的全球中期集合预报延伸到有限区域短期天气预报及月、季、年短期气候预测等方面,同时,在中小尺度极端天气预报方面也开展了结合数值预报的应用研究。正是在这种强大的技术支撑下,Nielsen 等[13]通过利用欧洲中尺度天气预报中心(ECMWF)的风速集合预报,再把风速转换成风电功率,并对集合预报进行分位数分析,然后校正分位数,最终得出一条最合适的概率预测曲线,跟实际功率曲线比较接近,效果比单一成员要好得多。Lange 等[14]在介绍德国风电预报进展的时候,提出了通过利用调整参数后的 NWP1、NWP2、NWP3 和这三种 NWP 的组合,将输出的数据代入预测模型所得到的风电功率均方根误差(RMSE)分别为组合 <NWP1<NWP2<NWP3,充分说明了组合预报的明显优势。Giebel 等[15-16]提到了如今计算机技术能力非常强大,不能只通过提高分辨率来降低错误率,可以通过处理周期的方式来减少其他出错率,通过使用集合预报,即使它是在同样的模式下不同参数化的数值预报集合结果,也能够最大程度的减小误差。其中他们正在使用的 DMI-HIRLAM 和 DWD-Lokal 模式,都是依赖于 ECMWF 和 NCEP 两大中心的集合预报,并且通过应用于丹麦各大风电场来不断进行检验与改进。

4.1.2 数学模型组合

胡婷等[17]用三种单项预测方法及两种组合预测方法对我国内蒙古某风电场风功率进行了预测对比检验,结果显示三种单项预测方法的均方根误差及误差百分比分别为 RBF 神经网络模型(53.8467 和 0.0348)<LS-SVM 模型(67.2820 和 0.0404)<ARIMA 时间序列模型(112.4989 和 0.0687),而利用两种线性组合预测的加权系数确定方法:最小方差法和最优非负可变加权系数,得到组合预测模型Ⅰ和组合预测模型Ⅱ的均方根误差和误差百分比都要小于这三个单项预测模型,且分别为组合预测模型Ⅱ(23.7530 和 0.0144)<组合预测模型Ⅰ(46.6040 和 0.0269),说明了组合预测准确率要高于单一预测的准确率。张国强等[18]也通过利用三种单一预测方法及一种组合预测方法对某风电场进行了预测对比检验,结果显示神经网络在一个星期中每天的预测绝对平均误差明显小于时间序列和灰色预测,而以最小方差法确定加权系数的组合预测的绝对平均误差比三种单一方法的要小,也说明了组合预测的准确率要优于单一预测的准确率。刘永前等[19]同样用两种单一预测方法及一种组合预测方法进行了对比实验,得出以均方根误差最小确定加权系数的组合预报误差为 12%,小于持续法(12.9%)和 RBF 神经网络法(15.9%),同样得出组合预测准确率要比单一预测高的结论。

4.2 实际应用

4.2.1 国外开发与应用情况

早在 2003 年丹麦国家实验室就研发出了 Zephyr 产品[20],它是一款将 Prediktor 和 WPPT 模型相结合的风电功率预测系统,它集中了两种模型的优点,其中 0～9 h 的预测采用了基于历史数据的统计预测模型,36～48 h 则是采用了基于数值天气预报的物理预测模型。

美国的 AWS True Wind 公司的 eWind 风电功率预报系统[21],同样是一款组合了北美模式 NAM、美国全球预报系统 GFS 模式、加拿大 GEM 模式及美国快速更新模式 RUC 等四种模式的输出结果进行集合作为数值天气预报模式,在统计模型上,也集合了逐步多元线性回归(SMLR)、人工神经网络(ANN)、支持向量回归(SVR)、模糊逻辑聚类(FLC)和主成分分析(PCA)等多种统计模型,使其产生一个集成的预测结果。

而最具有代表性的就是由欧盟资助的,于 2002 年 10 月开始为期四年的 ANEMOS 项目[22]，一共7个国家23个机构参加的一个全球性项目。它的目的是开发适用于陆地和海上的风电场短期功率预测的方法和工具，它将物理和统计两种预测模型结合到一起，是一种优于之前任何一种单一预测模型的系统。

4.2.2 国内开发与应用情况

由中国电力科学院新能源研究所和东润环能科技有限公司联合开发的 WPFS Ver1.0 系统①，是一款以物理模型、统计模型及物理统计混合模型为基础的，针对不同风电场采用不同模型，适应性得到了广泛的应用验证，预报准确率高，服务效果好。

中科伏瑞研发的风电功率预测系统 FR3000F②，它采用基于中尺度数值天气预报的物理方法和统计方法相结合的预测方法，根据不同资料和不同预报时间尺度，对每一种算法的预测结果选取适当的权重进行加权平均从而得到最终的预测值，有效提高了模型的适应能力和预测精度。

上海交通大学与法国兆方美迪联合研发的风电功率预报系统③，该系统对未来72 h的短期预测采用了基于人工神经网络的统计方法模型、基于解析法和计算流体力学(CFD)的数学物理模型以及统计和物理方法混合模型。

湖北省气象服务中心与风脉可再生能源技术开发有限责任公司联合研发的"象脉风电功率预测预报系统"(WPPS)[23]，目前已经升级到2.0版本，该版本是在原来1.0版本基础上，将部分方法集成，最终得到一个集成预报结果。该系统已投入到风电场的业务运行中，运行正常，服务效果有了明显改善。

5 小结与展望

风电功率预测技术已从之前传统单一的方法发展为更为先进的组合的方法，并在实际业务运行中取得了非常好的成效，适应了当下飞速发展的风电产业。

目前，国内外对组合预报方法的研究集中在对数值天气预报的集合和各方法间的组合上。其中，数值天气预报采用的是多模式的集合预报，加入了本地化因子，增加了同化后的非常规资料，大大提高了数值天气预报的准确率；而在方法间的组合上，主要通过设定目标函数的方法，寻找最合适的加权系数，把各个方法之间用线性或非线性的关系式组合到一起，得到新的预报模型。

紧紧抓住风电功率预测是行业的核心竞争力这一关键点，针对我国在风电功率预测上的薄弱环节，大力发展专门的针对不同风电场、不同下垫面及环境的数值天气的集合预报。同时，在组合权系数的研究方法上，除了研究更多的组合方式外，还要在不断的试验中确定最合适的加权系数。只有组合预报技术越成熟越先进，才能在未来的世界风电领域中占据一席之地。

参考文献

[1] Bates J M,Granger C W J. The combination of forecasts[J]. Operational Research Society,1969,20(4):

---

① 东润环能. 风电功率预测系统. http://www.docin.com/p-244591706.html.
② 北京中科伏瑞电气技术有限公司.2010.FR3000F风电功率预测系统技术说明.
③ 兆方美迪.2010.兆方美迪风电功率预报系统(PPT).

451-468.

[2] 韩爽.风电场功率短期预测方法研究[D].北京:华北电力大学,2008.

[3] 叶晨.风电功率组合预测研究[D].北京:华北电力大学,2011.

[4] 王建东,汪宁渤,何世恩,等.国际风电预测预报机制初探及对中国的启示[J].电力建设,2010,31(9):
10-13.

[5] 舒进,张保会,李鹏,等.变速恒频风电机组运行控制[J].电力系统自动化,2008,32(16):89-93.

[6] Rohrig K,Lange B. Improvement of the power system reliability byprediction of wind power generation[J]. Power
Engineering SocietyGeneral Meeting,Tampa,FL,June 24-28,2007. IEEE:1-8.

[7] 杨秀媛,梁贵书.风力发电的发展及其市场前景[J].电网技术,2003,27(7):78-79.

[8] 白永祥,房大中,侯佑华,等.内蒙古电网区域风电功率预测系统[J].电网技术,2010,34(10):157-162.

[9] 杨江平.基于神经网络组合预测的风电场风速及风电功率短期预测[D].重庆:重庆大学,2012.

[10] 周传世,刘永清.变权重组合预测模型的研究[J].预测,1995(4):47-48.

[11] 毛开翼.关于组合预测中的权重确定及应用[D].成都:成都理工大学,2007.

[12] 李泽春,陈德辉.国家气象中心集合数值预报业务系统的发展及应用[J].应用气象学报,2002,13(1):
1-15.

[13] Nielsen H A,Madsen H,Nielsen T S,et al. Wind power ensemble forecasting[C]//Proceedings of the
2004 Global Wind power Conference and Exhibition,Chicago,2004.

[14] Lange B,Rohrig K,Ernst B,et al. Wind power prediction in Germany-Recent advances and future challen-
ges. Poster at European Wind Energy Conference,Athen,2006.

[15] Giebel G,Brownsword R,Kariniotakis G,et al. The State of the Art in Short-term Prediction of Wind
Power:A Literature Overview. ANEMOS Report,2011.

[16] Giebel G,Badger J,Louka P,et al. Description of NWP,Mesoscale and CFD models. ANEMOS Report,
2006.

[17] 胡婷,刘观起,邵龙,等.风电场发电功率组合预测方法研究[J].电工电气,2013(5):23-27.

[18] 张国强,张伯明.基于组合预测的风电场风速及风电机功率预测[J].电力系统自动化,2009,33(18):
92-95.

[19] 刘永前,韩爽,杨勇平,等.提前三小时风电机组出力组合预报研究[J].太阳能学报,2007,28(8):
839-843.

[20] Giebel G,Landberg L,Nielsen T S,et al. The zephyr-project:The next generation prediction system[C]//
Proceedings of Wind Power for the 21st Century,Kassel,Germany,2002.

[21] 王丽伟.风电场风速及发电功率预测的经济效益研究.北京:华北电力大学,2010.

[22] Kariniotakis G,Halliday J,Marti I,et al. Next Generation Shortterm Forecasting of Wind Power Overview
of the ANEMOS Project[C]//European Wind Energy Conference,Athens,2006.

[23] 许沛华,陈正洪,谷春.风电功率预测预报系统的设计与开发[J].水电能源科学,2013,30(3):166-168.

弃风限电条件下复杂地形风电场短期风功率预测对比分析*

摘 要 为提高弃风限电条件下风电场短期风功率预测的准确率,选取了甘肃及湖北位于不同条件下 5 个风电场 2015 年 5 月份和 9 月份的数据进行对比分析。利用 BJ-RUC 耦合 CALMET 模式模拟风电场风速资料,通过线性滚动订正方法对模式资料进行订正预处理,分别采用物理法、动力统计法、集合预测法和自适应偏最小二乘回归法探讨不同条件下风电场的预报效果。结果表明:1)线性滚动订正方法能够有效降低数值预报风速误差,其中以时间步长为 1d 订正效果最佳;2)动力统计法在风电场弃风率低于 50% 时优势明显;3)物理法 3 在未限电地区表现较优,可见采用实测数据建立的风功率预报模型能够较好地预测未限电地区的风电功率;4)集合预测法和自适应偏最小二乘回归法可有效提高弃风限电地区的短期预测准确率,准确率最高可提升 30% 左右;5)针对不同条件的风电场,从预报效果和普适性的角度来看,集合预测法在所有方法中稳定性最佳。

关键词 弃风限电;风电功率;复杂地形;短期预测;模式风速订正

1 引言

风力发电是目前技术较为成熟、具有大规模开发和商业化发展前景的清洁可再生能源利用方式。未来,我国风电将呈现大规模发展态势。据统计,截止至 2015 年上半年,仅甘肃省风电累计并网装机容量就突破 1100 万 kw,规模接近火电,成为甘肃省第二大电源[1]。由于风电的波动性和间歇性会影响电网的稳定运行,因此准确地预测风力发电功率是非常重要的。而目前,我国局部地区由于电源结构不合理导致调峰能力不足、跨区电网核准与建设滞后致使风电送出受限情况时有发生,尤其甘肃各地风电场限电频繁,电调部门下发限电指令的频率可达 5 分钟/次,难以通过功率预测系统提前进行限电设置,这对短期风功率的准确预测带来了极大的困难。例如,由湖北省气象服务中心自主研发的"风功率预测预报系统"[2-3]在湖北、江苏等不限电地区短期风功率预测月准确率可达 80% 以上,而采用传统的物理法预测甘肃弃风限电风电场,准确率时常不足 70%,无法满足国家能源局和国家电网发布的相关标准[4-5],因此寻求新的短期功率预测方法应对更多复杂情况是目前亟待解决的问题。

目前国内外在风电场风电功率短期预测方面的研究已日趋成熟,但针对弃风限电条件下的风功率预测研究还比较少。在国外,Landberg[6]采用丹麦气象研究所的高分辨率有限区域模型(High Resolution Limited Area Model,HRLAM)研究出一套风功率预测系统;随后 Giebel 等[7]将由丹麦科技大学研发的风功率预测工具 WPPT(Wind Power Prediction Toll)和由丹麦 RisØ 国家实验室研发的 Prediktor 预测系统相结合,耦合成新的预测系统 Zephyr,

* 崔杨,陈正洪,刘丽珺. 太阳能学报,2017,38(12):3376-3384.(通讯作者)

该系统对预测时间尺度做了改善,可以实现未来0～9 h和36～48 h等不同时间尺度的预测;Catalao等[8]等利用小波分析消除风速的不规则波动,并基于小波分析和模糊逻辑神经网络建立短期风功率混合预测模型;Federico等[9]利用卡尔曼滤波器优化数值预报模型,通过调节滤波器参数和时间步长来提高预报模型的预测精度。在国内,许杨等[10]利用MM5耦合CALMET模式模拟风电场风速资料,采用物理法和动力统计法探讨了风电场在各种情况下的预报效果,结果表明,动力统计法更适用于复杂山区地形;杨秀媛等[11]基于时间序列法和神经网络法对风速和风功率预测进行了研究,发现采用滚动权值调整手段有利于提高预测精度;程兴宏等[12]利用中尺度WRF模式,采用自适应偏最小二乘回归法和单机预报法建立了各项气象要素之间的非线性统计预报模型,风功率预测均方根误差介于2.76%～12.89%之间。

从国内外研究进展来看,采用数值预报模式和风功率预测模型相结合的方式进行短期风功率预测,是行之有效的。本文以位于甘肃河西走廊地区四种地形的风电场为试点,并选用未限电的湖北九宫山风电场参与对比分析。首先采用统计方法对数值预报风速进行订正,以降低预测风速的误差;然后,分不同月份选用物理法、动力统计法、集合预测法和自适应偏最小二乘回归法进行预测效果分析,最终选取最适用于弃风限电条件下复杂地形风电场的短期功率预测方法。

2 资料和方法

2.1 资料

2.1.1 风电场基本情况

以甘肃河西走廊地区位于不同地形条件下的4个数据完整率较高的风电场为研究对象,同时,为了便于对比分析,选取未限电的湖北九宫山风电场参与计算,采用各风电场2015年5月份和9月份为代表月份进行数据分析。由于风电场的发电量不仅与地形有关,还与弃风限电情况有关,因此还需要计算出各风电场不同代表月份的弃风率[13]。其中,弃风率的计算公式[14]如式(1)和式(2)所示:

$$P_i = P_{i,\max} - P_{i,o} \tag{1}$$

$$\eta = \sum_{i=1}^{N} P_i / \sum_{i=1}^{N} P_{i,\max} \times 100\% \tag{2}$$

式中,P_i——风电场在i时段的弃风功率;$P_{i,\max}$——i时刻可能的最大发电出力;$P_{i,o}$——i时刻风电实际出力。

本文计算可能的最大发电出力时通过实况风速与标准风功率曲线建模,不考虑风机损耗,且假定标准风功率曲线额定不变。表1列出了各风电场的基本情况。可以看出,位于高原地区的阿克塞当金山超过额定风速的时间最长,且9月份弃风率最高;湖北的风资源相对较弱且九宫山装机规模较小,因此发电量明显低于甘肃各风电场;瓜州干河口5月份和9月份的弃风率均高达70%左右,除九宫山外,其他风电场弃风率在30%～75%之间。

表 1 　各风电场基本情况

风电场	地形特征	装机容量(MW)	大于额定风速时长(h)		预计最大发电量/MW		实际发电量/MW		弃风率/%	
			5 月份	9 月份	5 月份	9 月份	5 月份	9 月份	5 月份	9 月份
瓜州干河口	戈壁	200	98	106	58551	33160	17460	10245	70.2	69.1
阿克塞当金山	高原	99	256	109	32788	23892	14821	6064	54.8	74.6
环县南湫	丘陵	149	50	65	30249	32486	16794	20508	44.5	36.9
景泰马昌山	山地	100	59	50	19249	19145	13163	8130	31.6	57.5
湖北九宫山	山地	13.6	15	8	4130	4219	4303	4392	无	无

2.1.2　数值预报及实况风速资料

本文采用的数值预报资料为中国气象局公共气象服务中心提供的 BJ-RUC 耦合 CALMET 数值预报,时间尺度为 0～72 h,每日预报一次,时间分辨率为 15 min,空间分辨率为 9 km+1 km。模式输出要素包括风速、垂直风速、气温、气压及空气湿度。实测风速资料选取这些风电场 2015 年 5 月份和 9 月份测风塔 70 m 高度处的测风数据。

2.2　方法

2.2.1　短期风功率预测方法

参与对比分析的方法主要有物理法[15]、动力统计法[16]、集合预测法[17]及自适应偏最小二乘回归法[12],如表 2[18]所示。其中,物理法主要是对数值预报风速与风功率曲线(实测或预测)建模,从而达到预测风电功率的目的;动力统计法采用至少一个月的历史数值预报资料与历史功率建立模型,利用线性回归法每日滚动建模,将模拟风速代入模型中得到风功率预测结果;集合预测法以预报当日前 30 天为周期,为物理法(1、2、3)及动力统计法的预测结果建模,计算出各方法的权值,预测未来 3 天的风电功率;自适应偏最小二乘回归法具有强非线性表达能力,采用历史数值预报资料及历史功率数据滚动建模,为各模式要素自适应分配权值,并实施加权偏最小二乘回归,从而得到功率预测结果。

表 2 　短期预报方法分类

方法分类	预报方法	建模方案	适应条件
物理法	1	模式风速与理论风功率曲线建模	无测风塔及历史功率数据
	2	模式风速多元回归订正与理论风功率曲线建模	有测风塔,无历史功率数据
	3	模式风速的神经网络订正与实际风功率曲线建模	有测风塔,有历史功率数据
动力统计法	滚动建模	建立前 30 天历史功率与同期数值预报结果的滚动预报模型	无测风塔资料,有近 1 个月历史功率数据
集合预测法		将物理法(1、2、3)及动力统计法建模,滚动计算 30 d	有测风塔资料,有近 1 个月历史功率数据
自适应偏最小二乘回归		针对预测对象,自适应分析各模式要素的预测能力,为它们分配回归权值,并实施加权偏最小二乘回归,建立 30 d 滚动模型	无测风塔资料,有近 1 个月历史功率数据

2.2.2 误差检验指标

评估建立的模拟风速订正效果及风功率预测效果,采用下列指标作为效果检验指标:

(1)相关系数

$$CORR = \sum_{i=1}^{N}(P_{i,f} - \overline{P_f})(P_{i,o} - \overline{P_o}) \Big/ \sqrt{\sum_{i=1}^{N}(P_{i,f} - \overline{P_f})^2} \sqrt{\sum_{i=1}^{N}(P_{i,o} - \overline{P_o})^2} \qquad (3)$$

(2)平均误差

$$MBE = \sum_{i=1}^{N}(P_{i,f} - P_{i,o})/N \qquad (4)$$

(3)均方根误差

$$RMSE = \sqrt{\frac{1}{N}\sum_{i=1}^{N}(P_{i,f} - P_{i,o})^2} \qquad (5)$$

(4)相对均方根误差

$$rRMSE = \sqrt{\frac{1}{N}\sum_{i=1}^{N}(P_{i,f} - P_{i,o})^2} \Big/ Cap \qquad (6)$$

(5)平均绝对百分比误差

$$MAPE = \frac{1}{N}\sum_{i=1}^{N}|P_{i,f} - P_{i,o}| \Big/ Cap \qquad (7)$$

(6)平均绝对最大误差

$$\sigma_{max} = \sum_{i=1}^{d}|P_{i,f} - P_{i,o}|_{dmax}/d \qquad (8)$$

(7)准确率

$$r = \left(1 - \sqrt{\frac{1}{N}\sum_{i=1}^{N}\left(\frac{P_{i,f} - P_{i,o}}{Cap}\right)^2}\right) \times 100\% \qquad (9)$$

式中,$P_{i,f}$——i 时刻的预测功率;$P_{i,o}$——i 时刻的实际功率;$\overline{P_f}$——所有样本预测功率平均值;$\overline{P_o}$——所有样本实际功率平均值;Cap——风电场开机容量;N——样本总数;d——总天数;d_{max}——日最大值。

在式(6)中,计算风功率预测效果时,分母为 Cap;计算模拟风速订正效果时,分母为所有样本实际风速的平均值。

3 模拟风速订正

风速在受到天气和地形条件的影响时会产生很强的随机波动性,虽然系统中采用的数值预报已经考虑了气象因素和地形条件对风速的影响,但在实际情况中仍可能会产生系统性误差。因此通过建立模拟风速与实测风速之间的线性关系从而减小误差,达到优化预测风速的目的。本文建立线性滚动订正模型,系数和订正方程随时间进行适时调整,以进一步优化模式风速的订正效果[19]。

由于目前风电场风功率短期预报未来 3 天,上报未来 1 天的预测结果,因此滚动步长设为 1 d、2 d 和 3 d,并对预报极值风速进行处理,当订正风速极值的绝对值大于预测风速极值的绝对值时,即定义订正风速的极值等于预测风速的极值。数值预报与滚动步长分别为 1 d、2 d、3 d 的线性滚动订正风速相对均方根误差($rRMSE$)对比如图 1 所示。经过线性滚动订正后各地区 1 d、2 d 和 3 d 的订正误差均低于数值预报风速误差，其中以 1 d 的订正效果最佳，例如图 1a 中瓜州干河口 5 月 1 d 线性回归滚动订正误差是 39.52%，较未订正的 1 d 模式结果降低 11.46%，3 d 为 48.84%，较未订正结果只降低了 4.96%；环县南湫 5 月 1 d 线性回归滚动订正误差是 31.03%，较未订正的 1 d 模式结果降低 10.59%，3d 为 40.81%，较未订正结果只降低了 4.81%；（已核实数据，后面结论部分说明线性滚动订正误差较未订正的 1 d 误差约 10%，与前文相符）可见时间越临近，数值预报的准确性越高，且线性滚动订正的效果也越好。

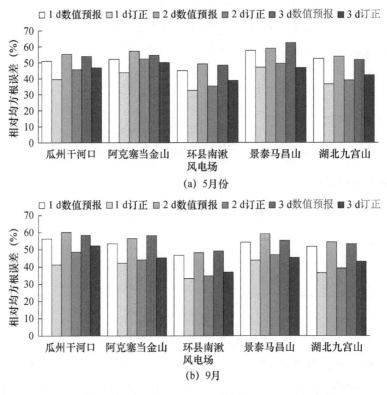

图 1 数值预报与线性滚动订正风速的 rRMSE(%)比较

4 风功率预测效果检验

利用 2015 年 5 月份和 9 月份的数据进行对比分析，选择前 1 个月的历史数据作为训练样本。由于经过订正后数值预报已经将地形因素考虑在内，且弃风限电是造成风电场风功率误差大更主要的原因，因此地形因素仅做参考，不在本文分析的主要范围之内。综合各项指标的对比分析，通过表 3 可以看出以下几点：

（1）在弃风限电地区，集合预测法和自适应偏最小二乘回归法效果普遍优于其他方法，尤其对于弃风率较高的瓜州干河口，这两种方法的优势更加明显；在非弃风限电地区，集合预测法的预测效果最佳。

（2）动力统计法在环县南湫和 5 月份景泰马昌山的效果较好，甚至优于集合预测法和自适应偏最小二乘法。参照表 1，在不考虑地形因素的情况下，可以看出动力统计法在弃风率低于 50%时能够体现出其优势。

（3）除环县南湫 5 月份外，物理法 3 在物理法中效果最优，原因是该方法即考虑了风速订正,又考虑了功率曲线的实际拟合,可见通过实测资料建立的模型能够将限电、地形等诸多因素融入到样本中进行训练,从而得到相对更好的功率预测结果。

（4）综合以上分析可以得出：物理法、动力统计法、集合预测法和自适应偏最小二乘回归法均有各自最适合的场所,且具有统计功能的预测方法效果普遍优于直接使用理论功率曲线建模的物理法 1 和物理法 2。从预报效果和普适性的角度来看,集合预测法的稳定性最佳。

表3　各风电场风电功率预报效果检验比较

风电场	预测方法	相关系数 CORR		平均误差 MBE/MW		均方根误差 RMSE/MW		相对均方根误差 rRMSE(%)		平均绝对百分比误差 MAPE/%		平均绝对最大误差 /MW		准确率 (%)	
		5月份	9月份	5月份	9月份	5月份	9月份	5月份	9月份	5月份	9月份	5月份	9月份	5月份	9月份
瓜州干河口干	物理法 1	0.474	0.522	54.82	57.85	55.22	82.58	27.48	41.08	21.56	30.37	148.05	113.72	58.65	59.63
	物理法 2	0.517	0.509	39.07	18.71	66.43	62.83	33.04	31.26	22.95	21.04	126.93	89.05	66.95	68.50
	物理法 3	0.517	0.521	38.48	33.82	44.57	43.21	22.18	21.50	13.68	17.80	106.53	112.79	72.52	78.30
	动力统计法	0.516	0.473	28.24	27.73	37.85	37.59	18.83	18.70	15.53	15.46	70.69	68.48	81.16	81.29
	集合预测	0.529	0.532	2.09	−1.46	20.43	18.29	10.16	9.10	7.74	6.13	52.88	50.74	89.83	90.89
	自适应偏最小二乘回归	0.525	0.451	7.69	5.69	21.89	18.94	10.89	9.43	8.68	6.19	52.19	72.84	89.11	89.34
阿克塞当金山	物理法 1	0.704	0.511	25.01	22.49	38.45	35.57	39.15	35.93	30.37	24.90	67.16	67.40	60.84	63.30
	物理法 2	0.670	0.473	14.56	11.52	30.18	22.71	30.49	22.94	22.12	14.68	52.64	46.26	69.51	76.58
	物理法 3	0.651	0.414	8.48	9.52	22.35	17.27	22.58	17.44	17.11	12.18	41.27	35.23	77.42	82.21
	动力统计法	0.616	0.412	16.47	30.53	23.96	35.01	24.21	35.37	20.18	32.00	37.41	52.61	75.79	64.63
	集合预测	0.650	0.505	2.47	−0.51	15.67	8.56	15.83	8.65	12.49	6.25	29.45	17.67	84.17	91.37
	自适应偏最小二乘回归	0.596	0.281	−0.66	0.99	20.93	19.46	21.17	19.66	14.50	12.99	38.98	32.44	80.83	81.34
环县南湫	物理法 1	0.586	0.384	17.97	16.81	31.71	37.48	21.28	25.16	16.71	18.43	63.47	67.94	78.72	74.68
	物理法 2	0.636	0.330	3.81	−0.04	19.94	30.77	13.38	20.65	9.97	13.96	43.80	61.79	86.61	79.24
	物理法 3	0.632	0.300	5.95	−3.11	23.37	30.36	15.68	20.37	11.16	13.11	48.89	61.54	84.31	79.54
	动力统计法	0.585	0.292	2.53	−2.32	17.35	29.51	11.49	19.80	8.64	13.19	38.00	57.87	88.00	80.19
	集合预测	0.627	0.400	−1.25	9.26	17.46	32.19	11.72	21.60	8.65	15.96	39.30	63.31	88.36	78.39
	自适应偏最小二乘回归	0.621	0.349	0.85	−12.59	17.11	33.46	11.48	22.46	8.96	16.40	37.58	69.48	88.51	77.31
景泰马昌山	物理法 1	0.356	0.343	8.08	10.27	27.47	33.28	27.57	28.44	20.31	18.84	49.92	51.88	72.61	71.72
	物理法 2	0.403	0.371	9.87	10.05	28.75	32.54	28.90	27.64	20.74	18.23	54.02	51.36	71.10	72.88
	物理法 3	0.345	0.311	0.66	3.29	17.10	19.07	17.18	19.17	12.48	13.11	35.80	37.40	82.82	80.82
	动力统计法	0.484	0.396	3.38	11.09	12.23	19.37	12.23	19.47	11.27	15.69	23.70	35.79	87.77	80.52
	集合预测	0.423	0.237	−3.82	−2.93	14.23	14.72	14.56	14.98	10.07	9.38	29.02	35.34	85.43	85.29
	自适应偏最小二乘回归	0.383	0.245	−2.15	−5.33	13.00	19.29	13.06	19.38	10.03	13.13	26.25	43.44	86.94	80.61

风电场	预测方法	相关系数 CORR		平均误差 MBE/MW		均方根误差 RMSE/MW		相对均方根误差 rRMSE(%)		平均绝对百分比误差 MAPE/%		平均绝对最大误差/MW		准确率(%)	
		5月份	9月份	5月份	9月份	5月份	9月份	5月份	9月份	5月份	9月份	5月份	9月份	5月份	9月份
湖北九宫山	物理法1	0.338	0.335	−0.86	−0.60	2.52	2.65	22.77	19.47	15.20	12.49	6.47	4.95	78.22	80.53
	物理法2	0.503	0.367	−1.27	−0.77	2.49	2.46	20.62	18.09	13.51	12.61	6.06	4.56	80.37	81.90
	物理法3	0.498	0.368	−0.98	−0.43	2.42	2.38	19.66	17.50	13.36	11.76	5.84	4.47	81.33	82.49
	动力统计法	0.442	0.329	−2.30	−1.91	2.74	2.51	25.13	18.48	17.03	13.38	7.19	5.32	74.86	80.35
	集合预测	0.515	0.359	0.52	−1.33	2.53	2.08	20.22	16.64	13.99	11.05	5.79	4.32	82.77	83.20
	自适应偏最小二乘回归	0.496	0.270	0.63	−1.29	2.50	2.35	20.76	17.28	13.57	11.20	6.08	4.43	80.23	82.72

注:标注底灰色的为各风电场每列最佳指标。

为便于对比观察,仅选用每个风电场中预测效果相对较好的一种物理法参与绘图。对比图2,图3,同时参照表1,可以看出,在弃风率较高的情况下,不宜使用物理法,如图2a、图3b;动力统计法在弃风率低于50％时,应用效果最佳,如图2c、图3c、图2d;集合预测法和自适应偏最小二乘法普遍适用于所有风电场,且趋势类似,可见这两种方法虽然预测方式不同,但是原理有着必然的联系;目前,任何一种预测方法都难以预测到突然解除限电的情况,如图3a、图3c、图3d等,原因是短期预测需提前一天预测未来三天的风功率,而省调下发的调峰指令是实时进行的,因此无法提前做出应;在无弃风限电的湖北九宫山,集合预测法的趋势与实况功率较为吻合,如图2e、图3e。

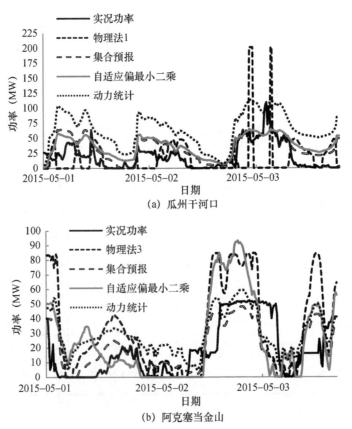

(a) 瓜州干河口

(b) 阿克塞当金山

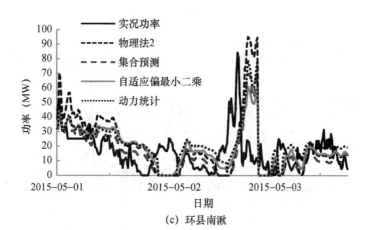

(c) 环县南漱

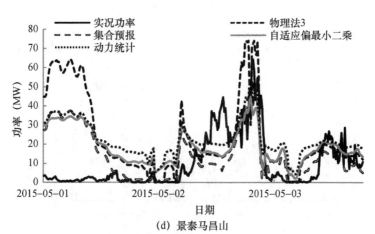

(d) 景泰马昌山

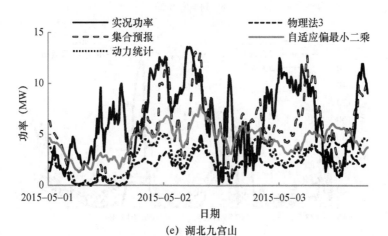

(e) 湖北九宫山

图2 5月各风电场功率对比

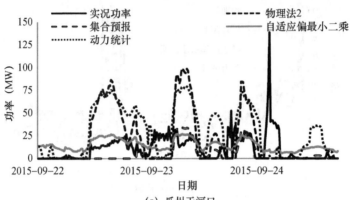

（a）瓜州干河口

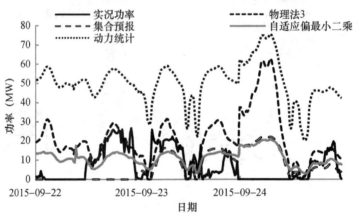

（b）阿克塞当金山

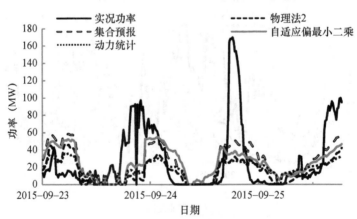

（c）环县南湫

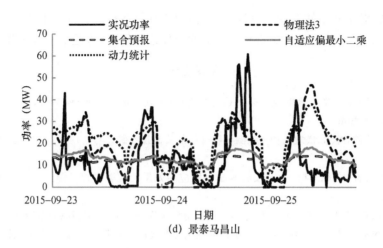

(d) 景泰马昌山

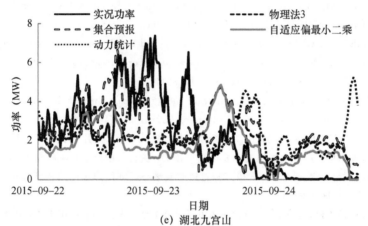

(e) 湖北九宫山

图3　9月各风电场功率对比

5　结论

本文利用线性滚动订正模型对数值预报进行预处理订正,并采用多种预报方法对不同条件下的风电场进行短期风功率预测分析和效果检验。结果表明:

(1)采用线性滚动订正法可以有效降低模拟风速误差,且线性滚动1 d可以将误差降低10%左右。

(2)从各风电场的误差分析结果来看,物理法1和物理法2不适用于弃风限电地区,原因是经过限电的风电场,发电量已经不再遵循风机出厂时的标准风功率曲线规律;而具有统计历史数据功能的预测方法,能够根据自身特点寻找到相应规律。

(3)弃风限电地区的风电场,当弃风率低于50%时,动力统计法效果最优;除此情况以外,集合预测法与自适应偏最小二乘法的预测结果较为稳定,预测效果明显优于于其他方法,且弃风率越高的风电场,集合预测法的优势越发凸显。例如瓜州干河口5月份的弃风率高达70%,其他方法的误差(相对均方根误差)与其相差分别是:物理法3为24.14%,动力统计法为17.42%,自适应偏最小二乘回归法为1.46%;无弃风限电的湖北九宫山风电场,集合预测法准确率最高。

　(4)综上,针对所有条件下的风电场,集合预测法稳定性最高。其他方法也有各自的优势。研究无限电情况下,各种短期风功率预测方法的最佳适应情况,将是下一步工作的研究重点。

参考文献

[1] 能源局发布 2015 年上半年全国风电并网运行情况[EB/OL]. http://www. gov. cn/xinwen/201507/28/content_2903388. htm

[2] 崔杨,陈正洪,成驰,等.光伏发电功率预测系统升级的关键技术研究与实现[J].中国电力,2014,10(47):142-147.

[3] 王林,陈正洪,许沛华,等.风电功率预测预报系统应用效果的检验与评价[J].水电能源科学,2013,31(3):236-239.

[4] 国家电网公司. Q/GDW 588—2011:风电功率预测功能规范[S].北京:中国电力出版社.

[5] 国家能源局. NB/T 31046—2013:风电功率预测系统功能规范[S].北京:中国电力出版社.

[6] Landberg L. Short-term prediction of local wind conditions[D]. Roskilde:Ris National Laboratory,1994.

[7] Giebel G,Landberg L,Nielsen T S,et al. The zephyr project:The next generation prediction system[C]. Proceedings of the 2002 Global Wind power Conference and Exhibition,Paris,France,April 2-5,2002.

[8] Catalao J, Pousinho H. Mendes VMF. Short-term wind power forecasting in Portugal by neural networks and wavelet transform[J]. Renewable Energy,2011,36:1245-1251.

[9] Federico C,Massimiliano B. Wind speed and wind energy forecast through Kalman filtering of Numerical Weather Prediction model output[J]. Applied Energy,2012,99:154-166.

[10] 许杨,陈正洪,杨宏青,等.风电场风功率短期预报方法比较[J].应用气象报,2013,24(5):625-630.

[11] 杨秀媛,肖洋,陈树勇,等.风电场风速和发电功率预测研究[J].中国电机工程学报,2005,25(11):1-5.

[12] 程兴宏,陶树旺,魏磊,等.基于 WRF 模式和自适应偏最小二乘回归法的风能预报试验研究[J].高原气象,2012,31(5):1461-1469.

[13] 苏辛一,徐东杰,韩小琪,等.风电年最大弃风电量计算方法及分析[J].中国电力,2014,47(7):96-100.

[14] NB/T 31055—2014,风电场理论发电量与弃风电量评估导则[S].

[15] 冯双磊,王伟胜,刘纯,等.基于物理原理的风电场短期风速预测研究[J].太阳能学报,2011,32(5):611-616.

[16] Collins J,Parkes J,Tindal A. Forecasting for utility-scale wind farms-the power model challenge//全球风能大会暨 2008 北京国际风能大会[C].北京,2008,1—10.

[17] 彭怀午,刘方锐,杨晓峰,等.基于组合预测方法的风电场短期风速预测[J].太阳能学报,2011,32(4):543-547.

[18] 陈正洪,许杨,许沛华,等.风电功率预测预报技术原理及其业务系统[M].北京:气象出版社,2013.

[19] 祝赢,柳艳香,程兴宏,等.线性滚动极值处理方法对数值模拟风速的订正研究[J].热带气象学报,2013,29(4):681-686.

湖北省丘陵山区风能资源特征分析*

摘　要　本文利用分布在湖北省丘陵山区的 12 个 70 m(80 m)高测风塔各一整年的资料,对我省丘陵山区风能资源的若干特征进行了较为详尽的对比分析,找出其中普遍的规律,结果表明:(1)我省山区风速季节变化为春季大,夏季和秋季较小;风速日变化为夜间大白天小,且变化幅度相对较大的测风塔主要分布在低山和中山区域;(2)有效风速频率在 79%～92%之间,破坏性风速出现少;(3)风向频率较为集中,主要分布在偏南和偏北两个相反的方位;(4)风速随高度变化较复杂,10～30 m 高度风速增加幅度较大,部分地区 30～80 m 高度存在等风层或风速随高度减小的情况;(5)有效风速段、大风及主导风向下的湍流强度均为中等。研究成果对湖北省,甚至是南方山区风能资源的合理开发利用将有所裨益。

关键词　丘陵山区;风能资源;特征

1　引言

随着《中华人民共和国可再生能源法》的实施,我国风电产业正在以前所未有的速度快速发展,风电已成为能源发展的重要领域。按照可再生能源发展"十二五"规划目标,到 2015 年我国风电将达 1 亿 kW,年发电量 1900 亿 kW·h　。我国风电开发的起步和快速发展阶段,开发重点主要集中在"三北"地区和东南沿海地区,这些区域具有资源丰富、建设条件简单、可成片开发等优势,而内陆地区风资源普遍一般,并且多位于山区、丘陵、湖畔等建设条件复杂区域,开发成本较高。然而近几年随着"三北"地区限电、弃风、风电输送与消纳等问题的出现,内陆省份风电开发的优势逐渐凸显,内陆地区电力负荷大、风电并网条件成熟,基本不会限电,并且风电技术的飞速发展也使建设成本大幅下降,因此内陆风电开发不断加速[1,2]。

湖北省地处中部内陆,自 2003 年启动风能资源评估工作,先后完成风能资源普查和详查,明确了我省风能资源的分布及其可开发量[3],近几年更是趁势不断加快风电发展步伐,目前已建成 4 个风电场并且已并网发电,截止 2012 年有 20 多个在建和将建的风电场,计划在 2015 年建成 200～300 万 kW 的风电装机容量,按此推算,未来 2～3 a,南方内陆地区的风电装机容量可超过 2000 万 kW,造就新的"风电三峡"。南方内陆风资源丰富区基本分布在山区,国内关于山区风资源特点的文献较少,且山区风能参数特征分析有待深入[4~6]。湖北省已建和将建的风电场以及绝大部分测风塔均设立在山地、丘陵地带,目前对湖北省不同地形下风随高度变化已有报道[7],但前期研究成果所使用测风资料有限,因此,采用湖北省多个具有代表性的山区测风塔,深入总结剖析山区风资源特点,能够客观地找出其中的普遍或特殊规律,对整个南方山区的风资源合理开发利用具有较大的借鉴意义。

---

*　许杨,杨宏青,陈正洪,成驰.长江流域资源与环境,2014,23(7):979-985.

①　国家能源局.可再生能源发展"十二五"规划.

2 资料说明及处理方法

2.1 资料选取说明

根据湖北省风能资源详查结果，湖北省风能资源较丰富区域主要集中在"三带一区"，即湖北省中部的荆门—荆州的南北向风带、鄂北的枣阳—英山的东西向风带、部分湖岛及沿湖地带、鄂西南和鄂东南的部分高山地区[②]。因此根据湖北省风资源相对丰富区的地理分布情况，选取了各区域测风资料观测质量较好且较完整的 12 个具有代表性的山区测风塔进行分析，并且将 12 个塔根据地形及海拔分为四类，即丘陵岗地、低山、中山和高山，测风塔具体选择情况见表 1，地理分布位置见图 7。

表 1　测风塔基本信息一览表(按照海拔高度排序编号)

地形分类	序号	城市	地区	时间段	仪器型号	塔高(m)	海拔高度(m)	风速层(m)	风向层(m)	有效数据完整率(%)
丘陵岗地	1#	石首	桃花山	2011-01—2011-12	NRG	70	220	10/50/60/70	10/70	99.4
	2#	荆门	子陵铺	2010-09—2011-08	NOMAD-2	70	263	10/30/50/70	10/70	94.8
	3#	襄樊	峪山	2011-10—2012-09	NRG	70	298	10/30/50//60/70	10/70	100
低山	4#	大悟县	鲁家畈	2010-10—2011-09	NRG	70	410	30/50/60/70	30/70	96.5
	5#	阳新县	富池	2010-06—2011-05	NRG	70	448	30/50/60/70	30/70	98.9
中山	6#	枣阳	新市	2011-10—2012-09	NRG	70	573	10/30/50/60/70	10/70	97.4
	7#	孝昌	大悟山	2011-04—2012-03	NOMAD-2	70	611	10/30/50/60/70	10/70	91.0
	8#	麻城	蔡家寨	2010-11—2011-10	NRG	70	700	30/50/60/70	30/70	70.3
	9#	随县	紫金山	2011-06—2012-5	NRG	80	820	10/40/60/80	10/80	98.6
	10#	京山	绿林寨	2011-01—2011-12	NOMAD-2	70	863	10/40/50/60/70	10/70	68.7
高山	11#	利川市	天上坪	2011-01—2012-12	NRG	70	1706	10/30/50/70	10/70	79.9
	12#	保康	黄连山	2011-05—2012-04	NRG	80	1832	10/30/50/70/80	10/80	91.0

注：有效数据完整率为各测风塔最高层数据完整率；以图 1-图 8 中讨论的测风塔资料高除 9# 和 12# 测风塔为 80 m，其他各塔均为 70 m。

2.2 资料处理及参数计算方法

12 个测风塔数据均按照国标《风电场风能资源评估方法》(GB/T 18710—2002)中数据检验方法进行检验，并且剔除了冬季因冰冻造成的仪器故障而使观测风速长时间静风的异常数据，此外，文中涉及到的各种风能参数计算方法也均按照该国标规定计算。对于缺测和无效的风速数据，首先利用同一测风塔完整率相对较高的某一高度测风资料对其他高度缺测资料进行插补订正；然后对同塔订正后的缺测数据，采用周边相关性较好的测风塔或自动站同期小时观测风速(小时风速相关系数基本在 0.8 以上)，建立线性方程进行插补订正，订正后风速有效数据完整率均在 90% 以上。

② 湖北省气象局.湖北省风能资源综合评估报告.

从表 1 中各测风塔有效数据完整率可见,低海拔数据质量优于高海拔地区,主要是由于高海拔地区冬季气温较低,仪器受低温冰冻影响较大,易于出现长时间的无效数据。12 个测风塔中仅 8♯、10♯和 11♯塔最高层风速有效数据完整率未达到 90％以上,以下分别对 3 个塔风速订正方法进行说明:8♯塔虽然 70 m 风速有效数据完整率较低,但 60 m 风速有效数据完整率为 91.1％,且该层与其他各层小时平均风速相关系数均在 0.98 以上,因此采用该塔 60 m 风速与其他各层建立线性回归方程进行插补订正,订正后各层风速数据完整率可达到 90％以上;10♯塔首先选用风速有效数据完整率相对较高的 40 m 高度风速资料进行同塔订正(该层与其他各层小时平均风速相关系数均在 0.99 以上),再采用该塔西北方位约 20 km 处另一测风塔 40 m 高度风速进行异塔订正(各层相关系数在 0.91 以上,具体风速相关图见图 1),为了检验插补资料的可信度得到图 2,可见 10♯测风塔 2011 年 7 月 1—31 日小时平均风速实测值与推算值变化趋势一致且大部分情况下较为接近,因此可说明插补订正的资料是可信的,订正后各层数据完整率在 95％以上;11♯塔订正过程与 10♯塔相同,异塔订正采用的测风塔为同一山脊西南方位约 10 km 处另一测风塔,订正后各层数据完整率在 95％以上。

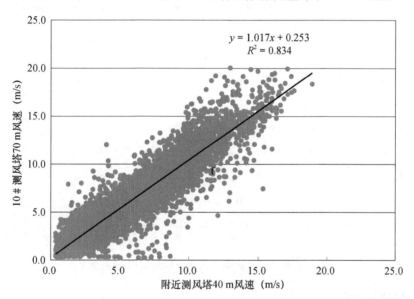

图 1   10♯测风塔 70m 风速与附近某测风塔 40 m 风速散点图

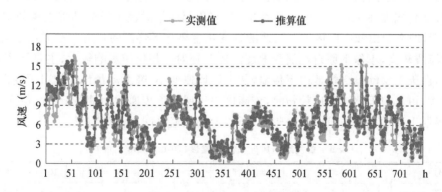

图 2   10♯测风塔 70 m 高度小时平均风速实测值与推算值对比(2011 年 7 月 1—31 日)

3 山区风资源特征分析

3.1 风速特征

目前湖北省山区风资源可开发区域年平均风速大部分在 5.8～6.5 m/s 之间,70 m 平均风功率密度在 200～300 W/m² 之间,以下对山区风速特征进行详细分析。

3.1.1 风速年变化

各测风塔观测时段虽然不尽相同,但从图 3 中仍可看出大部分测风塔春季风速明显较其他季节偏大,夏秋季较小,春季风速较大主要是由于冬季过渡到夏季环流形势转变,冷空气活动较为频繁。各测风塔风速年变化幅度较大,在 1.5～3.5 m/s 之间,除荆门、大悟和阳新测风塔在 2 m/s 以下,其他均在 2 m/s 以上,中高山地区风速年变化普遍相对较大(表 2)。

表 2   各测风塔风速年变化幅度(70 m/80 m 高度)

塔号	1#	2#	3#	4#	5#	6#	7#	8#	9#	10#	11#	12#
年变化差值(m/s)	2.6	1.5	2.4	2.1	1.6	1.9	3.3	2.5	2.2	2.5	2.5	3.5

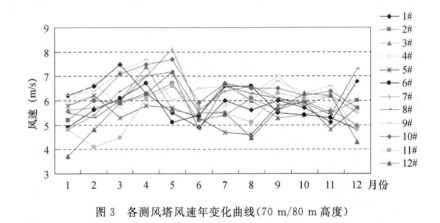

图 3   各测风塔风速年变化曲线(70 m/80 m 高度)

3.1.2 风速日变化

山区风速日变化特征与内陆平原地区不同,呈现夜间大白天小、午后最小的典型 U 型变化特征,且变化幅度在 1.0～2.7 m/s(表 3),日变化幅度相对较大的测风塔主要分布在 400～900 m 高度,即在低山和中山区域。风速的日变化主要与下垫面的热力和动力性质有关,山区相对周边海拔较高,不像平原近地层受地面温度及辐射冷却作用影响较大,主要是受上层动量传输影响,白天上层动量更快地向下传输,使上层风速变小,晚上动量传输较白天变慢,上层风速开始变大,可见白天湍流强度较强时,该高度空气层向下传递的动量多于更高层向下传递的动量,边界层上层动量损失日间损失较多,所以上层风速日间小于夜间[6]。

表 3   各测风塔风速日变化幅度(70 m/80 m 高度)

塔号	1#	2#	3#	4#	5#	6#	7#	8#	9#	10#	11#	12#
日变化差值(m/s)	1.0	1.1	1.2	1.6	2.4	1.4	2	1.3	2	2.7	1.0	1.6

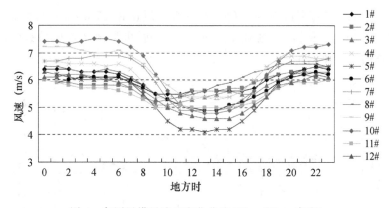

图4　各测风塔风速日变化曲线(70 m/80 m 高度)

3.1.3　风速和风能频率分布

风速和风能频率分布是以 1 m/s 为一个风速区间,统计每个风速区间内风速和风能出现的频率。各测风塔有效风速频率(3~22 m/s 风速段)在 79%~92% 之间,10 m/s 以上风速频率在 8%~18% 之间(该风速一般为风机额定风速,风机处于满发状态);有效风能频率在 99% 以上,10 m/s 以上风能频率在 39%~67%(表4,图5)。可见,有效风速频率和有效风能频率大小并不一定相对应,这与各风速段的分布时数有关系,此外,10 m/s 以上的风速频率虽然不大,但风能频率却可达到 1/2 以上,对风资源利用影响较大。

表4　各测风塔风速和风能频率(70 m/80 m 高度)

	塔号	1#	2#	3#	4#	5#	6#	7#	8#	9#	10#	11#	12#
风速	有效频率(%)	91	86.9	88.1	90.2	79.4	83.8	82.7	86.9	91.9	87.1	85.1	82
	10 m/s 以上频率(%)	11.1	11.2	11.2	12.4	13.5	12.6	18.2	13.8	15.1	18.4	7.8	11.1
风能	有效频率(%)	99.7	100	99.5	99.7	99.5	99.7	99.8	99.7	99.3	99.8	99.8	99.8
	10 m/s 以上频率(%)	44.8	56.7	50.8	49.8	69.2	57.8	65.1	58	59.6	67	39.1	51.1

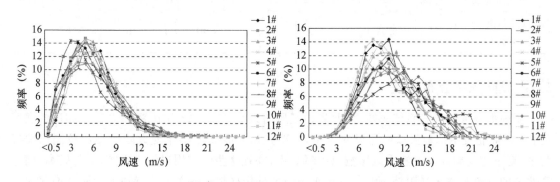

图5　各测风塔风速和风能频率变化曲线(70 m/80 m 高度)

3.1.4　阵风系数

风工程计算中,通常采用阵风系数将重现期 10 min 平均风速换算为极大风速(阵风),极大风速与相应 10 min 平均风速的比值即为阵风系数。图6 为各测风塔在不同日极大风速阈值下的平均阵风系数,可见除 1# 测风塔外其他测风塔平均阵风系数在 3~10 m/s 风速段呈明显减小趋势,之后略有升高或较为平稳。各塔极大风速在 15 m/s 以上的平均阵风系数在 1.15～1.45 之间,其中大部分测风塔在 1.2～1.35 之间,可见山区阵风系数较国际风电机组设计标准中推荐的 1.4 要偏小。

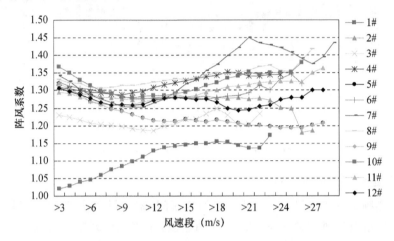

图 6　各测风塔阵风系数随风速变化曲线(70 m/80 m 高度)

3.1.5　最大、极大风速

各测风塔年最大风速在 18.0～23.7 m/s,极大风速在 22.1～29.7 m/s(表 5)。目前风机切出风速,即大风时风力发电机自动停止运行的风速一般在 22 m/s 以上(该值为 10 min 平均风速),可见各测风塔超过该风速的出现频率很低,此特征有利于风资源的开发及风机的安全运行。

表 5　各测风塔年最大风速和年极大风速(70 m/80 m 高度)

序号	1#	2#	3#	4#	5#	6#	7#	8#	9#	10#	11#	12#
年最大风速(m/s)	20.8	22.8	18.0	19.9	23.7	21.7	22.1	20.9	23.7	20.8	23.3	22.8
年极大风速(m/s)	23.6	27.0	22.1	25.2	28.6	26.9	29.7	27.9	28.6	26.6	28.7	28.4
小时最大风速≥22 m/s 出现频率(%)	0.00	0.03	0.00	0.00	0.10	0.00	0.01	0.00	0.10	0.00	0.13	0.01

3.2　风向频率分布特征

受地形及大的天气系统影响,湖北省山区风向频率分布比较集中,基本在两个相反的扇区(图 7)。鄂北及中部地区以南北风向为主,主要是由于我省冬半年受大陆冷高压控制以北风为主,夏半年受副高及亚洲季风影响以南风为主,并且这些区域周边较为空旷、地势较高,南来和北来的气流基本未受阻挡,此外,宜钟夹道及北部山区形成多个与主导风向一致的南北向通道,狭管效应使长驱直入的气流在此处不断加速,致使这些区域风速较大且主导风向特征明显。鄂西南利川齐岳山地势较高、地形突出,主要为西北-东南风向。鄂东南的阳新处于大别山与幕阜山之间的低山丘陵地带,风向受地形影响较大,也为西北-东南风向。

此外,各测风塔风能方向分布和风向频率分布基本一致,即主导风向下,其风能频率相对也较大,这种特征也有利于风资源的开发。

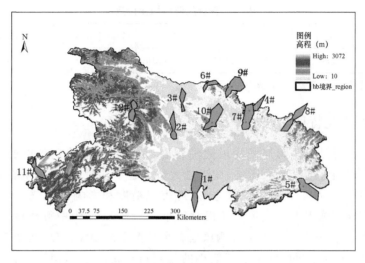

图 7   各测风塔风向频率分布图(70 m/80 m 高度)

3.3   风切变指数变化特征

风切变指数是涉及风机安全的一个重要参数,风机的设计和选型都要考虑风切变指数的大小,风切变若较大,将对风机造成较大的风负载和疲劳损失,影响风机使用寿命和运行安全[8,9]。表 6 中风切变指数为采用测风塔各层日平均风速计算获得逐日风切变指数后全年的平均值,可见各塔 10 m～70(80)m 高度风切变指数在 0.02～0.21 之间,海拔在 700 m 以上的测风塔风切变指数相对较小,均在 0.1 以下,海拔最低的 1# 测风塔风切变指数最大为 0.21。图 8 为各测风塔年平均风速垂直廓线,可见山区风速随高度变化比较复杂,但总体而言,10～30 m 随高度增加风速增加幅度较大,这与大部分测风塔下垫面植被较丰富有关,30 m 以上风速增加明显变小,在 30～80 m 或 50～80 m 高度有等风层或风速随高度减小的情况,这是湖北省高山区风速随高度变化的特殊规律。

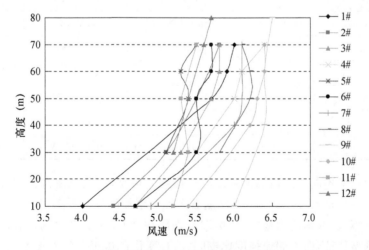

图 8   各测风塔年平均风速垂直廓线

表6 各测风塔风切变指数

塔号	1#	2#	3#	4#	5#	6#	7#	8#	9#	10#	11#	12#
切变指数	0.208	0.145	0.111	0.176	0.082	0.101	0.122	0.068	0.042	0.092	0.019	0.092

注:风切变指数均采用逐日风速资料计算。

3.4 湍流强度变化特征

湍流强度表示瞬时风速偏离平均风速的程度,是评价气流稳定程度的指标,该指标的大小对风力发电机组性能有较大影响,湍流过大会引起极端荷载,对风电机组造成破坏,还会影响输出功率[10]。大气湍流强度与地形、地表粗糙度和影响的天气系统类型等因素有关。湍流强度在0.1或以下时表示湍流相对较小,0.1～0.25为中等程度湍流,在0.25以上表明湍流过大[11]。表7中给出了各测风塔各种情况下的湍流强度,可见各塔有效风速段湍流强度在0.10～0.17之间,处在中等偏小的强度;15 m/s风速段即大风下的湍流强度在0.07～0.12之间,处于相对较小的强度;主导风向下的湍流强度在0.10～0.17之间,为中等偏小强度。

表7 各测风塔大气湍流强度(70 m/80 m高度)

序号	有效风速段	15 m/s风速段	前三位风向下的湍流强度		
			主导风向	第二多风向	第三多风向
1#	0.102	0.086	0.100/N	0.096/NNE	0.097/S
2#	0.150	0.123	0.136/N	0.112/NNW	0.159/SSE
3#	0.124	0.076	0.101/S	0.170/SSW	0.101/S
4#	0.174	0.133	0.146/NE	0.172/ENE	0.188/WSW
5#	0.161	0.075	0.133/SE	0.149/ESE	0.156/NW
6#	0.172	0.105	0.177/E	0.142/SSW	0.165/ENE
7#	0.148	0.100	0.114/NNE	0.155/N	0.100/NE
8#	0.152	0.117	0.145/NE	0.136/SW	0.135/SSW
9#	0.143	0.101	0.141/E	0.151/NE	0.147/ENE
10#	0.149	0.088	0.134/E	0.107/NE	0.125/ENE
11#	0.153	0.083	0.138/N	0.134/NNE	0.187/S
12#	0.168	0.093	0.150/S	0.143/SSW	0.150/S

图9为各测风塔不同风速段湍流强度变化曲线。可见,各测风塔湍流强度随风速的变化趋势基本一致,3～6 m/s风速段湍流强度随着风速的增加而急剧下降;6 m/s以上湍流随风速的增加变化幅度不大,基本较为稳定,各塔湍流强度在0.06～0.17之间。各塔湍流强度日变化均呈现为单峰型特征,白天湍流强度比夜间大,日变化在0.05～0.2之间,且低海拔(丘陵山岗)日变化相对较小(图10)。

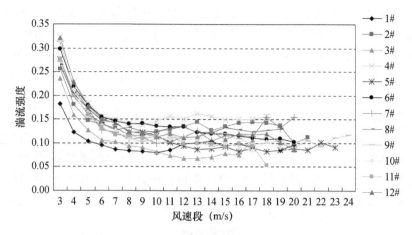

图 9　各测风塔不同风速段湍流强度变化曲线(70 m/80 m 高度)

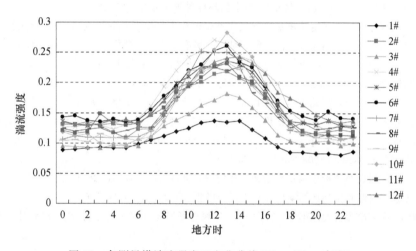

图 10　各测风塔湍流强度日变化曲线(70 m/80 m 高度)

4　结论与讨论

通过以上对分布在湖北省山区风资源较为丰富的 12 个测风塔资料的深入分析,可总结湖北省山区风资源主要具有以下特征:

(1)风速季节变化为春季大秋季小,日变化为夜间大白天小,日变化幅度相对较大的测风塔主要分布在 400～900 m 高度;风速主要集中在 3～9 m/s 风速段,有效风速频率在 79%～92%之间,10 m/s 以上风速频率在 8%～18%之间;最大风速超过 22 m/s 的频率很低,即破坏性风速出现少。

(2)风向频率较为集中,主要分布在偏南和偏北两个相反的方位;风能方向分布和风向频率分布基本一致。

(3)风速随高度变化较为复杂,10～30 m 高度风速增加幅度较大,50～80 m 高度存在等风层或风速随高度减小的情况;海拔在 700 m 以上的测风塔风切变指数较低海拔测风塔相对较小。有效风速段、大风及主导风向下的湍流强度均为中等。

综上所述,湖北省山区破坏性风速少、风向分布集中且与风能方向分布一致、湍流强度中等,这些特征均有利于风资源开发及风机排列布局,但同时还需充分考虑山区风的特殊性,首先,冬季风速在全年处于中等水平,对整个风电场的运行效益至关重要,但山区冬季覆冰较为严重,可考虑使用具有抗覆冰功能的风机;其次,风速主要分布在中、低等风速段,在风机选型时尽量采用该风速段发电量高的风机,有利于风资源的充分利用;再次,50~80 m高度存在等风层或风速随高度减小的情况,因此在机型轮毂高度选择上需慎重,若能在同等风速下选择较低轮毂高度可有效降低投资成本及安装难度;最后,山区风速的季节和日变化均有利于风、光、水资源的互补,因此在风电场规划初期,可充分考虑所在地理位置及地形,若周边有水体,可与水能互补,若山体较为平缓且植被稀少,可布设光伏电池板,与太阳能互补,这样可充分利用该区域资源,不但能增加发电量,而且能有效降低风电的波动性对电网的冲击,便于调度管理。可见,充分全面的掌握山区风的特性,才能更加有效、最大程度地利用资源、节约成本。

参考文献

[1] 李俊峰.2012中国风电发展报告[M].北京:中国环境科学出版社,2012:28.

[2] 陈正洪,许杨,许沛华,等.风电功率预测预报技术原理及其业务系统[M].北京:气象出版社,2013.

[3] 杨宏青,刘敏,冯光柳,等.湖北省风能资源评估[J].华中农业大学学报,2006,25(6):343-349.

[4] 洪祖兰,张云杰.山区风资源特点和对风电机组、风电场设计的建议[J].云南水力发电,2008,24(3):4-9.

[5] 高阳华,张跃,陈志军,等.山区风能资源与开发[J].山地学报,2008,26(2):185-188.

[6] 陈鹤,周顺武,熊安元,等.河北省风能详查区风速日变化特征[J].干旱气象,2011,29(3):343-349.

[7] 刘敏,孙杰,杨宏青,等.湖北省不同地形条件下风随高度变化研究[J].气象,2010,36(4):63-67.

[8] XU L. Enhanced control and operation of DFIG-based wind farms during network unbalance energy conversion[J]. IEEE Transaction,2008,23(4):1073-1081.

[9] 彭怀午,冯长青.风资源评价中风切变指数的研究[J].可再生能源,2010,28(1):21-28.

[10] 刘伟.湍流强度对叶片扭转的影响[J].甘肃科学学报,2012,24(2):104-106.

[11] 科学技术部,国家电力公司.GB/T 18710—2002:风电场风能资源评估方法[S].北京:中国标准出版社,2002,6.

武汉云雾山风能资源定量评价及开发建议 *

摘　要　利用武汉市黄陂云雾山上一座 80 m 测风塔的测风资料,结合武汉市、黄陂区气象站气象资料,依据相关技术规范及统计方法,在资料完整性、合理性的基础上,对云雾山地区年平均风速、风功率密度、单机等效满负荷运行小时数等相关风能参数进行计算分析与评价,旨在为武汉市首座风电项目开发提供科学依据。结果表明:(1)黄陂地区影响风电厂运行的极端气象条件有暴雨、雷电、低温冰冻及大风等;(2)长年平均状况下,测风塔 80 m 高度平均风速为 6.0 m/s,平均风功率密度为 255.4 W/m^2,风能资源为 2 级;(3)测风塔 80 m 高度 3～22 m/s 有效风速频率为 86.0%,风能频率主要集中在 6～15 m/s 风速段,频率为 79.9%;80 m 高度风向主要集中在 ENE-E 和 W-WNW 两个基本相反的扇区,风能方向分布和风向频率分布基本一致;80 m 高度有效风速段年平均湍流强度为中等,15 m/s 风速段的湍流强度较小(0.107);测风塔 30 m 以上风切变指数为 0.176;(4)采用四种主流机型,估算测风塔 80 m 处标准空气密度下的长年代单机理论年发电量分别为 430.5～678.1 万 kW·h,等效满负荷发电小时数为 1947～2132 h。该地区风能资源具有较好开发利用价值,建议风电场的规划设计、建设运行更要与当地旅游业的和谐统一,要加强对景区内生态环境的保护,同时重视和防御极端天气气候事件对风电场正常运行的不利影响。

关键词　风能资源评价;平均风速;平均风功率密度;风向频率;开发利用建议

1　引言

风能作为一种清洁的可再生能源,对于能源缺乏而又面临重大环保压力的中国经济,意义重大[1]。根据"十二五"风电规划,到 2015 年我国风电并网装机容量将达到 1 亿 kW 以上,发电量达到 1900 亿 kW·h。通常风电场的开发主要考虑三方面因素:风能资源、交通运输、并网条件,而风能资源评价是风电场是否具有开发价值的重要依据,并且风能资源评价对风电场的验收、运行管理及后评估[2]都有着重要意义。

湖北省的地形结构大体是"七山一水两分田",其风能资源主要分布在北部及汉江中游的主要风口、山体相对孤立的中高山区以及大型湖泊的周边等具有特殊地形地貌的区域[3]。武汉市地势低平,过去一直被认为风能资源贫乏,至今未有风电开发项目。武汉市属亚热带季风气候,雨量充沛、光照充足,热量丰富,四季分明,云雾山位于武汉市黄陂区西北部,是大别山脉与江汉平原的过渡地带,一般海拔高度在 400～600 m,主峰海拔 709 m,现为国家 AAAA 级景区。山上植被茂密,该区域主导风向(东北-西南向)上比较空旷,风速较大。利用黄陂云雾山上设立的一座 80 m 测风塔测风资料,对其轮毂高度上的平均风速和风功率密度等风能资源参数进行评价,旨在为武汉市首座风电项目的开发提供科学依据与合理建议。

＊　方怡,**陈正洪**,孙朋杰,陈城. 风能,2014,(7):108-113.

2 资料与方法

本文主要依据《GB/T 18710—2002 风电场风能资源评估方法》(以下简称《评估方法》)等相关规范[4-5]进行资料完整性、合理性检验、风能资源参数计算,结合 Weibull 风频曲线拟合、区域风能资源数值模拟、长年代风能资源评估及单机理论发电量估算等方法,对风电场风能资源进行综合评价。

2.1 资料

取得了云雾山一个 80 m 高测风塔(2882♯)2012 年 12 月 17 日—2013 年 12 月 25 日的气象观测资料,该塔位置为 $31°10'57''N,114°14'32''E$,海拔 537 m,风速观测位于 10、30、60、80 m 层,风向观测位于 10、80 m 层,温度、气压观测位于 8 m 高度。由于植被茂密,对 10 m 高度测风资料有一定影响。

选取黄陂气象站作为参证站,选取其 1959—2012 年间的风速、气温、雷暴等气象要素进行气候特征分析,并利用其 2012 年 12 月 24 日—2013 年 12 月 23 日一个完整年的测风资料进行参证站风况分析。采用武汉气象站近 20 年 500 m 高度探空风速以及黄陂气象站近 20 年平均风速历史资料,以进行长年代风能资源评估。

2.2 风能参数计算方法

利用测风塔 2012 年 12 月 24 日—2013 年 12 月 23 日一个完整年的逐时风速、风向资料对其进行完整性、合理性检验,测风塔 10~80 m 高度风速、风向有效数据完整率在 97.5%~98.5%,符合《评估方法》提出的完整率达到 90% 以上的要求。相关风能资源参数计算公式如下:

风功率密度:

$$D_{WP} = \frac{1}{2n} \sum_{i=1}^{n} \rho \cdot v_i^3 \tag{1}$$

式(1)中,D_{WP} 为设定时段的平均风功率密度(W/m²);n 为设定时段内的记录数;v_i 为第 i 记录风速(m/s)值,ρ 为空气密度

湍流强度:

$$I = \frac{\sigma_v}{V} \tag{2}$$

湍流强度表示瞬时风速偏离平均风速的程度,是评价气流稳定程度的指标。大气湍流强度与地形、地表粗糙度和影响的天气系统类型等因素有关。式(2)中,I 为湍流强度;σ_v 为 10 min风速标准偏差(m/s);V 为 10 min 平均风速(m/s)。I 在 0.1 或以下时表示湍流相对较小,在 0.25 以上表明湍流过大。

风切变指数:

$$V_2 = V_1 \left(\frac{Z_2}{z_1}\right)^{\alpha} \tag{3}$$

式(3)中,V_2 为高度 Z_2 处的风速(m/s);V_1 为高度 Z_1 处的风速(m/s),Z_1 一般取 10 m 高度;α 为风切变指数,其值的大小表明了风速垂直切变的强度。

2.3 Weibull 分布参数

风频曲线拟合采用 Weibull 分布,其概率密度函数用下式表示:

$$V(x) = \frac{K}{A} \left(\frac{x}{A}\right)^{K-1} \exp\left[-\left(\frac{x}{A}\right)^K\right] \tag{4}$$

式(4)中:V 为风速,A 为尺度参数,K 为形状参数。

2.4 风能资源数值模拟方法

根据大气动力学、热力学基本原理建立基于气象模式的高分辨率风能资源数值模型是较为详细摸清风能资源分布的重要手段[6],模拟结果可以填补无测风地区风资源状况的空白,并且对风电场选址有重要的价值。

2.5 长年代风能资源评估

采用武汉气象站 500 m 高度探空风速以及黄陂气象站平均风速历史资料进行长年代风能资源评估,从而对观测年的测风塔风速进行订正。采用探空资料可以较好撇除地面观测站受周边环境等变化而造成的风速减少。

2.6 单机发电量及等效满额发电小时数

分别以 WTG 87/1500 kW、H111/2000 kW、UP105/2000 kW、EN121/2300 kW 四种风机为参考机型估算发电量。在标准空气密度 1.225 kg/m³ 下,四种机型切入风速、额定风速、切出风速分别为 3.0 m/s,10.0 m/s,22.0 m/s;3.0 m/s,10.0 m/s,25 m/s;3.0 m/s,9.8 m/s,25.0 m/s;3.0 m/s,13.0 m/s,25.0 m/s。

单机年发电量:
$$W = a \cdot \sum K_v \cdot H_v \quad (kW \cdot h) \tag{5}$$

单机等效满负荷运行小时数:
$$H = \frac{W}{K} (h) \tag{6}$$

式(5)、(6)中,K_v 为 3.0－25.0(22.0)m/s 对应的功率曲线值(kW);H_v 为观测年 3.0－25.0 m/s 各风速对应的年小时数(h),a 为折减系数(通常取 0.7 左右),K 为额定功率(kW)。

3 结果分析

3.1 参证站主要气象灾害特征分析

黄陂区影响风电场运行的主要气象灾害为暴雨、雷电、低温冰冻及大风等(见表1),近年更趋极端,如 2008 年我国南方发生严重冰雪灾害,黄陂气象站结冰日数多达 54 d,与 1984 年并列第一;2012 年 7 月 12 日～13 日黄陂区遭遇 2 次超百年一遇的强降水,其中 13 日气象站日降水量达到了 285.2 mm,为有记录以来最大值;2013 年黄陂区频繁遭遇大风或龙卷风袭击,8 月 1 日、11 日、18 日区域自动站瞬时极大风速到达了 22.6 m/s、23.9 m/s 和 15.5 m/s。

表 1 黄陂主要不利气候特征值(1960—2012 年)

要素名称	年平均值(d)	年最大值(d)	年最大值出现年份
暴雨日数	5.1	16	1983、1991
雷暴日数	33.2	56	1963
结冰日数	35.5	54	1984、2008
大风日数	6	30	1966

3.2 测风塔各高度风能资源参数分析

3.2.1 平均风速月、日变化

测风塔各高度逐月平均风速见图1。10 m、30 m、60 m、80 m高度年平均风速分别为 3.2 m/s、5.3 m/s、6.0 m/s、6.3 m/s,显然随高度上升风速逐步增加。各高度逐月平均风速最大值均出现在7月,最小值均出现在9月。80 m高度有4个月(3月、4月、7月、8月)平均风速在7.0 m/s以上,其他各月在5.0~6.2 m/s之间。10 m高度因植被影响风速较小。

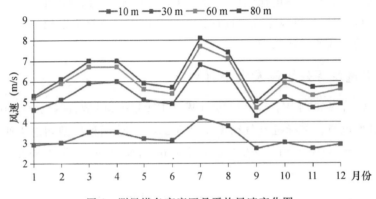

图1 测风塔各高度逐月平均风速变化图

测风塔各高度平均风速日变化曲线见图2,其日变化特征均为夜间风速大,白天风速小,中午风速最小。测风塔全年逐小时平均风速80 m高度均在5.2~7.1 m/s之间,其中21时—次日07时是全天风速相对比较大的时段,08—20时是全天风速相对比较小的时段,最小值出现在11—14时。

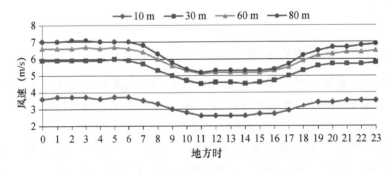

图2 测风塔各高度逐时平均风速变化图

3.2.2 逐月及年平均风功率密度

测风塔各高度逐月平均风功率密度与平均风速变化趋势十分一致。各月平均风功率密度 80 m高度在182.8(6月)W/m² ~421.2(7月)W/m² 之间,80 m高度有5个月(2月、3月、4月、7月、8月)平均风功率密度在300 W/m²以上。测风塔10 m、30 m、60 m、80 m高度年平均风功率密度分别为37.2 W/m²、176.4 W/m²、253.9 W/m²、288.0 W/m²。见图3。

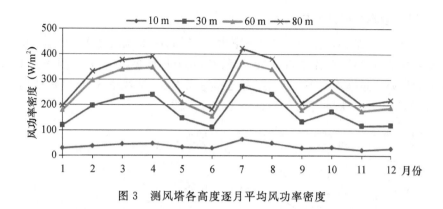

图 3　测风塔各高度逐月平均风功率密度

3.2.3　风速频率和风能频率

测风塔各高度(10～80 m)有效风速频率在 60.2%～86.0%。80 m 高度风速频率主要集中在 3～9 m/s 风速段,频率为 69.0%,10 m/s 风速段以上的频率为 17.0%。80 m 高度风能频率主要集中在 6～15 m/s 风速段,频率为 79.9%。见表 2 和图 4。

表 2　测风塔观测年度各风速段小时数(h)

测风高度	风速段(m/s)																			
	3	4	5	6	7	8	9	10	11	12	13	14	15	16	17	18	19	20	21	22
10 m	1891	1503	937	463	229	93	46	9	0	0	0	0	0	0	0	0	0	0	0	0
30 m	1254	1218	1222	969	765	613	423	257	164	124	75	39	33	26	9	3	2	0	0	0
60 m	1077	1015	1038	892	836	703	546	441	271	154	127	97	61	38	33	14	6	3	2	1
80 m	941	928	959	901	819	721	623	462	347	210	148	97	74	46	33	26	12	2	3	1

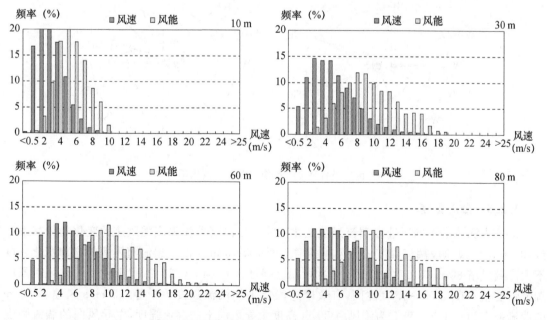

图 4　测风塔各高度风速和风能频率分布直方图

3.2.4 风向频率与风能方向频率

测风塔 10 m 全年最多风向为 ENE,频率为 18.8%,次多风向为 W,频率 10.3%,第三多风向为 NE,频率为 9.9%,三者之和为 39.0%;80 m 全年最多风向为 E,频率为 18.2%,次多风向为 ENE、WNW,频率均为 10.1%,三者之和为 3.4%。测风塔 80 m 高度风向主要集中在 ENE-E 和 W-WNW 两个基本相反的扇区。见图 5 和图 6。

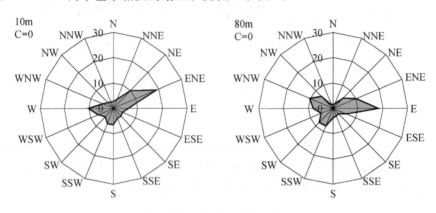

图 5　测风塔各高度年风向频率玫瑰图(%)

测风塔 80 m 高度 E 风向的风能频率最大,为 31.9%,其次为 ENE,频率为 17.1%,再次为 WNW,频率为 13.6%,三者之和为 62.6%;

可见,测风塔风能方向分布和风向频率分布一致,即主导风向下,其风能频率也大,这种特征有利于风机的排列布局及风能的利用。

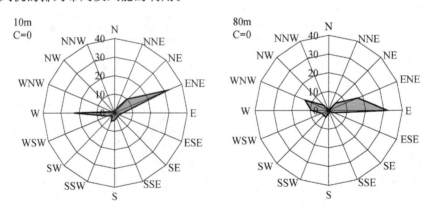

图 6　测风塔各高度年风能方向频率玫瑰图(%)

3.2.5 湍流强度

图 7 为测风塔不同风速段湍流强度变化曲线。各高度湍流强度随风速的变化趋势基本一致,3~6 m/s 风速段湍流强度随着风速的增加而下降,6 m/s 以上湍流随风速的增加变化幅度不大。测风塔 80 m 高度 3~6 m/s 风速段湍流强度在 0.14~0.30 之间,7~22 m/s 风速段内湍流强度基本在 0.09~0.13 之间,有效风速段年平均湍流强度为中等,15 m/s 风速段 80 m 的湍流强度为 0.107。表 3 为测风塔 80 m 高度主导风向下的湍流强度,主导风向的湍流强度为中等。

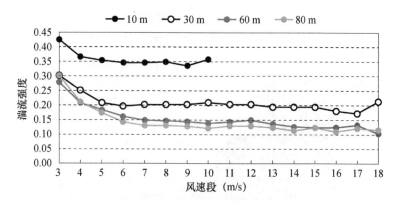

图 7　测风塔不同风速段湍流强度变化曲线

表 3　测风塔 80 m 高度 3～22 m/s 风速段主导风向下湍流强度

	主导风向	第二多风向	第三多风向
80 m	0.174/E	0.174/ENE	0.179/WNW

3.2.6　风切变指数

根据测风塔观测年度各高度的平均风速实测值,采用幂指数方法,计算其风切变指数。由于测风塔 10 m 高度风速受到植被遮挡偏小,所以计算风切变指数时不纳入 10 m 高度。测风塔 30～80 m 高度风切变指数为 0.176。见图 8。

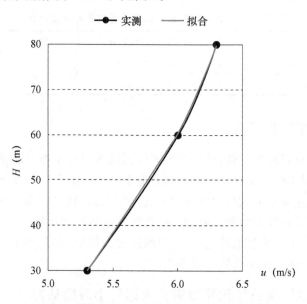

图 8　测风塔 80 m 高度年平均风速垂直廓线

3.2.7　80 m 高度风频曲线及 Weibull 分布参数

采用 Weibull 分布曲线拟合得到测风塔 80 m 高度的尺度参数 A 值为 7.08 m/s、形状参数 K 值为 1.9。由图 9 可见,测风塔 80 m 高度 Weibull 分布曲线与风速频率基本吻合。

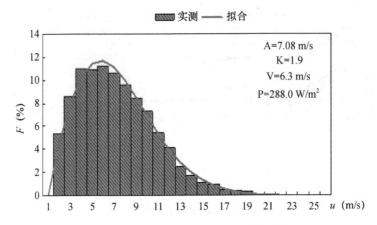

图 9　测风塔 80 m 高度 Weibull 分布曲线图

注：A 为尺度参数、K 为形状参数、V 为平均风速、P 为平均风功率密度。

3.2.8　对测风塔 80 m 高度风能资源的长年代订正

综合历史探空资料及气象站资料（表 4），武汉探空站、黄陂气象站在 2013 年的平均风速均大于其在近 20 年、近 10 年、近 5 年的平均风速，这说明观测年的平均风速会比其长年平均风速值要大，因此将测风塔在观测年的平均风速减去 0.3 m/s 后的结果，可代表长年代风能资源状况。因此，推算出测风塔长年平均状况下，80 m 高度平均风速分别为 6.0 m/s，平均风功率密度为 255.4 W/m²。

表 4　武汉、黄陂气象站观测年及历史平均风速对比

	观测年	近 20 年	近 10 年	近 5 年
武汉探空站平均风速(m/s)	6.3	5.8	6.0	5.9
黄陂气象站平均风速(m/s)	2.0	1.8	1.8	1.8

3.3　区域风能资源数值模拟

考虑到云雾山地理环境的复杂，单个测风塔的测风数据并不能代表整个风电场的风能状况。因此，采用数值模拟的方法模拟黄陂云雾山地区 1 km 水平分辨率下的年平均风速。如图 10 所示，模拟的风速分布形式与山体走向一致，风电场区域风资源状况明显较周边地区丰富。测风塔处于风资源状况最好的区域，80 m 高度模拟年平均风速在 5.7 m/s 以上，较实测值偏低，主要是由于这里模式模拟的是 2007 年风速分布情况，并且由上述长年代风能资源评估可知 2013 年平均风速较长年代风速值偏大。

3.4　单机理论发电量及长年代等效满负荷运行小时数估算

根据测风塔观测年度实测风数据，分别以 GW 87/1500 kW、UP105/2000 kW、H111/2000 kW、EN121/2300 kW 为参考机型，结合风机机型、轮毂高度，估算测风塔 80 m 处标准空气密度下的长年代单机理论年发电量分别为 430.5 万 kW·h、570.0 万 kW·h、609.2 万 kW·h、678.1 万 kW·h。在理论发电量的基础上，考虑空气密度、风机尾流、风机可利用率、能量损耗、气候等影响，计算测风塔 80 m 高度长年代年单机等效满负荷运行小时数

分别为2009 h、1947 h、2132 h、2064 h。风机标准空气密度下的功率曲线见图11。

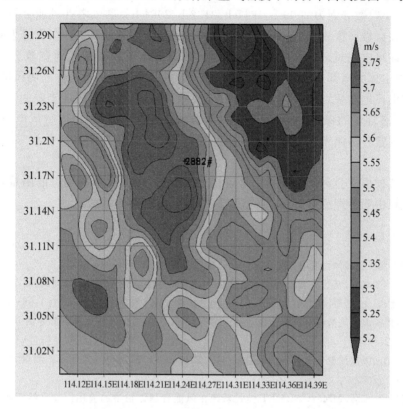

图 10　云雾山地区 80 m 高度层 1 km 分辨率年平均风速(m/s)

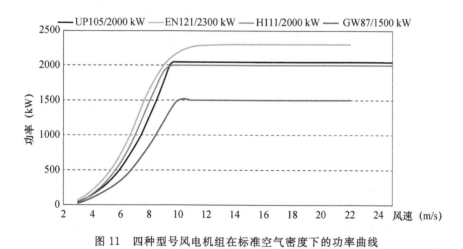

图 11　四种型号风电机组在标准空气密度下的功率曲线

4　结果与讨论

(1)黄陂云雾山 2882♯测风塔 80 m 高度处长年平均状况下平均风速分别为 6.0 m/s,平均风功率密度为 255.4 W/m²。采用 GW 87/1500 kW、UP105/2000 kW、H111/2000 kW、EN121/2300 kW 四种机型估算测风塔 80 m 处标准空气密度下的长年代单机理论年发电量分别为 430.5 万 kW·h、570.0 万 kW·h、609.2 万 kW·h、678.1 万 kW·h,长年代年单机等效满负荷运行小时数分别为 2009 h、1947 h、2132 h、2064 h。测风塔处风能分布较集中,破坏性风速少,且该区域海拔较低,有利于风机的正常运行,因此该处风资源具有开发利用价值。

(2)由于该风电场规划区域地形复杂,为了更详细地了解该处风能资源分布,建议在东北-西南走向山体的南部以及南边的西北-东南走向山体的中部各建一座测风塔进行观测。

(3)云雾山风电场规划区域位于国家 AAAA 级景区内,在利用风能资源的同时,也不能忽视对景区内生态环境的保护,做到商业效益与自然资源和谐统一,争取将风电场建成景中一景,让游客在欣赏自然风光的同时,感受独特的风车景观,体验新能源产业将"风害"变"绿电"的奇妙过程。

(4)极端气候事件会对风电场的正常运行产生影响,增加成本和运行的困难,在风电场的开发、运行过程中要特别注意低温冰冻、雷暴、大风对风电场的影响。

参考文献

[1] 傅赐福.关于发展我国风力发电问题的思考[J].能源与环境,2004(1):18-20.

[2] 邹红,曾利华,王晓冬.基于风能资源的风电场后评估[J].科技创新与应用,2013(29):5-7.

[3] 杨宏青,刘敏,冯光柳,等.湖北省风能资源评估[J].华中农业大学学报,2006,25(6):683-685.

[4] 中华人民共和国国家质量监督检验检疫总局.GB/T18710—2002 风电场风能资源评估方法[S].中国标准出版社,2002.

[5] 中华人民共和国国家质量监督检验检疫总局.GB/T18709—2002 风电场风能资源测量方法[S].北京:中国标准出版社,2002.

[6] 周荣卫,何晓凤,朱蓉.MM5/CALMET 模式系统在风能资源评估中的应用[J].自然资源学报,2010,25(12):2101-2113.

1958—2013 年武汉市中低空风速变化特征分析 *

摘　要　采用武汉市 1958—2013 年逐日探空风资料,利用离差系数、气候倾向率、小波分析、Yamoto 突变检验(信噪比指数)等方法,系统揭示该地中低空(500、1000、1500、2000 m)年、季、月平均风速的周期性与非周期性变化,通过指数曲线拟合揭示风速随高度变化特征。结果表明:(1)各层月平均风速均为双峰双谷型,7 月、3—4 月为峰,6 月、9—10 月为谷,7 月达 7.0~8.1 m/s,谷值仅 5.4~5.9 m/s,即春夏季风速大,秋季小。(2)风速随高度上升呈线性或指数增加,地面至 500 m 年、季平均风速增加约 3.8~4.0 m/s(地面仅约 2.0 m/s),a 为 0.241—0.294,从 500 m 到2000 m年平均风速从 5.9 m/s 升到 6.9 m/s,其中冬春季快,秋季慢,风廓线指数 α 为 0.066~0.170;(3)各层年平均风速均呈减小趋势,1500 m、2000 m 层达显著,每 10 a 分别减小 0.063 m/s 和 0.074 m/s,秋季减小显著,夏季减少不明显;(4)月平均风速离差系数为双峰双谷型(500 m 为单峰型除外),主峰 6—8 月离差系数达 0.15 以上,1 月为次峰,这些月风速年际变化大;(5)各层年平均风速周期均有 12~30 a(2000 m 除外)、2~4 a,500 m 层则为 7~8 a(仅 1960's),前者对应夏秋季,后者对应冬春季;(6)年、季平均风速均在 1983—1986 年突变上升和 1991—1993 年突变下降,且突变次数随高度减少,500 m 层最多,2000 m 层除秋季外无突变。深刻认识这些特征可为本地区山区风电场规划、选址、设计、运营提供技术支撑。

关键词　中低空;平均风速;风廓线指数;趋势变化;波动性;周期性;突变性

1　引言

　　最近 20 年来,世界性的能源紧张、环境污染和气候变化使新能源的开发进入新的高潮。风电因技术成熟、可大规模开发、成本相对较低,近年得以长足发展,极大改善了能源结构、生态环境,促进了社会经济可持续发展。我国风能资源量丰富,"三北"和沿海地区开发利用发展迅速,2010 年至今稳居全球累计装机容量第一[1,2],随着大叶片低风速风机投产、风机价格迅速下降,最近几年已开始应用于我国内陆丘陵山区风电场[3]。目前我国风电场开发利用区域从沿海到青藏高原(最高达 4000 m 以上),中东部、北部地区则主要集中在 2000 m 以下的丘陵山区,揭示我国风能资源的变化特征,可为政府宏观决策、区域规划、风电场风能资源评价及微观选址、电网合理调度等提供科学依据,将有助于我国风电事业的可持续发展。

　　IPCC AR5(2013)[4]指出,尽管对陆地风速的仪器观测已有数十年,至今在世界范围内对地面风速变化研究仍很少(相对于气温的研究),根本原因是测风场地、测风仪器类型及其离地高度变化等重要信息的缺乏。McVicar 等(2012)收集了全球 148 份研究,结果表明自 1960 年代或 1970 年代至 2000 年代早期,陆地近地层风速南北半球的热带和中纬度地区为下降趋势

* 陈城,陈正洪,孟丹.长江流域资源与环境,2015,24(Z1):30-37.

（−0.14 m/(s·10a)），Vautard 等（2010）根据世界风速数据集分析表明，1978～2008 年北半球大部分区域有−0.10 m/(s·10a)的下降趋势。地面风速增大趋势仅出现在高纬度部分地区。在我国，基于地面气象观测[5~7]或全球气候模式预估资料[8]，地面风速结果为一致的减少，而地面风速资料很大程度上含有人类局地活动的直接影响，研究结果常常受到质疑。有学者[9]从全球气候变暖理论证明了南北气流交换减弱，地面风速减少的结论。

关于高空风速变化研究更少，近年才开始增多（IPCC AR5（2013）[4]）。Allen 等研究表明，1979—2005 年间在对流层上层和平流层温带西风为显著增加趋势，而在热带的对流层上层为减少趋势。Vautard 等发现 1979—2008 年间欧洲和北美上空对流层中低层探空风速变大趋势，而亚洲中东部为减少趋势。张爱英等研究表明[10]，1980—2006 年间我国对流层中下层和对流层上层风速呈下降趋势，平流层下层风速呈上升趋势，但未通过显著性检验。王毅荣等[11]利用河西走廊地区 17 个绿洲气象站和 10 个高山站 1970—2004 年的资料以及七个测风塔 2004—2005 年一年的资料分析得出：探测环境变化较大的绿洲气象站风速减小明显，而探测环境变化较小的高山站风速减小不明显甚至有的有增加趋势。同时发现风速演变存在 4 年左右和 10～14 a 的振荡周期，4 a 周期最为明显。刘学锋等[12]利用河北省 3 个探空站 36 a 的资料分析得出其中两个站点地面平均风速显著减小，另一站点有略微减小趋势，而 300，600，900 层的年平均风速各站变化均不同，有的呈增加趋势，有的呈下降趋势，这与台站的地理环境有关。于敏宏等[13]利用黑龙江 4 个探空站 50 a 的资料研究得出地面年平均风速显著减弱，但 300，600，900 m 层的年平均风速有不显著的增加趋势。

500 m 以上探空资料则受到以上诸多人类直接影响较小，具有较好参考价值，但其风速变化也是值得研究的。利用武汉探空站 1958～2013 年 500，1000，1500，2000 m 等 4 个层次的风速资料进行风能资源特征分析，包括各层的平均风速及季节变化、垂直变化，平均风速波动性及周期性，不同层次平均风速变化趋势对比分析，平均风速突变情况等，对武汉乃至我国南方丘陵山区风能资源开发具有重要意义。

2 资料与方法

2.1 资料

从中国气象科学数据共享中心获取武汉探空站 1958—2013 年共 56 a 逐日 08 时、20 时次中低空（500 m，1000 m，1500 m，2000 m 等 4 层）的风速值和同期地面逐月、年平均风速（采用受城市影响较小的黄陂区气象站代替）。武汉市和黄陂区气象站海拔高度分别为 23.6 m，31.6 m。

2.2 方法

本文采用以下方法系统揭示武汉地区低空风能资源的变化特征，包括：

（1）不同时间尺度（年、季、月）平均风速：

以两个时次的平均值代表日平均风速，进一步换算为逐年、累年不同时间尺度（年、季、月）平均风速值。并与武汉市黄陂气象站同期地面累年平均风速对比。

（2）风速的高度变化采用幂指数法（α 指数）：

$$V_2 = V_1 \left(\frac{Z_2}{Z_1}\right)^{\alpha} \tag{1}$$

式中，V_2 为高度 Z_2 处的风速（m/s）；V_1 为高度 Z_1 处的风速（m/s），α 指数大（小）表明风速随高度变化快（慢）。

（3）风速的波动性分析采用离差系数（变差系数）：

$$C_v = \frac{\sigma}{\overline{V}} \tag{2}$$

式中：C_v 为离差系数（无量纲），该值越大，说明年际波动越大；σ 为标准差（m/s）；$\overline{V}$ 为平均值（m/s）。

（4）风速的周期性分析采用小波分析方法：

1）将标准化的风速序列 $f(t)$ 和 Morlet 小波代入下式：

$$W_f(a,b) = |a|^{-\frac{1}{2}} \Delta t \sum_{k=1}^{N} f(k\Delta t) \overline{\Psi} \left(\frac{k\Delta t - b}{a} \right) \tag{3}$$

式中，a 为尺寸因子，反映小波的周期长度；b 为时间因子，反映时间上的平移；$W_f(a,b)$ 称为小波变化系数。取不同的 a 和 b，计算小波变换系数 $W_f(a,b)$。绘制以年份 b 为横坐标、不同时间尺度 a 为纵坐标的二维小波变换系数等值线图。

2）根据小波变换系数计算出小波方差 $\mathrm{var}(a)$：

$$\mathrm{var}(a) = \int_{\infty}^{\infty} |W_f(a,b)|^2 \mathrm{d}b \tag{4}$$

并绘制出小波方差图。在小波方差图上找出极大值点对应的时间尺度 a，即为其周期 T。

（5）风速的趋势性分析采用线性拟合方法：

$$V = a + bt \tag{5}$$

式中：V 为平均风速（m/s），t 为年序数（1958—2013 年依次为 $1, \cdots, 56$），拟合方程的相关系数称为相似系数（r）。

通常把 $b \times 10$ 称为气候倾向率（m/(s · 10a)），正值为增大趋势，负值为减少趋势。当 $|r| \geqslant 0.263$、0.341 时，表示分别通过显著（0.05）、极显著检验（0.01）。

（6）风速的突变性采用 Yamoto 法进行检验[14]：

$$AI_j = \frac{\overline{x_1} - \overline{x_2}}{\sigma_1 + \sigma_2} \tag{6}$$

式中：AI 为信噪比指数，j 为某一年；$\overline{x_1} - \overline{x_2}$、$\sigma_1 + \sigma_2$ 分别为某年前、后 m 年（本文取 5 年）均值之差和标准差（均方差）之和。并规定：$|AI_j| \geqslant 1.0$ 时，j 点为突变点；当 $AI \geqslant 1.0$ 时，表明平均风速突然减小；当 $AI \leqslant -1.0$ 时，表明平均风速突然增大。

季节划分为：春季（3—5 月）、夏季（6—8 月）、秋季（9—11 月）、冬季（12—2 月）。

3 结果分析

3.1 不同高度平均风速年内变化及随高度变化分析

3.1.1 年内变化（月、季）及高度变化

图 1、图 2 是武汉地区中低空各层次累年逐月、四季平均风速对照图。可见各层月平均风速分布规律基本一致，均为"两峰两谷型"，其中 3—4 月、7 月为峰，6 月、9—10 月为谷。月最大值均出现在 7 月，在 7.0～8.1 m/s 之间，月最小值出现在 6 月（500 m）、9—10 月（1000～2000 m），仅在 5.4～5.9 m/s 之间。从 500 m 到 2000 m 风速增加较快的为 1—7 月、12 月，其

中 2 月增加 1.7 m/s,8—11 月增加较少,9 月仅增加 0.3 m/s。

各层季平均风速从 500 m 到 1500 m 均为春、夏季大(主要是 7 月,6 月、8 月均较小),秋季最小,冬季居中。2000 m 与此不同,为冬季、春季最大,夏季居中。从 500 m 到 2000 m 风速冬春增加最多,秋季增加最少,夏季居中。

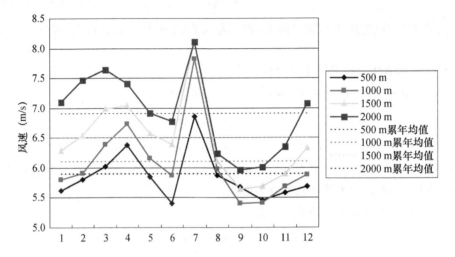

图 1 武汉地区中低空各层次累年逐月平均风速对照图(1958—2013 年)

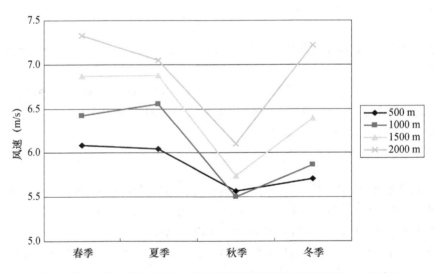

图 2 武汉地区中低空各层次累年四季平均风速对照图(1958—2013 年)

从 500 m 到 2000 m 年平均风速从 5.9 m/s 增加到 6.9 m/s,其中从 500 m 到 1000 m 只增加了 0.2 m/s,而从 1000 m 到 1500 m、1500 m 到 2000 m 各增加了 0.4 m/s。

3.1.2 风廓线指数

图 3 是武汉地区年、四季累年平均风速随高度变化情况,表 1 为对应的各层间风切变指数。可见平均风速随高度增加呈线性或指数增加,其中地面至 500 m 增加快,年、季平均风速增加约 3.8~4.0 m/s(地面平均约为 2.0 m/s),风廓线指数达 0.241~0.294,月平均风速以 7 月增加 5.0 m/s 为最大。从 500 m 到 2000 m 增加较缓,其中冬春略快,秋季最慢,风廓线指

数只有 0.066～0.170,1000 m 以上风速增加加快,尤其是 1500～2000 m 层冬季 α 指数高达 0.425。目前年平均风速在 5.5 m/s 以上才具备经济开发价值,可见在湖北风能资源开发尽量往 500 m 以上的高处发展。

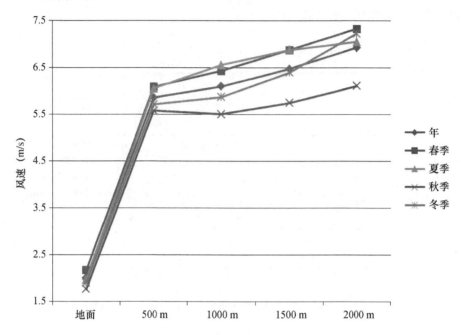

图 3 武汉地区地面至 2000 m 间年、四季累年平均风速随高度变化图

表 1 武汉地区中低空年、四季各层风切变指数 α(地面—2000 m)

高度层	500 m	1000 m	1500 m	2000 m	季节	高度层	1500 m	2000 m
	0.274	0.242	0.234	0.234	年		0.149	0.185
	0.264	0.236	0.230	0.230	春		0.165	0.189
地面 (10 m)	0.287	0.261	0.250	0.241	夏	1000 m	0.118	0.104
	0.294	0.247	0.235	0.234	秋		0.106	0.150
	0.281	0.245	0.242	0.252	冬		0.211	0.300
		0.057	0.091	0.121	年			0.234
		0.079	0.111	0.134	春			0.085
500 m		0.116	0.117	0.110	夏	1500 m		0.212
		−0.018	0.028	0.066	秋			0.212
		0.040	0.103	0.170	冬			0.425

3.2 不同高度平均风速趋势变化、波动性、周期性与突变性

3.2.1 趋势变化

图 4、图 5 是武汉市中低空各层次年、季、月平均风速变化趋势图。可见各层平均风速均呈减小趋势,且越往上越明显,其中 1500 m 和 2000 m 层下降趋势达到显著,过去 56 a 平均风速每 10 a 分别减小 0.063 m/s 和 0.074 m/s。

　　四季中,秋季下降趋势大于其他季节且 1500 m 和 2000 m 达到显著,过去 56 a 平均风速每 10 年分别减小 0.088 m/s 和 0.093 m/s,夏季变化最少。12 个月中 1 月平均风速减小最明显,9 月次之,其中 1 月 1000 m 到 2000 m 均达到极显著,9 月 1500 m 和 2000 m 达到显著。这种趋势如果持续下去将对风电发展不利。

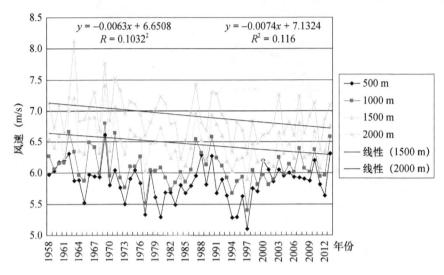

图 4　武汉市中低空各层次年平均风速变化趋势图(1958—2013 年)

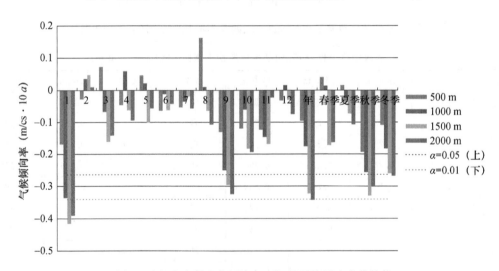

图 5　武汉市中低空各层次年、季、月平均风速变化趋势

3.2.2　波动性

　　图 6、图 7 分别是武汉市中低空各层次累年逐月、四季平均风速离差系数对照图。可见各层次平均风速离差系数逐月分布规律较为一致,除 500 m 为单峰型外,其他层次均为"双峰双谷型",其形状与图 1 完全不同,因为主峰集中在 6—8 月,离差系数在 0.15 以上,最大 0.18,次峰仅为 1 月,从低到中层逐渐增大;谷值集中在 2—5 月、10—12 月,最小只有 0.1。随着高度上升,离差系数以 1 月增加最明显,而平均风速最大的 7 月离差系数逐渐减小,相邻的 8 月离差系数从 500 m 上升到 1000 m 却有所增大,10 月从 500 m 到 1000 m 和 1500 m 离差系数有

所减小,但到2000 m时又有所增大。

各层次平均风速夏季波动最大,春季最小,秋冬季居中,其中从500 m到1500 m风速波动秋季大于冬季,2000 m处则为冬季大于秋季.除秋季外离差系数均随高速增加而增大,冬季增加最为明显(主要是1月引起)。

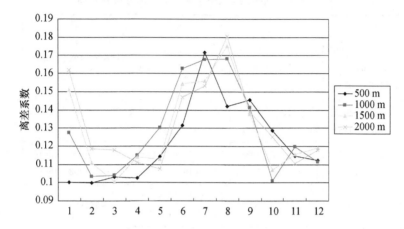

图6 武汉市中低空各层次累年逐月平均风速离差系数对照图(1958—2013年)

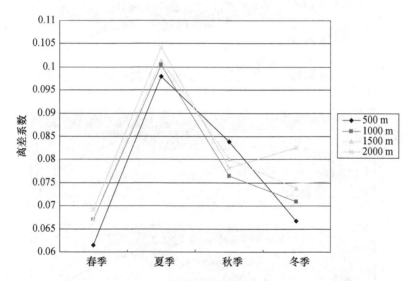

图7 武汉市中低空各层次累年四季平均风速离差系数对照图(1958—2013年)

3.2.3 周期性

表2是通过小波分析得到各层次年、季平均风速序列的主要周期,其中年平均风速的结果来自图8(四季省略),可见各层年平均风速普遍存在12～30 a的长周期(2000 m除外)、2～4 a的短周期等2个主周期,500 m层还存在7～8 a的中等周期(仅1960年代),其中长周期主要出现在夏秋且持续时间跨度长,中短周期主要出现在冬春且出现时间短而零散。

以500 m层为例,年平均风速的强能量振荡集中在12～24 a尺度,主要在20世纪70年代中期到2005年(图8a)。四季中(图略),春季以60年代中期到70年代初期6～8 a的振荡较强,夏季以70年代到90年代后期主要存在16～24 a周期振荡,此外在70年代3～6 a振荡也较强。秋季以 20 世纪 80 年代初期至 2002 年存在 12～24 a 振荡,此外 60 年代初期到 70 年代初期,存在 6～8 a 振荡.冬季以 60 年代初期至 70 年代初期 8 a 和 2～4 a 振荡较明显,70 年代中期至 80 年代初期存在 2～4 a 振荡。

表 2　武汉市中低空年、季平均风速周期分析结果(a)

高度层	年	春	夏	秋	冬
500 m	12～24(1970—2005) 7～8(1960s) 2～3(1965—2000)	6～8(1960s)	12～24(1970—2000)	12～24(1980—2002) 6～8(1960s)	8(1960s) 2～4(1960—1982)
1000 m	20～30(1960—2010) 2～3(1968—1973)	5～7(1960—1980) 3～4(1961—1972)	16～24(1975—2005) 4(1970s)	20～32(1958—2005) 4～7(1958—1967)	2～3(1964—1982)
1500 m	20～24(1975—1992) 2～4(1962—1972)	6～7(1967—1983) 3～4(1960—1972)	16～24(1960—1980) 2～5(1970—1988)	24～30(1965—2010) 4～6(1958—1966)	5～6(1983—1993)
2000 m	2～3(1962s)	2～3(1962s)	16～20(1985—2000) 3～4(1970—1986)	4～5(1958—1966)	4～5(1982—1992) 3～4(2005—2013)

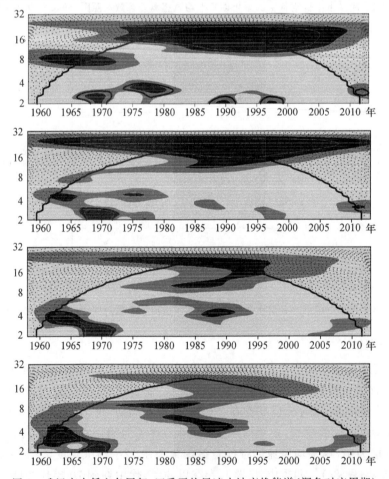

图 8　武汉市中低空各层年、四季平均风速小波变换能谱(深色对应周期)

3.2.4　突变性

表 3 是武汉市中低空各层年、季平均风速突变年份，图 9 则为年平均风速突变量（信噪比指数 AI）时间变化。可以看出年平均风速 500 m 层突变次数最多，突变上升和突变下降各 2 次，四季中秋季突变的层次和次数最多，冬季最少仅有 500 m 层存在 1 次突变。从高度上看，500 m 层年及四季都存在突变，1000 m 和 1500 m 层春、夏、秋季均存在突变，而 2000 m 层仅有秋季存在突变。从整体看，1983—1986 年，1997—1999 年及 2001—2002 年存在突变上升，而 1962—1963 年，1970—1974 年，1991—1993 年，2002—2003 年及 2007 年存在突变下降，其中以 1983—1986 年的突变上升和 1991—1993 年的突变下降最为明显。

表 3　武汉市中低空各层次年、季平均风速突变年份

	年	春	夏	秋	冬
500 m	1962＋, 1986−, 1992~1993＋, 1997~1999−	1963＋, 1970＋, 1998−	1983~1984−	1971＋, 1992＋ 1997~1999−,	1998~1999−
1000 m	1985~1986−	2001−	1991＋, 2007＋	1971~1973＋, 1986−, 1992＋, 1998−, 2003＋	
1500 m	1986−, 1992＋	1991＋, 2001−	1991＋, 2002−, 2007＋	1971＋, 1986−, 1992＋	
2000 m		1974＋, 2002~2003＋			

注：＋代表突变下降，−代表突变上升．

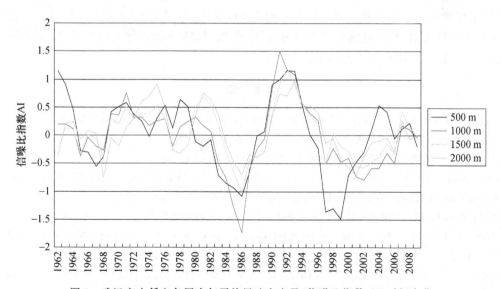

图 9　武汉市中低空各层次年平均风速突变量（信噪比指数 AI）时间变化

4　讨论

　　湖北省地处我国中部,西北东三面环山、形状如向南开口的盆地,长江、汉江自西向东贯穿其中,由于我省为典型的亚热带季风气候区,冬、夏半年分别盛行偏北风和偏南风[16],北部山体较为破碎,中南部低平多湖泊,中东部南北气流交换极其频繁,使我省中东部广大丘陵山区、峡口区域具有较好的风能开发价值[17~19]。武汉市地处盆地(江汉平原)的东部,是北部桐柏山、大别山交接低凹处南下冷空气的通道,也是大别山、幕阜山构成的鄂东沿江喇叭口的出口,其中低空风能资源对我省中东部具有代表性[20]。

　　虽然湖北属于Ⅳ类风区,近年湖北省风电开发仍迅猛发展,本省的可开发风能资源以及现有风电场多分布在山区,有别于三北地区Ⅰ、Ⅱ、Ⅲ类风区的较平坦地形,尽管许多风电公司往往会在山区建立测风塔进行一年观测,仍需要长年代资料进行订正,而地面气象站受迁站、仪器变化、城市化等多重影响,风速急剧减小,年际波动减少,其参证价值大为消弱,利用探空资料进行风能资源评估或对测风塔短期考察资料计算的风能资源进行长年代订正具有重要的现实意义。

　　武汉市中低空风速随高度上升呈线性或指数增加,从地面至 500 m 年、年平均风速从 2.0 m/s 升至 5.9 m/s,从 500 m 到 2000 m 年则又升至 6.9 m/s,根据规范可知,500、1000 m 风能资源为 2 级,1500、2000 m 风能资源为 3 级,均具备较好利用价值,所以在湖北风能资源开发尽量往 500 m 以上发展。

　　然而武汉市中低空平均风速序列的长期减小趋势,尤其是 1500 m、2000 m 层次达到显著程度,这也许是全球气候变化的结果,如果这种趋势持续下去,将对风电开发的经济利益发挥产生不利影响,尤其值得高度关注和进一步研究。

　　至于风速的季节性、波动性、周期性及突变性等,显然属于风的固有特征,即非平稳过程,由于风能与风速是 3 次方的关系,所以风速的这些变化,将带来风力发电功率(量)的剧烈波动,不利于平稳发电,须在能量管理中充分关注,在规划、建设和运行中给予重视,如利用风光水互补性,可以在一定程度平衡风电出力。

参考文献

[1] 中国气象局风能太阳能资源评估中心.中国风能资源的详查和评估[J].风能,2011(8):26-29,38.

[2] 王民浩.2010 中国风电成果统计[J].能源,2011(5):98-103.

[3] 苏晓,赵靓.三四类风区开发:蔚然成风[J].风能,2011(10):25-29,38.

[4] Intergovernmental Panel on Climate Change. Working Group I Contribution to the IPCC Fifth Assessment Report Climate Change 2013:The Physical Science Basis[R]. IPCC,2013.

[5] 江滢,罗勇,赵宗慈.中国及世界风资源变化研究进展[J].科技导报,2009,27(13):96-104.

[6] JIANG Y,LUO Y,ZHAO Z. Maximum wind speed changes over China[J]. Acta Meteor0logica Sinica, 2013,17(1):63-74.

[7] JIANG Y,LUO Y,ZHAO Z C,et al. Changes in wind speed over China during 1956—2004[J]. Theor Appl Climatol(2010)99:421-430. DOI 10.1007/s00704-009-0152-7.

[8] 江滢,罗勇,赵宗慈.中国未来风功率密度变化预估[J].资源科学,2010,32(4):640-649.

[9] 王遵娅,丁一汇.近 53 年中国寒潮的变化特征及其可能原因[J].大气科学,2006,30(6):1068-1076.

[10] 张爱英,任国玉,郭军.近 30 年我国高空风速变化趋势分析[J].高原气象,2009,28(3):680-687.

[11] 王毅荣,张存杰.河西走廊风速变化及风能资源研究[J].高原气象,2006,25(6):1196-1202.

[12] 刘学锋,任国玉,梁秀慧.河北地区边界层内不同高度风速变化特征[J].气象,2009,35(7):46-53.

[13] 于宏敏,任国玉,刘玉莲.黑龙江省大气边界层不同高度风速变化[J].自然资源学报,2013,28(10):1718-1730.

[14] YAMOTO R,IWASHIMA T,SANGA N K,et al(日).气候跃变的分析[J].气象科技,1987,(6):49-57,封3.

[15] 国家质量监督检验检疫总局.GB/T 18710—2002:风电场风能资源评估方法[S].北京:中国标准出版社,2002.

[16] 乔盛西,等.湖北省气候志[M].武汉:湖北人民出版社,1983.

[17] 杨宏青,刘敏,冯光柳,等.湖北省风能资源评估[J].华中农业大学学报,2006,25(6):683-686.

[18] 张鸿雁,丁裕国,刘敏,等.湖北省风能资源分布的数值模拟[J].气象与环境科学,2008,31(2):35-38.

[19] 许杨,杨宏青,陈正洪,等.湖北省丘陵山区风能资源特征分析[J].长江流域资源与环境,2014,23(7):937-943.

[20] 方怡,陈正洪,孙朋杰,等.武汉云雾山风能资源评价及开发建议[J].风能,2014(7):108-113

省级风能资源信息管理及辅助决策平台研制*

摘　要　风能资源的开发在湖北省已呈迅猛发展之势,但全省缺乏统一的风能资源开发的信息管理平台,不利于省级能源主管部门的科学决策和审批,亟需建立一套基于 GIS 技术的全省风能资源信息管理平台。在此背景下,以湖北省境内的测风数据、风能资源评估报告、风电场发电量数据、地理基础数据、高分辨率的高程数据和遥感影像数据等为基础,结合气象站数据、风能资源数值模拟数据,实现对全省风电项目建设进度的跟踪管理、测风数据的管理、风能资源分布的查询、实时数据的监控,再综合应用这些数据,通过 MapGIS 强大的空间分析功能,充分挖掘有价值的信息,实现了风电场的选址及辅助决策功能。

关键词　风电项目;动态管理;空间分析;风电场选址;辅助决策

1　引言

在全国风电快速发展的大背景下,各大风电企业竞相进驻湖北开发风能资源,湖北省各类风电项目已达 150 多个,总装机容量超过 400 万 kW,风电已成迅猛发展之势。但由于历史原因,风电场及风能资源观测数据呈分散状态,缺乏统一管理,更没有省级的风电场和风能资源可视化管理平台,在风电场宏观选址方面主观随意性强,不利于能源主管部门科学决策。

利用知识模型驱动的 GIS 辅助决策系统(DSS)已在各行各业得到了广泛的应用,如刘盛和等[1]利用 GIS 空间分析方法实现了土地利用动态变化的空间分析测算模型,杨密[2]基于 WebGIS 的城市电网规划辅助决策系统的设计与研究,郑朝洪等[3]提出了基于 GIS 的旅游度假区区位选址分析等。在风电场宏观选址方面,邓院昌等[4]对风电场宏观选址中地形条件的分析与评价进行了研究,周二雄等[5]、陶奕衫等[6]分别对风电场宏观选址的综合决策展开了研究,谢今范等[7]对数值模拟技术在风电场宏观选址中的应用进行了深入研究,而将 GIS 空间分析技术用于省级风能资源信息管理并开发出系统的却不多见。

针对上述问题,本文基于 GIS 技术建立了湖北省风能资源信息管理及辅助决策平台,实现了对风电项目的动态跟踪管理,并对测风数据、发电量数据及历史数据进行综合管理。在此基础上,分析和筛选对风场选址影响较大的因子并赋予不同的权重,然后结合高分辨率的地理高程数据和遥感影像数据进行空间分析,计算所选风场推荐开发的等级指数并生成选址报告,为政府科学决策提供技术支撑。

2　系统设计

2.1　数据准备

平台中需要大量的 GIS 数据,如湖北省的行政区划、水系、道路、保护区、景点、矿藏、文物、居民区、高分辨率的高程数据(DEM)和影像数据等基础地理信息资料。全省影像数据使

* 许沛华,**陈正洪**,王明生,许杨.南京信息工程大学学报(自然科学版),2018,10(2):252-256.

用空间分辨为 16 m 的数据,由于随州市和利川市两地风能资源较好,所以使用了更高分辨率的影像数据。另外还包括全省风电场的坐标及边界,全省的风能资源数值模拟数据等内容。采用不同的图层对这些数据进行分类管理,各类 GIS 数据如表 1 所示,类型 SHP 为基于文件方式存储的 GIS 文件,DEM 为数字高程模型文件,BIN 为采用二进制存储的影像文件。

表 1 GIS 数据

名称	类型	分辨率/m	说明
行政区划	SHP	500	市、县、乡名称及边界
DEM 数据	DEM	90	全省
影像数据 1	BIN	2.5	随州、利川
影像数据 2	BIN	16	全省
水系	SHP	500	河流、湖泊、水库
道路	SHP	500	高速、国道、乡道
风电场			坐标及边界
数值模拟数据		70	全省

除了 GIS 数据外,系统中还需要对一些多源数据进行融合管理,主要有风场的基本信息(项目名称、开发企业、拐点坐标、核准文号、当前状态、装机容量、建成投产时间等)及投产运行的风电场实时发电功率数据、勘测选址和运行保障的测风塔数据、国家站与区域自动站实时数据、风能评估报告等。将这些数据进行数据库的规范化设计后进行统一存储和管理。

2.2 网络结构图

网站服务器、数据库服务器、GIS 服务器和文件服务器(FTP 服务器)部署于湖北省气象服务中心,系统中所需要的数据从分布于全省的各个风电场、测风塔进行实时采集,此外,还要与省能源主管部门和企业用户进行联接,各部门之间采用互联网进行互联。FTP 服务器接受来自全省各风电场的实时数据的上传,授予权限的用户使用硬件加密狗和密码方式对系统进行访问。系统的网络拓扑结构如图 1 所示。

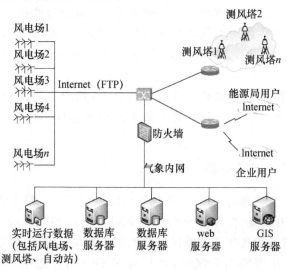

图 1 网络结构图

2.3 系统功能设计

管理平台分为数据采集和业务管理系统两大部分,数据采集子系统使用 C/S 结构,业务管理子系统采用 B/S 结构。业务子系统共分为 5 个功能模块,分别为风电场和测风塔的基本信息管理、实时数据监控、资源查询、辅助决策及系统配置 5 大功能模块,如图 2 所示。GIS 平台使用 MapGIS 10.0,数据库使用 SQL SERVER2008 R2。

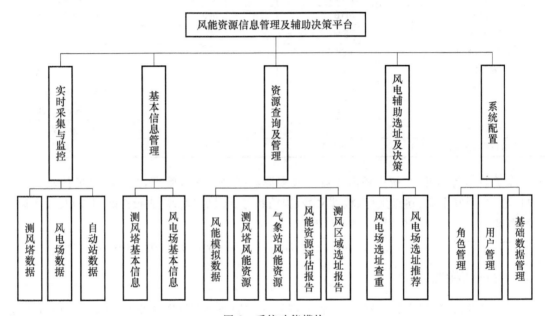

图 2   系统功能模块

3   风电场辅助选址

风电场辅助选址是本平台的一项重要的功能,风电场的选址需要对大量的地理数据进行收集、分析、整理。传统的选址方法枯燥乏味,空间分析效率低下,缺乏直观性。GIS 空间分析使用各种技术手段对空间数据进行处理变换,以抽取出隐含于各空间实体中的某些关系,并采用文字和图形方式进行直接表达,为各种决策应用提供合理、科学的技术支持[8]。

风电场辅助选址需要多源数据进行整合和分析,挖掘出有价值的信息。空间分析包含确定地理数据特征类型。GIS 空间关系通常是用连通性、方向性、邻接性、密闭度来描述的[9-10]。

3.1   风电场选址影响因子分析

(1)风能资源条件。风电场选址时,所选区域的风能资源是最重要的影响因子。系统充分考虑风能资源的可开发条件,综合分析周边 50 km 内的测风塔的长年代平均风速、长年代平均风功率密度,参考周边国家站及区域站的常年平均风速结果,结合 70 m 高度的 1 km 分辨率模拟年平均风功率密度和风速,然后通过 GIS 的专题统计功能分析区域的历年风速。

（2）土地利用类型。对土地利用类型进行分类，按照风电场选址的特点，可将土地利用类型分为沙裸地、草地、耕地、风电场、林地、集中居民点、河流/水库、自然保护区、风景名胜区、军事敏感区和文物保护区、压矿区等。然后再分为有利于和不利于风电场开发两类，如沙裸地比较适合开发，草地较适宜开发，而耕地、居民点、军事敏感区、自然保护区等则不利于开发，如与已建风电场重叠也不适合开发[3]。

（3）地形地貌。地形地貌条件是另外一个重要的影响因子。过陡的坡面会带来道路和场地平整工程和大量的土方工作，也不适于风机吊装作业等，一般认为地形起伏度小于 300 m，坡度小于 10°较适合风场的开发[4]。

（4）场地的可进入性（交通运输条件）。风电场的建设涉及到叶片、塔筒等设备的运输和安装，对场址的交通运输条件要求较高。基于选择的场址距离最近的交通主干道的距离进行计算，如国道、省道、高速公路等，采用 MapGIS 的 Distance Analyse 进行距离分析。

5）基础设施条件。风电场发电后需要就近并网输出，附近有升压站的场址是值得选择的，可以减少升压站建设的时间和财力成本。一般来说，升压站越远，建设成本就会越高，所以采用 MapGIS 的 Distance Analyse 进行距离分析。

根据各个影响因子设置权重值，通过 GIS 进行分析计算，最后得出一个所选场址的推荐开发指数 $R_c \in [1, 10]$，将指数分为 A、B、C、D 等 4 个等级[8]，如表 2 所示。

表 2　所选场址推荐开发等级

开发等级	说明	推荐开发指数阈值（R_c）
A	非常适合开发	$8 \leqslant R_c$
B	较适合开发	$7 \leqslant R_c < 8$
C	一般适合开发	$6 \leqslant R_c < 7$
D	不适合开发	$R_c < 6$

3.2　辅助选址报告

对于给出的待选风场拐点坐标，使用 MapGIS 的空间置叠分析功能，判断与已开发风电场区域是否重叠及重叠面积，计算所选区域的占地面积，通过空间综合分析得出包含风能资源条件、地形地貌、土地利用类型、交通运输条件、基础设施条件等影响因子的选址报告，如表 3 所示，再结合专家知识库判定场地的可开发性。

表 3　辅助选址报告

拐点坐标	经纬度坐标串（每组以分号分隔）		开发面积/km²	
是否重叠	是/否	重叠风场名称	风场名	重叠面积/km²
地形地貌	地形起伏/m，坡度/（°）		距离最近并网接入点距离/km	
土地利用类型	适合开发类型：沙裸地、草地、林地等 不适合开发类型：耕地、风电场、集中居民点、河流/水库、自然保护区、风景名胜区、军事敏感区、文物保护区、压矿区等			

续表

<table>
<tr><td rowspan="16">风
能
资
源
状
况</td><td colspan="6" align="center">周边 50 km 测风塔状况</td></tr>
<tr><td>塔号</td><td>经纬度</td><td>长年平均风速/(m/s)</td><td colspan="2">长年平均风功率密度/(W/m²)</td><td>距离/km</td></tr>
<tr><td>塔号 1</td><td>?</td><td>?</td><td colspan="2">?</td><td>?</td></tr>
<tr><td>⋮</td><td>⋮</td><td>⋮</td><td colspan="2">⋮</td><td>⋮</td></tr>
<tr><td colspan="6" align="center">周边 50 km 内国家站及区域站状况</td></tr>
<tr><td>站号</td><td>站名</td><td>经纬度</td><td>海拔</td><td>常年风速
/(m/s)</td><td>去年风速
/(m/s)</td><td>距离/km</td></tr>
<tr><td>站号 1</td><td>站名 2</td><td>?</td><td>?</td><td>?</td><td>?</td><td>?</td></tr>
<tr><td>⋮</td><td>⋮</td><td>⋮</td><td>⋮</td><td>⋮</td><td>⋮</td><td>⋮</td></tr>
<tr><td colspan="6" align="center">70 m 高度数值模拟结果</td></tr>
<tr><td colspan="2">风速/(m/s)</td><td colspan="2">网速范围</td><td>风功率密度/(W/m²)</td><td>风功率密度范围</td></tr>
</table>

<table>
<tr><td rowspan="2">交通</td><td>类别</td><td>最短距离/km</td><td>最远距离/km</td><td>最小方位/(°)</td><td>最大方位/(°)</td></tr>
<tr><td>乡道/省道/国道/高速</td><td>?</td><td>?</td><td>?</td><td>?</td></tr>
<tr><td>推荐开发指数</td><td colspan="5" align="center">A/B/C/D</td></tr>
</table>

4　系统应用

　　该平台能够对全省风能资源项目的建设进度进行动态跟踪和管理,省级能源主管部门可通过系统查看全省风资源的分布、风电场的建设进度、已建成风电场的运行情况,也可以按企业和区域进行组合查询,生成各类统计图表,对数据进行综合分析与统计,进行风电场的辅助选址等。

　　这些大量的基础数据结合 GIS 空间分析技术,生成风电场的辅助选址分析报告,如给定某待选风场的坐标串,系统自动计算得到所选区域的地形地貌数据和图示,地形起伏 <300 m,坡度 <10°,如图 3 示;70 m 高度的 1 km 分辨率的模拟年平均风速范围为 5.31 ～ 6.05 m/s,风功率密度范围为 191.2～233.03 W/m²,分别如图 4 和图 5 所示。通过综合分析场址的可入性(交通条件)、土地利用类型等其他影响因子,系统判定所选场址推荐开发等级为 B,即较适合开发.但在实际开发过程中,还需要结合专家经验进行综合判定,弥补 GIS 系统在模型分析方面能力的不足。

 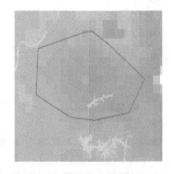 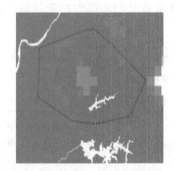

图 3　所选场址地形地貌　　图 4　70 m 高度风速分布(m/s)　　图 5　70 m 高度风功率密度分布(W/m²)

5 结论

本文对建设省级风能资源信息管理系统的数据准备、系统方案设计、系统功能设计、风电场选址的重要影响因子分析和风场推荐开发等级指标、风电场辅助选址决策报告设计等方面进行了尝试和探讨。通过系统使用和实例验证,平台能够较好地满足湖北省风能资源信息管理及辅助决策的需要,同时也为其他省份风能资源信息管理与辅助决策平台建设提供了思路和解决办法。

参考文献

[1] 刘盛和,何书金.土地利用动态变化的空间分析测算模型[J].自然资源学报,2002,9(17):533-539.

[2] 杨密.基于 WebGIS 的城市电网规划辅助决策系统的设计与研究[D].重庆:重庆大学,2010.

[3] 郑朝洪,陈文成.基于 GIS 的旅游度假区区位选址分析[J].测绘科学,2010,35(2):180-182.

[4] 邓院昌,余志,钟权伟.风电场宏观选址中地形条件的分析与评价[J].华东电力,2010,38(8):1244-1247.

[5] 周二雄,李凤婷,朱贺,等.风电场宏观选址综合决策的研究[J].太阳能学报,2015,36(6):1448-1452.

[6] 陶奕衫,闫广新,王建军,等.风电场宏观选址综合决策方法的研究[J].四川电力技术,2014,37(2):27-30.

[7] 谢今范,王玉昆,张亮,等.数值模拟技术在风电场宏观选址中的应用[J].气象与环境学报,2013,29(5):148-153.

[8] 刘耀林,从空间分析到空间决策的思考[J].武汉大学学报,2007,11(32):1050-1054.

[9] 朱欣娟,石美红等.基于 GIS 的空间分析及其发展研究[J].计算机工程与应用,2002,38(18):62-64.

[10] 朱会义,何书金,张明.土地利用变化研究中的 GIS 空间分析方法及其应用[J].地理科学进展,2001,6(20):104-110.

近 20 年来风电场(群)对气候的影响研究进展 *

摘　要　随着风电场的大规模开发,其对气候的影响受到关注,自 2000 年美国和欧洲等国陆续开展了一定的研究,中国也开展了一些观测和模拟研究,对已有研究进行综述可指导这项工作的进一步开展。通过对文献的梳理,总结了风电场对气候影响的研究进程、研究方法、影响机理和研究成果。大量观测和数值模拟结果显示风电场会导致地表气温上升,风电场下游一定距离范围内风速衰减,并间接影响降水、蒸发等其他气象要素,风电场对局地气候变化的产生影响的结论具有较高信度;部分模式模拟结果显示未来大规模风电场(群)开发对全球气候也有可能产生一定影响,但仍需进一步的探索。

关键词　风电场;气候影响;局地气候;气温;风速

1　引言

　　由于化石燃料是不可再生资源,在燃烧过程中排放的温室气体和污染气体会造成气候变化和环境恶化等严重后果,因此世界各国积极开发可再生能源。在可再生能源发电的方式中,风力发电被认为是对环境最无害且最具成本效应的方式[1]。至 2016 年风能发电相对 1990 年增加了三百多倍[2]。全球风电的发电量占总发电量的 3.87%,主要集中在中国、美国、德国、西班牙和印度。根据政府间气候变化专门委员会的报告,至 2050 年,风能发电将满足世界上 20% 以上的电力需求[3]。要实现这一目标,需要大规模建立风电场,风电场数量将实现几百倍的增长。中国到 2050 年,风电装机将达到 1000 GW 以上,建设 8 个千万千瓦级风电基地。在这种发展形势下,大规模风电开发的生态和环境效应问题越来越受到关注。

　　自 20 世纪 70 年代以后对风电场负面环境生态影响的报道陆续见报,其中包括视觉、噪声、光影闪烁、干扰电视传输信号和对鸟类的影响。到 2000 年后,风电场对气候变化的影响受到关注。国际上 2000 年后开始出现风电场气候效应方面的研究,2010 年后相关研究数量开始增长,这些研究主要集中在美国、欧洲(西班牙、英国、挪威、瑞士、丹麦)及加拿大,主要是针对风电场对局地和全球气候变化的影响展开研究。而中国在这一领域处于起步阶段,自 2011 年后清华大学、兰州大学和内蒙古农业大学等高校以及相关科研院所、气象部门开始出现该领域的探索研究,主要是对文献的综述,个别研究采用数值模式模拟和现场观测探索研究,主要是对文献的综述,个别研究采用数值模式模拟和现场观测探索了风电场对局地气候变化的可能影响。因此风电场对气候的影响是一个新兴的研究领域,也是一个需要深入探索的研究领域。本文是国内对这一新兴研究领域首次较为全面系统的回顾,从研究历程、研究方法、影响机理、研究成果几方面对文献进行总结,意在探索该领域下一步的研究方向,激发更多的相关研究,科学地指导风能发电。

　　* 陈正洪,何飞,崔杨,张雪婷.气候变化研究进展,2018,14(4):381-391.

2 研究历程

国际上,自 20 世纪 70 年代开始,风电场的环境影响研究者推测经过风力涡轮机后风力减弱,可能会影响顺风方向湖泊的蒸发,从而使其变暖,还可能导致土壤水分的增加,但未判断这些影响是否具有显著性[4]。此后针对风电场开发中风能资源的研究,中型涡轮和大型涡轮产生的尾流实验结果揭示了风机是如何通过涡轮机的动能来影响下游的风速[5-8]。预测和诊断模型[9,10]显示风电场规模的大小及风机的数量显著地影响轮毂高度处的水平风速和湍流强度。海上风电场的研究结果[11]显示,在风机阵列的下游会出现 10% 甚至更大的风速衰减。此后风电场对气候的影响研究拉开序幕,多采用各种数值模型模拟风电场的气候效应及影响范围,观测实证研究案例极少,今后的研究方向为更精确的气象观测和建立更复杂的模型。

国内,风电场对气候的影响研究刚刚起步,赵宗慈[12]、李国庆[13]等人将国际风电场对局地和全球气候变化的短期和较长期影响进行了综述;胡菊[14]采用 RegCM4.1 对河西走廊酒泉千万千瓦基地的大型风电场的长期气候效应进行了模拟研究,得到大型风电场建设 30 年边界层和温度湿度等的变化特征;徐荣会[15]利用 HOBO 自动气象站同步观测了风机对下垫面微气象环境的影响;刘磊等[16]利用 Frandsen 的方法研究大规模风电场建成后风场区域风速的变化;朱蓉[17]通过分析河北北部及周边内蒙古风电开发区域近 53 年的气象站风速及通风量变化,认为河北北部风电开发对京津冀大气污染扩散条件没有明显影响;内蒙古赤峰市气象部门 2011 年发布了《关于风力发电对气候变化影响的评估报告》[18],表明当地 3 个风电场的气象要素的变幅均在正常范围区间内,未超出气候变化本身的变率。Sun 等[19]采用 WRF 模型模拟代表 2015 年中国风电场群的场景,首次从动量低槽和湍流动能来源两方面分别评价风电场(群)对中国区域气候的影响。

3 研究方法分类

表 1 给出了近 20 年来国内外风电场气候效应研究的主要作者、研究方法、区域、时段和结果。目前该领域的研究方法大致可分为采用现场观测数据[15,20]或遥感数据[21-22]、设计风洞实验[40]和数值模拟[23-27,41]的结果来分析风电场对气候的可能影响。

由于风电场本身的观测数据很少对外公布,风洞实验受到实验条件限制没有得较好的发展,因此目前数值模拟是最常用的方法,研究者采用了多种模型模拟了风电场的气候效应,包括区域大气模式系统(RAMS)、基本旋转叶片动量理论开发的模型(BEM)、大气环流模式(GCM)、三维气候模式(CCM5)、中尺度区域气候模式(RCM)、中尺度天气预报模式(WRF)以及全球大气、海洋和陆地完全耦合模式系统。通过控制实验和敏感实验对风电场不同位置气象要素进行对比来说明风电场运行对气候变化的影响。

现场观测是对数值模拟结果的检验,目前有较少量的短期现场观测实验来研究风电场的气候影响,Roy 等[20]采用加利福尼亚的一个风力发电场研究了大气边界层的稳定性与近地表气温变化之间的关系;Smith 等[28]采用美国中西部地区风电场的观测数据(地表温度、湍流强度、风速风向等)分析风机直接尾流区的气候要素差异;徐荣会[15]在风电场上、中、下游分别设置 HOBO 自动气象站观测风机对下垫面微气象环境的影响。

由于现场观测时间短,费用贵,并且观测结果的空间代表性较小,利用遥感卫星数据数据分析风电场的气候影响可以代表较大范围的区域,数据的获取也较为经济,Zhou 等[21]最早对德克萨斯州中西部的 4 个大型风电场所在地 2003—2011 年期间的卫星数据进行分析,其研究结果优化了数值天气预报和气候模型中对次网格尺度湍流混合的参数设置。

表 1　近 20 年国内外风电场气候效应研究一览表

文献	研究方法	研究区域	研究时段	主要结论
Christiansen 等[11]	利用机载合成孔径雷达(SAR)和卫星数据进行分析尾迹区风速变化	丹麦北海风电场	2003.10.12	影响区风速衰减 20%、10%。衰减区与风机阵列宽度相同,水平尾流距离散度小,影响 10 km
Roy 等[20]	采用 RAMS 模式验证现场观测陆地地表气温(LST)变化	美国加利福尼亚州一个风力发电场	观测 1986.6.18—8.9 模拟 2008.11后 4 个典型月各 1 天	模式验证了近 LST 夜升日降、与气温递减率密切相关的结论,提出低影响开发方案
Zhou 等[21]	利用遥感及再分析数据分析局地表温度时空变化	美国得克萨斯州中西部	2003—2011 年	相对于非影区,风电场有 0.31～0.70 ℃的增暖效应,夜间大于白天,夏季大于冬季
Walsh-Thomas 等[22]	利用遥感数据(MODIS5)分析风电场上、下风向及内部 LST 变化	美国加利福尼亚州南部风电场	1984—2011 年夏冬	夏季下风向 12 km LST 较上风向 8 km 升 4～8 ℃
Roy 等[23]	采用 RAMS 模拟风电场的动力和热力影响	美国俄克拉何马州	1995.07.01—07.16	下风向风速显著降低,垂直混合增强,温、湿度垂直分布及感热和潜热通量改变,凌晨最强
Wang 等[24]	采用 CCM3 模拟全球海、陆风电场潜在气候效应	风电满足 10% 以上全球能源需求	2100 年前 60 年	可能导致 LST 升高 1 ℃ 以上,远离风电场处也存在大量的暖、冷效应,降雨和云层分布改变
Fiedler 等[25]	在 RCM 中嵌套 WRF 研究大型风电场对暖季降水影响	美国东部 2/3 地区	62 年暖季(5—8 月)	对季节性(暖季)降雨量产生较大影响,在风电场西南方向降水量显著增加 1.0%
Fitch 等[26]	采用 WRF 模拟风电场对大气边界层温度的影响	美国中西部堪萨斯州	1999 年 10 月 22 日 14 时后 59 小时	风电场在晚上对当地和 60 km 的顺风区域大气流动有显著影响,最高升温 1 K
Roy 等[27]	采用 RAMS 模拟风电场对当地水文气象的影响	美国西部	2008 年 11 月,2009 年 2 月、5 月、8 月各 1 d	LST、湿度以及表面感热和潜热通量影响显著,延伸距离较远
Smith 等[28]	利用观测数据分析直接尾流区气候要素差异	美国中西部大型风电场	2012.04.04—04 20, 2012.05.07—05.20	下风向 2.4 倍风机叶片直径距离处夜间风速减小,湍流动能增加,气温直减率降低 0.022～0.26 ℃/m
Hidalgo 等[29]	修正 WRF 中默认的风机参数化方案,评估风电场对风能资源影响		1 年	轮毂高度平均风速衰减最大 0.7 m/s。在稳定大气条件下,风机尾流更强、传播距离更远

续表

文献	研究方法	研究区域	研究时段	主要结论
Armstrong 等[30]	利用观测数据分析风机运行和不运行时要素差异	苏格兰 Black Law 风电场	2012.05.24—06.07, 06.12—07.25, 07.28—11.15	气温升 0.18 ℃、夜间绝对湿度升 0.03 g/m³
Rajewski 等[31]	利用观测数据(风速、辐射、雨量、通量)分析上、下风向地表温度差异	美国爱奥瓦州 1 个风电场	2010.06.30—09.07	下风向 3～5 个直径距离处的 CO_2 和水汽通量增加 5 倍,夜间风机尾流增强向上的 CO_2 通量
Keith 等[32]	利用大气环流模型,改变表面摩擦力和拖曳力进行气候效应模拟	全球大面积开发和 3 个风电场	100 年以上	对全球平均气候影响可忽略不计,局地和区域的 1 电信季节影响较多
Sharma 等[35]	采用大涡模型模拟边界层气象	虚拟风电场	1999.10.22 14:00 后 58 小时	边界层升高 200 m,其形成和增长延迟大约 2 小时。
Xie 等[36]	通过大涡模型(LES)模拟不同稳定性条件下风机尾流的影响	虚拟风电场		在风速衰减、TKE 和 LST 分布方面,单涡轮尾流与大气稳定性有关
Fitch 等[37]	修订 WRF V3.3 中风电场参数化方案后模拟气候影响	虚拟的海上风电场		场内风速衰减 16%(1.5 m/s),地表风速增加 11%,影响 60 km,TKE 增加近 7 倍(0.9 m²/s)
Rgodes 等[38]	使用多普勒激光雷达观测风机对大气风廓线的影响	美国爱奥瓦州中部 1 个风电场	2011.06.30—08.16	下风向风速减小,TKE、TI 度增强,尾迹特征随入流风速的变化而变化
胡菊[14]	采用 RCM4.1 模拟大型风电场长期气候效应	酒泉大型风电场	2005—2035 年	下风向边界层厚度、不稳定度和垂直风切强度增加,水汽含量降低 200 mg/kg,风速减小 0.3 m/s,对流降水增 1～1.5 d。
徐荣会[15]	利用气象站数据分析风电场对局地气候的影响	朱日和风电场	2013 年 3、5、8、10 月各 7 d	风速、LST 为上风向〉风场中〉下风向,风电场对风场内及下风向处产生一定降温增湿。
朱蓉[17]	分析风电场周边区域气象站风速长年变化规律	河北北部及内蒙古	1961—2013 年	至 2013 年为止河北北部风电开发对京津冀大气污染扩散条件没有明显影响
Sun 等[19]	采用中尺度数值模型模拟在设计风电场背景下的气候变化	虚拟设计风电场		在设定情境下风电场对中国多数区域的气候变化影响较小,小于区域年际变化
Chang 等[39]	基于 MODIS5 及气象站数据分析风电场对影响区气温的影响	中国西北瓜州	2005—2012 年	夜间明显变暖(春天除外)均观测到升温,夏夜最强 0.51 ℃/8 a;夜温升幅低于城市

4 影响机理研究

20 世纪 70 年代至今,由风机的尾流实验为基础,Adams 等[42]从地表与大气边界层的相互作用解释风电场对当地气候的影响,大型风电场直接影响大气边界层的效应包括降低风速、在涡轮尾流中产生叶片尺度湍流,以及由于涡轮尾流中风速减小而产生的剪切湍流。Hidalgo 等[29]发现风机下游风向风速的衰减主要依赖大气的稳定性,在不稳定的大气条件下,它们可能会持续 5 km;当大气稳定时,可能会持续 20 km 或更多。Roy 等[20]指出风电场在工作期间加强了大气边界层的垂直混合,风机旋翼的扰动在正的温度垂直梯度(暖空气在上层,冷空气在下层)下产生地面增暖效应,在负的温度垂直梯度下产生降温效应。Roy 等[23]的研究结果显示风机运行显著影响温度、湿度、地表感热通量和地表潜热通量的垂直分布,其原因是风机的尾流中产生的湍流增加了垂直混合,并指出夜间边界层相对稳定,具有较大的动量、温度和温度的垂直梯度,从而产生更强的垂直混合作用。Fitch 等[43]通过对气候模型中风电场参数化的研究指出增加地表粗糙度,模型产生更真实的尾流结构。Xia 等[44]通过热力学过程和地表—大气交换过程来说明风电场对当地气候的影响,结果显示相对于背景湍流动能,风机引起的湍流强度的日、季变化在决定风电场地表温度变化幅度上起着至关重要的作用,采用风机群引起的湍流动能与背景湍流动能的比值来解释了风电场影响的昼夜和季节差别。

总结以上的研究得到图 1,风电场运行从 3 个方面产生气候影响:(1)风机涡轮转动中风能转化为电能和湍流动能,改变了自然界原有的能源循环模式,改变了地表的拖曳系数;(2)风电场的建设会改变地面的粗糙度,从而改变陆表和大气的热交换过程[2],导致风电场对局地气候的变化可能产生影响;(3)风机涡轮叶片的转动,扰动了空气,从而增大了大气边界层中的湍流强度,改变原有的地表通量,从而间接影响气象条件。

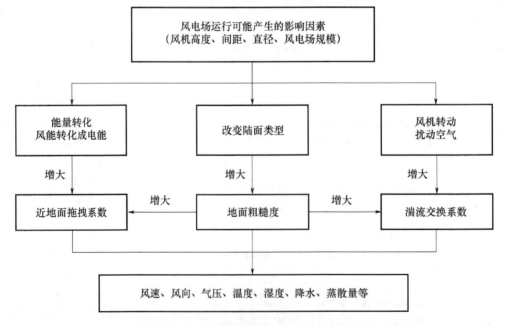

图 1 风电场运行可能对风电场及周边地区气候影响示意图

5 风电场运行对气候的影响研究

5.1 风电场的局地气候效应

目前国内外多数的研究多集中在风电场的局地气候效应,风电场可能改变局地气象条件、陆表和大气的热交换过程,其中风电场对气温和风速的影响受到较多关注,也有少量研究对降雨、湿度、蒸散发进行研究。

5.1.1 风电场对局地温度的影响

Roy 等[20]分别采用气温观测数据及区域气候模型对风电场的温度影响进行了分析及模拟,实测情况如下:23 m 高的风机,8.5 m 长的叶片,共 41 排,间隔 120 m 的美国一个加利福尼亚州风电场,收集 1989 年 6 月 18 日至 8 月 9 日上风向和下风向测风塔的温度资料。分析结果表明测风塔上风位置和下风位置各时刻的温度差异较为明显,即风电场在凌晨(01—07时)具有增暖效应,在下午和晚间(13—21 时)具有降温效应,原因是风电场在工作期间加强了垂直混合,风电机旋翼的扰动在正的温度垂直梯度下产生地面增暖效应,在负的温度垂直梯度下产生降温效应。同时采用区域气候模型(RAMS)来验证此结论,模拟一个 7×3 的小型风电场,在不同的温度垂直梯度下设置了 306 个模拟试验,如图 2 所示,模拟结果显示在 300 m 以下,风电场在负的气温斜率下产生降温效应(第三象限),在正的气温斜率下大部分产生增温效应(第一象限)。Armstrong 等[30]研究苏格兰某泥地风电场对地表气候条件的影响,该风电场由 54 台风机组成,占地面积 18.6 km²,轮毂高度约 70 m,叶片直径为 82 m,总装机容量 124 MW,结果表明运行的风机附近气温提高了 0.18 ℃。Zhou 等[21]对该地区 2003—2011 年地表温度的日、季变化规律进行分析,得到风电场区域相对于非风电场区域的地表温度在夜间有 $0.31 \sim 0.70$ ℃的增暖效应,增暖的空间格局与风电场的大小和风力涡轮机的地理分布非常吻合,这种耦合在夜间比白天更强,在夏季比冬季更强。其解释为大气边界层夜间比白天更稳定,也更薄,因此夜间涡轮增强的垂直混合会产生更强的效应;夏季比冬季风速更大,有效风速频率更高,产生更多的电力和湍流,从而导致夏季夜间有最强烈的变暖效应。Wslsh-Thomas 等[22]利用 Landsat 5 专题制图仪的卫星遥感观测数据研究了从 1984 年到 2011 年的 San Gorgonio 风电场的温度变化,在风电场的下风向 12 km 内一直有变暖的趋势,在风力发电场的南部和东部(风向下游)通常比西部(上游)要暖和,顺风变暖的程度为 $4 \sim 8$ ℃。胡菊[14]采用 RegCM4.1 的模式驱动数据为 IPCC 排放情景特别报告中的 A1B 情境(经济增长非常快,全球人口数量峰值出现在 21 世纪中叶,新的和更高效的技术被迅速引进的一种情景)下,发现风电场及其下游地区温度将会上升,升高的最大幅度约为 0.3 ℃,一天当中 08 时和 14 时升温最明显,升温的显著高度在 800 hPa 处,600 hPa 以上温度变化不明显。徐荣会[15]对内蒙古的朱日和风电场进行观测研究,该风电场占地 20 km²,装有风机 33 台,轮毂高度 65 m,旋翼长 50 m,装机容量 49.5 MW,在研究区范围内平行于风向布设 4 个 HOBO 自动气象站,上、下风向各 1个,风电场内部设置 2 个。观测结果显示白天风电场对风场内及下风向处产生一定的降温增湿作用,风电场内部 1.5 m 处 2 个气象站气温以及下风向气温分别下降了 0.7%、1.2% 和 1.6%;夜间反之,与上风向相比,风电场内部整体上表现为气温升高,风电场对气温的影响程度随着观测环境温度的升高而呈现减小趋势。尹宪志等[45]采用国内首台高架长叶片防霜机(功率为 120 kW,高度为 8.5 m,风叶直径为 6 m),对果园上方空气进行物理扰动,工作情景类似一台小型风机,在霜冻发生的天气条件下(往往伴随"上热下冷"的逆温现象),混合果园上下层空气,消除果园近地层逆温,促进冷暖空气对流,在近地层 1~3 m 升温明显。

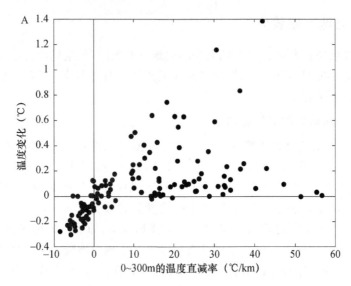

图 2 采用 RAMS 模拟风电场在不同气温直减率下对 300 m 以下温度造成的变化散点图[20]

总体而言,风电场对气温的影响取决于近地层大气层结的稳定度,不同的稳定度造成风电场对近地层气温产生增温或降温的效应,研究显示多以增暖效应为主,地表增温效应夜间强于白天,夏季强于冬季,尤其以夏季夜间的增暖效应最强烈。不同规模大小的风电场造成的风电场地表温度 0.18~0.70 ℃的增加,下游风向 12 km 内较上游风向的地表温度有 4~8 ℃的增暖。

5.1.2 风电场对局地风速的影响

风电场对风速的影响一般从风速的衰减程度及影响范围两方面进行研究。Frandsen等[41]采用丹麦的 Nysted 风电场的观测资料进行分析,该风电场为海上风电场,由 72 台风机组成,每台装机容量为 2.3 MW,轮毂高度为 68.8 m,若进入风电场的风速为 8~9 m/s,在经过风电场运行对动力的吸收以及风机摩擦力等作用,风电场下风向的风速有明显的衰减,如图 3 所示,在下风向 6 km 处风速与原有风速比值为 0.86,8 km 处为 0.88,其后慢慢回升,直到 11 km 处比值为 0.90,风电场对风速的影响至少到下风向的 10 km 之外;同时利用中尺度模式 KAMM 在 900 km² 范围内分别设置 1 个、9 个和 36 个风电场,计算相应风速在不同位置的变化,结果显示风电场对风速有明显的衰减效应,在 20 km 范围内保持较大的衰减,风速的衰减距离最大可达到 30~60 km;丹麦瑞索国家实验室 Christiansen 等[11]利用卫星合成孔径雷达(SAR)研究大型海上风电场对所在区域风气候的影响,采用丹麦两座风电场进行分析,结果表明,通过风电场后的平均风速减小 8~9%,下游 5~20 km 的范围内,风速会随着自由气流的速度恢复到 2%以内,这取决于环境风速;挪威卑尔根大学 Fitch 等[26]对 WRF 的进一步研究,开发了一种新的风电场参数化方法,风力涡轮机的作用是通过在平均流量上施加一个动量,将动能转化为电能和湍流动能,在现代商用涡轮机推力系数的基础上,通过对涡轮大气阻力的分析,对以往模型进行了改进并将它应用到一个理想化的海上风电场,由 10 个风机阵列组成,模拟结果显示,风速衰减将会延伸至稳定边界层的整个深度,即从风电场到下游 60 km。

在风电场内,最大风速衰减可能达到 16%;胡菊[14]通过模式模拟得到,我国河西走廊地区的大型风电场建成后,风电场的风速整体向小风偏移,平均风速减小 0.3 m/s;徐荣会[15]观测 49.5 MW 的内蒙古朱日和风电场上、中、下风向位置的风速,说明风机的扰动使风场区域内的风速减小,随着环境风速的增大,风电场对风速的影响程度随之减小;刘磊等[16]考虑千万千瓦级风电基地建成后风机群对近地面层风速的影响,采用 Frandsen 等[41]研究风电场风速损失的方法,对轮毂高度 65 m 处风速进行计算得到通过风场区域后风速减小,存在风速损失,尤其对高空的风速影响明显,风机轮毂高度处的风速明显小于建场之前。

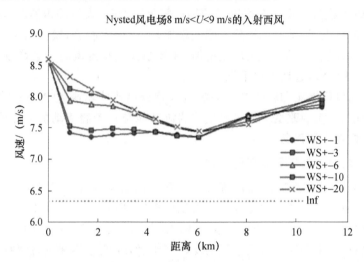

图 3　风电场轮毂高度 70 m 处风电场内部及下游不同扇区平均风速变化曲线[41]

注:不同曲线表示尾流中心平均±1°～±20°的风向所对应的风速;U 代表入射风速;

WS 指入射风的主导方向(即尾流中心的方向)。

风力发电机运行过程中,会吸收气流的动量,增加地表的摩擦力,研究显示会导致风电场内部及下游地区的风速衰减,风速的恢复需要一定的距离,风速衰减的影响范围从 5～60 km,随着风电场规模的增加而扩大,风电场内部风速减小 8%～16%,随着环境风速的增加而减小。

5.1.3　风电场对降雨的影响

风电场对降水的影响研究相对较少,Fiedler 等[25]采用 WRF 研究风电场对区域降水的影响,结果表明,风电场的存在,主要影响季节性降雨量,在风电场东南方向的温暖季节中降水量有 1% 的显著提高,对平均降雨量的影响不显著;胡菊[14]对河西走廊风电场的研究结果显示,大型风电场建成后增加了大气对流特性,使得年对流降水日增加 1～1.5d/a,变化范围在 ±5 mm 之间,对非对流性降水量的变化影响不大,但是由于水汽减少及地形影响,对流降水量在部分地区并未相应增加,靠近风电场地区降水量以减少为主。

风电场主要是通过改变近地层的感热和潜热能量以及动量和风速变化,间接改变降水量。

5.1.4　风电场对大气边界层的影响

风电场通过风机叶片的扰动作用及风机的尾流效应等方式与大气边界层产生相互影响。

风力涡轮机将大气中的动能转化为电能和湍流动能(TKE),TKE 因环境风速而异。Fitch 等[26]对海上风电场(10×10 阵列的风机组成)进行模拟时,发现风电场内的 TKE 相对于没有风电场的情况增加了 7 倍,增加量最高可达 0.9 m²/s²,由于垂直运输和风切变,TKE

的增加延伸到风电场上方的边界层顶部(顶部附近,TKE 增加了 2 倍),显著增强了湍流动量通量;在地表附近,TKE 也增加了 2 倍;TKE 源还导致在转子区域内的风速减少 25%,此外,转子区域内的动量亏损导致了转子区域上方的 TKE 剪切产生;在水平方向上,轮毂高度处 TKE 的增加一直持续至下游 10 km。Xia 等[44]基于 3 个风力涡轮机参数的分析结果显示大气环境背景 TKE 在白天比夜间强,风机产生的 TKE 则相反,夜间比白天强,夜间风机产生的 TKE 约是背景 TKE 的 20 倍,而白天比值仅为 6~9 倍,且风电场的气候影响在夜间比白天更明显,风机产生 TKE 与背景 TKE 的比值在一定程度可表示风电场气候效应的强弱。Roy 等[23]在使用 RAMS 模拟大型虚拟风电场的局地气象影响时,设置两组实验,场景 1 是将风机设为一个能量的汇聚点,场景 2 风机除了能汇聚能量,还产生湍流,模拟结果显示场景 2 相对于场景 1 轮毂高度处风速降低,地表风速增加,在较强大气稳定度时轮毂高度处气温变冷,地表气温变暖,高空更潮湿,近地表更干燥。

研究结果表明风机涡轮和转子产生的湍流是背景风速的弱函数[23],而风机的 TKE 可导致大气边界层高度、环流的改变。风机产生的湍流动能与背景湍流动能的比值在一定程度上可指示风机的气候效应的强弱。

5.1.5 风电场对其他气象要素的影响

部分学者对风电场的蒸散发、湿度等气象要素以及地表通量进行了研究。目前多利用气候模型方法,从区域尺度上评价风电场对蒸散发的影响,Roy 等[23]利用 RAMS 模式模拟北美大平原地区大规模风电场可能对当地气候造成的影响,由风机叶片产生的湍流可以提高垂直方向的动力及热量,通常会导致表面空气的变暖和干燥,降低感热通量,这种情况在清晨尤为显著;Roy[27]利用商用风力涡轮机的数据,将一个子网尺度的转子参数化,用于中尺度区域气候模型(RCM),RCM 配备了最先进的微物理和地面方案。模型输出结果表明,风电场对近地表空气温度、湿度以及感热通量和潜热通量产生了统计上的显著影响,这些影响取决于相对位温和总水混合比的大气递减率以及高空风速和风电场的大小,影响范围并不局限于风电场,而是延伸了显著的距离,在研究区域 18~23 km 的下风向的水文气象值仍受到影响;Rajewski[31]在一个大型风电场的边缘建立了一项农作物风能实验,获得风机的运行导致动量、热量、水分和二氧化碳的地表通量最多增加至 5 倍,取决于风的方向和白天还是黑夜;胡菊[14]研究酒泉千万千瓦风电基地时,风电场风机转动增加湍流交换能量,加速近地面水汽的扩散,使风电场及其周边地面水汽减少,最高达 200 mg/kg,但到 600 hPa 左右水汽含量上升;徐荣会[15]通过观测数据说明风电场内外的水面蒸发量无显著差异,风电场内部的蒸发量有减小的趋势;Armstrong 等[30]选用苏格兰某总装机容量 124 MW 的风电场进行实验,风电场区域夜间的绝对湿度调高了 0.03 g/m³,并通过昼夜循环增加了空气、地表及土壤温度,此外,风机的小气候影响在空气温度和绝对湿度方面随着远离风电场呈对数性减少。

5.2 风电场的全球气候效应

风电场是否存在大范围的气候效应也是关注的热点,但难以获取相关的观测资料,主要以 NCAR 和 GFDL 等模型模拟方法进行评估。

Keith 等[32]通过改变两个全球气候模式(美国 NCAR 和 GFDL)表面的阻尼系数来模拟在北美中部、欧洲和东亚设置风电场的情景,发现大规模风电场会改变地表的摩擦力和拖拽力,发展风电对全球气候有着不可忽视的影响,但相较于 CO_2 排放,风电场产生的影响甚至是可以忽略的,例如对全球平均气温的影响较为有限,最多约为 0.5 K,部分季节甚至可忽略。

Maria 等[33]根据旋转叶片动量理论开发了一种 BEM 模型来验证风机叶片转动对大气能量损失的影响,结果表明,在风机的下风向,大多数的大规模风电场造成的影响极小,1 km 范围内的能量损失约为 0.007%,比气溶胶污染和城市化对大气能量的损耗小一个量级,这种影响极为有限,同时由于风耗散附加给环境的加热远小于热电厂产生的加热。

Wang 等[24]利用美国 NCAR 的全球大气－海洋和陆地完全耦合模式系统 CCM3 进行实验,设定在 2100 年全球使用风能占全能源的 10% 以上,即全球陆地大约 5800 万 km² 设置风电场,沿海水深<200 m 的 1000 万 km² 设置风电场,分别考虑风机设置高度不同,旋转叶片直径不同,以及风机间距不同,从而产生不同的风电量,做了多组试验,模式各运行 60 年。结果表明,陆地风电场设置使全球陆地年平均气温升高 0.15 ℃,沿海风电场实验全球年平均气温没有变化,另外 3 个模拟(风能利用率低、高、很高的情况)全球陆地年平均气温分别升高 0.05 ℃、0.16 ℃、0.73 ℃。风电场造成全球大部分网格点上动能减小,盛行风速减弱,多数格点气温上升,许多地区变暖在 1 ℃左右。赵宗慈等[12]将 Wang 等[24]的研究结果进行了横向对比,根据 IPCC 第四次评估报告 20 余个全球气候模式结果,考虑 SRES 的 3 个排放情景,到 2090—2099 年相对于 1980—1999 年全球年平均变暖 1.1～6.4 ℃,说明在假设情景下全球风电场的增暖效应低于人类温室气体造成的效应。

综上,风电场运行可能导致陆面范围的气候产生变化,但是其对全球平均气温、风速、降水等的影响相对较小。要想更准确地预测风电场运行对气候的影响程度及范围,需要通过更多的实地观测,建立更复杂精确的模型。

6　总结与讨论

随着研究成果的积累可知风电场确实会影响局地甚至全球的天气,并且其影响范围不局限于风电场附近,目前 Sun 等[19]和 Vautard 等[40]分别采用气候模型对中国和欧洲地区风电场的气候影响程度进行研究,得出风电场不会对区域气候产生显著影响,这种影响远小于气候本身的自然变率。但风电场对气候变化的影响的量化研究一般采用气候模型模拟方法,气候模式本身和风电场模拟设计实验的不确定性导致模拟结果的不确定性。由于风电场建立前后的气象观测资料的对比和计算分析的研究很少,因此难于给模式的研究提供可靠的观测基础和研究,故大规模的风电场开发运行对气候的长期影响到底有多严重,还需要进一步的探索。

在探索风电场气候影响因素的基础上,美国伊利诺斯大学的 Roy 等[20]提出了"低影响"风电场开发的可能,提出从工程上设计在尾流中产生较少湍流的风机,减轻对下游气候的影响或者选择背景大气边界层湍流强度高的地区来进行风力发电。但新型风机的设计难度大,费用高,在背景湍流强度高的地方进行风电场选址可能会造成风机损害,并且提高输电成本。虽然这两种方案可行性不高,但是"低影响"风电开发的概念是值得进一步探索的。

相对于其他研究领域,目前国内外风电场气候效应的研究较少,但在不远的将来,风电场的数量将会呈现指数增长,风电场对气候的影响需要进行更加深入的研究,目前的一些结论有待更多的研究来进行考证。可从以下几个方面开展研究:一要加强影响机理的研究,找出主要的影响因子,构建更加完善的模型,同时根据影响原理寻求可行的"低影响"风电开发的方案;二要进一步开展实测数据的研究,通过实测结果的验证,修正数值模式中的参数设置;三要继续开展定量化的研究,摸清风电场对气候的影响程度及影响范围,探索全球范围内风电开发的最大程度。

参考文献

[1] Caduff M,Huijbregts M A J,Althaus H J,Koehler A,Hellweg S. Wind power electricity:the bigger the turbine,the greener the electricity? [J]. Environ Sci Technol,2012,46:4725-33.

[2] Abbasi S. A,et al. Impact of wind-energy generation on climate:Arisingspectre[J]. Renewable and Sustainable Energy Reviews 2016,59:1591-1598.

[3] Edenhofer O,Pichs-Madruga R,Sokona Y,et al. IPCC special report on renewable energy sources and climate change mitigation [C]. Cambridge:Cambridge University Press,2011.

[4] Harte J,Jassby A. Energy technologies and natural environments:the search for compatibility [J]. Annual Review of Energy,1978,3:101-146.

[5] Connell J R,George R L. The wake of the MOD-0A1 wind turbine at two rotor diameters downwind on December 3[R],1981,Pacific Northwest Laboratory Operated for the U. S. Department of Energy by Battelle Memorial Institute,USA,1982.

[6] Lundin K,Smedman A,Hogstrom U. A system for wind and turbulence measurements in a wind farm[J]. In:Proceedings of the European community wind energy conference Madrid,1990:11-13.

[7] Milborrow D J,Vermeulen P E J,Ainslie JF. A Study of wake effects behind single turbines and in wind parks[J],TNO-Report,1984,84:02609

[8] Taylor G L. Wake and performance measurements on the Lawson-Tancred 17 m horizontal-axis windmill [J]. IEE Proc A:Phys Sci Meas Instrum Manag Educ Rev,1983,130:604-612.

[9] Jacobson M,Archer C L. Comment on Estimating maximum global land surface wind power extractability and associated climatic consequences[J]. Earth Syst Dynamics Discussion 2010,1:169-189.

[10] Leclerc C,Masson C,Ammara I,Paraschivoiu I. Turbulence modeling of the flow around horizontal axis wind turbines[J]. Wind Eng 1999,23(5):279-294.

[11] Christiansen M B,Hasager C B. Using airborne and satellite SAR for mapping offshore[J]. Wind Energy,2006,9:437-55.

[12] 赵宗慈,罗勇,江滢.风电场对气候变化影响研究进展[J].气候变化研究进展,2011,7(6):400-406.

[13] 李国庆,李晓兵.风电场对环境的影响研究进展[J].地理科学进展,2016,35(8):1017-1024.

[14] 胡菊.大型风电场建设对区域气候影响的数值模拟研究[D].兰州:兰州大学,2012.

[15] 徐荣会.干旱区风电场对局地微气象环境的研究:以苏尼特右旗朱日和风电场为例[D].呼和浩特:内蒙古农业大学,2014.

[16] 刘磊,高晓清,陈伯龙,等.大规模风电场建成后对风能资源影响的研究[J].高原气象,2012,31(4):1139-1144.

[17] 朱蓉.大规模风电开发对城市大气环境污染影响的初步研究[J].风能,2004(5):48-53.

[18] 董焕军.网友质疑风力发电影响牧区气候,赤峰气象专家称其为主观猜测[N].中国气象报,2011-09-06(003).

[19] Sun H W,Luo Y,Zhao Z C,et al. The impacts of Chinese wind farms on climate [J]. JGR:Atmospheres,2018. DOI:10. 1029/2017JD028028.

[20] Roy S B,Schneider S H. Impacts of wind farms on surface air temperature [J]. Proceedings of the National Academy of Science,2010,107(42):17899-17904.

[21] Zhou L M,Tian Y H,Roy S B,et al. Diurnal and seasonal variations of wind farm impacts on land surface

temperature over western Texas [J]. Climate Dynamics,2013,41:307-326.

[22] Walsh-Thomas J M,Cervone G,Agouris P,et al. Further evidence of impacts of large-scale wind farms on land surface temperature [J]. Renewable and Sustainable Energy Reviews,2012,16:6432-6437.

[23] Roy S B,Pacala S W,Walko R L. Can large wind farms affect local meteorology? [J]. Journal of Geophysical Research,2004,109(D19101):1-6.

[24] Wang C,Prinn R G. Potential climatic impacts and reliability of very large-scale wind farms [J]. Atomospheric Chemistry and Physics,2010,10:2053—2061.

[25] Fiedler B H,Bukovsky M S. The effect of a giant wind farm on precipitation in a regional climate model [J]. Environmental Research Letters,2011,6(4):045101.

[26] Fitch A C,Lundquist J K,Olson J B. Mesoscale influences of wind farms throughout a diurnal cycle [J]. American Meteorological Society,2013,141:2173-2198.

[27] Roy S B. Simulating impacts of wind farms on local hydrometeorology[J]. Journal of Wind Engineering and Industrial Aerodynamics,2011,99(4):491-498.

[28] Smith C M,Barthelmie R J,Pryor S C. In situ observations of the influence of a large onshore wind farm on near-surface temperature, turbulence intensity and wind speed profiles [J]. Environmental Research Letters,2013,8(3):034006.

[29] Hidalgo A,Conte J,Jimenez P A,et al. Impacts of a cluster of wind farms on wind resource availability and wind power production over complex terrain [C]. European Wind Energy Association Conference and Exhibition,2014.

[30] Armstrong A,Burton R R,Lee S E,et al. Ground-level climate at a peatland wind farm in Scotland is affected by wind turbine operation [J]. Environmental Research Letters,2016,11(4):044024.

[31] Rajewski D A,Eugene S T,Julie K L,et al. Changes in fluxes of heat, H_2O, and CO_2 caused by a large wind farm [J]. Agricultural and Forest Meteorology,2014,194:175-187.

[32] Keith D W,De Carolis J F,Den Kenberger D C,et al. The influence of large-scale wind power on global climate [J]. Proc Natl AcadSci USA,2004,101:16115-16120.

[33] Maria M R V S,Jacobson M Z. Investigating the effect of large wind farms on energy in the atmosphere [J]. Energies,2009,2:816-838.

[34] Vautard R V,Thais F,Tobin I,et al. Regional climate model simulations indicate limited climatic impacts by operational and planned European wind farms [J]. Nature Communications,2014,5:3196.

[35] Sharma V,Parlange M B,Calaf M. Perturbations to the spatial and temporal characteristics of the diurnally-varying atmospheric boundary layer due to an extensive wind farm [J]. Boundary-Layer Meteorology,2017,162:255-282.

[36] Xie S,Archer C L. A numerical study of wind-turbine wakes for three atmospheric stability conditions [J]. Boundary-Layer Meteorology,2016(18):1-26.

[37] Fitch A C,Joseph B O,Lundquist J K,et al. Local and mesoscale impacts of wind farms as parameterized in a mesoscale NWP model [J]. American Meteorological Society,2012,140(4):3017-3038.

[38] Rhodes M E,Lundquist J K. The effect of wind-turbine wakes on summertime US midwest atmospheric wind profiles as observed with ground-based Doppler lidar [J]. Boundary-Layer Meteorology,2013,149:85-103.

[39] Chang R,Zhu R,Guo P. A case study of land-surface-temperature impact from large-scale deployment of wind farms in China from Guazhou [J]. Remote Sensing,2016,8(10):790.

[40] Medici D,Alfredsson P. Measurement on a wind turbine wake:3D effects and bluff body vortex shedding [J]. Wind Energy,2006,9:219-236.

[41] Frandsen S T, Jorgensen H E, Barthelmie R, et al. The making of a second generation wind farm efficiency model complex [J]. Wind Energy, 2009, 12:445-458.

[42] Adams A S, Keith D W. Wind energy and climate: modeling the atmospheric impacts of wind energy turbines [C]. AGU Fall Meeting, 2007.

[43] Fitch A C, Olson J B, Lundquist J K. Parameterization of wind farms in climate models [J]. Journal of Climate, 2013, 26(17):6439-6458.

[44] Xia G, Zhou L, Freedman J M, et al. A case study of effects of atmospheric boundary layer turbulence, wind speed, and stability on wind farm induced temperature changes using observations from a field campaign [J]. Climate Dynamics, 2016, 46:2179-2196.

[45] 尹宪志,王研峰,丁瑞津,等. 大面积果园春季近地逆温分布特征初探[J].江西农业学报,2016,28(4):66-70.

近年来气象灾害对风电场影响的研究进展*

摘 要 随着风电场的大量兴建,气象灾害对于风电场安全的影响问题受到越来越多的关注,气象灾害会使风电场内设备受损,发电效益降低。本文主要论述的气象灾害包括:台风大风、雷电、低温冰冻、暴雨、沙尘暴、高温等相关灾害,简单分析气象灾害对风电场各划分单元(风电机组、集电线路、升压站、建筑、道路)的影响程度和分类。通过近十几年来国内外气象灾害对风电场影响的相关论述,分析发现发现台风大风对风电场造成较大的机械破坏;雷电造成风机和电网损坏;低温冰冻引发设备覆冰、机械故障及发电量损失;暴雨诱发山洪,冲毁风电场内建筑和道路,引发内涝淹没地面设备;沙尘暴主要影响在于大风破坏和沙尘撞击叶片等敏感设备;高温引起电器设备温度升高,引发火灾爆炸;台风、暴雨引起的滑坡泥石流、高温干旱引发山林草原火灾等次生灾害危害风电场。

关键词 风电场;气象灾害;台风;雷电;低温冰冻;沙尘暴;暴雨

1 引言

当今世界各国正在积极开发清洁的可再生能源,其中风能作为一种清洁高效的能源日益受到各国重视。据全球风能理事会(Global Wind Energy Council,简称 GWEC)估计,到 2020 年,全球风电总装机容量可能会增加到 7.92 亿 kW,2030 年风力发电量将占全球总发电量的 20% 以上[1]。根据《风电发展“十三五”发展规划》,2020 年中国风电累计并网容量将达到 2.1 亿 kW 以上,其中海上风电并网装机容量达到 0.5 亿 kW 以上,风电发电量达到 4200 亿 kW·h,占全国总发电量的 6%[2]。随着风电场的兴建,风电机组的安全运行问题受到越来越多的关注,极端气象灾害对风电场的安全运行会造成不同程度的损害,致使风电场内设备受损,发电效益降低。

气象灾害一般包括天气、气候灾害和气象次生、衍生灾害。风电场一般建设在空旷的自然环境中,各种气象灾害都会或多或少危害风电场和内部人员安全,本文选择风电场易受到且影响较为严重的台风、大风、雷电、低温冰冻、暴雨、沙尘暴、高温以及气象次生灾害[3]展开论述。其中涉及台风、雷电、低温冰冻的相关研究较多。例如,Manwell[4]分析气象灾害(台风)引起的极端事件对美国近海风电场的影响;宋丽莉等[5]分析热带气旋对我国风力发电影响;Rodriguesa 等[6]研究雷电对风机的直接和间接影响;Makkonen 等[7]构建一种风机覆冰模型。而沙尘暴、暴雨、高温以及次生灾害对风电场影响的相关研究较少。

国内外关于风电场受气象灾害影响的系统性研究比较晚,相关研究自 20 世纪 90 年代逐渐增多,主要集中在美国、日本、欧洲(西班牙、德国、意大利、瑞典、葡萄牙等)以及加拿大,研究内容主要是从定性的角度分析风电场开发建设过程中遇到的气象灾害风险,其中部分研究试

* 曾琦,陈正洪.气象科技进展,2019,9(2):49-55.(通讯作者)

图对风电场遇到的气象灾害风险进行定量测量。Hallowell[8] 定量分析美国飓风对海上风电场造成的风险。我国早期主要研究某种单一气象灾害对风电场的影响,分析某个风电场受灾情况,至 2010 年该领域深入研究增多。郑有飞[9] 对影响江苏省风电开发的主要气象灾害进行分析及评估。

风电场可以划分为风电机组(风电机、箱式变压器)、集电线路(架空、地埋)、升压站、建筑(监控室、生活区)、道路这五个单元。下面结合风电场划分单元从台风、大风、雷电、低温冰冻、暴雨、沙尘暴、高温和次生灾害这几个方面分别论述气象灾害对风电场的影响。总结气象灾害对风电场的影响类型。

2 台风 大风

风机利用风能将其转化为电能,持续大风天气可以使风机处于较长时间的"满发"状态,充分利用风力资源。但是,当风速过大时风机及其附属设施也可能遭到损坏。2006 年台风"桑美"袭击浙江苍南风电场造成惨重的损失,28 台风电机组全部受损,其中 5 台倒塌[10]。除了台风影响,一些内陆风电场还会受到大风灾害的不利影响。2015 年 8 月,加拿大德芙琳地区发生强烈的龙卷,当地配网电线断裂,造成风电场线路跳闸断电,大量房屋受损,当地 30 多人受伤[11]。

台风和大风对整个风电场,即风电机组、集电线路、升压站、道路和房屋所有单元的安全都有威胁。

2.1 台风

热带气旋是发生在热带或副热带洋面上的低压涡旋,是一种强大而深厚的热带天气系统,其中最大风力达到 12 级的称为台风。王帅[12] 认为台风对风力发电机组的破坏机理主要体现在对设备结构施加的静载荷和动载荷叠加效应。风电设备所受风压静载荷与空气密度和风速有关,与风速的平方成正比。台风风速可高达 70 m/s,空气密度很大,极易超过设计载荷极限,破坏风机设备。风压动载荷主要由湍流引起,湍流强度越大,对风机的破坏性越强,湍流对设备结构形成周期性激荡,T. Han[13] 认为若湍流产生的周期恰好与风机固有振动周期相同,设备结构就产生横向的共振,导致风机被毁。湍流强度突变也会影响风机正常运行。

张礼达等[14] 总结台风对风电机组的主要破坏有:叶片出现裂纹或被撕裂,偏航系统受损,风向仪、尾翼等设备被吹毁等。在高风速的情况下(大于 25 m/s),机械制动器会使涡轮机停止旋转以减少负荷。Hong 等[15] 研究发现若机械制动失效,叶片转速达到超速度时,叶片结构无法承受极端负荷,最终导致叶片弯曲、损坏或脱落。台风可直接造成偏航系统的机械损害,也可能破坏风电场电网系统从而使偏航系统故障。偏航系统可以根据风速风向控制轮毂和叶片的角度,它可以使转子远离突出的风向以减少负荷。台风期间会出现持续几个大风方向作用在风电机组的情况,当偏航系统失效,风机将无法调整对风,台风风速超过设计极限时,会发生叶片损毁甚至风机倒塌等事故。吴远指出[16] 叶片在强风作用下产生极大扭转力矩,超出高速轴刹车盘与刹车片摩擦承载能力,刹车盘强行转动,产生持续高温,产生火花引燃高速盘侧易燃物引起火灾。

除了风电机组,台风也会对风电场其他单元造成极大破坏,可能造成门窗破损、塔架变形、房屋和架空线路倒塌等一系列危害。台风还往往伴随暴雨、风暴潮,可能会冲毁风电场,甚至引发内涝淹没风电场,破坏升压站等地面设备、地下电缆、道路交通,造成严重的灾害。

Manwell[4]等研究指出,风和海浪是影响海上风电场最重要的两个因素,风主要影响风机和塔,海浪影响着地基。在台风期间,风和海浪对海上风力发电场的相互作用仍然是一个需要研究的问题,Kumar[17]研究发现在热带气旋中波高与极端风速之间有良好的相关性。大风带来大浪,台风带来的狂风、巨浪,对风力涡轮机、塔和地基造成巨大破坏。

2.2 大风

测站出现瞬时风速达到或超过 17 m/s,或目测风力达到或超过 8 级的风为大风,一日出现过大风,作为一个大风日[18]。产生大风的天气系统很多,如冷锋、雷暴、飑线和气旋等,特殊地形会形成局地大风。下面主要论述飑线大风、龙卷风、寒潮大风、峡谷大风等大风灾害对风电场造成的一定程度的破坏。

飑线是强对流天气的一种,沿着飑线可出现雷暴、暴雨、大风、冰雹和龙卷等剧烈的天气现象。飑线大风相比龙卷风持续时间更长,破坏范围更大,强风冰雹破坏风机设备,使线路跳闸停电[19]。龙卷风风速极高,对风电场内设备造成巨大冲击,其内外气压差可能将建筑屋顶直接吸走,另外龙卷风裹挟的树枝、砖块等风致碎片会撞击下游其他物体造成破坏[20]。寒潮是大规模强冷空气活动的过程,造成剧烈降温,伴随大风、冰雹、降雪等灾害性天气现象[19]。受地形狭管作用影响,当气流由开阔地带流入地形构成的峡谷时,由于空气质量不能大量堆积,空气加速流过峡谷,风速增大形成峡谷大风,大风风力可达到十级以上,强风会破坏风电场。这些大风灾害会造成风电机组、集电线路、升压站、房屋建筑损毁,影响道路交通。极端大风事件不仅会影响风机的安全运行,还会威胁周边的公共安全,伴随的暴雨冰雹将进一步危害风电场的安全运营。

3 雷电

雷电是一种伴有雷击和闪电的局地对流性天气,是一种在积雨云云中、云间或云地之间产生的放电现象,雷暴发生时常伴有冰雹、大风、暴雨等多种极端天气现象[3]。雷暴对风电场的危害十分严重。March[21]研究发现,风机的有利位置往往与雷暴活动的区域重合。对于建立在空旷地带的风电场,当它处于雷雨云形成的大气电场中时,风机相对于周围环境成为突出的目标,容易发生尖端放电被雷击中[22]。对于建立在高海拔区(例如 1000m)或在山脊、山顶的风电场,风机更是直接暴露在了雷电之中[23]。Rodriguesa 等[6]研究调查显示,每年有 4%~8%的欧洲风力发电机被雷电损坏,其中德国风力发电机的雷击毁坏率高达 8%,日本沿海的风机因雷电导致损害占所有总事故的 30%左右。2013 年 3 月,广西多地出现雷电,其中资源县某风电场受雷电影响,4 台风机的箱式变压器损坏,直接经济损失 91 万元[24]。

雷电主要影响对象风电场内的风电机组、集电线路、升压站以及建筑设施。危害可以分为直接危害和间接危害。直接危害主要表现为雷电引起的热效应、机械效应和冲击波造成的危害。间接危害主要表现为电磁感应效应和电涌过电压效应等[25]。以下从这两个方面论述雷电对风电场的危害。

3.1 雷电对风电场的直接危害

风电机组遭受雷击的过程实际上就是带电雷云与风电机组之间的放电过程。雷电直接击中风电机组时,电流产生热效应和机械效应。机械效应主要表现为在电动力作用下,部件直接被击毁,例如雷击使得塔筒变形甚至折断。热效应主要表现为雷击点周围,局部金属熔化,例如使输电线路直接熔断。热效应和机械效应一般同时出现。对于叶片,被击中时,雷电释放的巨大能量使叶片温度急剧升高,物体内部水分迅速蒸发、汽化、快速膨胀,压力上升造成叶尖前后粘接部分爆裂破坏。直击雷击中风机叶片后,电流沿着叶片传至风电机的主轴部分,电流流动时,机舱内部金属间隙会产生电火花,可能引发火灾爆炸。电流经过轴承时,产生极大热量,损坏轴承内的滚子和套圈,影响轴承运行的流畅性和设备的可靠性。雷击往往不会使电机运行立即失效,但它使运行摩擦加大,日积月累,最后使整个轴承内部遭到严重损坏并发生运行故障[25-27]。

3.2 雷电对风电场的间接危害

风电机组雷击暂态效应会使电位抬高,使得风机叶片尖端与塔筒底部产生较大电位差,当不同构件之间电位差达到一定数值时,风机内部结构之间的空气被击穿,破坏风机内部设备。雷电击中风机时会在风机塔筒内产生强电磁脉冲[27],对塔筒内部的风机控制系统和主电源装置造成直接辐射危害。电磁脉冲会在塔筒内部各种信号、电源传导线内部产生感应电流,形成过电流和过电压波侵入电子设备,这些过电压会损坏集电线路和升压站设备,造成风机设备工作失灵或者永久性损坏。雷电流由散流装置入地过程中形成的电位梯度过大,附近区域人员可能受到接触电压和跨步电压的危害

4 低温冰冻

根据 IEC 61400-1 标准[22]规定,风电机组的运行温度为 −20 ℃,生存温度为 −30 ℃,极端低温环境会影响风电场的正常运行。积冰是一种各种降水或雾滴与地面或空中冷却物体碰撞后冻结在其表面上的现象。Davis 等[28]指出,在世界上的许多地方,大部分利于开发的风能可用点已经被利用,这迫使风电场开发商去寻找更复杂的地点,并带来额外的风险或不确定性,比如近海、山林和寒冷的气候地区。根据欧洲新能源咨询公司(BTM)评估,到 2012 年底,寒冷气候地区的装机容量达到 69 GW,2017 年将增加 50 GW[29]。湖北仙居顶风电场 2010 年至 2013 年受低温冰冻影响,年平均损失电量 600~800 kW·h。

低温冰冻主要影响对象是风电场内的风电机组和集电线路设备,也会影响道路房屋。

Fakorede 等[30]指出,低温冰冻对风电场最直接的危害就是停机所造成的经济损失,若低温天气持续时间较长,叶片长时间覆冰,风电场往往会停机几周甚至数月。2005 年德国一项调查研究发现,停机是低温冰冻事件的最大危害,影响占比近 90%[31]。除了停机,低温冰冻还有分为 3 个方面问题:叶片、输电线等其他构件覆冰问题;低温使润滑油黏稠流动性差引发的机械故障问题;低温使得部分电子元件传感器失灵的问题。下面重点从叶片、导线覆冰,机械故障,周边安全问题这三个方面具体展开论述。

4.1 叶片覆冰

叶片覆冰使得叶片质量分布不均,叶片结构和形状改变,降低风能利用系数;增大叶片粗糙度,降低机翼启动性;叶片负载增大,风电机组机翼的空气动力损失增大[32]。Liangquan 等[33]研究得到,叶根到叶尖,冰的质量和厚度近似呈线性增加;叶尖结冰率大于叶根结冰率,

在防/除冰时应注意叶尖区域;无论是不对称覆冰(叶片一面覆冰,一面未覆冰)还是对称覆冰都能减小叶片动力,但不对成覆冰会使叶片附加不对称剪力,对风机危害更大。孙鹏等[34]指出低温会使叶片阻尼等结构特性发生变化,叶片自身频率变化,引发共振,使得寿命缩短,大风低温时的刹车动作可能引起叶片折断。

4.2　导线覆冰

当导线覆冰厚度超过设计的抗冰厚度时,覆冰后质量、风压面积增加会导致输电线路发生机械和电气方面的事故,可能造成金具损坏、导线断股、杆塔折损倒塌、绝缘子串翻转和撞裂等机械损害;也可能使弧垂增大,造成闪络和烧伤、烧断导线等电气问题[35]。

李兴凯[36]等研究华北地区导线覆冰问题发现,若相邻的导线覆冰不均匀或一条线路中导线不同期脱冰,导线会产生张力差,从而损坏金具、导线和绝缘子,使得导线电气间隙减小,发生闪络,也有可能破坏杆塔。在风的作用下,质量分布不均的导线会产生自激振荡和低频率的舞动,从而造成金具损坏、导线断股、断线和杆塔倾斜或倒塌等事故。

4.3　其他机械故障

低温条件下,风机中润滑油粘稠度增加,流动性降低,风机液压系统无法正常工作。对于刹车液压系统,它使得刹车时间增长、振动增大,影响风机安全运行。润滑效果减弱,摩擦增大,齿轮箱系统和偏航系统内部运行阻力增大,旋转、摩擦产生的热量无法正常释放,这会使得齿轮磨损,系统受损[34]。

低温条件下,部分电子、电气元件无法工作,出现异常反应,传感器异常会影响风电场信号采集。升压站、监控室以及其他电气设备都会受到影响。

4.4　安全问题

Tammelin[37]研究指出风电场自身就有噪音污染的问题,低温冰冻条件下,风机运行受阻,噪音污染增强。温度升高后,风机和输电线路上的覆冰、冰柱会脱落,周围居民应注意安全,避免砸伤。道路结冰会影响风电场内交通安全。

5　暴雨

根据规定,24小时降水量为50 mm或以上的强降雨称为"暴雨"。暴雨主要影响对象是风电场内的风电机组和道路房屋。暴雨对风电场的危害主要来自两个方面,一是暴雨引发洪水、滑坡、泥石流等灾害;二是雨水对风机性能的影响。

暴雨引发的洪水、泥石流是危害风电场的主要原因,整个风电场都会收到极大破坏。受地形影响,若风电场建设在地势较低的区域,或是风电场内排水、防洪措施不到位,风电场内易形成内涝,靠近地面的变压器、升压站等设备被淹没损坏。山区里,暴雨引发山洪,可能会冲毁风电场中风机、房屋、道路等设施,甚至一些风电场在建设过程中遭到山洪破坏,损失惨重。2017年7月14—15日,宜昌市五峰县出现了较大范围的强降雨,导致山洪爆发并诱发多处滑坡泥石流,对当地的房屋、道路、电力和通讯等设施产生较为严重的危害,在五峰和湾潭两镇建设的北风垭风电场,受到此次强降雨诱发的山洪地质灾害的影响,使得2017年9月底首台风机并网发电的计划推迟[38]。

　　目前,关于雨水对风机叶片动力影响研究还比较少,相关研究集中在航空领域,研究雨水对机翼的影响。这些研究发现:雨水使机翼升力减少,阻力增加;在雨中,层流翼的性能损失比紊流的翼片更严重;当雨滴撞击机翼时,部分雨滴被加速溅回空气中,剩余雨滴在机翼表面形成了一层薄薄的水膜,这层水膜受之后的雨滴影响,表面形成"弹坑",成为了一张不均匀的薄膜,机翼表面改变,增加了阻力[39]。与航空研究中得出的结论相似,Arastoopour[40]团队分析了一台在雨天使用的水平涡轮机机翼的性能,发现在大多数 AOAs(攻角)引入降雨时,升力会减少,阻力增加,导致升阻比降低。Alessio[41]团队研究指出如果叶片不受保护,风机叶片将会遭受雨蚀,尤其是酸雨的损坏,将会降低空气动力性能,从而降低动力的产生。Zhenlong Wu[39]团队利用 NACA 0015 VAWT 翼型研究发现,降雨条件下风机叶片升力系数和切向系数减小(图 1、图 2)。

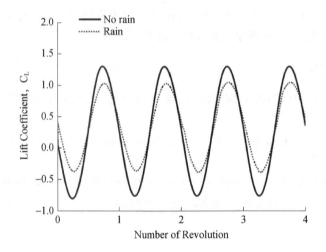

图 1　　NACA 0015 翼型振荡运动状态晴天雨天升力系数比较[39]

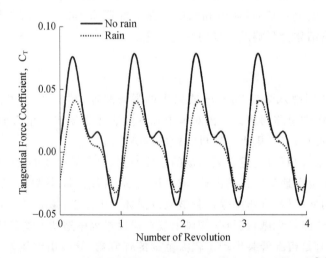

图 2　　NACA 0015 翼型振荡运动状态晴天雨天切向力系数比较[39]

6 沙尘暴

沙尘暴是指强风扬起地面沙尘,使空气混浊,水平能见度小于1000 m的风沙天气现象。

沙尘暴破坏范围大,造成的受灾面积广,对风电场内各单元都有影响,其危害主要表现在以下几个方面。

6.1 沙尘暴伴随大风

强沙尘暴发生时风力往往达8级以上,有时甚至可达12级,相当于台风登陆的风力,强风可能会吹倒或拔起大树、电杆,刮断输电线路,或是发生高压线路短路和跳闸事故,毁坏建筑物和地面设施,造成人畜伤亡,破坏力极大。

根据2014年一篇相关报道[42],沙尘暴会对土壤造成不同程度的刮蚀,每次的风蚀深度可达1~10 cm;当遇到背风凹洼的地形或障碍物时,随风而至的大量沙尘又会造成沙埋,严重的沙埋深度可达1 m以上。若风电场建在迎风坡或地势较高的地区,沙尘暴来袭对土地的刮蚀,影响塔基稳定,在背风坡或地势低洼的地区,其沙埋作用又可使塔架的高度发生变化,影响风能吸收和转换。

6.2 沙尘暴扬起沙尘

大风夹带的砂砾不仅会使叶片表面严重磨损,甚至会造成叶面凹凸不平,破坏叶片的强度和韧性,影响风电机组运行[32]。若砂砾较大,还会直接破坏风机和房屋设备;大量沙尘使能见度降低,不利于交通安全;高尘沙浓度、强风沙流速的沙尘可能引起电力设备外绝缘闪络,应提前做好防护措施。

风机叶片上的沙尘应及时清理,除了沙尘暴侵袭,日常的扬尘积灰对风机叶片正常运行也有影响。研究表明,由于沙尘积累,叶片阻力增大,升力减小,降低风机的功率输出。Khalfallah等[43]在2007年利用Nordtank 300kW风力机,研究在1天、1周、1个月、3个月、6个月、9个月不同工况下粉尘对功率曲线的影响(见图4),在不清洗叶片的情况下,随着运行周期的增加,风电机组输出功率的损失也随之增大。扬尘还会危害场内工作人员的身体健康。

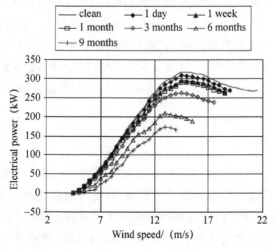

图3 在不同运行周期条件下粉尘对风机输出功率的影响[43]

7 高温

气象上将日最高气温大于 35 ℃定义为高温日,将日最高气温大于 38 ℃称为酷热日。中国把连续数天(3 天以上)的高温天气过程称之为高温热浪。高温主要影响风电机组、集电线路、升压站这几个涉及电力系统的单元。

高温会使电力线路超负荷,电力线路过载将威胁到电网的安全平稳运行。线路可能频繁跳闸,甚至造成变压器过热烧坏、损毁、引发主电力设备过载等故障,长时间处于高温环境也会影响风机中各组件寿命。霍林等[44]研究发现如果遇到高温天气且电力线路超负荷而线路又老化,而电器设备又长期处于高温运行状态,易引发用电故障,甚至引发火灾。

根据叶杭冶[45]研究,风电机组保持较高功率运行时,齿轮箱、发电机、变压器、变频器等机械和电气部件产生较大热量,而发电机、齿轮箱、IGBT 等主要部件又处于相对封闭的狭小的机舱内或塔底平台上,产生的热量不能顺利排出,使机舱内温度升高,加之环境温度较高,部件过热可能出现故障。高温影响到风电机组部件运行的安全性,所以风电机组只能限功率运行,甚至停机,影响到风电场投资的经济性。目前风电场针对高温灾害设计出一些抗高温型机组,例如任朝阳[46]等通过改善风机的通风系统和散热性能,设计了出了满足外界温度 45 ℃,机舱内部不超过 50 ℃的抗高温型机组。

8 气象次生灾害

气象次生、衍生灾害,是指因气象因素引起的山体滑坡、泥石流、风暴潮、火灾、酸雨、空气污染等灾害。下文论述台风、暴雨、高温这些气象灾害引发的滑坡、泥石流、火灾次生灾害。

8.1 滑坡 泥石流

风电场所遭受的次生灾害主要是由台风、暴雨天气带来的。风电场内设施受到洪水长时间的冲刷、浸泡,待台风、洪水退去后,发生房屋、桥梁坍塌或者诱发山体滑坡、泥石流,造成破坏,这是台风带来的次生灾害。在山区,暴雨天气可能引发滑坡、泥石流等次生灾害。

以泥石流为例。泥石流的发生有主要条件:物源条件,物源区土石体的分布、类型、结构等,它与当地地层岩性相关;水源条件,水是泥石流的组成部分,也是松散固体物质的搬运介质,雨水往往是主要来源;地形地貌条件,它能为对泥石流的发生、发展提供位(势)能和汇聚足够的水和土石[47-48]。台风或是暴雨天气发生后物源变得松散,提供水源,有时甚至改变地貌(侵蚀掏空),从而诱发泥石流这一次生灾害发生。滑坡、泥石流冲毁房屋、破坏交通,对风电场安全运营带来危害。

8.2 山林草原火灾

长期的高温干旱天气会引发山林或草原火灾。修建在山区、草原的风电场应注意防火。一般风力发电机组安装检修场地均采取了平整措施,安装检修场地上无植被,升压站周围有水泥硬化道路,可起到阻火作用。但若后期运行维护不当,可能会有灌木、杂草等生长,周边山林发生山火就可以蔓延到风力发电机组处,威胁风力发电机组、箱式变压器的安全;若火势较大可能影响升压站内的设备设施,威胁运行人员人身安全,破坏当地生态。

9 气象灾害对风电场各划分单元影响程度和类型

总结上文论述,分析得到气象灾害在风电场内的重点破坏单元,各气象灾害对风电场的危害程度,见表1(打勾说明该单元会受到对应气象灾害破坏)。可以发现,台风、大风、沙尘暴、低温冰冻、暴雨、次生灾害这些气象灾害破坏范围大,影响时间长,对风电场各单元安全都有威胁;雷电对道路影响较小,对其他单元,特别是电力设备危害较大;高温对风电场的影响相对较小,主要损害风电机组、集电线路和升压站。不同地区风电场受到的气象灾害不同,同一气象灾害,灾害大小亦有不同,后期将继续调查研究提供更加准确的影响分析。

表1 气象灾害对风电场内各划分单元影响情况

风电场划分单元	台风大风	雷电	低温冰冻	沙尘暴	暴雨	高温	次生灾害
风电机组	√	√	√	√	√	√	√
集电线路	√	√	√	√	√	√	√
升压站	√	√	√	√	√	√	√
建筑	√	√	√	√	√		√
道路	√		√	√	√		√

气象灾害对风电场的影响可以分成安全类影响、效益类影响、生态类影响这三类。

安全类影响指该气象灾害对风电场人员安全危害和设备故障损毁。例如风机倒塌、输电线路折断、升压站设备故障、建筑道路毁坏、工作人员受伤等,本文论述的气象灾害对风电场均会产生安全类影响。

效益类影响指设备不会大面积损毁,但工作效率降低。覆冰、沙尘、雨水会使风机输出功率降低,高温天气为保证设备安全低功率运行。

生态类影响指气象灾害破坏风电场周围生态环境。台风、雷电、高温可能引发火灾,暴雨、次生灾害(滑坡泥石流)会造成水土流失。

10 小结

随着全球对新能源,特别是风能的需求日益增加,在风电场的选址、建设、运营各个阶段都需要考虑气象灾害问题。本文主要讨论台风、大风、雷暴、低温冰冻、暴雨、沙尘暴、高温以及诱发的次生灾害对风电场的影响。台风主要考虑叶片出现裂纹或被撕裂,风向仪、尾翼等设备被吹毁,偏航系统受损等机械破坏问题,除了台风,其他大风灾害(龙卷风、寒潮大风等)也会危害风电场安全;雷电主要是直击雷引起的热效应、机械效应和冲击波对叶片和内部结构造成的危害,电磁感应、电磁脉冲造成的间接危害,电火花开可能引发火灾;低温冰冻导致长时间停机造成发电量损失,覆冰对风电场表现在叶片、导线等其他设备造成危害,低温使润滑油粘稠影响设备运行,影响电子元件性能,积冰掉落引发安全问题;暴雨诱发山洪,冲毁风电场内建筑和道路,引发内涝淹没地面设备,雨水会侵蚀叶片、阻碍叶片运行;沙尘暴主要影响在于大风破坏和沙尘撞击叶片等敏感设备,沙尘积累在叶片,使得风机功率输出降低;高温要注意电子设备安全,防止产生火灾、爆炸,注意工作人员安全。一次灾害发生后还要继续关注次生灾害的发生,注意台风、暴雨引起的滑坡泥石流、高温干旱引发山林草原火灾等次生灾害危害风电场。

结合表1可以得到气象灾害对风电场内各划分单元影响情况,雷电和高温灾害对风电场内建筑、道路这两个单元影响较小,其他气象灾害对风电场内各划分单元都有影响,影响程度于风电场自身建设和灾害具体情况有关,需要进一步研究。

气象灾害对风电场均会产生安全类影响;低温冰冻、暴雨、沙尘暴、高温会产生效益类影响;台风、雷电、暴雨、气象次生灾害会产生生态类影响。

参考文献

[1] GMEC. Global Wind Report[R]. 2018.

[2] 杨光俊. 我国风电绿色发展前景分析和政策建议[J]. 环境保护,2018,46(2):17-19.

[3] 柳艳香,袁春红,朱玲等. 近12年来影响风电场安全运行的气象灾害因子分布特征[J]. 风能,2013(5):70-74.

[4] Manwell J F,Elkinton C N,Rogers,A L et al,Review of design conditions applicable to offshore wind energy systems in the United States[J]. Renewable and Sustainable Energy Reviews,2007,11(2):210-234.

[5] 宋丽莉,毛慧琴,钱光明,刘爱君. 热带气旋对风力发电的影响分析[J]. 太阳能学报,2006(09):961-965.

[6] R. B. Rodrigues,V M F Mendes,J. P. S. Catalão,Protection of interconnected wind turbines against lightning effects:Overvoltages and electromagnetic transients study[J]. Renewable Energy,2012(46):232-240.

[7] L Makkonen,T Laakso,M. Marjaniemi,Modeling and prevention of ice accretion on wind turbines[J]. Wind Engineering,2001,25(1):3-21.

[8] Spencer T Hallowell,Andrew T Myers,Sanjay R. Arwade,Hurricane risk assessment of offshore wind turbines[J]. Renewable Energy,2018,2.

[9] 郑有飞,林子涵,吴荣军等. 江苏省风电场的气象灾害风险评估[J]. 自然灾害学报,2012,21(4):145-151.

[10] 王力雨,许移庆. 台风对风电场破坏及台风特性初探[J]. 风能,2012(5):74-79.

[11] 钱贺. 龙源电力"走出去"纪实:"一带一路"好时机,风起扬帆正当时[N]. 新华网,2018-06-29.

[12] 王帅. 自然环境对风力发电机组安全运行的影响分析[J]. 中国安全生产科学技术,2009,5(6):214-218.

[13] T Han,G McCann,T A Mücke,et al,How can a wind turbine survive in tropical cyclone?[J]. Renewable Energy,2014(70):3-10.

[14] 张礼达,任腊春. 恶劣气候条件对风电机组的影响分析[J]. 水力发电,2007(10):67-69.

[15] HongLixuan,Møller Bernd. An economic assessment of tropical cyclone risk on offshore wind farms[J]. Renewable Energy,2012(44):180-192.

[16] 吴远伟. 台风对沿海风电机组的危害及对策[J]. 风能,2015,(2):88-93.

[17] Kumar V S,Mandal S,Kumar K A. Estimation of wind speed and wave height duringcyclones[J]. Ocean Eng,2003,30(17):2239-2253.

[18] 葛珊珊,张韧. 全球气候变化背景下灾害性天气变化及对海上风电的影响[J]. 中国工程科学,2010,12(11):71-77.

[19] 刘常青,祁永辉,曹荣泰,等. 青海地区输电线路风灾原因分析[J]. 电力勘测设计,2016(S2):146-150.

[20] 高榕. 中国龙卷风特性统计分析及灾后建构筑物调查研究[D]. 北京:北京交通大学,2018.

[21] VictorMarch,Key issues to define a method of lightning risk assessment for wind farms[Z]. Electric Power Systems Research,2017.

[22] IEC 64100-1:2005. Wind turbines part 1:Design requirements[S].

[23] Yokoyama S. ,Lightning protection of wind turbine generation systems[C]//Lightning(APL),2011 7th Asia-Pacific International Conference on. IEEE,2011:941-947.

[24] 李兆华,刘平英. 风电场雷击风险分析及防护措施研究——以云南某风电场为例[J]. 灾害学,2015,30(1):120-123.

［25］李强.风力发电机雷电损害分析及风险评估方法研究［D］.南京:南京信息工程大学,2012.

［26］付国振.沿海风电场雷电危害的特点及防护措施［A］//中国气象学会.S13 第十届防雷减灾论坛——雷电灾害与风险评估［C］.中国气象学会:中国气象学会,2012:5.

［27］王晓辉.风力发电机组雷电暂态效应的研究［D］.北京:北京交通大学,2010.

［28］Neil Davis,Andre N Hahmann.Niels-Erik Clausen,Forecast of Icing Events at a Wind Farm in Sweden［J］.Journal of Applied Meteorology and Climatology,2012(53):262-281.

［29］BTM.BTM World Market Update 2012.Navigant Research;2013.

［30］Oloufemi Fakorede,ZoéFeger,HusseinIbrahima,Ice protection systems for wind turbines in cold climate: characteristics, comparisons and analysis［J］.Renewable and Sustainable Energy Review,2016(65): 662-675.

［31］Durstwitz M.A Statistical Evaluation of Icing Failures in Germanys 250 MW Wind-Programme(Update 2003).BOREAS VI,Pyhätunturi;9-11.04;2003.

［32］张礼达,张彦南.气象灾害对风电场的影响分析［J］.电力科学与工程,2009,25(11):28-30.

［33］Hu L Q,Zhu X C,Hu C X,et al,Wind turbines ice distribution and load response under icing conditions ［J］.Renewable Energy,2017.

［34］孙鹏,王峰,康智俊.低温对风力发电机组运行影响分析［J］.内蒙古电力技术 2008,26(5):8-10.

［35］苑吉河,蒋兴良,易辉,等.输电线路导线覆冰的国内外研究现状［J］.高电压技术 2004(1):6-9.

［36］李兴凯,曹秋会,李文林.华北地区山区风电场导线覆冰特点研究［J］.电力勘测设计 2016(S2):165-167.

［37］Tammelin B,et al.Icing effect on power production of wind turbines［C］.In Proceeding of the BOREAS IV Conference,1998.

［38］孙朋杰,陈正洪,万黎明,张荣.湖北省五峰县两次暴雨特征及对地质灾害影响分析.湖北农业科学, 2019,58(11):35-39.

［39］Zhenlong Wu,Yihua Cao,Shuai Nie,et al,Effects of rain on vertical axis wind turbine performance［J］.Journal of Wind Engineering & Industrial Aerodynamics,2017(170):128-140.

［40］Cai M,Abbasi E,Arastoopour H.Analysis of the performance of a wind-turbine airfoil under heavy-rain conditions using a multiphase computational uid dynamics approach［J］.Industrial & Engineering Chemistry Research.2012,52(9),3266-3275.

［41］Alessio C,Alessandro C,Franco R,Computational analysis of wind-turbine blade rainerosion［J］.Computers and Fluids.2016.

［42］陈女士.灾难频发气候作怪? 谁"祸害"了我们的风电场［N］.北极星电力网新闻中心,2014-08-14.

［43］Mohammed G.Khalfallah,Aboelyazied M.Koliub,Effect of dust on the performance of wind turbines［J］.Science Direct,2007(209):209-220

［44］霍林,谭萍,张婷婷,李彩霞.电力气象灾害时空分布特征及其影响分析［J］.南方农业,2017,11(20): 83-84.

［45］叶杭冶.风力发电机组的控制技术［M］.北京:电子工业出版社,2006.

［46］任朝阳,陈棋,崔峰,等.风电机组的抗高温设计［J］.能源工程,2015(1):44-47.

［47］林国才.粤北山区风电场工程场地常见地质灾害调查研究［J］.城市建设理论研究(电子版),2018 (16):2.

［48］赵彬,王新贺.宁夏固原寨科风电场地质灾害危险性调查评估及防治措施建议［J］.中国水运,2011,11 (12):163-164.

基于探空风资料的大气边界层不同高度风速变化研究 *

摘 要 利用我国1981—2014年资料齐全的93个高空气象观测站(距离雷达300 m、600 m、900 m高度)的探空风资料,按照气象地理区划,借助GIS分析了边界层内不同高度风速及其趋势的时空变化,得到以下结论:(1)300～900 m,东北和华北地区累年平均风速较大,西南和西北地区累年平均风速较小。(2)边界层内各高度相同地区平均风速的月变化趋势基本一致,但各地区季节风速变化不同,同一地区月平均风速的年较差随高度上而增大。(3)300 m各地区年平均风速均显著减小;600 m和900 m,华北、西北、华中地区年平均风速呈增加趋势,东北地区年平均风速呈减小趋势,但均未通过显著性检验。(4)各高度年平均风速空间分布均为东北地区较大,尤其大兴安岭和东北平原地带;从沿海到内陆,由东至西风速逐渐减小。(5)300 m,全国年平均风速以减小趋势为主;600 m,全国大部分地区年平均风速呈增加趋势,尤其是中部、西北和华东沿海地区;900 m高度,全国年平均风速变化趋势呈现由边界向内部的包围态势,中心地区呈增加趋势,边界地区均呈减小趋势,但是通过显著性检验的地区不多。

关键词 探空风;边界层;平均风速;显著性;变化趋势

1 引言

IPCC第五次评估报告明确指出,人类对气候系统的影响是明确的,过去的130 a全球升温0.85 ℃。大量的观测、模拟数据和研究分析多是围绕着全球气候变暖及其次生影响这一重点展开,对于风的研究还不够深入。

随着新能源的发展和重视,风电开发如火如荼,涌现出很多关于风资源变化和评估的研究。对于地面风的研究必不可少,Guo等(2011)利用全国652个台站1969—2005年的数据进行了分析,结果表明大部分台站的年平均和季节性平均风都有明显减弱;李艳等(2011)利用全球气候耦合模式的实验和预测结果,预测我国区域年平均风速在21世纪前半叶存在减弱趋势,后半叶以增强趋势为主;郑祚芳等(2014)应用北京20个气象站观测风场资料,分析出自然气候变化和下垫面人为改变造成了风能资源的减少;方艳莹等(2012)运用中尺度数值模式WRF与CFD软件相结合的方法进行了广东省海陵岛地区的风能资源数值模拟分析,并采用测风塔数据进行误差检验,验证了方法实际应用的可行性;谢今范等(2014)利用东北地区气象站和测风塔观测资料,结合中尺度模式WRF,进行了观测站点稀少地区的风能资源模拟分析。多数研究表明地面风呈减小趋势,多由大气环流变化和城市效应等原因导致,这造成了一些风电企业对于未来风电发展的困惑和担忧,衍生出一系列关于高空风的研究,探讨全球风速的真实变化,开拓新的风能资源利用领域。

近年来关于高空风的研究开始增多。如任国玉等(2009)研究表明850 hPa处,春季平均

* 孟丹,**陈正洪**,陈城,孙朋杰,阳威.气象,2019,45(12):1756-1761.(通讯作者)

风速最大,夏季最小,年内变化不明显;张爱英等(2009)利用1980—2006年全国探空站资料分析得出对流层中下层(包括850 hPa、700 hPa、500 hPa、400 hPa等压面)年平均风速呈降低趋势,平均气候倾向率为−0.10(m/s)/(10a),未通过显著性检验;Ling等(2013)利用全球无线电探空仪档案中国区域149个站点1964—2009年(许多站点1974—1990年资料缺失)的资料,分三个时间段,着重分析了850 hPa和500 hPa两个等压面风速变化,并提出了解释这些变化的观察证据;于宏敏等(2013)利用黑龙江4个探空站50 a的资料研究得出地面年平均风速显著减弱,但300 m、600 m、900 m高度的年平均风速有不显著的增强趋势,认为这一结论与朱锦红等(2003)、Lucarini和Russell(2002)等的研究结论——对流层中高纬度西风有增强趋势是一致的;对湖北省探空站500～3000 m海拔高度探空风资料分析得出,各地风速变化增大、减小趋势不一(孟丹等,2016;丁乃千等,2014)。

现有的探空风研究多是依据规定海拔高度和规定气压层进行的。中国的地形复杂,境内海拔高度不一,导致同一海拔高度层的资料,在某些更高海拔地区缺失参证价值或者无法观测,无法得到全国范围的风速分布;气压高度层虽没有这一劣势,但对于风电企业和政府而言,规定气压层的风不够直观明了。大气边界层,是指接近地球表面、受地面摩擦阻力影响的大气层。大气边界层厚度随着气象条件、地形、地面粗糙度而变化,一般为300～1000 m,其风速及其变化对风能资源评价的意义重大。因此,为了解全国大气边界层的风速变化及其分布,本文采用距离地面雷达300 m、600 m、900 m高度的探空风资料进行分析研究。

2 资料来源与处理

气象资料来自中国气象局国家气象信息中心,从全国(不含港澳台)高空风定时值记录中筛选出1981—2014年北京时08时、20时资料完整率高的93个高空气象观测站距离雷达300 m、600 m、900 m高度的逐日风数据。该数据集以高空测风月报表数字化资料为数据源,研制过程中实施了较为严格的质量控制,主要包括不同高度层的风速允许值范围检查和水平风场的垂直切变检查(Liao et al,2014)。基础地理信息资料为全国省(区、市)边界图。

文中的季节划分:3—5月为春季,6—8月为夏季,9—11月为秋季,12月至翌年2月为冬季。将各探空站每日两时次不同高度测风资料的平均值代表不同高度的日平均风速,依次统计边界层内离地300 m、600 m、900 m高度的月、季、年、累年单站平均风速。参考《中国气象地理区划标准》,将全国划分为七大区域(表1)探讨各区域的风速变化。

表1　全国气象地理区划

地区	省(区、市)	站点个数
东北地区	辽宁、吉林、黑龙江	9
华北地区	内蒙古、山西、河北、北京、天津	16
华东地区	山东、江苏、安徽、上海、浙江	8
华中地区	河南、湖北、湖南、江西	10
华南地区	广西、广东、福建、海南	13
西南地区	四川、云南、贵州、西藏、重庆	11
西北地区	宁夏、青海、陕西、甘肃、新疆	26

3 我国大气边界层不同高度风速及其趋势的时空变化特征

3.1 不同地区各高度累年风速比较

表 2 列出了我国不同地区边界层 3 个高度 1981—2014 年累年平均风速值,由表 2 可知,除了华东地区外,各地区的累年平均风速均随高度上升而增大,华东地区在 600～900 m 之间存在一个微弱的倒切变过程。边界层内 300 m 高度,累年平均风速最大的是华北地区,东北地区次之,西北和西南地区风速最小。600 m 和 900 m 高度,累年平均风速最大的地区均为东北地区,华北地区次之,西北地区风速最小。

表 2 我国不同地区不同高度 34 a 平均风速(m/s)

地区	300 m	600 m	900 m
东北地区	6.6	7.8	8.5
华北地区	6.7	7.5	7.9
华东地区	6.4	6.9	6.8
华中地区	4.6	5.4	5.7
华南地区	5.3	6.2	6.6
西南地区	4.5	5.3	6.2
西北地区	4.5	4.9	5.3

3.2 不同地区各高度风速的年内变化

图 1 为边界层 3 个高度不同地区的平均风速月变化图。由图 1 可知,300 m 高度,华北、东北地区月平均风速呈双峰型变化,春季风速最大,秋季次之,夏季风速最小,月平均风速最大值出现在 4 月,最小值出现在 8 月;华东地区风速月变化与东北地区相似,但其年较差不如东北地区显著;华南地区秋冬季风速较大,春夏季风速较小,11 月风速最大,8 月风速最小;华中地区月平均风速波动较小,最大值与最小值仅相差 0.5 m/s;西北地区月平均风速变化呈单峰型,最大值出现在 5 月;西南地区上半年风速较大且各月之间存在较大波动,下半年风速较小,且各月风速之间变化不大。600 m 和 900 m 高度,各地区月平均风速变化趋势相对一致,且与 300 m 高度平均风速月变化基本相似,但其各月之间风速波动更为明显,其中,东北和华北地区月平均风速变化呈明显的双峰型,春季风速最大,夏季最小,年较差变大;华东地区月平均风速变化与 300 m 相比,各段峰谷之间的差异也更大。总体来看,东北、华北、华东地区的风速高于西北、西南地区,与陈城等(2018)分析的规定海拔高度探空风的区域分析特征基本一致。

3.3 不同地区各高度风速变化趋势

按地区求出年平均风速后,以此计算各地区年平均风速的变化趋势系数。表 3 列出了不同地区边界层各高度年平均风速变化趋势及其显著性。由表 3 可知,在 300 m 高度,各地区年平均风速均呈减小趋势,且通过了 0.01 水平显著性检验,其中华东地区年平均风速减小趋势

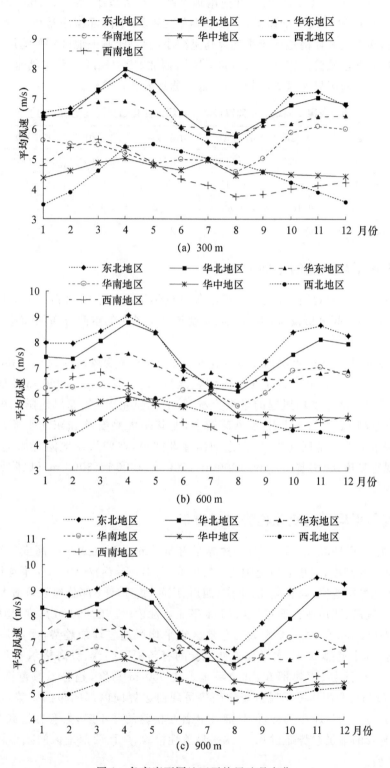

图1 各高度不同地区平均风速月变化

最大,达到 $-0.189(m/s)/(10a)$,西北和西南地区减小趋势最小,为 $-0.063(m/s)/(10a)$,空间分布特征与 GUO 等(2011)全国地面风北部减小最多,中南部减小最少的观点基本吻合。在 600 m 高度,除东北和西南地区年平均风速呈减小趋势外,其他地区年平均风速均呈增加趋势,但均未通过显著性检验。在 900 m 高度,华北、西北、华中地区年平均风速呈增加趋势,东北、华东、西南、华南地区风速呈减小趋势,也都未通过显著性检验。

表 3　我国不同地区不同高度年平均风速变化趋势[(m/s)/(10a)]

高度	东北地区	华北地区	西北地区	华东地区	西南地区	华中地区	华南地区
300 m	−0.131*	−0.101*	−0.058*	−0.189*	−0.103*	−0.140*	−0.063*
600 m	−0.042	0.019	0.017	0.003	−0.018	0.020	0.013
900 m	−0.038	0.011	0.009	−0.020	−0.047	0.018	−0.056

*:通过 0.01 水平的显著性检验。

3.4　各高度年平均风速的空间分布

统计 93 个高空气象观测站的资料,得出各站点年平均风速序列和年平均风速的趋势系数。借助 GIS 软件空间分析模块,绘制不同高度年平均风速的空间分布图和趋势系数空间分布图。

图 2(略)展示了全国边界层内 300 m、600 m、900 m 高度风速的分布。300 m 高度年平均风速为 2.0~8.7 m/s,600 m 高度年平均风速为 2.7~9.1 m/s,900 m 高度年平均风速为 3.2~9.3 m/s。从年平均风速的量级上看,随着高度上升,各地风速随高度上升基本呈增加趋势。三个高度,均为东北地区风速较大,尤其是大兴安岭和东北平原地带。其余地区平均风速基本由沿海地区向内陆、由东向西逐渐减小,在四川盆地附近风速最小,这些特征基本与对规定高度层(海拔 500 m、1000 m、1500 m、2000 m、3000 m)风(陈城等,2018)的分析结果一致。

3.5　各高度年平均风速变化趋势空间分布

图 3(略)展示了 1981—2014 年全国边界层内 300 m、600 m、900 m 高度年平均风速的变化趋势。在 300 m 高度,趋势系数范围为 $-0.664~0.429(m/s)/(10a)$,年平均风速的减小趋势在全国占绝对主导地位,只有湖北、重庆、四川、广西、广东等小部分地区呈增大趋势,但只有海南三亚、湖北宜昌、四川达县通过了 0.01 水平显著性检验。在 600 m 高度,趋势系数范围为 $-0.207~0.316(m/s)/(10a)$,全国大部分地区年平均风速呈增加趋势,尤其是中部、西北和华东沿海地区,其中通过 0.01 水平显著性检验的有新疆阿勒泰、青海格尔木和西宁、广西南宁、湖北宜昌、四川达县、福建邵武、北京等地。在 900 m 高度,趋势系数范围为 $-0.284~0.190(m/s)/(10a)$,全国年平均风速变化趋势呈现由边界向内部的包围态势,中心地区仍呈增加趋势,边界地区均呈减小趋势,但是通过显著性检验的并不多,只有甘肃武都、湖北宜昌、北京、新疆阿勒泰的增加趋势通过 0.01 水平显著性检验,广西西部地区的减小趋势通过 0.01 水平显著性检验。

4 结果与讨论

(1)与对流层中下层规定气压层风速的垂直变化相似,各地区累年平均风速基本随高度上升而增大,从累年平均风速的地区分布来看,300～900 m高度,东北和华北地区风速较大,西南和西北地区风速较小。

(2)300～900 m高度,同一地区不同高度平均风速的月变化趋势基本一致,各地区的季节风速变化不同,例如东北地区春冬季风速较大,而西北地区春夏季风速较大,风电场应根据当地实况,合理安排,科学发电。同一地区各高度平均风速各月波动幅度不一,越往高处月平均风速之间的峰谷差值越大,这与任国玉等(2009)对流层月平均风速的年较差从下向上增加的研究结论一致。

(3)300 m高度各地区年平均风速均显著减小,600 m和900 m高度,华北、西北、华中地区年平均风速呈增加趋势,东北地区年平均风速以减小趋势为主。

(4)各高度年平均风速空间分布均为东北地区较大,尤其是大兴安岭和东北平原地带;从沿海到内陆,由东至西风速逐渐减小,四川盆地附近风速最小。

(5)研究期内,300 m高度全国年平均风速以减小趋势为主;600 m高度,全国大部分地区年平均风速呈增加趋势,尤其是中部、西北和华东沿海地区;900 m高度,全国年平均风速变化趋势呈现由边界向内部的包围态势,中心地区仍呈增加趋势,边界地区均呈减小趋势,但是通过显著性检验的并不多。

由此可知,除了地表临近层300 m风速因人类活动、地表摩擦等原因造成的风速显著减小外,我国大部分地区的边界层风速并没有显著的增加或减小趋势,这为风电开发企业和政府可持续开发利用风能资源提供了一定的信心支撑。下垫面状态、大气热力状态和辐射平衡变化时刻影响着风速的变化,应当深度认识这些原理过程,在某些风资源不佳的地区,通过科学不断地进步提升,未来可以利用高空风发电,充分利用各种地形下的这一清洁能源。

参考文献

陈城,孟丹,孙朋杰,2018.利用探空风资料研究我国中低空风速变化规律[J].干旱气象,36(1):82-89.

丁乃千,陈正洪,孟丹,等,2014.1980—2013年恩施中低空风速变化特征研究[J].华中师范大学学报(自然科学版),48(6):1-8.

方艳莹,徐海明,朱蓉,等,2012.基于WRF和CFD软件结合的风能资源数值模拟试验研究[J].气象,38(11):1378-1389.

李艳,汤剑平,王元,等,2011.我国近地层风能资源气候变化之未来情景预测[J].太阳能学报,32(3):338-345.

孟丹,陈正洪,丁乃千,等,2016.宜昌地区中低空风速变化特征分析[J].自然资源学报,31(2):354-362.

任国玉,张爱英,王颖,等,2009.我国高空风速的气候学特征[J].地理研究,28(6):1584-1592.

谢今范,刘玉英,王玉昆,等,2014.东北地区风能资源空间分布特征与模拟[J].地理科学,34(12):1497-1503.

于宏敏,任国玉,刘玉莲,2013.黑龙江省大气边界层不同高度风速变化[J].自然资源学报,28(10):1718-1730.

张爱英,任国玉,郭军,等,2009.近30年我国高空风速变化趋势分析[J].高原气象,28(3):680-687.

郑祚芳,高华,刘伟东,2014.北京地区近地层风能资源的气候变异及下垫面改变的影响[J].太阳能学报,35(5):881-886.

朱锦红,王绍武,张向东,等,2003. 全球气候变暖背景下的大气环流基本模态[J]. 自然科学进展,13(4)：417-421.

GUO Hua,XU Ming,HU Qi,2015. Changes in near-surface wind speed in China:1969—2005[J]. International Journal of Climatology,31(3):349-358.

LIAO Jie,WANG Bin,LI Qingxiang,2014. A New Method for Quality Control of Chinese Rawinsonde Wind Observations[J]. Advances in Atmospheric Science,31(6):1293-1304.

LIN Changgui,YANG Kun,QIN Jun,et al,2013. Observed Coherent Trends of Surface and Upper-Air Wind Speed over China since 1960[J]. Journal of Climate,26(9):2891-2903.

Lucarini V,Russell G L,2002. Comparison of mean climate trends in the Northern Hemisphere between National centers for Environmental Prediction and two atmosphere-ocean model forced runs [J]. Journal of Geophysical Research,107,4269,doi:10. 1029-2001.

基于典型气象条件的风光互补系统容量优化 *

摘　要　采用当地风速和辐射强度等气象因子日变化典型特征曲线为基础数据,以风光互补发电系统日输出功率曲线最接近当地负荷曲线为最优化目标,以风电和光伏装机容量为变量,建立一种并网风光互补容量优化配置模型,旨在提高清洁能源占比和利用效率。利用武汉某区域用电负荷数据和气象数据进行了算例分析,结果验证了所提出优化配置模型的可行性。

关键词　气象因子;风光互补;容量配置

1　引言

风能和太阳能都是无污染的、取之不尽用之不竭的可再生能源,但风能、太阳能都是不稳定的、不连续的能源,难以提供稳定的电能输出,大规模并网后将对电网产生不可忽视的冲击。我国大部分地区太阳能与风能在时间上和地域上都有很强的互补性,利用这种互补性可弥补单独风电或光伏发电系统在稳定性上的缺陷,提高系统利用效率并可减少对电网的影响。为了使风光互补发电系统发挥最大的潜能和最佳的发电输出,选择风速、太阳辐射互补性最优的地区,以及合理的容量和比例是充分发挥风光互补发电优越性的关键。

很多文献对包含风光互补的并网或离网混合发电系统优化设计相关研究进行了报道。文献[1,2]设计了一套独立风光蓄混合发电系统优化方法,并利用一年的实测风速、辐射等气象数据以及负载用电数据对方法进行了验证;文献[3,4]采用风速、辐射和负荷为输入条件,以波动性最小或可靠性最佳为目标,对互补系统风电、光伏容量以及光伏阵列倾角、储能容量等进行综合优化;文献[5,6]利用 HOMER 软件将月平均风速、辐射、温度等数据离散为逐时数据作为数据源,开展不同目标的容量优化配置研究;文献[7-9]在分析不同电源出力特性和负荷特性基础上,通过对不同风光储容量配比方案的对比,给出了保证率最优的方案;文献[10]认为风力发电与光伏发电具有良好的负相关特性,并利用这种特性开展了以成本最低和负荷失电率最低为目标的容量优化;文献[11]提出应结合当地气象条件情况,充分利用风光互补特性,最大限度的利用可再生能源,并使风光储联合发电系统总体输出保持平稳;文献[12]基于了实测的风速和辐射数据,分析了不同组合场景下广域范围内的风电和太阳能资源之间的时空互补性,对于能源规划具有较好的参考价值。从上述研究可见,开展风光互补系统容量优化时,当地的气象条件和负荷特性是重要的参数;对于一定规模的并网系统而言,进行优化的目标应是风光发电系统对电网的影响最小同时环境和经济效益最大。

---

* 成驰,**陈正洪**,孙朋杰,何明琼.太阳能学报,2021,34(2):110-114.(通讯作者)

本文以测风塔观测资料和气象站逐时辐射观测资料为基础数据,首先得到风速和辐射的典型日变化曲线。以风光互补发电系统总的日输出功率曲线与当地电网日负荷曲线差异最小为优化目标,构造目标函数,设计了对风电和光伏装机容量的最优化配置求解方案。并选择某区域作为计算实例,对本文提出的方法进行了验证。

2 风光互补发电系统模型

2.1 风机输出功率模型

假设风电场中各风机风速与测风塔处一致,则风电场输出功率计算模型如下:

$$P_V = \frac{P_s}{P_{WG}} P_0 \tag{1}$$

$$P_s = \begin{cases} 0, v < v_{ci} \\ av^2 + bv + c, v_{ci} \leqslant v < v_r \\ P_r, v_r \leqslant v < v_{co} \\ 0, v \geqslant v_{co} \end{cases} \tag{2}$$

式中,P_V——风电场理论输出功率;P_s——单台风机理论输出功率;P_0——风电场装机容量;P_{WG}——单台风机装机容量;v——风速,m/s;P_r——风机额定功率;v_{ci}——风机切入风速,m/s;v_{co}——风机切出风速,m/s;v_r——风机额定风速,m/s;a,b,c——功率曲线特性参数。

2.2 光伏输出功率模型

并网光伏发电系统输出功率计算模型如下:

$$P_{PV} = \frac{G_T}{G_{STG}} P_1 \tag{3}$$

式中,P_{PV}——光伏发电系统理论输出功率;G_T——斜面总辐射辐照度,W/m²;G_{STG}——标准辐照度(1000 W/m²);P_1——光伏发电系统装机容量。

气象站观测得到的通常是水平面辐照度,需换算成倾斜面上的总辐射辐照度才能进行发电量的计算。斜面总辐射计算公式形式如下:

$$G_T = G_b R_b + G_d R_d + \rho G \left(\frac{1 - \cos\beta}{2} \right) \tag{4}$$

式中,G——水平面总辐射辐照度,W/m²;G_b——水平面直接辐射辐照度,W/m²;G_d——水平面散射辐射辐照度,W/m²;R_b——斜面与水平面直接辐射辐照度比值[13];R_d——斜面与水平面散射辐射辐照度比值,本研究采用散射辐射各向异性的 HDKR 模型[14];ρ——地面反射率;β——斜面倾角。

2.3 风光互补发电系统输出功率模型

并网风光互补发电系统总输出功率计算如下:

$$P = P_V R_V + P_{PV} R_{PV} \tag{5}$$

式中,P——互补系统总输出功率;R_V——风电场综合发电效率;R_{PV}——光伏发电系统综合发电效率。

3 容量优化配置模型

3.1 典型日选择

一年中的电力负荷曲线日变化,以及气象要素如太阳辐射、风速的日变化都具有一定的相似性,本研究所采用的电力负荷和气象典型日分别是指与一年中平均的电力负荷、风速、辐射日变化曲线最"接近"的一日。具体做法为:先分别汇总一年中的各日电力负荷、太阳辐射、风速平均日变化曲线:

$$L(h) = \frac{1}{N} \sum_{d=1}^{N} L(d,h) (h = 0,1,2,\cdots,23) \tag{6}$$

式中,$L(h)$——一年中负荷、风速、辐照度的平均日变化曲线;$L(d,h)$——逐日的负荷、风速、水平面辐照度曲线;N——一年的总日数。

再分别从 $L(d,h)$ 中找出与上述 $L(h)$ 最相近的某一日曲线 $L(d^*,h)$ 分别作为负荷、风速和太阳辐射的典型日。这里"最相近"的定义是指平均距平(偏差)最小,其计算方法如下:

$$\sum_{t=0}^{23} |L(d^*,h) - L(h)| = \min_{1 \leqslant d \leqslant N} \sum_{t=0}^{23} |L(d,h) - L(h)| \tag{7}$$

也就是每天的负荷、风速和辐照度曲线分别减去各自平均曲线,得到的每日 24 个时刻点绝对差值的总和最小的日期分别作为各自的典型日。

3.2 优化模型

本研究的容量优化配置目标:一是以互补系统发电功率与目标负荷的差值曲线的平均距平(偏差)最小,即差值曲线波动最小;二是风电和光伏总装机容量最大。构建目标函数如下:

$$f = \min \left[\left(\frac{1}{n} \sum_{t=0}^{23} |(P_t - E_t) - \overline{E}| \right) / (P_0 + P_1) \right] \tag{8}$$

式中,P_t——t 时刻的互补系统总发电功率,是风电和光伏装机容量 P_0、P_1 的函数;E_t——t 时刻的目标电力负荷;$\overline{E}$——典型日发电功率与目标负荷差值的日均值;n——一天的时数。

优化求解的约束条件为典型日每时刻的互补系统总发电功率均不超过当时目标负荷,即 $P_t \leqslant E_t$。

利用 Levenberg-Marquardt 方法(以下简称 L-M 方法)对目标函数进行最优化求解,通过多步迭代,当迭代解达到精度要求且满足约束条件时,即可认为求得风电和光伏装机容量 P_0、P_1 的最优解。

4 算例分析

4.1 算例介绍

为验证本文提出的风光互补容量优化配置方法,选择武汉市某区域作为计算实例进行了算例分析。算例选择 2016 年为计算代表年,其中太阳辐射观测资料采用武汉气象站资料,风速观测资料采用该区域某测风塔风速观测数据,用电负荷数据采用武汉市某区域用电负荷数据,各数据均转换为逐时数据。

　　按 3.1 典型日选择方法筛选了本算例代表年辐照度和风速的典型日,典型日的水平面辐照度和风速日变化见图 1。

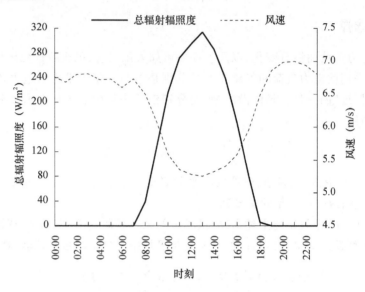

图 1　典型日总辐射辐照度和风速日变化

　　进行优化计算时,取武汉市某区域总负荷值为风光互补系统优化配置的目标负荷值。该区域电网负荷为双峰型变化,第一个峰值出现在上午 09:00—11:00,第二个峰值出现在下午的 17:00 至晚上 20:00。本算例目标负荷曲线见图 2。

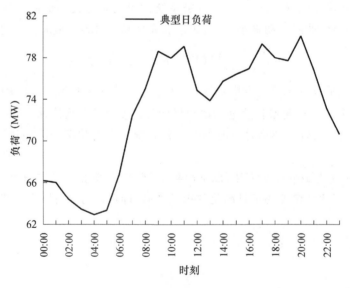

图 2　典型负荷曲线

　　本算例采用的光伏发电系统阵列倾角为武汉地区的最佳倾角 20°;阵列方位角取为正南,即 0°;地面反射率值取为 0.2;风电场综合发电效率 R_v 取 0.70,光伏发电系统综合发电效率 R_{PV} 取 0.81。采用某型 2MW 风机作为计算参考风机,该型风机切入风速为 3 m/s,切出风速为 25 m/s,额定风速为 10 m/s。

4.2 优化计算结果

对风光互补系统容量进行的优化配置共有两个变量,即风电装机容量和光伏装机容量,在 L-M 方法寻优过程中随着总装机容量及二者比例的不断变化,目标函数 f 也随之改变。通过寻优最后得到的目标函数 f 值为 0.0285,对应的互补系统容量配置方案和部分运行参数见表 1。

表 1 最优配比的系统配置和运行参数

配置参数	参数值
风电装机容量	102 MW
光伏装机容量	80.8 MWp
光伏/风电装机容量比	0.786
典型日风机日发电量	130.82 万 kW·h
典型日光伏日发电量	22.98 万 kW·h
互补系统总发电量	153.8 万 kW·h
光伏/风电日发电量比	0.176
互补系统总发电量占目标负荷比例	87.9%

图 3 为互补系统最优配比后的风电、光伏和互补系统日输出功率曲线。风机输出功率曲线日变化与风速日变化基本一致,均为中午 13:00 风速和功率从最小开始增大,到夜间 19:00 开始风速和功率开始达到平稳一直到次日早上 07:00,然后风速和功率开始减小直到最小。光伏发电系统的输出功率日变化则与太阳的高度角的变化规律密切相关,从早 07:00 日出开始增大,直到正午 12:00 至 13:00 左右随着太阳高度角达到最高,功率输出也达到最大,随后随着太阳西落,功率输出逐渐降低,直到 18:00 左右日落功率输出降为 0,整个夜间光伏系统都无有功输出。

互补系统中光伏与风电的装机容量比例为 0.786,由于光伏系统的运行特性与风电不同,一天中有夜间近 13 个小时不能发电,因此两者在典型日的发电量之比为 0.176,也即整个互补系统中 82.4% 的电能由风力发电系统提供。光伏发电系统在的出力则对风电在白天正午前后的功率输出低谷起到了很好的弥补作用,从图 3 也可以看出风能和太阳能在日变化时间分布上的互补性被充分利用了。

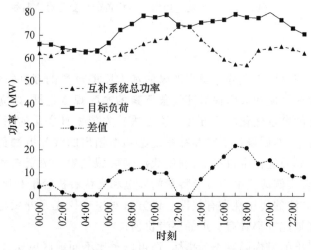

图 3 最优配比的风电、光伏和互补系统日输出功率曲线

图 4 为互补系统发电功率与目标负荷日变化曲线的对比,以及两者差值的日变化。由于设定了条件为每时刻的互补系统发电功率均不超过当时目标负荷,因此典型日发电功率曲线总在负荷曲线下方。图 4 中还给出了互补系统总输出与负荷差值的日变化曲线,即需要外部能源或储能输入来满足的负荷。目标函数即设计为该差值曲线的平均距平与总装机之比最小。该差值平均值为 8.8 MW,最大值出现在 17:00,原因是该时刻风电和光伏功率输出均较低,而负荷却处于一天中的第二个高峰。中午和凌晨为差值达到最小的两个时段,其中中午 12:00—13:00 光伏出力处于一天中的高峰,目标负荷的近 60% 由光伏发电系统提供;凌晨 02:00—5:00 风电系统出力最大,光伏出力为 0,目标负荷几乎全部由风机出力提供。此差值的平均距平为 5.23 MW,其与风电光伏总装机容量之比即目标函数 f 为 0.0285,这个比值也可以用来对比不同地点的风光互补性特征的优劣,该比值越小,即发电和用电两条曲线越接近,也就说明该地区风速和太阳辐射日变化特性与当地电力负荷曲线的配合程度越高。

在全年的实际运行中,由于风速和辐射等气象要素的非周期性变化,也会导致功率输出和负荷曲线出现不匹配,但从全年典型情况来看二者互补良好,互补系统总的输出功率与目标负荷曲线最为接近。

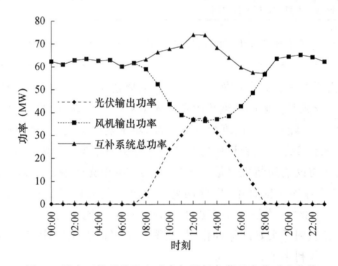

图 4   风光互补系统发电功率与目标负荷日变化对比曲线

5   结论与讨论

风光互补发电系统设计应充分考虑当地风能和太阳能资源的互补特性,充分提高可再生能源利用率。本文依托风速和太阳辐射等气象要素的实际观测数据,建立了一种基于典型日分析的风光互补系统的容量优化配置方法。该方法首先依据日变化的相似性,建立了气象和负荷的典型日选择方案;然后设计了以互补系统总功率输出曲线与电网负荷曲线相匹配且新能源装机最大化为目标的优化函数;最后利用武汉某区域气象观测资料和负荷数据进行了实例计算,分析了最适合实例地区电力负荷特征的风电和光伏装机容量和比例,以及典型日的系统运行特性,验证了方法的实用性和有效性。该方法对单个风光互补发电系统容量优化和区域电网新能源容量规划配置都具有一定的参考价值。

利用本文方法提出的目标函数作为指标,还可以对比不同地区风速、辐射的日变化曲线与电力负荷的配合程度。经过优化配置后得到的总输出功率曲线与当地负荷曲线差异越小，可说明该地区轮毂高度风速和斜面太阳辐射强度的日变化特征越适合建设风光互补发电系统，即风光资源互补性特性较优。

参考文献

[1] 艾斌,杨洪兴,沈辉,等.风光互补发电系统的优化设计(I)CAD设计方法[J].太阳能学报,2003,24(4)：540-547.

[2] 艾斌,杨洪兴,沈辉,等.风光互补发电系统的优化设计(II)匹配设计实例[J].太阳能学报,2003,24(5)：718-723.

[3] 杨琦,张建华,刘自发,等.风光互补混合供电系统多目标优化设计[J].电力系统自动化,2009,33(17)：86-90.

[4] 王亮,向铁元,杨瑶,等.含水电的区域风光容量优化配置[J].现代电力,2015,32(1):89-94.

[5] 徐林,阮新波,张步涵,等.风光蓄互补发电系统容量的改进优化配置方法[J].中国电机工程学报,2012,32(25):88-98.

[6] 胡林献,顾雅云,姚友素.并网型风光互补系统容量优化配置方法[J].电网与清洁能源,2016,32(3)：120-126.

[7] 毕小剑,王社亮.风光储微电网系统容量配比分析[J].水电能源科学,2015,33(8):211-214.

[8] 路小娟,郭琦,董海鹰.基于CMOPSO的混合储能微电网多目标优化研究[J].太阳能学报,2017,38(1)：279-286.

[9] 周天沛,孙伟.风光互补发电系统混合储能单元的容量优化设计[J].太阳能学报,2015,36(3):756—762.

[10] 齐志远,郭佳伟,李晓炀.基于联合概率分布的风光互补发电系统优化配置[J].太阳能学报,2018,39(1):203-209.

[11] 吴克河,周欢,刘吉臻.大规模并网型风光储发电单元容量优化配置方法[J].太阳能学报,2015,36(12)：2946-2953.

[12] 刘怡,肖立业,Haifeng,等.中国广域范围内大规模太阳能和风能各时间尺度下的时空互补特性研究[J].中国电机工程学报,2013,23(25):20-26.

[13] 杨金焕.太阳能光伏发电应用技术[M].北京:电子工业出版社,2009.

[14] 陈正洪,孙朋杰,成驰,等.武汉地区光伏组件最佳倾角的实验研究[J].中国电机工程学报,2013,33(34):98-105.

复杂山地下测风塔缺失测风数据
插补订正方法的比较分析(摘)*

摘　要　本文选取一处于南方复杂山地下测风塔接近 10 个月的测风数据,使用比值和线性回归(均分为全年、季节、风向分扇区、分风速段)等 8 种插补订正方法对测风数据进行插补订正,讨论分析了南方复杂地形下不同参考站(测风塔、自动站、气象站)及不同插补订正方法的最优化选择方案。研究结果表明,南方复杂地形下气象站不适合做参证站,需选用同一地形下邻近的自动站。总的来说,线性回归法优于比值法,季节法优于全年法,且分风速段线性回归法较分风速段比值法有明显优势。8 种插补订正法中,风速分扇区线性回归法效果最好、精度最高,可以有效地对测风塔数据进行插补订正。

关键词　插补订正;比值法;线性回归法;误差分析

1　引言

依据《风电场风能资源评估方法》,测风塔测风满一年才能进行风能资源评估,所以当测风塔数据缺测时,必须经过插补订正才能满足国家标准。本文对缺测 2~3 天且测风不满一年(近 10 个月)的测风塔进行插补订正,并将比值法、线性回归法分别分为 4 类,共 8 类,来比较其订正误差大小,并对处于复杂山地的测风塔参考站的选择方案进行了探讨。

2　资料与方法

本文选取湖北红安地区一测风塔(1♯塔)近 10 个月的测风数据进行风资源分析。选取位于孝昌、麻城地区的测风塔(2♯、3♯塔)、华河寨岗自动站、红安气象站作为参考站。插补订正可分为比值法和线性回归法,其中比值法及线性回归法均分为全年法、季节法、风向分扇区法、分风速段法,即共 8 种方法展开讨论。

3　结果和讨论

本文经过对 8 种不同插补订正方法的分析比较,得到以下结论:(1)在南方复杂山地下,测风塔受周边环境影响较大,一般采用离测风塔最近的测风塔或自动站进行插补订正,以便确保周边环境的一致。(2)通过分析比较,8 种插补订正方法中采用风向分扇区线性回归法进行插补订正误差最小,分风速段比值法误差最大。(3)秋冬季采用风向分扇区线性回归法较其他插补订正方法优势更明显,而春夏季优势略小。本文仅对单个测风塔进行了讨论,上述插补订正方法的优劣还要从其他测风塔(南方复杂山地下)资料的分析中得到进一步证实。

＊　张雪婷,陈正洪,许杨,孙朋杰. 风能,2015,(1):82-86.

基于强对流天气判别的风功率爬坡预报方法研究(摘)*

摘　要　该文讨论一种基于强对流天气判别的风功率爬坡预报模型。首先选出指定区域中可以表征历史强对流天气的动力学和热力学特征的预报因子,再采用费希尔判别法将历史大风型强对流天气进行归纳分析,以得到预报因子的加权系数,进而确定判别强对流天气的预报方程。根据数值天气预报的数据分析得出强对流天气的预报结果,引入模板参数法将强对流天气参数库进行爬坡气象类型识别,并修正了风速预报数据,从而得到更准确的预报结果。结合风电场实际运行状况、电力系统的调度方式,以及区域电网的热备用启动速度和承受能力确定风功率爬坡定义。由此引入启发式分割算法对强对流天气预报结果进行突变检测,可得到风功率爬坡场景的定性预报结果,最终形成基于强对流天气判别的风功率爬坡预测方法。

关键词　风功率预测;强对流天气;爬坡定义;数值天气预报;费希尔判别法;参数模板法;启发式分割算法

1　引言

风功率爬坡是指在较短时间内,风功率上升或下降幅度较大,对区域电能质量产生影响且影响到电力调度计划的风功率波动过程。风功率爬坡预测的核心问题是对爬坡事件的预测,这就取决于数值天气预报的准确度及分析方法的运用。

2　资料与方法

某省西北部的目标风场所处地区的强对流天气一般出现在傍晚至夜间。由此选择2011—2012 年 20:00 的天气研究和预报模型生成的数值预报产品计算气象特征指标量,用距离权重法插值到全省 81 个气象站点,并定义在 4 个站以上范围内发生强对流天气定义为区域强对流天气。使用费希尔判别分析法、指标叠加法进行强对流天气预报。基于参数模板法的爬坡气象识别及数据修正。基于启发式分割算法(BA 法)(Bernaola Galvan algorithm,BGA),检验强对流天气对风功率的影响

3　结果和讨论

(1)在电力系统安全稳定运行和经济性调度的基础上,给出了风功率爬坡场景的定义。(2)分析出对大风型强对流天气有较好指示意义的预报因子:对流有效位能 CAPE、垂直风切变指数 Shr、沙氏指数 SI、K 指数、风暴强度指数 SSI、粗里查逊数 BRN。(3)在考虑了预报因子季节特征的基础上,验证了指标叠加法的预报效果。(4)在预报判别结果的基础上引入的参数模板法将强对流天气参数库进行爬坡气象类型识别并修正了原始风速数据,得到更准确风速预报结果。(5)通过 BGA 可以进一步确认已判断出的强对流天气是否可能导致爬坡场景的发生,并在判定结果的基础上检测出可以导致风功率爬坡的突变时间点和突变时间段,从而更准确地预报出风功率爬坡事件。

*　熊一,查晓明,秦亮,陈正洪,欧阳庭辉,夏添. 中国电机工程学报,2016,36(10):2690-2698.

宜昌地区中低空风速变化特征分析(摘) *

摘　要　利用宜昌1958—2013年逐日探空风资料,通过趋势系数、滑动 t 检验和小波分析等方法,分析宜昌中低空规定高度平均风速的时间变化,并和同期地面风速变化进行对比。结果表明:(1)500 和 1000 m 高度月平均风速变化均呈双峰曲线,1500 和2000 m 月平均风速变化趋势较为一致,3000 m 月平均风速波动较大。(2)从季节分布来看,500～2000 m 平均风速均为春季最大,3000 m 平均风速冬季最大;不同高度层季平均风速随高度上升增幅不同。(3)500 m 年和四季平均风速的年际变化最剧烈;500～2000 m,年平均风速的离差系数随高度上升明显减小。(4)1971—2013 年,宜昌地面 10、500、2000、3000 m 年平均风速显著减小;1000 和 1500 m 年平均风速略有增大但未通过显著性检验。(5)宜昌中低空平均风速主要经历了 20 世纪 80 年代由下降到上升和 90 年代由上升到下降的突变;冬季平均风速的突变次数最多,夏季平均风速突变次数最少;各高度年、季平均风速的突变次数随高度上升而减少。(6)各高度普遍存在 8～14 a 的较长周期和 2～4 a 的较短周期,其中较长周期主要出现在夏、秋季,较短周期主要出现在春、冬季。

关键词　平均风速;中低空;突变;小波分析

1　引言

宜昌市位于湖北省西南部,蕴藏着较为丰富的风能资源。利用宜昌高空气象观测站的探空风资料,分析宜昌中低空风能资源的变化特征,把握当地风能变化特征及储备情况,对宜昌以及其他丘陵山区的风能资源开发具有重要意义。

2　资料与方法

利用宜昌高空气象观测 1958—2013 年规定高度层风定时值数据集,和宜昌地面气象站迁站后(1971—2013 年)的逐日风速资料。中低空风的研究主要依据逐日 08:00、20:00 时 500 m、1000 m、1500 m、2000 m、3000 m 这 5 个海拔高度的风速值,进而计算出逐年、累年不同时间尺度(年、季、月)平均风速。利用离差系数和趋势系数分别表征风速的波动性和趋势性。利用滑动 t 检验考察两组子序列平均值是否突变。利用复 Morlet 小波分析不同高度层风速的周期性。

3　结果和讨论

分析表明,宜昌地区中低空平均风速主要经历了 20 世纪 80 年代风速由下降到上升和 90 年代风速由上升到下降的突变。从周期分析的结果推断,未来宜昌地区中低空风速的振荡周期尺度为 2～4、8～14 a。宜昌地区中低空风速随高度上升而增加,为了充分利用当地风能资源,考虑经济成本,应尽量往 1500 m 以上地区开发风能资源。1971 年以来,宜昌地区地面和 500、2000 和 3000 m 高度平均风速呈显著减小趋势。湖北属于Ⅳ类风区,将探空资料恰当应用于风能资源评估中的长年代订正,有深远意义。

　　＊ 孟丹,陈正洪,丁乃千,陈城. 自然资源学报,2016,31(2):354-362.

山地风电场开发过程中水土流失相关问题研究进展(摘)*

摘　要　风力发电在提供清洁能源的同时亦带来了一定程度的水土流失和生态环境破坏。特别是山地风电场,由于其所在的山区土壤抗蚀性低,且植被破坏后恢复难度大,在开发过程中引起的水土流失问题尤为突出。本文回顾了山区风电场水土流失特点、影响风电场水土流失关键因子等方面的相关研究成果,并对其进行了总结。山区风电场水土流失具有地域不完整性及扰动多样性的特点,道路施工区、风电机组建设区是水土流失的重点区域;水土流失呈现时空分布不均性特点,水土流失时段主要集中在施工期,且流失剧烈阶段主要发生在每年的降雨集中期;降雨是影响风电场水土流失的最关键因子,滑坡稳定性系数在降水期间急剧下降,降水入渗作用促进了边坡变形破坏向不利的一面发展,容易引起水土流失及边坡不稳;降雨侵蚀力指标与降雨量及雨强有关,按照获取气象资料的不同,目前主要采用月降雨量及日降雨量来分别估算降雨侵蚀力;在进行山区风电场水土流失强度预测时,将整个预测区域划分为4~6个单元,确定各预测单元工程扰动前、施工期、扰动后的土壤侵蚀模数,采用类比法结合数学模型法预测造成的水土流失量。

关键词　山区风电场;水土流失;土壤侵蚀;降雨侵蚀力

1　引言

近几年风资源相对丰富、地形复杂的山区成为了陆上风电开发的重点。风电开发过程中存在水土流失和生态环境破坏问题,而这种现象主要集中在山区风电场。本文从山区风电场水土流失的特点、影响风电场水土流失关键问题分析两方面入手对文献进行总结,探索科学、合理的开发山区风能资源的方法。

2　结果和讨论

(1)山区风电场所占用的土地一般不是一个完整的坡面或者山头,道路工程、发电机组区的挖、填等扰动作业容易引发水土流失,发生时段主要集中在施工期,特别是降雨集中期。(2)在持续降水条件下,滑坡稳定性系数下降,随着降水入渗作用不断发展,土壤侵蚀作用加强,影响边坡稳定性;降雨侵蚀力主要受雨量、雨强、雨型、降雨历时及频率的影响,依据不同的降水资料,国内外提供了多个降雨侵蚀力计算模型,实际应用中,模型需要结合当地气候特征、降水特征、水土保持措施等具体情况后选定。(3)预测山区风电场水土流失强度时,需要划分风电场水土流失预测单元;采用类比工程法或是通过实地监测,得到各单元在工程扰动前、施工期、扰动后的土壤侵蚀模数;结合相关规定,依据工程建设对地表、植被的扰动情况,废弃物

＊　张荣,陈正洪,孙朋杰.气象科技进展,2020,10(1):41—53.

的组成、堆放位置和形式等情况,计算各单元水土流失量。

由于内陆风电场大部建在山区,而山区气候复杂多变,局地小气候特征明显。降雨、气温等气象因子不具有一般规律性,需要综合考虑气象、地理、土壤、植被等多种因素,开展风电场水土流失风险综合区划,科学、合理的开发山区风能资源。

能源气象

太阳能资源
监测 预报 评估

山地光伏电站——华殷光伏电站供图

戈壁光伏——成驰 摄

并网光伏逆变器效率变化特征及其模型研究 *

摘　要　为了建立和检验并网光伏逆变器 AC/DC 转换效率模型,在瞬时转换效率的基础上,定义了能量转换效率和次平均转换效率,利用武汉市华中科技大学 18 kW 并网光伏电站 1 a(2010 年 1 月—2010 年 12 月)的电量资料,从时次和能量两个角度,统计了逆变器转换效率的基本特征,包括日、月、季变化以及不同天气气候下的差异,采用指数曲线对 AC/DC 转换效率进行了分月模型模拟,评估其拟合精度和应用价值。结果表明:1)瞬时转换效率具有明显的日变化规律,早晚低,中间时刻大;次平均转换效率及能量转换效率具有明显的月、季节变化,8 月份最高,1 月份最低,夏季最高,冬季最低;年次平均转换效率为 85.5%,而年均能量转换效率为 94.5%,低于设备标称的欧洲静态效率 95.1%。2)分别以 2010 年 4 月(典型月)、8 月(最大值月)为例,对逆变器 AC/DC 转换效率曲线进行指数曲线拟合,拟合精度高和独立检验误差小;3)引入电路理论时间常数概念,定量推算出转换效率接近稳定时的输入直流功率与其额定功率临界比值范围,为下一步研究对应辐照度范围,增加并网逆变器高效率下的工作时间(接受有效辐射量最大)提供依据。所建立的模型可以作为并网光伏电站发电量估算或发电功率预测的修正项,并将显著提高早晚、阴雨天的发电功率预测精度。

关键词　并网;光伏电站;逆变器;效率;变化规律;静态;非线性

1　引言

在化石能源短缺、CO_2 减排压力以及多国财政补贴政策刺激下,光伏发电成为全球发展最快的可再生能源发电技术[1],而并网光伏发电是光伏发电的主流,在全球光伏发电市场份额占到 90% 以上。

太阳能(辐射)资源评估与预报、光伏阵列光电转换效率研究、最大功率跟踪仿真研究、并网逆变器效率研究是从物理角度估算或预测并网光伏电站发电功率(或发电量)的基础性工作[2-4]。目前,关于太阳能资源评估、中尺度数值预报模式的辐射预报[5],辐照度、温度、大气质量等对光电转换效率的影响分析[6],已有大量学者展开相关研究工作[7]。

而光伏并网逆变器负责管理整个光伏并网系统的电力输出,它对太阳能光伏阵列输出直流功率曲线进行动态调节,实现最大功率点跟踪控制,并最终将光伏阵列输出的直流功率进行 DC/AC 变换转成交流电后才能接入电网,过去对并网光伏逆变器效率研究集中在并网逆变器装置本身如从电路拓扑、最大功率跟踪算法以及并网控制策略上改进[8-10],而在计算光伏系统发电量或是短期预报时要么将并网光伏逆变器效率在常值区间取值[11]、或直接使用欧洲效率[12]或是假定为小于 1 的常数[3]。而并网光伏逆变器转换效率随输入功率等级(光伏阵列输出功率)变化很大,间接受日照(或辐照度)变化的影响,具有较强的时间、季节变化的区域性。

* 陈正洪,李芬,王丽娟,唐俊,白永清,代倩.水电能源科学,2011,29(8):124-127.

文献[13-14]根据逆变器额定功率划分了七类输入功率等级,采用统计学方法确定不同输入功率等级所占的权重系数,给出了代表欧洲地区日照情况的静态效率计算公式,适合于评估计算总量,但是不能反映动态特征。因此,如何选取合适的参数,对并网光伏逆变器转换效率进行全面、充分的评价,使之真正反映中国地域日照变化的并网逆变器效率特征,具有重要意义。

本文引入或重新定义效率的相关概念,利用武汉市某小型并网光伏电站 2010 年全年每5 min 的数据资料,分析了并网光伏逆变器转换效率的一些统计特征,如日、月、季变化特征,与天气气候的关系;进而分月建立非线性动态效率模型,首次将电路理论时间常数概念引入,推算出并网逆变器转换效率进入稳态的临界输入直流功率或达到组件曝辐量范围,为提高光伏并网逆变器发电量产出以及发电量的准确预报提供了有益的借鉴。

2 资料与方法

2.1 资料

电量资料来自华中科技大学电子与电气工程学院 2005 年起建立的 18 kW 并网光伏试验电站,该电站共安装了 3 台逆变器,系德国 SMA 公司生产,型号为 SMC 6000,最大标称效率96%,欧洲静态效率为 95.1%,额定输出交流功率 5500 W。本研究选定其中一台逆变器。资料情况为 2010 年 1—12 月逐日每五分钟的阵列直流输出电压、直流输出电流以及光伏并网逆变器输出交流功率资料,其中阵列输出直流功率由阵列直流输出电压、电流计算得到,其中缺1 月 13—15 日,2 月 8—18 日,10 月 25—31 日资料。

气象资料取自武汉市气象站(57494),包括 2010 年 4 月 1—30 日 20—20 时降水资料。

2.2 三个转换效率的定义及计算方法

1)瞬时转换效率(η_i),即实时的并网逆变器输出交流功率与输入直流功率(也即光伏阵列输出直流功率)之比,其数学表达式如下:

$$\eta_i = \frac{p_{ac}(t)}{p_{dc}(t)} \tag{1}$$

式中,$p_{dc}(t)$、$p_{ac}(t)$分别表示并网逆变器从光伏阵列获得的实时输入直流功率和输出的实时交流功率。

2)能量转换效率(η_e,或称为静态效率),表示一段时间内并网逆变器输出的交流电能与输入的直流电能(功率的时间累积)的比值,其数学表达式如下:

$$\eta_e = \frac{E_{ac}}{E_{dc}} = \frac{\int_t p_{ac}(t)\,dt}{\int_t p_{dc}(t)\,dt} \tag{2}$$

式中,E_{dc}、E_{ac}分别表示,在一段时间内,光伏并网逆变器从光伏阵列获得的输入直流电能和输出的交流电能。

3)次平均转换效率($\bar{\eta}$),表示离散时间情况下瞬时转换效率样本的平均值。

$$\bar{\eta} = \frac{1}{N}\sum_{i=1}^{N}\eta_i = \frac{1}{N}\sum_{i=1}^{N}\frac{p_{aci}}{p_{dci}} \tag{3}$$

式中,i 表示第 i 个时刻,N 表示样本个数,η_i 表示第 i 个时刻的瞬时转换效率,p_{dci}、p_{aci}分别表示第 i 个时刻并网逆变器从光伏阵列获得的实时输入直流功率和实时交流输出功率。

3　结果分析

3.1　夏季晴、雨天及 4 月逆变器瞬时转换效率日变化的比较分析

图 1a-b 分别为夏季晴天(8 月 4 日 158 个样本)、雨天(8 月 26 日 143 个样本)两种典型日天气类型下,逐 5 min 并网逆变器瞬时转换效率的时间序列图。可见,无论晴雨天,瞬时转换效率具有明显的日变化规律,早晚低,中间时刻大。晴天下,转换效率早晚分别线性上升、下降,而中间时刻近似为常数,也是最大值;雨天下,转换效率早晚及中间时刻均是上下波动。

图 2 为典型月 4 月(见下文分析)(1—30 日共 4291 个样本,其中 1 日、6 日、11—14 日、18—21 日、25—26 日有降水)不同天气类型下逆变器转换效率日变化曲线。可见,晴天下转换效率规律近似且变化平缓;而阴雨天波动大,若用常数代替误差大。

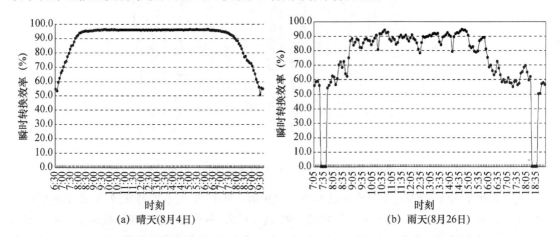

图 1　晴天、雨天两种典型日天气类型下光伏并网逆变器瞬时转换效率日变化曲线

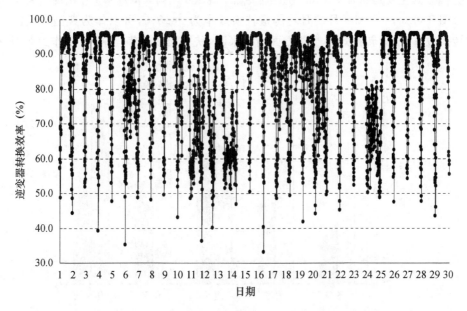

图 2　典型月 4 月(1—30 日)不同天气类型下光伏并网逆变器瞬时转换效率日时间序列

3.2 次平均、能量转换效率的月、季变化特征分析

图3为次平均转换效率、能量转换效率月平均变化。可见,次平均转换效率、能量转换效率最小值均出现在1月份,分别为79.0%和92.5%;最大值均出现在8月份,分别为88.6%和95.1%。在1月份,次平均转换效率低值出现频次最多,但能量转换效率并不是很低,因为低效率下的累积能量远小于高效率下的累积能量,在能量总量中所占比重极小,因而显现不出来。

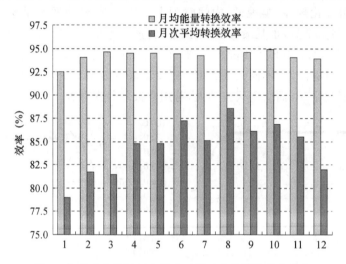

图3 各月光伏并网逆变器次平均及能量转换效率分布

图4为次平均转换效率、能量转换效率季平均变化。其中,季次平均转换效率、能量转换效率分别在81.3%~89.1%、93.6%~94.7%之间变化,夏季最大,冬季最小。全年平均能量转换效率为94.5%,要低于逆变器上标称的欧洲静态效率95.1%。全年次平均转换效率为85.5%,远比年均能量转换效率低,这主要是因为以5 min统计逆变器早晚以及阴雨天低效率工作出现频次较多。

结合图3可知,4月和9月的月均能量转换效率为94.5%,可以作为典型月。图4中,从次平均转换效率、能量转换效率季两方面指标来看,秋季最接近年均值,可以作为典型季。

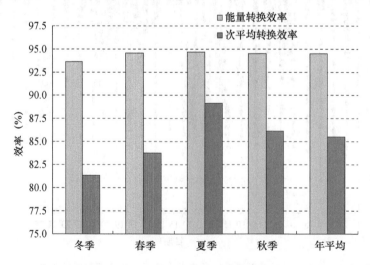

图4 各季及年次平均及能量转换效率分布

通过分析发现,并网逆变器次平均转换效率、能量转换效率均存在明显的月、季变化,其中前者更明显。

3.3 逆变器转换效率模型研究

以典型月 4 月和最大值 8 月为例,进行逆变器转换效率模型研究。图 5、图 6 分别为 2010 年 4 月、8 月瞬时转换效率随输入功率变化散点图。可见转换效率与输入功率变化趋势近似于指数曲线,并可分为两段:在输入直流功率较低时,瞬时转换效率也低,损失大,曲线上升,斜率较大;随着输入直流功率达到一定程度后继续增加时,曲线平缓,斜率几乎为 0,转换效率接近最大值。

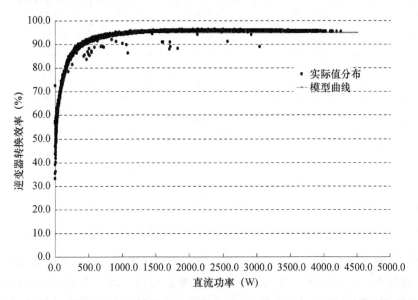

图 5　2010 年 4 月瞬时转换效率随输入功率变化曲线图(横坐标:输入直流功率;纵坐标:逆变器转换效率)

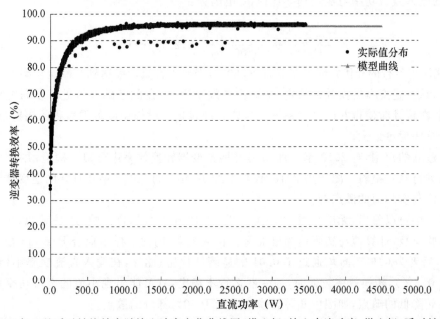

图 6　2010 年 8 月瞬时转换效率随输入功率变化曲线图(横坐标:输入直流功率;纵坐标:瞬时转换效率)

根据图 5、图 6 中黑色散点图,分别建立 4 月、8 月转换效率与直流功率的非线性回归方程(Mistcherlich 模型)[15],其他月模型分析和建立方法类似,其数学表达如下:

$$\eta = b_1 + b_2 \times \exp(b_3 \times p_{dc}) \qquad (4)$$

式中,b_1、b_2、b_3 分别为回归系数。

利用 SPSS 软件进行分析,2010 年 4、8 月效率模型见图 5、图 6 中红色曲线,其详细的参数说明见下表 1 和表 2。

表 1 4 月参数估计值

参数	估计值	标准误差	95% 置信区间	
			下限	上限
b_1	0.948	0.000	0.947	0.949
b_2	−0.430	0.001	−0.431	−0.428
b_3	−0.006	0.000	−0.006	−0.006

表 2 8 月参数估计值

参数	估计值	标准误差	95% 置信区间	
			下限	上限
b_1	0.953	0.000	0.952	0.953
b_2	−0.432	0.001	−0.434	−0.430
b_3	−0.006	0.000	−0.006	−0.006

结合表 1 和表 2 的数据可知,4 月和 8 月并网逆变器转换效率稳态值分别为 94.8% 和 95.3%,两者的指数衰减系数相同均为 0.006,而依据电路理论上时间常数(指数衰减系数)及工程上 4~5 个周期结束过渡过程进入稳态的定义[16],可推导出并网逆变器转换效率进入稳态时,临界的输入直流功率与额定功率比值 K 范围为:

$$K = \frac{p_{dc}}{P_N} = \frac{(4 \sim 5) \times \dfrac{1}{0.006}}{5500} = 12.1\% \sim 15.1\% \qquad (5)$$

即,对于武汉市运行的光伏并网逆变器 SMC 6000,当输入直流功率达到其额定功率的 12.1%~15.1% 时,认为逆变器转换效率稳定,接近稳态效率运行,在此基础上可进一步研究对应的辐照度范围,在设计时使得并网光伏系统全年内在超过这一段辐照度范围累积的辐射量最大,而不是全段总辐射量最大。

根据建立的模型,对 2010 年 4 月、8 月并网逆变器转换效率进行拟合检验,并对 2009 年 8 月实际值进行独立检验。图 7 为 2010 年 4 月、2010 年 8 月、2009 年 8 月并网逆变器转换效率模型计算值与实际值的散点图。

从图 7 中可以看出,无论是对 2010 年 4 月、2010 年 8 月拟合检验,还是对 2009 年 8 月独立样本检验,模型计算值与实际值为极显著正相关关系,前两个样本拟合 Pearson 相关系数均为 0.993,后者为 0.985,且均通过了 0.01 的显著性检验;此外,在输入直流功率小(约小于额定功率的 0.5%),转换效率较低时,逆变器运行不稳定,有可能出现小值的直流功率增加而转换效率反而降低的畸点,如图中实际转换效率低于 50% 部分的散点。

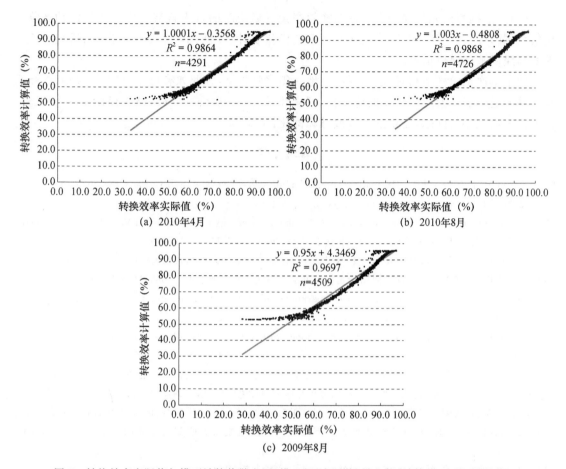

图7 转换效率实际值与模型计算值散点图(横坐标:实际值;纵坐标:计算值;实线:趋势线)

表3为2010年4月、2010年8月、2009年8月并网逆变器转换效率模型计算值与实际值的误差分析结果。两种情形下,平均偏差均较小,且都为负偏差,主要与进入稳态后模型估计值偏小有关;而独立样本检验下,平均绝对误差和平均均方根误差比拟合检验下要大。

表3 逐 5 min 并网逆变器转换效率模拟与实际基本统计量

	样本个数	平均偏差	平均绝对偏差	平均均方根误差
2010 年 4 月	4291	−0.004	0.012	0.017
2010 年 8 月	4726	−0.002	0.010	0.014
2009 年 8 月	4509	−0.0007	0.012	0.022

4 结论

(1)并网光伏逆变器转换效率具有明显的日、月、季变化规律,且并网逆变器全年平均能量转换效率为94.5%,要低于逆变器上标称的欧洲静态效率95.1%。

(2)分月建立德产并网逆变器效率的非线性模型,拟合精度高,独立样本检验误差小,可作为并网光伏电站发电量估算或发电功率预测的修正项,并将显著提高早晚、阴雨天的发电功率预测精度,为精细化预报光伏发电功率或(发电量)提供原理依据。

（3）定量推算出光伏并网逆变器转换效率接近稳定时的输入直流功率与其额定功率临界比值范围（12.1%～15.1%），为光伏并网系统优化设计、降低低效率工作的损失、研究对应有效的辐照度范围提供借鉴。

由于本次试验样本相对较少，只有一地一年完整数据，因此如有可能，需要用多地、多年数据对并网逆变器转换效率模型的稳定性、可靠性做进一步验证。此外，该方程存在进入稳态后模型计算值偏小的问题，需要进一步改进和优化。

参考文献

[1] Nguyen H T，Pearce J M. Estimating potential photovoltaic yield with r. sun and the open source Geographical Resources Analysis Support System[J]. Solar Energy，2010，84：831-843.

[2] Perpinan O，Lorenzo E，Castro M A. On the calculation of energy produced by a PV grid-connected system[J]. Progress in Photovoltaics：Research and applications，2006，15(3)：265-274.

[3] 卢静，翟海青，刘纯，等. 光伏发电功率预测统计方法研究[J]. 华东电力，2010，38(4)：0563-0567.

[4] 栗然，李广敏. 基于支持向量机回归的光伏发电出力预测[J]. 中国电力，2008，41(2)：74-78.

[5] Lorenz E，Remund J，Müller S，et al. Benchmarking of different approaches to forecast solar irradiance[C]. 24th European Photovoltaic Solar Energy Conference，2009，1-10.

[6] Durisch W，Bitnar B，Jean C，et al. Efficiency model for photovoltaic modules and demonstration of its application to energy yield estimation[J]. Solar Energy Materials and Solar Cells，2007，91(1)：79-84.

[7] 李芬，陈正洪，成驰，等. 太阳能光伏发电量预报方法的发展[J]. 气候变化研究进展，2011，7(2)：136-142.

[8] 马幼捷，程德树，陈岚. 光伏并网逆变器的分析与研究[J]. 电气传动，2009，39(4)：25-29.

[9] 陈进美，陈峦. 太阳能光伏发电最大功率点间接跟踪算法研究[J]. 水电能源科学，2010，28(1)：148-150.

[10] 廖华，许洪华，王环. 双支路光伏最大功率跟踪的并网逆变器的研制[J]. 太阳能学报，2006，27(8)：824-827.

[11] 张金花. 太阳能光伏发电系统容量计算分析[J]. 甘肃科技，2009，25(12)：58-60.

[12] Aguilar J D，Perez P J，Almonacid G，et al. Average Power of a Photovoltaic Grid-connected System[C]. 21th. European Solar Energy Conference，2005，1-4.

[13] EN 50530：2010. Overall Efficiency of Grid Connected Photovoltaic Inverters[S]. 欧洲标准.

[14] 李菊欢. 关于光伏并网逆变器"效率"的探讨[J]. 电子质量，2010，(8)：65-66.

[15] 杜强，贾丽艳. SPSS统计分析从入门到精通[M]. 北京：人民邮电出版社，2009.

[16] 杨传谱，孙敏，杨泽富. 电路理论-时域与频域分析[M]. 武汉：华中科技大学出版社，2001.

说明：本文与《水电能源科学》刊出稿略有不同。

武汉地区光伏组件最佳倾角的实验研究 *

摘　要　为求得大气环境下光伏组件的最佳倾角及其与理论值的差异,在武汉地区开展了 15 块正南朝向、不同倾角光伏组件发电的一年期对比观测与统计分析。结果表明:所有组件发电量为单峰型年、日变化;最佳倾角在冬半年(3 月除外)均为 45°,即大于纬度角,其发电量比水平面增幅大,最大达 63%,在夏半年为 5°～20°即小于纬度角,其发电量比水平面增幅较小,不超过 10%;四季最佳倾角分别为 20°、10°、30°、45°,年最佳倾角为 30°,其发电量比水平面高 19%;实测与理论推算的逐月最佳倾角趋势一致,且高于或等于理论值(11、12 月除外);天空各向异性模型最佳倾角斜面获取的能量多于各向同性模型,冬季相差可达 6.8%。冬季增大光伏阵列倾角或夏季减小光伏阵列倾角,会使发电效果得到明显(或一定)改善;对可调光伏阵列,一年调节 4 次(3 月、5 月、9 月、10 月),就能达到较高的发电效率。研究成果对最大程度利用太阳能资源具有指导作用。

关键词　光伏;最佳倾角;发电量;天空各向异性模型;天空各向同性模型

1　引言

通常,地面光伏发电系统中的电池阵列均采取倾斜安装,以比水平安装获取更多的太阳辐射,从而增加发电量。而不同倾角的阵列表面接收的太阳辐射是不同的,发电能力就有差异,因此就有最佳倾角的问题(单位时间内获取太阳辐射或发电量最大的倾角为最佳倾角,并有月、季、半年、年最佳倾角之分)。确定阵列最佳倾角是光伏发电系统设计中不可缺少的重要环节[1]。

关于最佳倾角的确定已有大量研究,但以理论模拟计算为主[2-7],其理论基本原理均是通过水平面的直接辐射和散射辐射推算斜面的总辐射,其中斜面的直接辐射增加、散射辐射减少,多了一个反射辐射项,或冬半年总辐射增多、夏半年辐射减少,最终结果是总辐射增多。由于考虑并网方式的差异(离网或并网),以及研究方法、区域、辐射数据等差异,得到的结果差别较大,不同学者、甚至同一学者对同一地区计算出的最佳倾角也不同。以武汉地区为例,不同学者对该地区最佳倾角的计算结果在 18°～45°[8-11]之间,差别较大。近年来阳光地带国家如中东地区埃及、伊朗等国研究人员开始进行不同倾角斜面辐射的比较性试验,以确定具体某个地区的最佳倾角[12-13],得到一些有意义的结果,但斜面角度的分布有限,不够完整,对结论有一定影响,而佐以试验多角度光伏观测系统验证实际光伏发电最佳倾角更是不多见[14]。

为了得到武汉地区光伏系统安装的最佳倾角,在湖北省气象局预警大楼楼顶的 18 kW 太阳能光伏发电示范电站进行了一系列的对比观测研究,从水平面(0°)到南墙面(90°)计 15 个

＊　陈正洪,孙朋杰,成驰,严国刚. 中国电机工程学报,2013,33(34):98-105,17.

不同倾角和朝向的太阳能电池组件发电情况进行了为期一年的测试。通过分析不同倾角太阳能电池组件不同时间尺度(月、季、年)的发电差异,确定武汉地区各时间尺度的光伏阵列最佳倾角,并与理论推算结果进行对比分析,寻找其中的差异和原因,从而为武汉地区光伏发电系统设计、功率预报等提供了重要依据,为其他地区的光伏阵列安装角度的选取方法提供一定的指导、借鉴作用。

2 实验设计、资料与方法

2.1 实验设计

本项目太阳电池组件最佳倾角测试系统由光伏组件部分和数据采集部分组成。其中太阳电池组件部分包含 17 块功率为 90Wp 的 MBF90 多晶硅太阳电池组件,分别按不同倾角安装(水平、5°、10°、15°、20°、25°、30°、35°、40°、45°、50°、60°、70°、80°、90°、东墙 90°、西墙 90°),各电池组件标称技术参数见表 1。根据湖北省气象局预警大楼楼顶安装场地实际情况及充分考虑周边建筑物对太阳电池组件和太阳电池组件相互之间的阴影遮挡后,本系统 17 块太阳电池组件采用固定角度并排安装及帆船形状安装结合的方式,如图 1。

表 1 各太阳能电池组件标称技术参数

倾角/°	序列号	开路电压/V	短路电流/A	功率/W	最佳工作电压/V	最佳工作电流/A	填充因子/%
0	10117942	21.1	5.44	89.7	17.7	5.07	78.2
5	10117947	21.1	5.46	89.8	17.6	5.09	77.8
10	10117937	21.1	5.36	88.8	17.9	4.96	78.5
15	10117939	20.9	5.47	89.6	17.6	5.10	78.5
20	10117948	21.1	5.39	89.9	17.8	5.07	79.4
25	10117946	21.1	5.48	90.4	17.6	5.12	77.9
30	10117949	21.2	5.5	91.1	17.7	5.14	78.0
35	10117943	21.1	5.46	90	17.7	5.09	78.2
40	10117941	21.1	5.5	90.4	17.7	5.13	77.8
45	10117940	21.1	5.5	90.6	17.6	5.14	78.0
50	10117934	21.1	5.49	90.6	17.7	5.13	78.4
60	10117938	21.1	5.51	90.6	17.6	5.14	77.8
70	10117936	21.1	5.44	89.7	17.7	5.08	78.3
80	10117944	21.2	5.44	90.2	17.7	5.09	78.1
90	10117933	21.1	5.47	90	17.6	5.11	77.9
东墙 90	10117935	21.1	5.45	89.8	17.6	5.10	78.1
西墙 90	10117932	21.0	5.46	89.7	17.6	5.09	78.1

图1　17块多倾角安装太阳电池组件外观图

（左图为水平面、正南方向 0°～50°电池组件，右图为正南方向 60°～90°、东墙 90°、西墙 90°电池组件）

数据采集系统由 1 台可编程直流电子负载、1 台多路切换仪、1 块 PCI 切换卡、17 个 DS18B20 温度传感器、1 台 STA-D 型 DS18B20 采集模块、测试软件和 1 台工控机组成，其中测试软件如图 2 所示。

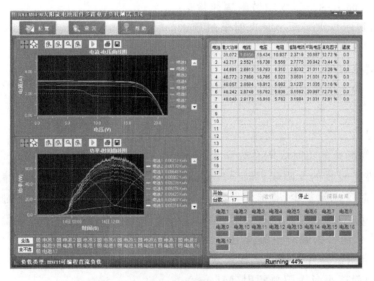

图2　太阳电池组件最佳倾角测试软件

系统中 17 块太阳电池组件的正负极分别连接到多路切换仪的输入端子上，输出端子连接到电子负载的输入端子上，多路切换仪在 PCI 切换卡的控制下一次接通一块太阳电池组件，电子负载在工控机的控制下，采取先粗略搜索再精确搜索的两段搜索方式，可快速准确跟踪到最大功率点 Pmax，同时测出开路电压及短路电流。在 90 秒内完成对 17 块太阳电池组件的所有数据检测，电压、电流及最大功率的检测误差小于 0.5%。

2.2　资料情况

资料时段：2011 年 7 月至 2012 年 6 月。

发电资料：正南朝向、不同倾角安装的 15 块 90W 电池组件逐 90 s(1.5 min)的发电功率数据，并将其转化为分钟、小时发电量数据。

辐射资料:水平面逐分钟直接、散射、总辐射数据,并转化为小时数据。

2.3 方法

为比较实验值与理论推算值的差异,根据 Liu 和 Jordan 提出的天空散射辐射各向同性模型[15-16](下称:各向同性模型)和天空各向异性 HDKR 模型[17-19](下称:各向异性模型)分别计算与实际倾角相同斜面(15 个角度)的理论逐时太阳辐照量。根据天空各向异性模型理论,在北半球,南面天空的平均散射辐射要比北面天空大,所以各向异性模型推算的朝南斜面获取的能量比值要大于同性模型的结果。

各向同性模型,各斜面理论逐时太阳总辐照量计算公式为:

$$I_T = I_b R_b + I_d \left(\frac{1+\cos\beta}{2}\right) + I\rho\left(\frac{1-\cos\beta}{2}\right) \tag{1}$$

各向异性 HDKR 模型,各斜面理论逐时太阳总辐照量计算公式为:

$$I_T = (I_b + I_d A_i)R_b + I_d(1-A_i)\left(\frac{1+\cos\beta}{2}\right)\left[1 + f\sin^3\left(\frac{\beta}{2}\right)\right] + I\rho\left(\frac{1-\cos\beta}{2}\right) \tag{2}$$

式中,I_b——水平面上的小时太阳直接辐照量;

I_d——水平面上的小时太阳散射辐照量;

R_b——倾斜面与水平面小时直射辐照量比;

β——斜面倾角;

ρ——地面反射率,本文取 0.2;

I——水平面上的小时太阳总辐照量;

$A_i = I_b/I_0$;

$f = \sqrt{I_b/I}$;

I_0——大气层外的小时太阳总辐照量。

在光伏组件将吸收的太阳辐射转换成直流输出的过程中,考虑到辐照度、温度对光电转换效率的影响,同时考虑到灰尘、直流回路线路损失等,最终逐小时输出直流电的表达式为:

$$E_{dc} = \eta_s \times [1 - \alpha(T_c - 25\ ℃)] \times I \times S \times K_1 \times K_2 \times K_3 \times K_4/3.6 \tag{3}$$

式中,E_{dc}——光伏组件的逐时直流发电量(kWh);

η_s——标准测试条件下的光电转换效率;

I——倾斜面逐小时太阳总辐射(MJ/m²);

S——光伏组件有效面积(m²);

α——温度系数(℃⁻¹);

T_c——阵列板温(℃);

K_1——光伏组件老化损失系数;

K_2——光伏阵列失配损失系数;

K_3——尘埃遮挡系数;

K_4——直流回路线路损失系数。

根据各斜面理论逐时太阳总辐照量及直流电的表达式,可计算得到光伏组件不同倾斜面的理论发电量。将各斜面理论发电量与水平(0°)发电量相比,所得结果为

$$\frac{E_{dcx}}{E_{dc0}} = \frac{\eta_{sx} \times [1 - \alpha(T_{cx} - 25\ ℃)] \times I_x \times S_x \times K_{1x} \times K_{2x} \times K_{3x} \times K_{4x}}{\eta_{s0} \times [1 - \alpha(T_{c0} - 25\ ℃)] \times I_0 \times S_0 \times K_{10} \times K_{20} \times K_{30} \times K_{40}} \tag{4}$$

式中，E_{dcx}为倾斜面上光伏组件的直流发电量，E_{dc0}为水平面上光伏组件的直流发电量，I_x为倾斜面上太阳总辐射，I_0为水平面上太阳总辐射。

由于光伏组件在倾斜面与水平面的η_s、K_1、K_2、K_4相同，且短时间内不同倾斜面T_c也认为相同，因此光伏组件在不同倾斜面与水平面的理论发电量之比可简化为：

$$\frac{E_{dcx}}{E_{dc0}} = \frac{I_x \times K_{3x}}{I_0 \times K_{30}} \tag{5}$$

即光伏组件在各斜面与水平面的发电量之比（能量比）与各倾斜面接收的太阳总辐射和灰尘遮挡系数有关，根据能量比可得到各月或年的最佳倾角。

3 结果分析

3.1 正南朝向、不同倾角电池组件发电量分析

3.1.1 日变化

对于确定的地点，当地理和气象条件一定时，方阵的不同安装角度可能造成发电量的很大不同。图3是朝南方向不同倾角太阳能电池组件发电量日变化曲线，由图3可见，一天之中不同倾角电池组件小时发电均存在明显的单峰型变化特征。但因倾斜角度的不同，其发电量也存在明显的差异，其中，25°～30°倾角电池组件发电量在各电池组件中较大，90°倾角电池组件发电量最小。

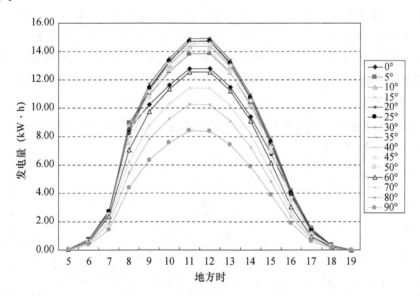

图3 朝南方向不同倾角电池组件小时发电量日变化

为分析不同倾角电池组件在不同天气类型下发电情况的异同，选取了两种典型的天气类型，即晴天、阴雨天气，分析每种天气条件下光伏阵列辐照量、发电量变化。

选取2011年7月9日为晴天代表日，2012年6月26日为阴雨天代表日。对比两种不同天气类型（表2），在晴日，各小时太阳总辐照量较大且呈单峰型变化，在阴雨日，各小时太阳总辐照量很小，也无变化规律可循。具体变化情况如表2所示。

表2 典型晴、雨日水平面太阳总辐照量(MJ/m²)变化

小时	6	7	8	9	10	11	12	13	14	15	16	17	18
晴日	0.11	0.65	1.36	2.08	2.66	3.04	3.3	2.99	2.69	2.11	1.71	1.11	0.41
雨日	0.03	0.09	0	0.24	0.43	0.52	0.42	0	0	0	0	0	0

另外,从晴日不同倾角太阳能电池组件的发电量变化曲线看(图4a),各电池组件小时发电也是呈单峰型变化特征。由于选取的典型日在夏季,此时太阳高度角处于全年中较大时期,且晴天日照充足,因此较低倾角(0°~30°)发电量大,随倾角的增大发电量逐渐降低,至90°降至最低。

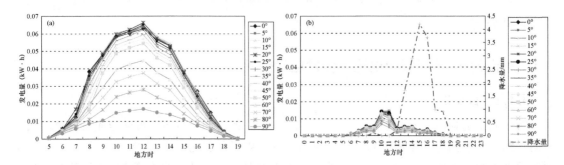

图4 典型晴日、雨日不同倾角光伏组件发电量变化:(a)晴日,(b)雨日

从图4(b)可知,由于9 h开始有降水,各电池组件此时发电量有所下降,10 h降雨停止,发电量上升,午后降水增多,各电池组件发电量下降,全天发电量小,变化规律不明显。由于该日为阴雨天气,直接辐射全天较小,太阳总辐射主要以散射辐射的形式到达组件表面,电池组件对应的天空开阔程度决定了接受散射辐射量的多少,因此,随着倾角的增加,发电量依次减小,至90°倾角电池组件由于只能接收天空一半面积的散射辐射,发电量也为最小。

3.1.2 月变化

为了更详细的了解不同倾角光伏阵列的发电量情况,本实验统计了朝南方向不同倾角光伏阵列逐月发电变化(图5)。

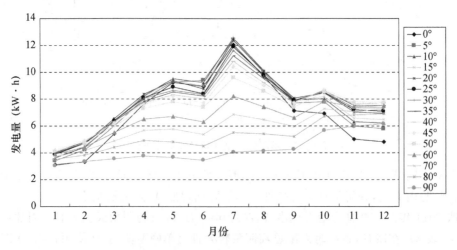

图5 朝南方向不同倾角逐月发电量变化

可以看到,一年之中,不同倾角在不同月份发电量存在明显的波动性变化。近水平倾角(0°~20°)在夏季发电较大,但在其他月,尤其在冬季,由于太阳高度角较小,水平安装的电池组件接收的太阳辐射较少,发电量处于较低水平。从图上看,水平(0°)电池组件在与垂直(90°)放置电池组件发电量曲线分别在11月及次年2月相交,说明11月至2月期间,垂直电板发电量要高于水平电板发电量,此时较大倾角能更好的接收太阳辐射,有利发电。另外,比较春、秋两季发电情况,从图中可以看到,在同样的倾斜角度下,春季发电要低于秋季,可能是由于湖北省每年春季3月到4月底,经常发生五天甚至十天以上的连阴雨天气[13],造成这段时间内发电较少。从全年发电情况看,25°~35°倾角电池组件全年各月发电量均处于较高水平。

分别统计各月不同倾角太阳能电池组件发电情况,以发电最多的电池组件倾斜角度为当月最佳倾角。从各月不同电池组件最佳发电倾角实际变化情况看(图6),1月、2月、10月、11月、12月五个月的最佳发电倾角为45°,即在冬半年,较大的倾斜角度有利于太阳能电池发电。在夏半年(3—9月),随着太阳高度角的增加,光伏阵列最佳发电倾角降低,3、4月最佳发电倾角分别为30°、20°,5月为10°,至6月降至最低,最佳发电倾角为5°。7、8两个月的最佳发电倾角均为10°,说明夏半年太阳高度角较大,太阳能电池组件较小的安装倾角有利于光伏发电。总的来说,夏半年光伏方阵最佳倾角要小于当地纬度,冬半年光伏方阵最佳倾角要大于当地纬度。对于可调节倾角的光伏阵列,一年之中只需调节4次(3月、5月、9月、10月),就能使得光伏阵列基本保持在最佳倾角状态,达到较高的发电效率。对于固定式光伏阵列而言,如何放置组件倾斜角度,使得其全年发电量能达到较高水平,则需要对各电池组件全年发电情况进行分析进而得出结论。

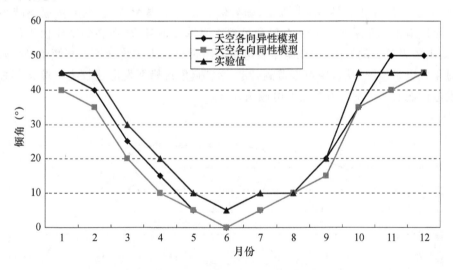

图6 实测与理论推算的各月最佳倾角变化

3.1.3 四季及年变化

图7表示一年四季中朝南方向不同倾角发电总量变化。春、夏、秋、冬四季发电量最大值对应的安装倾角分别为20°、10°、30°、45°(发电量分别为24.02 kW·h、31.86 kW·h、23.99 kW·h、16.88 kW·h)。从图上看,在春秋季节,25°左右倾角使得发电量较大且较为接近,此时,夏季发电量随倾角增加处于下降状态,冬季发电量随倾角增加处于上升状态。在冬季,安装倾角在

45°左右发电量最大,但此安装角度在夏季呈较低发电水平。同样的,夏季的最佳安装倾角5°在冬季亦处于较低发电水平。因此,不存在一个安装倾角使得春夏秋冬四季发电量相等,即四条曲线没有一个共同的交点。

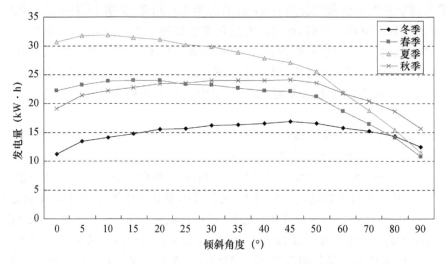

图 7　朝南方向不同倾角四季发电总量变化

　　为了更直观的表示不同倾角全年发电情况,统计了朝南方向不同倾角电池组件 2011 年 7 月至 2012 年 6 月一整年的总发电量情况。从不同倾斜角度光伏阵列年总发电量变化图上可以看到,30°光伏阵列年总发电量最大,为 100.3 kW·h,比水平面高出 19%。25°~45°倾角阵列年发电量较大,均处在 95 kW·h 以上,随着倾斜角度的继续增大,发电量逐渐减小,至 90°倾角阵列年发电量减至最小。0°~20°倾角虽然在夏季发电较大,但在冬半年由于倾斜角度较小,接受太阳辐射较少的原因,因此全年发电并不理想。表 3 统计了不同倾角光伏阵列每峰瓦组件每年发电量情况,从表中可以看到,25°~45°倾角每峰瓦发电量较大。综合年总发电及每峰瓦发电情况看,30°左右为最佳发电倾角。

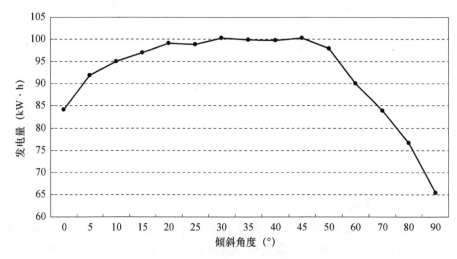

图 8　朝南方向不同倾角年发电量变化

表 3　朝南方向不同倾斜角度光伏阵列每峰瓦/每年发电量

倾角(°)	0°	5°	10°	15°	20°	25°	30°	35°
发电量(kW·h)	0.94	1.02	1.06	1.08	1.10	1.10	1.11	1.11
倾角(°)	40°	45°	50°	60°	70°	80°	90°	
发电量(kW·h)	1.11	1.11	1.09	1.00	0.93	0.85	0.73	

3.2　实验结果与理论推算结果的对比

将理论计算的各月最佳倾角与实际实验情况下的各月最佳倾角进行对比,如图9所示。

可以看到,实际情况下各月最佳倾角与理论计算最佳倾角变化趋势基本保持一致。总体来说,实际情况下各月最佳倾角要大于或等于理论推算最佳倾角,只有11、12月的最佳倾角低于天空各向异性模型推算值。因此,对固定式光伏阵列,年最佳倾角应略大于理论计算值。另外,从图中可以看到,一年之中,最佳倾角在春季的3月和秋季的9月发生突变。因此,选取3月、7月、9月、12月为代表月,分析各月倾角的不同造成能量或发电量的变化。

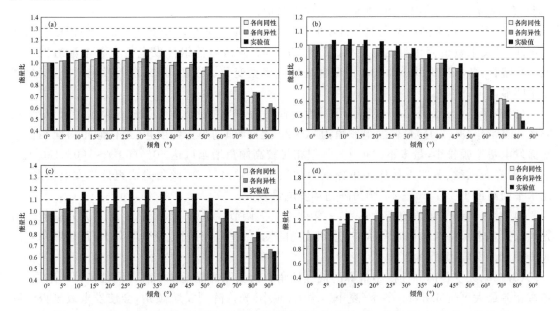

图 9　各代表月不同倾斜面与水平面所接收能量的比值:(a)3月,(b)7月,(c)9月,(d)12月

根据图9,实际情况下,3月与9月的最佳倾角均为20°,与水平倾角的能量比则分别为1.20、1.13。按照理论推算,此倾斜角度与水平面在天空各向异性模型情况下能量比分别为1.06、1.03,在天空各向同性模型情况下能量比分别为1.04、1.02。理论推算值均小于实际值,这两个月,倾斜20°放置的光伏阵列实际值要比理论值多输出9.7%～15.4%的电能。从公式(5)中可以看出,影响倾斜面与水平面能量比的因子有两个,即到达地面的太阳辐射和灰尘遮挡系数,在实际发电过程中,光伏组件安装倾角越接近水平面,受灰尘遮挡越严重。因此,实际情况下的能量比要比理论计算大。

7月,由于太阳高度角处于全年最大时段,较小倾角接受太阳辐射较多。根据理论计算,天空各向异性模型推算的5°倾斜面获得最多的能量,仅比水平面多出0.1%;天空各向同性模型推算0°水平面获得能量最多。实测情况下10°倾角光伏阵列输出电能最多,其与水平0°阵列的能量比为1.04,增幅较小,但相对较高倾角增幅可达50%(60°)~100%(80°)。随着角度的增加,无论是各向同性模型或各向异性模型,斜面获得能量急剧下降,实测发电量也呈相同的变化趋势。说明在夏季,较小倾角(<10°)光伏阵列发电量大且基本接近。

12月,由于太阳高度角处于全年最小时段,较大倾角接受太阳辐射明显增多。天空各向同性模型推算的最佳倾角与水平面的能量比为1.32,各向异性模型推算的最佳倾角与水平面的能量比为1.43,两者相差6.8%。而实测情况最佳倾角(45°)与水平面的能量比达到了全年最高的1.63,相比水平面发电量增幅很大,最大达63%。可见,在冬季,天空各向异性模型比各向同性模型最佳倾角斜面获取的能量多;提升光伏阵列安装倾角,会使发电效果得到显著的提升。

4 结论

通过分析湖北省气象局太阳能光伏电站正南朝向、不同倾角的15块电池组件2011年7月—2012年6月一年的发电情况,得到如下结论:

(1)一天之中,不同倾角电池组件小时发电均存在明显的单峰型变化特征。但因倾斜角度的不同,其发电量也存在明显的差异,其中,25°~30°倾角电池组件发电量在各电池组件中较大。在晴日,各电池组件小时发电情况也是呈单峰型变化。在阴雨日,全天发电量小,变化规律不明显。

(2)冬半年(1—2月、10—12月)最佳发电倾角为45°,相比水平面发电量增幅很大,最大达63%。夏半年(3—9月)最佳发电倾角为5°~20°之间,即均小于纬度角,最佳倾角斜面相比水平面发电量增幅较小,最多不超过10%,但相对较高倾角增幅可达50%(60°)~100%(80°)。

(3)春、夏、秋、冬四季最佳倾角分别为20°、10°、30°、45°,30°倾角光伏组件年发电量最大,比水平面高出19%。30°~45°倾角阵列年发电量较大。

(4)对于可调节倾角的光伏阵列,一年之中只需调节4次(2月、4月、8月、9月),就能使得光伏阵列基本保持在最佳倾角状态,达到较高的发电效率。对固定光伏阵列,年最佳倾角应略大于理论计算值,武汉地区为25°~30°。

(5)根据天空各向异性模型推算的最佳倾角斜面获取的能量多于各向同性模型的结果,以冬季相差最大可达6.8%。冬季(夏季),增大(减小)光伏阵列安装倾角,会使发电效果得到明显(一定)改善。

从本实验的结果分析看,30°左右倾角较为适合湖北省气象局太阳能光伏电站光伏阵列发电出力,也可以认为此角度为武汉地区光伏阵列最佳倾角。但此角度是仅在一年的发电数据的基础上统计出来的,由于时间序列较短,可能造成随机因素较大,难免受到当年天气(例如长期阴雨或干旱)的影响。且光伏电站倾角较小的电池组件较易积灰,影响电池组件接收太阳辐射,对发电量造成一定影响,需要收集更长时间资料进行深入分析。

参考文献

[1] 杨金焕.固定式光伏方阵最佳倾角的分析[J].太阳能学报,1992.13(1):86-92.

［2］韩裴,潘玉良,苏忠贤.固定式太阳能光伏板最佳倾角设计方法研究［J］.工程设计学报,2009,16(5)：348-353.

［3］孙韵琳,杜晓荣,王小杨,等.固定式并网光伏阵列的辐射量计算与倾角优化［J］.太阳能学报,2009,30(12):1597-1601

［4］刘振宇,冯华,杨仁刚.山西不同地区太阳辐射量及最佳倾角分析［J］.山西农业大学学报(自然科学版),2011,31(3):272-276

［5］Ulgen K. Optimum tilt angle for solar collectors［J］. Energy Sources,Part A:Recovery,Utilization,and Environmental Effects,2006,28(13):1171-1180

［6］El-Sebaii A A,Al-Hazmi F S,Al-Ghamdi A A,et al. Global,direct and diffuse solar radiation on horizontal and tilted surfaces in Jeddah,Saudi Arabia［J］. Applied Energy,2010,87(2):568-576

［7］Benghanem M. Optimization of tilt angle for solar panel:Case study for Madinah,Saudi Arabia［J］. Applied Energy,2011,88(4):1427-1433.

［8］杨金焕,陈中华,汪征宏.光伏方阵最佳倾角的计算［J］.新能源,2000(5):6-9.

［9］杨金焕,毛家俊,陈中华.不同方位倾斜面上太阳辐射量及最佳倾角的计算［J］.上海交通大学学报,2002,36(7):1302-1306.

［10］杨刚,陈鸣,陈卓武.固定式光伏阵列最佳倾角的CAD计算方法［J］.中山大学学报(自然科学版),2008,47(S2):165-169.

［11］申政,吕建,杨洪兴,等.太阳辐射接受面最佳倾角的计算与分析［J］.天津城市建设学院学报,2009,15(1):61-64.

［12］Elminir H K,Ghitas A E,El-Hussainy F,et al. Optimum solar flat-plate collector slope:Case study for Helwan,Egypt［J］. Energy Conversion and Management,2006,47(5):624-627.

［13］Noorian A M,Moradi I,Kamali G A. Evaluation of 12 models to estimate hourly diffuse irradiation on inclined surfaces［J］. Renewable Energy,2008,33(6):1406-1412.

［14］陈维,沈辉,刘勇.光伏阵列倾角对性能影响实验研究［J］.太阳能学报,2009,30(11):1519-1522.

［15］Liu B Y H,Jordan R C. The interrelationship and characteristics and distribution of direct,diffuse,and total solar radiation［J］. Solar Energy,1960,4(3):1-19.

［16］Klien S A,Theilacker J C. An algorithm for calculating monthly-average radiation on inclined surfaces［J］. Solar Energy Engineering,1981,103(1):29-33.

［17］Hay J E. Calculation of monthly mean solar radiation for horizontal and inclined surface［J］. Solar Energy,1979,23(4):301-307.

［18］Klucher T M. Evaluation of models to predict insolation on tilted surfaces［J］. Solar Energy,1979,23(2):111-114.

［19］Reindl D T,Beckman W A,Duffie J A. Evaluation of hourly tilted surface radiation models［J］. Solar Energy,1990,45(1):9-17.

误差逐步逼近法在太阳辐射短期预报中的应用[*]

摘 要 基于武汉市 2011—2012 年 4 个典型月逐时总辐射观测值和中尺度数值天气预报模式(WRF)模拟值,通过以误差逐步逼近方法实现预报效果的提高,即以逐时清晰度指数为因变量,以 14 个模式输出因子浓缩的 4 个主分量为自变量,建立清晰度指数 MOS 预报方程;以预报误差为因变量,分析并遴选预报因子,建立预报方程;重复第二步过程,进一步减少预报误差。结果表明:1)常规 MOS 方法预报辐射值的年平均绝对百分比误差、相对均方根误差分别为 22.1%、27.8%,对常规 MOS 预报的误差进行 2 次再预报后,年预报结果的两项误差进一步下降至 17.4%、22.4%,与常规 MOS 法相比,预报误差分别下降 4.7%、5.4%;2)第一次误差的主要影响因子为清晰度指数,第二次误差的主要影响因子为时角(一天中不同时刻);3)经过两次误差逐步逼近后,两项误差分别下降 3.8%(5 月)~5.4%(8 月)、4.5%(10 月)~6.9%(8 月)。可见,误差逐步逼近法有逐步改善辐射预报效果的作用。

关键词 误差逐步逼近;太阳辐射;模式输出统计订正(MOS);清晰度指数;时角;模型改进

1 引言

　　预测光伏发电功率成为光伏发电并网的关键,而光伏发电功率(量)与到达地表的太阳辐射几乎是线性相关,所以对太阳辐射进行较为准确的预测就成为光伏发电功率(量)预测的关键所在。近年来,经验预报方法、统计方法(持续法、回归法[1,2]、时间序列法[3]、卡尔曼滤波)、学习方法(神经网络[4]、支持向量机[5])等许多研究方法,都被应用于太阳辐射预测。随着数值预报方法的发展,数值预报方法得到了越来越多的应用[6,7],同时,基于数值模式输出统计(MOS),可以有效地提升到达地表气象要素的预报效果。王明欢等[8]将中尺度数值预报模式 WFR 直接输出的短波辐射与地表观测值进行了对比分析,指出距直接使用模式输出结果作为太阳能发电系统初值作发电量预报还有一定距离。白永清等[9]通过对模式输出因子的筛选和降维,以及建立 MOS 预报方程,有效提高了太阳辐射短期预报准确率。

　　本研究试图在常规模式输出统计(MOS)方法基础上,提出了一种新的太阳能辐射预报方法即误差逐步逼近法(对误差进行再分析、建模,逐步减小误差,直到满足精度要求),结合天气分型、分季分时次建模等技巧,设计了一种适用于武汉地区的太阳能辐射预报方法,提升太阳辐射的预报效果。

* **陈正洪**,孙朋杰,张荣. 太阳能学报,2015,36(10):2377-2383.

2 资料和方法

2.1 资料概述

1)太阳辐射资料

所用的辐射资料取自国家一级辐射观测站武汉站($114°08'$E,$30°37'$N)逐时辐射观测数据。观测时段为2011年7月—2012年6月,观测项目包括总辐射曝辐量(MJ/m^2)、散射辐射曝辐量(MJ/m^2)、直接辐射曝辐量(MJ/m^2)、反射辐射曝辐量(MJ/m^2)、日照时间(h)等,本文主要利用其中的总辐射曝辐量资料,下文简称太阳总辐射或太阳辐射。

2)数值模式资料

采用的数值预报模式是中尺度数值模式WRF(weather research prediction)V3.2.1版,水平分辨率为30 km,以31.0°N,115°E为中心,水平格点数为291×204;垂直方向有19层,模式顶层为100 hPa;积分时间从每日00:00(北京时间)开始,共积分94 h,逐时输出各物理量场预报结果,取次日0~9 h(UTC)即北京时8 h至17 h(冬半年)或18 h(夏半年)的结果进行分析。WRF模式模拟的时间同样从2011年7月—2012年6月。

2.2 方法

(1)误差逐步逼近法

误差逐步逼近法,其基本思想是先求出方程的一个近似解,再把这个解与原始值的误差作为因变量,寻找新的影响因子,建立误差预报方程,对误差进行预测。重复上述过程,进一步减少预报误差,如此循环,就可逐渐逼近其精确解,直至达到精度要求为止。

(2)清晰度指数的计算

由于大气对太阳辐射的削弱作用,到达地面的太阳总辐射量表达式为:

$$I = I_0(a+bS) \tag{1}$$

式中,I——达到地表总辐射;I_0——大气上界的太阳辐射量,即太阳辐射基数;S——辐射影响因子;a、b——经验系数。取逐时天文辐射为太阳辐射基数,其计算公式为:

$$I_0 = 3.6 \times 10^{-3} \gamma E_{sc}(\sin\delta\sin\varphi + \cos\delta\cos\varphi\cos\omega) \tag{2}$$

式中,E_{sc}——太阳常数;γ——日地距离订正系数;φ——纬度;δ——赤纬角;ω——时角。

将到达地表的太阳总辐射除以对应时刻的太阳辐射基数I_0,得到表征天文辐射通过大气层衰减后的逐时清晰度指数(K_T):

$$K_T = \frac{I}{I_0} \tag{3}$$

K_T越高,表明大气越透明,衰减越少,到达地面的相对太阳辐射强度越大。白永清等[9]的研究表明,将辐射观测资料转换为清晰度指数来进行建模,在一定程度上可去除天文辐射的影响,提高辐射预报准确率。

(3)主成分分析

又称主分量分析[10],是一个很有效的多变量分析方法,能将多个因子转化为相互独立的组合因子,能将主要信息集中到少数几个组合因子中去,简化了问题。主成分分析步骤如下:

1)当有m个变量属于不同的气象要素,每个变量有n个观测值,每个数据为x_{ij},$i=1,2$,

$\cdots, m; j = 1, 2, \cdots, n$，为消除单位和量纲的差别，对原始数据进行标准化处理：

$$x_{ij}{}^* = \left(\frac{x_{ij} - \bar{x}_i}{s_i} \right) \tag{4}$$

式中，$\bar{x}_i, s_i$——第 i 个变量的平均值、均方差。

2）根据标准化数据计算相关系数矩阵

$$R = (r_{ij})_{n \times n} \tag{5}$$

式中，r_{ij}——指标 x_i 与 x_j 间的相关系数。

$$r_{ij} = \frac{1}{n} \sum_{k=1}^{n} (x_{ki} - \bar{x}_i)(x_{kj} - \bar{x}_j) / \sigma_i \sigma_j \tag{6}$$

式中，σ_i, σ_j——x_i 与 x_j 的标准差。

3）计算相关系数矩阵的特征值和特征向量，根据特征方程计算特征根 λ_i，并使其从大到小排列 $\lambda_1 \geqslant \lambda_2 \geqslant \cdots \geqslant \lambda_p$。

4）计算贡献率 $e_i = \lambda_i / \sum_{i=1}^{p} \lambda_i$ 和累计贡献率 $E_k = \sum_{i=1}^{k} \lambda_i / \sum_{i=1}^{p} \lambda_i$

5）计算主成分 $z_j = \sum_{i=1}^{p} \sum_{j=1}^{n} u_{ii} x_{ij}^*$，其中 k 为 $\leqslant m$ 的正整数。

（4）Fisher 判别分析

Fisher 判别分析[11]是一种非常经典的问题分类技术，其基本思想就是根据最大化类间离散度，最小化类内离散度（即各总体的方差尽可能小，不同总体均值之间的差距尽可能大）的原则，确定原始向量的投影方向，使得样本投影到该方向时各类之间最大程度地分离，从而达到正确分类的目的。

假设有 2 个总体 A、B，从第一个总体 A 中抽取 n_1 个样品，从第二个总体中抽取 n_2 个样品，每个样品有 p 个影响指标。已知来自总体 A+B 的训练样本为：

$$\overline{X}^{(i)} = \left(\frac{1}{n_i} \sum_{t=1}^{n_i} x_{t1}^{(i)}, \cdots, \frac{1}{n_i} \sum_{t=1}^{n_i} x_{tp}^{(i)}, \right)^T = (\bar{x}_1^{(i)}, \cdots, \bar{x}_p^{(i)})^T (i = 1, 2)$$

判别分析就是要根据这些数据，按照两组间的区别最大，而使每个组内部的离差最小的原则，确定判别函数 $y = C_1 x_1 + C_2 x_2 + \cdots + C_p x_p$，并找出临界值，然后进行分类，使得不同事件的发生可通过主要因子的状况来准确判断。

（5）误差检验

评估建立的辐射模型预报效果，采用下列指标作为效果指标：

1）平均绝对百分比误差

$$MAPE = \frac{1}{n} \sum_{i=1}^{n} |x_{ij} - x_{ij}^{'}| / \bar{x}_i \tag{7}$$

2）相对均方根误差

$$rRMSE = \sqrt{\frac{1}{n} \sum_{i=1}^{n} (x_{ij} - x_{ij}^{'})^2} / \bar{x}_i \tag{8}$$

3）相关系数

$$CORR = \frac{\sum_{i=1}^{N} (x_i - \bar{x}_i)(x_j - \bar{x}_j)}{\sqrt{\sum_{i=1}^{N} (x_{ij} - \bar{x}_i)^2} \sqrt{\sum_{i=1}^{N} (x_{ij} - \bar{x}_j)^2}} \tag{9}$$

式中,x'_{ij}——预测值;$\bar{x}'_i$——预测平均值。

3 逐步逼近法预报模型的应用

3.1 预报模型设计

　　常规的太阳辐射 MOS 预报的基本思想是根据实际观测的太阳辐射与数值模式输出,寻找实际辐射与模式输出因子间的关系,进而建立相应的预报模型,其关键点是对原始资料的预处理及预报因子的选取等几个方面。而误差逐步逼近法除上述几个方面外,对模型初次预报的误差进行进一步分析,建立预报误差与新变量之间的关系,进而对误差进行预报,通过逐步逼近方法,逐次减小预报误差,直至预报精度达到要求。改进的辐射预报模型框架见图 1。

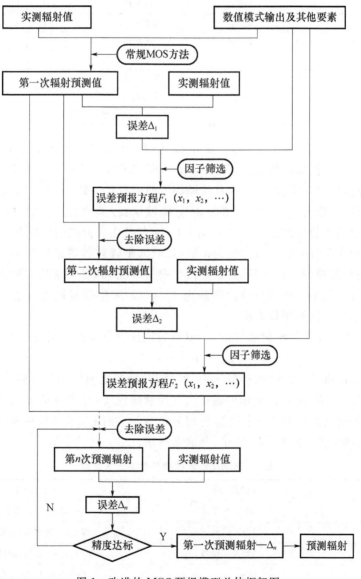

图 1　改进的 MOS 预报模型总体框架图

3.2 应用实例

本文利用国家一级辐射观测站武汉站实测辐射资料,结合 WRF 模式的模拟资料,选取了一年之中的 1 月、5 月、8 月、10 月作为 4 个典型月,利用逐步逼近方法建立适用于武汉地区的太阳辐射预报模型。根据逐步逼近方法的要求,要预先设定模型的拟合精度,本例设定总样本的相对均方根误差降低至 20% 以下符合要求。

在前期数值模式输出因子的筛选方面,参照白永清等[9]的研究结果,选取了 14 种模式输出因子作为影响到达地面太阳总辐射的变量,如表 1 所示。

表 1 选取的 14 种影响太阳辐射的模式输出因子

影响因子	单位	影响因子	单位
2 m 比湿	kg/kg	2 m 温度	℃
云水混合比	kg/kg	地表温度	℃
到达地表短波辐射	W/m²	2 m 相对湿度	%
高云量	成	中云量	成
低云量	成	相对湿度	%
地面气压	hPa	露点温度	℃
2 m 露点温度	℃	2 m 露点温度差	℃

由于选取的因子众多,因子之间会存在共线性的关系,同时,较多的变量指标增加了分析问题的复杂性,不利于模型的建立。因此,利用 SPSS 软件对上述 14 种因子进行主成分分析,将这些因子转化为独立的组合因子,并且将原因子的信息集中到 3~4 个组合因子中。选定特征根 $\lambda_c = 1$,所有特征根大于或等于 1 的主成分将被保留,其余舍弃。同时,为提高预报准确率,将太阳总辐射转换为清晰度指数(K_T),建立 K_T 与各主成分之间的模型。

另外,考虑到太阳辐射的季节性变化特征,影响太阳辐射各要素的权重会有所变化,分别建立不同季节的预报模型。以 8 月(夏季)为例,根据常规 MOS 方法建立初次辐射预报模型,能得到辐射预报值,其平均绝对百分比误差为 17.4%。采用逐步逼近方法,继续分析误差与其他变量的关系,建立误差预报方程。

初次误差值指实际太阳辐射值与常规 MOS 方法所建模型拟合值的差值,如式(10)所示。

$$\Delta_1 = K_T - f(K_T) \tag{10}$$

通过分析发现,误差与清晰度指数 K_T 关系密切,两者之间的相关系数为 0.58,均达到极显著的相关水平。而 K_T 表征天文辐射通过大气层衰减程度,与当时的天气状况有密切联系。为此,需要将不同时次对应的天气状态进行划分归类[12],在综合考虑各种天气现象的基础上,将天气现象分为四大类,分别用 K_T 表征,如表 2 所示。

表 2 不同清晰度指数条件下天气类型

天气类型	清晰度指数	天气现象
1	$K_T \geqslant 0.5$	晴、晴转多云、多云转晴
2	$0.5 > K_T \geqslant 0.2$	多云、阴转多云、多云转阴
3	$0.2 > K_T \geqslant 0.1$	小雨、阵雨、小雪、轻雾、霾等
4	$K_T < 0.1$	中雨及以上、中雪及以上

根据天气分型后的各时次清晰度指数,结合对应的模式输出的 14 种因子,运用 Fisher 判别分析方法,建立不同天气类型的判别方程,进而建立误差与天气类型间的关系,得到了初次误差预报模型。通过初次误差预报,使得辐射预报的平均绝对百分比误差降至 16.0%。误差的预报效果如图 2 所示。从图 2 可看出,误差预报值能很好的反映实际误差的变化趋势,但对极值的预报效果不是很理想。

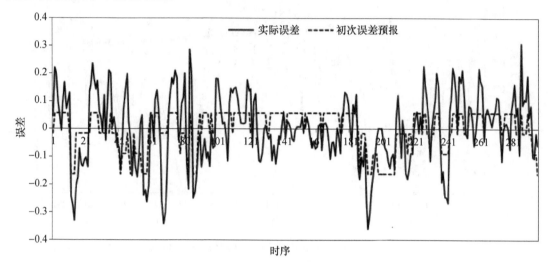

图 2   2011 年 8 月误差的模拟值与实际值对比

二次误差表示实际清晰度指数与初次预报值及初次预报误差的差值,表达式为:

$$\Delta_2 = K_T - f(K_T) - f(\Delta_1) \tag{11}$$

对二次误差继续分析,发现二次误差与一日当中各时次相关较为密切,呈正午大、早晚小的关系,故可根据二次误差与不同各时次的关系建立二次误差预报模型。两次建立的误差模型之和与实际的误差对比如图 3 所示。

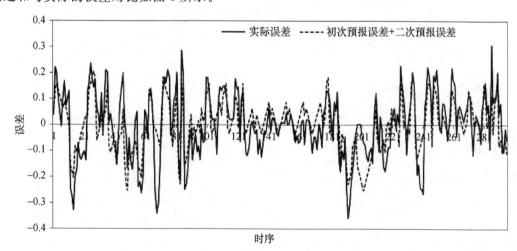

图 3   2011 年 8 月两次预报的误差模拟值与实际值的对比

从图 3 可看出,两次误差预报值之和能较好地反映实际误差,故根据两次误差模型及初次辐射预报模型能对实际辐射进行较好的预报,其平均绝对百分比误差为 12.0%,达到预期要求。相比较常规的 MOS 预报模型,利用逐步逼近法建立的辐射预报模型能更好地模拟实际辐射情况(图 4)。

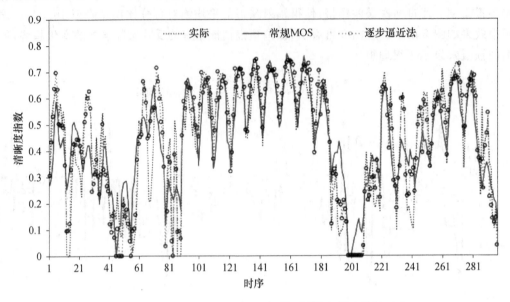

图 4 2011 年 8 月武汉站太阳总辐射观测值与拟合值的对比

另外,综合 4 个典型月的模型总体预报值,将不同的辐射预报方法的预报效果进行对比(见表 3)后可知,利用逐步逼近法所建模型的相对均方根误差为 22.4%,相比常规 MOS 方法降低 5.4%,平均绝对百分比误差为 17.4%,相比常规 MOS 方法降低 4.7%,达到建模要求。

表 3 不同预报方法预报结果比较(时段:2012 年 1 月、5 月、8 月,2011 年 10 月)

时段	方法	常规 MOS	改进 MOS	效果提升程度
1 月	MAPE/%	25.0	21.0	4.0
	rRMSE/%	32.3	25.8	6.5
	CORR	0.79	0.88	
5 月	MAPE/%	23.5	19.7	3.8
	rRMSE/%	30.4	25.7	4.7
	CORR	0.81	0.89	
8 月	MAPE/%	17.4	12.0	5.4
	rRMSE/%	21.9	15.0	6.9
	CORR	0.82	0.93	
10 月	MAPE/%	24.7	19.5	5.2
	rRMSE/%	29.3	24.8	4.5
	CORR	0.80	0.87	
总体	MAPE/%	22.1	17.4	4.7
	rRMSE/%	27.8	22.4	5.4
	CORR	0.81	0.90	

表 4 对比了不同预报方法的预报效果,其中,数值模式的平均绝对百分比误差集中在 30% 左右,神经网络法和常规 MOS 方法均在 20% 以上。本文建立的辐射预报模型平均绝对百分比误差为 17.4%,预报精度优于大部分方法,与晴日优化 MOS 订正结果相当[15],甚至接近超短期(时效 1 h)的预报效果[16],预报效果有明显提高。

表 4 不同短期预报方法误差对比

预报方法	平均绝对百分比误差(%)	相对均方根误差(%)
数值模式(ECMWF)[13]	26.2	40.3
数值模式(GFS/WRF)[13]	32.6	51.8
数值模式(Skiron/GFS)[13]	31.5	49.9
神经网络法订正[14]	21.6	39.3
MOS 方法订正 1[9]	20.8	27.6
MOS 方法订正 2[15]	17(晴日)/32(多云)	——
本研究(逐步逼近法订正)	17.4	22.4
自回归和动力统计订正[16](超短期,时效 1 h)	16.5	——

4 结论

利用辐射观测数据和数值模式模拟数据,通过对常规的太阳辐射 MOS 预报方法进行一定的改进,包括将实际辐射转换为清晰度指数,将模式输出的因子进行主成分分析,浓缩因子数目,通过逐步逼近方法建立误差预报方程,逐次缩小误差,建立了改进的太阳辐射 MOS 预报方法。结果表明:

(1)对常规 MOS 预报的误差进行 2 次再预报后,年预报结果的两项误差进一步下降至 17.4%(平均绝对百分比误差)、22.4%(相对均方根误差),与常规 MOS 法相比,预报误差减小。

(2)第一、二次误差的主要影响因子为清晰度指数、时角(一天中不同时刻),且不同月份逐步效果改善存在差异,其中 8 月效果改善最大,平均绝对百分比误差比常规 MOS 方法误差下降 5.4%,5 月效果改善最小,比常规 MOS 方法误差下降 3.8%。可见,误差逐步逼近法有改善辐射预报效果的作用。

参考文献

[1] Whitaker C,Townsend T U,Newmiller J D,et al. Application and validation of a new PV performance characterization method [A]. Proc IEEE PVSC[C],1997,1253-1256.

[2] 张素宁,田胜元. 太阳辐射逐时模型的建立[J]. 太阳能学报,1997,18(3):273-278.

[3] Chakraborty S,Weiss M D,Simoes M G. Distributed intelligent energy management system for a single-phase high-frequency AC micro grid[J]. IEEE Transactions on Industrial Electronics,2007,4(1):97-109.

[4] 曹双华,曹家枞. 太阳逐时总辐射混沌优化神经网络预测模型研究[J]. 太阳能学报,2006,27(2):164-169.

[5] 顾万龙,朱业玉,潘攀,等. 支持向量机方法在太阳辐射计算中的应用[J]. 太阳能学报,2010,31(1):56-60.

[6] Armstrong M A. Comparison of MM5 forecast shortwave radiation with data obtained from the atmospheric radiation measurement program[D]. USA:University of Maryland,2000.

[7] Zamora R J,Solomon S,Dutton E G,et al. Comparing MM5 Radiative Fluxes with Observations Gathered

During the 1995 and 1999 Nashville Southern Oxidants Studies[J]. Journal of Geophysical Research, 2003, 108(D2):4050, doi:10.1029/2002JD002122.

[8] 王明欢,赖安伟,陈正洪,等. WRF 模式模拟的地表短波辐射与实况对比分析[J]. 气象,2012,38(5): 635—642.

[9] 白永清,陈正洪,王明欢,等. 基于 WRF 模式输出统计的逐时太阳总辐射预报初探[J]. 大气科学学报, 2011,34(3):363-369.

[10] 施能. 气象统计预报[M]. 北京:气象出版社,2009,85-90.

[11] 屠其璞,王俊德,丁裕国,等. 气象应用概率统计学[M]. 北京:气象出版社,1984,292-303.

[12] 袁晓玲,施俊华,徐杰彦. 计及天气类型指数的光伏发电短期出力预测[J]. 中国电机工程学报,2013,33 (34):57—64.

[13] Lorenz E, Remund J, Muller S, et al. Benchmarking of different approaches to forecast solar irradiance [A]. 24th European Photovoltaic Solar Energy Conference[C], Hamburg, 2009, 1-10.

[14] Parishwad G V, Bhardwaj R K, Nema V K. Eatimation of hourly solar radiation for India[J]. Renewable Energy, 1997, 12(3):303—313.

[15] Kostylev V. and Pavlovski A. Solar power forecasting performance[A]. 1st International Workshop on the Integration of Solar Power into Power Systems[C], Aarhus, Denmark, 2011.

[16] Jing Huang, Malgorzata Korolkiewicz, Manju Agrawal, et al. Forecasting solar radiation on short time scales using a coupled autoregressive and dynamical system(CARDS) model [J]. Solar Energy, 2013, 87 (1):136-149.

关于提高光伏发电功率短期预报准确率的若干问题探讨*

摘 要 太阳能光伏发电功率预报已成为大规模光伏发电并网的必要环节之一,超前、准确的功率曲线预报对电力调度、电网安全及电站自身运营等具有重要作用。本文以提高光伏发电功率预报准确率为主线,通过作者在此领域多年的探索及对国内外相关文献的调研,从多方面探讨了影响太阳辐射和光伏发电功率的诸多不确定性因素以及改进方案。首先,从提高辐射预报准确率的角度出发,介绍了数值天气预报模式的遴选、改进(地形、云、雾霾、沙尘)及向下短波辐射的统计输出订正;其次,对光伏组件遮挡(灰尘、积雪、阴影、鸟粪及杂物)、光电转换效率(非均匀衰减、板温效应)及逆变器转换效率(阴雨及早晚)等光伏发电的关键环节进行分析,以准确把握光伏发电每一个环节的输出结果;再次,通过研究和试验发现集合预报法能够有效提高雾霾天气及弃光限电条件下的功率预报准确率,可作为大规模光伏电站预报结果上报省调的首选方法;最后介绍了功率预报效果检验指标及作用。

关键词 光伏发电;数值天气预报;太阳辐射预报;功率短期预报;遮挡效应;集合预报;效果检验

1 引言

太阳能是一种清洁无污染的可再生能源,其资源量大,分布广泛,每年到达地表的太阳辐射能相当于 130 万亿吨标煤所提供的能量,是目前人类年耗能量的 1 万倍以上,太阳能可开发潜力是所有可再生能源中最高的(《可再生能源资源与减缓气候变化特别报告》,IPCC,2011)。我国太阳能资源丰富,据估算仅我国陆地每年接收到的太阳辐射约为 14700 万亿千瓦时,相当于 4.9 万亿吨标煤。自 2010 年起,我国光伏发电新增装机容量呈指数级增长,如图 1 所示。据国家能源局统计[1],截至 2015 年底,我国光伏发电累计装机容量为 4318 万千瓦,超过德国,已成为全球光伏发电装机容量最多的国家。

光伏发电系统的实际输出功率主要受到达电池板表面的太阳辐射量和光电转换效率的影响。在地理位置、天文季节、天气气候、空气污染等因素的共同影响下,太阳辐射兼具周期性和非周期性变化,导致光伏发电输出功率存在不连续和不确定性,如何准确预报天气、发电功率的短期变化是电力调度和光伏发电行业发展面临的挑战。李芬等[2]最早将国内外太阳能光伏发电量预报方法分为三大类,包括仿真预报法、原理预报法以及动力-统计预报法,通常以经过要素订正后的原理法和动态的动力统计法效果较好。此后马金玉对后二者也进行了论述[3],在此基础上,结合国家电网对预报期限短期(24~72 h)、超短期(4 h)的分类[4],气象行业标准《太阳能光伏发电功率短期预报方法》[5]中新增两种方法,即时间序列法和相似法。其中,仿真预报法、原理法和动力统计法需要数值天气预报进行驱动,后两种方法基本不依赖于数值天气预报,在使用范围和时间上均比较有限,如图 2 所示,纵坐标表示各预报方法的预报时效,横坐

* 陈正洪,崔杨.中国电机工程学报,2016,36(S1):19-28.

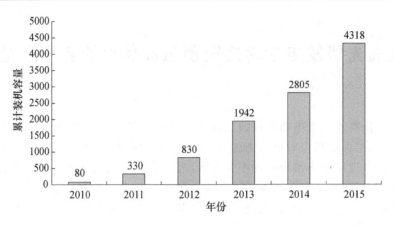

图 1 我国 2010—2015 年累计并网光伏装机容量(单位:万 kW)

标表示预报流程。本文以提高光伏发电功率预报准确率为目的,立足于大量国内外文献,将围绕数值天气预报[6-13]、辐射的统计输出订正[14-20]及功率的统计预报[21-26]、光伏组件遮挡[27-30]、光电转换及逆变器转换效率[31-38]、集合预报[39-40]、弃光限电及预报效果检验等 6 个环节的关键问题进行探讨,提出影响光伏发电功率短期预报的不确定性因素及其影响,并给出解决方法,以期逐步提高光伏发电功率的预报精度。

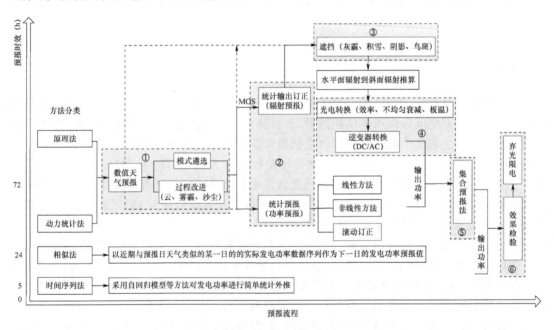

图 2 光伏发电功率预报流程及关键环节

2 数值天气预报模式(NWP)的遴选及改进

光伏发电功率与到达地表的太阳辐射几乎是线性相关的,所以对太阳辐射进行较为准确的预报就成为光伏发电功率预报的关键所在。太阳辐射的精确预报基于辐射传输理论,即太阳辐射穿过大气层传输到达地面的物理过程,包括水汽、气溶胶、云等对辐射的吸收、反射和散射机理。通过地面气象观测、高空大气探测、卫星遥感、数值模拟等手段获得包括大气透明度、水汽含量、气溶胶、云量、云状、温度、湿度、气压等相关要素的信息,根据这些要素建立太阳辐射预报模型。

2.1 关于太阳辐射预报方法分类及预报时效的讨论

目前,主要有三类太阳辐射预报方法[4]:

第一类是基于传统统计方法的预报方法。传统统计方法不考虑太阳辐射变化的物理过程,而是根据历史统计数据找出辐射与天气状况(或影响太阳辐射的诸多因子)之间的关系和变化规律,建立统计模型,然后再结合实况数据进行预报。常用的方法有 BP 神经网络法、时间序列法、支持向量机法等,这类方法一般适用于 0~1 h 的临近预报。

第二类是基于卫星云图资料的外推方法。卫星反演的辐射数据是一种高时空分辨率的数据源,能够为太阳辐射短时预报提供可靠依据。此外,云是对太阳辐射影响最大的因子,准确描述云的空间结构和变化过程是预报太阳辐射的重要途径。该方法的优点是能够处理尺度较小的对流云系统,但由于天气系统和相关云系的发展过程具有非线性的特点,这种方法的预报时效只有 0~5 h。

第三类是利用数值天气预报进行统计订正,这种方法的预报时效可达数天甚至十天以上。根据国家电网的相关规定和要求[5],短期功率预报时效为 72 h 甚至更长,前两类辐射预报方法显然无法满足。目前,功率预报业务中应用较为成熟的数值预报有 WRF、MM5 等,这些模式可以输出向下短波辐射,但分辨率一般大于 3 km,很难做出云的准确预报,特别是对小尺度对流云的预报更加困难。处理方法有两个方面,一是嵌套一个小尺度、对云有较好模拟能力的对流模式;或者在太阳辐射量预报的基础上,通过一系列模型转换对模式输出辐射结果进行订正和优化,以实现较为准确的辐射预报。

2.2 太阳辐射预报模式的选择

由上文的太阳辐射预报方法分类可知,能够满足光伏发电功率短期预报的只有第三类。针对太阳辐射预报模式的释用,Pereze 等[6]对 ECMWF、GFS、GEM(Environmental Multi—sacle model)区域模式产品在欧洲和北美的辐射预报效果做出对比分析,结果表明:ECMWF、GFS、GEM 在北美地区预报性能相似,但 GFS 全球预报场经过 WRF 模式降尺度后,辐射预报效果比 ECMWF 直接预报辐射的效果差。何晓凤等[7]以 ECMWF、GFS 和 T639 分别作为WRF 模式的背景场,对全国 90 个辐射站 4 个典型月的观测资料进行对比检验,结果表明:3种全球预报场为 WRF 初始场和集合预报的总辐射日辐照量差异不大;4 个典型月均为集合预报的逐小时辐射预报效果最优;在难预报或易预报区域,均为集合预报性能最优;T639_WRF 和ECMWF_WRF 的优势主要体现在我国西部,而在中东部及华南地区 GFS_WRF 的优势较明显。沈元芳等[8]应用 GRAPES 模式中的 Goddard 短波辐射方案,创建了紫外线数值预报系统,研究结果表明紫外线指数除了与纬度、地形和日变化有关外,还和云的分布及天气形势密切相关。

2.3 数值天气预报过程改进

对数值天气预报模式输出进行统计订正能够提高辐射的预测准确率,前人的研究结果表明,天空云量的变化、气溶胶[9]、地形、地貌等因素均会对模式输出太阳辐射结果产生影响。沈元芳等[10]在非静力中尺度模式 GRAPES 中考虑了坡地辐射,数值试验结果表明:地形坡度和坡向对地表短波辐射计算有较大的影响,当水平分辨率(6km)较高且地形陡峭起伏时,应包含坡地辐射。程兴宏等[11]基于卫星资料同化的多时间层三维云分析同化方法,改进了三维云结构,并将模式输出结果作为模式的初始场,模拟了 2008 年 1 月及夏季(6—8 月)北京地区的总云量和总辐射的时空分布,重点分析了多云和有降水天气过程总辐射的模拟改进效果及其原因,并得出结论:多云和有降水天气过程总辐射模拟效果的显著改进与总云量的改进密切相关。此外,程兴宏等[12]应用 WRF-CMAQ 模式,模拟了两次持续重霾污染过程的 SO_2 和 NO_2 浓度,该研究结果将为改进重霾污染过程的空气质量预报、减小自下而上建立的排放源清单不确定性、评估 SO_2,NO_x 等排放源的影响效应以及不同气象条件下区域排放源的动态调控等提供新技术途径和研究思路,显然可以改进我国中东部雾霾较为严重区的辐射预报效果。美国国家大气研究中心[13](NCAR)将改进的气溶胶评估方案用于辐射传输算法和云物理参数化,结合高分辨率卫星影像数据、边界层浅对流算法等技术,研制出一套可用于光伏发电功率预报的 WRF 模式,该模式具有 1 km 的超高分辨率,能够识别云的产生、运动和消亡过程。

3 辐射的统计输出订正及功率的统计订正

3.1 辐射的统计输出订正

在国内,孙银川等[14]基于 WRF 模式输出结果,提出了 EOF 分析结合 MOS 预报的方法,对模式预报辐照度误差进行订正,结果表明,订正后辐照度相对均方根误差(rRMSE)由原来的 30%左右减低至 20%左右,该方法对转折性天气趋势具有较高参考价值。何晓凤等[15]基于中尺度气象模式 WRF(Weather Research Forecast)的辐射预报结果,结合北京南郊观象台的辐射观测数据进行了对比分析和初步订正试验,结果表明,在现有模式条件下,5 km 分辨率的短波辐射预报结果与 1 km 分辨率预报结果无明显差别;WRF 模式对太阳辐射的预报性能在晴天较好,多云天次之,满云或阴雨天最差;仅采用简单的线性订正可以较明显地改进模式预报结果,但很难消除位相差。白永清等[16]基于 WRF 模式逐时输出结果,设计了逐时太阳总辐射的模式输出统计(MOS)预报流程。将实际辐射转换为清晰度指数,以降低天文辐射的影响,对模式输出因子进行筛选和降维,并建立 MOS 预报方程,结果表明,该方案在各月预报相对稳定,拟合与预报效果均较为理想,可使平均绝对百分比误差控制在 20%~30%,相对均方根误差控制在 30%~40%,相对模式直接预报辐射改进了 50%左右,预报流程图如图 3 所示。

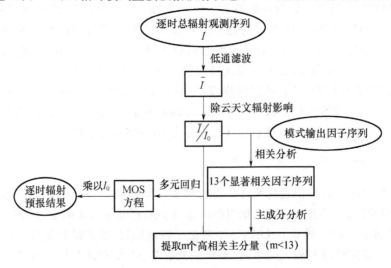

图 3 基于 WRF 模式输出统计的逐时太阳辐射预报流程

张礼平等[17]基于 SVM(支持向量机)和 EOF(自然正交分解),设计了一种多因子对多预报量的非线性预报方案,实现了逐日逐时的辐射量预报。Bofinger[18]提出一种 MOS 订正方法,该方法基于欧洲中心数值模式的辐射预报结果,选用云量、500 hPa 相对湿度、降水量等因子进行辐射预报,修正了 2002 年德国多个观测站的预报偏差,使逐时太阳辐射预报相对均方根误差降低至 32.1%。

最近,孙朋杰等[19]在此基础上,对天气类型进行分类建模,分不同季节和时次建立预报模型,并将上一时次的 MOS 预报误差代入临近时次预报方程,以进一步减小太阳辐射短期预报的误差,如图 4 所示。结果表明:对比常规的 MOS 方法,改进的 MOS 模型在拟合期的相对误差百分比(AARD)降低了 10% 左右;以 2012 年 8 月作为预报期进行模型预报评估,预报期的平均绝对误差(MAPE)为 21.84%,相对均方根误差(RMSE)为 12.60%。

为了更进一步提高辐射预报的准确率,陈正洪等[20]以降低预报误差为出发点,在 MOS 方法的基础上,结合数值模式(WRF)输出结果与实际辐射资料,提出了一种新的太阳能辐射预报方法即误差逐步逼近法,如图 5 所示。该方法对预报误差进行再分析、再建模,逐步减小误差,直到满足预报精度要求,与常规 MOS 法相比,该方法的平均绝对百分比误差与相对均方根误差分别又下降 4.7%、5.4%。

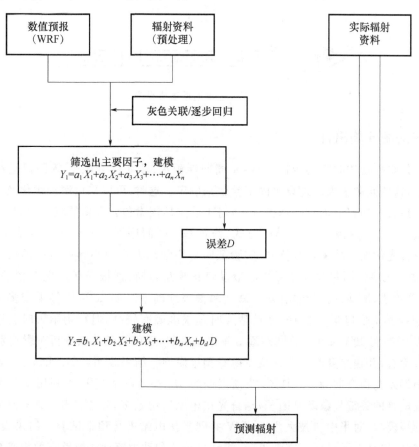

图 4 改进的 MOS 预报模型总体框架图

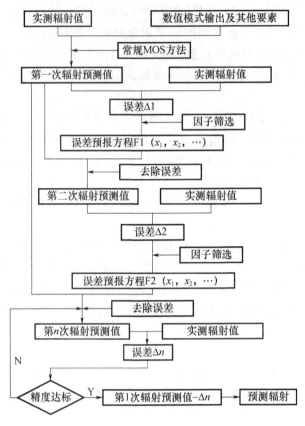

图 5　误差逐步逼近法流程图

3.2　功率的统计输出订正

随着光伏组件使用时间的增长,一些非周期性积灰、非线性衰减[21]等因素会影响光伏电池的发电量,这些问题很难通过设定固定参数来确定。这时,可以采用滚动优化及统计预报方法不断对预报要素的权值进行动态再订正,将不确定性因素包含在新的权值中,从而降低预报误差。奉斌等[22]采用在线滚动建模的方式,修正基于时间序列法的光伏发电功率预测模型,并设计了一套光伏发电功率预测软件,实验证明采用滚动方式预测具有较好的实用性。陈正洪等[23]建立多元线性回归和神经网络的滚动订正模型,进行预报光伏发电功率预报,结果表明,较固定系数法,滚动订正能够有效提高功率预报准确率。Abuella[24]等采用多元线性回归分析模型预报光伏发电量,这种模型在晴天时预报准确率较高,但在阴雨天时会影响预报精度。孙朋杰[25]等利用气象资料及同期逐日发电量资料,采用灰色关联分析对影响发电量的10个因子进行筛选,并建立夏季逐日光伏发电量预报模型。结果表明,2012 年 7 月,预报模型的相对均方根误差在拟合期为 21.01%,在预报期为 18.75%。李芬等[26]利用灰色关联度分析影响光伏发电量的关键气象环境因子,结合光伏电站历史数据,建立基于 CAR 模型的短期光伏发电量预报模型,对华中科技大学 18 kW 并网光伏电站进行预报试验。结果表明,天气良好时,预报精度较高。通过以上文献可知,滚动订正法和动力统计法能够有效提高功率预测的效果,在实际应用中,如果将二者相结合,实现权重的滚动订正,动态地反映出近期样本对预报结果的影响,将能够从较大程度上提高功率预报的准确率。

4 光伏组件遮挡对发电量的影响

在光伏电池的设计和运行中,组件表面的遮挡是影响系统效率、减少电站发电量的重要因素之一。组件表面积尘、积雪、阴影遮挡和鸟斑效应直接影响到光伏组件表面的透过率(即对太阳辐射量的吸收程度),从而影响光伏电池的发电量。白恺等[27]提出了一种评估积灰对光伏组件发电性能影响的数学模型,并得出结论:在夏季 10 d 测试周期内,包括雨水天气情况的光伏方阵表面灰尘密度平均值为 0.239 g/m²,输出功率减少率平均值为 2.823%;秋季 10 d 测试周期内,光伏方阵表面灰尘密度平均值为 0.867g/m²,输出功率减少率为 7.156%。Lorenz 等[28]采用了一些统计方法改进后端的光伏发电预报,针对高纬度积雪对光伏发电的影响提出了简易的经验预报法,并设计了大范围并网集成的太阳能光伏发电功率预报方法,能够有效改进积雪对光伏发电量的影响。张亮等[29]研究了东北地区固定式和跟踪式光伏系统在有积雪情况下的光伏发电量,结果表明:有积雪时单轴式系统发电效率为固定式系统的 4.5 倍,而无积雪时单轴式仅比固定式高 24.6%,积雪使固定式系统的发电量降低了 86.3%。戚军等[30]以光伏组件为基本单元,建立了光伏阵列的高维数学模型,提出了易于分布式实现的、适用于任意阴影条件的光伏阵列输出功率计算机仿真算法。结果表明,不同阴影条件下,光伏阵列的输出特性与阴影的分布范围及光照强度密切相关,仿真计算时间与光伏阵列的规模呈近似线性关系,采用分布式计算或减少离散点数都可以显著提高计算速度。

5 光电转换及逆变器转换效率对光伏发电量的影响

5.1 光电转换效率的影响及改进

太阳能电池在进行光伏发电时会产生光生伏特效应,在光电转换过程中可以动态改变直流输出功率的要素,主要包括阵列板温,光伏阵列老化损失系数、失配损失系数、尘埃遮挡损失系数以及直流回路线路损失系数。传统的光伏阵列逐小时输出直流电表达式如式(1)—(4)所示:

$$G = \frac{Q}{3.6} \times 1000 \tag{1}$$

$$T_c = T_a + \frac{NOTC - 20}{800} \times G \tag{2}$$

$$\forall T_c \in (0, 80), E_{dc} = \eta_s \times [1 - \alpha(T_c - 25℃)] \times Q \times S \times K_1 \times K_2 \times K_3 \times K_4 / 3.6 \tag{3}$$

$$K_1 = 1 - k \times y_a \tag{4}$$

式中,Q——倾斜面逐小时太阳总辐射(MJ/m²);G——倾斜面辐射强度(W/m²);$NOCT$——额定光伏电池工作温度,与电池组件包装密度有关,通常取 41~48 ℃,晶体硅电池取 47 ℃;T_a——气温(℃);T_c——阵列板温(℃);E_{dc}——光伏阵列的逐时直流发电量(kW·h);η_s——光电装换效率;α——温度系数(℃⁻¹),与太阳能电池材料有关,晶体硅材料 α 的取值为 0.003~0.005 ℃⁻¹;S——光伏组件有效面积(℃);K_1——光伏阵列老化损失系数,计算公式按(2)—(4)计算;K_2——光伏阵列失配损失系数,可取为 0.95~0.98;K_3——尘埃遮挡损失系数,可取为 0.9~0.95;K_4——直流回路线路损失系数,可取为 0.95~0.98;k——并网光伏电站投入使用年数;y_a——光伏电池材料年衰减率。

一般情况下,在计算直流发电量的过程中,除阵列板温外,其他参数均为理想情况下设定的固定值。然而天气情况多变,雾霾天及阴雨天对发电量的影响尤为显著,将导致系统的功率预报结果比实发电量明显偏高,这时可以通过调整参数予以解决,如尘埃遮挡损失系数与气象要素关系密切,在雾霾及阴雨天情况下,可以通过降低该值来提高预报准确率,对于雾霾特别严重地区或季节,可对此系数进行较大幅度下调。

另外,阵列板温是影响太阳能电池组件转换效率的一个重要因素,对阵列板温的准确预报,将有助于提高光伏发电功率预报的精度。光伏组件在使用过程中受气象条件及温升(晶体硅太阳能电池组件的结温超过 25 ℃时,每升高 1 ℃,功率将损失 0.35%[31])等因素的影响,并不能客观准确地反映光伏电池实际的温度变化。

徐瑞东等[32]提出一种基于 BP 神经网络的光伏阵列板温预报方法,通过光伏电站的历史数据训练 BP 神经网络,采用前一天的历史数据来预报当天的组件温度,这种方式在光照强度比较大的正午时分,预报误差较大;Skoplaki 等[33]提出一种光伏组件板温计算方法,该方法基于能量平衡方程,同时考虑了环境温度、光伏组件及光伏系统的属性对板温的影响,能够有效提高光伏电池板温计算精度,但该方法将光伏组件光照吸收系数和散热系数作为固定系数,并未考虑其变化对板温的影响。Krauter[34]提出一种光伏组件板温计算方法,该方法认为光伏组件中心温度与前面板、后面板板温各不相同,并且不但他们之间存在热传递,也与外界环境存在热传递,热传递速率取决于温差和热阻。该方法的优势在于充分考虑了光伏组件本身的温度差异、与外界的辐射散热以及自然对流散热系数随环境的变化,但是需要确定的变量较多,计算复杂。刘锴[35]基于 Skoplaki 和 Krauter 的研究成果,同时还考虑了一段时间内风速平均值与散热系数的关系,以及光照吸收系数与辐照度的关系,最终建立板温预报模型,结果表明,该模型板温计算平均误差为 1.5 ℃,与实际板温较为贴合。

5.2 逆变器转换效率的影响及改进

光伏并网逆变器作为并网光伏电站重要的组成部分,负责整个光伏并网系统的电力输出,可通过动态调节光伏阵列输出直流功率曲线实现最大功率点的跟踪控制,最终将光伏阵列输出直流电转换成交流电并入电网。通常在计算光伏发电功率预报时,并网逆变器转换效率 η 在常值间取值,直接取欧洲效率或小于 1 的固定值[36],然而,并网光伏逆变器转换效率受光伏阵列输出功率影响很大,间接受日照变化的影响,具有较强的时间、季节变化特性。文献[37]将逆变器额定功率划分为七个输入功率等级,采用统计学方法确定不同输入功率等级所占的权重系数,该方法适合于评估总量,但无法动态反映逆变器转换效率特征;陈正洪等[38]基于华中科技大学 18kW 并网光伏电站 2010 年全年每 5 min 数据资料,采用三种逆变器转换效率作为评定指标,如式(5)—(7)所示。

(1)瞬时转换效率(η_i)。即实时的并网逆变器输出交流功率 $p_{ac}(t)$ 与输入直流功率 $p_{dc}(t)$(也即光伏阵列输出直流功率)之比:

$$\eta_i = \frac{p_{ac}(t)}{p_{dc}(t)} \tag{5}$$

(2)能量转换效率(η_e,或称为静态效率)。表示一段时间内并网逆变器输出的交流电能 E_{ac} 与输入的直流电能 E_{dc}(功率的时间累积)的比值:

$$\eta_e = \frac{E_{ac}}{E_{dc}} = \frac{\int_t p_{ac}(t)\,\mathrm{d}t}{\int_t p_{dc}(t)\,\mathrm{d}t} \tag{6}$$

(3)次平均转换效率($\bar{\eta}$)。表示离散时间情况下瞬时转换效率样本的平均值：

$$\bar{\eta} = \frac{1}{N}\sum_{i=1}^{N}\eta_i = \frac{1}{N}\sum_{i=1}^{N}\frac{p_{aci}}{p_{dci}} \tag{7}$$

并分月建立逆变器转换效率非线性动态模型，得出晴天和雨天两种典型天气类型下逆变器的瞬时转换效率日变化曲线，同时推算出并网逆变器转换效率进入稳态的临界输入直流功率，为提高光伏并网逆变器发电量产出及发电量的准确预报提供借鉴。

6 集合预报法的应用及限电问题

近年来集合预报法在气象部门得到广泛的应用，该方法既可对不同初始场、边界条件的模式输出结果进行集合，也可以对不同数值预报模式的输出结果进行集合，其结果往往优于单一方法。那么用到本领域，既可以用于辐射预报的集合，也可以用于发电功率预报的结合。例如，何晓凤等[7]采用3种全球预报产品作为WRF模式初始场开展多模式集合预报的效果研究，对不同背景场降尺度后进行集成平均，并应用于全国90个辐射站进行预报效果检验，结果表明集合预报结果在各种条件下预报效果均最优。崔杨等[39]将原理法、动力统计法等多种光伏发电功率预测方法进行集合，采用最小二乘法得到各方法的最优权值，通过对比分析，集合预报法的适用性最广且预报效果最佳。李芬等[40]采用诱导有序加权算法平均（IOWA）算子的组合预测方法，通过对各种单项方法在样本区间上各个时点的拟合精度的高低按顺序赋权，以误差平方和最小为准则进行组合预测，通过对华中科技大学18kWp光伏示范电站夏季（2010年7月）逐日发电量资料进行分析，与多元线性回归和SVM模型相比，该组合预测方法效果最佳。

7 预报效果检验

对光伏发电功率预报结果的检验和评价可采用均方根误差（RSME）、平均绝对误差（MAE）、平均绝对百分比误差（MAPE）、相关系数（CORR）等分析方法。根据国家电网公司发布的《光伏发电功率预测系统功能规范》[5]中规定，光伏发电短期功率预测中次日0—24 h预测月均方根误差需小于20%；光伏发电短期功率预测月合格率需大于等于80%；超短期第4 h预测结果的月均方根误差需小于15%。电力调度部门根据标准规范对各光伏电站执行严格的考核，以保障功率预测准确率，最终通过功率预测结果，进行合理的电力调度安排。

目前，由于我国局部地区电源结构不合理，电网调峰能力不足、当地消纳能力有限、跨区电网核准与建设滞后等原因，导致光伏发电送出受限情况时有发生。统计发现，在2014年7月—2015年5月期间，全国平均弃光率达14%，甘肃省最高，弃光率高达到40.2%[41]。弃光限电将对以上指标产生严重扭曲，是非真实的。同时这些指标也是检验弃光限电量的重要指标，如果某项或多项指标突然变差，很可能与限电有关，应单独论述。

以甘肃敦煌某戈壁光伏电站2015年5月一周的数据为例，如图6所示。该电站弃光限电较为严重，且很难提前获知次日的限电情况，无法在系统中做出限电计划设置。其中，参与对比的原理法1采用模式输出辐照度结合光电转换模型运算出结果；原理法2采用误差逐步逼近法对模式输出辐照度进行订正；动力统计法采用近30天的历史功率及气象要素资料进行滚动建模;集合预报法采用近7天的原理法1、原理法2、动力统计法预报结果及同期历史功率滚动建模。可以看出在弃光限电条件下,实况功率与预测功率之间具有较大的差异,但具有统计功能的预报方法明显优于原理法,尤其是集合预报法效果最佳。

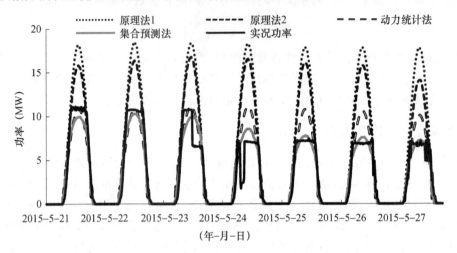

图 6   敦煌某光伏电站功率预报效果对比

预报效果检验结果如表1所示,集合预报法的各项检验指标均最优。

表 1   敦煌 5 月各预报方法检验指标对比

光伏电站	预报方法	相关系数 CORR	平均误差 MBE (MW)	均方根误差 RMSE (MW)	相对均方根误差 rRMSE(%)	平均绝对百分比误差 MAPE(%)	平均绝对最大误差 (MW)	准确率 (%)
甘肃敦煌	原理法 1	0.89	2.11	4.13	20.65	11.9	2.38	79.35
	原理法 2	0.88	1.21	2.96	14.82	8.15	1.63	85.18
	动力统计法	0.90	0.20	1.83	9.15	5.14	1.02	90.85
	集合预报	0.92	−0.03	1.60	7.98	4.39	0.88	92.02

注:标注阴影的为各光伏电站每列最佳指标。

8   结论

本文对国内外文献进行了广泛调研,较为全面地论述了光伏发电功率预报的研究现状、关键技术、解决方案以及预报效果检验指标等,提出了影响功率预报准确率的典型问题,并分阶段给出了解决方案。数值预报输出辐射的准确性对光伏发电功率预报至关重要,误差逐步逼近法在常规模式统计输出的基础上,通过预报误差,使得结果逐步逼近真实值,以提高辐射预报精度;对功率进行统计输出滚动订正能够有效降低非周期性积灰、非线性衰减等因素光伏发电量的影响;对光伏发电的关键环节进行分析,研究其变化规律能够准确把握每一个环节的输出结果;集合预报法弥补了单一方法在适用性上的缺陷,能够有效提高雾霾天气及弃光限电条件下的功率预报准确率,并可作为大规模光伏电站预报结果上报省调的首选方法;最后介绍了功率预测效果检验指标,这对电力调度部门进行功率预测准确率考核及合理安排电力调度计划具有重要意义,同时也是衡量弃光限电率的标准之一。

除了针对以上因素进行改进外,光伏电站端也会存在一些问题,如电站项目扩容、升级改造导致总实况功率发生改变,而并未及时告知预报系统厂家,导致系统实际功率接入有误;功率预报系统每天需定时通过互联网获取数值预报,电站一般位于偏远地区,部分电站网络基础较差,导致无法按时获得数值预报;光伏电池非计划检修、停机等。以上几点已成为光伏发电功率预报存在的三大共性问题,几乎每一项都影响到了系统运行与预报结果的准确率,有效地提高光伏发电功率预报准率,还需加强光伏电站端相关的管理与培训工作。

参考文献

[1] 国家能源局. 2015 年光伏发电相关统计数据. [EB/OL]. http://www. nea. gov. cn/2016-02/05/c_135076636. htm.

[2] 李芬,陈正洪,成驰,等. 太阳能光伏发电量预报方法的发展[J]. 气候变化研究进展,2011,7(2):136-142.

[3] 马金玉,罗勇,申彦波,等. 太阳能预报方法及其应用和问题[J]. 资源科学,2011,33(5):829-837.

[4] 国家电网公司. 光伏发电功率预报系统功能规范:Q/GDW 10588—2011[S]. 北京:中国电力出版社, 2014.

[5] 中国气象局. 太阳能光伏发电功率短期预报方法:QX/T 244—2014[S]. 北京:气象出版社,2014.

[6] Perez R,Lorenz E,PellandSophie,et al. Comparison of numerical weather prediction solar. irradiance forecasts in the US,Canada and Europe[J]. Solar Energy,2013,94:305-326.

[7] 何晓凤,袁春红,杨振斌. 3 种全球预报背景场对中国太阳辐射预报的性能评估[J]. 太阳能学报,2016,4 (37):897-904.

[8] 沈元芳,刘洪利,刘煜,等. GRAPES 紫外线(UV)数值预报[J]. 气象科技,2009,37(6):697-704.

[9] Ken-ichi S,Hideaki O,Joao G,et al. Impact of aerosols on the forecast accuracy of solar irradiance calculated by a numerical weather prediction model[J]. The European Physical Journal Special Topics,2014,Vol. 223(12):2621-2630.

[10] 沈元芳,胡江林. GRAPES 模式中的坡地辐射方案及其对短期天气过程模拟的影响[J]. 大气科学,2006, 30(6):1129-1137.

[11] 程兴宏,刘瑞霞,申彦波,等. 基于卫星资料同化和 LAPS-WRF 模式系统的云天太阳辐射数值模拟改进方法[J]. 大气科学,2014,38(3):577-589.

[12] 程兴宏,徐祥德,安兴琴,等. 2013 年 1 月华北地区重霾污染过程 SO_2 和 NO_x 的 CMAQ 源同化模拟研究[J]. 环境科学学报,2016,36(2):638-648.

[13] American meteorological society. Advances in Predicting Solar Power for Utilities [EB/OL]. https:// ams. confex. com/ams/94Annual/webprogram/Paper240876. html.

[14] 孙银川,白永清,左河疆,等. 宁夏本地化 WRF 辐射预报订正及光伏发电功率预报方法初探[J]. 中国沙漠,2012,32(6):1738-1742.

[15] 何晓凤,周荣卫,申彦波,等. 基于 WRF 模式的太阳辐射预报初步试验研究[J]. 高原气象,2015,34(2): 463-469.

[16] 白永清,陈正洪,王明欢,等. 基于 WRF 模式输出统计的逐时太阳总辐射预报初探[J]. 大气科学学报, 2011,34(3):363-369.

[17] 张礼平,陈正洪,成驰,等. 支持向量机在太阳辐射预报中的应用[J]. 暴雨灾害,2010,29(4):334- 336,355.

[18] Bofiriger S,Heilscher G. Solar radiation forecast based on ECMW and Model Output Statistics[R]. Technical Report ESA/ENVISOLAR,AL/I-4364/03/I-IW,EOEP-EOMD,2004.

[19] 孙朋杰,陈正洪,成驰,等. 一种改进的太阳辐射 MOS 预报模型研究[J]. 太阳能学报,2015(12):

3048-3053.

[20] 陈正洪,孙朋杰,张荣.误差逐步逼近法在太阳辐射短期预报中的应用[J].太阳能学报,2015(10):2377-2383.

[21] 孙晓,王庚,恽旻,等.关于光伏组件标准中功率衰减指标的研究[J].标准科学,2015(4):50-53,76.

[22] 奉斌,丁毛毛,卓伟光,等.微电网风/光发电功率预测软件的设计与开发[J].中国电力,2014,47(5):123-128.

[23] 陈正洪,李芬,成驰,等.太阳能光伏发电预报技术原理及其业务系统[M].北京:气象出版社,2011.

[24] Abuella M,Chowdhury B. Solar power probabilistic forecasting by using multiple linear regression analysis[C]. SoutheastCon 2015. IEEE,2015:1-5.

[25] 孙朋杰,陈正洪,成驰,等.基于灰色关联度的夏季逐日光伏发电量预报模型[J].中国电机工程学报,2013,33(1):25-29.

[26] 李芬,钱加林,杨兴武,等.基于CAR模型的短期光伏发电量预报[J].上海电力学院学报,2015,31(6):514-518.

[27] 白恺,李智,宗瑾,等.积灰对光伏组件发电性能影响的研究[J].电网与清洁能源,2014,30(1):102-108.

[28] Elke Lorenz,Detlev Heinemann,Christian Kurz. Local and regional photovoltaic power prediction for large scale grid integration:Assessment of a new algorithm for snow detection[J]. Prog. Photovolt:Res. Appl. ,2011,20(6),760-769.

[29] 张亮,谢今范,刘玉英.东北地区固定式与单轴跟踪式光伏发电量对比[J].水电能源科学,2012,30(4):202-204.

[30] 戚军,张晓峰,张有兵,等.考虑阴影影响的光伏阵列仿真算法研究[J].中国电机工程学报,2012,32(32):131-138.

[31] Sperthino F,Akilimali J S. Are manufacturing I-V mismatch and reverse currents key factors in large photovoltaic arrays? [C]//IEEE Transactions on Industrial Electronics,2009:4520-4531.

[32] 徐瑞东,戴渝,孙晓燕,等.基于BP神经网络的光伏阵列温度预报[J].工矿自动化,2012,38(7):59-63.

[33] E. Skoplaki,J. A. Palyvos. Operating temperature of photovoltaic modules:A survey of pertinent correlations[J]. Renewable energy,2009,34:23-29.

[34] Stefan Krauter. 太阳能发电-光伏能源系统[M].王宾,董新洲,译.北京:机械工业出版社,2008:98-113.

[35] 刘锴.基于光伏组件特性与温度建模的光伏阵列特性预报[D].武汉:华中科技大学,2013.

[36] 张金花.太阳能光伏发电系统容量计算分析[J].甘肃科技,2009,25(12):57-60.

[37] European Committee for Electronical Standardization Overall Efficiency of Grid Connected Photovoltaic Inverters(BS EN 50530)[S]. London:BSI,2010.

[38] 陈正洪,李芬,王丽娟,等.并网光伏逆变器效率变化特征及其模型研究[J].水电能源科学,2011,29(8):124-127.

[39] 崔杨,陈正洪,成驰,等.光伏发电功率预测预报系统升级方案设计及关键技术实现[J].中国电力,2014,47(10):142-147.

[40] 李芬,宋启军,钱加林,等.基于IOWA算子的短期光伏发电量组合预测[J].电网与清洁能源,2016,32(5):109-113,117.

[41] 世纪新能源网.弃光限电,光伏之痛! 8省份程度不一,最高达40.2%[EB/OL]. http://www. ne21. com/news/show-68326. html.

支持向量机在太阳辐射预报中的应用[*]

摘　要　利用 EOF 能分解数据场和 SVM 回归分析可建立因子与预报量非线性关系的优势,设计预报方案:(1)将多因子和多预报量分别方差标准化、EOF 场展开、提取主分量;(2)用 SVM 回归分析实现多因子主分量对多预报量主分量非线性预测;(3)由预报的多预报量主分量与对应空间函数反演原预报量。选用武汉预报日同一天气类型的上一日逐时(05—18 时)总辐射、日最高温度、温度日较差、日天气类型观测值以及预报日的日最高温度、温度日较差、日天气类型预报值为因子,对预报日逐时辐射量进行预报。独立预报试验表明,预报与实况接近。

关键词　支持向量机;回归分析;太阳辐射

1　引言

低碳的生产、生活方式,不仅是解决气候变化问题的根本出路,也将为我国在新一轮全球经济竞争中赢得主动。我国太阳能资源丰富,理论储量大,与同纬度国家相比,资源丰度与美国相近,比欧洲、日本优越得多,是未来最有希望的、可大规模开发利用的可再生能源。太阳能光伏发电被认为是转换效率最高、使用期长、可提供大量电力的一种太阳能利用方式[1]。国外太阳能光伏发电已经完成了初期开发和示范,现在正向大批量生产和规模应用发展。

由于太阳能利用与太阳辐射密切相关,随着国内太阳能光伏装机容量的迅速扩大,为提高光电转换效率,降低运营成本,研究和开发太阳辐射预报技术显得十分迫切和必要。

支持向量机(support vector machines,SVM)方法是近年国际上开始流行的一种新颖的处理非线性分类和回归的有效方法。它以 V. N. Vapnik 等人提出的统计学习理论[2-4]为基础,借助 Mercer 核展开定理和近代最优化方法的结果,将样本空间映射到一个更高维以至于无穷维的特征空间,在特征空间中把寻求最优回归超平面问题归结为一个凸约束条件下的二次凸规划问题,从而求得全局最优解。与特征空间中得到的线性解相对应的是样本空间中原问题的高度非线性解。一般升维变换会带来算法的复杂化,但由于核函数的引入,不但没有增加算法的复杂性,而且在某种意义上避免了"维数灾"。文献[5]分析了 SVM 方法的特点及其在气象业务中的可能应用前景。目前,SVM 方法在太阳辐射预报中的应用较少。本文引进基于 SVM 和 EOF(自然正交分解)的预报方法[6],设计一种多因子对多预报量非线性预报方案,以实现逐日逐时辐射量预报。

2　基本原理

回归分析又称函数估计。设给定的样本数据集为:

$$(X_1,y_1),(X_2,y_2),\cdots,(X_l,y_l)$$

　[*]　张礼平,**陈正洪**,成驰,王晓莉. 暴雨灾害,2010,29(4):334-336.

其中 X_i 为预报因子值（N 维向量），y_i 为预报量值，$i=1,2,\cdots,l,l$ 为样本总量。回归分析就是基于样本数据集寻求一个反映预报因子与预报量的最优函数关系 $\hat{y}=f(X)$。由于线性函数表述形式最简单，18 世纪 Gauss 提出的回归分析就是在最小二乘法意义下确定线性函数系数 W（N 维向量）和 b，使 $f(X)=(W\cdot X)+b$ 与实测 y 偏差平方和为最小。当 $\hat{y}=f(X)$ 为线性函数时，通常称 $f(X)$ 为最优回归超平面。

Vapnic 提出一种 ε 不敏感误差函数：
$$L\varepsilon(y)=\begin{cases}O & \text{当} & |f(X)-y|\leqslant\varepsilon \\ |f(X)-y|-\varepsilon & & |f(X)-y|>\varepsilon\end{cases} \tag{1}$$

这里 ε 为非负数。其含义为：当误差小于（或等于）ε 时，认为误差为零忽略不计；误差大于 ε 时，定义误差值为实际误差减去 ε。这种误差函数给出了一个宽度为 2ε 的不敏感带，称为 ε 管道。若所有样本点均在 ε 管道中，则总误差为 0；否则如下引入松弛变量 $\xi_i\geqslant0$：
$$\begin{cases}\xi_i=|y_i-(W\cdot X_i)-b|-\varepsilon & \text{当} & |y_i-(W\cdot X_i)-b|>\varepsilon \\ \xi_i=\geqslant0 & & |y_i-(W\cdot X_i)-b|\leqslant\varepsilon\end{cases}$$

则总误差为所有 ξ_i 的和。图 1 给出了管道和松弛变量的直观图示，这里最优回归超平面为一直线。

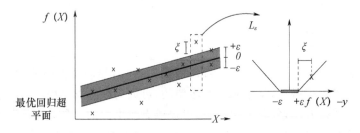

图 1　ε 管道和松弛变量（X 为 1 维向量）示意图

基于 ε 不敏感误差函数，寻求最优回归超平面问题可以归结为如下的凸约束条件下的二次凸规划问题：
$$\min\left\{\frac{1}{2}||W||^2+C\sum_{i-1}^{l}(\xi_i+\xi_i^*)\right\} \tag{2}$$
约束条件：$\begin{cases}y_i-(W\cdot X_i)-b\leqslant\varepsilon+\xi_i \\ (W\cdot X_i)+b-y_i\leqslant\varepsilon+\xi_i\ (i=1,2,\cdots,l) \\ \xi_i,\xi_i^*\end{cases}$

其中 ξ_i 与 ξ_i^* 分别对应于最优回归超平面上方和下方的样本点。C 为事先给定的惩罚系数，一般由试验确定。

定义相关于(2)Lagrange 函数，对它关于 W,b,ξ_i,ξ_i^* 求偏导数并令偏导数为零，整理后(2)可以转化为如下等价的对偶规划问题：
$$\max\left\{-\frac{1}{2}\sum_{i,j=1}^{l}(\alpha_i-\alpha_i^*)(X_i\cdot X_j)-\varepsilon\sum_{i=1}^{l}(\alpha_i+\alpha_i^*)+\sum_{i=1}^{l}y_i(\alpha_i-\alpha_i^*)\right\} \tag{3}$$
约束条件：$\begin{cases}\sum_{i=1}^{l}(\alpha_i^*-\alpha_i) \\ O\leqslant\alpha_i,\alpha_i^*\leqslant C\end{cases}\ (i=1,\cdots l)$

α_i^*,α_i 分别为对应 ξ_i 与 ξ_i^* 的 Lagrange 乘子。最后求得最优回归超平面的表达式为：

$$f(X) = (W \cdot X) + b = \sum_{\text{支持向量}} (\alpha_i - \alpha_i^*)(X \cdot X_i) + b \qquad (4)$$

$\alpha_i, \alpha_i^* \neq 0$ 对应的 X_i 称为支持向量,非支持向量的 X_i 对应的 $\alpha_i, \alpha_i^* = 0$。实际上,最优回归超平面由支持向量对应的样本点完全确定。SVM 通过引入核函数而巧妙地绕过非线性映射的显式表达,最后得[2-4]:

$$f(\varphi(X)) = (W \cdot \varphi(X)) + b = \sum_{\text{支持向量}} (\alpha_i - \alpha_i^*)(\varphi(X) \cdot \varphi(X_i)) + b = \sum_{\text{支持向量}}$$
$$(\alpha_i - \alpha_i^*)K(X, X_i) + b \qquad (5)$$

这就是 SVM 回归得到的非线性回归函数。Mercer 核函数很多,常见的有多项式核、高斯核、拉普拉斯核等。实际计算时,$K(X, X_i)$ 的具体函数形式,通常可由试验确定。尽管是在高维特征空间中解决问题,由于借助了核函数,在实际求解过程中根本不必知道该非线性映射 φ 的显式表达式。特别对于高维数据,由于核函数与向量的维数无关,可避免通常所说的"维数灾",极大地简化了数值计算,为其业务应用提供了可能。

3 实例

3.1 预报方案设计

为消除量纲不同的影响,分别对每一因子和每一预报量方差标准化,使每一变量的方差和平均值均为 1、0。

由于多因子或多预报量可视为数据场,EOF 能将数据场分解为不随时间变化的空间函数(特征向量)及只依赖时间变化的主分量,利用方差集中在前 N 个主要分量的特征,用前 N 空间函数和主分量的线性组合构成对原场的估计,略去原场中方差较小分量,保留较大分量,正交变换不改变场总方差,因此估计场保留了原场大部方差,反映了原场的主要特征。用 EOF 方法,分别提取多因子和多预报量主分量。考虑到多因子和多预报量主分量可能存在的非线性关系,用 SVM 回归分析实现多因子主分量对多预报量主分量的预测。最后由预测的多预报量主分量与其对应空间函数线性组合还原为预报量的预报。具体步骤如下:

(1)将每一因子和每一预报量分别方差标准化;

(2)分别对多因子和多预报量进行 EOF 展开,提取主分量;

(3)选用不同的核函数,由试验确定较合适的核函数和相关参数,进行 SVM 回归分析,由多因子主分量预测多预报量主分量;

(4)由预报的多预报量主分量与对应空间函数线性组合还原为预报量。

3.2 预报实例

为避免不同季节的影响,且考虑到每月气候背景类似,将 1—12 月逐月建立预报模型。预报因子选用武汉站(区站号 57494,位置 30.62°N、114.13°E)2007 年、2008 年、2009 年 3 年逐日与被预报日同一天气类型的上一日逐时(5—18 时)总辐射、同一天气类型的上一日和预报日的日最高温度、温度日较差、日天气类型数值共 20 个因子(上一日资料均为观测值,预报日数据为气象台预报值),预报武汉同一天气类型下一天逐时(5—18 时)总辐射(预报量 14 个)。

天气类型是指某日云量、降水概况,日天气类型共分三类:1 类天气类型定义:总云量≥9,低云量≥3,降水量>0;2 类天气类型定义:3<总云量<9,降水量=0;3 类天气类型定义:总云

量≤3,低云量≤1,降水量=0。这里给出用 2007 年 7 月 1—31 日、2008 年 7 月 1—31 日、2009 年 7 月 1—26 日逐日数据建立模型,预报 2009 年 7 月 27 日逐时总辐射,……,用 2007 年 7 月 1—31 日、2008 年 7 月 1—31 日、2009 年 7 月 1—30 日逐日数据建立模型,预报 2009 年 7 月 31 日逐时总辐射实例。

试验完全模拟实际预报(以预报 2009 年 7 月 27 日辐射为例),其步骤如下:

(1)将 2007 年 7 月 1—31 日、2008 年 7 月 1—31 日、2009 年 7 月 1—27 日逐日多因子数据(样本容量 31+31+26)方差标准化,进行 EOF 分析,其中前 88(31+31+26)逐日数据作为分析训练样本,最后 1 个样本为预报预留。截取前 4 个主分量,累积方差贡献率 75%;

(2)将 2007 年 7 月 1—31 日、2008 年 7 月 1—31 日、2009 年 7 月 1—26 日逐日数据(样本容量 31+31+26)多预报量方差标准化,进行 EOF 分析,截取前 3 个主分量,累积方差贡献率 81%;

(3)用 88 个样本多因子前 4 个主分量和多预报量第 1 主分量建立 SVM 非线性回归函数关系式,和多预报量第 2 主分量建立 SVM 非线性回归函数关系式,和多预报量第 3 主分量建立 SVM 非线性回归函数关系式,由多因子主分量预测多预报量主分量,用多因子前 4 个主分量第 89 样本独立预报多预报量第 1、2、3 主分量;

(4)多预报量主分量预报值与对应空间函数线性组合构成 2009 年 7 月 27 日总辐射预报。与上步骤相同,依次独立制做出 2009 年 7 月 28—31 日逐日逐时总辐射预报。图 2 给出 7 月 27—31 日逐时总辐射预报值与实况的对比情况。由图可见,预报与实况基本接近,特别是 5 d 中,27—28 日总辐射变小,28—30 日总辐射逐日变大,31 日又变小,30 日呈峰值均成功预报。

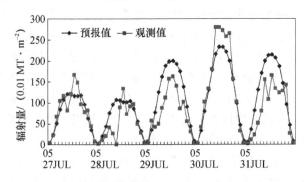

图 2　2009 年 7 月 27—31 日逐日逐时辐射量独立预报结果与实况对比图

4　结论与讨论

利用 EOF 能将数据场分解为不随时间变化的空间函数和只依赖时间变化的主分量的特性,以及 SVM 回归分析可建立因子与预报量非线性关系的优势,设计多因子对多预报量非线性预报方案,以实现逐时辐射量预报。对武汉 2009 年 7 月 27—31 日逐日逐时辐射量进行了独立预报试验。试验结果表明,预报与实况接近,5 天中辐射量的两次高低起伏变化的预报均与实况一致。

降维(即将高维样本空间向低维空间投影)是处理复杂问题的传统简化方法,一般认为低维空间数据结构以及内部关系容易研究和认识。与传统思维正好相反,SVM 升维,即将样本空间向更高维空间投影,巧妙地运用 Mercer 核展开定理,通过非线性映射 φ,将原样本空间的非线性关系变为高维特征空间的线性关系,高维特征空间的线性关系也就表述了原样本空间的非线性关系。而在实际求解过程中根本不必知道非线性映射 φ 的显式表达式,极大地简化了数值计算。SVM 为我们解决辐射量预报中非线性问题提供了一个新途径。

参考文献:

[1] 张庆阳.国外太阳能的开发利用及其借鉴[J].气象科技合作动态,2009(5):28-32.

[2] Vapnik V N. Statistical Learning Theory[M]. New York:John Wiley& Sons,Inc,1998:375-570.

[3] Vapnik V N. The nature of statistical learning theory [M]. NewYork:Springer Verlag,2000:123-266.

[4] Courant R,Hilbert D. Method of Mathematical Physics [M]. NewYork:Springer Verlag. 1953:96-110.

[5] 陈永义,余小鼎,高学浩,等.处理非线性分类和回归问题的一种新方法(Ⅰ)——支持向量机方法简介[J].应用气象学报,2004,15(3):345-354.

[6] 张礼平,陈永义,周筱兰.支持向量机(SVM)及其在场预测中的应用[J].热带气象学报,2006,22(3):278-282.

太阳能光伏发电量预报方法的发展[*]

摘 要 太阳能光伏发电技术成为当今世界可再生能源发电领域的一个研究热点。在未来,我国大规模的并网光伏发电系统将持续快速发展,但目前我国在太阳能光伏发电量预报方法的研究还很薄弱,几乎没有可满足实际太阳能光伏发电量预报需求的方法和系统。太阳能光伏发电量预报,主要是通过太阳能辐射的准确预报,结合光伏电站历史发电量数据分析,进而得到光伏发电量预报。通过对国内外太阳能光伏发电量预报方法的介绍和分类,如基于辐射预报和仿真模型的仿真预报法,基于辐射预报和光电转换效率模型的原理预报法以及基于气象资料/发电量数据处理和数值气象预报模式的动力-统计预报法,以及国际上太阳能光伏发电量预报系统建设,希望对我国太阳能光伏发电量预报系统发展起到一定的促进和推动作用。

关键词 光伏发电系统;效率模型;气象要素;辐射;预报;动力-统计方法

1 引言

太阳能资源开发利用是整个可再生能源中投资增长速度最快的[1],使太阳能光伏发电成为太阳能资源利用的主要方式之一。根据欧洲光伏产业协会 EPIA 统计[2-3],1994—2009 年,全球光伏累计装机容量增长迅速,发展趋势呈指数增长,如图 1 所示,仅 2009 年新增光伏装机容量就多达 7.2 千兆瓦(GWp);截止 2010 年 3 月,全球光伏累计装机容量接近 23.0 GWp,年发电量相当于 25 兆兆瓦时(TWh)。据乐观预测,到 2030 年,全球光伏累计装机容量可达 1864.0 GWp,年发电量约 2600 TWh,可以满足欧洲一半以上电力需求[4]。

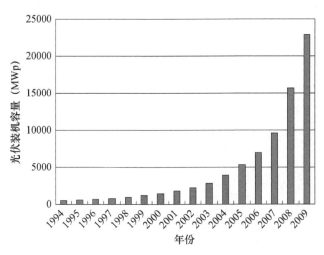

图 1 1994—2009 年全球累计光伏装机容量

自 2001 年,并网光伏发电系统所占份额超过离网光伏发电系统后,并网光伏发电成为光伏发电的主流,据统计 2006 年全球并网光伏发电系统所占份额达到 75% 以上[5]。2004 年以

[*] 李芬,陈正洪,成驰,段善旭.气候变化研究进展,2011,7(2):136-142.(通讯作者)

来,随着大规模集中并网光伏发电系统容量的增加,为了避免并网光伏发电系统输出功率固有的间歇性和不可控等缺点对电网的冲击,人们开始关注光伏发电量(或功率)预报技术。通过对太阳能辐射的预报,结合光伏电站历史发电量数据分析得到光伏发电量的预报,即为太阳能光伏发电量预报技术。太阳能光伏发电量预报是太阳能光伏发电系统中的一个重要的组成部分。此前,国内外对光伏发电系统的研究大多集中在太阳能电池材料技术、最大功率跟踪算法、DC/DC变换器控制、并网DC/AC逆变器控制、以及并网稳定性如孤岛效应的防护、并网谐波抑制等方面[6-7]。对光伏发电系统发电量预报技术的研究则相对较少,起步较晚。

建立光伏发电量预报系统,基于如下几方面的考虑:受太阳能辐射周期变化的影响,光伏发电出力的变化具有很强的周期性,包括日变化周期和季节变化周期,光伏发电系统主要是在每天的08:00—18:00这段时间内输出电力,在夏季,光伏发电系统日发电量曲线和电力负荷日变化曲线有很好的相似性,在负荷高峰期,光伏发电系统能较好地提供电力,起到调峰的作用,例如,在德国,夏季光伏发电出力约占峰值负荷需求的2%[8];气象要素变化的随机性导致了光伏发电出力变化的不连续性和不确定性,随着光伏发电装机容量在电力系统中比例的增大,会对电网安全性、稳定性、经济运行造成一定影响。根据美国学者Edward[9]的研究,在一个电网中光伏发电装机容量比例一般不宜超过电网总容量的10%～15%,否则整个系统将难以运行。因此光伏发电量预报技术对于电力系统调度、电力负荷配合、常规能源发电规划和光伏发电规划等具有重要参考和指导意义。

2　国内外光伏发电量预报方法概述

目前,国外光伏发电量预报技术研究已有一定的发展,如德国、瑞士、西班牙、日本等国已展开利用气象预报对光伏电站发电量进行预测的研究和应用工作。德国Oldenburg大学Lorenz等[10]根据欧洲中尺度天气预报中心(ECMWF)提供的未来3天总辐射预报数据,结合德国境内11个光伏电站观测资料来预报光伏发电量,经校验,在2007年4月和7月,光伏发电量预报的相对均方根误差分别为39%和22%。西班牙Joen大学Almonacid等[11]采用神经网络方法,以实测的光伏组件板温、入射总辐射为输入,对应条件下实测I/V曲线为目标函数,利用反向传播算法L-M优化方法,训练多层传感器(MLP),求解出逼近实际工况的I/V曲线,建立了光伏发电量与总辐射、板温之间的函数关系。以Joen大学19.08 kWp的光伏电站为例,经校验,在2003年,发电量预报值与实测数据的历史相关系数高达0.998。日本NTT Facilities公司Kudo等[12]根据历史天气资料和日本爱知县世博园区330 kWp光伏系统发电量数据,进行多元回归分析,建立预报方程,预测未来一天05:00—19:00的逐时发电量,并利用"预报＋实测＋临近订正"的方案,降低天气预报失误对于发电量预报准确性的影响。经校验,在2005年3月25日—9月26日期间,日均发电量预报误差为25.6%,时均预报误差为30.53%。

国内光伏发电量预报技术尚处于研发阶段。华北电力大学栗然[13]结合光伏组件数学模型和保定地区气象资料,模拟了30 MWp光伏电站发电量数据,利用支持向量机回归分析方法,进行发电量预测,但该方法无实际光伏电站的实况发电量资料,缺乏实验验证,对实际光伏电站发电量预报的指导意义有限。华中科技大学在全国较早收集并网光伏电站资料,自2005年起开始对18 kWp太阳能光伏电站记录的直流输出功率、交流输出功率以及发电量等大量时间分辨率为5分钟的资料进行收集。华中科技大学陈昌松[14]结合这些历史发电量数据和同期气象数据(日最高气温、日天气类型)分析,利用神经网络方法,建立了基于逐日天气预报信息的光伏发电量预测模型。该方法将天气情况按日类型云天/晴天/雨天划分,对次日转折天气发电量预报误差有明显改善,但对一天内天气型剧烈变化情况下则无法满足逐时预报的要求。

总的说来,国内外光伏发电量预报技术主要可分为如下三类:一是基于辐射预报和光伏I/V 特性曲线仿真模型[10,15-16]的仿真预报法;二是基于辐射预报和光电转换效率模型[17-21]的原理预报法;三是基于历史气象资料(天气情况或(和)辐射资料)和同期光伏发电量资料,采用统计学方法(如多元回归、神经网络等相关算法)[11-14,22-23]进行分析建模,再输入数值模式预报结果的动力-统计预报法。

对于第一种方法,其仿真模型的建立基于理想条件下光伏组件的电气特性数学公式推导和求解,在此省略。本文重点在介绍辐射预报方法、影响光电转换效率的要素(效率模型)的原理预报法以及通过数学手段探寻关键气象要素与光伏发电出力相关性模型的动力-统计预报法。

3 原理预报法

原理预报法,是根据太阳能电池光伏发电的物理原理(光生伏打效应,即半导体材料表面受到太阳光照射时,在半导体内产生大量电子-空穴对,在内建电场作用下运动,产生光生电动势)和光电转换效率定义,建立影响光电转换效率的经验公式和合理的经验系数,输入辐射预报,进行光伏发电量预报。

根据文献[24]中光电转换效率的定义,光伏组件输出功率(直流)表达式为:

$$P_d(t) = \eta A G \tag{1}$$

其中,P_d 为输出功率(W),η 为光电转换效率,A 为面积(m^2),G 为辐射度(W/m^2)。

光伏发电量 E(直流量)计算公式为:

$$E = \int P_d(t)\mathrm{d}t \tag{2}$$

结合公式(1)、(2),在建立的光电转换效率模型基础上,输入辐射预报值,即可获得光伏发电量预报值,其预报精度依赖于光电效率模型和辐射预报的准确性。

3.1 光电转换效率模型

对光生伏打效应的研究,发现入射光谱辐射度、电池温度会直接影响太阳能电池输出电压、电流大小,进而影响光电转换效率。常用的光电转换效率模型主要有常系数效率模型[17],单一负温度系数模型[18-19],综合温度和太阳总辐射的两要素模型[20]等几种。

常系数效率模型,是最简单的一种效率模型,它直接使用太阳能电池厂商提供的标准测试条件(入射光辐射度 1000 W/m^2、气温 25 ℃、大气质量 1.5)下的标称效率 η_{STC}。不同材料太阳能电池,其标称效率不同。商用的光伏组件,晶体硅电池 12%～18%,非晶硅薄膜电池 5%～8%,CIGS 薄膜电池 5%～11%。

单一负温度系数效率模型,考虑日间实际光伏组件的板温一般会高于气温,在 25～80 ℃范围,随着电池板温的增加,光电转换效率会有所降低:

$$\eta(T_c) = \eta_{STC}[1 - \beta(T_c - 25)] \tag{3}$$

式中,T_c 为板温(℃),β 为温度系数(℃$^{-1}$);β 与太阳能电池材料有关,对于晶体硅材料,β 取值在 0.003 ℃$^{-1}$～0.005 ℃$^{-1}$之间。

温度和太阳总辐射的两要素模型,综合考虑太阳总辐射和板温的非线性影响:

$$\eta(G,T_c)=(a_1+a_2G+a_3\ln G)[1-\beta(T_c-25)] \tag{4}$$

式中,a_1,a_2,a_3为经验参数,可通过最小二乘法求解。

3.2 太阳总辐射预报

根据预报时间尺度划分,目前太阳总辐射预报方式可分为:超短时(1 小时以内)和短时临近(0—5 小时)的太阳总辐射预报,使用卫星云图资料外推;短期辐射预报(5 小时以上到 3 天),主要使用 MM5、WRF、NDFD、ECMWF、GFS/WRF 等[28]中尺度数值预报模式,并对模式结果进行订正和解释应用;短期预报也可采用回归或神经网络方法[17,19]等统计学方法。数值预报模式得到了广泛的应用,以 ECMWF、GFS/WRF 为例,对德国 2007 年 7 月至 2008 年 6 月一天的太阳总总辐射进行预报试验,不同模式和处理下误差情况如表 1 所示[26]。从表 1 可见,ECMWF 模式预报效果最好。

表 1 不同模式对德国未来一天太阳总辐射预报误差分析[26]

中尺度模式	研究机构	时空分辨率	运行方式	RMSE(W/m²)	MAE(W/m²)	MBE(W/m²)
ECMWF	Oldenburg 大学(德国)	0.25°×0.25° 3 h	结合清晰度指数统计后处理	92 (40.3%)	59 (26.2%)	−7 (−2.9%)
GFS/WRF	Meteotest (瑞士)	5 km×5 km 1 h	水平面太阳总辐射直接输出	118 (51.8%)	74 (32.6%)	−1 (−0.3%)
Skiron/GFS	CENER (西班牙)	0.1°×0.1° 1 h	基于学习机模型的后处理	113 (49.9%)	72 (31.5%)	13 (5.9%)

注:RMSE 为均方根误差,MAE 为平均绝对误差,MBE 为平均误差,()内数值为相对误差。

此外,介绍几种模式订正方法。文献[10,26]利用 ECMWF 提供的未来 3 天每 3 小时的辐射预报数据,结合清晰度指数和插值法预测未来 3 天的逐时辐射,并采用偏差校正避免了模式输出在云天情况下固有正偏差的影响,使得相对平均误差接近零,对德国 2007 年 5 月的某六天实测辐射和预报值进行校验,对于单站点未来一天预测的相对均方根误差为 36%,未来第三天预测的相对均方根误差为 46.3%;不过由于空间平均效应,随着观测站点增加(样本充分),在空间范围为 9°×10 °未来一天预测的相对均方根误差降低为 13.4%,未来第三天预测的相对均方根误差为 22.5%。文献[12]在现有天气实况和数值预报基础上,结合临近订正预报,即采用"预报+实测+临近订正"方法,以降低天气预报失误对于发电量预报准确性的影响。文献[16]对日本气象厅 1994—2003 年十年间基于云量和气溶胶的数据和同期辐射数据,按天气、日期、时间分类,根据晴天/雨天/云天将天气划分为 14 种变化类型,采用不同订正因子,以提高对未来一天逐时辐射预报的准确率。

4 动力-统计预报法

动力-统计预报法,其模型的建立不考虑光电转换物理意义,通过对历史观测数据资料进行分析和处理(统计学方法),可以采用常规的预测方法如指数平滑法,对光伏发电量序列进行时间序列分析[24],以历史发电量预报未来发电量,该方法最大优点是简单,但只适应于发电量变化不大的平稳时间序列;或是采用自回归分析方法[12-13,22-23]、神经网络[11,14]等数学方法,探寻影响光伏发电量的多种气象要素,建立光伏发电系统出力与气象要素相关性的统计模型后,输入天气预报或(和)辐射预报,进行发电量预测,该类方法可以考虑到各种气象要素对光伏系统发电量的影响,预测精度好,但是算法相对复杂。

4.1 统计模型

动力-统计预报法中直接对发电量序列进行趋势分析,以历史发电量预测未来发电量,预测误差大,实际应用意义不大。而应用较多的是采用线性回归分析方法或非线性方法如支持向量机、神经网络等方法,寻找气象要素与光伏发电量相关性统计模型。

A 多元多项式回归模型[22-23]

考虑到太阳总辐射、气温、风速等气象要素对光伏发电的影响,通过大量实况数据的处理,获得通用性较好的多项式回归模型如式(5)所示:

$$P=G[a+bG+cT_a+dv] \tag{5}$$

式中,T_a 为气温;v 为风速;a、b、c、d 为回归系数。

B 神经网络模型[11][14]

文献[11]中采用神经网络,建立发电量与辐射、板温的函数模型,历史拟合效果好,优于式(3)所示传统效率模型,但发电量预报严重依赖于辐射预报准确性;文献[14]中采用神经网络训练出基于逐日天气预报信息的光伏发电量预测模型,利用了光伏历史发电量序列的自相关性,但缺乏详细气象资料,只考虑日天气类型(类似电力系统负荷预测)和日最高气温,未能找出影响光伏发电量的关键逐时气象要素。

目前常用的统计模型存在一些局限,有待于我们进一步的研究,如多元回归分析法存在的最大缺点是随机误差较大、模型适应性不强;神经网络算法收敛速度慢、效率低下,容易陷于局部极小,更为重要是其求解过程对外呈现黑匣子,缺乏必要的物理参考意义。

4.2 动力模式

动力学模式,是基于大气质量、动量、能量守恒以及大气状态方程等基本物理原理,模拟大气运动的计算流体动力学模式,也称物理大气模式,可分为预报模式和诊断模式[27]。数值天气预报是一个决定太阳总辐射预报精度的重要因素,它可以提供太阳总辐射预报,具体分析可以参考3.2节。

5 预报校验

对太阳能光伏发电量预报系统的评估(预报误差的校验)可分为对太阳辐射预报误差的检验和直接对光伏发电系统发电量预报的误差校验,可以采用均方根误差(RSME)、平均绝对误差(MAE)、平均绝对百分比误差(MAPE)等分析方法。

太阳辐射预报误差随着气候和环境的不同而变化,根据德国 Oldenburg 大学 Lorenz[26] 等人利用中尺度模式 ECMWF 和 WRF 分别对欧洲的西班牙、德国、瑞士、奥地利四国进行研究,短期太阳辐射预报(未来 1 d)的相对均方根误差分别为 20.8%～45.6% 和 22.9%～55.4%,平均绝对误差分别为 12.2%～29.2% 和 14.7%～34.7%,且误差随着预报时间的向前推移而迅速增加,要提前 3 天的预报则相对均方根误差上升到 22.4%～50.5% 和 26.9%～62.9%,平均绝对误差分别为 13.2%～32.3% 和 18.3%～39.7%。

根据华中科技大学对光伏发电量的短期预报研究,加入天气预报信息的神经网络模型,在日类型发生变化时的日平均绝对百分比误差为 18.91%。

6 国外光伏发电量预报系统建设

目前发达国家加快了太阳辐射预报方法的研究。如美国国家可再生能源实验室(NREL)用卫星遥感和地面观测的云量、气溶胶光学厚度、大气可降水量、反照率、气压和臭氧等资料建成了美国和全球太阳能资源数据库,包括太阳能总辐射、直接辐射和散射辐射等,2008 年启动的太阳资源和气象普查项目将提供更高质量的太阳辐射观测,生成的数据可为改进太阳辐射模式和发展研究太阳能预报提供依据。加利福尼亚大学默塞德分校(University of California Merced)研究开发了一种地面太阳辐射照度观测站,利用它的实时观测数据,结合卫星和雷达图象处理数据开发出计算实时太阳能临近预报的方法。在此基础上建成太阳能 24~36 小时的短期预报系统。在美国从事可再生能源普查和预报的 3TIER 公司在西部的风能和太阳能一体化研究项目中为 NREL 提供太阳能预报,并开发太阳总辐射、直接辐射和散射辐射的预报模型。

国外已有少数研究机构建立了以数值天气预报为基础,进行光伏发电功率预测的系统。比如丹麦 ENFOR 公司的 SOLARFOR 系统将光伏发电系统历史发电量数据和短期数值天气预报输出要素结合,实现光伏发电的短期功率预测。美国 WindLogics 公司正着手开发适合光伏发电功率预测需求的数值天气预报模式,计划将卫星遥感数据以及地面云量观测信息纳入整个模式体系,形成多信息融合的综合预报系统。

7 结论与展望

在对国内外文献广泛调研的基础上,较为全面地论述了太阳能光伏发电量预报技术的研究现状和最新动态,对各种方法进行较为详细的分类总结,分析比较其优缺点。基于太阳总辐射预报和光伏仿真模型的仿真预报法以及基于太阳总辐射预报和光电转换效率模型的原理预报法,都严重依赖于太阳总辐射预报的准确性和物理模型的精确度;而基于历史气象资料(天气情况或(和)太阳总辐射资料)和同期光伏发电量资料,再输入数值模式预报结果的动力-统计预报法,取决于对影响光伏发电量的关键气象要素研究、相关性分析以及气象预报准确性。因此,如何在已有研究成果基础上继续完善、改进和探索新的方法,找出影响光伏发电量的关键气象要素(考虑如辐射度、板温、云况等要素),提高气象要素预报的准确率(加入地面观测资料或卫星资料进行订正),建立适合的光伏发电量气象预报模型已成为光伏发电量预报系统研究亟待解决的问题。

参考文献

[1] 孟浩,陈颖健. 我国太阳能利用技术现状及其对策[J]. 中国科技论坛,2009(5):96-101.

[2] European Photovoltaic Industry Association Report. Global Market Outlook for Photovoltaics until 2012 Facing a sunny future,2008:1-6.

[3] European Photovoltaic Industry Association Report. Global Market Outlook for Photovoltaics until 2014, 2010:1-25.

[4] 杨金焕,于化丛,葛亮. 太阳能光伏发电应用技术[M]. 北京:电子工业出版社,2009.

[5] Winfried H. PV solar electricity:Status and future[C]. in Proc. SPIE,2006:1-8.

［6］赵品,赵争鸣,周德佳.太阳能光伏发电技术现状及其发展[J].电气应用,2007,26(10):6-10.

［7］赵清林,郭小强,邬伟扬.光伏发电系统孤岛保护建模与仿真研究[J].太阳能学报,2007,28(7):721-726.

［8］Bofinger S,Heilscher G. Solar electricity forecast-approaches and first results[C]. 21st European Photovoltaic Solar Energy,2006:1-5.

［9］Edward S C. 可持续能源的前景[M]. 北京:清华大学出版社,2002.

［10］Lorenz E,Hurka J,Heinemann D,et al. Irradiance forecasting for the power prediction of grid-connected photovoltaic systems[J]. IEEE Journal of Selected Topics in Applied Earth Observations and Remote Sensing,2009,2(1):2-10.

［11］Almonacid F,Rus C,Pérez P J,et al. Estimation of the energy of a PV generator using artificial neural network[J]. Renewable Energy,2009,34(12):2743-2750.

［12］Kudo M,Nozaki Y,Endo H,et al. Forecasting electric power generation in a photovoltaic power system for an energy network[J]. Electrical Engineering in Japan,2009,167(4):16-23.

［13］栗然,李广敏.基于支持向量机回归的光伏发电出力预测[J].中国电力,2008,41(2):74-78.

［14］陈昌松,段善旭,殷进军.基于神经网络的光伏阵列发电预测模型的设计[J].电工技术学报,2009,24(9):153-158.

［15］周德佳,赵争鸣,吴理博,等.基于仿真模型的太阳能光伏电池阵列特性的分析[J].清华大学学报,2007,47(7):1109-1112.

［16］Shimada T,Kurokawa K. Grid-connected photovoltaic systems with battery storages control based on insolation forecasting using weather forecast [J]. Renewable Energy,2006(1):228-230.

［17］Voyant C,Muselli M,Paoli C. Predictability of PV power grid performance on insular sites without weather stations:use of artificial neural networks [C]. 24th European Photovoltaic Solar Energy Conference,2009:1-4.

［18］Perpinan O,Lorenzo E,Castro M A. On the calculation of energy produced by a PV grid-connected system [J]. Progress in Photovoltaics:Research and Applications,2006,15(3):265-274.

［19］Yona A,Tomonobu S,Saber A Y. Application of neural network to 24-hour-ahead generating power forecasting for PV System[C]. in Proc. IEEE PES,2008,1-6.

［20］Beyer H G,Bethke J,Drews A,et al. Identification of a general model for the MPP performance of PV-modules for the application in a procedure for the performance check of grid connected systems[C]. 19 th European Photovoltaic Solar Energy Conference,2004,7-11.

［21］Durisch W,Tille D,Wörz B,et al. Characterisation of photovolatic generators[J]. Applied Energy,2000,65(14):273-284.

［22］Whitaker C,Townsend T U,Newmiller J D,et al. Application and Validation of a New PV Performance Characterization Method [C]. in Proc. IEEE PVSC 1997,1253-1256.

［23］Didier M,Lucien W,Yves P,et al. Performance Prediction of Grid-connected Photovoltaic Systems Using Remote Sending. International Energy Agency Photovoltaic Power Systems Programme,IEA PVPS Task 2 Report IEA-PVPS T2-07,2008.

［24］Radziemska E. The effect of temperature on the power drop in crystalline silicon solar cells [J]. Renewable Energy,2003,28:1-12.

［25］Aznarte J L,Girard R,Kariniotakis G,et al. Short-term forecasting of photovoltaic power production. Forecasting Functions with focus to PV prediction for Microgrids,2009:1-21.

［26］Lorenz E,Remund J,Müller S,et al. Benchmarking of different approaches to forecast solar irradiance [C]. 24th European Photovoltaic Solar Energy Conference,2009,1-10.

［27］柳艳香,陶树旺,张秀芝.风能预报方法研究进展 [J].气候变化研究进展,2008,4(4):209-214.

基于 WRF 模式输出统计的逐时太阳总辐射预报研究 *

摘　要　本文基于 WRF 模式输出的逐小时预报结果,设计了武汉站逐时太阳总辐射的 MOS 预报流程方案。主要包括:对逐时观测序列进行低通滤波并除以天文辐射的处理,对模式输出因子进行选取和降维的处理,以及建立 MOS 预报方程。对 2009 年 1 月、4 月、8 月和 10 月武汉站逐时太阳辐射进行预报试验,检验结果表明该流程方案预报效果稳定,拟合期及预报期模拟效果均较理想。使得平均绝对百分比误差(MAPE)均控制在 20%~30% 之间,相对均方根误差(RMSE)控制在 30%~40% 之间,相对模式直接预报辐射改进了 50%。可见,通过对模式预报结果进行解释应用,可以明显提高辐射预报的准确率。此外,本文分析所得到的气温、云量、露点、比湿、相对湿度、气压等 13 个模式输出统计量可以作为各省地区建立逐时太阳辐射 MOS 预报方程的参考因子。

关键词　太阳能;逐时太阳辐射;模式输出统计(MOS)

1　引言

太阳能资源是未来最有希望的、可大规模开发和利用的可再生能源之一。开展太阳能光伏发电预报研究,既可提高气象部门为社会服务的能力,又对我国可再生能源的开发和利用以及低碳经济的发展等具有重大意义。

光伏发电系统规划与分析的基础之一就是太阳辐射数据,电力系统部门更希望得到精细化的太阳辐射预报数据。国内学者对逐时太阳辐射的预报技术进行了研究。张素宁等[1]讨论了确定性模型与随机模型联合使用方法,建立了太阳总辐射 ARIMA 逐时模型,该模型可以将太阳辐射随天气变化的随机性较好地模拟出来。曹双华等[2]考虑影响太阳逐时总辐射的气象、地理等方面因素,对宝山站太阳逐时总辐射建立了混沌优化神经网络预测模型,模型能够反映太阳逐时总辐射的变化规律,预测结果也较为准确。苏高利等[3]采用最小二乘支持向量机方法建立了晴空逐时太阳辐射模型。结果表明,LS-SVM 方法能够很好地模拟气象要素对太阳辐射的非线性影响,建立的太阳辐射模型精度较高。王明欢等[4]利用中尺度数值模式 WRFV3 对 2009 年 8 月武汉站的逐时太阳辐射进行了模拟,表明中尺度模式对太阳辐射有一定的预报能力和可信度,尤其是对晴天辐射的预报能力更佳。白永清等[5]通过对 WRF 模式输出逐时辐射进行初步统计订正,进一步提高模式预报的可用性。

国外早在 1981 年,Jensenius 等[6]已将 MOS 预报方法引入到太阳辐射预报中。选取的预报因子包括平均相对湿度、750 hPa 垂直速度、850 hPa 相对涡度、200 hPa 风速、700 hPa 露点温度等,可使 24 小时预报时效的逐日太阳辐射预报相对均方根误差降到 25%。Bofinger 等[7]基于 ECMWF 模式也建立了太阳辐射的 MOS 预报方程,选取了云量指数、温度露点差、500

---

　*　白永清,**陈正洪**,王明欢,成驰.大气科学学报,2011,34(3):363-369.

hPa 相对湿度、温度露点差、2000 m 以下云量和可降水量预报因子,可使逐时太阳辐射预报相对均方根误差降到 32.1%。

本文基于 WRF 模式逐小时输出结果,通过对模式预报结果进行解释应用,以求提高辐射预报的准确率。

2 资料方法

2.1 资料

(1)模式资料:基于中尺度数值模式 WRFV3 每日 20 时(北京时)起报、每次积分 36 小时逐时输出的 07—18 时各物理量场预报结果。资料时间为 2009 年 1 月、4 月、8 月和 10 月,每月缺少部分日资料。

(2)观测资料:取自相应时间段的一级辐射观测站武汉站(114°08′E,30°37′N)的逐小时总辐射曝辐量观测(单位:MJ/m²)。

2.2 方法

2.2.1 误差评估

平均绝对百分比误差:

$$MAPE = \frac{\frac{1}{N}\sum_{i=1}^{N} |P_f^i - P_o^i|}{\frac{1}{N}\sum_{i=1}^{N} P_o^i} \times 100\% \tag{1}$$

相对均方根误差:

$$RMSE = \frac{\sqrt{\frac{1}{N}\sum_{i=1}^{N} (P_f^i - P_o^i)^2}}{\frac{1}{N}\sum_{i=1}^{N} P_o^i} \times 100\% \tag{2}$$

其中,N 表示时间序列长度,i 表示第 i 时刻,P_f^i 是第 i 小时预报值,P_o^i 是第 i 小时观测值。

2.2.2 逐时天文辐射的计算

以下(4)-(6)式为逐时天文辐射的推导公式[8,9]。逐时天文辐射(I_t)随当地纬度及日期时刻而变化。

$$E_{sc} = 1367(\text{W/m}^2) \tag{3}$$

$$\gamma = 1 + 0.033\cos\frac{360°n}{365} \tag{4}$$

$$\delta = 23.45\sin\left[360 \times \frac{284 + n}{365}\right] \tag{5}$$

$$I_t = 3600\lambda E_{sc}(\sin\delta\sin\varphi + \cos\delta\cos\varphi\cos\tau_t) \tag{6}$$

其中,E_{sc} 是太阳常数,γ 为日地距离订正系数,φ 纬度,δ 赤纬角,τ_t 时角,n 为一年中的日序号(1 月 1 日,$n=1$)。时角上午为负,下午为正,$\tau_t = 15°z - 7.5°$,z 为离正午的时间(小时)。

3 资料预处理

3.1 低通滤波

对 2009 年 8 月武汉站逐时总辐射序列进行 EOF 分析(时刻/天数),第一、二模态方差贡献分别为 97.55％、1.13％。如图 1a,第一、二模态反映了太阳辐射的日间变化特征;辐射日间变化的平均态为半波形(第一模态),非平均态时在正午前后辐射位相发生了转变(第二模态)。如图 1b,对非平均态的典型日进行合成分析表明,日间正午前后若出现了转折性天气,往往会对辐射造成一定影响。可见,第二模态方差贡献虽小但同样具有一定物理意义。关于总辐射序列第二模态的可预报性问题,还有待于进一步研究。

通过低通滤波,提取总辐射的平均态,去掉序列中不可预报的小波动信号,后期试验证明这有利于减小预报误差。

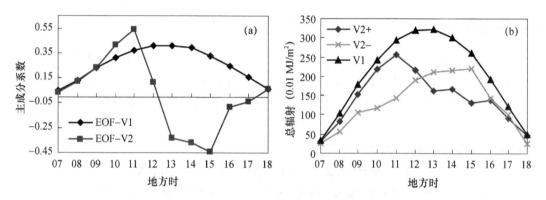

图 1　2009 年 8 月武汉站逐时总辐射序列 EOF 分析的
(a)第一、二模态曲线变化以及(b)各模态典型日的日间辐射变化合成

3.2 除以天文辐射

参照气候学上估算太阳辐射的经验公式[10-12]:$Q = Q_0(a + bS)$,Q_0 为太阳辐射基数值,S 为某(几)种辐射影响因子,a、b 是经验系数。考虑到 Q/Q_0 序列(若 Q_0 取天文辐射)即去除了大气层外辐射常数的影响,继而对低通滤波后的序列值($\bar{I}$),图 2a,除以对应时刻的天文辐射,得到的新序列($\bar{I}/I_0$)则主要包含了大气对辐射的作用,图 2b。这有利于改进气象因子与辐射观测的相关程度,后期试验也表明可以提高预报方程的稳定性以及辐射预报的准确率。

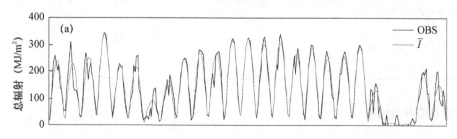

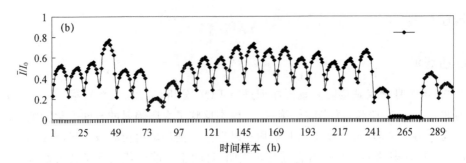

图2 2009年8月武汉站(a)逐时总辐射观测和低通滤波后的序列
(单位:0.01JM/m²),以及(b)滤波后除以天文辐射的序列

4 模式输出因子分析与处理

4.1 模式因子选取

辐射的影响因子主要包括温度、湿度、水汽、云量、气溶胶等。依据 WRF 模式每日输出的各物理量场结果,通过统计分析提取出与辐射观测显著相关的模式输出因子,列下表1。表1给出 2009 年 8 月武汉站模式输出因子的统计量相关分析,其中到达地表短波辐射即为模式直接预报的辐射量。可见,对初始资料滤波后再除以天文辐射($\bar{I}/I_0$)的预处理方法能够有效提高气象因子与辐射的相关程度。

表1 模式输出因子与辐射观测预处理序列的统计相关

$\bar{I}$表示对观测序列进行了低通滤波,$\bar{I}/I_0$表示滤波后再除以天文辐射

模式输出因子	$\bar{I}/I_0$	$\bar{I}$
地表气温	0.71	0.76
2 m 气温	0.68	0.57
高云量	−0.64	−0.44
到达地表短波辐射	0.57	0.78
2 m 露点	0.50	0.36
2 m 比湿	0.49	0.35
500 hPa 相对湿度	−0.44	−0.28
2 m 相对湿度	−0.42	−0.41
温度露点差	0.42	0.41
云雨冰雪混合比的垂直积分	−0.36	−0.25
中云量	−0.36	−0.20
850 hPa 露点温度	0.34	0.25
地面气压	−0.34	−0.23

4.2 因子降维处理

由于选取的众多因子之间难免会存在复共线性关系,从而影响到方程的预报能力,并且众多因子也不利于方程的建立。因此,需要对所选取的模式因子做进一步处理。通过主成分分

析,不但浓缩了因子数目,而且使得各主分量相互独立,消除了因子之间的复共线性关系。

对 2009 年 8 月模式输出的 13 个辐射相关因子进行主成分分析,各主分量再与 $\bar{I}/I_0$ 序列进行统计相关,最终确定了其中的 3 个主分量作为 MOS 预报方程的因子。入选的 3 个主分量相关系数依次为 0.77,-0.27,0.25。

5 预报结果分析

在训练期通过建立 $\bar{I}/I_0$ 序列与入选因子矩阵之间的 MOS 预报方程,确定方程的回归系数,在预报期进行独立样本的预报检验。预报结果乘以对应时刻的天文辐射,将预报辐射量级还原。

5.1 8 月逐时太阳辐射的预报结果分析

2009 年 8 月模式资料缺少 1-5 日及 26 日,将剩下的资料长度分为训练期 15 天和预报期 10 天,对逐时太阳辐射的预报结果进行分析。

由图 3 可见,通过 MOS 预报方法预报的逐时太阳辐射序列,在拟合期及预报期均能与辐射观测序列较好地吻合,二者相关系数为 0.89。MOS 预报的平均绝对百分比误差(MAPE)为 22.6%,相对均方根误差(RMSE)为 30.7%。

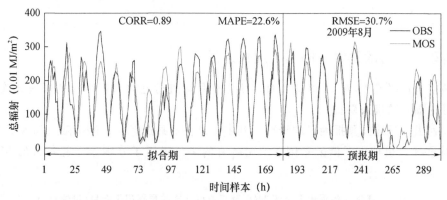

图 3　2009 年 8 月武汉站逐时太阳辐射观测(OBS)及预报(MOS)序列(单位:0.01JM/m²)

与模式直接预报的结果相比较,如图 4,对于 07-18 时刻,MOS 预报方法预报的 MAPE、RMSE 相对模式直接输出结果明显降低。可见,通过对模式输出结果进行解释应用,能够进一步提高辐射预报的准确率。

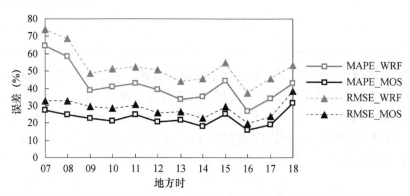

图 4　2009 年 8 月武汉站模式及 MOS 预报 07-18 时逐时太阳辐射的 MAPE 和 RMSE 统计量(单位:%)

由于实况 8 月 29 日、30 日发生降水,辐射观测仪器加盖(观测值为 0),导致 2 天的样本数据产生误差。表 2 对预报期去掉这 2 天的预报结果进行了误差评估。表 2 中,$(I_0)\overline{I_0}$ MOS 表示由观测资料序列(没有)经过低通滤波处理后再除以天文辐射建立起的 MOS 预报方程。由误差分析可见,没有经过滤波的序列,由于过分拟合了噪音信息,导致其拟合期误差较小,而预报期误差较大。通过低通滤波处理,8 天预报平均 MAPE 降到 20%,相对模式预报改进了 50%。

表 2   2009 年 8 月武汉站模式及 MOS 预报在拟合期、预报期的误差统计分析(单位:%)

	拟合期(15 d)	预报期(10 d)	预报期观测值去 0 样本(8 d)
WRF	MAPE=34.8% RMSE=47.9%	47.8 67.6	41.35 58.8
I_0_ MOS	MAPE=20.8% RMSE=27.6%	27.6 38.2	21.7 31.2
$\overline{I_0}$ MOS	MAPE=22.2% RMSE=28.8%	23.5 34.6	20.0 30.4

5.2   各季代表月的逐时太阳辐射预报结果

参照以上预报流程,对 2009 年 1 月、4 月、10 月均进行逐时太阳辐射的预报试验,检验各季代表月的辐射预报效果。

表 3 列出各月选择预报因子的情况。其中 1 月在 8 月选择因子的基础上加入了雪水量和低云量因子,4 月也加入了低云量因子。由各月的主分量因子分别建立起各自的 MOS 预报方程。

表 3   武汉站各季代表月的 MOS 预报方程选择的预报因子数目(单位:个)

	模式相关因子(个)	相关主分量(个)
1 月	15	9
4 月	14	7
8 月	13	3
10 月	13	5

各月均以后 10 天为预报期,进行独立样本的预报检验。由图 5 可见,该试验流程方案的预报效果相对稳定,对不同季代表月的辐射模拟效果均较为理想。1 月、4 月和 10 月辐射预报与观测的相关系数依次为 0.91、0.91 和 0.87。预报 10 天的误差统计量如图 6,各月 MOS 预报的 MAPE 均控制在 20%~30% 之间,RMSE 控制在 30%~40% 之间,相对模式直接预报辐射结果改进了 50% 左右。

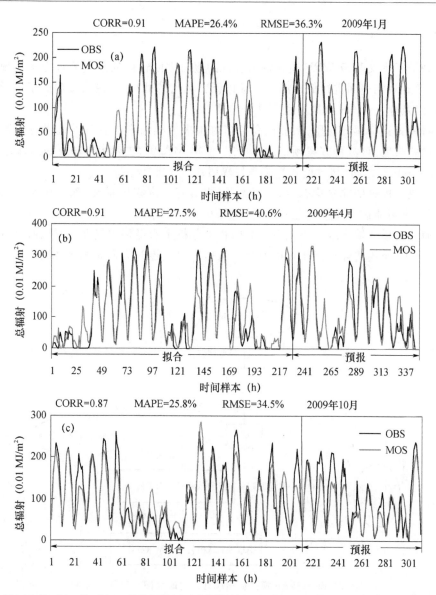

图5　2009年(a)1月、(b)4月、(c)10月武汉站逐时太阳辐射观测(OBS)及预报(MOS)序列(单位:0.01 MJ/m²)

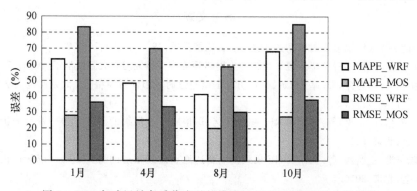

图6　2009年武汉站各季代表月的模式及 MOS 预报逐时太阳辐射

在预报期10天(去掉观测值为0的样本)平均 MAPE 和 RMSE 统计量(单位:%)

6　总结

图 7 总结了本文基于 WRF 模式输出统计的逐时太阳辐射的预报流程方案。预报流程主要包括:对逐时观测序列进行低通滤波并除以天文辐射的处理,对模式输出因子进行选取与降维的处理,以及建立 MOS 预报方程等几个步骤。

通过对模式进行解释应用,明显提高了辐射预报的准确率。对各季代表月的逐时辐射预报结果的检验表明,该流程方案预报效果稳定,使得 MAPE 均控制在 $20\%\sim30\%$ 之间,RMSE 控制在 $30\%\sim40\%$ 之间,相对模式直接预报辐射改进了 50% 左右。

关于总辐射序列的非平均态(第二模态)同样具有一定物理意义,深入讨论第二模态的可预报性问题,有可能进一步提高逐时辐射预报的准确率。

本文通过对模式输出因子与辐射观测的相关分析中所得到的气温、云量、露点、比湿、相对湿度、气压等 13 个模式输出因子可以作为各省地区建立逐时太阳辐射的 MOS 预报方程的参考因子。

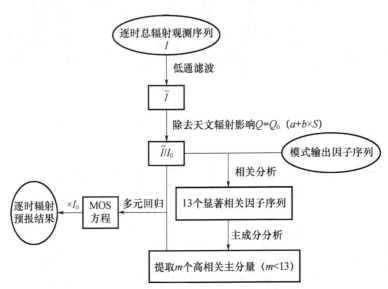

图 7　基于 WRF 模式输出统计的逐时太阳辐射预报流程

参考文献

[1] 张素宁,田胜元.太阳辐射逐时模型的建立[J].太阳能学报,1997,18(3):273-277.

[2] 曹双华,曹家枞.太阳逐时总辐射混沌优化神经网络预测模型研究[J].太阳能学报,2006,27(2):164-169.

[3] 苏高利,柳钦火,邓芳萍,等.基于 LS-SVM 方法的晴空逐时太阳辐射模型[J].北京师范大学学报(自然科学版),2007,43(3):274-278.

[4] 王明欢,赖安伟,陈正洪,等.关于 WRF 模式模拟到达地表短波辐射的研究(Ⅰ)—统计分析[C].中国气象学会年会,北京,2010.

[5] 白永清,陈正洪,王明欢,等.关于 WRF 模式模拟到达地表短波辐射的研究(Ⅱ)—统计订正[C].中国气象学会年会,北京,2010.

[6] Jensenius J S,Cotton G F. The Development and Testing of Automated Solar Energy Forecasts Based on The Model Output Statistics(MOS)Technique[C]. Proc. 1st Workshop on Terrestrial Solar Resource Fore-

casting and on the Use on Satellites for Terrestrial Solar Resource Assessment, Newark, 1981, American Solar Energy Society.

[7] Bofinger S, Heilscher G. Solar Radiation Forecast Based on ECMWF and Model Output Statistics[C]. Technical Report ESA/ENVISOLAR, 2004.

[8] 王炳忠.《太阳辐射计算讲座》第三讲 地外水平面辐射量的计算[J]. 太阳能,1999(4)12-13.

[9] 杨金焕,于化丛,葛亮. 太阳能光伏发电应用技术[M]. 北京:电子工业出版社,2009:21-29.

[10] 翁笃鸣. 试论总辐射的气候学计算方法[J]. 气象学报,1964,34(3):304-314.

[11] 王炳忠,张富国,李立贤. 我国的太阳能资源及其计算[J]. 太阳能学报,1980,1(1):1-9.

[12] 孙治安,施俊荣,翁笃鸣. 中国太阳总辐射气候计算方法的进一步研究[J]. 南京气象学院学报,1992,15 (2):21-29.

说明:本文与《大气科学学报》刊出稿略有不同。

一种改进的太阳辐射 MOS 预报模型研究 *

摘　要　通过对常规 MOS 方法进行一定的改进,建立改进的辐射预报模型,达到提升预报效果的目的。考虑到大气对辐射的削弱作用,将实际辐射转换为清晰度指数,去除了天文辐射的影响;另外,由于不同天气类型条件会对太阳辐射产生较大影响,在进行建模之前利用 Fisher 判别分析方法对天气类型进行分类,将同季节同时次同天气类型的要素进行归类分析;同时,考虑到太阳辐射的季节性变化和日变化特征,影响太阳辐射各要素的权重会有所变化,建立不同季节、不同时次的预报模型;最后,考虑到系统误差的延续性,将建立的初时次模型预报值与实际值的误差作为其他时次的一个因子变量,建立后续邻近时次预报模型。结果表明:所建模型的模拟值能反映实际的太阳辐射变化情况,达到建模要求;对比常规的 MOS 方法,改进的 MOS 模型在拟合期的相对均方根误差(rRMSE)降低了 20% 左右,明显提升预报效果;以 2012 年 8 月作为预报期进行模型预报评估,预报期的相对均方根误差($rRMSE$)为 28.33%,平均绝对百分比误差($MAPE$)为 16.20%,模型预报效果较好。

关键词　太阳辐射;MOS;辐射预报;模型改进

1　引言

我国太阳能理论捕获量达每年 1.7 万亿 t 标准煤,年平均日辐射量在 4 kWh/m² 以上,与美国相近,高于欧洲、日本[1],光伏发电在快速发展的同时也面临着几个亟待解决的问题。由于太阳能辐射周期性变化,光伏发电出力的变化也具有很强的周期性。气象要素变化的随机性导致了太阳辐射的波动性、随机性和不确定性,使得光伏发电与传统的火、水发电有着很大的不同。且给电网并网带来很大的困难,这也是制约太阳能光伏发电发展的主要技术瓶颈。

因此对太阳辐射预测是光伏电站规划中最基础也是较重要的一个环节,是对光伏电站发电功率进行预测的有效途径之一。许多研究方法,如经验预报方法、统计方法(持续法、回归法[2-3]、时间序列法)、学习方法(神经网络[4]、支持向量机[5]),以及应用较多的数值预报方法[6]如 WRF、MM5 等,都被应用到太阳辐射的预测中。在这些方法中,动力统计方法得到了越来越多的应用,其中,常用的 MOS(Model Output Statistics,模式输出统计订正)方法,对辐射的预测达到了较好效果[7]。

本研究利用数值模式(WRF)预报输出产品,结合国家一级辐射观测站武汉站实测辐射资料,对常规 MOS 方法进行一定的改进,以达到提高太阳辐射的预报效果的目的,进而为提高光伏电站的发电功率预测提供技术支撑。

　* 孙朋杰,**陈正洪**,成驰,白龙,张雪婷. 太阳能学报,2015,36(12):3048-3053.(通讯作者)

2 资料和方法

2.1 资料概述

2.1.1 太阳辐射资料

所用的辐射资料取自国家一级辐射观测站武汉站逐时辐射观测数据。观测时段为 2011 年 7 月-2012 年 6 月,观测项目包括总辐射曝辐量(MJ/m^2)、散射辐射曝辐量(MJ/m^2)、直接辐射曝辐量(MJ/m^2)、反射辐射曝辐量(MJ/m^2)、日照时间(h)等,本文主要利用其中的总辐射曝辐量资料,下文简称太阳总辐射或太阳辐射。

2.1.2 数值模式资料

采用的数值预报模式是中尺度数值模式 WRF(weather research prediction)V3.2.1 版,水平分辨率为 30 km,以 $31.0°N,115°E$ 为中心,水平格点数为 291×204;垂直方向有 19 层,模式顶层为 100 hPa;积分时间从每日 0:00(北京时间)开始,共积分 94 h,逐时输出各物理量场预报结果,WRF 模式模拟的时间同样从 2011 年 7 月至 2012 年 6 月。

2.2 所用方法

2.2.1 清晰度指数的计算

由于大气对太阳辐射的削弱作用,到达地面的太阳总辐射量表达式为:

$$I = I_0(a + bS) \tag{1}$$

式中,I 为达到地表总辐射;I_0 为大气上界的太阳辐射量,即太阳辐射基数;S 为辐射影响因子,a、b 是经验系数。取逐时天文辐射为太阳辐射基数,其计算公式为:

$$I_0 = 3.6 \times 10^{-3} \gamma E_{sc}(\sin\delta\sin\varphi + \cos\delta\cos\varphi\cos\omega) \tag{2}$$

式中,E_{sc} 是太阳常数;γ 为日地距离订正系数;φ 为纬度;δ 为赤纬角;ω 为时角。

将到达地表的太阳总辐射除以对应时刻的太阳辐射基数 I_0,得到表征天文辐射通过大气层衰减后的逐时清晰度指数(K_T):

$$K_T = \frac{I}{I_0} \tag{3}$$

K_T 越高,表明大气越透明,衰减越少,到达地面的相对太阳辐射强度越大。白永清等[8]的研究表明,将辐射观测转换为清晰度指数来进行建模,在一定程度上可去除天文辐射的影响,提高辐射预报准确率。

2.2.2 Fisher 判别分析

Fisher 判别分析[9]是一种非常经典的问题分类技术,其基本思想就是根据最大化类间离散度,最小化类内离散度(即各总体的方差尽可能小,不同总体均值之间的差距尽可能大)的原则,确定原始向量的投影方向,使得样本投影到该方向时各类之间最大程度地分离,从而达到正确分类的目的。

假设有 2 个总体 A、B,从第一个总体 A 中抽取 n_1 个样品,从第二个总体中抽取 n_2 个样品,每个样品有 p 个影响指标。已知来自总体 $A+B$ 的训练样本为:

$$\overline{X}^{(i)} = (\frac{1}{n_i}\sum_{t=1}^{n_i}x_{t1}^{(i)}, \cdots, \frac{1}{n_i}\sum_{t=1}^{n_i}x_{tp}^{(i)})^T = (\bar{x}_1^{(i)}, \cdots, \bar{x}_p^{(i)})^T (i=1,2)$$

判别分析就是要根据这些数据,按照两组间的区别最大,而使每个组内部的离差最小的原则,确定判别函数 $y = C_1x_1 + C_2x_2 + \cdots + C_px_p$,并找出临界值,然后进行分类,使得不同事件的发生可通过主要因子的状况来准确判断。

2.2.3 主成分分析

又称主分量分析,是一个很有效的多变量分析方法[9],能将多个因子转化为相互独立的组合因子,能将主要信息集中到少数几个组合因子中去,简化了问题。主成分分析步骤如下:

(1)当有 m 个变量属于不同的气象要素,每个变量有 n 个观测值,每个数据为 x_{ij}, $i=1,2,\cdots,m$; $j=1,2,\cdots,n$,为消除单位和量纲的差别,对原始数据进行标准化处理。

$$x_{ij}^* = \left(\frac{x_{ij}-\bar{x}_i}{s_i}\right) \tag{4}$$

式中,s_i 为第 i 个变量的均方差,$\bar{x}_i = \frac{1}{n}\sum_{i=1}^{n}x_{ij}$。

(2)根据标准化数据计算相关系数矩阵

$$R = (r_{ij})_{n \times n} \tag{5}$$

式中,r_{ij} 是指标 x_i 与 x_j 间的相关系数

$$r_{ij} = \frac{1}{n}\sum_{k=1}^{n}(x_{ki}-\bar{x}_i)(x_{kj}-\bar{x}_j)/\sigma_i\sigma_j \tag{6}$$

式中,σ_i, σ_j 分别为 x_i 与 x_j 的标准差。

(3)计算相关系数矩阵的特征值和特征向量,根据特征方程计算特征根 λ_i,并使其从大到小排列 $\lambda_1 \geqslant \lambda_2 \geqslant \cdots \geqslant \lambda_n$。

(4)计算贡献率 $e_i = \lambda_i/\sum_{i=1}^{n}\lambda_i$ 和累计贡献率 $E_j = \sum_{j=1}^{m}\lambda_j/\sum_{i=1}^{n}\lambda_i$

(5)计算主成分 $z_j = \sum_{j=1}^{p}\sum_{i=1}^{n}u_{ii}x_{ij}^*$

2.2.4 误差检验

评估建立的辐射模型预报效果,采用下列指标作为效果指标:
(1)平均绝对百分比误差

$$MAPE = \frac{1}{n}\sum_{i=1}^{n}\frac{|x_{ij}-x_i|}{x_i} \tag{7}$$

(2)相对均方根误差

$$rRMSE = \sqrt{\frac{1}{n}\sum_{i=1}^{n}(x_{ij}-x_i)^2/x_i} \tag{8}$$

3 改进的 MOS 预报模型的建立

3.1 预报模型设计

由于中尺度数值模式直接输出的辐射预报与实际观测值相差较大,若直接将数值模式输

出结果应用到光伏发电预报过程中可能会造成较大误差,因此必须对模式输出结果进行一定的释用订正,达到提高太阳辐射预报的准确率的目的。

常规的数值模式输出统计(MOS)主要包括对原始资料进行预处理及预报因子的选取等几个关键方面。相比较常规 MOS 方法,本研究试图通过几个方面的改进达到提高预报效果的目的:(1)考虑到不同天气条件对地面接收短波辐射的影响,将天气分为阴雨天和多云(含晴日),分别统计、分析不同天气类型条件下的辐射实况值和模式输出值,提高模型预测精度。(2)考虑到太阳辐射的季节性变化特征,影响太阳辐射各要素的权重会有所变化,分别建立不同季节的预报模型。(3)考虑到一日之中太阳高度角随时间的变化,利用各季节同时次辐射资料和模式输出资料,建立一日之中的分时辐射预报方程,提高预报效果。(4)考虑到系统误差的延续性,结合主因子与辐射资料,建立一日之中初时次辐射预报方程,再将初时次预报值与实际值的误差作为其他时次的一个因子变量,与各时次主因子重新组合,建立逐时预报方程,图 1 为改进的 MOS 预报模型框架。

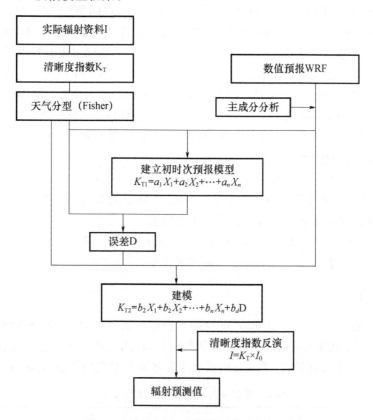

图 1　改进的 MOS 预报模型总体框架图

3.2　预报模型的建立

相关学者的研究表明[10-12],影响到达地表的太阳总辐射的因子主要有云量、水汽含量、能见度、温度等,故选取了 14 种模式输出因子作为影响到达地面太阳总辐射的变量,见表 1。

表 1   选取的 14 种影响太阳辐射的模式输出因子

影响因子	单位	影响因子	单位
2 m 比湿	kg/kg	2 m 温度	℃
云水混合比	kg/kg	地表温度	℃
到达地表短波辐射	W/m^2	2 m 相对湿度	%
高云量	成	中云量	成
低云量	成	相对湿度	%
地面气压	hPa	露点温度	℃
2 m 露点温度	℃	2 m 露点温度差	℃

首先利用 Fisher 判别分析方法,进行天气分型,将同一季节同一时次的清晰度指数进行分类,将 $0 \leqslant K_T < 0.15$ 的认为是阴雨天气,以模式输出的 14 种因子作为自变量建立阴雨天气判别方程。同理,将 $0.15 \leqslant K_T < 1$ 作为多云天气(含晴日),将同类天气类型的数据进行归类。

由于选取的因子众多,因子之间会存在共线性的关系,同时,较多的变量指标增加了分析问题的复杂性,不利于模型的建立。利用 SPSS 软件对上述因子进行主成分分析,将这些因子转化为独立的组合因子,并且将原因子的信息集中到少数的几个组合因子中,会大大的简化问题。选定特征根 $\lambda_c = 1$,所有特征根大于或等于 1 的主成分将被保留,其余舍弃。同时,为提高预报准确率,将太阳总辐射转换为清晰度指数 (K_T)。建立清晰度指数与各主成分之间的模型。

根据天气分型之后各季节一日之中的初时次清晰度指数及初时次模式输出因子的主成分建立初时次清晰度指数模型:

$$K_0 = a_1 x_1 + a_2 x_2 + \cdots + a_n x_n + a_0 \tag{9}$$

最后,利用初时次清晰度指数的模拟值与实际值的误差 D 作为其他时次的新影响因子,结合各时次主成分因子建立其他时次清晰度指数模型:

$$K_1 = b_1 x_1 + b_2 x_2 + \cdots + b_n x_n + b_d D + b_0 \tag{10}$$

最终得到了不同季节一日之中各时次的预报模型。

3.3   应用实例

运用双线性插值方法将 WRF 模式模拟结果插值到武汉站,得到该站点的各要素逐时模拟值,结合国家一级辐射观测站武汉站实测辐射资料,利用上述方法建立武汉地区清晰度指数 (K_T) 预报模型。由于数据较多,本文只给出夏季和冬季各时次的预报模型,如表 2、表 3 所示。

表 2   夏季各时次清晰度指数预报模型

时次	天气类型	模型
8 h	阴雨天	$K = -0.01 x_1 + 0.00 x_2 - 0.001 x_3 + 0.061$
	多云天	$K = 0.002 x_1 - 0.01 x_2 - 0.009 x_3 - 0.019 x_4 + 0.40$
9 h	阴雨天	$K = 0.01 x_1 - 0.08 x_2 - 0.13 x_3 + 0.20$
	多云天	$K = 0.018 x_1 + 0.01 x_2 - 0.011 x_3 + 0.56 D + 0.43$
10 h	阴雨天	$K = -0.01 x_1 + 0.00 x_2 - 0.001 x_3 + 0.06$
	多云天	$K = -0.01 x_1 - 0.04 x_2 - 0.02 x_3 + 0.08 x_4 + 0.62 D + 0.48$

续表

时次	天气类型	模型
11 h	阴雨天	$K=-0.01x_1+0.00x_2-0.001x_3+0.061$
	多云天	$K=-0.003x_1+0.03x_2-0.02x_3-0.08x_4+0.6D+0.48$
12 h	阴雨天	$K=-0.01x_1+0.00x_2-0.001x_3+0.061$
	多云天	$K=0.1x_1+0.03x_2-0.04x_3-0.06x_4+0.35D+0.545$
13 h	阴雨天	$K=-0.01x_1+0.00x_2-0.001x_3+0.061$
	多云天	$K=0.01x_1+0.03x_2+0.02x_3-0.05x_4+0.3D+0.54$
14 h	阴雨天	$K=-0.01x_1+0.00x_2-0.001x_3+0.061$
	多云天	$K=0.01x_1+0.03x_2-0.01x_3-0.03x_4+0.42D+0.54$
15 h	阴雨天	$K=-0.03x_1+0.03x_2-0.005x_3+0.219$
	多云天	$K=-0.005x_1+0.04x_2-0.01x_3+0.01x_4+0.3D+0.53$
16 h	阴雨天	$K=-0.017x_1+0.026x_2-0.05x_3+0.007x_3+0.157$
	多云天	$K=0.004x_1+0.05x_2-0.01x_3-0.05x_4+0.18D+0.48$
17 h	阴雨天	$K=-0.06x_1+0.02x_2-0.067x_3+0.357$
	多云天	$K=0.03x_1+0.049x_2+0.131D+0.348$
18 h	阴雨天	$K=-0.01x_1+0.00x_2-0.001x_3+0.061$
	多云天	$K=0.01x_1+0.02x_2-0.005x_3-0.01x_3+0.05D+0.34$

表 3　冬季各时次清晰度指数预报模型

时次	天气类型	模型
8 h	阴雨天	$K=-0.01X_1+0.001X_2-0.002X_3+0.049$
	多云天	$K=-0.01X_1-0.01X_2-0.036X_3+0.27$
9 h	阴雨天	$K=-0.009X_1-0.014X_2+0.004X_3+0.099$
	多云天	$K=-0.026X_1-0.03X_2-0.033X_3+0.868D+0.363$
10 h	阴雨天	$K=-0.017X_1-0.025X_2-0.006X_3+0.189$
	多云天	$K=-0.052X_1-0.049X_2-0.063X_3-0.792D+0.251$
11 h	阴雨天	$K=-0.02X_1-0.012X_2+0.007X_3-0.015X_4+0.169$
	多云天	$K=-0.045X_1-0.067X_2-0.031X_3-0.72D+0.33$
12 h	阴雨天	$K=-0.032X_1-0.017X_2-0.031X_3-0.009X_4+0.242$
	多云天	$K=-0.04X_1-0.07X_2-0.01X_3-0.03X_4-0.76D+0.36$
13 h	阴雨天	$K=-0.017X_1-0.003X_2-0.016X_3+0.131$
	多云天	$K=-0.05X_1-0.04X_2-0.04X_3-0.01X_4-0.66D+0.37$
14 h	阴雨天	$K=-0.02X_1-0.002X_2-0.01X_3-0.01X_4+0.129$
	多云天	$K=-0.05X_1-0.07X_2-0.02X_3-0.01X_4-0.57D+0.35$
15 h	阴雨天	$K=-0.019X_1-0.004X_2-0.002X_3+0.135$
	多云天	$K=-0.007X_1-0.067X_2-0.04X_3-0.493D+0.317$
16 h	阴雨天	$K=-0.021X_1-0.013X_2-0.027X_3+0.013X_4+0.152$
	多云天	$K=-0.038X_1-0.017X_2-0.029X_3-0.318D+0.297$
17 h	阴雨天	$K=-0.014X_1+0.009X_2-0.015X_3+0.116$
	多云天	$K=-0.02X_1-0.04X_2+0.1X_3+0.05X_4-0.01D+0.18$

最后,将预报的清晰度指数,再乘以对应的天文辐射,最终得到了各时次的太阳总辐射预报值。

$$I_i = K_i \times I_{0i} \tag{11}$$

式中,I_i 为第 i 时次太阳辐射,K_i 为第 i 时次清晰度指数,I_{0i} 为第 i 时次天文辐射值。

4 效果检验

为了检验建立模型的拟合效果,利用建立的预报模型对 2011 年 7 月—2012 年 6 月的太阳总辐射进行了模拟试验。由于模拟样本较多,难以完全表现实况值和模拟值的差异,选取了 2011 年 8 月辐射资料来展示模型的模拟效果,如图 2 所示。

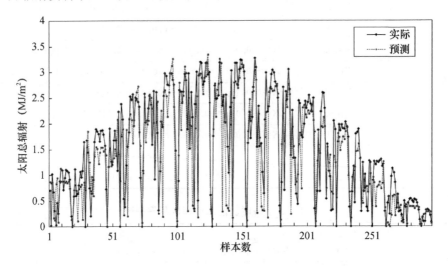

图 2　2011 年 8 月武汉站太阳总辐射观测值与拟合值的对比

从图 2 可以看到,所建模型的模拟值能基本反映实际的太阳辐射变化情况,达到建模要求。为对比改进的 MOS 方法与常规 MOS 方法的拟合效果,分别利用两种方法建立辐射预报模型并对 2011 年 8 月武汉站太阳辐射进行了模拟(表 4)。对比结果表明:改进的 MOS 模型较常规 MOS 模型的拟合误差有所下降,较 WRF 预报误差大幅下降,其中相对均方根误差比常规 MOS 方法降低 20%,平均绝对百分比误差降低 13% 左右,能明显提升预报效果。

表 4　不同订正方法预报结果比较

方法	WRF 预报	常规 MOS	改进 MOS(本文)
$rRMSE(\%)$	81.11	46.73	25.35
$MAPE(\%)$	54.7	27.95	14.44

为了进一步验证所建模型对太阳辐射的预报效果,将 2012 年 8 月作为预报期进行模型预报评估,评估效果如图 3 所示。

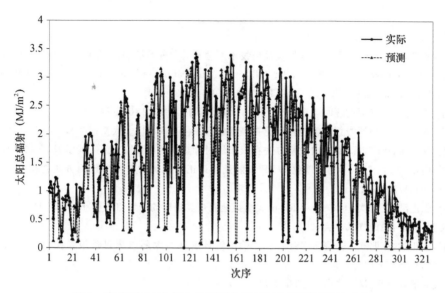

图 3 武汉站 2012 年 8 月实际太阳辐射与预测辐射的对比

评估结果表明,预报期的相对均方根误差为 28.33%,平均绝对误差百分比为 16.20%。从图中可以看到,模型预报值和实际值较为接近,但对个别值,特别是变化较为剧烈的辐射值的预测效果不是十分理想。分析其原因,这种小尺度的剧烈变化可能是由于气象要素(如云、雾滴谱等)的瞬时变化引起,在模式模拟结果中很难体现,故对这种小范围剧烈波动的辐射预测效果不好。

5 结论与讨论

通过利用辐射观测站实际观测资料和数值模式模拟资料,对常规 MOS 方法的改进,建立了改进的太阳辐射 MOS 预报模型,并对模型进行了验证和检验。得到的结论如下:

(1)考虑到太阳辐射的季节变化和日变化特征,同时考虑系统误差的延续性,将模型初时次预报值与实际值的误差作为其他时次的因子变量,建立不同季节不同时次预报模型。

(2)所建模型的模拟值能反映实际的太阳辐射变化情况,达到建模要求。对比常规的 MOS 方法,改进的 MOS 模型在拟合期的相对均方根误差降低了 20% 左右,明显提升了预报效果。

(3)以 2012 年 8 月作为预报期进行模型预报评估,预报期的相对均方根误差为 28.33%,平均绝对百分比误差为 16.20%,模型预报效果较好。

本文所建模型是利用了 1 a 的数据,模型中的不同季节、不同天气类型、不同时次的模型系数是固定的,在预报过程中能直接带入使用。但由于辐射自身的年际及年代际变化,会使其具有波动性,故可以在实际的业务应用中每隔 2 a 左右进行一次调整,以提高模型的预报准确率。

另外,本文中所建立辐射预报模型的参数仅适用于武汉地区,对其他地区,可参考本文的思路来建立辐射预报模型,但其中的 Fisher 判别方程系数、主成分、经验系数以及误差 D 等均会有变化。

参考文献

[1] 陈正洪,李芬,成驰,等.太阳能光伏发电预报技术原理及其业务系统[M].北京:气象出版社,2011:1-4.

[2] Whitaker C,Townsend T U,Newmiller J D,et al. Application and validation of a new PV performance characterization method [C]// Proc IEEE PVSC,1997:1253-1256.

[3] 张素宁,田胜元.太阳辐射逐时模型的建立[J].太阳能学报,1997,18(3):273-278.

[4] 曹双华,曹家枞.太阳逐时总辐射混沌优化神经网络预测模型研究[J].太阳能学报,2006,27(2):164-169.

[5] 顾万龙,朱业玉,潘攀,等.支持向量机方法在太阳辐射计算中的应用[J].太阳能学报,2010,31(1):56-60.

[6] 孙银川,白永清,左河疆.宁夏本地化 WRF 辐射预报订正及光伏发电功率预测方法初探[J].中国沙漠, 2012,32(6):1738-1742.

[7] 白永清,陈正洪,王明欢,等.关于 WRF 模式模拟地表短波辐射的统计订正[C]//第 27 届中国气象学会年会论文集.北京:中国气象学会,2010:232.

[8] 白永清,陈正洪,王明欢,等.基于 WRF 模式输出统计的逐时太阳总辐射预报初探[J].大气科学学报, 2011,34(3):363-369.

[9] 施能.气象统计预报[M].北京:气象出版社,2009:85-90.

[10] 郭军,任国玉.天津地区近 40 年日照时数变化特征及其影响因素[J].气象科技,2006,34(4):415-420.

[11] 申彦波,赵宗慈,石广玉.地面太阳辐射的变化、影响因子及其可能的气候效应最新研究进展[J].地球科学进展,2008,23(9):915-923.

[12] 查良松.我国地面太阳辐射量的时空变化研究[J].地理科学,1996,16(3):232-237.

光伏发电功率预测预报系统升级
方案设计及关键技术实现*

摘　要　"光伏发电功率预测预报系统 V2.0"开发完成于 2012 年初,由于国家能源行业标准《光伏发电功率预测系统功能规范》(2014)即将颁布,完善系统功能,提高系统适用性,对系统升级尤其必要。从系统框架完善、预报方法改进、网络技术应用以及功能模块优化等 4 个方面对"光伏发电功率预测预报系统 V2.0"进行升级。升级内容主要包括:新增集合预报法以实现多种预报方法的集成优化,新增 B/S 架构方式并通过 Silverlight 4.0 技术实现预报产品的网络发布,新增电站地理信息地图显示从而增强系统的展示性,加强入库数据的规范化管理及对系统进行发电单元划分。升级后的系统已推广应用于全国多家光伏电站,将有助于电网对光伏发电的合理有效调度及光伏电站发电效率的提高。

关键词　光伏发电功率预测预报;系统升级;Silverlight 4.0;集合预报法;Google Earth

1　引言

近年来,我国光伏发电市场发展迅猛,年装机容量从 2010 年的 0.5GW 增长为 2013 年的 10GW 以上,新增量居全球首位[1]。不同的天气状况会造成光伏系统输出功率的波动性和周期性变化,使光伏发电在接入电网时影响电网的稳定性和安全运行,为解决这一问题并提高光伏出力的并网比例,开展太阳辐射预报和光伏发电功率预测已得到电力及气象行业的高度重视。

目前,国内外关于光伏功率预测的研究工作,主要采用数值天气预报以及统计学技术来进行[2-3]。文献[4]根据 ECMWF 数值天气预报提供的云参数和太阳辐射预报产品,以及光伏组件朝向、倾角,光伏电站位置等信息,通过计算出光伏组件平面上的总辐射预测值,得到未来 3 天的光伏功率预测结果,时间分辨率为 1 h。文献[5]基于地基云图观测,建立了云图遮挡复原和畸变还原算法,实现水平面总辐射的预测,从而进行光伏功率预测。文献[6]结合 BP 神经网络预测模型与自组织特征映射聚类识别方法,建立了不同天气类型的预测模型,避免单模型过拟合问题,从而提高预测精度。

目前国内针对光伏预测系统所做的研究多是将中尺度数值预报模式作为主要输入,该模式通常需要采用大型机来高速运算,且直接输出结果与实测值误差较大,需要通过一定的方式对模式输出结果进行解释应用,方可进行光伏功率预测预报。整个过程较为复杂,限制了系统的集成和整体业务流程,而气象部门在数值预报模式业务上具有很好的优势。光伏发电功率预测预报系统 V2.0 是一款基于中尺度数值天气预报模式的产品,能够通过多种预报方法实现短期(未来 3 天)、超短期(未来 4 小时)的逐 15 min 光伏发电功率预报或太阳辐照度预报。

＊　崔杨,陈正洪,成驰,唐俊,谷春.中国电力,2014,47(10):142-147.(通讯作者)

其中,选用的数值预报在模式中同化了卫星、雷达、地面等多种资料,具有较高的分辨率和准确性。此外,系统中还提出了斜面总辐射模式预报的新方法,在光电转换模型和参数中充分考虑了气象条件的影响,并采用原理法和动力统计法开展系统预报方法的研制[7]。

2013 年,国家能源行业编制完成了《光伏发电功率预测系统功能规范》《光伏发电站功率预测系统技术要求》以及《光伏发电功率预测气象要素监测技术规范》等技术规范,并即将颁布实施,为了与之相适应,并为用户提供更加友好的人机交互操作体验,对现有系统进行升级显得十分迫切和必要。

2 系统升级方案总体设计

2.1 升级内容及其分类

根据规范要求及 V2.0 系统中存在的问题,将升级工作分为四类,分别是预报方法改进、系统框架完善、网络技术应用以及功能模块优化,具体见表 1。

表 1 V2.0 系统升级方案及解决的问题

升级工作分类	升级工作方案	解决的问题
预报方法改进	为提高系统的预报精度,有效降低预报误差,新增多种预报值集合订正的方案。	升级前的系统采用原理法和动力-统计法建立预报模型。但预报方法在不同地区、不同季节的适用性不同,而且多种预报方法得出的预报值不尽相同,目前仅采用优选法选择一种误差最小的方法作为实际预报值进行上报和检验。
系统框架完善	为系统提供 Web Service 接口,增加预报产品 Web 发布模块	无法实现预报产品的网络共享
网络技术应用	采用 SilverLight 4.0 技术 采用 Google Earth,增加地图显示功能	新增预报产品 Web 发布模块客户端页面的编写 电厂工作人员无法通过系统直观地获得光伏阵列的具体分布情况
功能模块优化	增加数据阈值自定义模块,对入库数据进行规范化处理 对系统进行单元划分,某个发电单元的限电或维护,不影响整个系统的发电功率预测。 核对系统中的所有功能,对不合理的地方进行修改和优化	入库的气象要素数据存在不合理的情况 系统为一个整体,当某个发电单元停电检修或限电时,无法得到体现 在系统界面中还存在一些不合理的地方,为用户操作带来不便

2.2 升级后系统总体框架

系统采用 C++语言开发,开发环境为 Microsoft Visual Studio 2010,开发平台为 Microsoft .Net Framework 4.0,升级后的系统采用 C/S 和 B/S 相结合的技术架构,系统构建分为两部分:客户端和服务器。服务器负责数据资料采集、自动预报以及数据上报,在客户端可以进行功率预报查询、要素查询、预报结果对比分析、资料补录、参数配置等操作。升级后的系统中新增集合预测法,能将其他预报方法的结果集成,从而提高预报准确率;新增了预报产品Web 发布子系统。系统升级后的总体框架如图 1 所示。

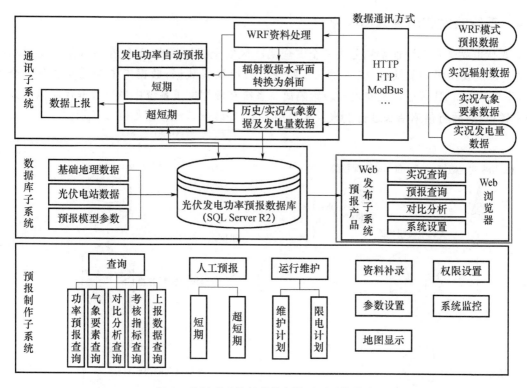

图 1　升级后系统的总体架构及子系统构成

2.3　升级后系统总体流程

升级后系统的总体流程图如图 2 所示。在升级以后的系统中,通过将短期预报中的原理法和动力统计法集成,将超短期预报中的短期预报订正法及统计外推法集成,从而得到各自的集合预报法进行发电功率预测,以提高系统的预报准确率。系统的总体流程图如图 2 所示。

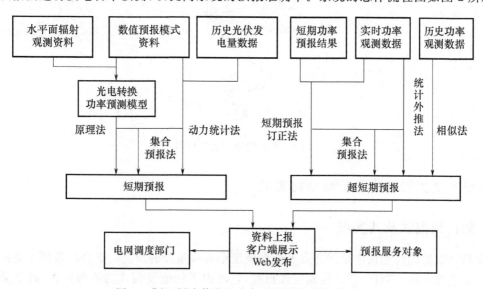

图 2　升级后"光伏发电功率预测预报系统"流程图

2.4 系统的安装部署方案

光伏电站通信部分通常划分为三个安全区,I 区安全级别最高,系统在该区采集实况功率数据;III 区安全级别最低,系统通过互联网获取数值预报数据;数据库子系统安装于安全 II 区,并与 I 区和 III 区通过反向隔离装置隔离。系统在数据库子系统中进行数据存储以及发电功率预报,然后将预测结果进行上报及客户端展示,安装部署流程图如图 3 所示。

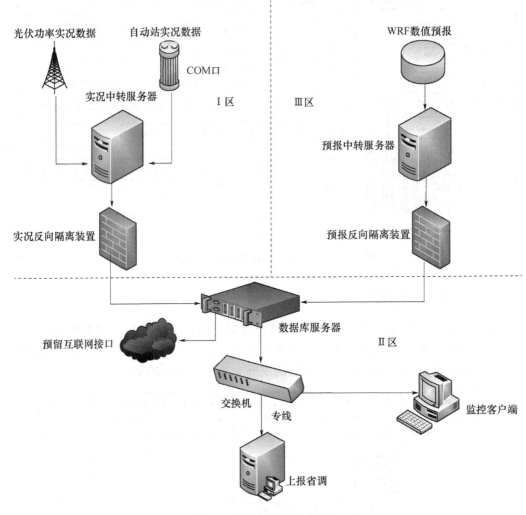

图 3 系统安装部署流程图

3 系统升级关键技术及新增功能实现

3.1 集合预报法及其实现

提高预报精度对光伏电站运行以及电网调度都具有重要的意义。集合预报法[8]是预报发展的一个重要方向,相对于单一的确定性预报,它考虑了初值及模式的不确定性,其结果反映了未来天气的多种状况,能为用户提供确定性预报所不能提供的信息。

组合预测主要分为信息组合、预测方法组合和预测结果组合三种,其思想是充分利用每种预测模型中所包含的独立信息。这种独立信息可能来自于两个方面:一是预测模型对变量之间的关系作了不同于其他模型的假设,二是预测模型依据的变量和信息是其他模型未考虑到的。在本系统中主要采用多预报方法集成的组合预测技术,此外,随着今后数值预报来源的增多,还可以进行多数据源的集成。

1)多数据源集成

各地区的中尺度数值预报模式可能有多个数据来源,如 WRF、MM5 等,将多数据源进行集成,参与组合预测。

2)多预报方法集成

系统中的每种预报方法针对不同地区、不同季节的适用性都不同,因此各地区需要根据当地的气象环境采用优选法选择一种相对最为准确预报方法的预报结果进行上报,在升级后的系统中将多种预报方法进行集成,以提高功率预测准确率。

具体算法为,假设某一时段的实际值为 $y_t(t=1,2,\cdots,n)$,组合预测值为 $\overline{y_t}$,对该问题有 m 种预测方法(或数据来源),其中第 i 种方法(或数据来源)在第 t 时段的预测值记为 f_{it},第 i 种预测方法(或数据来源)在 t 时刻的权重为 w_{it},其组合预测模型如式(1)所示:

$$\overline{y_t} = \sum_{i=1}^{m} w_{it} f_{it}, t=1,2,3,\cdots\cdots,n \tag{1}$$

设 t 时刻组合预测值 $\overline{y_t}$ 与实际值 y_t 间的偏差为 ε_t,则有式(2):

$$\varepsilon_t = \overline{y_t} - y_t = (\sum_{i=1}^{m} w_{it} f_{it}) - y_t, t=1,2,\cdots\cdots,n \tag{2}$$

组合预测的关键在于如何得到各种预测方法的加权平均系数。常用的权重分析法主要有等权重法、优势矩阵法、回归分析法等。一般采取绝对误差作为计算组合预测法权重的准则。在本系统中,采用最小二乘法进行曲线拟合,使得预测数据与实测数据之间误差的平方和为最小,结果应满足式(3):

$$\begin{cases} \min F_t = \left[(\sum_{i=1}^{m} w_{it} f_{it}) - y_t \right]^2 \\ w_{it} \geqslant 0 \end{cases} \tag{3}$$

3.2　Silverlight 4.0 技术应用

本系统新增的"预报产品 Web 发布子系统"基于 Silverlight 4.0 开发。Silverlight 是 RIA (Rich Internet Application,富互联网应用程序)的关键技术之一,是一个跨浏览器、跨平台的插件,集成了现有的多种 Web 技术,能够提供丰富的用户体验[9]。

通过该子系统可以将预报产品发布到专线网络或互联网上,以便于相关部门和专业服务用户使用,目前暂不支持手机模块。该子系统采用 B/S 的技术架构,通过网页发布预报产品。客户端页面的编写及数据查询请求均采用 Silverlight 4.0 技术,服务器端采用基于 WebService 的 WCF 服务和 RIA Service 服务来响应客户端发出的请求。由于 Sliverlight 只是一个客户端平台,无法直接访问数据库,为了解决这一问题,在服务器端使用了 WCF 服务和 RIA 服务,这样不仅能够异步获取数据,减少页面刷新次数和数据传输量,提高访问速度,还可以将数据提供给其他支持 WebService 的系统使用,以便于用户将预报结果集成到自己的系统中。

3.3 Google Earth 地图功能应用

采用 Google Earth 新增地图显示功能,通过该功能实现光伏阵列在地图上分布的可视化,同时用户可以通过自定义的方式在地图上对各要素信息进行增改[10]。

该功能的实现采用 Google Earth API,基于开放式的 KML 数据标准,并通过 KML 来描述和保存地理数据。整个功能模块分为服务器端和客户端,服务器端采用 Web 形式,通过定时的方式每 5 秒钟生成一次 KML 格式的地理信息数据文件(包含坐标、图标样式、功率、辐射等信息)。客户端即为预报制作子系统,将汇集来的 KML 地理信息数据在地图上予以显示,谷歌地图每分钟更新一次。用户设置地理信息数据文件的地址以后,系统根据文件内容在地图上自动地改变显示信息。此外,系统还能够通过与 KML 文件之间的交互,实现系统的自定义漫游和飞行效果,还可以设置飞行地标的经纬度、高度、方位角、速度以及飞行范围等参数,并实现照相机的焦点定位、方位角、仰角等参数的设置。具体实现流程如图4 所示。

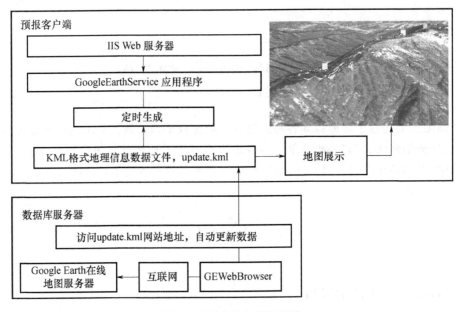

图 4　地图功能实现流程图

3.4 数据入库规范化处理

在升级前的系统中,新入库的实况气象要素数据和数值天气预报数据会出现异常情况,如超限、数据缺失或缺测等。为此在数据入库之前增加了数据阈值设置功能,在超级用户管理权限下,用户可以手动设置各要素的阈值范围,如图 5 所示。异常或缺测的数据根据相关性原理,由其他气象要素数据进行修正,不具备修正条件的可由前一时刻数据替代。

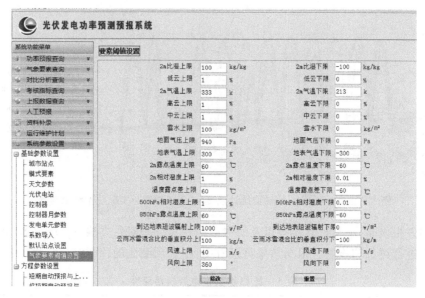

图 5   气象要素阈值设置

3.5   系统模块化划分

光伏电站通常下设多个发电单元,每个发电单元对应一个控制器,控制范围为单个光伏阵列。在系统中若将整个光伏电站设为一个整体,预测其总体发电功率,当单个发电单元出现故障时,无法得以体现。在升级中对系统按照发电单元进行模块化划分,可以单独预测每个模块的发电功率,那么当单个功能模块发生维护或限电时,不会影响整个功率预测系统的运行。

4   预测结果对比与分析

为验证组合预测法的效果,以湖北省气象局楼顶光伏实验电站为例,选取 2013 年 11 月 2—30 日共 1042 个样本数据。系统中集成的几种方法建模方案及适应条件如表 2 所示。为了避免方法之间的相关性对组合结果造成干扰,选用原理法中较优的原理法 1 及统计法中较优的统计法 2,最后用这两种方法进行组合预测,并与组合预测法的结果作对比。图 6 为三种方法逐小时的预测结果与实况功率对比,可以看出,原理法 1 的预测结果较实况一直偏高,总体来看组合预测法和动力统计法 2 的结果与实况功率较为吻合。

表 2   短期预报方法分类表

预报方法	建模方案	适应条件
原理法 1	模式辐照度＋光电转换模型(指数)	无辐射观测资料无历史功率数据
原理法 2	模式辐照度滚动订正＋光电转换模型(指数)	有实时辐射观测资料无历史功率数据
统计法 1	30 天滚动模型(多元线性回归)	有近 20 天功率数据
统计法 2	30 天滚动模型(神经网络)	有近 20 天功率数据

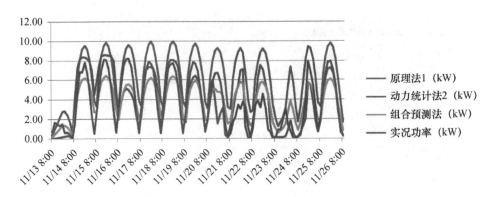

图 6 逐小时原理法 1、动力统计法 2、组合预测法与实况功率结果对比

选取均方根误差、平均绝对误差以及所对应的相对误差对各方法逐 15 分钟的光伏发电功率预测结果进行评价和检验。根据结果可以看出,组合预测法的预测结果最优(表 3)。

表 3 逐 15 分钟发电量预报评价

预报方法	RMSE(kW)	MAE(kW)
原理法 1	3.179	2.680
	(19.91%)	(16.79%)
原理法 2	3.620	2.990
	(22.68%)	(18.73%)
统计法 1	1.630	1.450
	(10.21%)	(9.09%)
统计法 2	0.990	0.800
	(6.20%)	(5.01%)
组合预测法	0.831	0.655
	(5.21%)	(4.10%)

注:RMSE 为均方根误差,MAE 为平均绝对误差,( )内%数值为相对误差

5 系统应用及推广

"光伏发电功率预报系统 V2.0"于 2012 年 8 月开发完成,目前已运行于全国 10 省(区、市)17 家光伏电站,据统计功率预测年平均准确率能够达到 80% 以上[11]。经过升级的系统已应用于甘肃华电下属的 6 家电站(敦煌、民乐、民勤、格尔木、嘉峪关、阿克塞)、甘肃酒泉东洞滩泓坤光伏电站以及河北易县中电投光伏电站等,后期还将对其他省市已安装过系统的光伏电站进行系统升级服务,并对系统做出更进一步的推广。

6 结论与展望

从系统框架完善、预报方法改进、网络技术应用以及功能模块优化等 4 个方面对"太阳能光伏发电功率预测预报系统 V2.0"进行了升级。在全国多地进行推广与试运行的结果表明,该系统预测结果较为理想,能够充分满足实际应用需求。此外,系统采用了优化的系统架构设

计及模块化管理思想,可以灵活加载功能模块,预留了扩展接口以及多数据源接入口,增加了系统稳定性,方便于今后的扩展升级和管理。

为进一步提高预报准确率,今后还需在预报技术和方法方面开展更深入的研究,降低转折性及灾害性天气的预报误差将是下一步工作的研究重点。

参考文献

[1] 中国电力网,2013 年光伏十大新闻.[EB/OL]. http://www. chinapower. com. cn/newsarticle/1202/new 1202414. asp.

[2] 张伯泉,杨宜民. 风力和太阳能光伏发电现状及发展趋势[J]. 中国电力,2006,39(6):65-69.

[3] 张岚,张艳霞,郭嫦敏等. 基于神经网络的光伏系统发电功率预测[J]. 中国电力,2010,43(9):75-78.

[4] Lorenz E,Hurka J,Heinemann D,et a1. Irradiance forecasting for the power prediction of grid-connected photovoltaic systems[J]. IEEE Journal of Selected Topics in Applied Earth Observations and Remote Sensing. 2009,2(1):2-10.

[5] 丁宇宇,丁杰,周海,等. 基于全天空成像仪的光伏电站水平面总辐射预报[J]. 中国电机工程学报 ,2014,(1):50-56.

[6] 代倩,段善旭,蔡涛,等. 基于天气类型聚类识别的光伏系统短期无辐照度发电预测模型研究[J]. 中国电机工程学报,2011,31(34):28.35.

[7] 陈正洪,李芬,成驰,等. 太阳能光伏发电预报技术原理及其业务系统[M]. 北京:气象出版社,2011.

[8] Bates J M,Granger C W J. The combination of forecasts[J]. Operational Research Quarterly,1969,20(4): 451-468

[9] Marino L,Adolfo L T,Miguel A. Perez-Toledano et al. Providing RIA user interfaces with accessibility properties[J]. Journal of Symbolic Computation,2011,46(2):207-217.

[10] 陈强,姜立新,帅向华,等. Google Earth 在地震应急中的应用[J]. 地震,2008,28(1):121-128.

[11] 张文波,陈正洪,陈学君,等. 光伏发电功率预测预报系统 V2.0 在甘肃华电公司运行情况[J]. 太阳能, 2013,(23):12-15,11

太阳能光伏发电预报方法的应用效果检验与评价 *

摘　要　基于湖北省气象能源技术开发中心光伏电站完整一年的发电数据与同期气象资料,对辐射和发电功率短期预报方法进行检验分析,结果表明:(1)太阳辐射度预报与实况有很好的对应关系,相关系数在 0.77 以上,均通过 $\alpha=0.001$ 的显著性水平检验。(2)光伏发电功率预报的短期方法中,以模式辐照度订正值代入光电转换模型的方法最优,预报第一天的相对均方根误差为 16.23%。(3)太阳辐射预报及光伏发电功率预报随太阳高度角变化而呈一定的规律性,冬季中午误差最大,夏季晚上误差最小;阴雨天气误差明显高于晴天。如何降低阴雨天气预报时的误差将是下一步工作中需要研究的重点。

关键词　太阳辐射;光伏发电;预报效果;天气类型

1　引言

太阳能光伏发电技术作为太阳能利用中最具意义的技术,成为世界各国竞相研究应用的热点(杨金焕等,2009)。据欧洲光伏产业协会(European Photovoltaic Industry Association,EPIA)统计,截至 2011 年底,全球光伏累计装机容量已达到 138.9 GWp,年发电量约为138.9 TWh(EPIA,2014)。我国的太阳能资源丰富,但对太阳能光伏发电预测技术的研究还处于起步阶段。光伏发电系统的效率受天文、地理、环境、气象等多种因素的影响,功率或发电量输出是一个非平稳的随机过程,具有不连续、不确定的缺点(王一波等,2008),相对于电网是一个不可控源,会对电网安全性、稳定性、经济运行造成一定影响,这正是限制光伏发电大规模应用的难点之一(唐俊等,2010)。

预报效果的检验与评价是太阳能光伏发电预报系统研究中的一个重要内容。光伏发电系统主要是在每天的 8:00—18:00 输出电力,辐射预报值、光伏发电量预报值相对于实况的误差值具有显著的季节变化和日变化特征(卢静等,2010)。在夏季,光伏发电系统日发电量曲线和电力负荷日变化曲线有很好的相似性,光伏发电系统能够在负荷高峰期能较好地提供电力,起到调峰作用(白永清等,2011)。而不同的天气类型,此误差值也呈现差异。陈昌松等(2009)结合历史发电量数据和同期气象数据建立了基于逐日天气预报信息的光伏发电量预测模型,将天气情况划分为云天、晴天和雨天,对次日转折天气发电量预报误差有明显改善,但对一天内天气型剧烈变化情况则无法满足逐时预报的要求。王明欢等(2012)利用中尺度模式模拟不同天气条件下地表短波辐射情况,对辐射的预报能力晴天最佳,多云次之,阴天普遍较差。

目前,国外光伏发电量预报技术研究已有一定的发展。短期辐射预报(5 h 以上到 3 d),主要使用 MM5、WRF、NDFD、ECMWF、GFS/WRF 等中尺度数值预报模式(EPIA,2011),并对模式的结果进行订正和解释应用,德国未来一天的太阳能总辐射预报试验显示,ECMWF

＊　王林,**陈正洪**,唐俊. 气象,2014,40(8):1006-1012.(通讯作者)

模式预报效果最好(Lorenz et al,2009)(表1)。西班牙 Joen 大学 19.08 kWp 的光伏电站于 2003 年发电量预报值与实测数据的历史相关系数高达 0.998(Almonacid F,et al,2009)。日本 NTT Facilities 公司 Kudo 等(2009)根据历史天气资料校验 2005 年 3 月 25 日至 9 月 26 日期间日本爱知县世博园区 330 kWp 光伏系统发电量数据,日均发电量预报误差为 25.6%,时均预报误差为 30.53%。

表 1   不同模式对德国未来一天太阳辐射预报误差分析(Lorenz et al,2009)

中尺度模式	研究机构	时空分辨率	运行方式	均方根误差 RMSE(W/m²)	平均绝对误差 MAE(W/m²)	平均误差 MBE(W/m²)
ECMWF	Oldenburg 大学 (德国)	0.25°×0.25° 3 h	结合清晰度指数统计处理	92(40.3%)	59(26.2%)	−7(−2.9%)
GFS/WRF	Meteotest (瑞士)	5 km×5 km 1 h	水平面总辐射直接输出	118(51.8%)	74(32.6%)	−1(−0.3%)

注:()内数值为各误差的相对值。

因此,评估预报值在太阳能光伏发电功率预报系统中的适用性,检验预报准确率是否满足国家能源局要求,挑选最适宜的光伏发电功率预报方法,并通过查找不足,提出方法或参数(系数)的修正方案,提高预报准确率,有利于我国太阳能光伏发电功率预报系统的更新升级,最终有利于电网科学调度和大规模太阳能光伏发电站的建设、运行。

2   光伏发电功率预报方法简介

陈昌松等(2010)利用华中科技大学屋顶光伏并网发电系统资料通过不同季节气象因素与发电量之间的相关性分析,得出光伏发电量与辐照度的相关性最大并呈正相关。孙银川等(2012)基于宁夏本地化 WRF 模式产品及当地光伏电站提供的发电功率资料,通过 EOF-MOS 方法进行辐射预报订正,使辐照度平均绝对百分比误差降低了 9% 左右。湖北省气象服务中心在 2010 年建立了 18 kWp 光伏示范电站,包括并网发电和离网发电,采用了单晶硅、多晶硅和非晶硅薄膜电池组件,分为固定式、单\\双跟踪以及 17 种倾角阵列。同地建立了辐射观测及常规气象要素观测的自动气象站,为小型示范电站设计和建设积累了大量经验,提供了大量可供分析的第一手发电量和气象资料。

湖北省气象服务中心自主开发的《光伏发电预测预报系统 V2.0》(《光伏发电预测预报系统 1.0》升级版(登记证号 2012SR029175))选用的是 WRFV3 版本,采用一层网格,模式中心位于:31.0°N,112.5°E。水平格点数为 201×182,水平分辨率为 15 km;垂直方向有 35 层;时间步长为 60 s。系统主要使用两类预报方法(图 1),一是基于辐射预报和光电转换效率模型的原理预报法,即根据太阳能电池光伏发电的物理原理、光电转换效率和逆变器转换效率的定义,建立影响光电转换效率及逆变器效率的经验公式和合理的经验系数,输入辐射预报,进行光伏发电功率预报;二是利用实际发电量数据域中尺度数值预报产品输出的气象要素,采用动态统计预报方法,建立 MOS 预报方程,直接计算太阳能光伏发电功率。

文章将选取该示范光伏电站稳定运行后一年的逐 15 分钟光伏发电预测预报系统的辐射预报值和发电功率预报值进行检验分析,为及时更新模型参数,提高预报准确率提供依据(陈正洪等,2011)(图 1)。

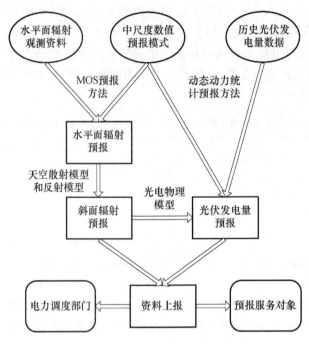

图 1 光伏发电功率预报系统原理结构框架图

　　"原理预报法"及"动力统计预报法"对任意指定地点提供未来 1～3 天、分辨率为 15 min 的光伏发电功率预报。不同预报方法采用了不同的建模方案(表 2)，所需资料也有所不同，因此具有很广泛的适应性。

表 2　短期预报方法分类表

方法分类	预报方法	建模方案	适应条件
原理法	Ⅰ	模式辐照度＋光电转换模型(指数)	无辐射观测资料有历史功率数据
	Ⅱ	模式辐照度滚动订正＋光电转换模型(指数)	有实时辐射观测资料无历史功率数据
	Ⅲ	模式辐照度固定系数订正＋光电转换模型(指数)	有历史辐射观测资料有历史功率数据
动力统计法	滚动系数Ⅰ	30 天滚动模型(多元线性回归)	有近 20 天功率数据
	滚动系数Ⅱ	30 天滚动模型(神经网络)	有近 20 天功率数据
	固定系数	数值模式回算资料与历史光伏电功率资料，分月季线性回归建模	有历史 1 年功率数据
持续法	持续法	使用历史数据替代预报	以上方法都不能正常使用

3　资料与方法

　　湖北省气象服务中心基于 WRF 中尺度数值模式开发太阳能光伏发电预报系统选，使用原理法、动力统计法每天预报未来三天白天的逐 15 分钟太阳辐射及发电功率。文章收集 2011 年 4 月 2 日至 2012 年 3 月 31 日太阳辐射、光伏发电功率的实况与预报值。利用气候界限检验、历史极值检验、时间一致性检验等质量检验方法对数据进行检验之前,首先要对所选数据的合理性进行检验,将超过气候学极值的不符合实际情况的数据进行剔除。按如下几条逐项检查:(1)进行内部一致性检验。同期辐射数据需满足以下几点:(a)总辐射曝辐量≥净全辐射曝辐量。(b)总辐射曝辐量≥散射辐射曝辐量。(c)总辐射曝辐量≥反射辐射曝辐量。(d)总辐射曝辐量≥水平面直接辐射曝辐量。(e)总辐射曝辐量与(散射辐射曝辐量+日水平面直接辐射曝辐量)差的绝对值≤总辐射曝辐量的20%。(f)总辐射最大辐照度≥净全辐射最大辐照度。(2)记录不能超出气候学界限值:(a)总辐射最大辐照度应 2000 W/m²。(b)日总辐射曝辐量可能的日总辐射曝辐量。辐照度资料去除奇异点数据后,有效样本数为 15200 个,占总样本数的 92.3%。

选取相关系数 CORR 和均方根误差 RMSE、平均绝对误差 MAE、平均误差 MBE 及对应的相对误差,对水平面总辐照度(如果电站所在地含有水平面辐射量观测)和逐 15 min、逐日光伏发电功率预测值进行评价、检验。均方根误差反映了样本的离散程度,平均绝对误差指示预报结果偏离真实值的程度,而平均误差反映出预报结果大于或者小于平均值的情况。

(1)CORR(相关系数):

$$CORR = \frac{\frac{1}{N}\sum_{i=1}^{N}(P_f^i - \overline{P_f})(P_o^i - \overline{P_o})}{\sqrt{\frac{1}{N}\sum_{i=1}^{N}(P_f^i - \overline{P_f})^2 \cdot \frac{1}{N}\sum_{i=1}^{N}(P_o^i - \overline{P_o})^2}}$$

(2)RMSE(均方根误差):

$$RMSE = \sqrt{\frac{1}{N}\sum_{i=1}^{N}(P_f^i - P_o^i)^2}$$

RRMSE(相对均方根误差):

$$RRMSE = \sqrt{\frac{1}{N}\sum_{i=1}^{N}(P_f^i - P_o^i)^2} / Cap$$

(3)MAE(平均绝对误差):

$$MAE = \frac{\sum_{i=1}^{N}|P_f^i - P_o^i|}{N}$$

RMAE(相对平均绝对误差):

$$RMAE = \frac{\sum_{i=1}^{N}|P_f^i - P_o^i|}{N} / Cap$$

(4)MBE(平均误差):

$$MBE = \frac{\sum_{i=1}^{N}(P_f^i - P_o^i)}{N}$$

RMBE(相对平均误差):

$$RMBE = \frac{\sum_{i=1}^{N}(P_f^i - P_o^i)}{N} / Cap$$

式中,N 表示样本序列长度,i 表示第 i 个样本,P_f^i 是第 i 个样本的预报值,P_o^i 是第 i 个样本的观测值,$\overline{P_f}$ 是 N 个预报样本的平均值,$\overline{P_o}$ 是 N 个观测样本的平均值

检验太阳辐照度预报相对误差时,Cap 为实况均值;检验太阳能光伏发电预报相对误差时,Cap 为光伏电站开机容量。

4 辐射预报效果检验、评价

4.1 辐射短期预报误差统计分析

对湖北省气象局楼顶电站 2011 年 4 月 2 日至 2012 年 3 月 31 日为期一年的逐 15 min 太阳辐射度预报未来三天逐 15 min 太阳辐照度进行检验(图 2)。模式的参数化方案、时差问题等使预报三天的预报效果逐渐变差。太阳辐照度预报与实况相关系数三天在 0.77～0.93,均通过信度 0.001 的显著性检验。预报第一天的误差最小,相对均方根误差为 0.21(表 3)。预报效果在不同太阳高度角下是否也存在差异,预报准确性是否会受不同天气的影响,文章以第一天预报为例,将预报效果按季节、日照和天气类型分类进行检验。

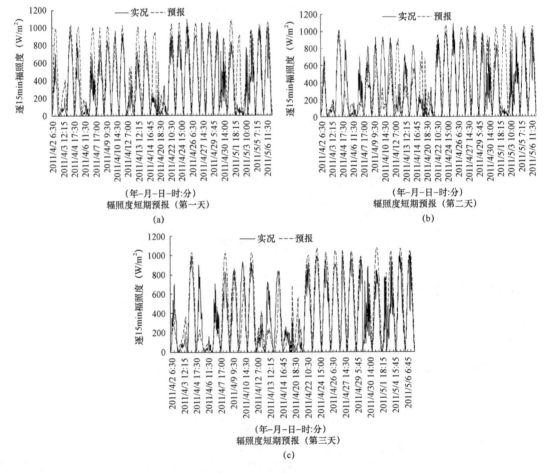

图 2 逐 15 min 太阳辐射预报与实况(2011 年 4 月 2—5 月 7 日)

表3 2011年4月2日—2012年3月31日逐15 min太阳辐照度预报评价

	CORR	RMSE(W/m²)	MAE(W/m²)	MBE(W/m²)
第一天	0.93	52.50	43.96	7.13
		(0.21)	(0.18)	(0.02)
第二天	0.85	87.45	55.66	9.04
		(0.36)	(0.25)	(0.03)
第三天	0.77	126.32	98.00	10.24
		(0.43)	(0.26)	(0.03)

注:()内%数值为相对误差。

4.2 不同季节时段及天气类型下辐射预报效果评价

众所周知,地球到太阳的距离和地球轴的倾斜影响太阳能辐射量。6—8月夏季白天时间长,地球的北半球朝太阳倾斜,使得夏季太阳能辐射总量大于冬季。太阳辐照度7、8月份相对均方根误差在0.17左右,冬季1—2月相对均方根误差维持在0.24左右。夏季太阳辐照度预测值与实况的相对均方根误差小于冬季。一日之中,太阳高度角正午大于早晚,太阳辐射强度也较大。10—16时冬季相对均方根误差为0.37,夏季为0.34,是一天中误差最大时段。07—10时与16—18时冬季相对均方根误差在0.16,夏季维持在0.12。早晚时段太阳辐照度预测值与实况的相对均方根误差小于正午时段。太阳高度角大时,光线穿过大气的路程较短,能量衰减得就较少,夏季晴天正午可以达到1167 W/m²,预报值约为1100 W/m²,误差为负。冬季晴天正午达到615 W/m²,预报值偏大,为650 W/m²。相对平均误差夏季7月、8月为−0.01,其他季节均为正,冬季最大,达到0.04(图3a,图3b)。

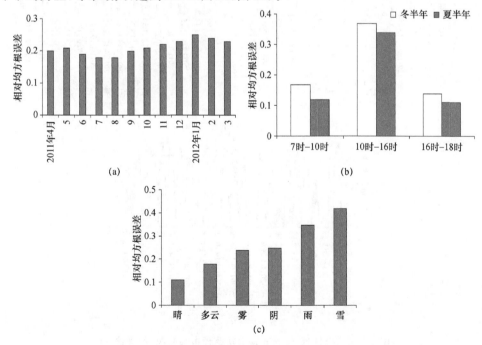

图3 太阳辐射预报相对均方根误差效果(a.逐月效果;b.不同时段;c.不同天气类型)

太阳辐射在经过大气层到达地面的过程中,会受到云、气溶胶、水汽和各种气体成分的散射、吸收、反射等作用而被削弱(申彦波等,2008)。晴朗的天气,云层少且薄,大气对太阳辐射的削弱作用弱,到达地面的太阳辐射较强;在晴朗夏天的正午时刻,大约有70%的太阳辐射穿过大气层直接到达地球表面(杨金焕等,2002)。阴雨天气,由于云层厚且多,水蒸气和尘埃引起的大气散射及水蒸气、二氧化碳引起的大气吸收使得到达地面的太阳辐射较弱。对2011年4月—2012年3月一年的天气状况分为晴天,多云,雾,阴天,雨天和雪。晴天的预报效果最好,相对均方根误差为0.11,多云的效果次之,为0.18,这两种天气现象约占总天数的45%。预报雾天和阴天的相对均方根误差相当,在0.23左右。雨雪天气均方根误差较大,雪天相对均方根误差达到0.23,远远大于晴天(图3c)。

5 光伏发电功率预报检验、评价

5.1 原理法效果评价

原理预报法采用3种建模预报方案,基于辐射预报和光电转换效率 j 模型,根据太阳能电池光伏发电的物理模型、光电转换效率模型和逆变器转换模型,建立影响光电转换效率及逆变器效率的经验公式和合理的经验系数,输入辐射预报,进行光伏发电量或功率预报,适应不同的数据条件状况。

对2011年4月至2012年3月31日逐15分钟光伏发电功率的3种原理法预报效果进行检验(图4)。表明原理法3预报效果最好,预报三天与实况相关系数分别为0.68、0.65和

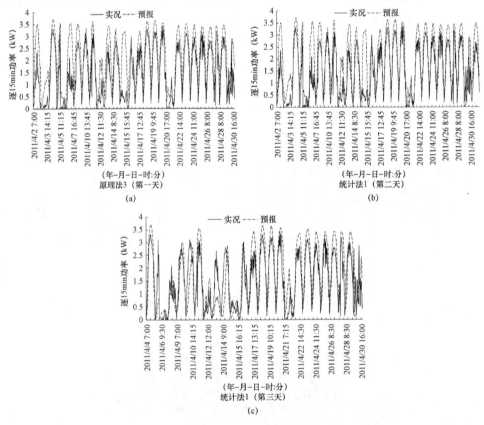

图4 光伏电站逐15 min发电功率预报与实况(原理法3)

0.64,通过 0.001 的显著性检验。原理法 3 利用过去一年以上 WRF 回算的地面辐射预报数据和太阳辐射观测数据分季节或月份建立固定预报模型,利用该模型对 WRF 预报辐射进行订正,结果代入光电转换模型,得到的预报功率误差明显减小。预报第一天效果最好,相对均方根误差为 0.16。

5.2 动力统计法效果评价

动力统计预报法基于历史气象资料(天气情况或(和)辐射资料)和同期光伏发电功率资料,采用统计学方法(如多元回归、神经网络等相关算法)进行分析建模,再输入数值模式预报结果的预报法。

统计法 1 预报效果最好,预报三天与实况相关系数分别为 0.51、0.50 和 0.45,通过 0.001 的显著性检验(图 5)。统计法 1 是利用过去 20 天的 WRF 模拟 2 m 比湿、2 m 气温、2 m 露点温度、地表气温、高云量、低云量、太阳高度角及前一日光伏发电量等预报因子与历史发电功率资料每日滚动建立预报模型,将当日 WRF 模拟结果通过多元线性回归(最小二乘法)实现发电量与预报因子之间的动态统计预报。预报第一天效果最好,相对均方根误差为 0.21。

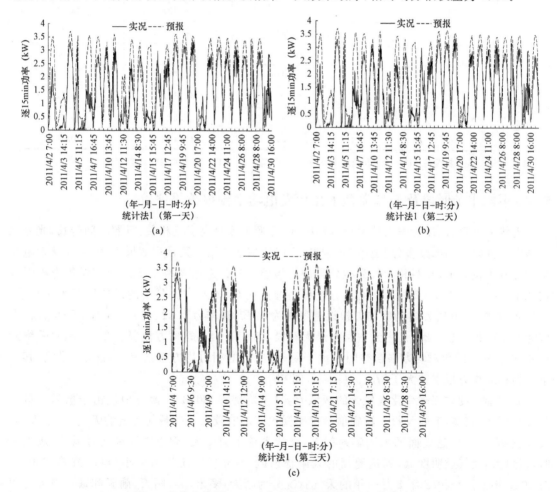

图 5 光伏电站逐 15 min 发电功率预报与实况(统计法 1)

5.3 两种方法预报效果对比

以第一天为例,选取相同时段即 2011 年 4 月 2 日至 2012 年 3 月 31 日对两种方法预报的预报效果进行对比。表 4 可见,对于湖北省气象预警大楼楼顶的光伏电站逐 15 分钟发电量预报,与实况的相关系数均在 0.46 以上,通过 0.001 的显著性检验。相对均方根误差在 0.16~0.23 之间,对两种预报方法不同时效进行对比,原理法 3 预报效果最好,误差较小。

表 4　逐 15 分钟发电功率预报评价(第一天)

	CORR	RMSE(kW)	MAE(kW)	MBE(kW)
原理法 1	0.69	1.04	0.79	0.65
		(0.23)	(0.17)	(0.14)
原理法 2	0.46	0.94	0.67	0.00
		(0.21)	(0.15)	(0.00)
原理法 3	0.68	0.74	0.54	0.00
		(0.16)	(0.12)	(0.00)
统计法 1	0.51	0.94	0.60	0.06
		(0.21)	(0.13)	(0.01)
统计法 2	0.51	0.94	0.67	0.11
		(0.21)	(0.15)	(0.02)
统计法 3	0.70	0.95	0.67	0.48
		(0.21)	(0.15)	(0.11)

注:RMSE 为均方根误差,MAE 为平均绝对误差,MBE 为平均误差,()内%数值为相对误差。

5.4 不同季节时段及天气类型下光伏发电功率预报效果评价

光伏电站逐日、逐时输出功率与日照时间、光照强度呈高度正相关,日照时间越长、光照强度越大组件输出功率越多(刘玉兰等,2011)。以原理法 3 第一天预报效果为例,将光伏发电功率预报效果按季节、日照和天气类型分类进行检验。光伏发电功率 7、8 月份相对均方根误差在 0.13 左右,冬季 1—2 月的相对均方根误差维持在 0.24 左右。冬季的误差明显大于夏季。一日之中,07—10 时发电功率均方根误差冬季为 0.20,夏季为 0.11。10—16 时冬季均方根误差为 0.26,夏季为 0.22,是一天中误差最大时段,16—18 时冬季均方根误差在 0.13,夏季维持在 0.09。冬季的相对均方根误差明显大于夏季,中午的相对均方根误差明显大于早晚,其中早上的相对均方根误差大于傍晚。(图 6a,图 6b)。

太阳辐照度的四季变化有较大的区域差异(王晓梅等,2013)。南方地区由于散射分量较大,阴雨天气较多,模式预报短波辐射准确率受天气影响较大。在晴朗无云的天气,云量很小,大气透明度高,到达地面的太阳辐射就多,光伏系统出力就大;天空中云雾或者风沙、灰尘多时,云量大,大气透明度低,到达地面的太阳辐射就少,光伏系统出力就小(申彦波等,2008)。对 2011 年 4 月—2012 年 3 月一年的天气状况分为晴天,多云,雾,阴天,雨天和雪。晴天的预报效果最好,均方根误差为 0.18,多云的效果次之,为 0.22,这两种天气现象约占总天数的 45%。预报雾天和阴天的相对均方根误差相当,在 0.24 左右。雨雪天气相对均方根误差较大,雨天的相对均方根误差为 0.28,雪天达到 0.37,远远大于晴天(图6c)。

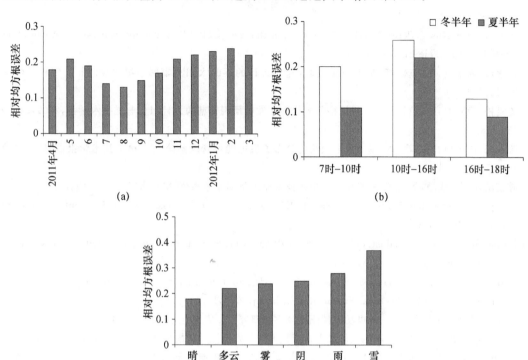

图6 光伏发电功率原理法3预报效果
(a.逐月效果;b.不同时段;c.不同天气类型)

6 小结及讨论

对 2011 年 4 月 2 日至 2012 年 3 月 31 日湖北省气象服务中心研发的光伏发电预报系统的预报效果评价、检验,结果表明:

(1)太阳辐射度预报与实况的相关系数在 0.77~0.93,均通过信度 0.001 的显著性检验。预报第一天效果最好,相对均方根误差为 0.21。

(2)太阳能发电预报系统中进行检验的六种方法(原理法 1、2、3,统计法 1、2、3),预报未来三天逐 15 分钟太阳能发电功率预报与实况相关系数均在 0.46 以上,通过 0.001 的显著性检验。相对均方根误差在 0.16~0.23 之间,,原理法 3 预报第一天功率效果较好,误差最小。

(3)太阳辐射预报及光伏发电功率预报随太阳高度角变化而呈一定的规律性,一天当中,中午误差最大,晚上误差最小,而冬季误差明显大于夏季。预报效果受天气条件制约比较明显;天气晴好、日照时数较长时,太阳能光伏发电量预报误差明显减小。阴雨天气时,预报误差明显增大。

(4)模式的分辨率与其参数化方案、气象台站观测的辐射存在时差的问题及逆变器转换效率对输出的预报结果均有影响。如何通过对 WRF 中尺度数值模式进一步优化,降低阴雨天气时的预报误差,提高太阳光伏发电量预报的精度还有待进一步研究。

参考文献

[1] Almonacid F,Rus C,Pérez P J,et al. Estimation of the energy of a PV generator using artificial neural net-work[J]. Renewable Energy,2009,34(12):2743-2750.

[2] 白永清,陈正洪,王明欢,等.基于 WRF 模式输出统计的逐时太阳总辐射预报初探[J].大气科学学报,2011,34(3):363-369.

[3] 陈昌松,段善旭,殷进军.基于神经网络的光伏阵列发电预测模型的设计[J].电工技术学报,2009,24(9),153-158.

[4] 陈昌松,段善旭,殷进军,等.基于发电预测的分布式发电能量管理系统[J].电工技术学报,2010,25(3):150-156.

[5] 陈正洪,李芬,成驰,等.太阳能光伏发电预报技术原理及其业务系统[M].北京:气象出版社,2011.

[6] European Photovoltaic Industry Association(EPIA). 2011. Global market outlook for photovoltaics until 2015 [R]. EPIA:1-50.

[7] European Photovoltaic Industry Association(EPIA). 2011. Solar photovoltaic electricity empowering the world [R]. EPIA:1-100.

[8] Kudo M,Nozaki Y,Endo H,et al. Forecasting electric power generation in a photovoltaic power system for an energy network[J]. Electrical Engineering in Japan,2009,167(4):16-23.

[9] 卢静,翟海青,刘纯,等.光伏发电功率预测统计方法研究[J].华东电力,2010,38(4):563-567.

[10] 李芬,陈正洪,成驰,等.太阳能光伏发电量预报方法的发展[J].气候变化研究进展,2011,7(2):136-142.

[11] 刘玉兰;孙银川;桑建人,等.影响太阳能光伏发电功率的环境气象因子诊断分析[J].水电能源科学,2011,2(12):200-202.

[12] 唐俊,傅希德,张俊,等.太阳能光伏发电预报数据库设计研究[C]// 第 27 届中国气象学会年会论文集.北京:中国气象学会,2010:234.

[13] 申彦波,赵宗慈,石广玉.地面太阳辐射的变化、影响因子及其可能的气候效应最新研究进展[J].地球科学进展,2008,23(9):915-923.

[14] 孙银川,白永清,左河疆.宁夏本地化 WRF 辐射预报订正及光伏发电功率预测方法初探[J].中国沙漠,2012,,3(6):1738-1742.

[15] 王明欢,赖安伟,陈正洪,等.WRF 模式模拟的地表短波辐射与实况对比分析[J].气象,2012,38(5):585—592.

[16] 王晓梅,张山清,普宗朝.近 50 年乌鲁木齐市太阳能资源时空变化分析[J].气象,2013,39(4):443-452.

[17] 王一波,李晶,许洪华.考虑电网安全稳定约束的光伏电站最大安装容量计算与分析[J].太阳能学报,2008,29(8):971-975.

[18] 杨金焕,毛家俊,陈中华.不同方位倾斜面上太阳辐射量及最佳倾角的计算[J].上海交通大学学报,2002,36(7):1032-1036.

[19] 杨金焕,于化丛,葛亮.太阳能光伏发电应用技术[M].北京:电子工业出版社,2009.

湖北省太阳能资源时空分布特征分析及区划研究 *

摘　要　利用武汉、宜昌等 7 个站点 1961—2004 年逐年、月太阳总辐射与日照百分率资料,用最小二乘法确定湖北省太阳总辐射计算公式参数,推算出广大无辐射观测地区的逐年、月太阳总辐射,结合日照时数、晴天日数、阴天日数等指标,对湖北省太阳能资源的时空分布特征及气候变化趋势进行了详细分析,以全国太阳能资源区划为基础,制定了湖北省太阳能资源区划指标,开展了湖北省太阳能区划工作。结果表明:湖北太阳能资源北多南少,同纬度相比,平原多,山区少;太阳能资源夏季最丰富,尤其是 8 月,总辐射、日照时数、晴天日数均为全年最高,湖北东部秋季大气层结稳定,光能资源仅次于夏季;冬季虽然晴天较多,但由于太阳直射南半球,夜长昼短,总辐射全年最低。将全省太阳能资源分为 3 个区域,鄂东北 7—12 月每月有近一半或以上的晴天,为一级可利用区,也是湖北光能资源最佳区域;江汉平原、鄂东南、鄂北岗地部分地区等地为二级可利用区,是光电与光-生物质能综合利用的最佳区域;鄂西南、长江河谷地区为光能贫乏区。

关键词　太阳总辐射;日照时数;晴天日数;阴天日数;区划

1　引言

太阳能资源普查与区划是太阳能开发利用的基础性工作,过去国内外对于太阳能资源的普查研究主要集中在太阳辐射的气候学计算与分析[1~5],其实不论是光电、光热、还是光生物质能的利用,应当综合考虑总辐射、日照时数、晴天日数、阴天日数等指标的协同作用,因此将在推算出广大无辐射观测地区太阳总辐射的基础上,综合考虑日照时数、晴天日数、阴天日数等,对湖北太阳能资源的时空分布特征进行详细分析,并进行合理区划,为湖北太阳能资源发展规划和开发利用提供科学依据。

2　资料与方法

气象资料:湖北省 77 个气象台站 1961—2004 年的气象资料(含武汉、宜昌的辐射资料)来自于湖北省气象档案馆,西安、重庆、长沙、南昌、郑州等 5 个气象台站 1961—2000 年的气象资料来自于国家气象信息中心。

太阳总辐射 Q 的气候学计算公式如下[5-9]:

$$Q = Q_0(a + bs) \tag{1}$$

式中,Q 为太阳总辐射(MJ/m^2);Q_0 为天文辐射(MJ/m^2),通过天文学公式[10]计算出逐日值,

---

* 刘可群,**陈正洪**,夏智宏. 华中农业大学学报,2007,26(6):888-893.

累加得到月、年值;s 为日照百分率(%);a、b 为经验系数。将 7 个辐射观测站逐年同月份所有太阳总辐射(Q)与日照百分率(s)序列合并,样本长度 252,再通过最小二乘法确定,结果见表 1。所有方程均通过了 0.001 的信度检验,说明这些公式完全可以用于推算湖北省无日射观测台站的太阳总辐射。

表 1　逐月、年太阳总辐射 Q 计算公式的经验系数 a、b 与相关系数 R

时间	1 月	2 月	3 月	4 月	5 月	6 月	7 月	8 月	9 月	10 月	11 月	12 月	全年
a	0.1503	0.1480	0.1423	0.1577	0.1908	0.1984	0.2205	0.2248	0.1717	0.1972	0.1861	0.1835	0.1925
b	0.8453	0.8086	0.7635	0.7060	0.6368	0.6403	0.5984	0.5872	0.7015	0.6478	0.7184	0.7387	0.6605
R	0.9168	0.9018	0.8952	0.8686	0.8308	0.8677	0.8384	0.8462	0.8816	0.8771	0.8828	0.8895	0.8006

晴天与阴天的划分:为了避免云量目测的误差,采用日照百分率来划分晴天与阴天,日照百分率≥60%记为晴天,<20%记为阴天,连续 4 d 或 4 d 以上阴天为 1 个连阴天过程。

3　结果分析

3.1　太阳能资源空间分布特征

湖北省各地年太阳辐射主要指标的空间分布见图 1(1961—2004 年平均)。

湖北省各地年太阳总辐射在 3450~4800 MJ/m² 之间(图 1a)。其中,鄂东北最多,广水、孝感、安陆、新州、黄冈、麻城均在 4700 MJ/m² 以上;其次为鄂西北、鄂北岗地、江汉平原等地,总辐射在 4500~4700 MJ/m²;再次为鄂东南,4300~4500 MJ/m² 之间;鄂西南山区最少,3450~4000 MJ/m² 之间。年日照时数在 1100~2000 h 之间(图 1b),其中鄂北、鄂东北最多,1900 h 以上;鄂西南最少,在 1500 h 以内。年晴天日数在 70~175 d 之间,鄂北、鄂东北晴天日数≥160 d 之间,鄂西南山区则在 80 d 左右,前者为后者 2 倍左右。

太阳能资源空间分布总体上呈现两大特点:北多南少,以西部山区最显著,中东部变化相对较小;同纬度相比,平原多,山区少。

3.2　太阳能资源月变化特征

图 2 为湖北省各地主要代表站总辐射、日照时数、晴天日数、阴天日数的月、季分布图。

湖北省太阳总辐射以夏季 7 月、8 月最丰富,冬季 12 月、1 月最少,武汉、宜昌 7 月、8 月的实测总辐射均在 500 MJ/m² 以上,是 12 月、1 月的 2 倍多;春季比秋季多,主要由于春季 3 月以后太阳直射北半球,白昼时间长,秋季 9 月后直射南半球,昼短夜长所致。日照时数,夏季 6 月、7 月、8 月最多,冬季最少;受华西秋雨影响,西部山区秋季日照时数明显少于春季;中东部地区则相反,日照时数为春多秋少。晴天日数,夏季最多,春季最少(鄂西南冬季最少),秋季略高于冬季。阴天日数与晴天日数相反,夏季最少,冬季最多。

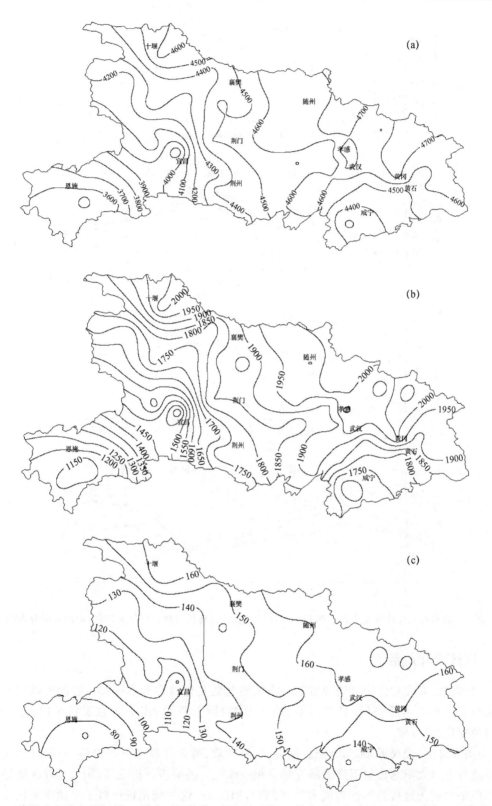

图1 湖北省年太阳总辐射(a,单位:MJ/M²)、年日照时数(b,单位:h)、年晴天日数(c,单位:d)空间分布

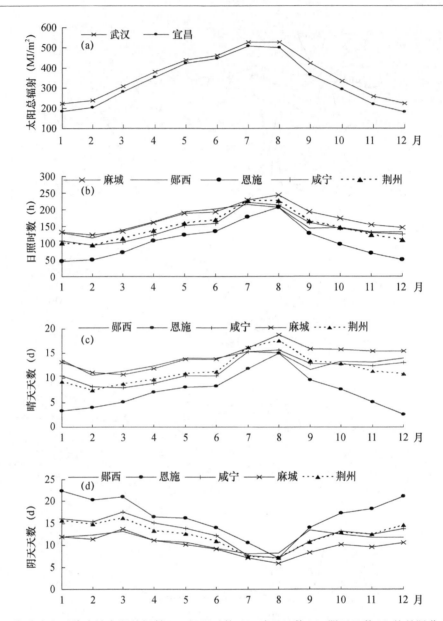

图 2 湖北省主要代表站太阳总辐射(a)、日照时数(b)、晴天日数(c)、阴天日数(d)的月际分布图

3.3 气候变化趋势

研究发现,湖北省太阳能资源各项目指标的气候变化趋势基本一致。因此可以以武汉为例,来分析湖北省年总辐射、日照时数、晴天日数、阴天日数、连阴次数及持续时间(1961—2004)的变化趋势(图3)。

由图3可见,武汉近44年太阳总辐射、日照时数、晴天日数呈下降趋势,阴天日数呈增加趋势;这与全球太阳总辐射下降的研究结论相一致[6]。进一步分析发现,阴天过程次数呈增加趋势,但平均阴天过程持续的时间有缩短趋势,如图3c,这一变化特征对于小功率光伏发电应用产品如太阳能照明灯,以及太阳能采暖设备等太阳能的利用有正面效果。

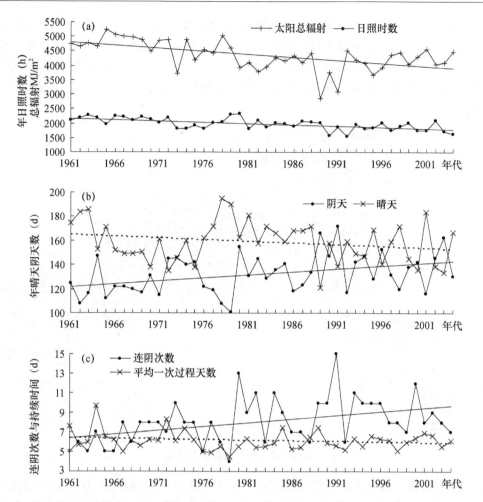

图 3　武汉年总辐射、日照时数(a)、晴天日数、阴天日数(b)、连阴次数及持续时间(d)年际变化(1961—2004 年)

3.4　太阳能资源分区

1)区划指标。文献[9-11]根据太阳能总辐射对我国太阳能资源进行 4 级划分(资源丰富、较富、一般及贫乏带),湖北省为资源一般带。为了更好开发利用湖北省的太阳能资源,需要制定本省太阳能区划标准,绘制太阳能区划图。本文将在全国太阳能资源区划的基础上,将年总辐射量细分,并引入日照时数、晴天日数等指标(如表 2)。

表 2　太阳能区划指标

太阳能分区	年辐射总量/(MJ/(m² · a))	年日照时数/h	年晴天日数/d
丰富区	≥6700	≥2800	≥250
较丰富区	5400~6700	2300~2800	195~250
一级可利用区	4600~5400	1900~2300	155~195
二级可利用区	4200~4600	1400~1900	130~155
贫乏区	<4200	<1400	<130

2)区划方法及分区。根据表 2 中区划指标,将所有指标进行综合考虑,且每一个指标同等重要。当某地有 2 个或 2 个以上指标满足某分区条件时,该地即为此分区。由于表 2 中 3 个指标因子相互间相关性较好,因此在区划时大部分台站 3 个指标均同时满足某一分区条件,只有少部分台站出现 2 个指标满足某一分区的情况。根据上述分区指标,湖北无太阳能丰富区、较丰富区。

图 4 湖北省太阳能资源区划

1 级可利用区。该区主要包括鄂东北以及鄂西北部分地区,如图 4,这一区域年太阳总辐射大于 4600 MJ/m^2,日照时数在 1900~2100 h 之间,年晴天日数在 155~180 d 之间,是湖北省太阳能最佳地区;相对而言,该区各月的日照时数及晴天日数均较多;年平均大于等于 7 天的连阴(雨)天过程 1.8~2.2 之间,大于 10 d 的连阴(雨)天过程不足 1 次。尤其是下半年,鄂东北 7—12 月、鄂西北十堰 5—12 月(9 月除外)每月有近一半的晴天,年变化较稳定,这一时间不亚于我国光能资源较丰富区中的部分地区的光能资源,对于光电直接利用非常有利。

2 级可利用区。该区在湖北省分布最广,包括江汉平原、鄂东南、鄂北岗地部分地区、以及鄂西北一部分地区,这一区域年太阳总辐射大于 4200~4600 MJ/m^2,日照时数在 1400~1900 h 之间,年晴天日数在 130~155 d 之间。该区晴天天气主要分布在 7—9 月 3 个月里,尤其是 7—8 月两月有半数以上的晴天。另外该区是湖北的粮棉重点生产区域,也是光合产物的农业副产品——生物质能的重点产区,是光电与光-生物质能综合利用的最佳区域。

太阳能贫乏区。主要包括鄂西南、长江河谷。本区的年太阳总辐射低,日照少,除 8 月晴天较多外,其他月份很少,如恩施,全年日照时数 1259 h,全年晴天日数不足 90 d,阴天日数却高达 199 d,占全年总天数的 55%;全年只有 7、8 两月晴天超过 10 d。

5 小结

(1)太阳能资源空间分布呈现为两大特点:一是北多南少,同纬度相比,平原多,山区少;二是以 112°E 为界,西部由南向北,梯度变化非常明显,鄂西南属于光能贫乏区,而最北端的鄂西北则为一级可利用区;东部梯度变化相对较弱。

(2)太阳能资源夏季最丰富,尤其是 8 月,总辐射、日照时数、晴天日数均为全年最高,112°E 以东的地区,秋季中低层受北方冷高压控制,中高层副高盘踞,大气层结稳定,太阳能资源仅次于夏季;冬季虽然晴天较多,但由于太阳直射南半球,夜长昼短,总辐射全年最低。另外受全球气候变化的影响,年太阳总辐射、日照时数、以及晴天日数有减少的趋势;阴天日数呈增加趋势,但连阴(雨)过程持续的时间有缩短趋势;连阴(雨)过程持续的时间缩短有利于小功率光伏发电应用产品如太阳能照明灯,以及太阳能采暖等设备的利用效率。

(3)在全国太阳能资源区划的基础上,引入日照时数、晴天日数气象因子,将湖北划分 3 个不同等级的区域,鄂东北为 1 级可利用区,也是湖北的光能最佳地区;鄂西南为光能贫乏区,其他地区为 2 级可利用区。

参考文献

[1] 朱兆瑞,祝昌汉.中国太阳能、风能资源及其利用[M].北京:气象出版社,1988:29-34.
[2] 李晓文,李维亮,周秀骥.中国近 30 年太阳辐射状况研究[J].应用气象学报,1998,9(1):24-31.
[3] 肖金香,毛学东,陈仕坤,等.南昌地区气候特点对太阳能光热装置影响的综合分析[J].江西农业大学学报,2002,24(1):34-38.
[4] 魏文寿,董光荣.古尔班通古特沙漠的辐射热量交换分析[J].中国沙漠,1997,17(4):335-341.
[5] 鞠晓慧,屠其璞,李庆祥.我国太阳总辐射气候学计算方法的再讨论[J].南京气象学院学报,2005,28(4):516-521.
[6] 杨羡敏,曾燕,邱新法,等.1960~2000 年黄河流域太阳总辐射气候变化规律研究[J].应用气象学报,2005,16(2):243-248.
[7] Rahoma U A. Clearness index estimation for spectral composition of direct and global radiations[J]. A pplied Energy,2001,68 :337-346.
[8] Iziomon M G,Mayer H. Assessment of some global solar radiation parameterizations[J]. Journal of Atmospheric and Solar-Terrestrial Physics,2002,64 :1631-1643.
[9] 王炳忠,邹怀松.我国太阳能辐射资源[J].太阳能,1998(4):19-19.
[10] 左大康,王懿贤,陈建绥.中国地区太阳总辐射的空间分布特征[J].气象学报,1963,33(1):78-96.
[11] 中国自然资源丛书编撰委员会.中国自然资源丛书(气候卷)[M].北京:中国环境科学出版社,1995:337-340.

湖北省咸宁市光伏电站太阳能资源评价研究 *

摘　要　为了对无太阳辐射观测的咸宁市进行并网光伏电站太阳能资源综合评价，拟采用水平面太阳辐射气候学推算方法和倾斜面辐射换算方法，即根据武汉站历史资料分月建立总辐射量和直接辐射量与日照百分率的推算方程推算出咸宁逐月太阳辐射各分量，分析其时间变化、资源丰度和稳定性，并基于 Klein 提出的散射辐射各向同性的假设，计算出该地不同倾斜面年总辐射量和最佳倾角。结果表明：咸宁地区近 50 年(1961—2009 年)水平面太阳总辐射年总量为 4091.4 MJ/m²，该地区属于太阳能资源丰富区，该地辐射形式等级处于散射辐射较多(C)等级，且太阳能资源年变化稳定度较高。正南朝向斜面接受总辐射年总量最大的条件下其最佳倾角为 18°，该倾角下斜面年总辐射量为 4224.6 MJ/m²，比水平的值高出 3.3%。设计容量为1500kWp 的光伏阵列若按最佳倾角和方位角安装，每年可发电约 1.32×10^{6} kWh。太阳辐射各分量的合理推算与多个评价指标的联合应用为光伏电站规划设计提供了科学依据，也为今后类似工作提供了样本。

关键词　太阳能资源；湖北省咸宁市；光伏电站；最佳倾角

1　引言

　　太阳能资源评估是太阳能光伏电站规划、设计、建设以及运营维护的基础性工作，通常利用拟建电站附近长期测站的辐射观测数据进行。但目前我国辐射观测站分布较为稀疏，尤其我国南方，局地气候多样，太阳能资源分布局地性强，仅依靠辐射的观测数据难以描述无观测站地区的太阳能资源状况，通常需要通过其他要素进行推算。目前国内在在太阳辐射量的气候学计算上已比较成熟，20 世纪 60 年代起，我国许多研究者探讨了太阳总辐射量和直接辐射量在我国的气候学计算方法，并给出了分区分月计算公式和经验系数等[1-3]。近年随着太阳能资源开发利用的新需要，许多研究者[4-6]在资源利用的角度，采用较新的资料对太阳辐射量在全国或区域的空间分布和变化规律进行了新的研究。这些研究中，以日照百分率为基础的水平面太阳辐射量计算方法最为普遍，可信度高。

　　对倾角固定的并网光伏电站项目设计而言，光伏组件的安装位置和倾斜角度将最终决定该项目是否能做到资源利用的最大化，并将影响建成后的发电量和盈利能力。因此，在项目设计中对项目所在地水平面和不同倾角斜面接受的太阳辐射量进行准确的计算和预估，并由此确定光伏组件的最佳倾角十分重要。

　　斜面辐射量的计算最早是由于研究山区气候的需要而产生[7]，近年来的研究[8,9]提出了斜面辐射量和光伏阵列最佳倾角的计算方法，为太阳能系统设计提供了指导。但计算方法和原始数据各异，得到的结果也不一致。以武汉为例，文献[8]采用散射辐射各向异性模型计算得到

---

　　* 成驰，陈正洪，李芬，崔新强，卢胜.长江流域资源与环境，2011，20(9)：1067-1072.

最佳倾角为 24°,文献[9]按月进行计算,给出武汉的最佳倾角为 19°,也有评估研究[10]中采用的长江下游光伏阵列最佳倾角为 40°。由此可以看出,目前对于最佳倾角的理论计算尚无定论,而在工程实际应用中,武汉地区阵列倾角常取为 15—20°左右,与杨金焕等在最新文献给出的推荐值较为接近。

以无辐射观测的湖北咸宁为例,以邻近武汉气象站 1961—2009 年总辐射、直接辐射、日照百分率资料为基础,采用太阳辐射气候学推算方法和斜面辐射换算方法,可推算出该地区的逐月太阳总辐射量、直接辐射量,并给出不同倾角斜面上的年总辐射量和最佳倾角计算方法和推荐最佳倾角,参考系列太阳能资源评估标准进行评价,从而实现太阳能资源综合评估。

2 资料与评估方法

2.1 资料

拟建太阳能光伏电站工程位于鄂东南的咸宁市区,距离厂址最近的气象站为咸宁气象站,该站有日照时数观测,并可得到日照百分率资料,但无辐射观测。距站址最近的辐射观测站为武汉气象站,位于咸宁城区正北方向约 90 km,为国家气候观象台和一级辐射观测站。该站自 1961 年 1 月起进行完整的辐射要素观测,包括总辐射、直接辐射、散射辐射、净辐射和反射辐射。

采用的计算基础资料包括 1961—2009 年武汉站逐月的月日照时数、日照百分率,水平面太阳总辐射、直接辐射、散射辐射,以及咸宁站逐日日照时数、逐月日照时数和日照百分率等。所有资料均经过了检查,部分缺失的资料采用多年平均的对应月值替代,1981 年前的总辐射资料均乘以系数 1.022。

2.2 水平面辐射推算

目前,被大家公认的总辐射和直接辐射气候学计算公式基于日照百分率进行求算[4],其公式如下:

$$Q = Q_0(a+bs) \tag{1}$$
$$Q' = Q_0(a's+b's^2) \tag{2}$$

式中,Q 为太阳总辐射(MJ/m^2),Q' 为直接辐射(MJ/m^2),Q_0 为天文辐射量[11](MJ/m^2),s 为日照百分率(%),a、b、a'、b' 为需要确定的经验系数。

天文辐射大小由太阳对地球的天文位置和各地纬度决定,其计算式如下:

$$Q_日 = \frac{TI_0}{\pi\rho^2}(\omega_0\sin\varphi\sin\delta + \cos\varphi\cos\delta\sin\omega_0) \tag{3}$$

式中,$Q_日$ 为每日天文辐射量,T 为一天的长度($24\times3600s$),I_0 为太阳常数($1367\ W/m^2$),φ 为当地纬度,δ 为赤纬,ω_0 为日末时角,ρ 为日地距离,由上式可求得每日天文辐射。在计算各月的太阳辐射平均值时,采用文献[9]和[12]中的方法,使用表 1 中的日期作为各月代表日,并由此求得天文辐射各月平均值。

表 1　各月代表日和对应赤纬取值

月份	代表日	n(日序数)(平年/闰年)	δ(°)(平年/闰年)
1 月	17 日	17	−21.1
2 月	16 日	47	−13.0
3 月	16 日	75/76	−2.5/−2.1
4 月	15 日	105/106	9.1/9.5
5 月	15 日	135/136	18.4/18.7
6 月	11 日	162/163	22.9/23.0
7 月	17 日	198/199	21.5/21.3
8 月	16 日	228/229	14.3/14.0
9 月	15 日	258/259	3.7/3.3
10 月	15 日	288/289	−7.8/−8.2
11 月	14 日	318/319	−17.8/−18.0
12 月	10 日	344/345	−22.7/−22.8

由于咸宁距武汉站仅 90 km,且气候状况相似,因此本文直接采用武汉站 a、b 系数进行推算,具体做法为逐月建立推算方程。首先将武汉站 1961—2009 年同月份所有太阳总辐射(Q)和直接辐射(Q')与日照百分率(s)序列进行整理,每个月样本长度为 49。按以上方法计算出逐月天文辐射值,通过最小二乘法确定各月 a、b、a'、b' 系数(表 2),最终得到的逐月推算公式,结合咸宁站逐月日照百分率序列资料,即可用于推算咸宁地区逐月水平面太阳总辐射和直接辐射。散射辐射量则通过总辐射量与直接辐射量的差值求出。

表 2　各月经验系数与拟合相关系数

月份	a	b	R	a'	b'	R'
1 月	0.0735	0.7501	0.8969	0.0619	0.5599	0.9335
2 月	0.0941	0.6773	0.8802	0.0321	0.4585	0.8827
3 月	0.1154	0.6112	0.7734	0.0172	0.4038	0.8255
4 月	0.076	0.7053	0.8054	0.04	0.4518	0.766
5 月	0.1563	0.509	0.6357	0.0206	0.4118	0.7228
6 月	0.1241	0.612	0.7919	0.0601	0.5093	0.8541
7 月	0.1049	0.6267	0.8049	0.1102	0.6292	0.8779
8 月	0.0998	0.6211	0.8138	0.1374	0.6352	0.8282
9 月	0.0924	0.6762	0.7925	0.1025	0.6155	0.8626
10 月	0.1573	0.5192	0.7297	0.0284	0.4699	0.7567
11 月	0.1557	0.5255	0.782	0.0008	0.4169	0.7972
12 月	0.1339	0.563	0.8269	0.0202	0.4542	0.8677

2.3 倾斜面辐射量和最佳倾角计算

无论是从气象站直接得到的资料,还是采用气候学推算的资料,均为水平面上的太阳辐射量,而为了获得年最大总辐射量,光伏阵列均是倾斜放置的,因此需要将水平面辐射量计算结果换算成倾斜面上的辐射量才能进行发电量的估算。倾斜面上的太阳辐射量由太阳直接辐射量、太阳散射辐射量和太阳反射辐射量3部分组成。

斜面辐射和最佳倾角的计算中,散射和地面反射采用各向同性模型,按月推算正南朝向、不同倾角斜面的总辐射量,并累加得到斜面年总辐射量。比较不同倾角的斜面年总辐射量,即可得到光伏阵列年接受辐射量最大情况下的最佳倾角。

太阳散射辐射计算方法有许多,在计算建模时可以根据实际需要进行选择,本研究假定散射和地面反射是各向同性的,参考 Klein(1977)的计算方法[8],方位角为 0°(正南朝向)倾斜面上的太阳总辐射月总量计算公式为:

$$Q_S = D_S + S_S + R_S \tag{4}$$

$$D_S = D_H \cdot R_b \tag{5}$$

$$S_S = S_H \cdot \left(\frac{1+\cos\beta}{2}\right) \tag{6}$$

$$R_S = Q_H \cdot \left(\frac{1-\cos\beta}{2}\right) \cdot \rho \tag{7}$$

$$R_b = \frac{\cos(\varphi-\beta) \cdot \cos\delta \cdot \sin\omega + \frac{\pi}{180}\omega \cdot \sin(\varphi-\beta)\sin\delta}{\cos\varphi \cdot \cos\delta \cdot \sin\omega + \frac{\pi}{180}\omega \cdot \sin\varphi \cdot \sin\delta} \tag{8}$$

式中,Q_S、D_S、S_S、R_S 分别为倾斜面上的总辐射、直接辐射、散射辐射和反射辐射月总量,Q_H、D_H、S_H 分别为水平面上的总辐射、直接辐射、散射辐射月总量。R_b 为倾斜面和水平面上的日太阳直接辐射量之比的月平均值。β 为倾斜面倾角,ω 代表日的日落时角,ρ 为月平均地表反射率。该光伏电站位于咸宁市经济技术开发区,反射面地表为待开发草地和裸土地混杂。根据表3的不同地物反射率范围,本文地表反射率取干燥地和干草地地物情况下的值 0.2。

表3 不同地物表面反射率

地物表面状态	反射率	地物表面状态	反射率
沙漠	0.24~0.28	干草地	0.15~0.25
干燥地	0.10~0.20	湿草地	0.14~0.26
湿裸地	0.08~0.09	森林	0.04~0.10

2.4 太阳能资源丰富程度等级标准

太阳能资源多寡以太阳总辐射量来度量,它直接反映了太阳能资源的可开发程度。采用太阳总辐射年曝辐量作为分级指标[13],将全国太阳能资源划分为四个等级:极丰富(A)、很丰富(B)、丰富(C)以及一般(D),见表4。

表 4 太阳能资源丰富程度等级

太阳总辐射年总量	资源丰富程度
≥1750kW·h/(m²·a)	资源最丰富
6300MJ/(m²·a)	
1400～1750kW·h/(m²·a)	资源很丰富
5040～6300MJ/(m²·a)	
1050～1400kW·h/(m²·a)	资源丰富
3780～5040MJ/(m²·a)	
<1050kW·h/(m²·a)	资源一般
<3780 MJ/(m²·a)	

2.5 水平面直射比计算方法与等级标准

直射比是指直接辐射量在总辐射量中所占的比例,用百分比或小数表示,实际大气中,其数值在[0,1)区间变化。采用直射比作为衡量指标,全国太阳能资源可分为四个等级(表5)。

表 5 太阳辐射形式等级

名　称	符　号	分级阈值
直接辐射主导	A	$Rx \geqslant 0.6$
直接辐射较多	B	$0.5 \leqslant Rx < 0.6$
散射辐射较多	C	$0.35 \leqslant Rx < 0.5$
散射辐射主导	D	$Rx < 0.35$

2.6 太阳能资源稳定程度计算方法与等级标准

太阳能资源稳定程度用各月的日照时数大于 6 h 天数的最大值与最小值的比值表示[12],见以下公式,其比值表示资源全年变幅的大小,其等级见表6。

$$K = \frac{\max(Day_1, Day_2 \cdots Day_{12})}{\min(Day_1, Day_2 \cdots Day_{12})} \tag{9}$$

式中:K 为太阳能资源稳定程度指标,无量纲数;$Day_1, Day_2 \cdots Day_{12}$:1—12 月各月日照时数大于 6 h 天数,单位为天(d)。

表 6 太阳能资源稳定程度等级

太阳能资源稳定程度指标	稳定程度
<2	稳定
2～4	较稳定
>4	不稳定

3　太阳能资源评估结果

3.1　日照时数和日照百分率年(代)际变化

图1给出了咸宁站1961—2009年日照时数和日照百分率的年(代)际变化情况,可以看出,咸宁站日照时数和日照百分率变化趋势大体均是波动中缓慢下降,从20世纪60年代的1900 h和45%左右下降到近几年的1500 h和35%左右。而近十年武汉站日照时数和日照百分率大约为1900 h和40%左右,因此,从日照的角度上看,咸宁的太阳能资源是低于武汉的。由于近年的日照下降主要与空气污染加重、观测场周边建筑物的遮挡等有关,存在人类活动干预的影响,因此本研究取咸宁1961—2009年平均值作为评价指标,多年平均年总日照时数为1710 h。

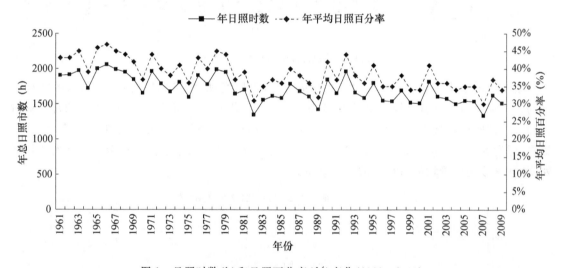

图1　日照时数(h)和日照百分率(%)变化(1961—2009)

3.2　水平面辐射量年(代)际变化与月分布

利用表2中的各月 a、b、a'、b' 系数计算出咸宁站1961—2009年逐月的太阳总辐射月总量,统计可得直接辐射和总辐射年总量和多年平均的月平均直接辐射和总辐射日总量。受日照时数下降等影响,咸宁站近49年来总辐射量和直接辐射量呈波动中下降趋势,直接辐射量的下降较总辐射更为明显,近年总辐射量的下降主要是由于直接辐射量的下降导致的,这与全球地面辐射下降的大趋势一致,还与观测环境变化相关。而散射辐射年际变化相对较小,呈缓慢上升趋势。统计表明,1961—2009年平均年总辐射量为4091.4 MJ/m²,折合峰值日照时数为1136 h。年直接辐射量为1683.0 MJ/m²。散射辐射量则可由推算的总辐射量减去直接辐射量而得到,咸宁年平均散射辐射量为2408.4 MJ/m²,研究还发现,咸宁散射辐射要比直接辐射量大,而且差值越来越大,差值在500.0—900.0 MJ/m²左右。

可以看出,咸宁地区近年年平均总辐射量均处于全国太阳能资源丰富区。3780 MJ/(m²·a) $\leqslant R_s <$ 5040 MJ/(m²·a)或1050 kWh/(m²·a) $\leqslant R_s <$ 1400 kWh/(m²·a)。

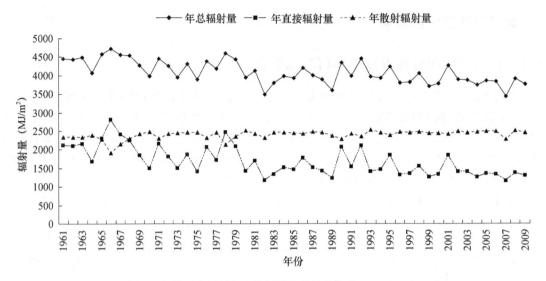

图 2　水平面总辐射和直接辐射年总量变化(1961—2009)

　　图 3 给出了总辐射和直接辐射的月总量变化,可以发现,咸宁的辐射量夏季大,冬季小,7月的月总辐射量和月直接辐射量最大,分别为 531.5 MJ/m² 和 263.4 MJ/m²;1 月的月总辐射量和月直接辐射量最小,为 209.3 MJ/m² 和 78.9 MJ/m²。散射辐射量则是在 6 月最大,12 月最小,分别为 274.7 MJ/m² 和 122.4 MJ/m² 左右。除 7 月散射辐射量与直接辐射量大体相当外,各月直接辐射量均显著小于散射辐射量。

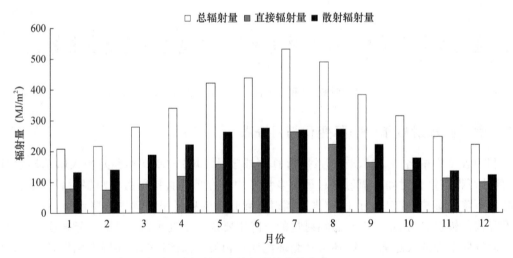

图 3　水平面总辐射和直接辐射月总量变化(1961—2009)

3.3　水平面直射比

　　图 4 给出了咸宁站直射比的年际和月际变化。可以看出,咸宁站直射比从上世纪 1960 年代开始一直在波动中略下降,1980 年代以前在 0.40~0.60 之间波动,本世纪以来直射比约为0.38 左右。多年平均(1961—2009 年)直射比为 0.41,因此,咸宁地区辐射形式等级处于散射辐射较多(C)等级。

　　从月变化来看,7月时最高的月份,夏季7月在0.5左右,上半年的1—6月直射比最小,在0.4以下。整体来看,下半年7—12月的直射比要大于上半年1—6月,这也是湖北东部地区雨水、云量的变化特征的反映。

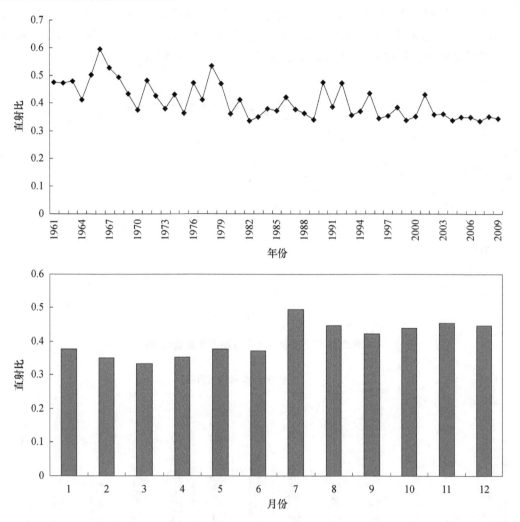

图4　直射比的年际变化和月变化(1961—2009)

3.4　太阳能资源稳定程度评估

　　按照公式(9),利用咸宁站1961—2009年逐月日照时数资料进行计算,结果咸宁日照时数大于6 h的天数为158 d,k值为2.22,根据表5表明咸宁地区太阳能资源年变化较为稳定,有利于太阳能资源的利用。

3.5　不同倾角斜面太阳总辐射年总量和最佳倾角

　　采用1.3节中斜面总辐射量的计算方法,以1°为计算步长,分别以多年平均的水平面辐射量为基础,计算了咸宁站方位角为0°(正南朝向)倾角为0°－30°的斜面上1961—2009年平均的太阳总辐射月总量,最后逐月累加得到年总量,结果见图5。可以发现,随着斜面倾角的变大,斜面上的年总辐射量呈先变大,后变小的变化趋势,且存在一个极大点为18°,斜面年总辐射量为 4224.6 MJ/m²,比水平面年总辐射量大约 3.3%,约 133.2 MJ/m²。这个计算结果与目前多数研究结论和工程实际采用的角度较为接近,而比工程所在咸宁的纬度低了约 12°。

图 6 给出了倾角为 18°的最佳倾角斜面各月份日平均总辐射与水平面的对比,倾斜面在4—8月接受的辐射量小于水平面的,也就是说,倾斜放置的太阳能光伏阵列是牺牲了夏季太阳高度角较高时的直接辐射量,而较多的获取了冬季的直接辐射量。

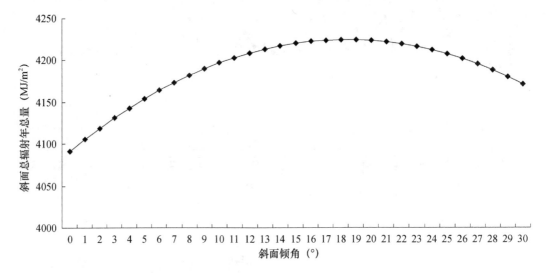

图 5　不同倾角斜面上接收的太阳总辐射年总量(1961—2009)

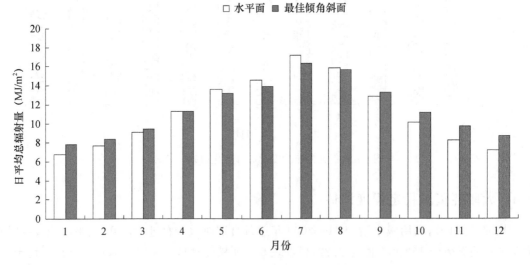

图 6　水平面和最佳倾角斜面各月日平均总辐射(1961—2009)

3.6　太阳能电站年总发电量估算

对于并网光伏电站而言,每年输出的能量可用下式进行计算[9]:

$$E_{\text{out}} = H_t P_0 PR \tag{10}$$

式中,E_{out}为电站每年可能输出的能量,H_t为方阵面上的年太阳辐射量,P_0为方阵的容量,PR为方阵到电网的综合效率,一般情况可取 0.75[9]。

该光伏电站太阳能电池设计总容量为 1500kWp,若全部按最佳倾角 18°,方位角为 0°安装,则该光伏电站每年约可发电 1.32×10^6 kWh。

4 结论和讨论

本文采用日照时数和气候学推算的太阳总辐射量和直接辐射量作为基础,结合一系列评价指标,对某太阳能光伏电站所在地的咸宁市太阳能资源的时间变化、丰富程度、稳定性、可利用性及各分量的比例等做了较为充分的研究分析,并给出了评价结论和最佳倾角建议:

(1)该评估方法利用气候学方法进行辐射量和可能发电量的推算,可供太阳能光伏电站规划设计时参考。但利用其他资料进行的推算毕竟存在一定误差,如果要细致了解该地区的太阳能资源状况和进行发电量精确计算,那么在电站建设地点进行辐射观测和验证将是十分必要的。

(2)采用本文计算评估方案得到咸宁地区近 50 年(1961—2009 年)水平面太阳总辐射年总量为 4091.4 MJ/m²,年平均峰值日照时数为 1136 h,根据气象行业标准《太阳能资源评估方法》(QX/T 89—2008),该地区属于太阳能资源丰富区。咸宁地区辐射形式等级处于散射辐射较多(C)等级,所以采用非晶硅电池将更有优势;从各月日照时数大于 6 h 天数反映的太阳能资源年变化稳定度较高,有利于太阳能资源的利用。

(3)计算得到咸宁市正南朝向光伏阵列最佳倾角为 18°,即该方位接受辐射年总量最大,达到 4224.6 MJ/m²,比水平面高出 3.3%。设计容量为 1500 kWp 的光伏阵列若按最佳倾角和方位角安装,每年可发电约 1.32×10^6 kWh。

参考文献

[1] 左大康,王勃贤,陈建绥.中国地区太阳总辐射的空间分布特征[J].气象学报,1963,33(1):78-96.

[2] 翁笃鸣.试论总辐射的气候学计算方法[J].气象学报,1964,34(3):304-315.

[3] 祝昌汉.我国直接辐射的计算方法及分布特征[J].太阳能学报,1985,6(1):1-11.

[4] 赵东,罗勇,高歌,等.我国近 50 年来太阳直接辐射资源基本特征及其变化[J].太阳能学报,2009,30(7):946-952.

[5] 刘可群,陈正洪,夏智宏.湖北省太阳能资源时空分布特征及区划研究[J].华中农业大学学报,2007,22(6):888-893.

[6] 杜尧东,毛慧琴,刘爱君,等.广东省太阳总辐射的气候学计算及其分布特征[J].资源科学,2003,25(6):66-70.

[7] 傅抱璞.山地气候[M].北京:科学出版社,1983:51-84.

[8] 杨金焕,毛家俊,陈中华.不同方位倾斜面上太阳辐射量及最佳倾角的计算[J].上海交通大学学报,2002,36(7):1032-1036.

[9] 杨金焕,于化丛,葛亮.太阳能光伏发电应用技术[M].北京:电子工业出版社,2008:178-179.

[10] 刘光旭,吴文祥,张绪教,等.屋顶可用太阳能资源评估研究——以 2000 年江苏省数据为例[J].长江流域资源与环境,2010,19(11):1242-1248.

[11] 和清华,谢云.我国太阳总辐射气候学计算方法研究[J].自然资源学报,2010,25(2):308-319.

[12] 王炳忠.太阳辐射计算讲座 第三讲:地外水平面辐射的计算[J].太阳能,1999(4):12-13.

[13] 中国气象局.QX/T89—2008:太阳能资源评估方法 [S].北京:气象出版社,2008:1-7.

武汉并网光伏电站性能与气象因子关系研究*

摘　要　利用华中科技大学并网光伏电站 1 a(2010 年 1—12 月)每 5 min 电量资料和同期武汉站气象资料,统计了并网光伏电站的光伏阵列转换效率、逆变器效率基本特征以及与气象因子的关系,并采用指数曲线对逆变器效率进行了模型模拟,评估其拟合精度和应用价值。最后,从能量平均角度,对表征光伏电站性能的综合效率进行分析,为武汉市光伏发电潜能(年发电量)估算和经济效益分析提供参考。结果表明:(1)斜面逐时辐照量较低时,阵列转换损失也大;随着斜面逐时辐照量的增加,阵列转换效率呈现先增加后下降的趋势,主要是由于温度的作用(高温负影响)。(2)推算出光伏并网逆变器效率接近稳定时,对应的输入斜面逐时辐照量临界值范围(或有效辐照量范围)为 0.469~0.587 kWh/m²。(3)武汉市并网光伏电站年综合效率为 0.56,每瓦光伏装机容量的年发电量约为 0.64 kWh。

关键词　并网光伏电站;太阳能辐射;光伏阵列转换效率;逆变器效率;综合效率

1　引言

光伏发电技术,即利用太阳能电池的光生伏打效应(半导体材料表面受到太阳光照射时,其内产生大量电子－空穴对,在内建电场作用下运动,产生光生直流电),把太阳能辐射直接转变为直流电能的发电方式;而并网光伏发电通过一个非常独特的装置向电网提供大量电力,即光伏并网逆变器,它负责对太阳能光伏阵列输出直流功率进行动态调节,实现最大功率点跟踪控制,并最终将光伏阵列输出的直流电变换成交流电后接入电网。

太阳能(辐射)资源评估与预报、光伏阵列转换效率以及并网逆变器效率研究是从物理角度估算或预测并网光伏电站发电功率(或发电量)的基础性工作[1-3]。目前,关于太阳能资源评估、中尺度数值预报模式的辐射预报[4],辐照度、温度、大气质量等对光电转换效率的影响分析(多是实验室室内条件下对电池、组件或阵列转换效率瞬时变化规律分析)[5,6],已有大量学者展开相关研究工作[7]。而在并网光伏电站发电量估算或是短期预报时要么将并网光伏逆变器效率在常值区间取值[8]、或直接使用欧洲效率[9]或是假定为小于 1 的常数[2],认为与气象无关。

本文利用华中科技大学并网光伏电站 2010 年电量资料以及同期武汉站气象资料,分析了并网光伏电站(户外)的阵列转换效率、逆变器效率的一些统计特征及其与气象因子的关系;进而建立逆变器非线性动态效率模型(可用于光伏发电量的短期预报),推算出逆变器效率进入稳态的到达光伏组件的斜面辐照量临界范围,以利于光伏电站设计时降低低辐照量下的损失;基于能量平均角度,定量计算出并网光伏电站年综合效率,为评估武汉市并网光伏电站发电潜能和经济效益,提供依据。

---

*　李芬,陈正洪,成驰,蔡涛,杨宏青,申彦波. 太阳能学报,2012,33(8):1386-1391.

2 资料与方法

2.1 资料

电量资料来自华中科技大学电力电子研究中心 2005 年建立的 18 kWp 并网光伏电站,其中光伏阵列安装倾角 40°,朝向南偏东 9°,材料为单晶硅和多晶硅两种,并网逆变器型号为 SMC 6000。资料情况为 2010 年 1—12 月逐日每五分钟的阵列直流输出电压/电流及光伏并网逆变器输出交流功率,缺 1 月 1—6 日、13—15 日,2 月 8—18 日,6 月缺 16—19 日,10 月 25—31 日资料。

太阳能辐射、气温、降水等实况资料取自武汉市气象站,该观测站位于武汉市东西湖慈惠农场。

2.2 效率定义及计算方法

1)光伏阵列转换效率 η,即一段时间内光伏阵列最大可能输出直流发电量与光伏阵列斜面接收的太阳总辐照量之比[1]:

$$\eta = \frac{E_{dc}}{Q_t \times S} \tag{1}$$

式中,E_{dc}、Q_t 分别表示在一段时间内,光伏阵列最大直流发电量(单位:kWh)和阵列斜面接收的太阳总辐照量(单位:kWh·m^{-2}),S 为光伏阵列面积(单位:m^2)。

2)逆变器效率 η_e,为一段时间内并网逆变器输出的交流发电量与输入的直流发电量(即光伏阵列输出)之比:

$$\eta_e = \frac{E_{ac}}{E_{dc}} = \frac{\int_t p_{ac}(t)\,dt}{\int_t p_{dc}(t)\,dt} \tag{2}$$

式中,$p_{dc}(t)$、$p_{ac}(t)$ 分别表示并网逆变器从光伏阵列获得的实时输入直流功率和输出的实时交流功率;E_{ac} 表示在一段时间内,并网逆变器输出的交流发电量(单位:kWh)。

3)电站综合效率(PR,performance ratio),为一段时间内并网光伏电站的交流发电量与光伏阵列所在地水平面太阳总辐照量之比[10,11]:

$$PR = \frac{Y_f}{Y_r} \tag{3}$$

式中,Y_f 为并网光伏电站额定功率工作时数,即一段时间内电站的交流发电量与额定装机容量之比。Y_r 为并网光伏电站所在地的峰值日照时数,即一段时间内的水平面总辐照量(曝辐量)与标准辐照度(其值为 1 kW·m^{-2})之比。

3 结果分析

3.1 光伏阵列逐时直流发电量与光伏阵列接收的斜面逐时总辐照量分析

采用文献[12]基于各向同性假设的方法,将逐时水平面总辐照量转化为光伏阵列斜面的逐时总辐照量;并将光伏电站逐五分钟(北京时)功率资料进行处理,得到以地方时为时基的逐时发电量资料。

2010 年 1—12 月逐时光伏阵列直流发电量与阵列斜面总辐照量的散点图(共 3408 个样本)如图 1,阵列斜面总辐射量与光伏阵列直流发电量成极显著正相关,Pearson 相关系数为 0.9,且通过了 0.01 的显著性检验,即阵列斜面辐射为影响光伏直流发电量最直接的决定性因素(符合光生伏打效应原理);此外,通过分析可得,水平面小时总辐照量与斜面小时辐照量的 Pearson 相关系数为 0.991,水平面小时总辐照量与光伏阵列小时直流发电量 Pearson 相关系数为 0.895,且均通过了 0.01 的显著性校验。这也从侧面验证了阵列斜面辐射比水平面辐射更能代表并网光伏电站发电量变化规律,也为通过统计方法分析并网光伏电站性能提供了依据。

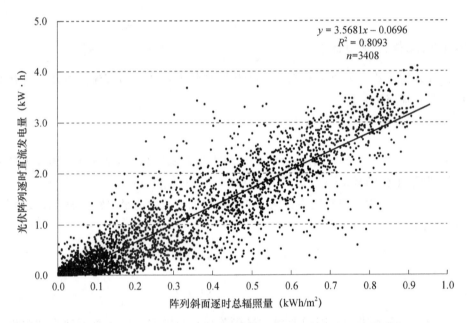

图 1 光伏阵列小时直流发电量随阵列斜面小时总辐照量变化曲线

3.2 光伏阵列逐时转换效率与气象因子关系分析

以往文献分析光伏电池、组件或阵列光电转换效率多是基于实验室条件,研究瞬时的入射辐照度、温度、大气质量等一种或几种对光电转换效率的影响,本文针对户外条件,基于能量角度分析。由于户外阵列转换效率与气象要素(斜面辐照量、气温等)之间是多变量耦合关系,比较复杂,为便于研究,以气温 0 ℃为限划分温度等级,分析在不同温度等级下阵列转换效率随斜面辐射变化情况。此外,硅太阳能电池实验室效率,目前公认的理论极限 30%,而工业大规模生产的商业电池效率要比实验室效率落后,截止 2010 年 7 月商业单晶硅电池效率最高达到 22%。大致上广泛使用商业单晶硅电池效率 16%～22%,组件效率 13%～19%,多晶硅电池效率 14%～18%,组件效率 11%～15%[13],因此在统计分析中删除了阵列转换效率超过 20% 的畸点。

在不同温度等级下,光伏阵列逐时转换效率随阵列斜面逐时辐照量变化如图 2。由图 2

可见,斜面逐时辐照量较低(小于 0.20 kW/m²)时,光伏阵列转换损失也大,这与光伏阵列远离额定输入工作范围有关;随着斜面逐时辐照量的增加,光伏阵列转换效率呈现先变大,而达到一定程度后反而下降的趋势,这主要与温度有关。高温情形下斜面辐照量虽然很大,但由于硅电池的负温度效应,阵列转换效率反而会降低。图中,当气温超过 30 ℃,即使斜面逐时辐照量接近标准辐照度 1 kW/m²,阵列转换效率仍较低(小于 10%);而出现辐照量较大(大于 0.50 kW/m²)且气温较低(小于 5 ℃)转换效率很低的散点,主要由于冬季雪,光伏阵列表面有积雪引起。

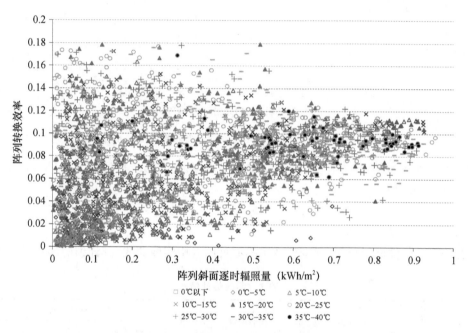

图 2　光伏阵列逐时光电转换效率随阵列斜面逐时总辐照量变化曲线

3.3　逆变器效率模型研究

并网逆变器效率受输入功率等级(光伏阵列输出功率)的影响很大[14-16],间接受辐照量(或辐照度)变化的影响,与气象条件密切相关,并非简单常数模型可以描述。以 2010 年 1—12 月逐时直流发电量、交流发电量和斜面总辐射量资料,进行逆变器效率模型研究。逆变器效率随斜面总辐射量变化如图3,逆变器效率随阵列斜面总辐照量的变化趋势近似于指数曲线,并可分为两段:在斜面总辐照量较低时,瞬时转换效率也低且不稳定,有可能出现小值的斜面总辐照量增加而转换效率反而降低的畸点;随着斜面总辐照量达到一定程度后继续增加时,曲线平缓,斜率几乎为 0,逆变器效率接近最大值。对于低辐照量,并网逆变转换损失也更大,因此在实际工程应用计算光伏电站年发电量时,以斜面接收的年总辐照量最大来选择最佳倾角并非完全合理,需要研究有效辐照量范围,使得一年内电站高效率工作的时间最大。

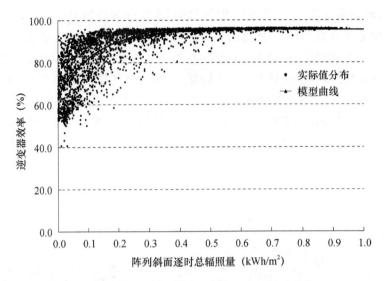

图 3　并网逆变器效率随阵列斜面总辐照量分布

根据图 3 所示数据,建立逆变器效率与斜面总辐照量的非线性回归方程(Mistcherlich 模型)[17],其数学表达为:

$$\eta_e = b_1 + b_2 \cdot \exp(b_3 \cdot Q_t) \tag{4}$$

式中,b_1、b_2、b_3 分别为回归系数。

利用 SPSS 软件进行分析,逆变器效率模型见图 3 中实线曲线,其详细的参数说明见表 1。

表 1　参数估计值

参数	估计值	标准误差	95％置信区间	
			下 限	上 限
b_1	0.956	0.002	0.952	0.960
b_2	−0.315	0.004	−0.324	−0.307
b_3	−8.52	0.27	−9.049	−7.99

结合表 1 的数据可知,并网逆变器效率稳态值为 95.6％,指数衰减系数为 8.52。根据电路理论时间常数(指数衰减系数)及工程上 4～5 个周期结束过渡过程进入稳态的定义[18],可推导出并网逆变器效率进入稳态,临界的逐时入射总辐照量 K 范围为:

$$K = (4\sim5) \times \frac{1}{8.52} = 0.469\sim0.587 (\text{kWh/m}^2) \tag{5}$$

对于武汉市运行的光伏并网逆变器 SMC 6000,当光伏阵列斜面小时总辐照量达到 0.469～0.587 kWh/m² 时,认为逆变器效率进入稳态运行,在设计时使得并网光伏系统全年内在超过这一段范围累积的辐照量最大,而不是全段总辐照量最大。

对建立的并网逆变器效率模型,进行拟合检验,如图 4。由图 4 可见,模型计算值与实际值呈现极显著正相关,样本拟合 Pearson 相关系数为 0.802,且通过了 0.01 的显著性检验,表明该非线性模型,可用于并网光伏电站发电量或发电功率短期预测,并可提高低辐照量下(早、晚或阴雨天)的预测精度。

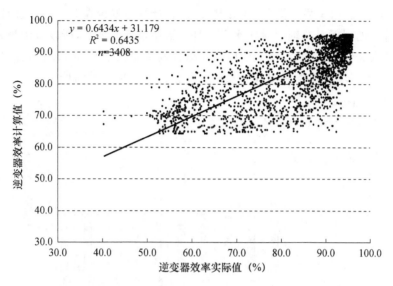

图 4　并网逆变器效率实际值与模型计算值散点图(实线:趋势线)

3.5　电站综合效率研究

图 5 为 2010 年武汉市并网光伏电站综合效率的日变化规律,日综合效率多集中在 0.5～0.7 之间,冬季相对波动较大。

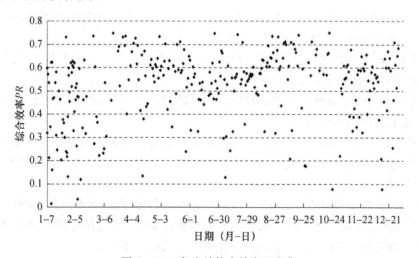

图 5　2010 年电站综合效率日变化

图 6 为 2010 年武汉市峰值日照时数、额定功率工作时数、电站综合效率的月变化。其中,月峰值日照时数、月额定功率工作时数、月电站综合效率分别在 44.5～149.8 h、15.2～91.8 h、0.34～0.75 之间变化。在 8 月份,月峰值日照时数、月额定功率工作时数均出现最大值,月电站综合效率在 3 月份出现最大值 0.75。全年峰值日照时数为 1120.6 h,年额定功率工作时数为 622.0 h,年电站综合效率为 0.56。而根据武汉站近 30 年 1981—2010 年(缺 1984 年)的辐射观测资料,计算出年平均(29 年平均)总辐照量为 1147.5 kW·h,年平均峰值日照时数为 1147.5 h,相当于平均每瓦的光伏装机容量,以倾角 40°安装,在武汉市每年可以

发电约0.64 kW·h。由于采用倾角40°安装方式，在计算时发现在5—8月太阳辐射比较好的夏半年，光伏阵列的斜面月总辐照量比水平面月总辐照量反而要小，所以该倾角方式安装并不合适，在合适的安装倾角下，武汉市光伏电站年综合效率要大于0.56，每瓦光伏装机容量的年发电量要大于0.64 kW·h，具体数据需要进一步搜集光伏电站资料研究。

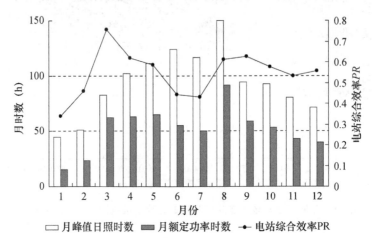

图6　2010年各月峰值日照时数、额定功率工作时数、电站综合效率分布

4　结论

（1）光伏阵列斜面辐照量是影响并网光伏电站直流发电量最直接的决定性因素，两者之间呈现极显著正相关，Pearson相关系数为0.9。

（2）随着斜面逐时辐照量的增加，阵列逐时转换效率呈现先变大而达到一定程度后反而下降的趋势，效率下降主要与高温的负影响有关。

（3）建立并网逆变器效率与斜面总辐照量的非线性模型，其拟合精度较高，可作为并网光伏电站发电量或发电功率短期预测的修正项。

（4）定量推算出光伏并网逆变器效率接近稳定时的输入斜面辐照量临界值范围、武汉市并网光伏电站年综合效率，可用于武汉市光伏并网系统优化设计、并网光伏电站的年发电量估算及经济效益分析。

由于本次试验样本相对较少，只有一地一年完整的数据，因此如有可能，需要用多地、多年数据（最好是光伏电站所在地的辐射观测以及阵列板温资料）对光伏阵列转换效率、并网逆变器效率模型的稳定性、可靠性以及电站综合效率评估做进一步验证。

参考文献

[1] Perpinan O，Lorenzo E，Castro M A. On the calculation of energy produced by a PV grid-connected system [J]. Progress in Photovoltaics：Research and applications，2006，15(3)：265-274.

[2] 卢静，翟海青，刘纯，等. 光伏发电功率预测统计方法研究[J]. 华东电力，2010，38(4)：563-567.

[3] 栗然，李广敏. 基于支持向量机回归的光伏发电出力预测[J]. 中国电力，2008，41(2)：74-78.

[4] Lorenz E，Remund J，Müller S，et al. Benchmarking of different approaches to forecast solar irradiance [C]. 24th European Photovoltaic Solar Energy Conference，2009：1-10.

[5] Radziemska E. The effect of temperature on the power drop in crystalline silicon solar cells [J]. Renewable

Energy,2003,28:1-12.

[6] Durisch W,Bitnar B,Jean C,et al. Efficiency model for photovoltaic modules and demonstration of its application to energy yield estimation[J]. Solar Energy Materials and Solar Cells,2007,91(1):79-84.

[7] 李芬,陈正洪,成驰,等. 太阳能光伏发电量预报方法的发展[J]. 气候变化研究进展,2011,7(2):136-142.

[8] 张金花. 太阳能光伏发电系统容量计算分析[J]. 甘肃科技,2009,25(12):58-60.

[9] Aguilar J D,Perez P J,Almonacid G,et al. Average Power of a Photovoltaic Grid-connected System[A]. 21th European Solar Energy Conference[C]. Dresden,2006:1-4.

[10] Pietruszko S M,Gradzki M. 1KW grid-connected PV system after two years of monitoring [J]. Opto-electronics Review,2004,12(1):91-93.

[11] 杨金焕. 并网光伏电站发电量的估算[A]//第十一届中国光伏大会暨展览会会议论文集[C]. 南京,2010,1347-1351.

[12] 杨金焕,于化丛,葛亮. 太阳能光伏发电应用技术[M]. 北京:电子工业出版社,2009 :32-36.

[13] European Photovoltaic Industry Association(EPIA). Solar photovoltaic electricity empowering the world [R]. EPIA 2011:1-100.

[14] So J H,Jung Y S,Y G J,et al. Performance results and analysis of 3 kW grid-connected PV systems [J]. Renewable Energy,2007,32:1858-1872.

[15] Notton G,Lazarov V,Stoyanov L. Optimal sizing of a grid-connected PV system for various PV module technologies and inclinations,inverter efficiency characteristics and locations[J]. Renewable Energy,2010,35(2):541-554.

[16] 陈菊芳,沈辉,李军勇,等. 广州地区薄膜光伏并网电站性能研究 [J]. 太阳能学报,2011,32(1):45-48.

[17] 杜强,贾丽艳. SPSS 统计分析从入门到精通[M]. 北京:人民邮电出版社,2009:166-173.

[18] 杨传谱,孙敏,杨泽富. 电路理论-时域与频域分析[M]. 武汉:华中科技大学出版社,2001:25-33.

并网光伏系统性能精细化评估方法研究 *

摘　要　为综合评估并网光伏电站性能和效益,从太阳能资源和并网光伏系统运行角度引入、整合了一套完整的指标体系,并探讨了光伏发电潜能计算方法。利用武汉站近 30 a(1981—2011 年)气象资料、华中科技大学并网光伏电站(2010 年 1 月—2011 年 12 月)及湖北省气象局并网光伏电站(2011 年 4 月—2012 年 3 月)电量资料,对武汉市太阳资源分布特征和两座分布式并网光伏发电系统进行了综合评价,结果表明:(1)武汉近 30 a 平均总辐射量为 1151.2 kWh/m²,平均直射比为 0.41,属于散射辐射较多地区;(2)武汉近 30 a 平均最佳倾角为 15°,最佳倾角斜面总辐射量 1175.0 kWh/m²,理论发电时数 1175.0 h;(3)华中科技大学并网光伏系统以 40°倾角安装,2010—2011 年实际工况下两年平均 PR 为 65.5%,阵列效率为 9.8%,系统能效比为 9.3%,容积因子为 8.8%;湖北省气象局多晶硅并网光伏系统以 15°倾角安装,实际工况下年平均 PR 为 73.5%,阵列效率为 11.5%,系统能效比为 10.7%,容积因子为 10.1%;(4)武汉以近 30 a 平均最佳倾角为 15°安装的屋顶分布式并网光伏系统,每千瓦装机容量的年上网电量约为 863.6 kW·h。

关键词　并网光伏电站;太阳能辐射;直射比;最佳倾角;性能指标;上网电量

1　引言

国际能源署(IEA)在 1993 年启动了光伏发电项目(PVPS)Task-2 工作,对不同气候特征和地理环境的国家(欧洲国家、亚洲的日本、中东地区的以色列、北美洲的墨西哥等)多个不同类型光伏系统(并网光伏如分布式建筑集成/屋顶光伏、大型集中并网光伏电站,以及离网光伏系统)开展长期监测和多方位的研究[1-2]。研究中给出一些描述光伏系统性能的指标和定义[3],并于 1998 年形成正式的国际标准 IEC 61724[4]。参照 IEC 标准推荐的三个归一化指标[5]——YR(理论发电时数)、YF(满发时数)和 PR(系统效率),研究人员利用多年观测数据资料深入分析,得出一系列有意义的结论。例如,关于计算并网光伏发电潜能(年上网电量)的关键因子年均 PR:发现随着技术进步如并网逆变器性能的改善,全球 PR 呈现上升趋势,在德国年均 PR 从 20 世纪 90 年代的 0.64 至本世纪初增加到 0.74[6];在近年研究中,对于按最佳倾角安装在屋顶和地面的并网光伏系统,IEA 则分别推荐年均 PR 为 0.75 和 0.80[7]。

IEC 61724 指标体系中提到了计算并网光伏系统上网电量的输入因子——理论发电时数,但是对于其影响因素并未提及,该影响因素表面上是阵列倾角和朝向,而实际上是由当地太阳能资源年总量以及分布形式决定的。

目前,我国光伏业界在制定规划推算年上网电量时,往往直接下载使用国外的软件,如法国 PVSYST、加拿大 RETScreen 等,其方法是黑匣子,原理不甚了解,或是语焉不详,既不交代计算依据,也不给出数据或方法来源(或资源评估数据来源不正或缺乏处理资源数据的相关知

　*　李芬,陈正洪,蔡涛,马金玉,徐静. 太阳能学报,2013,34(6):974-983.

识),甚至出于商业目的,夸大计算结果。气象部门拥有太阳能资源监测、预报及评估的天然优势,但往往局限于资源本身,对于面向工程应用不深入。而从2008年开始,我国光伏装机容量连续4年实现翻番,2011年新增装机规模达到2GW,截至2011年底累计装机规模为3.1GW[8],但市场开发存在乱象,在技术及评估至高点——标准和规范亟缺,一方面是缺乏涵盖资源和光伏电站性能的完整评估指标体系,另一方面缺乏我国权威、长期、可靠运行的光伏电站数据分析结果,这与我国光伏市场的繁荣和国际地位严重不符,2011年中国为全球仅有的6个光伏装机规模超过吉瓦的大国之一。

本文从太阳能资源(年总量及其主要分布)和并网光伏系统运行角度出发,引入并整合了一套完整的性能评估指标体系,对其实质和相互关系进行了研究,定量计算出武汉市近30年平均最佳倾角,并推导了武汉并网光伏发电潜能计算方法(每千瓦装机容量的年上网电量);可为光伏行业从业技术人员电站可研编制和优化设计、系统集成商/业主/投资者收益评估、系统维护人员运行管理以及电力部门制定光伏发电规划、调度等提供指导。

2 资料与方法

2.1 资料来源

电量资料分别取自华中科技大学电力电子研究中心(2005年建成)和湖北省气象局(2011年3月底试运行)屋顶分布式并网示范电站,两所光伏电站均就近接入低压市电电网,且两电站结构框图类似,图1为湖北省气象局示范电站示意图。本文所选取的研究系统,其具

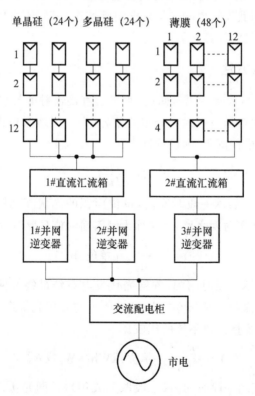

图1 湖北省气象局楼顶并网光伏发电系统框图

体参数见表 1。华中科技大学电站资料时间为 2010 年 1 月—2011 年 12 月,采样间隔为 5 min;其中,2010 年 1 月 1—6 日和 13—15 日、2 月 8—18 日、6 月 16—19 日、10 月 25—31 日资料缺失;2011 年 1 月 19—24 日、2 月 27—28 日、9 月 23—24 日资料缺失。湖北省气象局电站资料时间为 2011 年 4 月—2012 年 3 月,采样间隔为 5 min。由于市电停电,2011 年 4 月 23—26 日、6 月 5 日,11 月 29 日缺失。

表 1   华中科技大学和湖北省气象局并网光伏系统参数

电站位置	华中科技大学	湖北省气象局	
组件材料	多晶硅	多晶硅	单晶硅
组件型号	MSKPGC170	MBG190	DBG190
组件标称效率(%)	14.2	14.9	14.9
阵列峰值功率(KWp)	5.1	4.56	4.56
阵列面积(m²)	36	30.6	30.6
并网逆变器型号	SMC 6000(德国 SMA)	SG5K(阳光)	SG5K(阳光)
逆变器欧洲效率(%)	95.1	93.6(含变压器)	93.6(含变压器)
阵列倾角(°)	40	15	15

武汉市近 30 年 1981—2011 年(缺 1984 年,下同)的逐日、月、年的地面辐射观测资料(总、直、散)全部来自国家气象信息中心,所有数据均经过严格的质量控制和检查,质量良好。2010—2012 年逐时太阳辐射、气温、降水等实况资料来自武汉市气象站,该观测站位于武汉市东西湖慈惠农场。考虑到武汉辐射和光伏发电实际情况(夜间不发电),计算月平均气温时取日间(7:00—18:00)逐时气温计算。

2.2   指标定义及评估方法

1)水平面直射比(R_D),表示一段时间内,水平面直接辐射量与水平面总辐射量之比,它反映了不同气候类型地区主要辐射形式和分布的差异,为不同地区根据辐射形式特点进行开发利用以及光伏系统优化(最佳倾角)提供依据[9]:

$$R_D = \frac{H_D}{H_H} \tag{1}$$

2)理论发电时数(Y_R),表示一段时间内,单位面积的光伏阵列倾斜面总辐射量与光伏电池标准测试条件下的标准辐射度之比[4],亦称为倾斜面峰值日照时数:

$$Y_R = \frac{H_A}{G_{STC}} \quad [单位:h] \tag{2}$$

3)满发时数(Y_F),表示一段时间内,并网光伏发电系统最终并网交流发电量(上网电量)与光伏系统额定功率(标称功率或峰值功率)之比[4]。它是用光伏系统装机容量归一化后的上网电量,可用于不同装机容量光伏系统的比较。

$$Y_F = \frac{E_{AC}}{P_O} \quad [单位:kWh/kW_p 或 h] \tag{3}$$

4)系统效率(PR),表示一段时间内(一般取月或年),并网光伏系统的满发时数与理论发电时数之比,与光伏阵列所在地理位置、阵列倾角、朝向以及装机容量无关[3]。它反映了整个光伏系统的损失,包括低辐射度、高温、灰尘、积雪、老化、阴影、失配、以及逆变器、线路连接、系统停机、设备故障等产生的损失。

$$PR = \frac{Y_F}{Y_R} \tag{4}$$

5)光伏阵列标称效率 η_{AO},标准测试条件下,光伏阵列额定功率与光伏阵列倾斜面接收的辐射度之比:

$$\eta_{AO} = \frac{P_O}{G_{STC} \times S_A} \quad [\%] \tag{5}$$

6)光伏阵列效率 η_A,表示在一段时间内,光伏阵列最大输出直流发电量和光伏阵列倾斜面接收的太阳总辐射量之比:

$$\eta_A = \frac{E_{DC}}{H_A \times S_A} \quad [\%] \tag{6}$$

7)直流回路效率 η_D,表示实际工况下光伏阵列效率与标称效率之比,如实反映了光伏阵列受环境影响而产生的损失,包括低辐射度、高温、灰尘、积雪、老化、阴影、失配、线路连接等产生的损失:

$$\eta_D = \frac{\eta_A}{\eta_{AO}} \quad [\%] \tag{7}$$

8)逆变器效率 η_I,表示一段时间内,并网逆变器输出的交流发电量与输入的直流发电量(即光伏阵列输出)之比:

$$\eta_I = \frac{E_{AC}}{E_{DC}} \quad [\%] \tag{8}$$

就近接入低压市电电网的并网光伏系统,可忽略交流连接线路损失,认为逆变器输出交流电量即为上网电量。

9)系统能效比 η_e,表示一段时间内,并网光伏发电系统最终并网发电量与光伏系统倾斜面接收的太阳总辐射量之比,反映了整个并网光伏系统对于单位入射辐射能量的最终利用效率。

$$\eta_e = \frac{E_{AC}}{H_A \times S_A} = \eta_A \cdot \eta_I = \eta_{AO} \cdot PR \quad [\%] \tag{9}$$

10)容量因子(CF),表示一段时间内(一般以年为单位),并网光伏发电系统最终并网发电量与最大可能产出发电量(即并网光伏系统始终保持额定功率运行)之比[10]:

$$CF = \frac{E_{AC}}{P_O \times 8760} = \frac{Y_F}{8760} = \frac{PR \cdot Y_R}{8760} \quad [\%] \tag{10}$$

联立式(1)—(9)可得:

$$PR = \frac{\eta_e}{\eta_{AO}} = \eta_D \cdot \eta_I \quad [\%] \tag{11}$$

光伏阵列标称效率为常数,由式(9)、(11)可知,系统能效比和PR变化趋势一致。

联立式(1)—(10),可推导出并网光伏系统上网电量估算公式:

$$E_{AC} = Y_R \cdot PR \cdot P_O = Y_R \cdot S_A \cdot \eta_e [kWh] \tag{12}$$

式(1)—(10)中:

H_D:一段时间内,单位面积水平面上接收的直接辐射量 $[kWh/m^2]$;

H_H:一段时间内,单位面积水平面上接收的总辐射量 $[kWh/m^2]$;

H_A:一段时间内,单位面积的光伏阵列倾斜面接收的总辐射量$[kWh/m^2]$;

G_{STC}:标准辐射度,其值为 1 kW/m²;

E_{AC}:一段时间内,并网光伏系统最终的并网发电量[kWh];

P_0:光伏系统额定功率(标称功率或峰值功率),也即在标准测试条件下(入射光为标准辐射度 1 kW/m²、气温为 25 ℃、大气质量为 AM1.5)光伏阵列最大输出直流功率[kWp];

S_A:光伏阵列面积[m²];

E_{DC}:一段时间内,光伏阵列最大输出直流发电量[kWh];

E_{AC}:一段时间内,并网光伏系统的并网发电量[kWh]。

3 结果分析

3.1 武汉太阳辐射年变化和月分布特征

图 2 给出了武汉 1981—2011 年水平面太阳辐射(总辐射、直接辐射、散射辐射)以及直射比的年变化曲线。由图可知,武汉近 30 年总辐射量和散射辐射量在波动变化中呈缓慢增加趋势,而直接辐射量和直射比呈波动下降趋势。我国大部分地区总辐射在 1960—1990 年代左右呈下降趋势,从 1990 年前后开始逐渐增加,武汉站年太阳总辐射与全国大部分地区的变化特征基本一致[11-12]。武汉近 30 年地面年太阳直接辐射量均小于散射辐射量,且两者的差距越来越大。直射比呈现下降趋势,在 0.35-0.48 间变化。统计结果表明,近 30 年年平均太阳总辐射量为 1151.2 kWh/m²,散射辐射量为 676.3 kWh/m²,直接辐射量为474.2 kWh/m²,直射比为 0.41。根据太阳能资源丰富程度等级划分,武汉属于资源丰富区,而按照太阳辐射形式等级分级,武汉属于散射辐射较多地区(C)[13]。

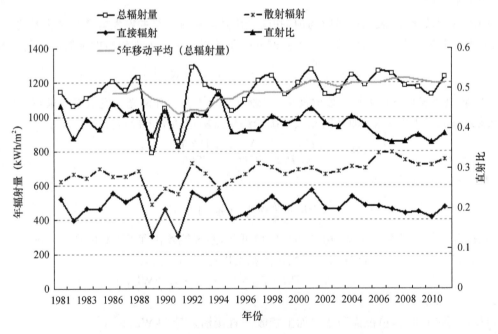

图 2 武汉年太阳辐射(总、直、散)以及直射比变化曲线

图 3 给出了武汉站 30 年平均月水平面总辐射、直接辐射、散射辐射以及直射比分布,可以看出:武汉冬季(1 月)直射比最小,夏季(7 月)直射比最大,且各月直接辐射量均小于散射辐射量;冬春季直射比小,夏秋季直射比大。

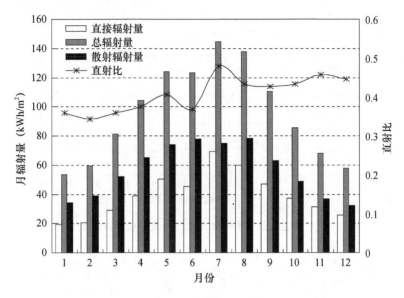

图 3　武汉太阳辐射(总、直、散)以及直射比月变化曲线

3.2　武汉地区不同倾斜面总辐射及最佳倾角

在以往有关光伏阵列最佳倾角的研究中,由于地面辐射观测资料时间序列和斜面辐射计算方法的差异,得到的结果也不一致[14]。以武汉为例,采用天空各向异性的 Hay 模型,计算得到最佳倾角为 14°[15];而采用 Klein 和 Thecilacker 提出的天空各向异性模型,计算得到武汉的最佳倾角为 19°[16]。根据 WMO 推荐,以最近 30 年资料,选取典型气象年(与多年平均值最接近的年份)的各月辐射观测资料;而正南朝向的月斜面辐射计算方法则采用经过 Klein 改进后的天空各向同性模型[16]。阵列倾角分辨率取为 1°,统计结果表明 1994 年可以作为典型年(其年总辐射量为 1153.4 kWh/m²)。

武汉典型年阵列倾斜面(倾角 0°—50°)总辐射量变化曲线见图 4。由图可知,随着倾角的变大,倾斜面年总辐射量呈单峰型变化趋势,在 15°附近存在一个极大值,其斜面年总辐射量为 1175.0 kWh/m²,比水平面年总辐射量仅增加了 1.9%。(若以最近 30 年平均月值计算,最佳倾角为 19°,比水平面总辐射量也只增加了 3.2%)。在倾角继续增加超过 29°(武汉纬度 30.51°)后,倾斜面年辐射量小于水平面总辐射量。武汉最佳倾角倾斜面上总辐射量比水平面增加并不显著,这主要与该地区的辐射分布形式(散射辐射较多)有关。阵列倾斜放置,主要通过增加斜面上接收的直接辐射量获取更多的总辐射量,但倾斜放置会减小斜面接收的散射辐射量。对于直接辐射较多地区,如青海、西藏等地光伏阵列倾斜放置的收益会更明显,对于散射辐射较多的地区,如武汉、宜昌等则收益不显著。其次,这也与武汉直射比分布的季节特征有关,即冬季直射比小,夏季直射比大。实际上在太阳高度角较高的夏季,倾斜放置会使接收到的直接辐射变小,而在冬季接收到的直接辐射增加又不会太多,因此导致最佳倾角较水平面年总量增加不明显。由图 5(15°倾斜面和水平面各月总辐射量对比)可知,5—8 月倾斜面的总辐射量实际小于水平面总辐射量。由武汉月平均直射比和辐射量分布特征可知,可在冬半年10月—翌年3月(选择较大倾角)、夏半年4—9月(较小倾角)进行一次调整,以便获得更多的斜面辐射和收益。

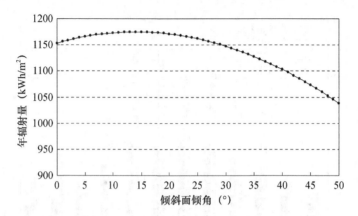

图4 武汉典型气象年不同倾角倾斜面太阳总辐射量变化曲线

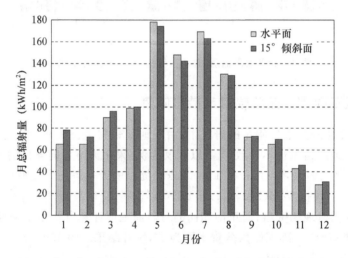

图5 武汉典型气象年15°倾斜面和水平面太阳总辐射量对比

3.3 并网光伏电站性能分析与评估

3.3.1 华中科技大学分布式并网光伏系统

图6a、b分别给出了2010年、2011年华中科技大学分布式并网光伏系统各项指标的月分布曲线。从图中可以看出,满发时数与理论发电时数(阵列倾斜面总辐射)的月变化趋势一致,满发时数直接依赖于阵列倾斜面总辐射。对数据进行归一化处理后,PR受倾斜面总辐射影响不大,但受日间气温变化影响而具有月变化特征,而逆变器效率的月变化不明显,几乎为常数。PR、光伏阵列效率、直流回路效率和系统能效比的月变化趋势基本一致。考虑到逆变器效率为常数,这四个指标体现的实质是一样的,因此以下分析以 PR 为主。

2010年月理论发电时数、满发时数、PR、光伏阵列效率、直流回路效率、逆变器效率、系统能效比分别在52.7~134.0 h、17.1~94.6 h、32.4%~74.7%、4.9%~11.2%、34.8%~78.7%、

92.8%～95.2%、4.6%～10.6%之间。2011年则分别在74.9～132.4 h、42.4～88.8 h、55.7%～78.5%、8.4%～11.7%、58.8%～82.6%、94.2%～95.1%、7.9%～11.1%之间。

2010年,月理论发电时数、满发时数和日间气温的最大值出现在8月份,而2011年则在出现在7月份。而PR、光伏阵列效率、直流回路效率和系统能效比的最大值均出现在3月份出现,这反映了高温的影响。在7、8月,月倾斜面辐照量多,理论发电时数也多,但由于高温,晶硅材料的负温度效应,光伏阵列效率降低,导致直流回路效率、PR和系统能效比降低。

由图6可知,2010年1月和2月PR明显偏低,这与逆变器停机导致数据缺失有关。PR大幅下降意味着,存在影响并网光伏系统运行的设备故障或是逆变器停机等。PR指标可为运行维护人员提供信号,判断并网光伏系统是否正常工作,以及进行下一步分析原因和排除故障。

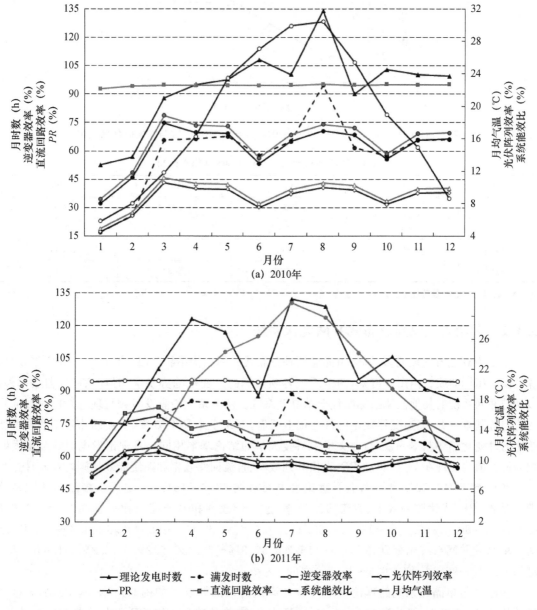

图6 华中科技大学并网光伏系统(2010－2011年)各月性能及气温分布曲线

　　剔除 2010—2011 年因故障导致发电数据缺失时段的日辐射数据后,华中科技大学并网发电系统的理论发电时数和满发时数散点图如图 7 所示。订正后月平均 PR 在 50%～80% 之间变化,两年平均 PR 为 68%。为全面了解气象条件与光伏电站性能指标的参数关系,对订正后的数据进行 Pearson 相关分析,见表 2。结果表明:满发时数与理论发电时数的相关系数为 0.97,通过 $\alpha=0.01$ 显著性检验,且两者均与日间气温呈正相关。PR 与满发时数的相关系数为 0.563,而与理论发电时数、日间气温的相关性不明显,均未通过 $\alpha=0.01$ 显著性检验。

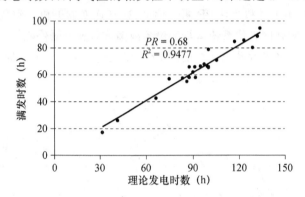

图 7　订正后华中科技大学(2010—2011 年)理论发电时数与满发时数散点图

表 2　气象参数与性能指标 Pearson 相关分析

参数	T_a	Y_R	Y_F	PR
T_a	1	0.665**	0.592**	0.021
Y_R	0.665**	1	0.974**	0.374
Y_F	0.592**	0.974**	1	0.563**
PR	0.021	0.374	0.563**	1

**通过 $\alpha=0.01$ 显著性检验。

3.3.2　湖北省气象局分布式并网光伏系统

　　图 8 为湖北省气象局多晶硅、单晶硅两种分布式并网光伏系统(2011 年 4 月—2012 年 3 月)各月性能指标曲线。由图 8 可知,两个系统各项指标的月变化趋势基本相似,除逆变器效率外,多晶硅并网系统的其他性能指标略优于单晶硅系统。两个系统的满发时数与理论发电时数的月变化趋势基本一致,而逆变器效率的月变化不明显。PR、光伏阵列效率、直流回路效率和系统能效比的月变化趋势基本一致,与上文华中科技大学的结论基本相同。月理论发电时数和满发时数的最大值均出现在 7 月,而月 PR、光伏阵列效率、直流回路效率和系统能效比则均在 5 月。

　　2011 年 4 月—2012 年 3 月各月理论发电时数在 47.2～151.9 h 之间。多晶硅并网系统满发时数、PR、光伏阵列效率、直流回路效率、逆变器效率和系统能效比分别在 28.6～118.3 h、60.6%～80.8%、9.7%～12.6%、65.1%～84.7%、93.1%～95.4% 和 9.0%～12.0% 之间。单晶硅并网系统则分别在 27.2～115.7 h、57.8%～78.4%、9.2%～12.2%、61.4%～81.8%、93.9%～96.5% 和 8.6%～11.7% 之间。

　　多晶硅与单晶硅系统的理论发电时数和满发时数的散点图如图 9 所示,其 Pearson 相关系数均在 0.97 以上,且均通过 $\alpha=0.01$ 显著性检验,单晶硅系统年 PR 比多晶硅系统略低。

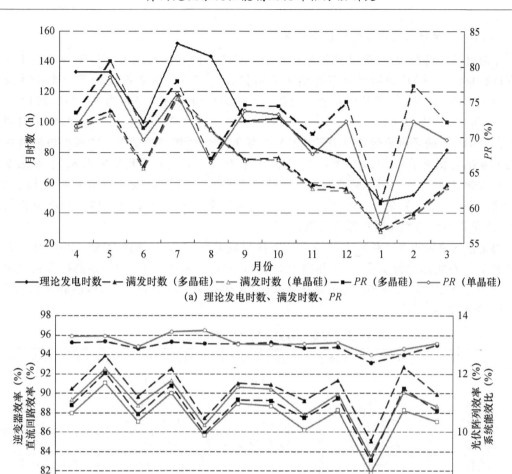

（a）理论发电时数、满发时数、PR

（b）光伏阵列效率、逆变器效率、系统能效比

图 8　湖北省气象局多晶硅、单晶硅并网系统（2011 年 4 月—2012 年 3 月）性能对比曲线

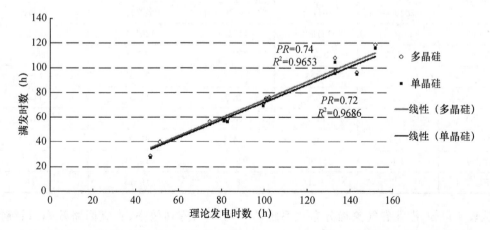

图 9　湖北省气象并网光伏系统（2011 年 4 月—2012 年 3 月）理论发电时数与满发时数散点图

3.3.3 两座分布式系统性能分析结果

分别对华中科技大学、湖北省气象局两座分布式并网光伏系统未经订正的完整年观测数据进行指标分析,月和年尺度下的结果分别见表3、表4。华中科技大学的光伏系统于2005年建成运行,采用40°倾角安装,实际工况下2010年年平均PR为63.2%,2011年为67.6%,两年平均值为65.5%。2010阵列效率为9.5%,2011年为10.1%,两年平均值为9.8%。2010年的系统能效比9.0%,2011年为9.6%,两年平均值为9.3%。与输电成本有关的系统容积因子在2010年为8.1%,2011年为9.4%,两年平均值为8.8%。从表3华中科技大学2010—2011年均PR(其中经过订正剔除电量资料缺失对应日辐射数据后,2010年年均PR为67.5%,2011年为68.6%)、阵列效率和系统效率等多项指标分析结果来看,该光伏系统的性能随年际变化衰减不明显。

湖北省气象局的光伏系统于2011年3月底建成运行,采用15°倾角安装。2011年4月—2012年3月在实际运行工况下,多晶硅PR为73.5%、单晶硅为71.5%;多晶硅阵列效率为11.5%、单晶硅11.2%;多晶硅的系统能效比10.9%、单晶硅10.7%;多晶硅容积因子为10.1%,单晶硅为9.8%。

表3 武汉两座分布式并网光伏系统的月指标分析

指标(月变化)	华中科技大学(2010年1月—2011年12月)		湖北省气象局(2011年4月—2012年3月)	
	2010年	2011年	多晶硅	单晶硅
$Y_R(h)$	52.7~134.0	74.9~132.4	47.2~151.9	47.2~151.9
$Y_F(h)$	17.1~94.6	42.4~88.8	28.6~118.3	27.2~115.7
$PR(\%)$	32.4~74.7	55.7~78.5	60.6~80.8	57.8~78.4
$\eta_A(\%)$	4.9~11.2	8.4~11.7	9.7~12.6	9.2~12.2
$\eta_D(\%)$	34.8~78.7	58.8~82.6	65.1~84.7	61.4~81.8
$\eta_I(\%)$	92.8~95.2	94.2~95.1	93.1~95.4	93.9~96.5
$\eta_e(\%)$	4.6~10.6	7.9~11.1	9.0~12.0	8.6~11.7

表4 武汉两座分布式并网光伏系统的年指标分析

位置指标	华中科技大学(2010年1月—2011年12月)			湖北省气象局(2011年4月—2012年3月)	
	2010年	2011年	2010—2011年	多晶硅	单晶硅
$Y_R(h)$	1124.7	1218.6	1171.7	1201.8	1201.8
$Y_F(h)$	710.6	823.6	761.7	882.9	859.5
PR	63.2	67.6	65.5	73.5	71.5
$\eta_A(\%)$	9.5	10.1	9.8	11.5	11.2
$\eta_D(\%)$	66.6	71.1	68.9	77.4	74.9
$\eta_I(\%)$	94.7	94.8	94.8	95.0	95.5
$\eta_e(\%)$	9.0	9.6	9.3	10.9	10.7
$CF(\%)$	8.1	9.4	8.8	10.1	9.8

从表4可知,湖北省气象局分布式系统的年均PR、阵列效率、直流回路效率、系统能效比、容量因子等性能要优于华中科技大学。为了更具有可比性和分析系统性能差异的原因,选

择在同一时间段(2011 年 4 月—12 月)分别对华中科技大学和湖北省气象局的多晶硅并网系统性能分析,结果见表 5。由于阵列安装倾角过大,华中科技大学多晶硅并网系统的理论发电时数明显要小于湖北省气象局,也导致其满发时数、容量因子明显小于后者。两系统的逆变器效率相差不大,但前者 PR 要明显低于后者,从公式(11)及表 5 可看出,这主要与前者直流回路效率较低有关。而华中科技大学并网系统直流回路效率较低,可能与其建成时间较早(2005年),运行时间长而缺乏有效清洗导致阵列表面积灰较多以及阵列间阴影或是周围建筑遮挡等有关(由于华中科技大学示范电站实际建设条件——屋顶面积有限以及楼层较低原因,一年四季运行中阵列间会有阴影以及周围遮挡影响)。为了在运行中,并网电站获得较高 PR,一方面设计中尽可能减少阵列间阴影及周围建筑影响,同时在运行维护中考虑对电站进行定期人工或自动清洗等。

表 5　武汉两多晶硅系统(2011 年 4 月—12 月)性能指标对比

指标	位置	
	华中科技大学	湖北省气象局
$Y_R(h)$	967.6	1021.7
$Y_F(h)$	645.9	757.5
PR	66.8	74.1
$\eta_A(\%)$	10.0	11.6
$\eta_D(\%)$	70.2	77.9
$\eta_I(\%)$	94.8	95.0
$\eta_e(\%)$	9.5	11.0
$CF(\%)*$	9.8	11.5

注:* 计算中分母对应取为 8760×(3/4)=6570 h

3.4　武汉并网光伏发电潜能估算

根据武汉站近 30 年 1981—2011 年(缺 1984 年)的辐射观测资料统计表明,近 30 年平均总辐射量为 1151.2 kWh/m²,水平面峰值日照时数为 1151.2 h。

以 1994 年作为典型气象年,近 30 年武汉以最佳倾角 15°安装的年平均斜面总辐射量为 1175.0 kWh/m²,理论发电时数为 1175.0 h。由 2.3 节计算出以 15°安装的多晶硅年均 PR 为 73.5%。

结合由式(12)计算可得,武汉 30 年平均最佳倾角(15°)安装的每千瓦分布式光伏装机容量的年上网电量约为 863.6 kWh。

4　结论与讨论

在不受限电限制影响下,武汉两座并网光伏系统的年理论发电时数均小于 1300 h,满发时数均不超过 900 h,容量因子不超过 11%。考虑到武汉地区属于太阳能资源丰富区,而西部青藏高原为我国资源最丰富区,即使年理论发电时数增加 60%,年均 PR 取 75%,年满发时数也只在 1500 h 左右。

我国太阳辐射资源和负荷分布地区并不重合,西部地区太阳辐射丰富但是非负荷中心,负荷中心分布在东南沿海城市以及津京唐等地区,而光伏发电功率密度低,年满发时数和容量因子偏低,且受气象条件影响波动大,以及现有电网的输送能力的限制,若是西部光伏发电采用远距输电方式,输电线路利用率较低,加上输电线路损耗,从经济性考虑成本可能很高;发展分布式并网光伏发电系统,就地消纳可能会更符合国情。

本文首次引入整合了一套囊括资源和电站性能的指标体系,分析了武汉近 30 年太阳资源分布特征(年总量、直射比以及理论发电时数),并对武汉两座分布式运行的并网光伏发电系统进行全方位的评估,对光伏利用业界最关心的问题——最佳倾角、年均 PR 及年上网电量,以及政府宏观决策层面在光伏发电规划及输送考虑的满发时数、容量因子等给出了计算方法和得出定量的结论,具有重要的工程指导意义。

参考文献

[1] Ulrike Jahn, Bodo Grimmig, Wolfgang Nasse. Analysis of Photovoltaic Systems[R]. IEA PVPS Task 2 Report IEA-PVPS T2-01, 2000.

[2] Jahn U, Mayer D, Heidenreich M, et al. International energy agency PVPS task 2: analysis of the operational performance of the IEA database PV systems[A]. 16th European Photovoltaic Solar Energy Conference and Exhibition, Glasgow, United Kingdom, 2000, 1-5.

[3] Decker B, Jahn U. Performance of 170 grid connected PV plants in Northern Germany—analysis of yields and optimization potentials[J]. Solar Energy, 1997, 59(4): 127-133.

[4] International Standard IEC 61724, International Electrotechnical Commission: Photovoltaic system performance monitoring-Guidelines for measurement, data exchange and analysis[S]. Geneva, Switzerland, 1998.

[5] Marion B, Adelstein J, Boyle K, et al. Performance Parameters for Grid-Connected PV Systems[A]. 31st IEEE Photovoltaics Specialists Conference and Exhibition[C]. Lake Buena Vista, Florida, 2005, 1-6.

[6] Jahn U, Nasse W. Performance Analysis and Reliability of Grid-Connected PV Systems in IEA Countries[A]. 3rd World Conference on PV Energy Conversion[C], Osaka, 2003, 1-4.

[7] Erik A, Daniel F, Frischknecht R, et al. Methodology Guidelines on Life Cycle Assessment of Photovoltaic Electricity[R]. IEA PVPS Task 12, Report IEA-PVPS T12-01, 2009.

[8] European Photovoltaic Industry Association(EPIA). Global market outlook for photovottaics until 2016 [R]. Brussels: EPIA 2012, 1-13.

[9] 陈正洪, 李芬, 成驰, 等. 太阳能光伏发电预报技术原理及其业务系统[M]. 北京: 气象出版社, 2011.

[10] Emmanuel K, Sofoklis K, Thales M P. Performance analysis of a grid connected photovoltaic park on the island of Crete [J]. Energy Conversion and Management, 2009, 50(3): 433-438.

[11] 申彦波, 赵宗慈, 石广玉. 地面太阳辐射的变化、影响因子及其可能的气候效应最新研究进展[J]. 地球科学进展, 2008, 23(9): 915-923.

[12] 汪凯, 叶红, 陈峰, 等. 中国东南部太阳辐射变化特征、影响因素及其对区域气候的影响[J]. 生态环境学报, 2010, 19(5): 1119-1124.

[13] 章毅之, 王怀清, 胡菊芳, 等. 太阳能资源评估方法: QX/T89-2008[S]. 北京: 气象出版社, 2008.

[14] 成驰, 陈正洪, 李芬, 等. 湖北咸宁光伏太阳能资源评价[J]. 长江流域资源与环境, 2011, 20(9): 1067-1073.

[15] 杨金焕, 毛家俊, 陈中华. 不同方位倾斜面上太阳辐射量及最佳倾角的计算[J]. 上海交通大学学报, 2002, 36(7): 1032-1036.

[16] 杨金焕, 于化丛, 葛亮. 太阳能光伏发电应用技术[M]. 北京: 电子工业出版社, 2009.

太阳能资源开发利用及气象服务研究进展*

摘　要　能源供应、应对气候变化与可持续发展成为 21 世纪人类社会共同面临的最严峻挑战,引起了国际社会普遍关注和高度重视,发展风能、太阳能等清洁可再生能源是大势所趋。联合国政府气候变化委员会(IPCC)2011 年报告表明,太阳能资源可开发潜力是所有可再生能源中最高的。本文从太阳能资源开发潜力、分布、特征和对气象服务的需求等方面对太阳能开发利用进行分析和展望,并提出一些有针对性的建议。

关键词　太阳能资源;光伏发电;气象服务

1　引言

2011 年 5 月,IPCC 发布最新研究报告《可再生能源资源与减缓气候变化特别报告》,对六种可再生能源资源(生物能、太阳能、地热能、水电、海洋能、风能)进行了评估。报告指出,如果得到有力的政策支持,到 2050 年可再生能源最高将能够供应全球 80% 的能源,比德国全球气候变化咨询委员会 2004 年的预测结果提前了将近 50 年;评估结果表明:太阳能资源可开发潜力是所有可再生能源中最高的,是目前全球能量需求的 10000 倍以上[1]。由于发布机构的权威性,该报告受到广泛的关注。

太阳辐射穿过大气层时,约 20% 被大气吸收,30% 被地面和大气反射回宇宙空间,约 50% 到达地球表面,尽管如此,其总量仍非常巨大,根据欧洲光伏工业协会(EPIA)的测算,年到达地球表面辐射量相当于 130 万亿吨标煤[2]。而根据中国气象局风能太阳能资源评估中心的研究[3],我国新疆东南部、内蒙古西部、甘肃西部、青海和西藏大部分地区构成了一条占国土面积约 20% 的太阳能资源"最丰富带",年日照时数在 3000 小时左右,其中西藏南部和青海格尔木地区是两个峰值中心,年总辐射量约 2000 kWh/m²;据测算,我国太阳能理论捕获量达每年 17000 亿吨标准煤,年平均日辐射量在 4 kWh/m² 以上,与美国相近,比欧洲、日本优越,加上国内强劲的电力需求拉动了光伏的发展。

太阳能具有取之不尽,用之不竭;分布广,无处不在;清洁无污染;不受能源危机或燃料市场不稳定影响;总量巨大等优点。不利因素则包括能量密度低、受天文地理和气象环境影响大、存在间歇性与不稳定性、开发成本仍偏高等。目前太阳能利用方式主要有光热转换(集热)、光伏发电、聚光热发电(光—热—电)、生物利用、建筑利用(采光、取暖)等。其中光伏发电是最有效的太阳能利用方式,商业化光伏电池转换效率已达 15%~20%[4],甚至可提高到 45%(聚光光伏发电[5],远大于生物 1%~2% 的利用率),且技术成熟,国外已完成试验示范,且大规模商业化应用已持续多年,最近几年发展趋势非常快。根据 EPIA 预测,到 2015 年(甚至略提前),随着光伏效率提高、规模扩大,以及常规化石能源发电成本的上升,光伏发电成本可与常规能源相当[6],光伏发电的竞争力逐渐显现,大规模资本将涌入光伏利用。

＊ 李芬,陈正洪,段善旭,吕文华,刘建锋.太阳能,2014,(3):20-25.

2 国内外光伏发电最新进展

2.1 全球光伏装机容量大幅增长

2010年全球新增光伏装机容量 18 GW,比上年增长 150%以上;而根据全球风能理事会(GWEC)统计,虽然 2010 年全球新增风电装机绝对量增加,但是风电市场的年增长率却出现了 20 年来的首次下跌,较 2009 年新增的装机容量下降了 7%[7]。2011 年,日本福岛核事故促使许多国家和政府重新思考他们未来的能源战略,2011 年和 2012 年连续两年全球新增并网光伏容量均超过 30 GW[8],大有追赶风电之势(2011 年、2012 年新增风电装机分别为 39 GW 和 45 GW)。截至 2012 年,全球光伏累计装机容量超过 100 GW(图 1),光伏发电已成为全球可再生能源中继水电、风电之后最重要的来源。

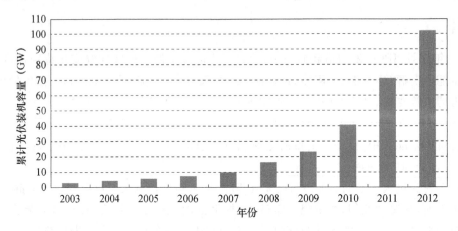

图 1 2003—2012 年全球累计光伏装机容量

2.2 欧洲光伏发展领先世界

在欧洲,2010 年新增光伏装机容量为 13.62 GW,占全球新增光伏规模的 77%,且首次超过了新增风电装机容量(99 GW);2011 年,欧洲新增装机容量超过 22 GW,占全球新增光伏装机规模的 74%,其中意大利和德国占整个欧洲的 60%。2012 年欧洲光伏市场的发展势头有所放缓,当年新增装机容量下降至 17 GW,但仍然占据全球新增光伏装机规模的半壁江山。在欧洲,光伏装机 2011—2012 年连续两年居新能源发电装机首位,光伏产业成为欧洲应对经济危机和促进就业的重要支撑。截止 2012 年,德国累计光伏装机容量超过 30 GW,为全球光伏应用最好的国家。

2.3 光伏发电成本急剧下降

目前太阳能电池价格下降为每瓦 1 美元以下,而商业光伏电池效率不断提高,部分高效晶硅电池效率已超过 20%。根据 EPIA 调查,欧洲光伏平均发电成本,2011 年 7 月降至 0.203 欧元/kWh,预测 2020 年欧洲光伏发电成本为 0.07~0.17 欧元/kWh,光伏发电将比天然气和燃油电站更具竞争力。甚至在晴天较少和辐射较差的欧洲北部及中部,也将在 2020 年之前实现具有吸引力的光伏发电成本水平,如德国西南部城市弗赖堡(Freiburg),年总辐射量仅

$1150kWh/m^2$,2011 年光伏发电价格与民用电持平,2016 年预计与工业用电持平。目前世界大部分地区的发展趋势相似,而在发展中国家,由于常规电力价格的上涨,太阳能资源更为丰富,相对而言光伏发电成本已经很低,光伏发电往往更具成本竞争力。

2.4 并网光伏发电成为绝对主流

并网光伏发电系统自进入 21 世纪以来,取代了离网光伏系统,成为全球光伏应用最大的市场。2009 年,全球新增的离网光伏系统不到新增总装机容量的 3.7%,新增并网系统占到96.3% 以上。而在欧洲,并网光伏发电系统的份额更高,截至 2012 年年底欧盟累计的并网光伏发电系统占 99.7% 以上,离网光伏系统份额不足 0.3%[9]。目前全球并网光伏发电系统建可分为两大类:一种以大型光伏电站建设为主,另一种以分布式发电为主。从全球重要的光伏应用市场来看,德国、美国、日本光伏电站建设以分布式发电为主,意大利、中国光伏电站建设以大型光伏电站建设为主。

2.5 我国光伏装机容量将快速增长

随着国际晶硅价格的大幅下跌、制造工艺的进步以及国内政策驱动(2009 年国家先后出台了"金屋顶""金太阳"计划,2011 年出台光伏发电标杆上网电价),我国光伏累计装机容量,从 2008 年 14 万 kW,2009 年 30 万 kW,2010 年 80 万 kW,2011 年 330 万 kW(青海 2011 达100 万 kW)[10],2012 年 830 万 kW,发展势头强劲,最近几年都是以超过 100% 的速率递增。2012 年,国家能源局适时单独制定了《太阳能发电发展"十二五"规划》,到 2015 年底,太阳能发电装机容量将达到 21 GW 以上,年发电量将达到 250 亿 kWh[11]。2013 年,国务院公布《国务院关于促进光伏产业健康发展的若干意见》,明显高于 2012 年国家能源局发展目标,即到2015 年我国光伏的总装机容量将到达 35 GW 以上。

3 太阳能资源开发气象服务需求

3.1 太阳能资源监测和评估

太阳能资源是国家战略资源,对太阳能资源总储量、时空分布以及各地光伏发电潜能估算是国家和地方政府宏观决策的重要依据。如何提高光伏发电效率、减少发电成本、增加发电量,提高经济收益则是光伏业界关心的首要问题,涵盖面向工程应用的各个方面,电站的微观选址和优化设计,如对各种安装方式、材料、各地地理气候和环境的最佳倾角以及发电方式(光热、光电)选择等,这些科学问题都需要研究人员根据太阳能资源特性进行深入分析和研究,从而提供可靠翔实的应用气象学依据。

3.2 太阳辐射及光伏发电功率预报

太阳辐射随地理、年内、日内、天气状况而变化(云量、能见度或气溶胶),这就决定了光伏发电出力的波动性和不确定性,为不可控电源。随着并网光伏发电规模的日益扩大(大规模集中式或者分布式接入),对电网的安全、可靠、经济运行带来巨大的挑战,由此光伏发电功率预报应运而生。发挥精细化数值预报技术优势,开展辐射及光伏发电功率预报,既有利于电力系统科学调度、制定常规能源发电和光伏发电规划、减少备用旋转容量,而且有利于电站合理安排检修计划,提高出力;此外,利用辐射变化的周期性,如辐射的日变化曲线,在夏季负荷高峰期,光伏发电系统可以为电网发挥削峰填谷的作用。

3.3　灾害天气预报预警

无论哪种太阳能利用方式,都有大量电气部件、机械装置和建(构)筑暴露在自然大气中,必然对灾害性天气高度敏感。如高温热浪使光伏组件发电效率下降、使电池寿命缩短,大风冰雹损坏露天发电设备、建(构)筑物,雷电击坏电子与电器部件、建(构)筑物,沙尘暴(北方地区)可以损坏光伏组件、聚光部件及降低发电效率,暴雪冰冻则会使组件输出为零甚至导致输电线路倒塌,暴雨山洪地质灾害则会淹没、摧毁电站基础设施等,开展灾害天气预报预警,可充分保障光伏电站、电网安全。

4　国外太阳能资源气象服务现状

4.1　太阳能资源监测网与数据库建设

(1)世界气象组织(WMO)成立了世界辐射数据中心(WRDC,World Radiation Data Centre),包括全球约 1280 个辐射观测站点,其中有近 900 个站点的观测时间超过 10 年。这些数据被广泛应用于气候与气候变化研究领域和太阳能资源开发利用领域。

(2)欧洲太阳辐射图集(ESRA),数据来源于许多气象科研机构和国家气象观测系统,包括经过筛选的 586 个地面站点的月平均至逐时乃至半小时的观测资料(台站密度约 1 万 km^2 一个站)。资料序列长度超过 10 年,包括太阳总辐射、日照时数、埃斯特朗浑浊度系数及其他因子等。

(3)日本气象厅在全国建有 64 个辐射观测站,约占全国气象站的 1/4,台站密度约 0.6 万 km^2 一个站,其中 14 个有直接辐射观测。

(4)美国国家再生能源实验室(NREL)和美国国家气候数据中心(NCDC)共同建立了美国国家太阳辐射数据库(NSRDB),以帮助国内业者进行太阳能利用系统的规划和选址。数据库包括了 1991—2005 年共 1454 个站点的太阳辐射逐时数据资料(包括总辐射、直接辐射和散射辐射)以及其他气象要素资料。数据质量分成 3 类,1 类站共有 221 个,从 1991 年起至 2005 年其逐时观测资料序列完整,质量可靠。2 类站共有 637 个,资料序列也较完整,但数据可靠性较 1 类站低。3 类站共有 596 个,其资料序列中有缺测,但包括至少 3 年的可用数据。

4.2　太阳能资源评估及光伏发电系统设计(软件)

(1)欧洲以 ESRA 月平均数据为基础,并结合高分辨率数字高程数据和 3 维空间分析开发了 PVGIS 系统,给出了欧洲太阳能光伏发电可开发潜力分布,可为欧洲建筑业者和太阳能规划设计者提供基础数据和建议。该系统的最大特点是增强了地形数据的空间分辨率,基于一种数字化高程模型,分辨率从以前的 1000 m 精确到 100 m。特定位置高程的更准确定位和邻近山脉遮挡影响的计算,大大改进了多山地区太阳辐射的估算。随着发展,目前该系统还可以为用户提供非洲、地中海盆地以及亚洲西南地区的太阳能资源及发电情况评估。

(2)美国采用卫星反演方法得到太阳能资源精细化评估。采用 SUNY 模式可以给出美国绝大部分地区逐小时的纬度倾斜面总辐射(光伏资源)和法向直接辐射(聚光资源)的估计值,散射辐射则由总辐射和水平面直接辐射计算得出。

（3）加拿大 RETScreen 清洁能源项目分析软件，包括资源评估（太阳辐射数据、环境温度、10 m 高度风速、气压等）、不同安装和运行方式下的辐射量计算（固定安装，不同朝向和倾角，单轴跟踪，双轴跟踪等）、设备选型和容量计算（光伏电池、蓄电池、系统各个环节的效率、发电量测算）、成本分析（可研、设计、设备、土建、运输、安装、运行维护、周期性投资等）、温室气体减排分析（按照 IPCC 标准）、财务评估（贷款、赠款、利息、税收、CDM、光伏电价测算、IRR、现金流、资金回收期等）、敏感性分析和风险分析。

（4）商业软件 PVSYST，由瑞士人 André Mermoud 博士开发研究的仿真光伏系统，能够较完善的对光伏发电系统进行研究、设计和数据分析，它涉及到并网、离网、抽水和直流电网（公共交通）光伏系统，并包括丰富的的气象数据（全球约 330 个站点，来源于 Meteonorm，美国 TMY2，欧盟 Helioclim－2，世界辐射数据中心 WRDC，美国 NASA-SSE，欧盟 PVGIS-ES-RA，以及加拿大 Retscreen 软件等辐射和其他气象数据资源）和光伏系统的组件数据库。该软件提供了三种水平上的光伏系统研究，基本对应对实际项目不同发展阶段：初步设计、项目设计和详细数据分析。

4.3　太阳辐射及光伏发电功率预报

国外在光伏发电初期就开始了系统输出功率预测尝试，近几年已有相关系统的研发和应用报导。将天气预报数据、卫星遥感数据以及地面云量观测信息纳入整个模式体系，形成多信息融合的综合预报系统是未来预测技术的方向。比如，丹麦 ENFOR 公司的 SOLARFOR 系统将光伏发电系统的历史发电量数据和短期数值天气预报参数结合，从而实现该系统的短期功率预测。美国 WindLogics 公司正着手开发适合光伏发电功率预测需求的数值天气预报模式，计划将卫星遥感数据以及地面云量观测信息纳入整个模式体系，形成多信息融合的综合预报系统。

5　国内太阳能资源气象服务现状

5.1　规划设计与示范电站建设

国家层面正在推进太阳能资源精细化详查与评估（含专业观测网的规划设计）立项与实施；各地气象部门进行太阳能光伏发电示范电站建设，如 2010 年，在湖北省气象局建成"太阳辐射能量转换效率气象观测示范工程"，包含不同材料、多个固定倾角、单跟踪、多跟踪等安装方式的光伏组件及辐射对比观测，为太阳能资源开发、发电预报获取第一手资料，每月出版分析报告。

5.2　太阳能资源监测及评估

目前我国国家级的业务地面辐射观测站为 98 个，就我国的国土面积而言，平均约为 10 万平方公里一个站，站网密度较低。从空间分布来看，辐射台站在东部较密而西部较疏，105°E 以西地区仅有 36 个，以东地区则有 62 个，这种分布特征与我国太阳能资源西部大于东部的基本特点是不相符合的。其中一级站 17 个，观测项目为总辐射、直接辐射、散射辐射、反射辐射和净辐射；二级站 33 个，观测项目为总辐射和净辐射；三级站 48 个，只观测总辐射。而 17 个直接辐射站的观测资料过于稀疏,只能反映其所在地的时间变化特征,无法给出全国的总体分布情况,同时也无法满足工程应用中关于"直散分离"的要求,这远远不能满足太阳能开发利用的精细化需要。

5.3 技术研发

(1)太阳能数值预报模式研究,国家层面成立了气象服务专业模式应用研发创新团队,基于 LAPS 三维云分析和 WRF-SES2 耦合模式的太阳能数值预报模式系统研发为其科研开发主攻方向之一。

(2)光伏阵列斜面辐射计算及光伏发电系统设计,上海电力学院太阳能研究所利用美国 NASA 中有关中国太阳辐射数据及 Klein 和 Thecilaker 提出倾斜面月辐射量计算法方法,开发出"太阳辐射量与光伏系统优化设计软件",可以计算出各地不同方位和不同倾斜面上 12 个月的太阳总辐射量,提供各地最佳倾角选择及离网、并网两种不同系统年总发电量输出结果[13]。

(3)光伏发电功率预报系统开发,如:国网电科院国家能源太阳能发电研发(实验)中心,提出全网光伏发电功率预测方法和短期功率预测方法,并开发出一套光伏发电功率预测系统,已在甘肃电网上线试运行。湖北省气象局牵头组织开展太阳能光伏发电功率预报示范研究工作,组建太阳能光伏发电业务系统研究队伍,自主研发的《光伏发电功率预测预报系统 V2.0》(登记证号 2012SR029175),采用了原理预报法和动力—统计预报法,具有太阳辐射及光伏功率短期预报(未来 3 天逐 15 min)、超短期或短时临近(4 h)预报功能。

6 思考和建议

(1)促进太阳能资源合理有序开发。目前国内许多光伏电站建设前期规划报告中资源评估资料来源不正;从国外网站下载软件,其方法是黑盒子,对其采用方法和原理不了解;导致资源评估结果经常性偏大,甚至出于某种目的,故意夸大资源收益的倾向;应尽快从宏观和国家层面出发,提出和制定一系列的标准、规范、规章,引导太阳能资源的有序开发和规范发展。

(2)促进太阳能资源开发与电力系统消纳能力的有机结合。我国幅员辽阔且太阳辐射资源丰富地区和电力负荷集中地区呈逆向分布,西部地区是我国太阳能资源最为丰富的地区,而负荷中心和经济中心主要分布在东南沿海地区、津京冀地区以及中部地区等,由于光伏发电功率密度低、受气象条件影响波动大,导致光伏发电"西电东送"的远距输电运行成本高昂。此外,当下我国正处在城镇化的高潮期,截至 2010 年已建城镇建筑面积约 230 亿 m^2,每年城镇新建建筑面积约为 10 亿～15 亿 m^2[12],一方面随着建筑总量和居住舒适度的提升,建筑能耗呈急剧上升趋势(建筑耗能已与工业耗能、交通耗能并列,成为我国能源消耗的三大"耗能大户"),带来巨大压力;一方面城镇建筑物为光伏开发利用提供的面积极为可观。因此,在土地资源较紧张和常规化石能源资源匮乏而太阳能资源较为丰富、经济较发达的中东部和京津冀地区结合城市建筑(城市工业园、科技园、学校、车站、市政等公共场所及绿色社区等)加强分布式并网光伏发电系统建设,注重就地消纳,可能更符合国情和具有广阔的市场潜力。

(3)提高太阳能资源开发的核心技术水平以及气象服务保障能力。落实我国太阳能资源监测网建设项目,尽快建立我国太阳能资源数据库,绘制我国太阳能资源分布图;对全国已建和在建的太阳能发电示范电站进行规范管理;找准社会需求,面向市场,促进电力能源和气象领域的融合，引进开发适应不同地区及开发利用方式的太阳能资源评估模型、专业辐射预报模式、光伏优化设计系统软件、功率预报系统软件，并大力推广应用；切实组织开展太阳能资源评估（含气候可行性论证）、气象预报预警等保障服务。

参考文献

［1］ Edenhofer O, Pichs-Madruga R, Sokona Y, etc. Special Report on Renewable Energy Sources and Climate Change Mitigation［R］. IPCC SRREN, 2011.

［2］ Wilhelm I, Teske S. Solar photovoltaic electricity empowering the world［R］. EPIA Solar generation 6, 2011.

［3］ 申彦波, 赵东, 祝昌汉, 等. 1978—2007 年中国太阳能资源分析报告［R］. 中国气象局风能太阳能资源评估中心, 2008.

［4］ 李现辉, 郝斌. 太阳能光伏建筑一体化工程设计与案例［M］. 北京：中国建筑工业出版社, 2012:25-31.

［5］ 切拉斯, 罗伯特, 尼尔森. 太阳能光伏发电系统［M］. 张春朋, 姜齐荣, 译. 北京：机械工业出版社, 2011: 57-60.

［6］ European Photovoltaic Industry Association. Solar Photovoltaics Competing in the Energy Sector—On the road to competitiveness［R］. EPIA, 2011.

［7］ Rave K, Teske S, Sawyer S. Global wind energy outlook 2010［R］. GWEC, 2010.

［8］ Masson G, Latour M, Rekinger M. Global Market Outlook for Photovoltaics 2013—2017［R］. EPIA 2013.

［9］ European Union EurObservER. Photovoltaic barometer［R］. EU 2013.

［10］ 陈正洪, 李芬, 成驰, 等. 太阳能光伏发电预报技术原理及其业务系统［M］. 北京：气象出版社, 2011: 10-13.

［11］ 国家能源局. 太阳能发电发展"十二五"规划［J］. 太阳能, 2012, (18)：6-13.

［12］ 杨金焕, 于化丛, 葛亮. 太阳能光伏发电应用技术［M］. 北京：电子工业出版社, 2009:228-232.

［13］ 江亿, 杨旭东, 杨秀, 等. 中国建筑节能年度发展研究报告［M］. 北京：中国建筑工业出版社, 2012:3-10.

光伏阵列最佳倾角计算方法的进展 *

摘　要　为了提高光伏电站运行效率,增加发电量,需要综合考虑各种因素,计算并确定电站光伏阵列安装的倾角。针对固定角度安装的并网光伏发电系统最佳倾角设计,如果不能直接获取水平面上总辐射量和直接辐射量,则首先需要利用其他气象资料进行水平面上太阳辐射量的气候学计算,然后采用某种辐射模型计算阵列斜面辐射量,进而计算最佳倾角。通过对计算中各个步骤的方法进行分类总结,比较不同方法的优缺点,给出了计算方法适用条件和建议。还比较了国内常用的光伏电站设计辅助软件特点。最后总结了目前最佳倾角计算领域新的研究方向和实际应用中亟待解决的问题等。

关键词　光伏发电;辐射模型;最佳倾角

1　引言

地面应用的光伏发电系统,特别是固定式光伏阵列,太阳能电池板倾斜角度的不同会使得方阵面接收的年总太阳辐射量不同,造成发电量的不同。在光伏电站设计中,为了获得最大的年发电量,除了建筑集成应用中需考虑功能和美观外,光伏阵列设计都是朝向赤道按一定角度倾斜放置的。

太阳光线穿过大气层到达地表,受大气中各种组成成分、云、水汽、尘埃等的反射、散射、吸收等作用,方向和能量均发生改变,不再全部以平行光线的形式到达光伏阵列表面。光伏阵列斜面上接收到的太阳总辐射由直接辐射、天空散射辐射及地面反射辐射三部分组成。对直接辐射而言,通常由水平放置增加倾角至垂直太阳光线的角度会增加直接辐射量,而后继续增加角度又会减小;对散射辐射而言,由水平放置增加倾角意味着减小阵列对应天空的开阔程度,导致接受的散射辐射量减小;增加倾角还会增加少量反射辐射量。此外,增加倾角会导致阵列面对应的实际日出日末时间发生变化,使得阵列斜面上一天的日照时间变短,也导致接收辐射量的变化。

因此在光伏电站设计中,为了提高运行效率,增加发电量,需要综合考虑各种因素,计算并确定电站的最佳倾角。

2　研究历史与现状概述

光伏阵列表面接受辐射量的计算和最佳倾角的研究本质上是对斜面辐射的计算研究,而最早开展此类研究的是山地气候学领域中对坡面辐射的计算。由于倾斜面或坡面上辐射观测资料极少,所以一般都采用理论计算方法获取。在我国,20 世纪 50 年代起南京大学傅抱璞曾对坡面辐射进行了卓有成效的开创性研究[1-2]。1981 年中科院地理所朱志辉采用与相应天文辐射比值的方法计算坡面辐射[3],1988 年朱志辉给出了一个任意纬度各时段斜面辐射总量的

* 成驰,**陈正洪**,孙朋杰.气象科技进展,2017,7(4):60-65.

计算方法,并给出了全球范围内天文辐射各时段总量的分布图像[4]。南京大学李怀瑾等提出了一个类似的计算方案[5],其散射辐射采用各向同性,结论认为,晴天大气透明状况对坡地太阳辐射强度和日总量影响很大,特别对南坡影响更显著,且大气透明系数对坡地总辐射强度和总辐射日总量的影响比直接辐射要小些。

翁笃鸣等[6-7]、孙治安等[8]研究了实际云天条件下我国坡面总辐射和直接辐射的分布特征,其采用的方法中考虑了总云量、低云量、地形遮蔽等的影响,研究表明,海拔高度、坡度坡向以及由此带来的日照时数变化都会对坡面上实际太阳总辐射状况造成影响。翁笃鸣在其研究中提出了"最热坡度"的概念,亦即太阳能利用中的最佳倾角。李占清等[9]利用观测的坡面散射辐射资料,对散射辐射的各向异性问题作了较为详尽的分析,并研究了坡面散射辐射随坡度坡向变化的基本规律。以上这些研究对于指导山区农业生产对光、热等气候资源的利用有着巨大的价值。

随着光伏发电从20世纪80年代起在国际上逐步走向成熟和商业化,研究人员专门针对光伏电站设计而开始开展最佳倾角研究[10]。而国内从90年代起针对太阳能集热器、离网或并网光伏系统等的最佳倾角研究开始出现,包括最佳倾角的计算模型和方法、时空分布特点等。南京大学朱超群以月代表日的日总辐射量计算为基础,以一月内到达斜面总辐射最大作为最佳倾角条件,先后采用散射辐射各向同性[11]和各向异性模型[12-13],给出了最佳倾角的解析表达式、最佳倾角的时空分布变化特点、全国主要站点不同季节和全年的最佳倾角等结果。对于并网光伏发电系统,杨金焕采用散射辐射各向异性的Hay模型,给出了方位角为0和不为0两种情况下的斜面总辐射量和最佳倾角的计算方案[14-15],其中对方位角为0的情况,采用了对斜面辐射计算式求导的方法,给出了最佳倾角的解析表达式。

以上对最佳倾角的计算,对并网光伏发电系统而言是以斜面年辐照度最大为条件的,对离网光伏发电系统则需考虑辐射的年分布特性、蓄电池和负载情况等。杨金焕等[16]在综合考虑斜面太阳辐射量的连续性,均匀性和极大性基础上,研究了离网光伏发电系统最佳倾角计算方法。汪东翔[17]则将辐射全年分布的均匀性进行量化,在倾角计算时兼顾了均匀性和极大性。而近年来最新的研究更是引入了多目标优化的方法,充分考虑辐射均匀性[18]或是倾角对间距系数的影响、不同倾角的安装成本等发电量以外的因素[19-23],从光伏电站效益最大化出发,进行最佳倾角的设计。

通常光伏阵列都是固定倾角安装的,而为了获取更多的斜面辐射量,近年来也出现了按季节或按月进行调整的光伏阵列最佳倾角的研究。王民权等[24]在晴天假设的基础上,分别计算了西北和内蒙部分地区按月、季度和半年调整倾角,相对于水平面增加的辐射量百分比。对于实际天气条件下,韩斐等[25]以杭州为例,计算得到按季节调整的阵列得到的斜面辐射量比全年固定的阵列增加了约5%。黄天云[26]分析格尔木某实际电站的半年运行数据发现,按季节调整的阵列发电量比固定式大了8%,而额外增加的人工成本不到增加发电收入的4%。陈正洪等[27]通过武汉地区不同倾角光伏组件一年的实验结果发现,一年之中只需在春、秋过渡季节调节2次,就能使得光伏阵列基本保持在最佳倾角状态,达到较高的发电效率。

近年来,除了采用月平均辐射数据进行最佳倾角计算外,也有部分研究利用逐时辐射数据开展研究,有研究[28-29]利用中国气象局和清华大学共同出版的"中国建筑热环境分析专用气象数据集"中的典型气象年逐时水平面总辐射量和散射辐射量进行了最佳倾角的计算,发现我国大部分地区方位角应朝东偏离正南一定角度可增加斜面辐射量[28]。魏子东等[30]利用美国能源部提供的银川市中国标准气象数据中的逐时辐射量也进行了类似的研究。利用逐时辐射数据计算可反映太阳辐射在正午前后的非对称性分布,因此在计算最佳倾角的同时,还可以计算最佳方位角,计算结果更接近于实际情况,但由于逐时辐射观测数据的缺乏,因此在工程实际应用中利用逐时数据进行计算的还较为少见。

总的来说,根据对象的不同,最佳倾角计算方法可分为针对离网系统和针对并网系统两类;根据安装方式不同,可分为针对固定安装和可调式安装两种情况;根据光伏阵列安装方位角的不同,可以分为方位角为 0 和不为 0 两种情况。根据所采用辐射数据的不同,又可分为利用月数据和逐时数据两类。由于目前并网光伏发电系统已成为光伏利用的主流,且逐时辐射数据较难以获得,因此本文主要介绍利用月辐射数据、针对固定安装的并网光伏系统的最佳倾角计算方法。

3 最佳倾角计算方法

3.1 最佳倾角的计算

最佳倾角的计算一般分为两类,即数值法和解析法。

数值法即以一定角度为计算间隔,分别计算不同倾角的斜面上太阳总辐射月总量,最后逐月累加得到年总量。月辐射量最大的倾角即为该月最佳倾角,年辐射量最大的倾角即为年最佳倾角,此倾角上的平均年总辐射量即为最佳倾角斜面上总辐射量[31]。

文献[11]和[14]均采用解析法得到最佳倾角的数学表达式,其方法为利用斜面总辐射量的公式对倾角 β 求导,导数为 0 时求解倾角的解释式即可计算最佳倾角[20]。

但解析法只适合方阵方位角为 0 的斜面最佳倾角计算,若方位角不为 0 则只可通过数值法计算。计算不同倾角斜面太阳总辐射为数值法计算最佳倾角的基础,3.2—3.3 节介绍了计算水平面和斜面月太阳辐射量的基本方法。

3.2 斜面辐射量的计算

斜面上接收到的太阳总辐射量 Q_S 由直接辐射量 D_S、天空散射辐射量 S_S 及地面反射辐射量 R_S 三部分组成,即:

$$Q_S = D_S + S_S + R_S \qquad (1)$$

斜面与水平面的直接辐射之间的关系如下:

$$D_S = D_H \cdot R_b \qquad (2)$$

其中方位角为 0 时,斜面和水平面直接辐射量比值 R_b 可用以下公式计算:

$$R_b = \frac{\cos(\varphi - \beta) \cdot \cos\delta \cdot \sin\omega + \frac{\pi}{180}\omega \cdot \sin(\varphi - \beta)\sin\delta}{\cos\varphi \cdot \cos\delta \cdot \sin\omega + \frac{\pi}{180}\omega \cdot \sin\varphi \cdot \sin\delta} \qquad (3)$$

地面反射辐射表达式为:

$$R_S = G \cdot \left(\frac{1 - \cos\beta}{2}\right) \cdot \rho \qquad (4)$$

以上式中:G 为太阳总辐射,D_H 为水平面太阳直接辐射,β 为斜面倾角,φ 为地理纬度,δ 为太阳赤纬,ω 为日落时角,ρ 为地面反射率,不同的地面反射率会有所不同。天空散射有两种辐射模型：一类是各向同性模型，此模型较简单，即认为天空中的散射辐射分布是均匀的，如 Liu-Jordan 模型[32]；另一类是各向异性模型：如 Hay 模型、Perez 模型等等。Hay 模型认为水平面上的散射辐射包含两个部分，即光盘辐射部分与各向同性的穹顶散射部分[33]：

$$S_s = (G - D_H) \cdot \left((D_H/G)R_b + (1 - D_H/G)\frac{1+\cos\beta}{2} \right) \tag{5}$$

Perez 模型[34-35]认为倾斜面上的散射辐射由三个部分组成：光盘辐射部分，穹顶散射部分与受水平面亮度影响的部分。

根据天空各向异性模型理论，在北半球，南面天空的平均散射辐射要比北面天空大，所以各向异性模型推算的朝南斜面获取的能量比值要大于各向同性模型的结果。

3.3 水平面太阳辐射量的计算

由上节可知，要进行斜面辐射量和最佳倾角的计算，首先应获取水平面上总辐射量 G 和直接辐射量 D_H。如若不能，则需要利用其他气象资料进行水平面上太阳辐射量的计算反演，即基于地面气象站的日照百分率资料或卫星遥感资料，建立太阳辐射量与其相关关系，利用这种相关进而间接计算气候条件类似站点的太阳辐射量。

在按月计算太阳辐射量时，一般使用表 1 中的日期作为各月代表日，由此求得辐射各月平均值。代表日期的选取是依据最接近该月平均天文辐射值的原则来选取的，这种方法计算简便，能满足工程需要[36]。

表 1　各月代表日和对应赤纬取值

月份	代表日	n(日序数)(平年/闰年)	δ(o)(平年/闰年)
1 月	17 日	17	−21.1
2 月	16 日	47	−13.0
3 月	16 日	75/76	−2.5/−2.1
4 月	15 日	105/106	9.1/9.5
5 月	15 日	135/136	18.4/18.7
6 月	11 日	162/163	22.9/23.0
7 月	17 日	198/199	21.5/21.3
8 月	16 日	228/229	14.3/14.0
9 月	15 日	258/259	3.7/3.3
10 月	15 日	288/289	−7.8/−8.2
11 月	14 日	318/319	−17.8/−18.0
12 月	10 日	344/345	−22.7/−22.8

在利用地面观测资料反演辐射量时，一般可以通过与辐射相关较好的日照百分率数据进行计算[37-40]，目前常用的推算公式形式为：

$$G\left(a_g + b_g\frac{n}{N}\right)R_a \tag{6}$$

$$D = \left[a_d\frac{n}{N}^2 + b_d\frac{n}{N}\right]R_a \tag{7}$$

式中：G 为太阳总辐射，单位为兆焦耳每平方米天（$MJ/(m^2 \cdot d)$）；D_H 为水平面太阳直接辐射，单位为兆焦耳每平方米天（$MJ/(m^2 \cdot d)$）；n 为实际日照时数，单位为小时（h）；N 为理论可照时数，单位为小时（h）；n/N 为日照百分率；R_a 为起始计算辐射。

可以以天文辐射、理想大气总辐射、晴天太阳辐射等为起始计算辐射，有研究发现[41]，以天文辐射起始计算，所需输入数据较少，计算简便的同时效果也较好，适合工程应用。但在地形较为复杂的地区，采用晴天总辐射作为 R_a，物理意义更为明确，计算误差明显降低[42-43]，但这种方法需要考虑云、气溶胶、水汽和各种气体成分对太阳辐射的的散射、吸收、反射等作用，存在计算过程较复杂，所需参数较多的缺点。

a_g、b_g、a_d、b_d 为系数，通过有太阳辐射和日照时数观测的站点统计确定，采用周边气候特征相似的长期辐射站资料确定。然后可应用到周边无太阳辐射观测的地区，计算太阳总辐射和直接辐射。

在应用以上模型计算辐射量时，是有限制条件的，该方案无法正确的反映海拔的变化对辐射的影响，因此对于大于 1500 m 的山区，该方案的计算结果是有待验证的[42]。

也有研究[44]在利用日照百分率建立相关的同时，也引入了如云量、气温日较差、整层大气水汽可将水量、降水量等修正项，也能使反演效果有所提高，但存在相关系数不稳定的情况，因此更多的研究仍是采用结构简单、物理意义清晰的经典日照百分率模型。

3.4 最佳倾角的实验验证

由于计算方法、所用数据种类、所取时段的不同，不同的研究计算的理论最佳倾角有很大差异。以武汉地区为例，不同的研究给出的最佳倾角理论计算值在 18～45° 之间[27]，因此对斜面辐射量或发电量及最佳倾角开展观测实验研究，验证理论计算结果，十分必要。

常泽辉等[45]设计了一种具备倾角调整装置的太阳能光伏发电测试系统，将实际观测值与理论计算值进行了比较。文献[25]利用 3 块相同电池板分布放置在水平面、理论计算年最佳倾角和季节调整最佳倾角处，对比观测一年，验证了其理论计算值。李潇潇等[46]在沈阳某大楼楼顶建设了了人工倾角调节式光伏并网发电实验系统，验证了按季节调整倾角系统比固定倾角系统发电量有明显提升。

以上实验采用倾角调整的方式，验证了斜面辐射计算模型的准确性。还有一些研究采用了多角度光伏发电组件对比的方式，可以验证最佳倾角理论计算的准确性。如中山大学陈维等[47]对广州地区 8 块不同朝向和倾角的太阳电池组件输出情况进行了为期一年多的测试，结果发现全年以 22° 倾角组件产出电能最多，与理论模拟计算结果（19°）相吻合。陈正洪等[27]在武汉开展了从水平面（0°）到南墙面（90°）共 15 个不同倾角和朝向的太阳能电池组件发电情况测试，分析得到各月最佳倾角与理论计算最佳倾角变化趋势基本保持一致，实验得到的各月最佳倾角要大于或等于理论推算最佳倾角，30° 倾角为实验年度的实际最佳倾角，比理论计算值偏大。这种情况可能是由于光伏电站倾角较小的电池组件较易积灰，影响电池组件接收太阳辐射。

散射辐射模型是最佳倾角理论计算中的难点，以上研究通过与实验验证对比多发现采用各向异性散射辐射模型计算结果更为准确[27,45,47]，其中 Perez 模型计算效果最好，但过程也最为复杂，实际应用难度较大[35]。

目前的研究中，实验得出的最佳倾角角度通常是仅在一年左右的数据的基础上统计出来的,时间序列较短,随机因素影响较大,如要得到更精确的结果,需要收集更长时间资料进行深入分析。

4 光伏电站设计软件中的最佳倾角计算

目前国内设计院进行光伏组件倾角设计、斜面辐射量计算和发电量计算主要是通过 RETscreen[①]、PVSystem[②]、上海电力学院太阳辐射计算软件[48]等进行,由于其对象多是并网光伏发电系统,因此其最佳倾角基本原则均是年斜面辐射量和年发电量最大化。下面将各系统以及所用辐射数据集部分介绍如下:

(1)RETscreen

RETscreen 是一款清洁能源项目分析软件,用于评估各种能效、可再生能源技术的能源生产量、节能效益、寿命周期成本、减排量和财务风险。该软件由加拿大政府通过加拿大自然资源能源多样化研究所向全世界提供,可免费使用。该软件更为侧重项目财务分析。计算光伏发电系统的最佳倾角和发电量只是其功能之一。

该软件中自带的辐射数据来自于 NASA 数据库,与中国气象部门提供的地面辐射观测数据相比通常偏大。

(2)PVSystem

PVSystem 是目前光伏系统设计领域另一比较常用软件,它能够较完整地对光伏发电系统进行研究、设计和数据分析。涉及并网、离网、抽水系统和 DC——网络光伏系统。可提供初步设计、项目设计和详细数据分析 3 种进展程度的光伏系统设计和研究。

该软件自带辐射数据城市站点较少,在进行设计时可以直接联网从 NASA 数据库下载辐射数据,也可以自行导入不同格式的辐射数据。

(3)上海电力学院太阳辐射计算软件

该系统该软件是上海电力学院采用 C♯语言编制而成。主要有三个模块:太阳能辐射计算模块、并网系统设计模块和独立系统设计模块。计算最佳倾角时,既可自己输入数据,也可用软件自带的数据库。

该软件的气象数据库是由国家气象中心发布的 1981—2000 年中国气象辐射资料年册统计整理而来。

王淑娟等[49]比较了以上三个系统采用统一的气象辐射数据计算的某地最佳倾角和斜面年太阳辐射量。结果如表 2。

表 2 不同设计软件计算的结果

软件	最佳倾角(°)	斜面年太阳辐射量
RETscreen	37	2241.0
PVSystem	35	2252.2
上海电力学院软件	33	2159.8

造成这种差异的原因可归结为斜面辐射计算时所采用模型的不同。有文献[50]指出。上

---

① RETscreen 软件主页:http://www.retscreen.net/zh/home.php。

② PVSystem 软件主页:http://www.pvsyst.com/。

海电力学院软件与 RETscreen 软件计算结果数据比对,其计算得到的最佳倾角一般偏小 2°到 4°。这是由于该软件太阳辐射计算模块采用了散射辐射各向同性模型计算倾斜面上的太阳辐射量所引起的。

总的来说,选择不同的软件进行设计,计算的发电量和最佳倾角结果差异较大,从而影响预期收益。而且所用数据会影响到最终计算的结果,目前一般认为 NASA 所提供的数据较国内气象台站观测数据偏大,导致最佳倾角的计算也偏大。而且采用不同时段的辐射数据进行设计也会影响结果,因此在设计计算时,应采用气象台站的近年的辐射和日照观测数据进行,并需要对所采用的数据进行分析和甄别。

5 结论与讨论

在对光伏电站光伏阵列斜面辐射量和最佳倾角研究历史和现状进行充分调研的基础上,较为全面地论述了光伏电站可行性研究中太阳辐射资源分析和最佳倾角设计计算各个步骤的计算方案分类总结,并比较了不同方法的优缺点:在针对单个光伏电站开展的设计计算中,在没有现场或周边辐射观测的情况下,仍推荐采用日照百分率数据进行气候学计算。在斜面辐射量计算中,理论和实践均证明,散射辐射的天空各向异性模型明显较各向同性模型接近实际情况。此外还归纳最佳倾角的计算方法为解析法和数值法两类,并比较了国内常用的光伏电站设计软件特点,给出了使用中的建议。

近年在最佳倾角的研究中,部分研究开始引入了多目标优化的方法,即并非简单的将设计目标定为斜面接收到的年辐射量最大,而是充分考虑倾角对间距系数的影响、不同倾角的安装成本、电站用地成本等太阳辐射量以外的因素,从光伏电站效益最大化出发,采用博弈论等方法进行最佳倾角的设计。这种新的研究方向值得进一步完善和优化。

许多最佳倾角的实验表明,理论计算的最佳倾角并不等于实际的最佳倾角,倾角的变化除了引起斜面接收到的辐射量和辐射成分的变化以外,还会引起雨水、风对灰尘清除能力的变化,并引起光伏阵列间相互遮挡造成阴影的影响,这些因素大多都没有在目前的设计研究中体现,也是未来最佳倾角研究中亟待解决的问题。

参考文献

[1] 傅抱璞.论坡地上的太阳辐射量总量[J].南京大学学报(自然科学版),1958(2):47-82.

[2] 傅抱璞.山地气候[M].北京:科学出版社,1983.

[3] 朱志辉.任意方位倾斜面上的总辐射计算[J].太阳能学报,1981,2(2):209-212.

[4] 朱志辉.非水平面天文辐射的全球分布[J].中国科学 B 辑,1988(10):1101-1110.

[5] 李怀瑾,施永年.非水平面上日射强度和日射日总量的计算方法[J].地理学报,1981,36(1):79-89.

[6] 翁笃鸣,孙治安,史兵.中国坡地总辐射的计算和分析[J].气象科学,1990,10(4):348-357.

[7] 翁笃鸣,罗哲贤.山区地形气候[J].北京:气象出版社,1990.

[8] 孙治安,史兵,翁笃鸣.中国坡地太阳直接辐射特征[J].高原气象,1990,9(4):371-381.

[9] 李占清,翁笃鸣.坡面散射辐射的分布特征及其计算模式[J].气象学报,1988,46(3):349-356.

[10] Gopinathan,K.K..Solar radiation on variously oriented sloping surface[J].Solar Energy,1991,47(3):173-179.

[11] 朱超群,虞静明.我国最佳倾角的计算及其变化[J].太阳能学报,1992,13(1):38-44.

[12] 朱超群,任雪娟.太阳总辐射最佳倾角的时空分布[J].高原气象,1993,12(4):409-417.

[13] 朱超群.估计南向坡面总辐射最佳倾角的表示式[J].南京大学学报(自然科学版),1997,33(4):623-630.

[14] 杨金焕,毛家俊,陈中华.不同方位倾斜面上太阳辐射量及最佳倾角的计算[J].上海交通大学学报,2002,36(7):1032-1036.

[15] 杨金焕,于化从,葛亮.太阳能光伏发电应用技术[M].北京:电子工业出版社,2009.

[16] 杨金焕.固定式光伏方阵最佳倾角的分析[J].太阳能学报,1992,13(1):86-92.

[17] 汪东翔,董俊,陈庭金.固定式光伏方阵最佳倾角的选择[J].太阳能学报,1993,14(3):217-221.

[18] 沈洲,杨伟,易成星,等.基于交互式多目标决策方法的固定式光伏阵列最佳倾角优化[J].电网技术,2014,38(3):622-627.

[19] 王建民,张晓威,孔静.改进的固定支架光伏阵列最佳倾角确定方法[J].可再生能源,2013,31(2):108-110.

[20] 钟天宇,刘庆超,杨明.并网光伏电站光伏组件支架最佳倾角设计研究[J].发电与空调,2013,34(1):5-7.

[21] 丁明,刘盛,徐志成.光伏阵列改进优化设计方法与应用[J].中国电机工程学报,2013,33(34):2-8.

[22] 成珂,杨洁,吴自博.光伏阵列安装角度与安装节距的优化选择[J].可再生能源,2014,32(6):743-748.

[23] 叶任时,刘海波,李德,等.光伏组件倾角和阵列间距的多因素综合计算方法[J].人民长江,2015,46(5):39-42.

[24] 王民权,邹琴梅,黄文君.太阳电池板安装倾角间歇性优化调节的研究[J].太阳能学报,2015,36(1):113-119.

[25] 韩斐,潘玉良,苏忠贤.固定式太阳能光伏板最佳倾角设计方法研究[J].工程设计学报,2009,16(5):348-353.

[26] 黄天云,白盛强.倾角可调光伏支架结构的研究[J].太阳能,2013(15):34-36.

[27] 陈正洪,孙朋杰,成驰,等.武汉地区光伏组件最佳倾角的实验研究[J].中国电机工程学报,2013,33(34):98-105.

[28] 申政,吕建,杨洪兴,等.太阳辐射接受面最佳倾角的计算与分析[J].天津城市建设学院学报,2009,15(1):61-75.

[29] 朱丹丹,燕达.太阳能板放置最佳倾角研究[J].建筑科学,2012,28(增刊2):277-281.

[30] 魏子东,霍小平,贺生云,等.固定式光伏最佳水平倾角及朝向的模拟分析——以宁夏银川地区为例[J].西安建筑科技大学学报(自然科学版),2012,44(5):700-706.

[31] 孙韵琳,杜晓荣,王小杨,等.固定式并网光伏阵列的辐射量计算与倾角优化[J].太阳能学报,2009,30(12):1587-1601.

[32] Liu B Y H,Jordan R C. The interrelationship and characteristic distribution of direct,diffuse and total solar radiation[J]. Solar Energy,1960,4(3):1-19.

[33] Hay J E. Calculating solar radiation for inclined surfaces:Practical approaches[J]. Renewable Energy,1993,3(4-5):373-380.

[34] Perez R,Ineichen P,Seals R,et al. Modeling daylight availability and irradiance components from direct and global irradiance[J]. Solar Energy,1990,44(5):271-289.

[35] Li D H W,Lam J C. Evaluation of slope irradiance and illuminance models against measured Hong Kong data[J]. Building and Environment,2000,35(6):501-509.

[36] 王炳忠.太阳辐射计算讲座 第三讲:地外水平面辐射的计算[J].太阳能,1999(4):12-13.

[37] 中国气象局.太阳能资源评估方法:QX/T89-2008[S].北京:气象出版社,2008:1-7.

[38] 翁笃鸣.试论总辐射的气候学计算方法[J].气象学报,1964,34(3):304-315.

[39] 王炳忠,张富国,李立贤.我国的太阳能资源及其计算[J].太阳能学报,1980,1(1):1-9.

[40] 成驰,陈正洪,李芬,等.湖北省咸宁市光伏电站太阳能资源评价[J].长江流域资源与环境,2011,20(9):1067-1072.

[41] 邓艳君,邱新法,曾燕,等.几种水平面太阳总辐射量计算模型的对比分析[J].气象科学,2013,33(4):371-377.

[42] 王炳忠,申彦波.自然环境条件对太阳能资源计算影响的再思考[J].应用气象学报,2012,23(4):505-512.

[43] 申彦波,张顺谦,郭鹏,等.四川省太阳能资源气候学计算[J].应用气象学报,2014,25(4):493-498.

[44] 刘可群,陈正洪,夏智宏.湖北省太阳能资源时空分布特征分析及区划研究[J].华中农业大学学,2007,26(6):888-893.

[45] 常泽辉,田瑞.固定式太阳电池方阵最佳倾角的实验研究[J].电源技术,2007,31(4):312-324.

[46] 李潇潇,赵争鸣,田春宁.基于统计分析的光伏并网发电系统最佳倾角的计算与实验研究[J].电气技术,2012,8:1-6.

[47] 陈维,沈辉,刘勇.光伏阵列倾角对性能影响实验研究[J].太阳能学报,2009,30(11):1519-1522.

[48] 杨金焕,葛亮.太阳辐射量与光伏系统优化设计软件[J].阳光能源,2005,(12):34-36.

[49] 王淑娟,汪徐华,高赞,等.常用于最佳倾角计算的光伏软件的对比研究[J].太阳能,2010(12):29-31.

[50] 周治,吕康,范小苗.光伏系统设计软件简介[J].西北水电,2009(6):76-79.

武汉气象站周边建筑物对日照观测的影响 *

摘　要　利用武汉气象观测站迁站前(2007 年)、后(2013 年)周边建筑物观测仰角记录,运用气候学方法计算了任意时刻太阳的高度角和方位角,建立了因周边建筑对日照观测影响的计算方法,得到了理论上建筑对日照观测的影响时数。同时,考虑到实际天气条件的影响,引入云量因子,定量的分析了实际状况下周边建筑对日照观测影响。结果表明:(1)在仅考虑周边遮蔽情况下,迁站前建筑物对日照观测的遮挡率为 7.3%,在迁站之后,遮挡情况有明显改善,遮挡率降至为 1.0%;(2)考虑实际天气条件下,引入云量因子日照观测在晴日仅受建筑物影响,在阴天完全不受建筑物影响,在多云天用天空未被遮蔽的比例来表征受建筑物影响的程度;(3)假定以 2007 年武汉站周边建筑仰角代表迁站前的周边观测环境,以 2013 年观测的周边建筑仰角代表迁站至今的观测环境,得到近 20 年因周边建筑造成的武汉站日照观测缺失小时数,迁站前(2004—2009 年)建筑物对日照观测的遮蔽率为 5.4%,迁站后(2010—2013 年)遮蔽率降为 0.7%。

关键词　日照观测;建筑物;遮蔽率

1　引言

在研究气候变化对气象要素影响程度的过程中,气候序列会受到诸多因素的影响。特别是近年来,随着社会的发展,气象站周边建筑物增多,使得观测环境遭受破坏。这些因素导致的非均一性气候序列对气候变化的研究是不利的,甚至会得出错误的结论[1]。对于太阳能资源评价,由于其服务对象(光伏电站)大多位于不受人为建筑影响的野外,在工程设计科研阶段,所用的日照和辐射资料多取自当地气象台站多年观测数据。由于气象站周边建筑物的影响,日照辐射计所观测的日照时数和辐射的历史变化趋势并非完全真实,特别是近年来,由于城市化进程的加快,这种不准确性会更加明显。基于气象台站日照和辐射观测数据得到评价结果的代表性也越来越被工程设计部门所关注[2]。

由于障碍物相对测站日照仪器的安装位置是可测量的,通过计算测站的太阳位置,得到测站各时刻的太阳高度角和太阳方位角,可以定量分析出四周障碍物对全年各日日照记录的影响情况。杨志彪等[3]通过分析障碍物对日照记录的影响规律,从计算测站不同时刻的太阳高度角、方位角,以及太阳高度角或方位角对应的真太阳时入手,分析了不同纬度测站太阳高度角与方位角的变化规律。叶东等[4]利用吐鲁番气象站周边 6 座典型建筑物的方位角、高度及其与观测场的距离,建立了气象站周边建筑对日照时数影响的定量计算方法。邬明等[5]以深圳市蔡屋围观测场单个台站的气象资料为基础,对测站环境发生显著变化的 2 个时间段的气象数据进行系统分析,得到了日照资料受建筑障碍物影响,日照时数减少,已缺乏代表性的结论。

* 孙朋杰,陈正洪,阳威,向芬,叶冬.太阳能学报,2017,38(2):509-515.(通讯作者)

　　本文通过利用武汉气象观测站迁站前后周边建筑物遮蔽仰角，通过计算的任意时刻太阳的高度角和方位角，从理论上定量的分析了建筑物对日照计观测的日照时数的影响。考虑到达地面的日照与实际天气条件的关系，利用逐日云量变化对建筑物实际遮挡情况进行了计算。计算结果可对太阳能资源评价结果进行订正，为光伏电站工程设计部门提供理论支撑。

2　资料和方法

2.1　所用资料

　　武汉气象站现位于武汉市东西湖区区慈惠农场八向一队（30°36′N、114°03′E，海拔23.6 m）。该站建于 1949 年 9 月，是国家基本气象站。该站自建站开始就有日照时数的观测，观测仪器为暗筒式日照计，观测数据每天记录一次。本文选取了 1994—2013 年逐日日照、云量资料。

2.2　计算方法

2.2.1　高度角的计算

　　根据杨金焕[6]给出的计算公式，高度角（α_s）、天顶角（θ_z）和纬度（φ）、赤纬角（δ）及时角（ω）的关系为：

$$\sin \alpha_s = \cos \theta_z = \sin\varphi\sin\delta + \cos\varphi\cos\delta\cos\omega \tag{1}$$

　　在太阳正午时，$\omega = 0$，上式可以简化为：

$$\sin \alpha_s = \sin \left[90° \pm (\varphi - \delta) \right] \tag{2}$$

　　当正午太阳在天顶以南，即 $\varphi > \delta$ 时

$$\alpha_s = 90° - \varphi + \delta \tag{3}$$

　　当正午太阳在天顶以北，即 $\varphi < \delta$ 时

$$\alpha_s = 90° + \varphi - \delta \tag{4}$$

2.2.2　方位角的计算

　　方位角与赤纬角、高度角、纬度及时角的关系为：

$$\sin \gamma_s = \frac{\cos\delta\sin\omega}{\cos \alpha_s} \tag{5}$$

$$\cos \gamma_s = \frac{\sin \alpha_s \sin\varphi - \sin\delta}{\cos \alpha_s \cos\varphi} \tag{6}$$

2.2.3　日出、日落的时角 ω_s

　　日出、日落时太阳高度角为 0°，由此可得

$$\cos\omega_s = - \tan\varphi\tan\delta \tag{7}$$

　　由于 $\cos \omega_s = \cos(-\omega_s)$，有

$$\omega_{sr} = - \omega_s ; \omega_{ss} = \omega_s \tag{8}$$

式中，ω_{sr} 为日出时角；ω_{ss} 为日落时角，以度表示，负值为日出时角，正值为日落时角。可见，对于某个地点，太阳的日出和日落时角相对于太阳正午是对称的。

2.2.4　日照时间 N

　　日照时间是当地由日出到日落之间的时间间隔。由于地球每小时自转 15°，所以日照时间

N 可以用日出、日落时角的绝对值之和除以 $15°$ 得到。

$$N=\frac{\omega_{ss}+|\omega_{sr}|}{15}=\frac{2}{15}\arccos(-\tan\varphi\tan\delta) \tag{9}$$

2.2.5 日出、日落时的方位角

日出、日落时的太阳高度角为 $\alpha_{s0}=0°$,所以 $\cos\alpha_s=1,\sin\alpha_s=0$,代入式(10),有:

$$\cos\gamma_{s,0}=-\sin\delta/\cos\varphi \tag{10}$$

得到的日出、日落时的方位角都有两组解,因此必须选择一组正确的解。我国所处的位置大致可以划分为北热带($0°\sim23.45°$)和北温带($23.45°\sim66.55°$)两个气候带。当太阳赤纬大于 $0°$ 时,太阳升起和降落都在北面的象限;赤纬小于 $0°$ 时,太阳升起和降落都在南面的象限。

2.2.6 周边环境对日照的影响计算

根据天顶云量对天空状况进行划分(表1)。本文认为,在晴日,气象因素对日照无影响,即只有观测站周边建筑物对日照观测有影响;在阴天,由于云量对直接辐射的遮蔽,到达地面的只有散射辐射,建筑物对日照观测完全没有影响;在多云日,建筑物对日照观测部分有影响,但是很难定量的表征遮蔽程度,本文在后面的分析中,在多云日用该日天空被遮蔽的比例,即平均云量(C)/10 来表征天气条件对日照的影响程度。

表1 不同天气状况对应的云量

天空状况	云量(成)	
晴天	低云量	$0\sim4$
	总云量	$0\sim5$
多云	低云量	$5\sim8$
	总云量	$6\sim9$
阴天	低云量	$9\sim10$
	总云量	10

不同天气条件下周边环境对日照的影响系数 r,定义如式(11)。

$$r=\begin{cases} 1 & \text{晴日} \\ \dfrac{10-C}{10} & \text{多云日} \\ 0 & \text{阴天} \end{cases} \tag{11}$$

3 武汉站周边观测环境记录

武汉气象站是国家基本气象站,从建站至今进行了 6 次迁站(见表2),观测环境变化较大。

表2 武汉气象站观测场地变更情况一览

时间(年.月)	纬度(N)	经度(E)	海拔高度(m)	地址
1949.9—1951.12	$30°25'$	$114°17'$	23.6	汉口王家墩机场(郊外)
1952.01—1953.09	$30°25'$	$114°17'$	23.2	汉口赵家条 231 号(郊外)

时间(年.月)	纬度(N)	经度(E)	海拔高度(m)	地址
1953.10—1959.12	30°25′	114°17′	23.0	汉口赵家条 231 号(郊外)
1960.01—1963.12	30°38′	114°04′	22.8	武汉市东西湖吴家山(西郊)
1964.01—1980.12	30°38′	114°04′	23.3	武汉市东西湖吴家山(西郊)
1981.01—1994.04	30°37′	114°08′	23.3	武汉市东西湖吴家山(西郊)
1994.04—2009.12	30°37′	114°08′	23.1	武汉市东西湖吴家山(西郊)
2010.01—2017	30°36′	114°03′	23.6	武汉市东西湖区慈惠农场 八向一队(郊外)

特别是 1993 年建成的宿舍楼及住宅楼,1997 年建成的工商银行大楼,均对日照观测产生较大影响,观测环境已不符合国家气象探测环境的技术规范要求。近年来,武汉气象站四周不同距离处均有不同高度的建筑物盖起,武汉观测站处于居民区的中间位置,观测环境遭到严重破坏。为此,武汉观测站在 2010 年进行迁站,迁至武汉市东西湖区慈惠农场。

在 2007 年,观测站迁站之前,东侧(图 1a)为两栋六层宿舍楼。正南方向(图 1b)为两栋建筑,左边白色为一栋 6 层办公楼,右边为 8 层居民楼,其宽度与观测场相当。西南方向(图 1c)有一排六层的居民楼,西侧为一排平房,北侧(图 1d)是气象站的宿舍楼。从武汉站周边建筑情况可以看出,观测场周边均有建筑物遮挡,当障碍物相对日照测量仪器感应面的高度角和方位在太阳之间时,会对日照观测产生较大影响。迁站后(图 2,2013 年),观测场周边基本无高大建筑物影响,只有一些较高的植物。

(a)

(b)

(c)

(d)

图 1　武汉气象站周边建筑物情况(2007 年):(a)正东方向、(b)正南方向、(c)正西方向、(d)正北方向

图 2　武汉气象站周边建筑物情况(2013 年)

为定量测定观测站周边建筑物的遮挡情况,在日照测量仪器同一水平面(离地 1.5m 高度处)架设经纬仪,从正北方向(0°)开始,顺时针对测站遮蔽物进行逐一测量,再次到正北方向(360°)结束。测量内容包括障碍物的开始方位、结束方位(即宽度角)和高度角,对障碍物逐一进行登记,以便分析逐个障碍物对日照记录的影响。迁站前(2007 年)和迁站后(2013 年)的记录结果如图 3 所示。由于太阳高度角较低时,太阳到达地面的辐射较弱,辐射强度不能达到形成日照的标准(当日照计接收的辐照度＞120 W/m² 时,日照计才开始记录日照时数)[7],可以将太阳高度角设置为 5°,计算此时日出、日落太阳所处方位,不在日出、日落方位内的障碍物,其对日照记录不会造成影响。从图 3 中可以看出,在观测站迁站之前,周边遮蔽物基本都在 5°仰角以上,会对日照观测记录产生影响,而在迁站之后,从 2013 年记录的周边遮蔽物情况看,仰角基本在 5°以下,遮蔽情况明显较迁站前有所好转。

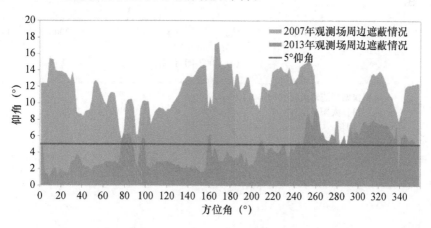

图 3　武汉气象站 2007 年和 2013 年周边遮蔽物仰角情况

4　结果分析

根据计算的每天日出、日落时角,可以得到该日理论日照时间。在测得障碍物遮蔽仰角的情况下,可判断任意时刻太阳所在的方位角、高度角与遮蔽物的关系。当太阳高度角＞遮蔽物仰角时,太阳光线未被遮挡,相反,当太阳高度角≤遮蔽物仰角,该时刻日照被建筑物遮挡,日照计不记录此时刻日照。以 2007 年 1 月 1 日为例,分析该日理论可照时数与前站前建筑物遮挡的可照时数的关系。从图 4a 中可以看到,若没有遮挡,日照计从 A 点开始记录日出,到 D 点结束,根据公式(1)、(7)、(8)、(9)计算可知,该日理论可照时数为 9.2 h。而实际情况是,当太阳高度角在 AB 区间及 CD 区间时,由于遮蔽物仰角大于太阳高度角,此两时段被遮蔽,日照计接收不到日照,实际观测的可照时数是 BC 段,该段日照时数为 7.9 h。可见,在 1 月 1 日,武汉气象站周边建筑物遮挡了 1.3 h 的日照,遮蔽率为 16.5%。同样,以 2013 年 1 月 1 日为例,分析该日理论可照时数与迁站后建筑物遮挡后观测的可照时数的关系。从图 4b 中可以看到,周边建筑物遮挡基本对该日理论可照时数无影响,日照计从 A 点开始记录日出,到 D 点结束。当太阳高度角在 AD 区间时,由于遮蔽物仰角均小于太阳高度角,此时段无遮蔽。进而对 2007 年、2013 年全年、四季建筑物的遮蔽程度进行计算,得到了理论遮挡小时数及遮蔽率,如表 3 所示。可见,冬季建筑物对日照观测的影响最大,秋季次之,春季和夏季较小。就全年而言,在仅考虑周边遮蔽情况下,2007 年有 278.3 h 光照被遮挡,遮挡率为 7.3%,在迁站之后,遮挡情况有明显改善,2013 年有 40.4 h 光照被遮挡,遮挡率仅为 1.0%。

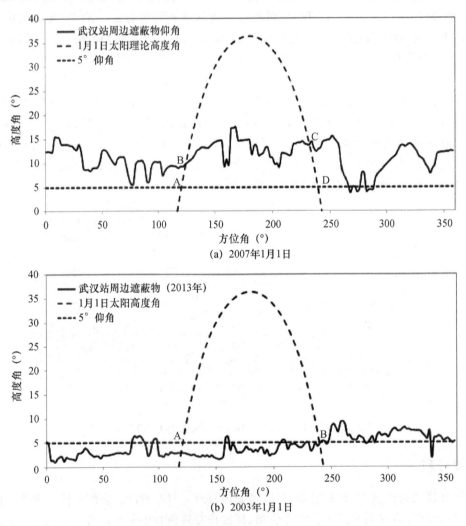

图 4　武汉气象站太阳理论高度角与遮蔽物仰角的关系

表3 武汉气象站理论可照时数与遮挡后可照时数统计

年份	时段	理论可照时数(h)	高度角>5°的可照时数(h)	遮挡后可照时数(h)	遮蔽率(%)
2007	春季	1167.9	1094.7	1051.5	4.1
	夏季	1250.9	1174.7	1124.5	4.5
	秋季	1026.3	953.0	874.3	9.0
	冬季	934.8	857.9	751.5	14.2
	全年	4380.0	4080.2	3801.9	7.3
2013	春季	1167.9	1094.7	1082.5	1.1
	夏季	1250.9	1174.7	1163.3	1.0
	秋季	1026.3	953.0	941.0	1.3
	冬季	934.8	857.9	853.1	0.6
	全年	4380.0	4080.2	4039.8	1.0

表3只是在考虑建筑物影响情况下得到的遮挡后可照时数,而实际情况下,影响日照观测的因子非常多。从2007年武汉站实际观测日照时间、可照时间及被遮挡后可照时间可以看出(图5),除了太阳自身的天文变化外,由于其他影响因素的原因,观测日照时间始终低于可照时间与遮挡后可照时间。

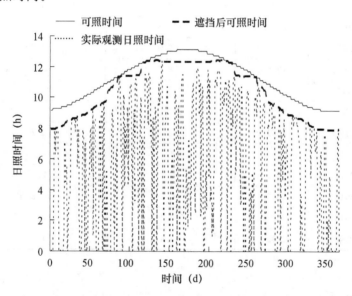

图5 2007年武汉气象站可照时数、遮挡后可照时数、实际观测日照时数对比

气象条件是影响到达地面日照的主要因子,包括云量、气溶胶、沙尘、雾霾等都会对日照产生影响,其中云量对日照时数的影响是主要的。本文以云量为指标,综合分析建筑物对光照的影响。以2007年为例,根据武汉站的天气现象记录表,得到武汉站全年晴日有20 d,阴日有137 d,多云日有208 d,进而可计算出实际天气条件下综合遮挡的日照小时数,结果见表4。从表4可以看到,在考虑实际天气条件情况下,武汉气象站2007年因建筑遮挡的小时数为143.5 h,实际遮蔽率为7.4%。

表 4   武汉气象站 2007 年实际观测时数与遮挡时数

时段	实际观测时数(h)	日照百分率(%)	综合遮挡时数(h)	实际天气条件下因周边建筑遮挡时数/h	遮挡率/%
春季	527.1	50.1	524.4	21.7	4.1
夏季	588.9	52.4	535.6	25.1	4.3
秋季	505.8	57.9	368.5	46.9	9.3
冬季	312.4	41.6	439.1	49.8	15.9
全年	1934.2	50.9	1867.7	143.5	7.4

假定 2007 年观测的武汉站周边建筑仰角代表迁站前的周边观测环境,以 2013 年观测的周边建筑仰角代表迁站至今的观测环境,进而可计算近 20 年,因周边建筑造成的武汉站日照观测缺失小时数(表 5)。可看到,在迁站前(2004—2009 年),气象站周边建筑对日照观测的平均遮蔽率为 5.4%,迁站后(2010—2013 年)的平均遮蔽率为 0.7%,因周边建筑造成日照观测遮挡时数明显下降。

表 5   武汉气象站 2004—2013 年周边建筑遮挡统计

	年份	观测时数	不考虑实际天气条件下	考虑实际天气条件下	遮蔽率/%
迁站前	2004	1918	279.5	118.1	6.2
	2005	1829.7	278.3	99.8	5.5
	2006	1919.3	278.3	91.2	4.8
	2007	1934.2	278.3	92.9	4.8
	2008	1774.1	279.5	103.5	5.8
	2009	1790.9	278.3	92.9	5.2
	均值	1861.0	278.7	99.7	5.4
迁站后	2010	1544	40.4	11.9	0.8
	2011	1741.4	40.3	12.1	0.7
	2012	1553.9	40.3	10.3	0.7
	2013	2092.5	40.4	10.2	0.5
	均值	1733.0	40.4	11.1	0.7

5   结论

利用武汉气象观测站迁站前(2007 年)、后(2013 年)周边建筑物观测仰角记录,运用气候学方法计算了任意时刻太阳的高度角和方位角,建立了因周边建筑对日照观测影响的计算方法,得到了理论上建筑对日照观测的影响小时数。同时,考虑到实际天气条件对日照观测的影响,引入云量因子,定量的分析了实际状况下测站周边建筑对日照观测影响。

(1)在仅考虑周边遮蔽情况下,迁站前建筑物对日照观测的遮挡率为 7.3%,在迁站之后,遮挡情况有明显改善,遮挡率降至为 1.0%。

(2)考虑实际天气条件下,引入云量因子。考虑日照观测在晴日仅受建筑物影响,在阴天完全不受建筑物影响,在多云天用天空未被遮蔽的比例来表征受建筑物影响的程度。

（3）假定 2007 年观测的武汉站周边建筑仰角代表迁站前的周边观测环境,以 2013 年观测的周边建筑仰角代表迁站至今的观测环境,得到 2004—2013 年因周边建筑造成的武汉站日照观测缺失小时数,迁站前（2004—2009 年）建筑物对日照观测的遮蔽率为 5.4%,迁站后（2010—2013 年）遮蔽率降为 0.7%。

（4）通过观测站周边建筑仰角,可定量的计算因周边建筑对日照观测造成的影响。但是,影响到达地面日照的条件非常复杂,且在计算过程中,多云日采用云量与整个天空的比例来表示遮挡情况不是十分准确,因为存在建筑物与云量遮挡重合的情况,本文只能对遮挡进行大概估算。

（5）本文的计算和分析方法具有一定的普适性,可适用于其他测站。但本文观测的周边遮蔽仰角包括建筑物和植被两部分（特别是 2013 年的遮蔽仰角观测,主要是植被影响）。若只分析周边建筑对日照观测的影响,可通过经纬仪对地平圈遮蔽物仰角和人为建筑物仰角进行区分观测、计算。

参考文献

[1] Stocker T F, Qin D, Plattner G K, et al. (IPCC) Climate Change 2013: The Physical Science Basis [M]. Cambridge, United Kingdom and New York: Cambridge University Press, 2013.

[2] 谢今范,张婷,张梦远,等. 近 50 a 东北地区地面太阳辐射变化及原因分析[J]. 太阳能学报,2012,33(12): 2127-2134.

[3] 杨志彪,陈永清. 观测场四周障碍物对日照记录的影响分析[J]. 气象,2010,36(2):120-125.

[4] 叶冬,申彦波,杜江,等. 吐鲁番气象站周边典型建筑对日照时数的影响分析[J]. 高原气象,2014,33(16): 1-10.

[5] 邬明,莫静华,吕奂坤,等. 地面观测站环境变化对深圳气象观测数据的影响[J]. 广东气象,2008,30(增): 91-93.

[6] 杨金焕,于化丛,葛亮. 太阳能光伏发电应用技术[M]. 北京:电子工业出版社,2009:21-25.

[7] 中国气象局. 地面气象观测规范[M]. 北京:气象出版社,2003.

光伏电站对局地气候的影响研究进展*

摘　要　清洁能源的快速发展有效降低了人类对传统化石能源的依赖,并为缓解全球气候变暖做出显著贡献。随着各地光伏装机规模的不断扩大,光伏电站这一人工设施对气候环境的影响日益引起人们的关注。针对这一问题,国内外学者自 2000 年陆续开展了相关研究。该文综合国内外现有研究成果,对研究方法、影响机理及光伏电站对气候的影响等方面进行总结。大量研究表明:光伏电站布设会在荒漠地区产生"光伏热岛效应",从而引起局部区域温度上升,在城市地区布设能够在降低能源消耗的同时减少"城市热岛效应"。此外,光伏组件还会对反照率、地表辐射平衡等产生影响,进而对局地甚至全球气候产生作用,其影响范围和程度尚无准确结论,还需要进一步深入探索。

关键词　光伏电站;光伏发电;气候影响;辐射平衡;反照率

1　引言

为应对全球气候变暖,减少温室气体排放,世界各国已开始积极开展清洁能源的开发利用。目前光伏发电和风力发电发展速度最快,也是各国竞相发展的重点,相较于风电,光伏发电总体受地域条件限制更少。截至 2017 年底,全球累计光伏并网装机容量已达 405 GW,较十年前增加了 25 倍[1]。其中,中国、欧洲、美国、日本、印度是全球光伏的主要市场,占比约 90%。而中国是全球第一市场,市场占比约为 46%[2]。已有研究表明,如果光伏发电在电网中占比达到 10%,将使全球 CO_2 的排放量减少 12.3%[3]。根据政府间气候变化专门委员会(IPCC)的报告指出,在 2030 年光伏发电在全球发电量中的占比将达到 12%,2050 年将达到 33%[4]。要实现这一目标,需要大规模建设光伏电站,在这种发展形势下,太阳能光伏的开发利用对生态和气候的影响问题便越发受到人们的关注。

自 20 世纪 70 年代起就有学者提出,对能源利用的评价应该综合考虑其优势和劣势,如应综合考虑能源利用的整个生命周期中所造成的能量损耗及对环境的影响[5]。进入 21 世纪以后,相关研究的数量开始增长,如开展大规模光伏电站建设对自然环境、生物多样性、水资源利用[6]、城市热岛效应[7]、气候变暖[8]等造成的影响,这些研究主要集中在美国、欧洲(波兰、法国)及日本等国,且研究基本是对局地地区的实验分析,部分结论还存在争议。自 2010 年起我国气象部门、环保部门、一些高校以及科研院所等也开展了该领域的研究探索。光伏电站建设对气候的影响是一个新兴研究领域,需要更加深入的研究。目前,光伏发电技术按运行方式分为并网式、离网式、分布式(自发自用、余电上网)、微网等多种形式。由于不同方式光伏电站所处的下垫面、环境条件、装机规模、能量使用等有着较大差异,所造成的气候影响也会不尽相同,本文针对国内外已有研究成果,重点对大规模并网光伏电站和城市光伏电站分别进行探讨,从研究方法、影响机理、光伏电站对气候的影响等方面对

---

　　* 崔杨,陈正洪.气候变化研究进展,2018,14(6):593-601.(通讯作者)

文献进行总结,意在探索该领域下一步的研究方向,激发更多的相关研究,对未来光伏发电可持续发展给予一定的科学指导。

2 研究方法分类

目前,该领域的研究方法主要有现场观测[9-14]、遥感数据[15]分析、模式模拟及验证[16-18]。

国内的研究多是基于观测数据的,通过对比光伏电站内外的气象要素值,来判断差异。高晓清等[11-13]在青海格尔木荒漠地区光伏电站内外分别架设观测站点,来研究白天和夜晚空气温湿度、土壤温度及太阳辐射的影响。常蕊等[14]在青海共和地区光伏电站内外分别布设观测仪器,对电站内外的地表辐射和温度变化进行观测研究。

现场观测数据真实可靠,而且还可用于模式验证,但是具有时间短,观测结果空间代表性较小的缺点。利用遥感卫星数据分析光伏电站的气候影响则可以代表较大范围的区域,数据的获取也较为经济。Shuang等[15]采用卫星遥感测量的方式,选用青海格尔木戈壁区域、美国内华达洲和西班牙某光伏电站来评价大规模光伏装机对地球—大气边界层间的气候影响。

国外在这方面的工作多为基于数值模式的敏感性试验研究,Taha[16]等采用城市化的第五代数值模式(uMM5)模拟了洛杉矶地区大规模光伏装置的运行对城市气温的影响;Salamanca等[17]采用中尺度数值模式(WRF)模拟夏季屋顶光伏对地面气温的影响;Fthenakis等[18]采用流体动力学(CFD)的方法模拟北美地区一大型光伏电站的温度场,并与实测温度场数据做对比来研究其局地气候效应。

3 影响机理研究

光伏发电受季节条件和地域不同造成的气候影响也有较大的差异。总体而言,光伏发电对周边气象要素及相关因子的影响主要来自于以下几个方面,具体如图1所示。

(1)光伏组件的遮挡作用。高晓清等[12]指出,由于光伏电站对太阳辐射的遮挡作用,使得四季白天站内地表浅层的土壤温度均低于站外。土壤温度的降低及风速的下降将减少土壤蒸发量,土壤蒸发量降低 0.1 mm,将使得局部地表温度和空气温度最多分别升高 1.1 ℃ 和 0.8 ℃,即产生了土壤温度降低,而环境气温升高的现象。

(2)对地表辐射平衡的改变。主要由以下几方面造成:a)改变地表反照率。光伏装置的安装会在地表形成暗区,且光伏组件吸收光线,会降低相应区域的地表反照率。由于光伏组件的反照率与周围地表反照率不同,因此大规模光伏电站的部署会通过改变地表反照率来改变地表辐射平衡。且反照率的减少导致接收到的辐射加强,从而使得局部气温升高(即光伏热岛效应)。Millstein等[19]研究表明,在莫哈维沙漠地区 1 TW 的光伏电站会减少沙漠地表反照率,从而使气温上升 0.4 ℃。b)改变地表粗糙度。光伏电站的建设改变了原先的地表粗糙度,这会影响地面接收和反射的长波辐射,从而影响辐射平衡[20]。c)光伏组件自身的发电效应。光伏组件在发电时会产生电流热效应及其他能量的发散和吸收行为,这在上、下两个方向均会改变辐射平衡。

(3)光伏组件架设的高度。Millstein等[19]采用数值模拟的方式,假设沙漠地区装机规模为 1 TW 的大型光伏电站,研究发现,由于架设的光伏组件具有一定高度,这在日落后改变了距光伏电站 300 km 范围区域内的风场类型。

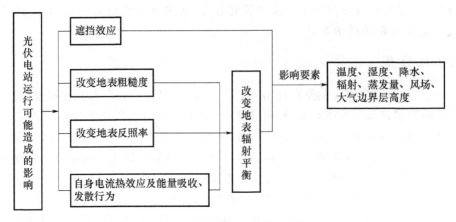

图 1　光伏电站运行可能对其气候环境影响示意图

对于城市屋顶光伏而言,以上影响机理同样适用。光伏组件通过吸收太阳能产生可供建筑使用的电量,通过改变屋顶接收到的辐射来改变建筑表面的能量平衡以及热通量,并影响城市微气候。Masson 等[7]对巴黎市区屋顶光伏电站进行研究,结果表明光伏组件对城市微气候的影响在夏季最为明显,在白天由于架设在屋顶光伏组件的遮挡效应,可减少建筑周边的环境温度,在夜间光伏组件的降温效应更加明显。由于光伏组件隔绝了城市表面能量平衡系统,使得建筑存储热量的能力下降;此外,城市边界层在夜间比白天更薄(一般夏季白天有 1500 m 高度,晚上只有 200 m),因此地表能量平衡改变对于气温的影响程度会 10 倍于白天。

4　光伏电站运行对气候的影响

光伏电站在运行阶段基本不会产生碳排放,且目前尚未有大规模光伏电站运行对气候造成显著影响的报道,但其仍会通过改变局部气象要素或环境变量来对整体气候条件造成潜在的影响。以下对地面光伏电站和城市屋顶光伏电站的研究都表明,光伏电站运行对不同气候条件及下垫面造成的影响有较大区别,甚至呈现相反的结果。

4.1　大规模光伏电站运行对荒漠地区气候的影响

4.1.1　光伏电站对地表反照率的影响

大规模的光伏电站建设作为一种新的人类活动,同时也会改变地表反照率。通常,浅色的地表具有较高的反照率,而深色地表会吸收大部分光线,从而导致较低的反照率。大规模荒漠地区光伏电站可使地表反照率降低 5%～20%不等[21-22],并通过长短波辐射的释放、吸收和存储来改变能量平衡[23]。在半干旱地区,安装有光伏电站后,反照率的减少使地表吸收的辐射能增加,进而引起局部气温上升[24]。Shuang 等[15]研究结果表明,基于不同的下垫面,反照率的变化也不同。如大规模光伏电站的安装会在戈壁表面形成暗区,这会减少地表向大气的短波辐射反照率,反照率的减少导致辐射加强,最终使得地球—大气系统变暖。但在农耕区域,由于周围的耕地本身就是深色地表,光伏组件反而会增加反照率。

可见,光伏电站所处的下垫面不同,会导致不同的反照率变化[25],因此在实际应用中,结合实际情况进行分析论证。

4.1.2 光伏电站对局地辐射的影响

以往的研究大多集中于温、湿度场,而对辐射特征的观测分析较少。太阳辐射是气候系统中各种物理过程和生命活动的基础能源,地表辐射平衡的改变也会导致气候变化。近年来,大型光伏装置对辐射带来的影响也受到越来越多的关注。Chang 等[14]研究表明,对于荒漠地区光伏电站,夏季站内的向上短波辐射较站外低,但冬季较站外高且站内全年的向上长波辐射也有所降低。杨丽薇等[13]对比格尔木大型光伏电站近一年的地表辐射观测资料得出,站内向上短波辐射和净辐射日总量分别为 3.54 MJ/m²、8.30 MJ/m²;站外分别为 5.02 MJ/m²、6.34MJ/m²。年内最大值均出现在 6 月份,最小值均出现在 12 月份。两个观测点向上短波辐射春季相差最大,冬季相差最小。净辐射在 8 月份相差最大,12 月份相差最小。且由于辐射的改变也会导致反照率的变化,站内日平均反照率为 0.19,站外为 0.26。到达站内的短波辐射低于站外,这主要是由于下垫面性质不同所致,站内光伏阵列对向下短波辐射的吸收能力比地面强,导致站内向上短波辐射明显低于站外。

4.1.3 光伏电站对局地温湿度的影响

空气温度与空气相对湿度影响着生态系统中动植物的生长、人类生活环境的舒适程度以及各行业的生产活动,因此研究光伏电站对空气温湿度的影响,具有重要的学术和现实意义。研究光伏组件对气温的影响,有必要考虑感热通量的变化。光伏组件与地表的能量平衡如图 2 所示。对于地表来说,有三种独立的感热通量来源,一是来自地表自身,其次来自于光伏组件的上下表面。剩余的能量平衡会影响地表温度,从而影响感热通量。

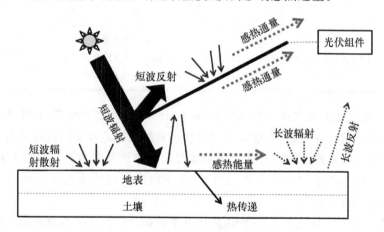

图 2　光伏组件与地表的能量平衡

已有学者提出,光伏电站在白天形成的升温效果会形成"光伏热岛效应"[26],在夜间具有"自冷却机制"[27]。如表 1 所示,Chang 等[14]以青海共和地区大型光伏电站研究对象,结果表明:(1)光伏电站在全年中形成能量汇,在温暖的季节更为明显;(2)光伏组件表面在白天具有明显的升温作用,在夜间具有冷却作用;(3)光伏组件表面温度的提高会提升周围区域的环境温度,从而形成光伏热岛效应。赵鹏宇等[10]对乌兰布和沙漠东北缘光伏电站进行研究,结果表明在夏季晴天情况下,光伏电站具有增温、降湿的效应。光伏电站内 1.0 m、2.5 m 高度处空气温度分别比旷野提高了 0.3~1.53 ℃、0.44~1.34 ℃,相同高度空气相对湿度较旷野分别降低了 1.05%~3.67%、1.15%~2.54%。并得出,沙漠地区光伏电站存在"热岛效应"。

在 8—9 月对共和盆地荒漠区光伏电站进行观测研究表明,在白天光伏电站内的气温高于站外,而夜间站内气温低于站外。Keiko 等[27]对大型沙漠光伏电站进行研究并指出,光伏组件具有自冷却机制,在夜间尤为明显,阳光没有照射到组件上时,光伏组件的温度比大气温度低2～4 ℃。这有利于减少热岛效应。Fthenakis 等[18]模拟了北美地区一大型光伏电站的温度场,结果表明,光伏电站中心位置的平均气温比光伏电站外的环境温度高 1.9 ℃,这种热能量会在5～18 m 高度内消散,由于光伏阵列在夜间会完全冷却,因此并不会形成热岛效应。

表1　大规模光伏电站对气温的影响

作者	研究对象	研究时段(年.月)	白天	夜间
Chang 等[14]	青海共和大型光伏电站	2015.05—2016.04	具有升温作用	具有降温作用
赵鹏宇等[10]	乌兰布和沙漠光伏电站	2015.07	具有增温、降湿的作用	
殷代英等[9]	共和盆地荒漠光伏电站	2015.08.01—09.30	站内气温高于站外	站内气温低于站外
Sato 等[27]	大型沙漠光伏电站	一年	站内气温升高	具有自冷却机制,夜间尤其明显
Fthenakis 等[18]	北美地区大型光伏电站	2010.08.14—2011.03.14	站内平均气温比外高 1.9℃	光伏组件完全冷却,不会形成热岛效应
Barron-Gafford 等[26]	荒漠大型光伏电站	一年	站内平均气温较外高	站内气温较站外高3～4℃
高晓清等[11]	格尔木大型光伏电站	2012.10—2013.09	冬季站内外气温基本相同,春、夏、秋季站内高于站外	四季夜晚站内气温高于站外

关于光伏电站在夜间对气温的影响,Barron-Gafford 等[26]高晓清等[11]得出了与上述学者不同的结论:前者通过观测发现,在夜间大型光伏电站的气温通常比周边地区高3～4 ℃,在温暖的季节(春夏季),光伏热岛效应造成的增温也要比城市热岛效应高。后者对格尔木大型光伏电站进行观测研究,得出对 2 m 气温而言,除冬季白天站内外基本相同外,四季夜晚及春、夏、秋季白天站内均高于站外。

关于对湿度的影响,殷代英[9]等指出,光伏电站的布设使得共和盆地荒漠区相对湿度增加3.93%,这种影响在较干日和夜间表现的更明显。

4.1.4　光伏电站对土壤温度的影响

陆面是研究地—气之间能量和水分等物质相互交换和传输问题的重要过渡地带,是气候变化研究的一个主要方向,而土壤温度是陆面研究过程中的一个重要参量,它直接反映了土壤层的热状况,土壤温度的变化则反映了土壤的热储放,这一过程对气候变化有着重要的影响[28-29]。殷代英等[9]等研究表明,大型光伏电站使得共和盆地荒漠区 10 cm、20 cm、40 cm 平均土壤温度分别降低 17.20%、16.75%和 16.09%,对浅层的影响大于深层。高晓清等[12]对比分析了格尔木地区光伏电站内外的土壤温度变化特征,发现光伏电站内外土壤温度日变化差异明显,土壤温度日较差站内明显低于站外,在土壤浅层,光伏装置具有绝热保温的作用。

4.1.5 光伏电站对降水的影响

光伏电站对降水影响的研究目前还比较少。已公开的研究表明,局部地区反照率的增加会间接导致蒸发量的减少,从而使得降水量减少[30],Shuang 等[15]研究发现在农耕区域架设的光伏电站会使夏季局部地区反照率的增加,蒸发量和降水量的变化符合这一特征。Millstein 等[20]研究表明,在安装有光伏设备的空旷地区,夏季下午的气温会升高 0.27 ℃,同时伴随有该区域少云和少降水的特征。

可见,光伏电站主要是通过改变地表反照率、辐射平衡,直接影响土壤温度、环境温度等因素,间接影响蒸发量和降水量。

4.1.6 光伏电站对风场的影响

光伏电站运行期间对辐射与温湿度的改变同样会带来气流影响。已有研究表明,当大气层处于中性层结结构下,近地面层风速与高度呈现对数变化规律,近地层风轮廓线与热力层结有关[31]。

殷代英等[9]等研究表明,在布设光伏电站后风向由原来的东北风转为以东风为主,光伏电站的布设使得局地风向更加单一。对于风速而言,在布设光伏电站后大风速出现的比例显著降低。大型光伏电站使得共和盆地荒漠区风速减小了 53.92%。Millstein[20]等发现 1TW 的大型沙漠光伏电站会对其周边 300 km 范围内的风场造成影响。赵鹏宇[32]以乌兰布和沙漠东北边缘的光伏电站为研究对象,发现距地表 10~250 cm 高度区间内,光伏阵列行道间、光伏组件前檐、后檐处风速较旷野处降幅明显,分别下降了 19.10%~32.80%、23.82%~55.44%、41.35%~60.67%。光伏组件前檐 10~100 cm 与 200~250 cm 高度为风速加强区,100~200 cm 高度为风速减弱区;光伏电站内,10~20 cm 与 200~250 cm 处风速变化缓慢,20~200 cm 处风速变化剧烈。

可见,合理利用光伏电站对风速和风向的影响,对于荒漠地区防风固沙具有新的指导意义。

4.2 光伏电站运行对城市气候的影响

目前,国内鲜有针对光伏电站对城市微气候影响的研究,而国外的研究已较多,随着城市热岛效应越发受到关注,这些研究主要集中在城市光伏电站对环境温度、感热通量等因素的影响。因研究对象不同,学者们也会得出相反的结论,部分学者认为城市光伏组件具有降温效应,亦有学者得出光伏组件具有热岛效应的结论。

大量研究表明,城市屋顶光伏不但能够减少购电能源消耗,还能降低近地面的空气温度。Salamanca 等[17]指出在夏季,屋顶光伏组件可以减少近地面气温,并降低降温能源需求。除去光伏组件产生的电量外,具有屋顶光伏电站的建筑最多可以节约降温能源需求的 8%—11%。Dominguez 等[33]研究表明,部分表面覆盖了光伏组件的建筑,全年降温消耗会有所降低。Masson 等[7]通过对巴黎市区屋顶光伏组件模型进行研究指出,在夏季屋顶光伏组件能够减少 12%的空调使用需求,还能够降低城市热岛效应,白天减少 0.2 K,夜间减少 0.3 K。总之,光伏组件在城市建筑表面的安装既有利于减少温室气体的排放,还能降低城市热岛效应(尤其是夏季)。

Scherba 等[34-35]使用基于天气数据的复杂建筑能源模型,证明屋顶光伏组件可以将城市环境中的日感热通量平均减少 11%。研究还表明,加装了光伏组件的黑色屋顶对于日感热通量峰值没有太大的影响,但会将日总通量平均减少 11%,如分别在黑色、白色及有植被的屋顶上安装光伏组件,较未安装光伏组件,屋顶日最高温度可分别减少 16.2 ℃、4.8 ℃及 8.5 ℃[35]。Genchi 等[36]发现安装于东京的大规模屋顶光伏装置会导致城市白天的感热通量增加 40 W/m² 左右,但对城市热岛效应的影响可忽略不计。此外,由于遮蔽效应,安装光伏面板的建筑能源消耗比未安装的降低 2.7%~10.0%。

综合以上文献可以看出,目前大部分的研究表明屋顶光伏具有一定的降温效果。然而光伏电站是否会加剧热岛效应,这与其能量的吸收、流失水平以及下垫面的特点相关,还需结合实际情况进行分析论证。

4.3 整体气候效应

4.3.1 大规模光伏电站运行对节能减排的影响

大规模光伏电站运行带来的最大好处,莫过于有效减少 CO_2 及其他温室气体的排放。温室气体的减少有利于缓解全球气候变暖。Hernandez 等[37]统计出不同传统化石能源和新能源在生命周期中所排放的 CO_2 当量。太阳能光伏发电技术的排放大约在 14~45 g CO_2-eq/(kWh)[38],聚焦式太阳能发电(主要是槽型和塔型)的排放为 26~38g CO_2-eq kWh[39]。它们排放的 CO_2 当量均远小于煤炭、石油等化石能源,表 2 列出了太阳能和传统化石能源利用在全生命周期中排放的理论 CO_2 当量。

表 2 光伏和高碳密集型能源发电在生命周期中的排放对比[37]

发电类型		排放/(g CO_2-eq/(kW·h))
传统发电	煤炭	975
	汽油	608
	石油	742
	核电	24
新能源发电	聚光光伏	
	槽型	26
	塔型	38
	光伏发电	
	晶硅	45
	薄膜非晶硅	21
	薄膜碲化镉	14

Turney 等[40]从土地利用、人类健康、野生动物及栖息地、地理环境资源、气候和温室气体排放等方面考虑,评估出光伏电站自建设到运营过程中产生的 32 种影响,其中对气候的影响如表 3 所示。除本地气候的影响以外,光伏阵列会将部分太阳辐射转换为热能,并改变光伏阵列周围的空气流动和温度,这种变化可能会影响该热环境范围内人类和其他物种的活动,因此还需要更进一步的研究。

表3 光伏发电对气候变化的影响(基于美国传统发电)[40]

影响类型	相较于传统发电的影响	有益或有害	影响中的占比	其他
全球气候方面				
CO_2 排放	减少 CO_2 排放	有益	高	非常有利
其他温室气体排放	减少温室气体排放	有益	高	非常有利
地表反照率变化	反照率降低	中立	低	影响较小
局地气候方面				
地表反照率变化	反照率降低	未知	中等	仍需研究和观测
其他地表能量交换	未知	未知	低	仍需研究和观测

4.3.2 大规模光伏电站运行产生的"光伏热岛效应"

"光伏热岛效应"是目前大规模光伏电站运行最饱受争议的负面影响之一。关于光伏电站运行产生热岛效应的原因可能有以下几个方面:

(1)光伏组件的安装遮挡了部分地面,从而减少土壤表层对热量的吸收[41];(2)光伏电池较薄且单位面积的热容量较小,由于光伏组件通过上下两面释放热辐射,这导致在白天光伏组件的温度可能比环境温度高 20 ℃以上[26];(3)建设光伏电站的过程中,通常会破坏地表植被,从而减少因蒸发而带来的降温作用[21];(4)光伏组件反射和吸收向上长波辐射,阻碍了土壤在夜间的降温能力。此外,光伏发电技术将部分直接和散射辐射转换为电量,在这一过程中,过高的环境温度还会降低转换效率[42]。Nemet 等[43]研究了大规模光伏发电是否会通过改变地表反照率而对全球气候造成负面影响,结果表明,对比光伏发电而减少的温室气体排放,这种影响可忽略不计。而 Hernandez 等[44]认为,大规模部署光伏电站对全球气候变化的影响可能要超过其减少的气体排放,一些次生影响还尚未被研究发现,比如辐射效应的影响以及因光伏电站的建设造成的大气边界层表面粗糙度和反照率的变化等。

综上,大规模光伏电站运行对全球气候的影响是一个多因素耦合作用,国内外目前的研究并没有形成系统的理论结果,部分研究采用模拟数据得出的结论尚需验证,部分研究具备的实验数据过少,加之光伏电站在白天和夜间造成的气候影响也是不相同的,并不能仅根据某一段时间的实验结果而得出总体结论,并推演至全球范围。要想更准确地研究光伏电站运行对气候的影响程度及范围,需要通过更多的实地观测,利用更全面的全球气候耦合模式,建立更复杂精确的模型。

5 总结与讨论

目前,国内的相关研究多集中于西部地区,采用现场观测的方式对部分气象要素的变化进行对比,尚未有针对全球气候和热岛效应的深入研究。国外的研究对象和研究方法相对多样化,针对光伏电站对局地气候影响机理方面的研究较多。综合以上研究,可以总结出,光伏电站的建立会对局地气温、相对湿度、土壤温度、风场、蒸发量等产生一定影响。关于"光伏热岛效应"对气候变暖造成的影响,现有文献的结论各有不同,尚未有精准、统一的解释和论证,但其对全球的增暖效应远低于人类排放温室气体所造成的增暖效应。

未来,光伏发电的装机规模还会呈指数级增长,光伏电站对气候的影响还需要更加深入的研究。在后续的研究中,还需扩大研究范围,选取基于不同下垫面的光伏电站为研究对象;加强影响机理的研究,找准主要影响因子,建立精确的研究模型;有必要积累大量数据,对不同季节,白天和夜间分别进行分析论证,综合分析光伏电站对气候的影响程度及影响范围,并探索全球范围内光伏发电开发利用的最大程度。最后,大规模光伏电站的运行对气候环境造成的影响是一个缓慢变化的过程,仍需要长期的观测和研究。

参考文献

[1] 金投网. 2017 年全球光伏市场新增装机容量增长超 37% [EB/OL]. http://xianhuo. cngold. org/c/2018-03-01/c5681510. html.

[2] 中国产业信息. 2017 年全球光伏行业市场需求状况分析[EB/OL]. http://www. chyxx. com/industry/201712/595720. html.

[3] Zhai P, LarsenP, MillsteinD, et al. The potential for avoided emissions from photovoltaic electricity in the United States[J]. Energy, 2012;47(1);443-50.

[4] IPCC, 2011 IPCC special report on renewable energy sources and climate change mitigation[M]. Cambridge;Cambridge University Press, 2011.

[5] Lovins BAB. Energy strategy;the road not taken? [J]. Foreign Affairs, 1976, 55;65-96.

[6] Tsoutsos T, FrantzeskakiN, GekasV. Environmental impacts from the solar energy technologies[J]. Energy Policy, 2005, 33(3);289-96.

[7] Masson V, Bonhomme M, Salagnac J L, et al. Solar Panels reduce both global warming and Urban Heat Island[J]. Frontiers in Environmental Science, 2014(2);14.

[8] 卢霞. 荒漠戈壁区光伏电站建设的环境效应分析[D]. 兰州:兰州大学, 2013;29-36.

[9] 殷代英,马鹿,屈建军,等. 大型光伏电站对共和盆地荒漠区微气候的影响[J]. 水土保持通报, 2017, 37(3);15-21.

[10] 赵鹏宇,高永,陈曦,等. 沙漠光伏电站对空气温湿度影响研究[J]. 西部资源, 2016(3);125-128.

[11] 高晓清,杨丽薇,吕芳,等. 光伏电站对格尔木荒漠地区空气温湿度影响的观测研究[J]. 太阳能学报, 2016, 37(11);2909-2915.

[12] 高晓清,杨丽薇,吕芳,等. 光伏电站对格尔木荒漠地区土壤温度的影响研究[J]. 太阳能学报, 2016, 37(6);1439-1445.

[13] 杨丽薇,高晓清,吕芳,等. 光伏电站对格尔木荒漠地区太阳辐射场的影响研究[J]. 太阳能学报, 2015, 36(9);2160-2166.

[14] Chang R, Shen Y, Luo Y, et al. Observed surface radiation and temperature impacts from the large-scale deployment of photovoltaics in the barren area of Gonghe, China[J]. Renewable Energy, 2018, 118;131-137.

[15] Li S, Weigand J, Ganguly S. The potential for climate impacts from widespread deployment of utility-scale solar energy installations;an environmental remote sensing perspective[J]. Journal of Remote Sensing & GIS, 2017(6);1-5.

[16] Taha H. The potential for air-temperature impact from large-scale deployment of solar photovoltaic arrays in urban areas[J]. Solar Energy, 2013, 91(3);358-367.

[17] Salamanca F, Georgescu M, Mahalov A, et al. Citywide impacts of cool roof and rooftop solar photovoltaic deployment on near-surface air temperature and cooling energy demand[J]. Boundary-Layer Meteorology, 2016, 161(1);1-19.

[18] Fthenakis V, Yu Y. Analysis of the potential for a heat island effect in large solar farms[C]. Photovoltaic

Specialists Conference. IEEE,2014:3362-3366.

[19]Oke T R. The energetic basis of the urban heat island[J]. Quarterly Journal of the Royal Meteorological Society,2010,108(455):1-24 .

[20] Millstein D,Menon S. Regional climate consequences of large-scale cool roof and photovoltaic array deployment[J]. Environmental Research Letters,2011,49123(6):98-204.

[21] Solecki W,Cynthia Rosenzweig,Lily Parshall,et al. Mitigation of the heat island effect in urban New Jersey[J]. Global Environmental Change Part B Environmental Hazards,2005,6(1):39-49.

[22] Michalek,J. L. Satellite measurements of albedo and radiant temperature from semi-desert grassland along the Arizona/Sonora border[J]. Climatic Change,2011,48(2-3):417-425.

[23] Burg B R,Ruch P,Paredes S,et al. Placement and efficiency effects on radiative forcing of solar installations[C]// AIP Conference Proceedings. AIP Publishing LLC,2015:676-677.

[24] Oke T R. The energetic basis of the urban heatisland[J]. Quarterly Journal of the Royal Meteorological Society,2010,108(455):1-24.

[25] Liang SL Narrowband to broadband conversions of land surface albedo IAlgorithms[J]. Remote Sensing of Environment,2000,76:213-238.

[26] Barron-Gafford G A,Minor R L,Allen N A,et al. The photovoltaic heat island effect:Larger solar power plants increase local temperatures[J]. Scientific Reports,2016(6):1-7.

[27] Sato K,Sinha S,Kumar B,et al. Self cooling mechanism in photovoltaic cells and its impact on heat island effect from very large scale PV systems in deserts[J]. Journal of Arid Land Studies,2009,19(1):5-8.

[28] 汤懋苍,孙淑华,钟 强,等.下垫面能量储放与天气变化[J].高原气象,1982,1(1):24-34.

[29] Zhou L,Dickinson RE,Tian Y,et al. A sensitivity study of climate and energy balance simulations with use of satellite-derived emissivity data over Northern Africa and the Arabian Peninsula[J]. Journal of Geophysical Research,2003,108(24):4795-4804.

[30] Dirmeyer P A,Shukla J. Albedo as a modulator of climate response to tropical deforestation[J]. Journal of Geophysical Research Atmospheres,1994,99(D10):20863-20877.

[31] 周秀骥.高等大气物理学[M].北京:气象出版社,1991:54-60.

[32] 赵鹏宇.光伏电板对地表土壤颗粒及小气候的影响[D].呼和浩特:内蒙古农业大学,2016,30-36.

[33] Dominguez A,Kleissl J,Luvall J C. Effects of solar photovoltaic panels on roof heattransfer[J]. Solar Energy,2011,85(9):2244-2255.

[34] Scherba A,Sailor D J,Rosenstiel T N,et al. Modeling impacts of roof reflectivity,integrated photovoltaic panels and green roof systems on sensible heat flux into the urban environment[J]. Building & Environment,2011,46(12):2542-2551.

[35] Adam Scherba. Modeling the Impact of Roof Reflectivity,Integrated Photovoltaic Panels and Green Roof Systems on the Summertime Heat Island[D]. Portland State University,2011:51-57.

[36] GenchiY,Ishisaki M,Ohashi Y,et al. Impacts of large-scale photovoltaic panel installation on the heat island effect in Tokyo[C]. in Fifth Conference on the Urban Climate,Lodz,2003.

[37] Hernandez R R,Easter S B,Murphy-Mariscal M L,et al. Environmental impacts of utility-scale solarenergy[J]. Renewable & Sustainable Energy Reviews,2014,29(7):766-779.

[38] Hsu DD,etal. Life cycle green house gas emissions of crystal line silicon photovoltaic electricity generation [J]. Journal of Industrial Ecology 2012,16(S1):122-135.

[39] Kim HC,FthenakisV,ChoiJK,et al. Life cycle green house gas emissions of thin - film photovoltaic electricity generation[J]. Journal of Industrial Ecology 2012,16(S1):110-121.

[40] Turney D,Fthenakis V. Environmental impacts from the installation and operation of large-scale solar

powerplants[J]. Renewable & Sustainable Energy Reviews,2011,15(6):3261-3270.

[41] Smith S D,Patten D T,Monson R K. Effects of artificially imposed shade on a Sonoran Desert ecosystem: microclimate and vegetation. [J]. Journal of Arid Environments,1987,13(3):245-257.

[42] KawajiriK,OozekiT,GenchiY. Effect of temperature on PV potential in the world. [J] Environmental Science&Technology,2011,45(20):9030-9035.

[43] Nemet G F. Net radiative forcing from widespread deployment of photovoltaics [J]. Environmental Science & Technology,2009,43(6):2173-2178.

[44] Hernandez R R,Hoffacker M K,Field C B. Land-use efficiency of big solar[J]. Environmental Science & Technology,2014,48(2):1315-1323.

基于天气类型聚类识别的光伏系统短期
无辐照度发电预测模型研究(摘)*

摘　要　现有光伏发电量预测模型大多以太阳辐照度作为必要的输入,然而,由于当前国内太阳辐射站点仍较稀少且预报能力较低,因此此类预报方法难于实施。利用距离分析方法分析光伏发电量与气象因素间的相关性,确定以气温和湿度作为预报输入因子,建立反传播(back propagation,BP)神经网络的无辐照度发电量短期预报模型。此外,为适应天气突变,采用自组织特征映射(self-organizing feature map,SOM)由云量预报信息对天气类型聚类识别,继而对各天气类型采用相应的预测网络,避免了单神经网络的过拟合问题。通过与含辐照度输入及无天气聚类识别的预测模型做交叉对比实验,预测结果表明,天气类型聚类识别能显著提高预测精度,无辐照度光伏发电量短期预测模型有较高的精度和50%湿度抗扰动性。

关键词　发电量预测;神经网络;天气信息;自组织映射(SOM)聚类;距离分析

1　引言

随着大量 MW 级并网光伏系统接入电网,为了保证电力系统经济、安全和可靠性运行,光伏系统发电量预测变得越来越迫切。本研究通过气象因子间的相关性分析,采用气温、湿度等气象因子组合可以代替辐照度,利用 SOM 对天气类型进行聚类识别,分季节建立基于 BP 神经网络建立无辐照度发电量预测模型,并对模型的湿度抗扰动性进行检验,最终建立了基于 BP 神经网路的光伏发电量预测系统框架。

2　光伏系统发电量预报模型设计

分季进行 SOM 天气类型分类,把具有相同天气类型的样本聚类,对每个聚类样本训练,形成同一天气类型的发电模型,最终四个季节模型合到一起形成了全年的光伏发电量预测模型。根据预报天的日期,选择相应的季节模型,然后根据该天的天气预报信息,经过 SOM 分类后找到对应的聚类预测模型,则可以进行光伏发电预测。

3　结果和讨论

本文采用统计方法分析了光伏发电系统与气象因素的相关性,采用 SOM 神经网络进行了天气类型聚类识别,并对聚类后的分类样本设计了采用大气温度和大气湿度两个基本气象要素作为输入量的无辐照度光伏发电系统预测子模型。为了证明本文提出模型的有效性,还根据是否进行天气类型分类和是否含有辐照度建立了四个模型进行对比,结果表明采用 SOM 天气类型分类提高了预测精度,无辐照度预测模型其预测精度稍微低于含有辐照度预测模型,但是其输入量较少,同时该模型具有 50%湿度误差抗扰动性。

*　代倩,段善旭,蔡涛,陈昌松,陈正洪,邱纯. 中国电机工程学报,2011,321(34):28-35.

神经网络模型在逐时太阳辐射预测中的应用(摘)*

摘　要　设计了一种基于遗传算法的神经网络太阳辐射预测模型。该模型结合了历史逐时辐射数据和气象要素数据,并在训练和预测时加入了温度日较差和天气类型预报参数。还设计了预测因子选择方法、输入资料的处理方法和结果误差评估方法。利用武汉站 2007—2008 年 8 月辐射数据对模型进行了训练,并对 2009 年 8 月的逐时辐射进行了诊断预报。预测结果表明,预测模型在天气类型稳定的情况下具有较高的精度,能够反映太阳辐射的日变化状况和辐射量级大小,但在天气类型剧烈变化的情况下预测精度有限。

关键词　遗传算法;神经网络;逐时总辐射

1　引言

太阳辐射的影响因子有很多,包括所在地地理纬度,太阳方位参数,云量、云状及云和太阳的相对位置等。这些因子有的可以通过几何代数计算得到确定值,有的要素本身具有随机性,部分气象要素则能利用天气类型预报参数化。本模型尝试在神经网络模型中加入量化的天气类型预报参数,并部分选用 EOF 主分量作为模型网络的输入和输出,提高了计算效率和阴雨天辐射预报的准确性,不失为一种合理、高效的逐时辐射预报方法。

2　模型基本原理

本模型预报初步方案设计为:与被预报日同一天气类型的上一日逐时总辐射、同一类型上一日和预报日的日最高温度、温度日较差,日天气类型数值作为模型输入因子,预报同一天气类型下一天逐时总辐射。其中影响辐射量的天文因子隐含在上一日的辐射量数据中,而气象和环境因子则隐含在天气类型、温度日较差和最高气温预报中。为了清除季节影响,选择分月建模。

对每日的逐时辐射序列进行 EOF 分解,取其累计方差贡献率达到 80% 以上的前 3 个主分量加上天气预报因子(日最高气温、温度日较差、天气类型)作为模型的输入,对输出的主分量再进行还原即可得到预报日的逐时总辐射。最终确定神经网络结构为,输入节点 6 个,隐含节点 2 个,输出节点 3 个。

3　结果和讨论

本文采用遗传算法神经网络模型,结合常规天气预报和辐射量资料序列,利用辐射资料序列存在的自相关性建立了一种预报第二日逐时辐射量的模型。针对辐射资料的特殊性,设计了预报因子选择方法,输入资料的处理方法,结果误差评估方法。通过一个月的模拟实验对模型预报能力进行了验证,表明模型能较为准确的预报逐时辐射。

该模型在我国太阳能丰富地区的西北华北和高原地区应大有用武之地。

---

　*　成驰,陈正洪,张礼平.太阳能,2012,(3):30-33.

基于灰色关联度的夏季逐日光伏发电量预报模型(摘)＊

摘　要　太阳能光伏电站运行管理过程中,发电量预报是较为重要的环节。利用湖北省气象局太阳能光伏示范电站 2011 年 7—8 月及 2012 年 6 月夏季逐日发电量资料及同期武汉气象观测站气象及辐射资料,通过灰色关联分析,对影响发电量的日照时数、太阳总辐射、气温等 10 个因子进行筛选排序,将与参考序列的灰色关联度系数大于 0.8 的影响因子提取并建立示范电站的夏季逐日光伏发电量预报模型,将 2013 年 6 月作为预报期来评估模型的预报效果。结果表明,日照时数、太阳总辐射、气温、能见度等因子与光伏发电量的关联最为密切。评价预报模型的误差指标拟合期为 19.67%,预报期为 25.72%,预报效果较好。

关键词　光伏发电量;灰色关联;气象要素;预报模型

1　引言

光伏发电的间歇性和不可控性等缺点会对电网的正常运转产生冲击。本文依据灰关联分析方法,寻找影响光伏发电量的因子,在此基础上建立夏季光伏发电量预报模型并进行验证。由于不同季节的天气类型、太阳辐射特征不同,光伏发电量的影响因子会各不相同。这里仅对夏季发电量进行了统计和研究。

2　光伏发电量影响因素灰色关联分析及发电模型建立

根据影响影响因子的性质,将影响光伏发电量的因子分成几类:(1)天文因子;(2)气象因子;(3)环境因子。本文拟建立夏季光伏电站日发电量预报模型,选取了风速、气压、水汽压、气温、相对湿度、总云量、低云量、能见度、太阳总辐射、日照时数这 10 个因子进行分析。根据灰色关联分析可知,影响光伏发电量的主要因子是日照时数、太阳总辐射、气温、能见度。

3　结果和讨论

本文利用湖北省气象局 18 kWp 太阳能光伏示范电站实际发电资料与同期气象、辐射资料,基于灰色关联方法筛选了与发电量较为密切的因子,最终建立了夏季光伏电站逐日发电量预报模型。得到的主要结论有:(1)采用灰色关联方法,对所选的 10 种影响光伏发电量因子进行分析,通过各因子的灰色关联系数,得到了影响光伏发电量的主要因子是日照时数、太阳总辐射、气温、能见度。(2)根据所选的影响因子及实际光伏发电量,通过回归分析方法,得到了夏季光伏发电量气象因子参数化的数学模型。模型拟合值与实测值之间的相关系数达到 0.8623。拟合值基本反映了实际的发电情况。(3)利用 2012 年 7 月作为预报期来验证所建模型的准确性,模型的平均绝对百分比误差在拟合期为 15.41%,预报期为 14.24%,相对均方根误差在拟合期为 21.01%,在预报期为 18.75%,预报效果较好。

＊　孙朋杰,**陈正洪**,成驰,王丽娟. 中国电机工程学报,2013,33(S1):1-6.

气候变化影响评估

气候变化的事实　预估

影响评估　应对

气候预测

极端气候-干旱——崔杨　摄

湖北省 1981 年以来不同时间尺度气温的变化 *

摘　要　详细分析全省 71 站 1981—1994 年与前 20 年不同时间尺度平均气温差值的时空分布特征后发现,20 世纪 80 年代以来湖北省各地年均气温变化小,但相对地降温范围广、幅度大,且四季及逐月、旬格局发生重大调整,区域差异明显,其特点是冬久暖,夏久凉;春季前冷后暖,秋季反之,其中以夏凉春热最显著;鄂西山区四季均为负变温。

关键词　湖北省;冬暖夏凉;区域差异

自 20 世纪 80 年代至今持续的全球变暖及其可能的灾变已引起各国政府官员和科学家广泛关注,目前国内外气候学家们只注重全球及大范围内 CO_2 加倍对气候变暖的数值模拟等研究,而对较小区域内气候变化时空差异研究甚少[1-4]。湖北省地处东西、南北气候过渡带,山区面积又大,相应的农业生产具有水平、垂直过渡性,这种边缘性农业对气候变化很敏感,受冲击大[5-8];由于农业气象灾害往往发生在关键农事季节的较短时间内,系统地揭露我省各地不同时间尺度气候变化对农业生产指导意义更大。

1　资料与方法

采用湖北省全部 71 个自 1961 年或此先便开始观测的正规气象台站逐旬气温为原始资料,求出不同时间尺度(年、半年、季、月、旬)各站后 14 年(1981—1994 年)与前 20 年(1961—1980 年)平均气温差值 $\Delta X_i(i=1,\cdots\cdots,71)$ 及 71 站平均值 ΔX 作为自变量;ΔX_i 具有时空可比性,绘制 55 张(年、2 个半年、4 季、12 月、36 旬)ΔX_i 的空间分布图,逐一统计 $\Delta X_i > 0\ ℃$、$< 0\ ℃$、$= 0\ ℃$、及 $-0.1\ ℃ \leqslant \Delta X_i \leqslant 0.1\ ℃$ 的站数,查找出最高、最低值(中心)及出现地点(域)、0 值线,并以 $0.2\ ℃$ 为间隔划出等值线。绘制 ΔX 及各种变温类型站点 ΔX_i 的时序(逐月、旬)变化图,从而确定代表变温类型并进行全年变暖或变凉期划分。

2　结果分析

2.1　年均温变化及其空间差异

由图 1 可见,全省各地年 ΔX_i 变幅仅在 $-0.54\ ℃$(竹溪)$\sim 0.28\ ℃$(洪湖)之间,其中有 33 个站 ΔX_i 年在 $-0.1\ ℃ \sim 0.1\ ℃$ 之间,ΔX 仅 $-0.05\ ℃$,负变温($\Delta X_i > 0$)站 32 个略多,不变温($\Delta X_i = 0$)站 1 个,负变温主要发生在整个鄂西山区(112°E 以西)、鄂北、鄂东北、鄂东即西、北、东三个方位,由于这些站大多分布于广大山区,网距较大,使负变温区约占全省总面积的 70% 左右,而正变温则集中在江汉平原、鄂南,范围较小,约占全省总面积的 30% 左右。可见湖北省 20 世纪 80 年代以来年均气温变化以降温范围大,变幅小,区域差异明显等为主要特点。

---

*　陈正洪,叶柏年,冯明. 长江流域资源与环境,1997,6(3):227-232.

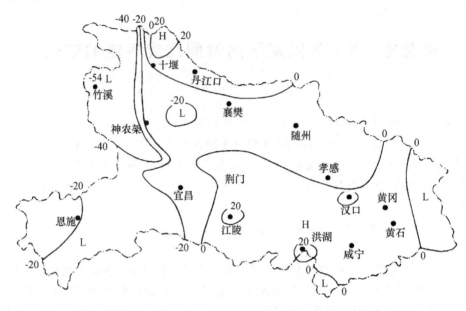

图 1 湖北省 20 世纪 80 年代以来年平均气温变化空间分布图

(图中数字是 1981—1994 年与 1961—1980 年年平均气温差值×100)

2.2 冬夏半年均温变化及时空对比

冬半年 $\Delta X_i \geqslant 0$ 有 49 站，$\Delta X_i < 0$ 仍有 22 站，变幅在 -0.42 ℃（竹溪）～0.36 ℃（洪湖）之间，其中有 28 个站变化在 -0.1 ℃～0.1 ℃之间，而夏半年 $\Delta X_i \geqslant 0$ 仅 28 站，而 $\Delta X_i < 0$ 有 43 站，变幅在 -0.62 ℃（郧西）～0.27 ℃（洪湖）之间，其中 30 站变化在 -0.1 ℃～0.1 ℃之间。71 站冬、夏半年平均 ΔX_i 值分别为 0.04 ℃、-0.09 ℃。可见自 20 世纪 80 年代以来湖北省冬半年以变暖为主，夏半年以变凉为主，二者反向发展，年较差缩小，尤以夏半年变凉幅度相对较大，范围广，强度大；无论冬夏整个西部山区全部是负变温，江汉平原、鄂南全部是正变温，而鄂北、鄂东北、鄂东一线则为冬半年变暖、夏半年变凉敏感区，即冬半年变暖是南部大于北部、东部大于西部，夏半年变凉则是北部重于南部，山区重于平原。

2.3 四季均温变化及时空对比

由图 2 可见，20 世纪 80 年代以来四季均温格局与前 20 年比较，明显发生了倒置现象，即冬暖夏凉春秋气温均值变化小但前后波动大（春季为前冷后热、秋季反之，见 2.4 节），冬、夏、春、秋四季 ΔX_i 值 71 站平均分别为：0.22 ℃、-0.40 ℃、0.03 ℃、-0.05 ℃。

冬季除西部山区腹地仍有 14 站为负变温外，其余中、东部 54 站全部是正变温，高低值中心分别位于东部的武汉（0.59 ℃）、西部的竹溪（-0.32 ℃）；夏季除鄂南 3 站微小正变温外（最大仅鄂南通山的 0.16 ℃），其余全部为负变温，负值中心在鄂西北郧西（-1.17 ℃），从东到西，从南到北有夏季负变温强度不断加强趋势。

春季处于冬暖向夏凉过渡时期，仍保留有冬季气温变化空间分布格局（47 站 $\Delta X_i \geqslant 0$），只有鄂东北及少量散点共 10 站由正转负，其余仍有 47 站保留正变温，极值均发生在鄂西北，变幅是 -0.38 ℃（竹溪）～0.34 ℃（老河口）。秋季处于夏凉向冬暖转折期，仍保留夏季气温变化空间分布格局,只有江汉平原鄂南一大片由负转正,其余 42 站仍为负变温,极值亦发生在鄂西北,变幅是−0.60 ℃(竹溪)～0.30 ℃(老河口)。

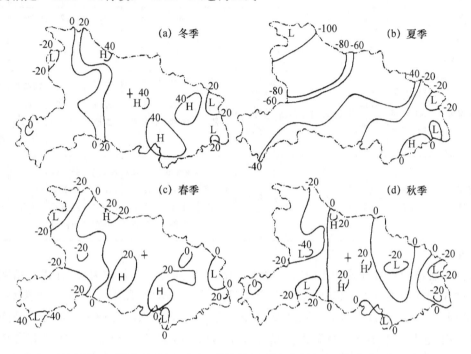

图 2　湖北省 20 世纪 80 年代以来四季平均气温变化空间分布(图中数字含义同图 1)

2.4　逐月均温变化及时空对比

由表 1 可见,冬暖始于 11 月止于次年 2 月,最显著的是 1 月;夏凉是从 6 月一直持续到 10 月,以 7 月、8 月最显著;4—5 月显著春热与 3 月、6 月的低温、10 月的秋凉与 9 月、11 月秋高温形成鲜明对比,显著转折发生在 2 月→3 月、5 月→6 月(由变暖到变凉)及 10 月→11 月、3 月→4 月(由变凉到变暖)。西部山区几乎全年各月均为负变温(11 月、5 月仅鄂西北西部少数站负变温,余为正变温),东部则与全年一致(冬暖夏凉)。就全省范围或中、东部广大地区而言,除 9 月变暖变凉站数对半外,其余地方要么全部变暖(11 月、12 月、1 月、2 月、4 月、5 月),要么全部变凉(3 月、6 月、7 月、8 月、10 月)。

表 1　湖北省 71 个台站 1981 年以来逐月均温变化若干特征值及其空间分布

月份	1	2	3	4	5	6	7	8	9	10	11	12
71 站平均 ΔX_i(℃)	0.27	0.21	−0.59	0.36	0.33	−0.34	−0.45	−0.41	−0.02	−0.37	0.24	0.13
ΔX_i 最小值 (℃)	−0.18	−0.29	−1.03	−0.38	−0.9	−1.31	−1.14	−1.16	−0.54	−0.81	−0.23	−0.50
站名	竹溪	巴东	竹溪	宣恩	郧西	郧西	竹溪	郧县	兴山	兴山	郧西	竹溪
X_i 最大值 (℃)	0.69	0.63	−0.13	0.90	0.66	0.20	0.23	0.10	0.52	0.04	0.63	0.57
站名	武汉	武汉	黄梅	老河口	嘉鱼	黄梅	通山	*	江陵	老河口	江陵	江陵

月份	1	2	3	4	5	6	7	8	9	10	11	12
$\Delta X_i < 0$ ℃站数	9	17	71	11	2	61	68	68	37	67	6	17
0 ℃$<\Delta X_i$ ≤ 0.1 ℃站数	62	54	0	60	69	10	3	3	34	4	65	54
负变温区	神农架周围,清江下游	鄂西腹地	全省	鄂西南	鄂西北的竹溪、郧西	全省大部	全省大部	全省大部	鄂西腹地	全省大部	鄂西北4站及应城、孝感	鄂西腹地鄂东北3站鄂南1站
正变温区	全省大部	全省大部	无	全省大部	全省	鄂东南鄂东	南部的洪湖、通山、阳新	南部的洪湖、通山、阳新	鄂北至江汉平原整个中部	鄂东的通山、阳新及老河口	全省大部	全省中、东部

* 监利,通山

　　根据全省各地逐月气温变化的明显地域差异,可将其划分为几种类型,各代表站除武汉、江陵二站作为热岛类型[9]入选外,其余7个均只选一般县站(见图3)。共分三大类型各二个亚型,分别是Ⅰ——西部山区全年强降温型,包括鄂西北全年强降温型Ⅰa,逐月均是降温的,以及鄂西南(包括三峡河谷)降温为主型Ⅰb,11月、5月、1月为升温,其余月份均是降温;Ⅱ——中、东部弱升温为主型,包括鄂北至江汉平原整个中部弱升温为主型Ⅱa,全年中有7个月是升温的即11—2月、4—5月、9月,且升温幅度大于降温幅度,以及东部(含鄂东北、鄂东南)升降温对半型Ⅱb,全年中升、降温各6个月,但升温幅度大;Ⅲ——大、中城市热岛型,考虑到可比性只选了平原地区的武汉、江陵二站;它们各种时间尺度下温度变化均比最邻近6个站任一站值为大,其中江陵全年各月 $\Delta X_i > 0$,竟上升到10个月,武汉有7个月 $\Delta X_i > 0$,6—8月及10月负变温亦很小即冬暖、春热、秋暖得到加强,夏凉、冬春凉、秋凉则被消弱。

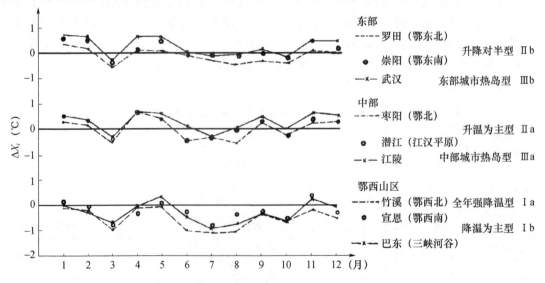

图3　湖北省20世纪80年代以来逐月气温(℃)升降的几大类型图示(余同图1)

2.5 逐旬均温变化时空对比

由表2可见,2月上旬和5月上旬、3月下旬和7月下旬分别是全年变暖变凉最显著的两旬,ΔX_λ依次为1.3℃,0.7℃,-1.32℃,-0.99℃,而5月中旬、1月上旬、4月下旬、4月上旬、12下旬、11月下旬的ΔX_λ均≥0.40℃,而2月下旬、8月下旬、10月中、下旬、6月中旬—7月上旬的ΔX_i均≤-0.45℃。

表2 湖北省71个台站1981年以来逐旬均温变化若干特征值及全年暖冷期划分

月份	5	6			7			8			9			10			11
旬	下	上	中	下	上	中	下	上	中	下	上	中	下	上	中	下	上
71站平均ΔXi(℃)	-0.31	-0.07	-0.46	-0.50	-0.45	0.08	-0.99	-0.32	-0.14	-0.79	0.03	-0.39	0.27	0.16	-0.63	-0.66	-0.07
ΔXi最小值(℃)	-0.80	-0.55	-1.57	-1.81	-0.96	-1.07	-1.81	-0.95	-1.34	-1.47	-0.56	-0.83	-0.28	-0.61	-1.20	-1.24	-0.74
ΔXi最大值(℃)	0.02	0.48	0.06	0.11	0.27	0.98	-0.11	0.21	0.52	-0.34	0.49	0.10	0.77	0.93	0.22	-0.20	0.45
ΔXi<0站数	68	42	65	67	67	29	71	65	39	71	29	69	12	18	68	71	46
ΔXi≥0站数	3	29	6	4	4	42	0	6	32	0	42	2	59	53	3	0	25
暖凉期划分 A	夏 凉 期										秋 暖 期			秋 凉 期			
B																	

月份	11		12			1			2			3			4			5	
旬	中	下	上	中	下	上	中	下	上	中	下	上	中	下	上	中	下	上	中
71站平均ΔXi(℃)	0.38	0.43	0.14	-0.21	0.48	0.54	0.23	0.04	1.30	0.31	-0.95	0.40	-0.05	-1.32	0.52	0.00	0.57	0.71	0.61
ΔXi最小值(℃)	-0.31	-0.01	-0.30	-0.71	-0.51	-0.1	-0.26	-0.46	0.77	-0.44	-1.53	-1.07	-0.69	-1.79	-0.02	-0.72	-0.52	0.09	0.20
ΔXi最大值(℃)	0.84	0.87	0.45	0.28	1.06	1.16	0.69	0.52	1.69	0.88	-0.52	-0.01	0.42	-0.72	0.98	0.90	1.06	1.22	1.20
ΔXi<0站数	5	1	21	60	9	5	8	26	0	12	71	71	36	71	1	31	8	0	4
ΔXi≥0站数	66	70	40	11	62	66	63	45	71	59	0	0	35	0	70	40	63	71	67
暖凉期划分 A	冬	暖		期			冬	春	凉	期	春		热		期				
B	冬暖	暖		暖		暖						暖					暖	暖	

* A—全省大部(鄂西山区除外);B—鄂西山区(空白处为变冷期)

通过时序分析表明:①就全省大部地区而言(鄂西山区除外),2月下旬、5月下旬才是最确切的气温由暖变凉的两个显著转折期,9月下旬、11月中旬则是气温由凉变暖的两个显著转折期;②即使在漫长的变凉的季节仍有7月中旬、9月上旬全省大部以正变温为主,8月中旬正、负变温站数各半,在持续冬暖时节亦有12月中旬全省大部分以负变温为主。

由此对全省大部(西部除外)可以把11月中旬—2月中旬划分为冬暖期;5月下旬—9月中旬为夏凉期;9月下旬—10月上旬为秋暖期,10月中旬~11月上旬为秋凉期;2月下旬—

3月下旬为春凉期,4月上旬—5月中旬为春暖期;而对鄂西山区各站在全年36旬中几乎全部是变凉的,仅在112°E一线以西附近或山区腹地,在1月上旬、2月上旬、4月上旬、5月上、中旬、11月中、下旬共7个旬有部分或全部是正变温。而且变温极小值几乎全部在鄂西山区,变温极大值大多在东部,形成明显的东西差异及一定的南北差异。

3　小结

湖北省80年代以来气温变化与全国、全球变化迥然不同[10],即年均温变化小,且负变温范围广,幅度略大,区域差异明显。如果只作年均温分析,结果仅此而已,一旦进入更小时间尺度分析便可进一步发现,气候时空格局发生了重大调整,除鄂西山区四季均为负变温外,其他地区为冬久暖、夏久凉、春秋前后波动大,冬暖(夏凉)期内仍有2旬以降(升)温为主。112°E线往往是(东)正,(西)负变温分界线;变温高低值中心多分别出现在鄂东南、鄂西北。从而将全省划分为3个变温区及将中东部广大地区全年划分为6个明显变温时段。

参考文献

[1] 朝仓正(日).气候异常与环境破坏[M].北京:气象出版社,1991:1-42.

[2] 马丁·帕里(英).气候变化与世界农业[M].北京:气象出版社,1994:9-21.

[3] 陈隆勋,邵永宁,张清芬.近四十年我国气候变化的初步分析[J].应用气象学报,1991,2(2):164-173.

[4] 陈泮勤,郭裕福.全球气候变化的研究与进展[J].环境科学,1993,14(4):16-23.

[5] 陈正洪.盛夏低温及其对农业生产的影响[J].灾害学,1991,6(3):61-65.

[6] 韩青山.湖北省二十世纪八十年代的气候变化及其对农业生产的影响[J].湖北农学院学报,1991,11(3):69-73.

[7] 乔盛西.湖北省气象灾害对农业生产的影响及减灾对策[J].气象,1991,17(4):33-37.

[8] 陈正洪,杨红青,倪国裕.长江三峡柑橘的冻害和热害(一)[J].长江流域资源与环境,1993,2(3):221-230.

[9] 赵宗慈,丁一汇.近40年中国的人口发展与气候变化[M]//中国气候变化对农业影响的试验与研究.北京:气象出版社,1991:3-5.

[10] 丁一汇,戴晓苏.中国近百年来的温度变化气象[J].1994,20(5):19-26.

武汉、宜昌 20 世纪平均气温突变的诊断分析 *

摘　要　同时利用信噪比法（YA 法）、累积距平（CA 法）、移动 T 检验（MTT 法）对武汉 1905—1997 年、宜昌 1924—1997 年年、季、月平均气温序列诊断分析后发现：(1)YA 法（时段 $m \geqslant 10$ a）最严格，MTT 法在 $m \leqslant 10$ a 时与之相当，CA 法对月的突变可提供较多背景信息；(2)两地 20 世纪 20 年代初有一次短期升温突变（$m = 5$ a），40 年代末有一次时段较长的较强降温突变，后者 4 季均有正贡献尤以春夏季最大，宜昌在 20—60 年代有多次短期突变，其中 1967 年有降温突变，此后相对平静，武汉则在 1986/1987 年冬有升温突变，宜昌的冬暖迟于、弱于武汉，从而使 20—40 年代同为两地本世纪最热的 3 个年代，宜昌自 50 年代至今仍为负距平，武汉 90 年代才转为正距平；(3)CA 法指出冬、春季的许多月份在 70—90 年代有升温突变的可能，年值则未达 YA、MTT 法突变标准，这一趋势值得注意。

关键词　武汉；宜昌；20 世纪；平均气温；突变

1　引言

　　武汉、宜昌的平均气温记录分别始自 1905、1924 年，至 1997 年各应有 93、74 年，日本侵华期间，两地气象记录被迫同时中段。由于资料非连续性，至今少有人对这两个长序列作时间序列分析。只有梁建洪于 1989 年将武汉所缺年平均气温用湖南芷江的资料进行回归插补后再进行灰色预测[1]。本文拟在对两地所缺全部月、季、年平均气温进行插补的基础上，进行近一个世纪的年平均气温的突变检测。

2　资料与方法

2.1　资料插补

　　利用信噪比法（简称 YA 法）、累积距平法（CA 法）、移动 T 检验法（MTT 法）3 种方法对武汉 93 a（1905—1997 年）、宜昌 74 a（1924—1997 年）完整的年、季、月平均气温序列可能的突变点进行综合检测。

　　YA 法[2]：

$$AI_j = (X_1 - X_2)/(S_1 + S_2)$$

式中 AI 为信噪比指数，j 为某一年，$X_1 - X_2$、$S_1 + S_2$ 分别为某一年前、后 m 年（平均时段）均值差和均方差和。规定 $|AI_j| \geqslant 1.0$ 时，j 点为突变点，当 $AI_j \geqslant 1.0$ 时，表明气温突然下降，$AI_j \leqslant -1.0$ 时，表明气温突然上升。

　　CA 法[3]：

$$CA_j = \sum_{i=1} (x_i - \bar{x}) \quad (j \leqslant n, n \text{ 为序列长度})$$

---

* 陈正洪. 长江流域资源与环境，2000，9(1)：56-62.

其中 CA_j 为从第 1 年至第 j 年的累积距平，x 为整个序列平均值，CA_j 的正、负极值点可能出现突变，本文对每一个序列只提取 1～3 个极值点，即只提取最强信号，且规定不从首尾各 4 年处提取。

MTT 法[4-6]：

$$T_{oj} = \frac{X_1 - X_2}{Sp(1/m_1 + 1/m_2)^{1/2}}$$

$$S_p^2 = \frac{(m_1-1)S_1^2 + (m^2-1)S_2^2}{m_1+m_2-2}$$

本文多数情况下取 $m_1 = m_2 = m$，则

$$T_{oj} = \frac{X_1 - X_2}{(S_1^2 + S_2^2)^{1/2}} \cdot \sqrt{m}$$

分别取 $m = 5,10,15,20,25,30(a)$，选取信度 $\alpha = 0.01$，以 $2m-2$ 的自由度查表得 $T_a(T_{0.01})$ 分别为 3.355,2.878,2.763,2.713,2.686,2.668，如 $|T_{oj}| \geqslant T_{0.01}$ 则认为第 j 年前、后 m 年两时段可能会有突变。YA 法与 MTT 法[4] 在 $m = 10a$ 时相当，当 $m > 10a$ 时 YA 法更严格。

3 结果分析

3.1 年平均气温的 YA 法诊断分析

武汉、宜昌近一个世纪年平均气温序列曲线见图 1，显然两地年平均气温在 20 世纪 40 年代末以前偏高，此后一直偏低，仅武汉在 1990 年代又开始变为正距平（表 1）。

表 1 用 YAMA 法检测出的武汉（1905—1997）、宜昌（1924—1997）平均气温突变点

	时段	年	春季	夏季	秋季	冬季	1 月	2 月	3 月	4 月
武汉	$m=5$	1922−	1948+	1947+2		1986/1987−				
	$m=10$	1948+	1948+							
宜昌	$m=5$	1930+	1933+	1947+2	1929+	1937/1938−	1939−			1933+
		1938−		1959−			1959−2			
		1959−								
	$m=10$	1948+								
	时段	5 月	6 月	7 月	8 月	9 月	10 月	11 月	12 月	
武汉	$m=5$	1954+3	1947+	1946+2	1914+		1935−	1947+	1921−	
		1961−			1919−		1941+3		1976−	
					1931−		1975−2		1981+	
					1936+					
宜昌	$m=5$	1931+	1930+	1940−	1936+	1974−	1943+	1947+2	1977−	
			1953+3	1947+	1946+2				1979+	
				1961−						
	$m=10$								1936+	

注：+、−号分别表示 $AI_j \geqslant 1.0$、$\leqslant -1.0$，其后数值表示同号高、低值持续年数，
——表示 $AI_j \leqslant -2.0$，另外武汉还检测到：$m=25$ a 时，1947+4，$m=30$ a 时，1949+2。

后一段时间内气温变化趋势是由高到低的剧降。对武汉在 $m=25$ 时还检测到 1947—1950 年的降温突变,在 $m=30$ 时检测到 1949—1950 年的降温突变,说明 1948 年左右的气温突变不但存在于 20 a 左右($2×10$)的气候变化规律中,而且还存在于 60 a 左右($2×30$)的长期气候变化规律中(图 2)。

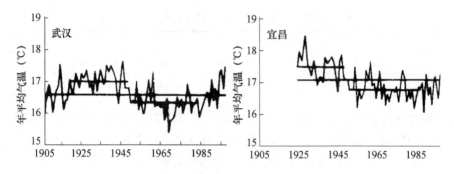

图 1 武汉、宜昌年平均气温逐年演变曲线

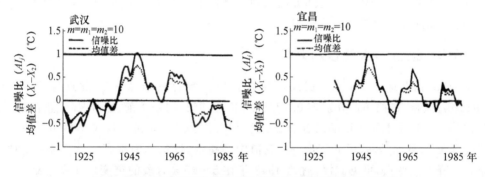

图 2 武汉、宜昌年平均气温 YA 指数和均值差逐年演变曲线

对于 20 世纪 40 年代末的降温突变,进一步设定不同的时段 m_1,m_2,利用 YA 和 MTT 法同时进行检测,结果见表 2。

表 2 20 世纪 40 年代末降温突变的进一步检测

	m_1(a)	m_2(a)	年份	X_1-X_2(℃)	AI_j	T_{oj}	信度水平
武汉	9	11	1947	0.746	1.028	4.598	$>T_{0.001}$
	10	20	1947	0.700	0.952	5.350	$>T_{0.001}$
	10	30	1947	0.847	1.074	5.719	$>T_{0.001}$
	10	10	1948	0.740	1.025	4.572	$>T_{0.001}$
	30	30	1949	0.737	1.015	7.793	$>T_{0.001}$
宜昌	24	10	1948	0.705	0.946	5.118	$>T_{0.001}$
	10	10	1948	0.700	1.008	4.507	$>T_{0.001}$
	10	11	1948	0.702	1.035	4.744	$>T_{0.001}$

表 2 进一步说明两地的年平均气温于 40 年代末同时发生降温突变,前后两段降温达 0.7 ℃以上,其中武汉发生于前、后 30 a 之间,宜昌发生于前 24 a 后 11 a 之间。

当 $m=5$ 时,在武汉还检测到 1922 年的短期突变(升温),在宜昌则检测到多达 3 个短期突变即 1930（＋）、1938（－）、1958（－），说明宜昌在 20 世纪 20 年代末至 50 年代末的 40 年间平均气温升降较频繁，尽管宜昌的资料只始于 1924 年，无法检测到 20 世纪 20 年代是否存在升温突变，但从下面气候数据分析可以推测宜昌于 20 世纪 10 年代末 20 年代初有一次前后各 5 年左右的短期升温突变甚至更长时期的突变（表3）。

表3　武汉、宜昌逐 20 世纪年代平均气温距平（℃）

年代	00	10	20	30	40	50	60	70	80	90
武汉	−0.26	0.02	0.40	0.50	0.28	−0.21	−0.43	−0.36	−0.23	0.27
宜昌			0.78	0.32	0.26	−0.20	−0.15	−0.25	−0.35	−0.21

由表3清楚可见武汉、宜昌两地同以 20 世纪 20—40 年代为本世纪内气温偏高的前 3 名，但宜昌以 20 年代最高，武汉以 30 年代最高，宜昌的最大正距平为 0.78 ℃，比武汉的最大正距平 0.40 ℃还高 0.32 ℃，足以说明宜昌在 1924 年前不久有一次较强的升温过程。

从较长时段考虑，两地同时以 20 年代初突变升温进入一个持续 25～30 年的高温时段，该高温时段又同时在 40 年代末突变降温而结束。此间宜昌还有 2 次小波动，即 1930 年降温、1938 年升温，而武汉一直维持较高气温。

3.2　季平均气温的 YA 法诊断分析

当 $m \geqslant 10$ 时，两地 4 季中只有武汉在春季于 1948 年存在降温突变，此点与年是一致的，另外 1948 年夏、秋、冬的 AI_j 分别为 0.728、0.438、0.362，均处于前、后 3～6 a 正值的高点附近，宜昌在 1948 年 4 季的 AI_j 虽未有 $\geqslant 1.0$ 的，但分别为 0.978、0.741、0.533、0.379，其中春季十分接近 1.0，且均是前、后 6 年中一致正值中的高点（仅冬季为次高），且当 $m=5$ 时，宜昌在夏季有一降温突变点，可见武汉、宜昌 1948 年在 5～10 a 时段的突变中 4 季贡献一致且均以春、夏季为主。

当 $m=5$ 时，两地各季（除武汉的秋季外）均存在 $|AI_j| \geqslant 1.0$ 的突变点，其中武汉的春、夏季和宜昌的夏季在 1947—1948 年间有一次降温突变，此与 $m=10$ 时年平均气温突变点一致，另外武汉 1986/1987 年冬的升温突变也显著地表现出来了，这一突变直接导致至今为止连续 12 个暖冬，宜昌则迟至 1990/1991 年冬的 AI_j 达 −0.856 的负极值，尚未达突变标准，说明武汉的冬暖早于并强于宜昌。

另外宜昌在 1933 年春（＋）、1959 年夏（－）、1929 年秋（－）、1937/1938 年冬（－）各存在一次气温短期突变，其中 1929 年秋、1932 年春的降温突变直接引发年平均气温在 1930 年降温突变，1937/1938 年冬的升温突变直接引发年平均气温在 1938 年升温突变，1959 年夏的升温突变则引发了 1958 年全年平均气温的升温突变。

3.3　逐月平均气温的 YA 法诊断分析

$m=10$ 时，唯宜昌在 1936 年 8 月存在降温突变，两地其余月份没有长于该时段的突变。

当 $m=5$ 时，两地多数月份存在 1～4 个突变点，其中武汉 1—4、9 月和宜昌 2—3 月无突变现象，武汉 6—7 月、11 月和宜昌 4 月、8 月、10—12 月各有一次突变，武汉 5 月和宜昌 1 月、6—7 月、9 月各有 2 次突变，武汉 10 月、12 月和宜昌 5 月各有 3 次突变，武汉 8 月则多达 4 次突变。结果表明：

(1)1946—1948 年左右,武汉、宜昌均于 6—7 月、11 月存在降温突变,另外两地还早在 1941—1943 年 10 月及迟至 1954—1956 年 5 月发生了降温突变,以这些月份的降温突变为主共同构成了 20 世纪 40 年代中后期的年平均气温降温突变即由 20—40 年代的高温向 50—80 年代低温突变(宜昌直至 90 年代仍为低温期);(2)1919—1922 年间,武汉于 8 月、12 月存在升温突变;(3)20 世纪 30 年代里,武汉于 1931 年 8 月、1935 年 10 月和宜昌于 1939 年 1 月、1940 年 7 月存在升温突变,同时武汉于 1936 年 8 月和宜昌 1930 年 6 月、1931 年 5 月、1933 年 4 月、1936 年 8 月存在降温突变,说明 30 年代两地尤其是宜昌月际气温在较高水平上变化很剧烈,从而造成春秋降温、冬升温,年平均气温先降(1930 年为降)后升(1938 年为升),尤以 1938 年的升温幅度最大,AI_j 达 −2.328,使宜昌于 30 年代末 40 年代初继续维持高温;(4)进入 20 世纪 50 年代末 60 年代初,宜昌于 1959—1960 年 1 月、1961 年 5 月均存在升温突变,使宜昌 1959 年年平均气温存在升温突变,武汉仅于 1961 年 5 月存在升温突变;(5)70 年代以来,武汉于 1975—1976 年 10 月、1976 年 12 月和宜昌于 1974 年 9 月、1977 年 12 月存在升温突变,但武汉于 1981 年 12 月、宜昌于 1979 年 9 月存在降温突变;(6)1982 年至今,月平均气温变化都比较平缓,属相对平静期,此中原因有待今后深入分析。

3.4 年、季、月平均气温的 CA 法检测

表 4 用 CA 法确定的武汉、宜昌平均气温序列的可能突变点(CA 极值年)

时段	年	春	夏	秋	冬	1	2	3	4
武汉	1911−	1918−	1921−	1955+	1949/1950+	1950+	1911−	1913−	1915−2
	1949+	1947+	1961+		1985/1986−	1985−	1949+	1944+	1950+
	1992−					1990−			1972−
宜昌		1947+3	1947+	1947+	1949+	1935/1936−	1938−		
				1949/1950+	1953+2				
				1976/1977−	1985−				
时段	5	6	7	8	9	10	11	12	
武汉	1918−	1921−	1924−	1918−	1955+	1951+	1947+	1913(最小)	
	953+	1961+	1966+	1948+	1964+			1943+	
				1979	1963+				
宜昌	1953+	1963+	1966+	1948+	1963+	1951+	1947+	1943+	
	1993−							1976−	

注:+、−号分别表示 CA_j 达正、负极值,其后数值表示相等高或低值持续年数。

统计数据表明:(1)两地 20 世纪 40 年代末 50 年代初几乎所有时段均存在 CA 正极值点即可能的降温突变点,年累积距平曲线见图 3;(2)在武汉 10 年代至 20 年代初,年、春季、夏季及 2—8 月、12 月等 8 个月检测到 CA 负极值点即可能的升温突变;3)另外在 60 年代武汉夏季及两地的 6—7 月、9 月均检测到 CA 正极值;(3)自 70 年代至今已检测到武汉 1992 年春、1985/1986 年冬,1985 年 1 月、1990 年 2 月、1972 年 4 月、1979 年 5 月和宜昌 1976/1977 年冬、1985 年 1 月、1993 年 5 月、1976 年 12 月存在 CA 的负极值即可能的升温突变,这对 YA 法是一个很好的补充。特别指出,用该法判断出的可能突变年份往往在上述具体年份的下一年发生(表 4)。

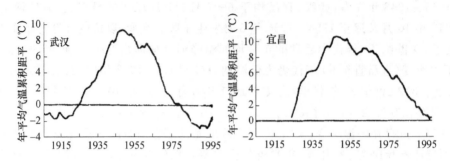

图 3　武汉、宜昌年平均气温累积距平变化曲线 2.5 年、季、月平均气温的 MTT 检测(取 m＝10)

3.5　年、季、月平均气温的 MTT 检测(取 $m＝10$)

统计数据还表明,(1)由 MTT 法确定的年、春季、夏季平均气温的可能突变点,两地均有 20 世纪 40 年代末(1947—1950 年)的降温突变,武汉 1925—1927 年夏及 1919 年年平均气温的升温也被检测出来,同时还检测到宜昌 1967 年、武汉 1968 年夏和 1965 年秋的降温突变,此与昆明 1966 年夏及北半球 1963—1964 年的降温突变甚为接近,并与 CA 法检测到的结果有相似之处,另外还检测到 1986/1987 年冬的升温突变,此与 YA 法的结论是一致的;(2)当然用 MTT 法,尚有 6 个月(1—2 月、4 月、6 月、10 月、12 月)未检测到突变,其余月份里,还检测到武汉 1920 年 11 月的升温突变,武汉 1948 年 3 月、1952—1955 年 5 月、宜昌 1947—1948 年 5 月、1954—1955 年 5 月的降温突变;(3)对 50 年代末,检测到武汉 1958 年 3 月、宜昌 1958—1959 年 3 月均检测到升温突变,对 60 年代又检测到武汉 1966—1968 年 7 月、1964—1965 年 9 月的降温突变,总之该法对月的检测遗漏较多,对年、季突变的检测与 YA 法基本相当(表 5)。

表 5　用 MTT 法确定的武汉、宜昌平均气温序列的可能突变点($|To| \geqslant T_{0.01}$)

时段		年	春季	夏季	秋季	冬季	3 月	5 月	7 月	8 月	9 月	11 月
武汉		1919−	1947+5	1925−	1965+	1986/1987−	1948+	1952+4	1966+3	1964+2	1920−	
		1943+2		1927−			1958−					
		1947+4		1947+2								
				1968+								
宜昌		1947+4	1947+3	1934+2			1958−2	1947+2	1934+4			
		1967+		1948+			1954+2	1980+				

*：＋、一号分别表示 $To \geqslant T_{0.01}$、$To \leqslant -T_{0.01}$,其后数值表示同号情况持续年数。

4　小结

本文同时利用 3 种突变诊断方法(YA 法、CA 法、MTT 法)对武汉、宜昌两地年、季、月平均气温各 17 个时间尺度的近一个世纪序列进行了详细的诊断分析,结论如下:

(1)3 种方法各有优势,YA 法($m \geqslant 10$)最严格,当 $m<10$ 时该法能诊断出较多的短期突变,MTT 法在 $m＝10$ 时与 YA 法相当,随 m 增大,MTT 法的标准偏低,CA 法对月的突变可提供较多的背景信息。

（2）同时诊断出了两地 40 年代末年平均气温的一次较强降温突变，YA、MTT 法均指出该突变主要由春、夏季的降温突变所引起，CA 法则提示几乎所有季、月均有贡献，而 YA 法（$m=5$）还指出，1946—1948 年左右，武汉、宜昌均于 6—7 月、11 月存在降温突变，两地还早在 1941—1943 年 10 月及迟至 1954—1956 年 5 月发生了降温突变，MTT 法提示 3 月、5 月贡献最大。

气候分析指出 20 世纪 40 年代末，4 季平均气温均为下降，以春、夏下降幅度最大。这一显著突变点与全国、北半球平均气温序列的突变年份是一致的。

（3）用 YA 法（$m=5$）和 MTT 法（$m=10$）均能诊断出武汉于 20 世纪 10 年代末 20 年代初（1919—1922 年间）存在一次升温突变，并根据宜昌 20 年代（1924—1930 年）平均气温为 20 世纪最大正距平可推测宜昌与武汉几乎同时也有一次较强突变。也即两地几乎同时在 1919—1922 年间升温，该高温时段一直维持到 1947—1950 年间转为降温，从而使两地 20—40 年代为本世纪气温最高的 3 个年代，其中武汉以 30 年代最高，宜昌以 20 年代最高。此次突变与北京及全国、北半球及全球几乎是同步的。

（4）MTT 法还诊断出宜昌 1967 年及武汉 1968 年夏、1965 年秋的降温突变，20 世纪 60 年代的降温突变与昆明、北半球、全球的趋势是一致的。

（5）YA 法、CA 法同时可使武汉 1986/1987 年冬的升温突变显著地表现出来，CA 法还诊断出武汉 1992 年春可能有一升温突变，从而使武汉已连续出现 12 个暖冬而且经过 4 个年代的气温负距平后（20 世纪 50—80 年代）终于于 90 年代转为正距平，宜昌的冬暖则迟于和弱于武汉，尚未达突变标准，自 50 年代至今年平均气温仍为负距平。

（6）CA 法揭示武汉的年平均气温近年有升温突变的可能。

参考文献

[1] 梁建洪.武汉年平均气温的灰色预测[J].气象,1988,14(12):18-22.

[2] RYAMOTO,TIWASHIMA,NKSANGA,et al(日).气候跃变的分析[J].气象科技,1987(6):49-57,封 3.

[3] 黄嘉佑.气候状态变化趋势与突变分析[J].气象,1995,21(7):54-57,封 3.

[4] 魏风英,曹鸿兴.中国、北半球和全球气温突变分析及其趋势预测研究[J].大气科学,1995,19(2):140-148.

[5] 李建平,史久恩.一百年来全球气候突变的检测与分析[J].大气科学,1993(增刊):132-140.

[6] 王宇.本世纪来昆明气温突变分析[J].云南气象,1995(2):42-44,51.

[7] 章基嘉,高学杰.1891—1990 年期间北半球大气环流和中国气候的变化[J].应用气象学报,1994,5(1):1-9.

[8] 李月洪,张正秋.百年来上海、北京气候突变的初步分析[J].气象,1991,17(10):15-20.

华中区域 1960—2005 年平均最高、最低气温及气温日较差的变化特征 *

摘　要　利用华中区域(河南、湖北、湖南三省)42 站 1960—2005 年逐月平均最高、最低气温资料,计算并详细分析了该区域年(季、月)平均最高、最低气温和气温日较差的线性变化趋势、突变性及周期性特征。结果发现:(1)华中区域年平均最高、最低气温均呈现上升趋势,年平均气温日较差呈减小趋势,其中年平均最低气温变化最显著。(2)平均最高气温在春、秋、冬均呈上升趋势;平均最低气温四季均呈上升趋势,其中春、冬季是显著的;平均气温日较差在夏、冬季下降趋势较为明显,其中以冬季降幅最大。(3)全年有 4 个月平均最高气温呈下降趋势,其中 8 月最为显著;平均最低气温在冬、春季为明显上升趋势,其他月变化趋势不显著;平均气温日较差在冬、夏季呈明显下降趋势,其中 1 月最为显著。(4)年平均最高、最低气温在 20 世纪 90 年代经历了一次由冷变暖的明显突变;四季中,平均最高气温春、冬季突变显著,平均最低气温春、夏季突变显著。(5)年平均最高、最低气温存在显著的 2~4 a 周期变化。

关键词　华中区域;平均最高气温;平均最低气温;平均气温日较差;变化趋势;突变

1　引言

IPCC 第 4 次评估报告指出,全球平均温度自 19 世纪以来升高了 0.56~0.92 ℃[1],我国学者王绍武研究发现近百年来全球气候变化的主要特征是变暖,全球平均地面温度在过去 100 年中上升 0.5 ℃,并且在过去 100 年中存在 3 次突然气候变暖的现象[2-4]。近几十年来我国气温亦呈上升趋势,但并不完全与世界同步[5]。随着全球气候变暖,平均最高、最低气温及气温日较差变化的研究已受到广泛重视。因为这些指标可以反映全球和区域性温度的变化幅度特征,更有着重要的生态学意义,对于人类生存环境的变化、气候异常的影响和可持续发展研究具有特殊的参考价值[6]。

本文旨在利用华中区域(河南、湖北、湖南三省)20 世纪 60 年代以来较完整的气象资料,对华中区域平均最高、最低气温及气温日较差的变化特征作进一步的研究。

2　资料与方法

2.1　资料

华中区域包括指河南、湖北、湖南等三省,资料时段为 1960 年 1 月—2005 年 12 月。气温序列的均一性检验主要采取构造参考序列的方式对被检站进行检验。参考站选取原则为被检站半径为 200 km 范围内气象站(剔除本站序列不均一的台站),选取与待检站要素相关系数最大的 5 个台站。采用标准正态检验(SNHT)、多元线性回归(MLR)、Rodinov 方法 3 种方

* 王凯,**陈正洪**,刘可群,孙杰.气候与环境研究,2010,15(4):418-424.

法对所有气象站的平均气温、平均最高气温、平均最低气温的年值进行检验,有两种以上方法通过检验的即为通过均一性检验,最后从三省 144 个气象台站中确定空间分布相对比较均匀的 42 个站(图 1)。

四季为春季 3—5 月、夏季 6—8 月、秋季 9—11 月、冬季 12 至翌年 2 月。

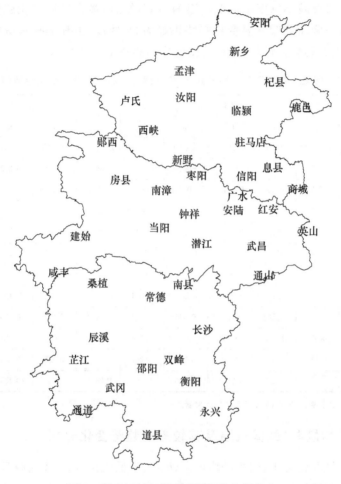

图 1　华中区域气温要素站点的空间分布

2.2　方法

分别采用线性趋势分析[9,10]、突变分析[8,11]、小波变换对华中区域及各省年、季、月共 17 个时段平均最高气温(t_M)、平均最低气温(t_m)和日较差(t_d)的变化特征进行诊断分析。

3　结果分析

3.1　逐月平均最高、最低气温及其较差的变化趋势分析

由表 1 可见,华中区域平均最高气温在 1 月、6 月、7 月、8 月呈下降趋势,其中 8 月最显著,达 0.362 ℃/10a,其余 8 个月均呈上升趋势,但只有 2 月和 4 月显著上升,4 月最为显著,达 0.48 ℃/10a。平均最低气温在 1 月、2 月、4 月、6 月为明显上升趋势,其他月变化趋势不显著。

气温日较差除了在 4、11 月略有上升、9、10 月未变外,其他 8 个月均呈下降趋势,其中 1 月、6 月、7 月、8 月是显著的,1 月最大,为 -0.455 ℃/10a。就各省而言,平均最高气温在 3 月、5 月、6 月、12 月变化趋势各异,平均最低气温逐月变化一致,日较差在 5 月、9 月、10 月、12 月变化趋势各异。

气温日较差的显著减小主要是最低气温的显著增加但最高气温变化趋势不显著(1 月),或者最高气温显著下降而最低气温变化趋势不显著(8 月)。还有一些月份(如 2 月、4 月)最高、最低气温均呈上升趋势,所以气温日较差变化趋势并不明显[7,9]。

表 1 华中区域及各省逐月平均最高、最低气温及气温日较差的变化趋势(℃/10a)

月份	华中区域			河南			湖北			湖南		
	t_M	t_m	t_d	t_M	t_m	t_d	t_M	t_m	t_d	t_M	t_m	t_d
1	−0.076	0.379**	−0.455**	−0.052	0.388**	−0.440	−0.015	0.443***	−0.458	−0.172	0.295*	−0.467**
2	0.428	0.571**	−0.143	0.489	0.653***	−0.164	0.430	0.585***	−0.155	0.359	0.466	−0.107
3	0.020	0.217	−0.196	0.062	0.294*	−0.232	0.080	0.234	−0.154	−0.094	0.113	−0.207
4	0.480**	0.325**	0.155	0.463**	0.347**	0.116	0.566***	0.334**	0.232	0.399*	0.294	0.105
5	0.100	0.153	−0.053	−0.056	0.200*	−0.255	0.242	0.180*	0.062	0.105	0.072	0.033
6	−0.065	0.186**	−0.251**	−0.209	0.156*	−0.364**	−0.052	0.193	−0.245**	0.074	0.210*	−0.136
7	−0.174	0.028	−0.202**	−0.221	0.000	−0.221*	−0.106	0.041	−0.147	−0.200	0.044	−0.244**
8	−0.362**	−0.054	−0.308***	−0.391**	−0.106	−0.285**	−0.321*	−0.037	−0.284**	−0.379**	−0.019	−0.360***
9	0.213	0.187	0.026	0.282	0.256	0.026	0.324*	0.240	0.083	0.010	0.049	−0.039
10	0.091	0.090	0.001	0.092	0.102	−0.010	0.096	0.124	−0.028	0.083	0.035	0.048
11	0.250	0.121	0.129	0.155	0.079	0.075	0.267	0.137	0.130	0.335	0.148	0.187
12	0.064	0.243	−0.179	−0.052	0.317*	−0.369	0.094	0.285*	−0.192	0.155	0.115	0.040

*、**、*** 分别表示通过 0.05、0.01、0.001 的信度检验.

3.2 年、逐季平均最高、最低气温及其较差的趋势变化分析

表 2 为华中区域及各省年、四季平均最高(b_{tM})、最低气温(b_{tm})及气温日较差(b_{td})的变化趋势。可见该区域年平均最高气温呈上升趋势(0.079 ℃/10a),年平均最低气温显著上升(0.203 ℃/10a),年平均气温日较差显著下降(0.124 ℃/10a)。

年平均最高气温在春、秋、冬季均呈上升趋势,其中春季最大(0.199 ℃/10a),湖北增加趋势最为明显。年平均最低气温四季均呈上升趋势,春、冬季是显著的,其中冬季最大(0.411 ℃/10a),河南、湖北的增加趋势最为明显,湖南以冬季的增加趋势最为明显。年平均日较差在春、夏、冬季均呈下降趋势,夏、冬季是显著的,其中冬季最大(0.272 ℃/10a),秋季有弱的上升趋势;湖北春季呈弱的上升趋势。

夏季气温日较差的明显减小主要是由于最高气温的显著下降引起的;冬季及年气温日较差的明显减小主要是由于最低气温的显著上升引起的。

由此可见,华中区域全年各季的气温变化趋势主要表现为冬变暖(冬季最低气温的显著上升)、夏变凉(夏季最高气温的显著下降),年气温日较差缩小即年极端气温变幅趋于缓和[9]。

表 2　华中区域及各省年、四季平均最高、最低气温及气温日较差的变化趋势(℃/10a)

		华中			河南			湖北			湖南	
	b_{tM}	b_{tm}	b_{td}	b_{tM}	b_{tm}	b_{td}	b_{tM}	b_{tm}	b_{td}	b_{tM}	b_{tm}	b_{td}
年	−0.079	0.203***	−0.124	−0.043	0.221***	−0.178*	−0.133*	0.242***	−0.109*	−0.059	0.153***	−0.095
春	−0.199	0.233***	−0.034	−0.155	0.281***	−0.126	−0.284*	0.259***	−0.024	−0.131	0.158	−0.028
夏	−0.201	0.052	−0.253***	−0.274**	0.015	−0.289***	−0.145	0.076	−0.221***	−0.164	0.080*	−0.244***
秋	−0.188	0.136	−0.052	−0.175	0.145	−0.030	−0.230*	0.186	−0.044	−0.153	0.083	−0.069
冬	−0.139	0.411***	−0.272*	−0.124	0.471***	−0.348	−0.167	0.456***	−0.289*	−0.125	0.299**	−0.174

*、**、*** 分别表示通过 0.05、0.01、0.001 的信度检验。

任国玉等(2005)指出,我国年平均最高气温冬季增加最为明显,对年平均最高气温的上升贡献最大,夏季平均最高气温增加最弱。年平均最低气温上升趋势较年平均最高气温变化明显,各季均呈增加趋势,冬季最为明显。年平均日较差各季均呈下降趋势,但冬季的下降趋势最为明显。本文所得结论与上述研究结果基本一致。

华中区域年(见图 2)及四季(见图 3)平均最高、最低气温存在明显的非对称变化现象,最大的特点是 t_M 和 t_m 都呈增长趋势(夏季除外),但后者的增长速率大于前者。非对称变化在夏季表现最为显著,夏季 t_M 呈显著下降趋势,而 t_m 呈增温趋势。同时,最高、最低平均气温非对称变化在 t_d 方面表现也非常明显,年、夏季和冬季都呈非常显著的下降趋势。

3.3　年(季)平均最高、最低气温的突变及周期分析

3.3.1　突变分析

当基准点前后样本序列长度相同,且长度依次取 9、10、11 时,分别通过了 0.01、0.01、0.001 的显著性检验。由图 4 可知,当序列长度为 10 时,年平均最高、最低气温突变点出现在1994 年,由此显示 20 世纪 90 年代初华中区域气候经历了一次由冷变暖的明显突变。

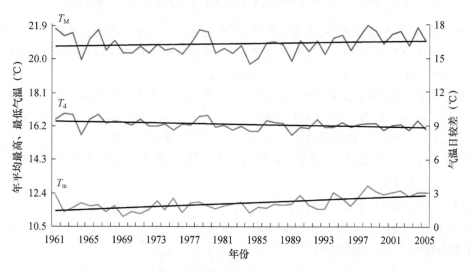

图 2　华中区域年平均最高、最低气温及气温日较差时间序列

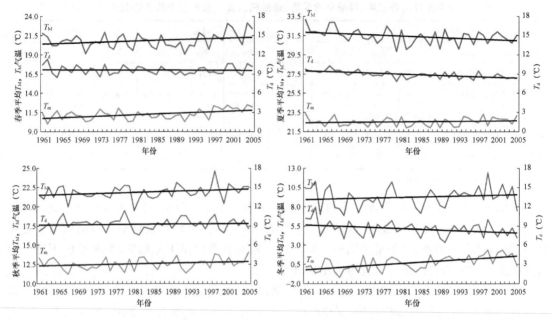

图 3　华中区域四季平均最高、最低气温及气温日较差时间序列

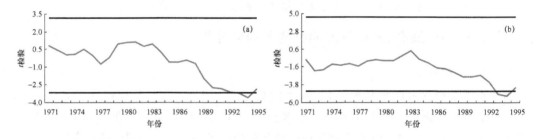

图 4　1961—2005 年华中区域年平均最高(a)、最低(b)气温滑动 t 检验

最高气温春、冬季突变显著,夏季不明显,秋季无突变。当样本序列长度取 9、10、11 时,春季平均最高气温突变点为 1994 年,均通过了 0.01 的显著性检验;冬季平均最高气温突变点为 1991 年,分别通过了 0.05、0.05、0.02 的显著性检验。

最低气温春、夏季突变显著,秋季无突变,冬季不明显。当样本序列长度取 9、10、11 时,春季平均最低气温突变点为 1994 年,分别通过了 0.001、0.01、0.001 的显著性检验;夏季平均最低气温突变点为 1993 年,分别通过了 0.05、0.02、0.02 的显著性检验。

图 5 给出了样本长度取 10 时华中区域四季平均最高、最低气温滑动 t 检验变化曲线。

3.3.2　周期变化

由图 6 可知,华中区域年平均最高气温在 1979—1987 年期间存在显著的 4 a 左右周期变化;年平均最低气温在 1967—1977 年间存在显著的 2~3 a 左右的周期变化,在 1990—2000 年左右存在 3~4 a 周期变化。

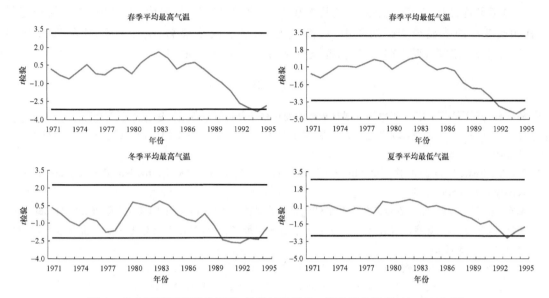

图5 华中区域四季平均最高、最低气温滑动 t 统计量曲线(1961—2005 年)

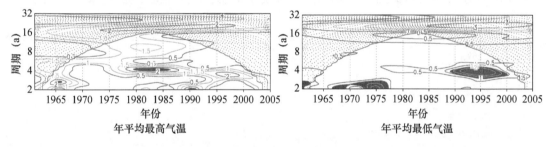

图6 华中区域年平均最高、最低气温小波变换功率谱(1961—2005 年)

4 结论

(1)近45年,华中区域逐月平均最高气温在8月呈显著下降趋势;最低气温在1月、2月、4月、6月呈显著上升趋势;气温日较差在1月、6月、7月、8月均表现出明显的下降趋势。

(2)年平均最高气温变化趋势均不明显,平均最低气温呈显著上升趋势,年气温日较差呈减小趋势,45年减小了 0.558 ℃。

(3)气温日较差在3、5月均呈弱减小趋势,4月为弱增加趋势,前后相互抵消,导致春季气温日较差变化趋势不明显;秋季3个月均为弱增加趋势,叠加后秋季气温日较差变化趋势仍不明显;而冬、夏季逐月气温日较差均为减小趋势。四季中,夏季最高气温呈下降趋势,为0.201 ℃/10a,冬季最低气温呈明显上升趋势,为 0.411 ℃/10a;变化幅度以冬、夏季较为明显,均呈下降趋势,45年间,冬季气温日较差减小了1.2 ℃,夏季减小了1.1 ℃。

(4)夏季最高气温的显著下降、冬季最低气温的显著上升等变化造成了夏凉(主要在白天)冬暖(主要在夜间),气温年变化趋于缓和。

(5)华中区域年平均最高气温在1979—1987年期间存在显著的 4 a 左右周期变化;年平均最低气温1967—1977年间存在显著的 2～3 a 左右的周期变化,在 1990—2000 年左右存在3～4 a 周期变化。

(6)年平均最高、最低气温突变点基本在 1993 年和 1994 年,表明 20 世纪 90 年代经历了一次由暖变冷的明显突变。四季中,最高气温春、冬季突变显著,突变点分别为 1994 年和 1991 年;最低气温春、夏季突变显著,变点分别为 1994 年和 1993 年。

参考文献

[1] 陈铁喜,陈星.2007.近 50 年中国气温日较差的变化趋势分析[J].高原气象,26(1):150-156.

[2] 陈正洪.1999.武汉、宜昌 20 世纪最高气温、最低气温、气温日较差突变的诊断分析[J].长江流域资源与环境,9(1):56-62.

[3] IPCC. Climate Change 2007:The Physical Science Basis[M]. Cambridge,United Kingdom:Cambridge University Press,2007:996.

[4] 覃军,陈正洪.1999.湖北省最高气温和最低气温的非对称性变化[J].华中师范大学学报,33(2):286-290.

[5] 唐红玉,翟盘茂,王振宇.2005.1951—2002 年中国平均最高、最低气温及日较差变化[J].气候与环境研究,10(4):728-735.

[6] 王绍武.1994.近百年气候变化与变率的诊断研究[J].气象学报,53(3):261-273.

[7] 王绍武.1993.全球气候变暖的检测及成因分析[J].应用气象学报,4(2):226-234.

[8] 王绍武,叶瑾琳.1995.近百年全球气候变暖的分析[J].大气科学,19(5):245-253.

[9] 魏凤英,曹鸿兴.1995.中国、北半球和全球的气温突变分析及其趋势预测研究[J].大气科学,19(2):140-148.

[10] 杨宏青,陈正洪,张霞.1999.湖北省 60 年代以来气温日较差的变化趋势[J].长江流域资源与环境,8(2):162-167.

我国降水变化趋势的空间特征 *

摘　要　利用 1951—1996 年地面气象记录资料,计算了我国全年和季节降水量长期变化趋势特征指数。结果表明,我国长江中下游地区年和夏季降水量呈现明显增加趋势;北方的黄河流域降水表现出微弱减少趋势,山东和辽宁省夏季雨量减少显著;但偏高纬度地区的新疆、东北北部、华北北部和内蒙古降水量或者增加,或者变化趋势不明显。因此,1997 年黄河史无前例的断流和 1998 年长江特大洪水的发生,均有其相应的区域长期降水气候趋势作为背景条件。研究还表明,我国一些地区降水的季节性也发生了变化,其中黄河中上游地区和长江中游地区春、秋季雨量占全年比例均有显著减少,而河北东部、辽宁西部和东北科尔沁沙地春季降水相对增加。

关键词　气候变化;降水趋势;旱涝灾害;长江;黄河

1　引言

降水量的年际和长期变化对我国社会经济生活具有重要影响。1998 年,长江大洪水引起的直接经济损失高达 1666 亿元[1];1997 年北方的干旱和黄河断流同样造成了巨大影响[2]。触目惊心的水、旱灾害警示人们,必须投入更多的研究,深入了解气候的长期变化趋势和短期变化规律,对可能的水旱灾害作出尽可能准确的预测和评估。

为了预测未来年际到年代际尺度降水量变化,需要对历史气候变化背景进行全面了解[3-5]。构筑全球增暖情况下的未来区域气候变化情景,也需要对古气候时期和近现代气候变化趋势进行研究[6-8]。20 世纪 80 年代末以来,一些学者利用不同方法对我国降水变化趋势进行了分析,得到了许多有意义的结果[3,8-10]。本文采用一种新的方法[11]和更新到 1996 年的资料,对全国 1951—1996 年降水趋势的特征指数进行了计算,并对降水趋势变化的空间特征进行了分析,以便了解我国各地区降水气候变化的背景情况,为年际或更长时间降水和水资源预测提供参考。

2　资料与方法

资料来源于中国 333 个测站记录,各测站观测年代长度不一。为了保证空间覆盖的一致性,统一取 1960—1996 年逐旬降水量记录。在这些记录中,有个别站存在缺测问题,对缺测资料进行了简单插补,即用本站该旬多年平均值代替缺测记录。

我们希望得到可以用来描述空间变化特征的趋势变化指数,即这一指数应该能够用来绘制等值线分布图。为此,用参考文献[11]的方法,分别计算了两种气候趋势特征指数,即降水趋势系数和降水倾向率。

2.1　降水趋势系数

该系数可表示降水长期趋势变化的方向和程度,它为 n 个时刻的降水量与自然数列 1,2,3,…,n 的相关系数:

* 任国玉,吴虹,陈正洪. 应用气象学报,2000,11(3):322-330.

$$I'_{xt} = \frac{\sum\limits_{i=1}^{n}(x_i - \bar{x})(i - \bar{t})}{\sqrt{\sum\limits_{i=1}^{n}(x_i - \bar{x})^2 \sum\limits_{i=1}^{n}(i - \bar{t})^2}}$$

其中,n 为年份序号,x_i 是第 i 年的降水量,$\bar{x}$ 为其样本均值,$t = (n+1)/2$。显然,这个值为正(负)时,表示降水在所计算的时段内有线性增加(减少)的趋势。

2.2 降水倾向率

通常降水等气候要素的趋势拟合可以用二次方程表示,即:

$$\hat{x}_t = a_0 + a_1 t + a_2 t^2 \qquad t = 1, 2, \cdots, n(\text{年份序号})$$

而线性趋势变化只需选用一次方程,即:

$$\hat{x}_t = a_0 + a_1 t$$

一次回归系数为:$a_1 = \mathrm{d}\hat{x}_t/\mathrm{d}t$。这里,将 $a_1 \times 10$ 称为降水倾向率(b),即每 10 年的降水变化(mm),计算了 53 个特征时间段的降水趋势系数和降水倾向率。这些时段分别为:年、四季(春季 3—5 月、夏季 6—8 月、秋季 9—11 月、冬季 12 月至翌年 2 月)、12 个月以及 36 个旬。限于篇幅,本文只对年和四季的降水趋势系数和降水倾向率进行分析,重点分析降水倾向率。降水趋势系数和降水倾向率十分相似。

3 结果及其分析

3.1 年降水量变化趋势

图 1(略)给出年降水倾向率等值线分布,表 1 给出各省年、夏季平均降水趋势系数和降水倾向率。在 1960—1996 年期间,我国东北东部、华北中南部的黄淮平原和山东半岛、四川盆地以及青藏高原年降水变化出现不同程度的负趋势,即降水量在减少。其中,山东半岛的负趋势最显著,为 -60 mm/10a。在全国的其余地区,包括西北大部分、东北北部、西南西部、长江下游和江南地区,20 世纪 60 年代以来年降水量均呈现正趋势,其中长江下游和华南沿海地区的正倾向率达到 90 mm/10a 以上。这些特点可以从全国平均降水量和各省平均降水量的变化上看出来。例如,根据全国 333 个测站的年降水量资料,1960 年以来我国平均年降水量存在明显增加趋势。这可能主要是由长江以南地区降水的正趋势造成的。我国华北的河北、山西、内蒙古等省区,从 20 世纪 60 年代初到 90 年代中期,年降水量也不再存在显著趋势性变化。河北省的平均年降水量变化表明,70 年代中到 80 年代末的确发生过明显的干旱,但 80 年代末以来降水已经出现上升趋势。

3.2 季节降水量变化趋势

春季:全国春季降水量呈现负趋势的地区有所增加(图 2,略),其中东北北部至内蒙古和甘肃西北部一线、河套、山东半岛、江淮以及四川盆地呈现负趋势,四川盆地可达 -40 mm/10a。而长江下游、江南、华南、西南西部、青藏高原以及西北、新疆和东北部分地区呈现正趋势,华南地区可达 80 mm/10a。

夏季:东北东部、山东半岛、青藏高原、西南西部、江南南部以及华南部分地区夏季降水为负趋势(图 3(略)和表 1),除此之外的全国大部分地区均为正趋势,长江中下游地区和华南沿海尤为显著,可达 60～100 mm/10a。值得提出的是,如果把 1997—1999 年计算在内,长江中下游地区的降水增加趋势会更明显。

表 1　1960—1996 年我国年、夏季降水趋势系数(r)和降水倾向率(b)(单位:mm/10a)

省份	年		夏季		省份	年		夏季	
	r	b	r	b		r	b	r	b
黑龙江	0.07	4.05	0.01	0.63	西藏	−0.04	−2.39	−0.21	−11.00
吉林	−0.13	−8.38	−0.17	−10.34	四川	−0.21	−12.11	0.01	0.66
辽宁	−0.08	−8.39	−0.16	−14.47	湖北	0.13	21.63	0.19	26.53
内蒙古	0.34	9.68	0.31	7.50	安徽	0.18	30.51	0.19	24.18
新疆	0.32	5.54	0.27	2.57	江苏	−0.05	−7.52	0.06	7.66
甘肃	−0.11	−5.01	0.27	8.53	上海	0.21	43.00	0.46	69.64
宁夏	−0.14	−9.27	0.08	4.28	浙江	0.19	39.61	0.39	43.43
青海	0.20	6.71	0.21	4.79	云南	−0.10	−8.56	−0.34	−19.96
陕西	−0.16	−14.84	0.26	13.75	贵州	−0.08	−8.34	−0.13	−13.63
山西	−0.07	−5.42	0.14	9.25	湖南	0.16	22.14	0.31	34.74
河北	−0.01	−0.56	0.04	3.49	江西	0.15	30.84	0.20	20.70
北京	0.18	25.53	0.16	20.34	福建	0.03	6.55	−0.26	−27.69
天津	0.02	3.38	−0.03	−3.16	广西	0.03	4.96	0.04	5.35
山东	−0.29	−38.27	−0.25	−24.40	广东	0.22	53.07	0.12	17.77
河南	−0.07	−7.88	0.09	7.55	海南	0.04	8.43	0.02	2.42

秋季:与夏季截然不同,我国秋季降水除东北、内蒙古、新疆北部和西南西部外,其余地区几乎均为负趋势(图 4,略)。负趋势最明显的地区发生在关中、甘南、秦巴和四川盆地,减少速率可达 −20～−30 mm/10a。东南沿海大部分地区秋季雨量下降趋势也比较显著。

冬季:降水倾向率除长江下游以南地区可达 30 mm/10a 以外,其余地区倾向率很小(图 5,略)。东北、华北、内蒙古冬季降水变化为负趋势,其余地区为正趋势或变化不明显。

3.3　1951—1996 年的变化趋势

在所选的 333 个测站中,有 131 个站的降水记录是从 1951 年到 1996 年增加了 9 年记录的资料。这 131 个测站主要分布在我国的东部地区,计算了 1951 年以来降水量的年、季变化趋势。图 6 给出部分省区年和夏季降水倾向率。

总的来说,资料序列延长以后,全国降水趋势变化的空间图式基本未变。1951 年以来,全年降水量明显增加的省份主要集中在长江中下游地区,华南的广东省增加也很明显。但是,长江中下游地区尚未考虑降水异常偏多的 1998 年和 1999 年。如果记入 1997—1999 年,则其降水变化的正趋势将更加显著。

降水趋于减少省份主要在北方的黄河流域,尤其以山东省为最显著,陕西地区年降水量减少趋势也比较明显。夏季降水量变化趋势同全年相似,但南方福建省夏季出现显著减少。山东仍是北方夏季降水减少最多的省份。但是,晋、陕、甘、宁等黄土高原地区,夏季降水不仅没有减少,而且还略有增多,说明这些地区年降水量的下降可能主要是由秋雨锐减引起的。

在南方,年降水增加最明显的是广东省,其次是上海和浙江地区。上海市和浙江省夏季雨量增加也非常突出,但广东省夏季 3 个月雨量增多并不是很显著,说明也是秋季降水增加得比较多。这是否和登陆的热带风暴或台风频率有关还需要研究。

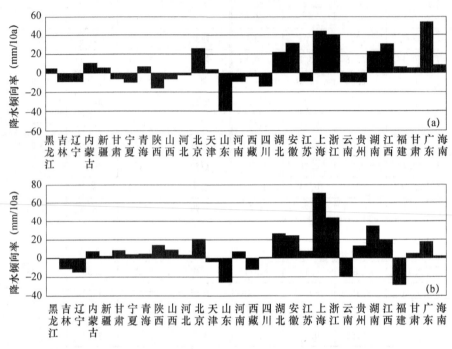

图 6　我国部分省区 1951—1996 年全年(a)和夏季(b)降水量倾向率

3.4　降水季节性的变化

我们也分别计算了 1960—1996 年 4 个季节的降水量占全年降水比例的倾向率。它和各个季节降水量变化趋势既有联系,也有区别。四季降水占全年降水比例的倾向率更好地反映了降水季节分配特点的变化。降水季节性的演化有如下特征:

(1)全国绝大部分地区春季降水比例的变化趋势与夏季刚好相反,如新疆地区、内蒙古、东北、河套、江淮、江南、华南、西南以及青藏高原均属于这种情况,只有华北和西北其余地区两者变化一致。

(2)全国大部分地区秋季降水比例呈负趋势,而冬季降水比例则呈正趋势,除东北、新疆北部、青藏高原和西南西部秋季降水呈正趋势外,其余地区均呈负趋势。39°N 以北的地区除新疆以外,冬季降水比例均呈负趋势,而 39°N 以南几乎都呈正趋势。

(3)春、秋、冬三季的降水比例变化趋势与这 3 季的降水总量变化趋势非常相似,夏季除新疆地区外两种趋势也非常相似。

4　讨论和结论

我国一些地区降水存在着比较明显的长期变化趋势。1960—1996 年,全国降水量总体上呈微弱增加趋势,但各地区间存在着较大差异。增加最显著的地区包括江淮流域和东南沿海,同时东北、华北北部和西北地区也有不同程度的增加。长江中下游地区降水的长期增加趋势构成了1998年特大洪水的背景条件。另一方面,我国的黄河下游、辽东、陕西、四川到广西等地区年降水量趋于减少。20世纪50年代以来,山东省降水量的减少非常突出,陕、甘、宁地区年降水量也呈现微弱下降趋势。这无疑也构成了近20年黄河断流时间越来越长的长期气候背景条件。

我国不少学者的研究表明,北方特别是华北地区建国以来降水存在明显的下降趋[3,8-10]。我们计算的降水趋势指数反映出,华北中南部,特别是山东半岛和辽宁东南部,降水量确实趋向减少。但是,结果也表明,在华北的北部、内蒙古、东北大部和西北地区,建国以来的降水量,特别是夏季雨量,变化趋势或者不明显,或者呈现出增加趋势。造成这种差别的原因,可能主要在于所选取的研究时段不同.过去的降水变化研究主要是在20世纪80年代末或90年代初进行的,所用资料截止时间略早。事实上,北方很多地区自80年代末以来降水已明显增多。我们所用的资料截止到1996年,包括了这段相对湿润期,因而使降水负趋势范围较从前的研究结果大大缩小。

我们计算的降水趋势系数和降水倾向率均反映出,我国黄河流域、江淮流域和江南大部分地区秋季降水趋于减少。秋雨减少最明显的地区包括关中盆地、甘肃南部、秦巴山地和四川盆地。这些地区也正是我国著名的秋雨地带。如果这种趋势持续下去,秦巴地区的传统秋雨特征将不复存在。

降水的长期变化对我国许多地区的社会经济发展具有深刻影响。华北地区20世纪80年代的干旱、黄河的断流、长江的洪水都给我们留下了深刻的记忆。此外,降水长期变化还有许多其他正面和负面影响。例如,春季降水在华北平原和东北中南部呈增加趋势,这已经减缓了该地区过去严重的春旱现象,有利于冬小麦和其他作物生长;黄淮地区夏季雨量的减少给农业造成不利影响,但北方部分地区夏季雨量略呈增加,这又对一熟旱作农业有利;我国中部广大地区秋季降水的长期减少趋势,同样会对农业生产和其他经济活动具有实际意义。

参考文献

[1] 中国气象局国家气候中心.'98中国大洪水与气候异常[M].北京:气象出版社,1998:1-31.

[2] 中国气象局.中国气候公报(R).北京,1997.

[3] 李克让,林贤超.近40年来我国降水的长期变化趋势[G]//施雅风,等.中国气候与海平面变化研究进展(二)[C].北京:海洋出版社,1992:44-45.

[4] 张素琴,任振球,李松勤.全球温度变化对我国降水的影响[J].应用气象学报,1994,5(3):333-339.

[5] 屠其璞.近百年来我国降水量的变化[J].南京气象学院学报,1987,10(2):117-189.

[6] 任国玉.与当前全球增暖有关的古气候学问题[J].应用气象学报,1996,7(3):361-370.

[7] IPCC. Climate Change 1995: The Science of Climate Change[M]. Cambridge: Cambridge University Press,1996.

[8] 王绍武,赵宗慈.未来50年中国气候变化趋势的初步研究[J].应用气象学报,1995,6(3):333-342.

[9] 陈隆勋,邵永宁,张清芬,等.近四十年我国气候变化的初步分析[J].应用气象学报,1991,2(2):164-173.

[10] 徐国昌,姚辉,李珊.我国干旱半干旱地区现代降水量和历史干旱频率的变化[J].气象学报,1992,50(3):378-382.

[11] 施能,陈家其,屠其璞.中国近100年来4个年代际气候变化特征[J].气象学报,1995,53(4):431-439.

季节变化对全球气候变化的响应——以湖北省为例 *

摘　要　根据湖北省 10 个代表站 1951(或建站)—2006 年逐日平均气温,计算分析了四季初日和长度及其变化趋势,以揭示气候季节对全球气候变暖的响应。结果表明:(1)湖北省平均春、夏、秋、冬四季初日分别为 3 月 22 日、5 月 27 日、9 月 27 日、11 月 27 日,四季长度分别为 65.7 d、122.8 d、60.9 d、115.6 d,且时空差异明显;(2)56 a 来湖北省平均入春、入夏分别提前 2.8 d、1.6 d,入秋、入冬分别推后 4.0 d、6.1 d;(3)56 a 来湖北省平均冬季缩短 8.9 d,夏季延长 6.3 d,秋季延长 2.0 d,春季无变化;荆州夏季延长 21.1 d,武汉冬季缩短 17.0 d。

关键词　气候变暖;季节;初日;长度;变化趋势

1　引言

过去 100 多年尤其是近 50 多年,全球及中国气候变暖明显[1-2],在全球范围内广泛观测到气候带和植被北抬上移、物候期和生长季变化[3-10]。近年在中国的不同地区,发现气候季节也出现一定调整[11-19]。由于季节与人们的生产生活密切相关,如农事安排、作物生长、节能减排、交通出行、穿衣保健、节令商品销售等无不受其影响。湖北省地处华中地区,四季分明,其气候格局随着全球气候变暖而发生了改变[20],研究气候变暖背景下,湖北省各地季节初日和长度的变化将对全国同类问题研究和应用有较高的参考价值。

2　研究资料与方法

2.1　研究资料

湖北省境内分布比较均匀、资料质量较高、观测时间较长的 10 个气象站的 1951—2006 年逐日平均气温(其中部分站开始年份为 1952—1959)。多年来业务上一直把这 10 个站作为湖北省气候代表站(图 1)。

2.2　方法

通常,季节有天文季节、物候季节、气候季节和天气季节[21]。本研究采用气候季节,即候(5 d)平均气温稳定≤10.0 ℃为冬季,≥22.0 ℃为夏季,10.0～22.0 ℃之间为春秋过渡季。所谓"稳定"就是后期不再出现连续三候以上平均气温低于(春、夏季)或高于(秋、冬季)规定的指标。将初日转化为日序数(从每年 1 月 1 日记为 1,1 月 2 日记为 2,……,余类推),并计算出各季天数。

---

　　* 陈正洪,史瑞琴,陈波.地理科学,2009,29(6):911-916.

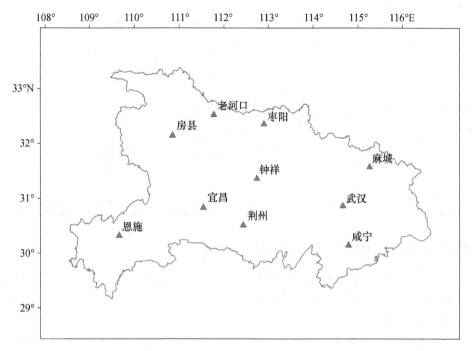

图1　湖北省10个代表气象站空间分布图

　　湖北省平均值(日平均气温、四季初日序数与季节长度)取10站平均值(1959年前以有资料的站数为准)。

　　采用最小二乘法对四季初日序数、季节长度进行线性趋势拟合,样本数48～56。显著性水平达到0.1、0.05、0.01(0.001)分别表示趋势性为较显著、显著、极显著。

3　结果分析

3.1　四季初日的平均情况与空间差异

　　分别统计了10个代表站多年平均四季初日和各季长度及湖北省平均结果。入春时间湖北省平均为3月22日,鄂西南最早,鄂西北最晚,相差约10d;入夏时间湖北省平均为5月27日,鄂东南、江汉平原南部、鄂西北东部最早,鄂西南、鄂西北西部山区最晚,相差约15 d;入秋时间湖北省平均为9月27日,西部、北部比中东部早约10～20 d;入冬时间湖北省平均为11月27日,鄂西北最早,鄂东南、三峡河谷最晚,相差约10～18 d(表1)。

表1　湖北省10个代表站多年平均四季初日和各季长度(1951—2006)

序号	站名	入季时间(月/日)				四季长度(d)			
		入春	入夏	入秋	入冬	春季	夏季	秋季	冬季
1	房县	3/27	6/9	9/13	11/16	73.5	95.8	64.2	131.4
2	老河口	3/24	5/24	9/24	11/21	61.0	122.0	58.3	123.6
3	枣阳	3/24	5/24	9/26	11/23	61.2	123.6	58.0	122.3
4	钟祥	3/22	5/24	9/28	11/28	62.2	127.1	60.7	115.0

续表

序号	站名	入季时间(月/日)				四季长度(d)			
		入春	入夏	入秋	入冬	春季	夏季	秋季	冬季
5	麻城	3/24	5/24	10/1	11/27	61.0	129.2	57.2	117.6
6	恩施	3/17	6/6	9/23	11/29	80.7	109.0	66.9	108.4
7	宜昌	3/18	5/27	10/1	12/3	70.1	125.6	63.7	105.1
8	荆州	3/21	5/23	9/29	12/1	63.3	128.3	61.9	111.2
9	武汉	3/22	5/23	10/2	11/29	62.1	131.1	58.1	113.7
10	咸宁	3/21	5/22	10/5	12/3	61.0	135.7	59.6	108.9
11	平均	3/22	5/27	9/27	11/27	65.7	122.8	60.9	115.6

3.2 四季长度的平均情况与空间差异

表1还可见：湖北省平均夏、冬季均较长，约4个月，分别为122.8 d、115.6 d，夏季比冬季长7.2 d；春、秋季均较短，约2个月，分别为65.7 d、60.9 d，春季比秋季长4.8 d。各季长度顺序为：夏＞冬＞春＞秋。

其中鄂东南的咸宁夏季最长，达135.7 d(约4个半月)，而鄂西北的房县夏季最短，只95.8 d(约3个月)，两地相差近1个半月；与此相反，冬季以鄂西北的房县最长，131.4 d(约4个半月)，而最短在鄂西南和鄂东南，在105.1～108.4之间(约3个半月)，相差近1个月；春季长度各地相差19.7 d，最长在鄂西南的恩施，80.7 d，另外同处西部山区的宜昌、房县在70 d以上，平原地区均较短且相差微小，在61.0～63.3 d之间；秋季长度各地相差最小，仅差9.7 d，分布格局与春季类似，也是西长东短。

3.3 四季初日的变化趋势

表2可见，56 a来湖北省平均上半年季节(入春、入夏)提前，下半年季节(入秋、入冬)推后。显著性从高到低依次为：入冬、入秋、入春、入夏，但只有入冬时间推后通过0.05的信度检验。具体到10个站(表略)，春、夏、秋、冬四季初日变化趋势达到0.1显著性的各1、2、6、7个站，所以下半年的季节变化比较上半年明显。空间上季节初日变化主要发生在中东部，西部山区变化不是很明显。

表2　湖北省10个代表站平均四季初日的变化趋势(1951—2006年)

项目	1951—2006				1961—2006			
	入春	入夏	入秋	入冬	入春	入夏	入秋	入冬
倾向率(d/10a)	−0.496	−0.31	0.72	1.08	−0.093	−0.558	2.19	1.71
趋势系数	−0.114	−0.094	0.189	0.276 **	−0.014	−0.117	0.427****	0.294**
变化情况	提前	提前	推后	显著推后	未变	提前	极显著推后	显著推后

注：*、**、***、****指分别通过信度为0.1、0.05、0.01、0.001的显著性检验。

倾向率数值前标有"−"表示入季时间提前，否则为推后。下同。

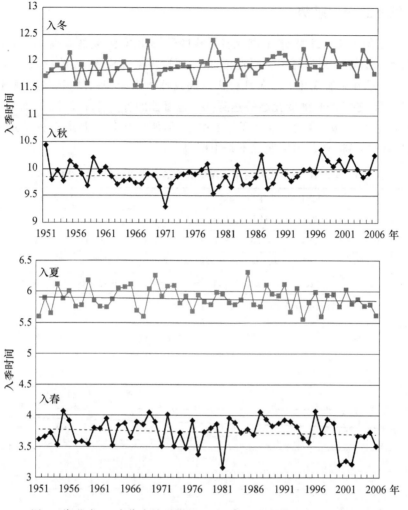

图 2　湖北省 10 个代表站平均的四季初日变化趋势图(1951—2006)

入春:湖北省平均春季初日有提前趋势,但不显著,每 10a 提前 0.50 d,56 a 共提前2.8 d。其中 8 个站有提前趋势,1 个站有推后趋势,1 个站未变。其中只有武汉达到显著程度,56 a 大约提前 9.7 d。恩施 56 a 推后约 3.5 d。

入夏:湖北省平均夏季初日有提前趋势,但不显著,每 10a 提前 0.31 d,56 a 共提前1.6 d。其中 8 个站有提前趋势,2 个站未变。其中 2 个站达到较显著程度,武汉 56 a 大约提前 4.7 d,麻城 48 a 大约提前 6.7 d。

入秋:湖北省平均秋季初日有推后趋势,接近较显著水平,每 10a 推后 0.72 d,56a 共推后4.0 d。其中 7 个站有推后趋势,2 个站提前,1 个站未变。其中各有 3 个站达到显著、极显著程度,武汉 56 a 大约推后 8.4 d,荆州 54 a 大约推后 15.0 d。房县 49 a 大约提前 2.5 d。

入冬:湖北省平均冬季初日明显推后,每 10a 推后 1.08 d,56 a 共推后 6.1 d。其中 8 个站有推后趋势,1 个站提前,1 个站未变。其中各有 3、3、1 个站达到较显著、显著、极显著程度,武汉 56 a 大约推后 7.6 d,麻城 48 a 大约推后 11.4 d。房县 49 a 大约提前 1.9 d。

3.4 四季长度的变化趋势

计算分析表明(表3),过去56 a,湖北省平均四季长度以冬、夏两季变化最大,其中冬季长度显著缩短,大约缩短8.9 d;夏季有所延长,但未通过显著性检验,大约延长6.3 d,秋季则大约延长2.0 d;春季并未有变化。显著性位次从高到低依次为:冬、夏、秋、春。具体到10个站(表略),春、夏、秋、冬四季长度变化趋势达到0.1显著性的各0、6、1、7个站,而且冬、夏两季共13个站次均达显著、或极显著水平,全部位于中东部,所以变化主要集中在冬夏两季,空间上变化主要发生在中东部,西部山区变化不是很明显。

表3 湖北省10个代表站平均四季长度的变化趋势(1951—2006年)

项目	1951—2006年				1961—2006年			
	春	夏	秋	冬	春	夏	秋	冬
倾向率(d/10a)	0.171	1.088	0.355	−1.588	0.4	3.019	−0.977	−2.44
趋势系数	0.033	0.186	0.067	−0.289**	0.071	0.421***	−0.153	−0.348***
变化情况	未变	延长	延长	显著缩短	延长	极显著延长	缩短	极显著缩短

注:倾向率数值前标有"−"表示季节长度缩短,否则为延长。

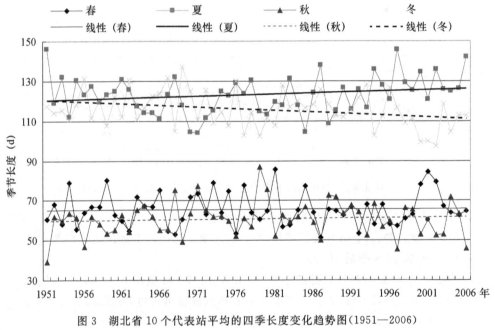

图3 湖北省10个代表站平均的四季长度变化趋势图(1951—2006)

湖北省各地夏季长度均有延长趋势(仅房县未变),并各有3个站达到显著、极显著程度,武汉56 a大约延长13.3 d,荆州53 a大约延长21.1 d。冬季长度,10个站中有9个站缩短(仅房县略延长),其中各有1、1、5个站达到较显著、显著、极显著程度,武汉56 a大约缩短17.0 d。各地春、秋季长度大部略有延长或未变。空间上冬、夏两季长度变化主要发生在中东部,西部山区变化不是很明显。

4 小结与讨论

4.1 小结

(1)56 a 来湖北省平均春、夏、秋、冬四季的初日分别为 3 月 22 日、5 月 27 日、9 月 27 日、11 月 27 日,而四季长度分别为 65.7 d、122.8 d、60.9 d、115.6 d。初日的空间差异在 10～20 d 之间,长度的空间差异夏季可达 45 d,冬季 30 d,春季 10～20 d,秋季在 10 d 以下。季节初日为上半年南早于北,下半年为北早于南。季节长度为夏季南长北短,冬季为北长南短,春、秋季为西部山区长,中东部短。由于高大地形对冷空气的屏蔽作用,鄂西南(含三峡河谷)入冬晚,冬季短。

(2)湖北省平均入春、入夏初日分别提前 2.8 d、1.6 d,入秋、入冬初日分别推后 4.0 d、6.1 d,但只有入冬初日通过了显著性检验,也就是上半年季节提前、下半年季节推后,下半年比上半年明显。湖北省平均冬季缩短 8.9 d,夏季延长 6.3 d,秋季延长 2.0 d,春季无变化,可见冬夏季变化大,春秋季变化小。

(3)湖北省季节初日变化主要发生在中东部,西部山区变化不是很明显;冬、夏两季长度变化主要发生在中东部,西部山区变化不是很明显。这与过去 40 年来湖北省中东部气温上升显著、西部山区气温变化小甚至略有下降[20]的研究结论相符。

4.2 讨论

(1)由于气候季节是以两个固定的气温指标来衡量的,气候变暖必然引起季节的变化。而各地气候对全球变暖的响应无论在时间上(一年内不同月份)还是在空间上并非完全一致,从而造成四季对全球变暖响应的不同和区域差异。季节长度变化则主要与两个入季日期变化的配合有关。夏季延长为夏季初日提前和秋季初日推后所致,冬季缩短则为冬季初日推后和春季初日提前所致,春季未变是因为春、夏季初日同步提前,秋季略延长是因为冬季初日比秋季初日推后日数略多所致。

(2)武汉的季节变化明显偏大,如入春提前 9.7 d、冬季缩短 17.0 d 均为全省最显著,显然与城市热岛效应有关[22],我国大城市的热岛效应仍在加强[23,24],大城市对应较大季节变化的现象将普遍存在。

(3)气候季节变化的影响是多方面的。如夏季延长将耗费更多的能源用于降温、交通需求,高温热浪频发影响人们的身体健康,不过对夏季时令商品和冷饮销售有利;冬季缩短对减少供热、减轻大气污染和老年人心脑血管疾病等有利,但不利冬季时令商品销售,有利于对虫卵、病菌越冬存活,来年病虫害将有可能趋重发生,根据当地植保部门监测,由于暖冬和春季提前的影响,近年水稻"两迁"害虫、棉铃虫等危害盛期提前了大约半个月。上半年季节提前、下半年季节推后,农作物、树木生长季延长,生长区域北移,复种指数提高,如果其他条件适宜,将有利于增产。更多影响及对策有待进一步研究。

参考文献

[1] IPCC. Summary for Policymakers of Climate Change 2007: The Physical Science Basis. Contribution of Working Group I to the Fourth Assessment Report of the Intergovernmental Panel on Climate Change

[M]. Cambridge:Cambridge University Press,2007.

[2] 丁一汇,任国玉,石广玉,等.气候变化国家评估报告(Ⅰ):中国气候变化的历史和未来趋势[J].气候变化研究进展,2006,2(1):3-8.

[3] IPCC. Climate Change 2007:Impacts,Adaptation and Vulnerability. Contribution of Working Group II to the Fourth Assessment Report of the Intergovernmental Panel on Climate Change [M]. Cambridge, UK and New York,USA:Cambridge University Press,2007.

[4] 林而达,许吟隆,蒋金荷,等.气候变化国家评估报告(II):气候变化的影响与适应[J].气候变化研究进展,2006,2(2):51-56.

[5] 徐文铎,邹春静.全球变暖对中国东北植被的影响及对策[J].地理科学,1996,16(1):26-36.

[6] 赵昕奕,张惠远,万军.青藏高原气候变化对气候带的影响[J].地理科学,2002,22(5):190-195.

[7] 陆佩玲,于强.贺庆棠.植物物候对气候变化的响应[J].生态学报,2006,6(3):923-929.

[8] 陈正洪,肖玫,陈璇.樱花花期变化特征及其与冬季气候变化的关系[J].生态学报,2008,28(11):5209-5217.

[9] 仲舒颖,郑景云,葛全胜.1962—2007年北京地区木本植物秋季物候动态[J].应用生态学报,2008,19(11):2352-2356.

[10] 吴正方,靳英华,刘吉平.东北地区植被分布全球气候变化区域响应[J].地理科学,2009,29(5):564-570.

[11] 李如琦,纪筱健.哈密近54年的四季变化[J].新疆气象,2006,29(6):4-6.

[12] 张美玲,张慧.滕州市季节变化对气候变暖的响应[J].现代农业科技,2007,(15):204-205.

[13] 李湘,肖天贵.四川地区44年来气候季节划分及变化特征的研究[J].成都信息工程学院学报,2007,22(4):531-538.

[14] 杨琳,钟保粦.热岛效应对四季变化的影响[J].气象研究与应用,2007,28(3):18-19.

[15] 杨素英,孙凤华,马建中.增暖背景下中国东北地区极端降水事件的演变特征[J].地理科学,2008,28(2):224-228.

[16] 贾文雄,何元庆,李宗省,等.近50年来河西走廊平原区气候变化的区域特征及突变分析[J].地理科学,2008,28(4):525-531.

[17] 孙凤华,袁健,关颖.东北地区最高、最低温度非对称变化的季节演变特征[J].地理科学,2008,28(4):532-536.

[18] 邓玉娇,匡耀求,黄宁生,等.温室效应增强背景下城市热环境变化的遥感分析——以广东省东莞市为例[J].地理科学,2008,28(6):819-824.

[19] 高蓉,郭忠祥,陈少勇,等.近46年来中国东部季风区夏季气温变化特征分析[J].地理科学,2009,29(2):255-261.

[20] 陈正洪.湖北省60年代以来平均气温变化趋势初探[J].长江流域资源与环境(学报),1998,7(4):341-346.

[21] 曾庆存,张邦林.论大气环流的季节划分和季节突变Ⅰ:概念和方法[J].大气科学,1992,16(6):641-648.

[22] 陈正洪,王海军,任国玉.武汉市热岛强度非对称变化趋势研究[J].气候变化研究进展,2007,3(5):282-286.

[23] 崔林丽,史军,周伟东.上海极端气温变化特征及其对城市化的响应[J].地理科学,2009,29(1):93-97.

[24] 李国栋,王乃昂,张俊华,等.兰州市城区夏季热场分布与热岛效应研究[J].地理科学,2008,28(5):709-714.

武汉市 10 个主要极端天气气候指数变化趋势研究 *

摘 要 根据武汉市 1951—2007 年 57 年逐日气温、降水量资料计算出的 10 个主要极端天气气候指数序列,通过趋势分析、突变分析及年代际比较,揭示武汉市极端天气气候特征的变化。结果表明:(1)4 个极端气温指数中,年及四季高、低温阈值均为上升趋势,并造成最长热浪天数的延长和霜冻日数的减少;低温阈值升速明显快于高温阈值,高温阈值仅在春季变化显著,最长热浪天数仅在冬季变化显著而低温阈值和霜冻日数则均为极显著上升,尤其是年和冬季,造成"春热"、"暖冬"频繁,暖夜、闷热、傍晚至夜间的强对流等会显著增多,暖日、高温热浪也有所增加,霜冻日大幅减少。(2)6 个极端降水指数以增趋势为主,其中强降水阈值、比例、日数以及最大 5 日降水量在冬季增趋势最明显,只有夏季强降水阈值、比例略有减小,冬季日降水强度的增大趋势、夏季持续干期的缩短趋势分别达到信度为 0.1、0.01 的显著性水平。(3)一些气温指数在 1980—1990 年代发生突变,而降水指数未被检测出突变。

关键词 武汉市;气温;降水;极端天气气候指数;趋势变化

1 引言

武汉市地处北亚热带湿润季风气候区,主要气候特征有:四季分明,雨热同季,光温水资源丰富;同时气候变率大,汛期降水年际差异悬殊,冬夏长、春秋短,夏热冬冷,夏湿冬干。武汉市几乎每年夏季都有几段高温热浪过程,闷热程度高,曾以三大"火炉"之一闻名,而冬季冷空气较频繁,室内外气温都很低,湿度又大,尤感寒冷;夏半年降水集中、强度大,由于长江、汉江在此交汇,城市低平,存在外洪内涝威胁。随着全球气候变化,近 50 多来,武汉的气候发生了一些显著变化,如年平均气温显著升高[1],并在 1980 年代或 1990 年代初发生突变[2],气温变化存在明显的非对称性,即夜间升温快于白天[3];季节发生调整,上半年季节提前下半年季节推迟,夏季延长冬季缩短[4];降水量在 1980—1990 年代偏丰[5-6]、暴雨发生频次增多[7-8],另外城市的发展带来了某些气象要素的持续改变,如城市热岛[9]、夏季雨岛[10]、雷电岛[11]等,至于雾岛尚存在争议,因为大雾次数并未增多但持续时间明显延长[12-13]。这些研究对人们科学认识和积极应对气候变化提供了重要的科学依据[14]。

本研究将引进基于日气温和降水量资料的一系列极端事件指数[15-16],进一步揭示武汉市年极端天气气候事件的强度和频率的变化特征。

2 资料与方法

2.1 资料

基础资料为武汉市 1951—2007 年 57 年间逐日平均气温、最高气温、最低气温、降水量。

* 陈正洪,向华,高荣.气候变化研究进展,2010,6(1):22-28.

2.2 方法

2.2.1 STARDEX 计划中的 10 项核心指数简介

本研究选取欧盟的 STARDEX 研究项目提出的基于逐日温度和降水量观测资料的 50 多个极端指数中的 10 个核心指数(见表 1),以分析极端天气气候事件变化。

表 1 STARDEX 计划中的 10 个核心气象指数

序号	指数名称	新代码	旧代码	定义	单位
1	(较强)高温阈值	txq90	tmax90p	日最高气温的第 90% 分位值	℃
2	(较强)低温阈值	tnq10	tmin10p	日最低气温的第 10% 分位值	℃
3	霜冻日数	tnfd	125Fd	日最低气温≤0 ℃的全部日数	d
4	最长热浪天数	txhw90	txhw90	日最高气温大于基准期第 90% 分位值(最高气温)的最长热浪天数[1)	d
5	(较)强降水阈值	pq90	prec90p	有雨日降水量的第 90% 分位值[2)	mm
6	(较)强降水比例	pfl90	691R90T	大于基准期第 90% 分位的有雨日降水量占总降水量的百分比[3)	%
7	(较)强降水日数	pnl90	692R90N	大于基准期第 90% 分位的有雨日日数[3)	d
8	最大 5 日降水量	px5d	644R5d	最大的连续 5 日总降水量	mm
9	日降水强度	pint	646SDII	有雨日的降水量与有雨日数比值	mm/d
10	持续干期	pxccd	641CDD	最长连续无雨日数	d

注:1)第 90% 分位值算法:取当日及前后两天共 5 d,基准期为 30 年(1971—2000 年),合计 150 d 的日最高气温,取第 90%分位值。2)第 1、2、5 个指数的第 90% 或 10%分位值计算与年份有关,仅采用当年逐日气温或有雨日资料计算,即不同年的结果不同。第 6、7 个指数用到的第 90% 分位值是基准期内所有雨日资料的计算结果,对某一站该分位点值是固定的。3)日降水量≥1.0 mm 为有雨日,否则为无雨日。

2.2.2 趋势分析和突变分析方法

采用趋势系数法结合显著性检验,揭示气候要素的变化趋势,正为增趋势,负为降趋势。年及春夏秋季的样本数为 57,冬季样本数为 56,查表得,对应于样本数为 57,当趋势系数达到 0.217、0.257、0.334、0.418 临界值时,变化趋势分别通过信度 α=0.1、0.05、0.01、0.001 的显著性检验[17],分别称为通过检验、显著、很显著、极显著。

突变分析采用文献[2]中介绍的信噪比法(简称 YA 法):

$$I_A = (X_2 - X_1)/(S_2 + S_l)$$

其中:I_A 为信噪比指数,X_2、X_1 和 S_2、S_l 分别为某一年后 m 年、前 m 年(平均时段)均值和均方差。规定 $AI \geqslant 1.0$ 时,表明突变升温,$AI \leqslant -1.0$ 时,表明突变降温。取 $m = 10$ a。

3　结果分析与讨论

3.1　高温阈值和低温阈值的变化趋势

高、低温阈值变化趋势及突变分析结果和显著性见表 2 和图 1。可见:年及 4 个季节的高温阈值均为上升趋势,但只有春季的指数变化通过了显著性检验,且为极显著,按 57 年计算升高了 1.9 ℃,按年代计算,1950 年代平均为 28.4 ℃,到本世纪初为 29.9 ℃。冬、春季升幅次之,夏季和年升幅最小。值得注意的是秋季高温阈值在 1997 年发生突变上升。

年及 4 个季节的低温指数均为极显著上升趋势,信度均在 0.005 以上,其中年和冬季升温最强,按 57 年计算分别升高了 3.4 ℃、4.7 ℃,按年代计算,1960 年代平均分别为 −1.0 ℃、−4.9 ℃,到 20 世纪初则分别上升为 2.4 ℃和 −0.4 ℃,其中年低温阈值由负转正。个别年份更是极端偏高,如年低温阈值在 2002 年、2007 年达到 3.7 ℃、3.4 ℃。秋、春次之,按 57 年计算分别升高了 2.8 ℃、2.5 ℃,夏季最弱也有 1.5 ℃。低温阈值自 1980 年代开始发生突变上升,其中年及冬季在 1985—1986 年,夏季则在 1993 年。

不难发现低温阈值升幅远大于高温阈值,不但证明气候变暖在白天和夜间是非对称性[3],与之相关的有些极端事件便会显著增加,如暖夜、闷热、傍晚至夜间的强对流等会显著增多,暖日、高温热浪也有所增加,有些则会减少,如下节将分析的霜冻日数以及冰冻日数等。其中春季不论白天、夜间升温都极显著,春季气候将更加异常,近年春、夏季大幅提前,春季强对流、暴雨事件频繁发生。另外气温日较差相应减小,对农业生产极为不利。根据菲律宾进行的一项关于全球变暖对水稻产量产生影响的研究表明,在生长季节内,日均最低气温(夜间)每上升 1 ℃,水稻产量就会减少 10%[18]。

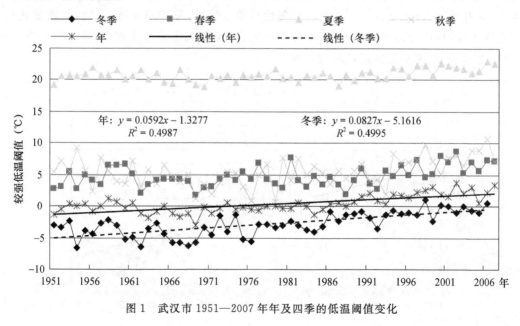

图 1　武汉市 1951—2007 年年及四季的低温阈值变化

表2 武汉市 1951—2007 年年及四季的高、低温阈值变化趋势及突变结果

项目	高温阈值					低温阈值				
	冬	春	夏	秋	年	冬	春	夏	秋	年
气候倾向率(℃/10a)	0.141	0.340	0.072	0.132	0.008	0.827	0.437	0.268	0.496	0.593
趋势系数	0.277	0.397	0.125	0.155	0.013	0.631	0.437	0.464	0.368	0.706
显著性水平	/	0.002****	/	/	/	0.000****	0.0008****	0.0012****	0.0044****	0.000****
突变结果	/	/	/	1997(+)	/	1986(+)	/	1993(+)	/	1985—1990(+),1993(+)
57年变幅(℃)	0.804	1.938	0.410	0.752	0.046	4.714	2.491	1.528	2.827	3.380
57年平均值(℃)	15.6	29.3	35.8	30.5	33.6	−2.8	4.7	20.8	5.5	0.4

注:上标 *、**、***、**** 指分别通过信度为 0.1、0.05、0.01、0.001 的显著性检验。"−"表示为减(降)趋势,否则为增(升)趋势。"/"表示无显著性。颜色加深表示通过显著性检验。平均值为 57 年平均。下同。

3.2 霜冻日数、最长热浪天数的变化趋势

由表3、图2可见:霜冻日数为极显著减少趋势,年及冬季均是在 1980 年代末突变下降。按 57 年计算年霜冻日数减少 38.1 d,其中主要是冬季减少 33.2 d,春、秋季则各只减少 2.0 d 和 1.9 d,夏季没有霜冻日。这个结果与低温阈值极显著上升趋势是一致的。

而年和四季的最长热浪天数则以延长为主,其中只有冬季指标通过 0.05 的信度检验,按 57 年计算延长 2.8 d,这种变化从 1970 年代就开始,但以 21 世纪除的几年明显有一次跃变,如从 1990 年代的 4.5 d 突增至 21 世纪初的 7.3 d。春、秋季和年的最长热浪天数也表现为延长,但变化趋势未达显著程度,不过年指标从 1990 年代的平均 6.4 d 突增至 21 世纪初的 9.3 d。只有夏季指标略缩短,但未通过显著性检验。另外,年和四季最长热浪天数变化呈现"U"型变化(图略),1950 年代末至 1970 年代初、1990 年代末至今均较多,而中间较少,如果从 1970 年代开始,增加趋势还是很明显的。

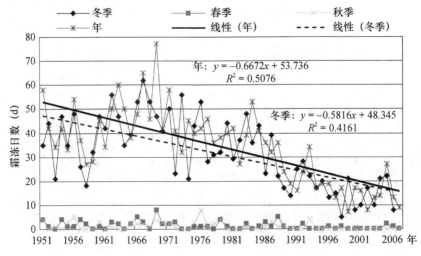

图2 武汉市 1951—2007 年年及四季霜冻日数变化

表 3　武汉市 1951—2007 年年及四季霜冻日数和最长热浪天数变化趋势及突变结果

项目	霜冻日数					最长热浪天数				
	冬	春	夏	秋	年	冬	春	夏	秋	年
气候倾向率(d/10a)	−5.818	−0.358	0	−0.33	−6.681	0.496	0.095	−0.119	0.21	0.177
趋势系数	−0.540	−0.352	0	−0.326	−0.712	0.355	0.097	−0.068	0.1667	0.112
显著性水平	0.000 ****	0.001 ****	/	0.001 ****	0.000 ****	0.049 **	/	/	/	/
突变结果	1988—1989 (−)	/		/	1986—1989(−), 1993—1994(−)	/	/	/	/	/
57 年变幅(d)	−33.163	−2.041	0	−1.881	−38.082	2.827	0.542	−0.678	1.197	1.009
57 年平均值(d)	31.8	1.3	0	1.1	34.4	4.3	3.9	4.5	3.9	6.7

3.3　强降水阈值、强降水比例、强降水日数的变化趋势

年及四季 3 项强降水指数变化趋势结果和显著性见表 4。可见:除了夏季强降水阈值、比例略有减小(下降)趋势外,其余时段指数均为增大(上升)趋势。但只有冬季强降水比例、日数的升趋势分别通过了 0.1、0.05 的显著性检验,强降水比例 57 年则升幅达 15.6%,其中从 1970 年代的 15.2%上升到本世纪头 10 年的 36.3%;强降水日数 57 年则增加 1.1 d,其中从 1970 年代的 0.9 d 增加到本世纪头 10 年的 2.1 d。另外冬季强降水阈值接近 0.1 的显著性,57 年升幅达 4.5 mm,其中从 1970 年代的 12.7 mm 上升到本世纪头 10 年的 20.6 mm。这与过去研究暖冬伴随多雨的结论仍是一致的,属于暖湿化型。此外春季强降水比例增加 7.4%,年强降水日数增加 2.1 d。

3.4　最大 5 日降水量、日降水强度、持续干期的变化趋势

与暴雨洪涝、干旱相关的 3 项指数的变化趋势见表 5。可见:一年大部分时间(冬、春、秋季)最大 5 日降水量、日降水强度(除夏季外)几乎均为一致性增大,表明降水以更强烈的方式出现;同时,冬、春、秋季持续干期更长,只有夏季持续干期更短。显著性上,只有冬季日降水强度的增大趋势、夏季持续干期的缩短趋势分别达到 0.1、0.01 的显著性,其中夏季持续干期 57 年来缩短了 7.9 d,相比于多年平均值 16.5 d 几乎减了一半。冬季、春季、年的最大 5 日降水量的升趋势和秋季持续干期的延长趋势接近 0.1 的显著性水平。

这些分析表明,在全球气候变化背景下,武汉的强降水有加强、增多趋势,在冬季、春季表现最突出,而且暴雨洪涝、干旱同时加重,需要特别引起注意。不过对于夏季,5 项强降水指数中,只有最大 5 日降水量略增加,而日降水强度减弱,强降水比例下降,其他 2 个指数无趋势性变化(3.3 节),这些变化总体上对防灾较为有利。

表 4　武汉市 1951—2007 年年及四季强降水阈值、比例、日数变化趋势

项目	强降水阈值（mm）					强降水比例（%）					强降水日数（d）				
	冬	春	夏	秋	年	冬	春	夏	秋	年	冬	春	夏	秋	年
气候倾向率（/10a）	0.797	0.351	−0.411	0.695	0.74	2.8	1.3	−1.6	1.7	0.4	0.196	0.038	0.083	0.093	0.369
趋势系数	0.316	0.07	−0.037	0.093	0.1457	0.2561	0.128	−0.133	0.123	0.064	0.227	0.036	0.077	0.1	0.176
显著性水平	0.128	/	/	/	/	0.082*	0.172	/	/	/	0.03**	/	/	/	/
突变结果	/	/	/	/	/	/	/	/	/	/	/	/	/	/	/
57 年变幅	4.543	2.001	−2.343	3.962	4.218	15.6	7.4	−9.1	9.7	2.3	1.117	0.217	0.473	0.53	2.103
57 年平均值	16.1	30.5	50.7	24.8	33.4	28.6	35.7	37.8	30.7	40.3	1.9	3.0	2.4	1.6	8.7

表 5　武汉市 1951—2007 年年及四季最大 5 日降水量、日降水强度、持续干期变化趋势

项目	强降水阈值（mm）					强降水比例（%）					持续干期（d）				
	冬	春	夏	秋	年	冬	春	夏	秋	年	冬	春	夏	秋	年
气候倾向率（/10a）	1.681	3.617	3.532	1.94	5.171	0.196	0.153	−0.341	0.435	0.219	0.278	0.116	−1.387	0.739	−0.449
趋势系数	0.175	0.176	0.063	0.08	0.102	0.247	0.1	−0.077	0.162	0.128	0.129	0.056	−0.324	0.139	−0.069
显著性水平	0.136	0.188	/	/	0.171	0.077*	/	/	/	/	/	/	0.008***	/	/
突变结果	/	/	/	/	/	/	/	/	/	/	/	/	/	/	/
57 年变幅	9.582	20.617	20.132	11.058	29.475	1.117	0.872	−1.944	2.48	1.248	1.585	0.661	−7.906	4.212	−2.559
57 年平均值	47.9	100.6	179.9	75.2	189.9	7.3	13.1	21.8	10.9	13.9	23.8	12.2	16.5	22.6	32.0

4 小结与讨论

(1)武汉市年及四季高温阈值均为上升趋势,但只有春季通过了显著性检验,且为极显著,按 57 年计算升高了 1.9 ℃,与近年"春热"频繁发生和入春入夏提前一致;低温阈值均为极显著上升趋势,其中年和冬季升温最强烈,按 57 年计算分别升高了 3.4 ℃、4.7 ℃,则与频繁的"暖冬"对应,显然最高、最低气温变化存在明显的非对称性。

(2)年及四季霜冻日数为极显著减少趋势,均是在 1980 年代后期急剧下降,按 57 年霜冻日数减少 38.1 d,其中冬季减少 33.2 d;最长热浪天数则以延长为主,但只有冬季指标通过信度 α=0.05 的显著性检验,57 年延长 2.8 d,夏季指标则略缩短。

(3)强降水阈值、比例、日数等 3 项指数以增趋势为在主,其中冬季各指数增趋势的显著性最强,如强降水比例 57 年则升幅达 15.6%,说明冬季暖湿化趋势,只有夏季的强降水阈值、比例略有减小。

(4)最大 5 日降水量、日降水强度(除夏季外)几乎均为一致性增大,同时,冬、春、秋季持续干期更长,只有夏季持续干期更短。冬季日降水强度的增大趋势、夏季持续干期的缩短趋势分别达到 0.1、0.01 的显著性,其中夏季持续干期 57 年来缩短了 7.9 d,相比于多年平均值 16.5 d 几乎减了一半。

(5)一些气温指数在 1980 年代至 1990 年代发生突变,而降水指数未被检测出突变。

本文所用的指数与我国天气气候业务上的指标有些是类似的,如夏季高温阈值 35.8 ℃,与我们常用的高温标准 35.0 ℃很接近;年低温阈值 0.4 ℃,则与 0 ℃接近;夏季强降水阈值 50.7 mm,与我国暴雨指标几乎一致,春、秋季降水阈值则与我国大雨指标比较接近。但是有些指标则是过去所没有的,如最长热浪天数、持续干期、强降水比例,尤其是可揭示季节和区域指标差异的功能是过去固定指标所不及的。

以上分析指出,在全球气候变暖的背景下,武汉气温变化的非对称性,冬春季气候变化幅度最大,暴雨洪涝、干旱同时加重,需要特别关注。其实这些要素变化有着内在的联系,如气温变化的季节差异,使冬季霜日显著减少、"热浪"和"暖冬"频繁发生,而夏季高温过程缩短、"凉夏"频繁发生,夏季的热主要以季节延长、高温过程频次多为特征。冬春季地表气温的上升也导致强降水频次和比例增加,夏季气温下降,强降水指数则略有降低。可见这套极端气象指数设计科学,有推广使用价值。

参考文献

[1] 陈正洪.湖北省 60 年代以来平均气温变化趋势初探[J].长江流域资源与环境(学报),1998,7(4):341-346.

[2] 陈正洪.武汉、宜昌 20 世纪平均气温突变的诊断分析[J].长江流域资源与环境(学报),2000,9(1):56-62.

[3] 覃军,陈正洪.湖北省最高气温和最低气温的非对称性变化[J].华中师范大学学报,1999,33(2):286-290.

[4] 陈正洪.武汉、宜昌 20 世纪最高气温、最低气温、气温日较差突变的诊断分析[J].暴雨灾害,1999,(2):14-19.

[5] Chen Zhenghong,Qing Jun.The Trend of Precipitaion Variation in Hubei Province since 1960's[J].Chinese Geographic Sciences,2003,13(4):322-327.

[6] 张秀丽,郑祚芳,何金海.近百年武汉市主汛期降水特征分析[J].气象科学,2002,22(4):379-386.

[7] 张意林,覃军,陈正洪.近 56 a 武汉市降水气候变化特征分析[J].暴雨灾害,2008,27(3):253-257.

［8］ Chen Zhenghong，Yang Hongqing，Tu Shiyu. Temporal Variation of Heavy Rain Days and Torrential Rain Days in Wuhan and Yichang in the Last 100 Years［C］//The Proceeding of International Symposium on Climate Change(ISCC)，WMO(WMO/TD-No. 1172)in Sep. 2003；199-203.

［9］ 陈正洪，王海军，任国玉.武汉市热岛强度非对称变化趋势研究［J］.气候变化研究进展，2007，3(5)：282-286.

［10］ 宋清翠，马文彦.武汉市暴雨气候特征分析［J］.华中师范大学学报：自然科学版，1998，32(1)：104-108.

［11］ 王学良，王海军，李卫红.武汉市雷电日数的时间和地域变化的基本特征［J］.湖北气象，2003(1)：21-23.

［12］ 李盾，万蓉.武汉地区雾的特点及其对交通的影响［J］.湖北气象，2000(3)：20-22.

［13］ 李才媛，韦惠红，王东阡.近 10 年武汉市大雾变化特征及 2006 年一次大雾个例分析［J］.暴雨灾害，2007，26(3)：241-245.

［14］ 潘家华，赵行姝，陈正洪，等.湖北省应对气候变化的方案分析与政策建议［J］.气候变化研究进展，2008，4(5)：309-314.

［15］ Climatic Research Unit. School of Environmental Sciences of University of East Anglia Statistical and Regional dynamical Downscaling of Extremes for European regions［EB/OL］(2005-11-01). http：//www. cru. uea. ac. uk/projects/stardex/.

［16］ 章毅之.基于日降水量的江西省极端降水指数变化初步研究［J］.气象与减灾研究，2007，30(4)：33-36.

［17］ 马开玉，丁裕国，屠其璞，等.气候统计原理与方法［M］.北京：气象出版社，1993：391-419.

［18］ 联合国环境规划署(UNEP).全球环境展望年鉴(2006)—气候变化中的农作物生产［Z］. http：//www. un. org/chinese/esa/environment/outlook2006/crop. htm.

长江流域面雨量变化趋势及对干流流量影响的时空差异分析*

摘 要 根据长江流域 1960—2001 年 42 年间 109 个气象站的雨量资料和大通、宜昌水文站(分别为全流域、上游控制站)同期的流量资料,分别计算了全流域和上游年、季、月平均面雨量、流量的变化趋势及其相关性,分析了雨量对干流流量影响,发现:(1)全流域面雨量,冬、夏季显著增加,秋季显著减少,全年为弱增加趋势,主要发生在 1 月、6 月、9 月;而上游仅秋季明显减少,夏、冬季呈弱增加趋势,全年无变化,主要发生在 1 月、9 月;(2)大通流量,为冬、夏、年季显著增加,秋季无变化,主要发生在1—3 月、7—8 月;宜昌流量仅秋季明显减少,冬、夏季为弱增加趋势,全年无变化,主要发生在 1—2 月、10 月;(3)全流域或上游的面雨量与同期流量均为显著正相关,尤其是年、春夏季,主要发生在全流域的 1—8 月、上游的 3—11 月;(4)全流域所有月份、上游 1—3 月、10 月、12 月面雨量与下月流量的相关性均比同期更好,表明流量对雨量的响应有一定的时空滞后性。

关键词 面雨量;流量;相关分析;时空差异;水文分析;长江上游

1 引言

进入 20 世纪 80 年代以来长江洪水灾害频繁发生,给国家和沿江人民群众生命财产造成巨大损失,与我国北方广大地区旷日持久的干旱灾害一起,成为了我国两大严重的自然灾害[1~3],近年关于长江洪水的变化事实、成因和对策研究显著增加[4~6]。本文拟对长江流域面雨量变化趋势及对干流流量影响进行更深入细致的时空差异分析,以便更好指导防洪抗旱减灾工作。

2 资料与方法

2.1 资料

本文分析所采用的资料为长江流域 109 个气象站(其中上游 46 个气象站)1960—2001 年逐月降水资料及大通、宜昌水文站(分别为长江流域和上游控制站)逐月平均流量资料。长江流域边界按照中国气象局的规定。季节划分采用冬季为 12—2 月,春季为 3—5 月,夏季为 6—8 月,秋季为 9—11 月。

2.2 方法

(1)采用泰森多边形方法计算流域的面雨量[7],该方法是先求得各测站的面积权重系数,

* 陈正洪,杨宏青,任国玉,沈浒英. 人民长江,2005,36(1):22-30.

然后用各测站雨量与该测站面积权重系数相乘后累加得到面雨量,即:

$$\bar{p} = f_1 p_1 + f_2 p_2 + \cdots + f_n p_n$$

式中 $f_1, f_2 \cdots f_n$ 分别为各测站的面积权重系数,$p_1, p_2, \cdots, p_n$ 分别为各测站同时期降雨量,$\bar{p}$ 为同时期流域面雨量。

(2)对长江流域及上游雨量和流量的的年、季、月序列(y),采用一元线性回归来拟合其线性变化趋势和气候倾向率,即:

$$y_t = at + b \qquad (t \text{ 为年份序号},t=1,2,\cdots,n \text{ 年})$$

式中回归系数 $a \times 10$ 称为气候倾向率,即每 10 年气象要素的变化值;相关系数 r_{yt} 称为气候趋势系数(以下简称趋势系数),为正(负)时,分别表示所研究的气象要素在该时段内呈增加(或减小)趋势,对于 $n=42$,查表知,当 r_{yt} 的绝对值 $\geqslant 0.26$、0.30、0.39 时分别表示拟合方程线性趋势通过了信度 0.1、0.05 和 0.01 的显著性检验。

(3)求取全流域或上游的年、季、月面雨量与流量的相关系数,以及当月面雨量与下月流量的相关性。

3　结果分析与讨论

3.1　面雨量的变化趋势

长江流域及长江上游年(季)、月面雨量的趋势系数见表 1 和表 2,其中四季面雨量的变化趋势见图 1。分析可知:长江流域面雨量变化以夏季、冬季、1 月、6 月显著增加,秋季、9 月显著减少为主要特征,而春季略有减少,全年略有增加;上游面雨量变化则以秋季、9 月显著减少为特征,而冬季、夏季略有增加,1—2 月显著增加,春季和年无变化,10 月显著减少。其中在夏季、冬季,全流域和上游为一致的增加,但全流域更显著,表明全流域流量的增加以中下游为主;在秋季,全流域和上游为一致的显著减少,程度相当,表明秋雨减少是全流域的共同特征。由于流量在春季变化不明显,而在冬季和夏季增加,在秋季减少,二者相互抵消,从而造成全年变化不明显。

表 1　长江流域、长江上游年及四季面雨量的趋势系数

区域	春	夏	秋	冬	年
长江流域	−0.14	0.37 **	−0.36 **	0.28 *	0.15
长江上游	−0.02	0.15	−0.33 **	0.19	−0.02

注:* 、**、* * * 分别表示通过 0.1、0.05、0.01 的显著性检验,分别为显著、很显著、极显著,下同。

表 2　长江流域、长江上游各月面雨量的变化趋势

区域	月											
	1	2	3	4	5	6	7	8	9	10	11	12
流域趋势	0.52 ***	0.12	0.16	−0.15	−0.21	0.37 **	0.25	0.14	−0.38 **	−0.03	−0.16	−0.07
上游趋势	0.39 ***	0.09	0.10	0.03	−0.1	0.18	0.17	−0.02	−0.30 **	−0.13	−0.07	−0.14

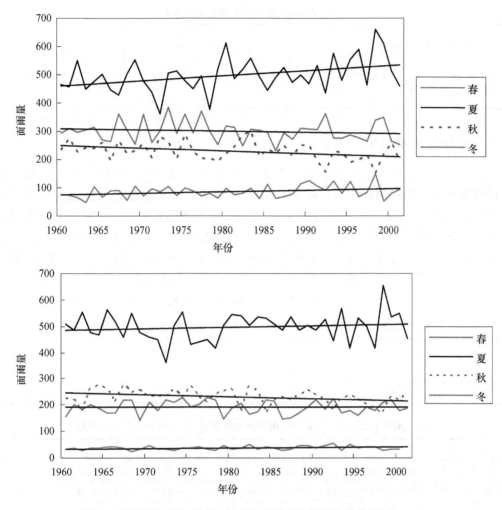

图 1　长江流域(上)、长江上游(下)四季面雨量变化趋势(单位：mm)

3.2　流量的变化趋势及与面雨量变化趋势的关联分析

　　大通、宜昌水文站(分别为全流域、上游控制站)的年(季)、月流量的变化趋势系数见表 3、表 4。分析表明，大通流量变化以夏季、冬季、年、1—3 月、7—8 月显著增加为主要特征，与面雨量的增加趋势基本一致，秋季几乎无变化，这与面雨量显著减少不同，而春季略有增加；宜昌流量则以秋季显著减少为特征，而冬季、夏季略有增加，春季和年无变化，年及各季流量变化趋势与上游同期面雨量的变化完全一致。

表 3　大通、宜昌年及四季流量的变化趋势

站	春	夏	秋	冬	年
大通	0.0.9	0.28*	0.01	0.37**	0.26*
宜昌	−0.03	0.08	−0.27*	0.15	0.01

表4 大通、宜昌各月流量的变化趋势

站	月											
	1	2	3	4	5	6	7	8	9	10	11	12
大通	0.44***	0.50***	0.35**	0.21	−0.25	0.06	0.30**	0.26*	0.15	−0.11	−0.12	0.05
宜昌	0.28*	0.31**	0.15	0.08	−0.15	0.07	0.17	−0.05	−0.19	−0.27*	−0.2	0.03

3.3 面雨量与流量的相关分析

由面雨量与流量的相关分析结果(表5、表6,图2、图3)表明:长江流域或长江上游,面雨量与同期流量在多数时间段里具有高度的正相关性,达到极显著程度,即多雨对应洪涝或丰水,少雨对应干旱或枯水。若以年、季为单位,除长江上游冬季为显著、长江流域秋季为很显著外,其余均为极显著,尤其是年流量与面雨量相关系数达到0.8以上;若以月为单位,仅长江流域9月、11月、12月等3个月正相关不显著,长江流域10月、长江上游2月、12月显著,长江流域4月很显著,其余均达到极显著。可见,不显著或显著多集中在秋冬季月,分析认为主要这些季节雨水相对较少,水库、塘堰等蓄水较多,从而降低了面雨量与长江干流流量的相关性。

表5 长江流域、长江上游年及四季面雨量分别与大通、宜昌流量的相关系数

区域	春	夏	秋	冬	年
长江流域	0.72***	0.60***	0.33**	0.41***	0.89***
长江上游	0.69***	0.76***	0.53***	0.29*	0.84***

表6 长江流域、长江上游月面雨量分别与宜昌、大通月流量的相关系数

区域	月											
	1	2	3	4	5	6	7	8	9	10	11	12
长江流域	0.65***	0.43***	0.43***	0.33**	0.52***	0.50***	0.58***	0.53***	0.12	0.26*	0.25	0.21
长江上游	0.39***	0.28*	0.63***	0.64***	0.50***	0.48***	0.57***	0.73***	0.54***	0.52***	0.50***	0.27*

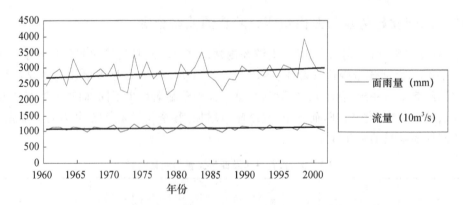

图2 长江流域年平均面雨量与大通水文站年平均流量的历年变化

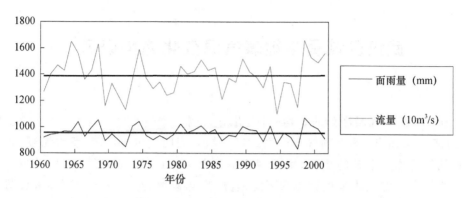

图 3　长江上游年平均面雨量与宜昌水文站年平均流量的历年变化

进一步分析表明(表 7):对上游而言,面雨量与下月流量的相关系数在 1—3 月、10 月、12 月等 5 个月有所增加,其中 11 月增加了 0.45,主要集中在冬半年,可能是冬季流速慢的原因,其余 7 个月下降,最多下降 0.2,可见增加的幅度大于下降的幅度;对全流域而言,月面雨量与下月流量的相关系数,比与同期流量的相关系数都有不同程度增加,其中 10 月增加了 0.49,这是由于全流域干流长,面积大,滞后影响也更显著。

表 7　长江流域、长江上游月面雨量分别与大通、宜昌下月流量的相关系数

区域	月											
	1	2	3	4	5	6	7	8	9	10	11	12
长江流域	0.65 ***	0.68 ***	0.57 ***	0.69 ***	0.54 ***	0.65 ***	0.83 ***	0.80 ***	0.54 ***	0.75 ***	0.67 ***	0.48 ***
长江上游	0.55 ***	0.64 ***	0.66 ***	0.44 ***	0.43 ***	0.28 *	0.48 ***	0.61 ***	0.51 ***	0.57 ***	0.34 **	0.72 ***

参考文献

[1] 翟盘茂,任福民,张强等.中国降水极值变化趋势检测[J].气象学报,1999,57(2):208-215.

[2] Zhai P M,Sun A J,Ren F M,et al. Changes of climate extremes in China[J]. Climatic Changes,1999,42 (1):203-218.

[3] 任国玉,吴虹,陈正洪.我国降水变化趋势的空间特征[J].应用气象学报,2000,11(3):322-330.

[4] 施雅风,姜彤,王俊,等.全球变暖对长江洪水的可能影响及其前景预测[J].湖泊科学,2003,15(S1):1-15.

[5] 任国玉,陈正洪,杨宏青.长江流域近 50 年降水变化及其对干流洪水的影响[J].湖泊科学,2003,15(S1): 49-55.

[6] 沈浒英.长江流域降雨径流的年代际变化分析[J].湖泊科学,2003,15(S1):90-96.

[7] 徐晶,林建,姚学祥,等.七大江河流域面雨量计算方法及应用[J].气象,2001,27(11):13-16.

武汉区域百年地表气温变化趋势研究[*]

摘　要　考虑了气温序列的非均一性,并对缺测数据进行合理插补,建立武汉区域 1905—2005 年、季 3 项气温序列。序列结果表明,100 年来年平均气温、年平均最低气温均呈上升的趋势,增温速率分别为 0.014 ℃/10a 和 0.026 ℃/10a;年平均最高气温变化呈现微弱的下降趋势,变化速率为 −0.003 ℃/10a,表明百年来武汉区域夜间增温趋势比较明显,白天气温变化不大;年平均最高气温与最低气温的变化具有不对称性。年平均气温、年平均最高气温存在两个暖期,时段为 1920—1940 年、1990—2005 年,第一个暖期主要是夏、秋季气温偏高,冬、春季不明显,热在白天;第二个暖期则四季气温均偏高,冬、春季最明显,夏季较弱,暖在夜间。

关键词　气温序列;均一性检验;变暖

1　引言

全球或区域最近百年来地表气温变化趋势是气候变化检测研究中的核心问题之一。国外[1-3]对百年地表气温开展不少研究,这为我们认识气候变化和开展更进一步的工作提供了重要的基础和背景。IPCC 第四次评估报告指出[4],近百年来(1906—2005)地球气候正经历一次以全球变暖为主要特征的显著变化。根据对近 100 a 全球气温观测资料的分析,全球平均地表气温已升高 0.74 ℃。

中国学者对中国的气候变化进行了不少研究,对地表气温变化的研究更是给予密切关注。有学者[5 6]对千年尺度的气候变化给于关注;1980 年代以后,国内很多学者[7-11]利用不同资料和方法研究了中国近百年的温度变化情况。研究表明[12],中国近百年平均气温变化与全球或北半球很相似,均显示出 20 世纪 20—40 年代和 80—90 年代两个增温期。近年来,有学者[13-15]对中国地区近 40 年或 50 年的气温变化特征进行了研究,研究表明,不同季节、不同区域气温的年变化特征并不相同,具有各自的特殊性。这些序列和研究成果表明我国平均气温的上升趋势,而且进一步提高了增温估计的可信度。

尽管目前有学者对武汉区域的气候变化尤其是地表气温进行了研究[16-19],但对长时间尺度地表气温的研究相对匮乏,而且也未能深入季节尺度研究地表气温的长期变化情况。而研制武汉区域的百年气温序列无论是从科学探索上,还是从气象气候工作需要、参与全国及世界气候交流,以及对社会大众都是有意义和迫切的。本文正是基于这一背景,充分考虑了数据均一性、资料的合理插补,以及气温序列的可靠性,开展了研制武汉区域百年气温序列的工作。

---

　　* 任永建,陈正洪,肖莺,孙杰,孙善磊,赖安伟. 地理科学,2010,30(2):278-282.

2 资料和方法

1905—1950 年的资料主要来自原中央气象局和原中国科学院地球物理研究所联合资料室整编出版的《中国气温资料》。资料序列较长且较完整的主要有武汉（1905—）、宜昌（1924—）、芷江（1938—）等 3 站。1951—2005 年的资料来源中国气象局气象信息中心的中国均一化历史气温数据集 CHHT(1951—2004)(1.0 版本)、中国气象科学数据共享服务网以及河南、湖北、湖南三省气象档案馆。

选择了 CHHT 数据集中河南、湖北、湖南等 3 省中 12 个气象站点，另外在研究区域中选取通过均一化检验的 21 个站点。为了尽可能利用现有的观测资料，延长分析时间，本研究以 1905 年作为分析的起始年。

对所缺气温数据进行插补时，分为 1905—1950 年武汉、宜昌资料插补、1951—1960 年河南、湖北、湖南等三省资料插补、1905—1950 年河南、湖北、湖南等三省资料插补。利用湖南芷江站完成对 1905—1950 年武汉、宜昌缺测气温序列的插补，并以两站的气温平均作为参考序列；本文的创新点在于利用参考序列对河南、湖北、湖南三省的 1905—1950 年的数据进行整体插补，而不是单独对各个气象站点进行插补。在对序列进行插补前，先计算 1961—2000 年三省的年平均气温序列和季节平均气温序列。对 1951—1960 年河南、湖北、湖南等三省插补时，利用一元线性回归方程，以需插补站某种气温为预报量，以相关性最佳的参考站同类气温为预报因子。回归方程均以月值订正为基础，且均通过了显著性为 0.01 的 F 检验。

在计算区域年、季气温距平值时，参考气候值为 1971—2000 年的 30 a 气温平均值；以各省面积作为权重系数，计算气温距平值的面积加权平均，得到武汉区域气温距平值。四季的时段分别为：冬季(12—2 月)、春季(3—5 月)、夏季(6—8 月)、秋季(9—11 月)。

3 结果分析

图 1 给出了武汉区域百年地表气温距平变化曲线，表 1 给出了平均气温距平的年代差异及线性变化速率。从图 1 和表 1 可以发现，武汉区域百年来存在两个暖期，分别为 20 世纪 20—40 年代、1990 年代至今。第一个暖期特点明显，从 20 s 初就开始增暖，直到 40 s 末结束，暖期持续 3 个年代，与全国 1930—1940 年代偏暖平均情况相比[20]，开始增暖时间早，结束时间一致，所以持续时间更长；第二个增暖期为 1990 年代至今，增温相对明显，与全国增暖开始时间大体相同。与全国趋势相同，武汉区域百年来年平均气温的最大值出现在 1998 年。

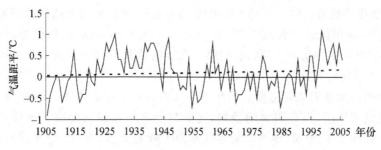

图 1 武汉区域年平均地表气温距平(1905—2005 年)

表 1　武汉区域平均气温距平的年代差异及线性变化速率(1905—2005 年)

年份	气温距平(℃)											变化速率 (℃/10a)
	1905—1910	1911—1920	1921—1930	1931—1940	1941—1950	1951—1960	1961—1970	1971—1980	1981—1990	1991—2000	2001—2005	
冬季	−0.68	−0.21	−0.45	−0.14	−0.03	−0.6	−0.51	−0.3	−0.38	0.58	0.54	0.069
春季	−0.9	−0.34	0.37	0.09	−0.11	−0.53	−0.08	−0.16	−0.11	0.23	0.94	0.068
夏季	−0.13	0.11	0.51	0.33	0.19	0.15	0.44	0.08	−0.03	0.08	0.24	−0.012
秋季	−0.08	0.11	0.3	0.39	0.1	−0.15	−0.07	−0.12	−0.08	0.08	0.56	−0.015

　　可以发现,四季平均气温的演变过程为"冷－暖－冷－暖",即 1910 年代以前、1950—1980 年代以负距平为主。1920—1940 s、1990 s 以后以正距平为主。具体到各季,冬、春季在 1980 年代前以负距平为主,其中冬季全部为负距平,春季仅在 1920、1930 年代为正距平,而且 1930 年代很弱,仅 0.09 ℃,暖的特征不明显;夏、秋季前一个暖期较明显,尤其是夏季从 1910—1970 年代等 7 个年代持续为正距平,秋季则从 1910—1940 年代等 4 个年代为正距平。所以前一个暖期主要由夏秋气温偏高所致。而 1990 年代以后所有季节均为正距平,从 1980—1990 年代以后升温明显,除夏季外,强度至少有一个年代气温距平在 0.5 ℃以上。

　　图 2 给出了武汉区域百年来最高气温、最低气温地表气温距平变化曲线。自 1905 年来,武汉区域年平均最高气温变化不显著,呈现微小的下降趋势,变化速率为−0.003 ℃/10a;而年平均最低气温变化显著,上升速率为 0.026 ℃/10a,表明百年来武汉区域年平均最高气温与最低气温的变化具有不对称性。从 1976 至 2005 年,武汉区域年平均最高气温和最低气温的升高趋势显著,升温速率分别为 0.030 ℃/10a 和 0.035 ℃/10a。

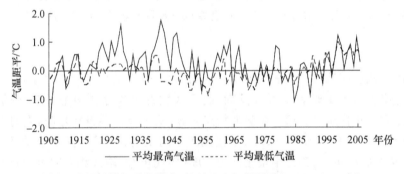

图 2　武汉区域年平均最高、最低地表气温距平(1905—2005 年)

　　从年代际变化特征看,1920—1940 年代和 90 年代以后是平均最高气温明显偏高的时期,20 年代、30 年代、40 年代分别偏高 0.75 ℃、0.35 ℃、0.64 ℃,除 30 年代外,都比 90 年代的 0.29 ℃、20 世纪前 5 年的 0.62 ℃高,表明第一次暖期很强,而且一般从 191—1960 年代,持续 5 个年代,显然比平均气温的第一个暖期更长。不过从 1990 年代中后期开始,年平均最高气温上升加快,表明白天增温变得重要。与年平均气温和年平均最高气温相比,年平均最低气温在 1950 年前接近常年值,没有明显的暖期,这是与年平均最高气温明显不同的。从 20 世纪 30 年代中后期至 70 年代中期,年平均最低气温为下降趋势;20 世纪 80 年代后期至 2005 年,年平均最低气温呈现上升趋势,为唯一的暖期。

　　武汉区域四季平均最高、最低气温变化特点为:冬、春季均呈上升趋势,最高气温的增温速率分别为 0.075 ℃/10a 和 0.034 ℃/10a,最低气温的增温速率分别为 0.059 ℃/10a 和 0.069 ℃/10a。夏、秋季平均最高气温呈下降趋势,降温速率分别为 −0.085 ℃/10a 和 −0.016 ℃/10a,其中夏季"变凉"趋势非常显著;最低气温距平在夏季、秋季变化不显著,变化速率分别为 0.007 ℃/10a 和 −0.006 ℃/10a。

区域各年代平均最低气温的两个暖期均以春季开始最早;前一个暖期比较弱,但在秋、夏季持续时间比较长,集中时间段则为 1920—1930 年代,而 1940 年代不明显;后一个暖期集中在 1990s 以后,四季都很明显。另外冬、春季在 1980 年代前以负距平为主,其中冬季全部为负距平,春季只在 1920 年代、1930 年代为正。而平均最高气温的季节变化特征与年平均气温的变化特征基本一致。

4 可靠性分析

为了说明不同序列的差异,本研究比较了不同统计方法基础上的平均气温序列。在序列形成方法和气象观测站全部相同的基础上,采用目前普遍使用的由 02 时、08 时、14 时、20 时(北京时)4 个时次观测形成的月平均气温资料,获得武汉区域平均气温距平序列,大体相当于前人工给出了的气温序列,简记为 T1。该序列 1950 年以前部分的平均值实际上是由多种不同类型观测记录统计的结果,情况非常复杂。将最高、最低气温平均所获得的距平序列,简记为 T2。将分别形成 T2 与 T1 的平均气温求差值所得到的平均差值序列,简记为 T3。

武汉区域的结果见图 3、表 2。结果表明,1905—2005 年,T1、T2 序列变化是基本一致的,均表现为增温趋势,增温速率分别为 0.014 ℃/10a、0.009 ℃/10a,可见两者相差很小。有研究发现[21]以 T2 序列代替 T1 序列不会对温度变化速率的估计值产生明显影响,即用新方法得到的 T2 序列代替 T1 序列是可行的。不过 T1、T2 序列的增温速率均远小于全国平均增温速率 0.08 ℃/10a[20]。

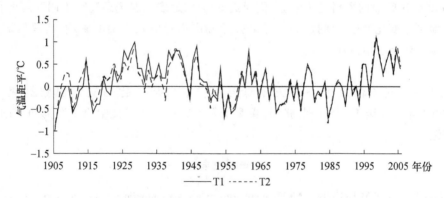

图 3　武汉地区 T1、T2 时间序列曲线(1905—2005 年)

表 2　武汉区域 T1、T2、T3 气温序列分段平均值及线性变化速率

年份	T1 序列平均值(℃)	T2 序列平均值(℃)	T3 序列平均值(℃)	T1 序列平均变化速率(℃/10a)	T2 序列平均变化速率(℃/10a)	T3 序列平均变化速率(℃/10a)
1905—1950	0.18	0.14	0.57	0.170	0.085	−0.085
1951—2005	0.03	0.02	0.60	0.117	0.120	0.003
1905—2005	0.10	0.07	0.59	0.014	0.009	−0.005

　　另外,新序列并没有表现出更明显的增温趋势(图 3)。究其原因,在 1905—1950 年,T1、T2 序列的变化趋势基本吻合,1928 年前多数年 T1 略低于 T2,1928 年后多数年 T1 略高于 T2,就使 T1 的增温速率(0.017 ℃/10a)大于 T2 的增温速率(0.008 5 ℃/10a);而在 1951—2005 年,T1、T2 序列几乎完全吻合,T1、T2 的增温速率几乎一致(0.117 ℃/10a、0.12 ℃/10a)。

　　不过 T3 总是>0,一般差值在 0.3～0.9 ℃,平均为 0.59 ℃,即最高最低气温平均值大于同期定时气温平均值,表明用新方法获得的平均气温序列要高于原气温序列。

　　特别关注 1951—2005 年间,T1、T2 平均气温增暖幅度为 0.64 ℃和 0.66 ℃,两种序列的增温幅度均小于全国平均增温幅度。任国玉等研究表明[22],中国 1951—2004 年期间平均地表气温变暖幅度约为 1.3 ℃,增温速率约为 0.25 ℃/10a。

5　结论与讨论

　　本研究利用武汉和宜昌的平均气温序列作为参考序列,对武汉区域的气温序列进行插补,从而建立了武汉区域百年气温序列。对气温序列的研究发现,1905 年以来年平均气温、年平均最低气温均呈上升的趋势,增温速率分别为 0.014 ℃/10a 和 0.026 ℃/10a;年平均最高气温变化呈现微弱的下降趋势,变化速率为−0.003 ℃/10a,表明百年来武汉区域夜间增温趋势比较明显,白天气温变化不大,日较差呈减少的趋势。

　　四季气温序列大致的演变过程为"冷—暖—冷—暖",即 1910 年代以前、1950—1980 年代以负距平为主。1920—1940 年代、1990 年代以后以正距平为主。和全球与全国的平均一样,百年来武汉区域的增温主要发生在冬季和春季,而夏季变凉趋势显著,年较差呈扩大的趋势。

　　本文对 100 年来武汉区域气温变化的研究结果仍存在着一定的不确定性。最大的问题是 1905—1950 武汉区域的资料还不充分,同时近 50 a 的地表气温记录还在不同程度上存在着城市化或土地利用变化产生[23]的影响。如果去除城市化对地表气温的影响,武汉区域 20 世纪后期的增温趋势将有所减小。

致谢:感谢国家气象信息中心李庆祥博士提供中国均一化历史气温数据集 CHHT (1951—2004 年);任国玉、唐国利、张强、翟盘茂等专家在本文研究中给予咨询和帮助,在此一并表示感谢。

参考文献

[1] Jones P D,Wigley T M L,Kelly P M. Hemispheric surface air temperature variations:recent trends and an update to 1987[J]. J Climate,1988,1:654-660.

[2] Mitchell J M. Recent secular changes of global temperature[J]. Ann NY Acad Sci,1996,95:235-250.

[3] Peterson T C,Vose R S. An overview of the global historical climatology network temperature database[J]. Bull A-mer Meteor Soc,1997,78:2837-2849.

[4] IPCC,Climate Change 2007:The Physical Science Basis[M]. Cambridge,United Kingdom:Cambridge University Press,2007:996.

[5] 谢远元,李长安,王秋良,等.江汉平原 9.0kaB. P. 以来的气候演化:来自江陵剖面沉积物记录[J].地理科学,2006,26(2):199-204.

［6］朱西德,王振宇,李林,等.树木年轮指示的柴达木东北缘近千年夏季气温变化[J].地理科学,2007,27
(2):256-260.

［7］张先恭,李小泉.本世纪我国气温变化的某些特征[J].气象学报,1982,40(2):198-208.

［8］林学椿,于淑秋,唐国利.中国近百年温度序列[J].大气科学,1995,19(5):525-534.

［9］唐国利,林学椿.1921—1990年我国气温序列及变化趋势[J].气象,1992,18(7):3-6.

［10］闻新宇,王绍武,朱锦红,等.英国CRU高分辨率格点资料揭示的20世纪中国气候变化[J].大气科学,
2006,30(5):894-904.

［11］王绍武,董光荣.中国西部环境特征及其演变[M]//秦大河.中国西部环境演变评估(第一卷).北京:科
学出版社,2002:29-70.

［12］Wang Shaowu,Gong Daoyi. Enhancement of the warming trend in China[J]. Geophy Res Lett,2000,27:
2581-2584.

［13］郭志梅,缪启龙,李雄.中国北方地区近50年来气温变化特征的研究[J].地理科学,2005,25(4):
448-454.

［14］何云玲,张一平,杨小波.中国内陆热带地区近40年气候变化特征[J].地理科学,2007,27(4):499-505.

［15］柳艳菊,闫俊岳,宋艳玲.近50年南海西沙地区的气候变化特征研究[J].地理科学,2008,28(6):
499-505.

［16］陈正洪.武汉、宜昌20世纪平均气温突变的诊断分析[J].长江流域资源与环境,2000,9(1):56-62.

［17］陈正洪,王海军,任国玉,等.湖北省城市热岛强度变化对区域气温序列的影响[J].气候与环境研究,
2005,10(4):771-779.

［18］陈正洪,王海军,任国玉.武汉市城市热岛强度非对称性变化[J].气候变化研究进展,2007,3(5):
282-286.

［19］郑祚芳,祁文,张秀丽.武汉市近百年气温变化特征[J].气象,2002,28(7):18-21.

［20］唐国利,任国玉.近百年中国地表气温变化趋势的再分析[J].气候与环境研究,2005,10(4):781-788.

［21］唐国利,丁一汇.由最高最低气温求算的平均气温对我国年平均气温序列影响[J].应用气象学报,2007,
18(2):187-194.

［22］任国玉,徐铭志,初子莹,等.近54年中国地面气温变化[J].气候与环境研究,2005,10(4):717-817.

［23］刘宇,匡耀求,吴志峰,等.不同土地利用类型对城市地表温度的影响-以广东东莞为例[J].地理科学,
2006,26(5):597-602.

华中区域取暖、降温度日的年代际及空间变化特征*

摘 要 选取华中区域(河南、湖北、湖南)通过均一化检验的 53 个气象站,利用 1961—2007 年逐日平均气温计算区域逐年取暖度日(HDD)、降温度日(CDD),分析其趋势及年代际变化和空间差异。结果表明:47 年来区域年 HDD 总体呈显著下降趋势;CDD 呈微弱的下降,CDD 变化不显著与暖季较小的增温速率有关。HDD 由河南向湖南基本上呈现递减的趋势;空间上 CDD 与 HDD 呈相反的变化特征。HDD 同冷季平均气温呈反位相变化,而 CDD 同暖季平均气温呈同位相变化。

关键词 取暖度日;降温度日;气候变暖;华中区域

1 引言

在全球变暖的大背景下,气候和能源利用研究引起了越来越多的关注。研究表明,气候变化将导致能源需求的改变[1-2]。随着社会经济的发展和人们生活水平的提高,生活能源消耗呈现增长趋势,居民生活用电比重上升[3-4]。造成这种变化主要是由于冬季取暖和夏季制冷设备的广泛使用,空调性负荷高峰加剧了气候变化对电力供需平衡的影响。生活能源需求对气候变化敏感性不断加大,使得城市取暖耗能和降温耗能与气温关系日益密切[5]。

常规的温度表征形式往往不能满足需求,各种与温度有关的参数应运而生。国际上有关气候变化对能源供需影响的研究成果中,所采用的气候变量主要是温度及其导出变量度日。度日(degree days,℃·d)是一个基本的设计参数,最初是用来反映农作物生长中所需热量水平的物理单位,现已广泛应用在居民生活、能源规划、电力、军事、保险业等领域[6]。许多学者[7-11]将度日发展为一个能够反映取暖和降温所需能源的时间温度指数,把度日分析法作为研究气温和能源关系的基本方法,广泛运用在气候变化与能源需求的研究应用领域。

本文结合华中区域供暖降温的实际情况和气候变化的事实,分析了华中区域取暖度日和降温度日的历史演变及空间分布特征,为取暖和降温节能的决策提供参考。

2 取暖度日和降温度日的定义

度日有取暖度日(HDD)和降温度日(CDD)之分。HDD 是某时段平均气温低于基础气温的值,CDD 即某时段平均气温高于基础气温的值。根据我国建设部 2004 年 4 月 1 日实施的《GB50019—2003:采暖通风与空气调节设计规范》的规定,基础温度采用冬季日平均温度 $T_b = 5$ ℃(一般民用建筑和工业建筑)、$T_b = 8$ ℃(养老院、幼儿园、宾馆等特别场所),夏季日平均气温 $T_b = 26$ ℃标准。

年 HDD 一般定义每年冷季(9 月及次年 4 月)逐日 HDD 之和[12]。本文考虑其他行业与HDD 的关系密切及我国和华中区域的特点,年末将对来年的能源、电力等进行预估,这种跨年度的因子不适合其他部门和行业使用。故本文将年 HDD 定义为年内 1—4 月和 10—12 月HDD 之和。HDD 是对冷季寒冷程度的估计,也是采暖季节内采暖能量消耗的一个定量指标。

---

* 任永建,刘敏,陈正洪,肖莺,万素琴.气候变化研究进展,2010,6(6):424-428.

年 CDD 则定义为年内 5—9 月逐日 CDD 之和。即 CDD 是暖季高温程度的一种描述,是热季用于空调制冷的能源消耗的一个定量估算。

3 资料和方法

利用华中区域中通过均一化检验[①]的 53 个气象站点 1961—2007 年逐日平均气温资料,计算区域度日的逐年变化及空间分布特征。

计算取暖度日时采取公式:

$$H_i = 5 - T_i \qquad (1)$$

(1)式中 H_i 为第 i 天的取暖度日值,T_b 为基础温度,T_i 为第 i 天的日平均温度。

与此类似,如果日平均温度高于基础温度,人们根据降温的需要,用下式计算降温度日:

$$C_i = T_i - 26 \qquad (2)$$

(2)式中 C_i 为第 i 天的降温度日值,T_b 为基础温度,T_i 为第 i 天的日平均温度。

高于或低于基础温度的,不计算当日的 H_i 或 C_i。把冷季(暖季)取暖(降温)期内的取暖(降温)度日值累加起来就得到当地冷季(暖季)取暖(降温)度日总值,即:

$$H = \sum_{i=1}^{n} H_i ; CDD = \sum_{i=1}^{n} C_i \qquad (3)$$

4 结果分析

4.1 度日的时间变化

4.1.1 HDD 变化特征

图 1a 给出了 1961—2007 年华中区域 HDD 的逐年变化曲线。HDD 总体呈下降的趋势,下降速率为 17.5 ℃·d/10a,通过了信度为 0.01 的显著性检验。从图中可以发现,1969 年的 HDD 最大,达到 346 ℃·d;次大值出现在 1984 年(300 ℃·d)。最小值出现在 2007 年,HDD 仅为 77 ℃·d,次小值为 84 ℃·d(1999 年)。HDD 在上世纪 60 年代中期为上升区,进入 80 年代后转为下降趋势,1961—2007 年间区域 HDD 多年平均为 174 ℃·d。HDD 值大表明取暖季节气温低,消耗的能源多;反之,HDD 值小表明取暖季节气温高,消耗的能源就少。

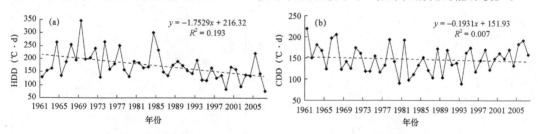

图 1 1961—2007 年华中区域 HDD(a)、CDD(b)逐年变化曲线

4.1.2 CDD 的变化特征

图 1b 给出了 1961—2007 年华中区域 CDD 的逐年变化曲线。从图 1b 中可以发现,华中

[①] 王海军,涂诗玉,刘莹.2009.气象台站迁移对气温序列均一性影响分析.气象(待发表)

区域 1961 年的 CDD 最大,达到 220 ℃·d,次大值出现在 1967 年(205 ℃·d)。最小值出现在 1993 年,CDD 仅为 89 ℃·d,次小值出现在 1980 年。1961—2007 年间华中区域 CDD 的多年平均值为 147 ℃·d。CDD 值大表明降温季节气温高,空调制冷需要消耗的能源就多;反之,CDD 值小,空调制冷需要消耗的能源就少。

20 世纪 60 年代以来,区域 CDD 呈现波动变化,其中 70 年代中期、80 年代前期、90 年代中期为相对的低值期,60 年代为相对高值期;进入 21 世纪后,CDD 呈逐步上升的趋势。1961—2007 年华中区域的 CDD 微弱下降(下降速率为 1.9 ℃·d/10a),变化趋势不显著,这一变化特征与区域暖季增温速率仅为 0.07 ℃/10a 关系密切[13]。

4.2 度日的空间分布

4.2.1 HDD 空间分布

图 2a 给出了 1961—2007 年华中区域多年平均 HDD 空间分布。从图 2a 中可以看出,HDD 空间分布特征基本上呈现河南向湖南递减趋势;河南、湖北 HDD 纬向分布明显,湖南分布比较均匀,受地形的影响明显,湖南东部的等值线较西部密集。河南 HDD 基本在 250—400 ℃·d,其中河南西部出现高值区,年均达 450 ℃·d;河南 HDD 减小趋势最显著,变化速率在 −22.7～−35.9 ℃·d/10a。湖北 HDD 基本在 100～200 ℃·d,其中西南部出现相对高值区,年均 HDD 在 150～250 ℃·d,该区域的减小速率高出周围地区℃·d/10a。湖南的 HDD 相对最小,大部地区年均 HDD 在 50～100℃·d,但东部较大,年均值达到 120～200 ℃·d,与该区域海拔较高有关,同时湖南 HDD 减少趋势最小,变化速率在 −9.9～−17.0 ℃·d/10a。

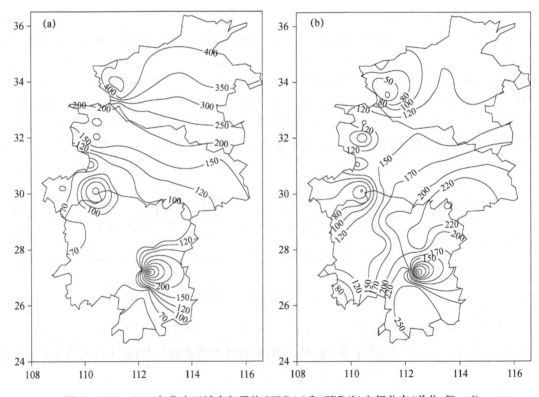

图 2　1961—2007 年华中区域多年平均 HDD(a)和 CDD(b)空间分布(单位:℃·d)

4.2.2　CDD 空间分布

图 2b 给出了 1961—2007 年华中区域多年平均 CDD 空间分布。从图 2b 中可以看出,区域 CDD 基本上呈与 HDD 相反的变化特征,由河南向湖南呈递增趋势,区域内 CDD 东部高于中西部地区;纬向分布的特征不显著,受地形的影响明显,各省局部出现低值。河南北部的多年平均 CDD 在 100~120 ℃·d,呈现减少趋势,变化速率在 6.3~19.5 ℃·d/10a;而河南中部以及湖北西部 CDD 呈增加趋势,变化速率在 3.9~22.8 ℃·d/10a。湖北和湖南两省的中、东部地区 CDD 较大,在 170~220 ℃·d 之间,但这一区域的 CDD 呈减少趋势,减小幅度在 2.3~13.9 ℃·d/10a;湖南东南部出现一个大值区,CDD 达到 250 ℃·d,与该区域海拔较低有关,该区域 CDD 呈增加趋势,变化幅度在 2.0~10.1 ℃·d/10a。

4.3　HDD 和 CDD 与平均气温的关系

4.4.1　HDD、CDD 与平均气温的关系

考虑到气候变暖背景下,华中区域冬季和夏季气温变化的非对称性,分析了 HDD 同冷季平均气温、CDD 同暖季平均气温的变化特点,发现 HDD 与冷季平均气温的相关系数为 -0.81,CDD 与暖季平均气温相关系数 0.74,相关性均较高,且通过信度 0.001 的显著性检验。

通过相关分析表明,HDD 与冷季平均气温具有明显的反位相变化,而 CDD 与暖季平均气温具有明显的同位相变化,这与谢庄等[9]研究结论一致。同时还发现,年 HDD 最大值出现在 1969 年(346 ℃·d),正好对应华中区域冷季的最冷年,该年平均气温仅为 7.2 ℃;CDD 最小值出现在 1993 年(89 ℃·d),正好对应华中区域暖季的最冷年,年平均气温仅为 22.8 ℃。

4.4.2　年代际 HDD、CDD 与平均气温的关系

从图 3 可以看出,20 世纪 80 年代以后华中区域的平均气温明显升高,冷季的平均气温从 8.2 ℃升高到 9.4 ℃,暖季的平均气温从 23.0 ℃升高到 23.6 ℃,增暖趋势均显著。HDD 呈现明显的下降趋势,分别从 187.6 ℃·d 下降到 138.9 ℃·d,而 CDD 从 135.2 ℃·d 上升到 163.1 ℃·d。因此,HDD 与冷季平均气温年代际变化呈反位相,而 CDD 与暖季平均气温呈同位相年代际变化;表明 HDD、CDD 与平均气温年代际变化同 HDD、CDD 与平均气温逐年变化特征一致。

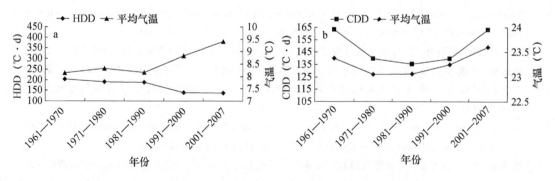

图 3　1961—2007 年平均 HDD(a),CDD(b)年代际变化趋势

综上所述,华中区域年际、年代际的 HDD 与对应时段的平均气温呈反位相变化,随着气

候变暖,尤其是冬季[13],华中区域 HDD 将变小,即冷季用于供暖的能源将减少;年际、年代际的 CDD 与对应时段的平均气温具有同位相变化,暖季空调制冷等所需的能源消耗将不断增加。

5 小结与讨论

(1)1961—2007 年华中区域的 HDD 总体呈显著下降的趋势,而 CDD 呈微弱的下降,CDD 变化不显著与暖季较小增温速率有关。年代际变化具有不同的特点,HDD 在 20 世纪 60 年代中期为上升趋势,80 年代后转为下降;CDD 在 70 年代中期、80 年代前期、90 年代中期为相对的低值期,60 年代为相对高值期;进入 21 世纪后,CDD 呈逐步上升的趋势。

(2)从空间分布特征看,HDD 由河南向湖南基本上呈现递减的趋势;CDD 与 HDD 呈相反的变化趋势,呈递增的变化特征。河南、湖北 HDD 纬向分布明显,湖南分布比较均匀,CDD 纬向分布不明显,各省局部出现低值。

(3)HDD 同冷季平均气温、CDD 同暖季平均气温的相关性均较高,HDD 与冷季平均气温呈反位相变化,而 CDD 与暖季平均气温呈同位相变化;年 HDD 最大值对应区域冷季的最冷年,CDD 最小值出现在区域暖季的最冷年。

(4)随着气候变暖,华中区域 HDD 将变小,冷季用于供暖的能源将减少,暖季空调制冷等所需的能源消耗将不断增加。

参考文献

[1] 王馥棠. 近十年来我国气候变暖影响研究的若干进展[J]. 应用气象学报,2002,13(6):755-766.

[2] 陈峪,黄朝迎. 气候变化对能源需求的影响[J]. 地理学报,2000,55(增刊):11-19.

[3] 陈正洪,洪斌. 华中电网四省用电量与气温关系的评估[J]. 地理学报,2000,55(11):34-38.

[4] 刘健,陈星,彭恩志,等. 气候变化对江苏省城市系统用电量变化趋势的影响[J]. 气象,2005,14(5):546-550.

[5] 陈峪,叶殿秀. 温度变化对夏季降温耗能的影响[J]. 应用气象学报,2005,16(增刊):97-104.

[6] Kadioglu M,Zekai S. Degree-day formulations and application in Turkey[J]. J Appl Meter,1999,38(6):837-846.

[7] Kadioglu M,Zekai Sen,Latif Gultekin. Variations and trends in Turkish seasonal heating and cooling degree-day[J]. Climate Change,2001,49:209-223.

[8] Christension M,Mans H,Gyallistran D. Climate warming impact on degree-day and building energy demand in Switzerland[J]. Energy Conversion and Management,2006,47:671-686.

[9] 谢庄,苏德斌,虞海燕,等. 北京地区热度日和冷度日的变化特征[J]. 应用气象学报,2007,18(2):232-236.

[10] 李永安,常静,刘学来,等. 山东省采暖空调度日数及其分布特征[J]. 可再生能源,2006(2):13-15.

[11] 姜逢清,胡汝骥,李珍. 新疆主要城市的采暖与制冷度日数:I 空间变化特征[J]. 干旱区地理:2006,29(6):773-778.

[12] Wibig J. Heating degree days and cooling degree days variability in Lodz in the period 1931—2000[C]. Fifth International Conference on Urban Climate. Lodz,Poland,2003:471-474.

[13] 任永建,陈正洪,肖莺,等. 武汉区域百年地表气温变化趋势研究[J]. 地理科学,2010,30(2):278-282.

华中地区未来30年气温和降水量变化预估 *

摘　要　根据区域气候模式对华中地区1961—1990年和2001—2030年的逐月平均气温和降水量的模拟值(0.5°×0.5°经纬度格点,A2情景),以1961—1990年为基准,计算并分析了该区域未来30 a(2001—2030年)的年、季平均气温和降水量的变化趋势。对气温变化而言,未来30 a华中地区年平均气温呈上升趋势,平均升温0.3 ℃,东部增温大于西部;春、夏季平均气温上升,分别为0.1～1.3 ℃、0.8～2.2 ℃;秋季北部地区气温下降,南部地区气温升高;冬季平均气温下降0.0～1.0 ℃。就降水而言,未来30 a华中地区年平均降水量大部分地区呈减少趋势,空间分布有南增北减的特点;春、夏、冬季平均降水量大部分地区减少,冬季平均降水量的减幅要大于春、夏季;秋季大部分地区平均降水量增加。

关键词　华中地区;气候变化;预估;气温;降水

1　引言

IPCC第四次评估报告指出[1],全球气候正呈现以变暖为主要特征的显著变化,近50年平均线性增暖速率(0.13 ℃/10a)几乎是近100年的两倍,2001—2005年相对于1850—1899年温度升高了0.8 ℃;21世纪的进一步增暖将引发全球气候系统的许多变化,预计到21世纪末,全球平均地表气温可能升高1.1～6.4 ℃(与1980—1999年相比)。

我国对未来气候变化的研究起步较晚,但进展较快,并且对区域气候的模拟研究主要集中在区域气候模式与全球模式的嵌套研究、区域气候模式物理参数的研究及模式的改进等方面。高学杰等[2-3]使用RegCM2单向嵌套澳大利亚CSIRO R21L9模式,结果发现,在CO_2加倍的情况下,西北地区气温明显升高,同时降水也明显增加。李巧萍等[4]对RegCM2的气候模拟能力进行检验后指出,RegCM2能较真实地模拟出中国各主要气候区温度和降水的季节变化及中国主要雨带的季节性进退。史学丽等[5]改进了RegCM2的部分物理过程参数化方案,发展了一个有多种方案选择的改进区域气候模式,新方案模拟的夏季雨带位置与实际位置非常一致。此外,中国科学家在未来气候变化研究方面也开展了许多卓有成效的研究[6-9],这些研究结果对于我们更加准确地评估未来气候变化有着十分重要的作用。

本研究利用国家气候中心区域气候模式的模拟结果,对2001—2030年华中地区平均气温、平均降水量的变化进行的释用分析,可为该地区有关部门制订应对气候变化政策、措施提供参考依据。

* 史瑞琴,**陈正洪**,陈波.气候变化研究进展,2008,4(3):173-176.

2 资料来源与研究方法

2.1 资料来源

1961—1990 年 30 年华中地区 3 省 56 个站点(其中河南 15 个站点,湖北 20 个站点,湖南 21 个站点)逐月平均气温和降水量资料由国家气象信息中心气象资料室提供。

1961—1990 年华中地区逐月平均气温和降水量模拟值和 2001—2030 年逐月平均气温和降水量预估值(网格距 0.5°×0.5°)由国家气候中心气候变化室提供。此结果为全球海气耦合模式 NCC/IAP T63 和区域气候模式 NCC/RegCM 的耦合结果。NCC/RegCM 模式是在 NCAR/RegCM2 的基础上通过改进和发展物理过程参数化方案而形成的,在模拟东亚地区气候方面更具优势。温室气体排放情景选择 IPCCSRES A2 情景,其基本特点为:人口持续增长,经济发展以内向型为主,人均经济增长与技术变化较脆弱和缓慢。

2.2 研究方法

首先,将模式所模拟的格点数据插值到华中地区 56 个站点上,计算出该地区各个站点年、季平均气温和降水量的模拟值。

其次,遴选订正方法。若观测值与模拟值的相关性能通过显著性检验,则可建立模拟值对观测值的回归方程,实现对模拟值的订正;若相关性不显著,则可采用差值法订正。本研究中,由于多数站点年平均气温或降水量的观测值和模拟值相关性不显著,故采用差值法订正,即先求出 1961—1990 年各站点模拟值与观测值的差值,假设该系统误差外延到 2001—2030 年时固定不变,再从 2001—2030 年各时段模拟值减去该差值,即可消除模式系统误差,最终得到预估值。

3 结果分析

3.1 年平均气温、年平均降水量变化

与 1961—1990 年平均值相比,未来 30 a 年华中地区 56 个代表站点平均气温都有不同幅度的升高,增幅为 0.1～0.9 ℃,平均为 0.3 ℃,东部增温快于西部(见图 1)。同时,未来 30 a 华中地区 56 个代表站点平均年降水量大部减少,呈逐渐干旱化趋势。其中,河南的减少幅度最大,郑州、开封、三门峡等地的减幅均在 15% 以上;鄂东北、湖南西部大部地区的年平均降水量是增加的,增幅在 6% 以内,鄂东北的广水、固始以及湖南西部的吉首、芷江、沅陵等地降水量的增幅最大(见图 2)。

3.2 季平均气温变化

相对于 1961—1990 年,未来 30 a 华中地区春、夏季平均气温是升高的,升幅分别为 0.1～1.3 ℃和 0.8～2.2 ℃,增幅自西向东逐渐变大。秋季平均气温则有升有降,除了湖南北部个别地区有微弱的下降趋势外,该省其余地区均为增加;另外,除鄂西南和鄂东南局部地区有微弱的增加趋势外,湖北和河南各地均为下降,降幅为 0.0～0.6 ℃。冬季平均气温的降幅为 0.0～1.0 ℃,这与目前一些气候模式的模拟结果有所不同。

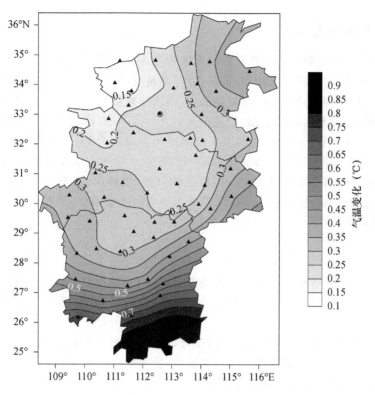

图1 区域气候模式模拟的 A2 情景下 2001—2030 年华中地区年平均气温变化(单位:℃)(相对于 1961—1990 年)

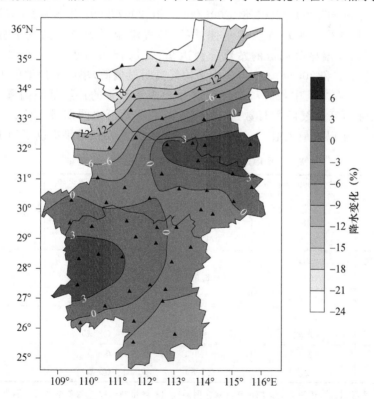

图2 区域气候模式模拟的 A2 情景下 2001—2030 年华中地区年平均降水变化(单位:%)(相对于 1961—1990 年)

3.3 季平均降水量变化

相对于 1961—1990 年,未来 30 a 华中地区春季平均降水量分布不均,河南北部地区增加,其余地区减少;湖北全省均为减少,宜昌、钟祥两站减幅均超过 10%;湖南除西部部分地区增加外,其余大部地区都将减少;河南减幅最大,许昌站减幅超过 13%。秋季平均降水量变化的区域特征很明显,大部地区都增加,增幅最高达 80%,其中,湖北中部地区增幅最大,宜昌、钟祥、荆州 3 站增幅均在 70% 左右;湖南大部地区也呈增加趋势,但没有湖北明显;河南除南部地区增加外,其余地区均减少,减幅可达 80%。冬季平均降水量分布也不均,河南西部明显减少,而东部西华、许昌的降水量却有一定程度的增加,增幅可达 20%;湖北全省均呈减少趋势,且自鄂东向鄂西减幅越来越大;湖南北部冬季平均降水量减少,减幅最高达 100%,南部各地增加,增幅最高达 20%。

4 讨论

(1)未来 30 a,华中各地年平均气温都呈上升趋势,东部增温都快于西部。而年平均降水量大部减少,河南减幅最大,鄂东北及湖南西部降水量的增加较为明显,即降水量有南增北减的特点。

(2)春、夏季平均气温均呈上升趋势,增幅自西向东逐渐变大;秋季平均气温北部下降,南部上升。大部地区春、夏、冬季的平均降水量减少,秋季平均降水量增加。

值得一提的是,该区域气候模式所模拟的华中地区未来 30 a 冬季的平均气温略有下降,这一结论和大多数全球模式及区域气候模式的模拟结果并不一致。就华中地区而言,在最近 4 个冬季(2004/2005 年、2005/2006 年、2006/2007 年、2007/2008 年冬季)中,除 2006/2007 年冬季外,其余 3 个冬季的平均气温都是偏低的,且气温距平为负值的站数分别达 99.6%、71.0% 和 91.9%,气温显著偏低的站数分别达 96.1%、16.9% 和 77.1%(见表 1)。不难看出,2004/2005 年冬季和 2007/2008 年冬季平均气温明显偏低,华中大部地区平均气温的偏低幅度都在 1.0 ℃左右。其中,2007/2008 年冬季出现了严重的持续低温雨雪冰冻极端事件。以湖北为例,大部地区连续雨雪日数达 18~22 d,为各站历史同期最大值;连续低温日数达 11~22 d,为 1954 年以来最大值[10]。这些数据给本文模式模拟结果提供了初步证明。

表 1 华中地区近 4 年冬季平均气温的一些特征

	2004/2005 年冬季	2005/2006 年冬季	2006/2007 年冬季	2007/2008 年冬季
总站数	284	284	284	284
$\Delta T < 0$ ℃站数 (所占比例)	283 (99.6%)	201 (71.0%)	0 (0.0%)	261 (91.9%)
$\Delta T \leqslant -0.5$ ℃站数 (所占比例)	273 (96.1%)	48 (16.9%)	0 (0.0%)	219 (77.1%)
ΔT 平均值	−1.1 ℃	−0.2 ℃	1.6 ℃	−0.8 ℃
ΔT 极大值 (代表站点)	0.1 ℃ (永城)	0.7 ℃ (永城)	2.9 ℃ (永城)	0.9 ℃ (永城)
ΔT 极小值 (代表站点)	−2.1 ℃ (娄底)	−1.1 ℃ (遂平)	0.6 ℃ (安阳)	−1.9 ℃ (桑植)

注:1)没有统计武汉、长沙、郑州 3 个受城市热岛效应明显影响的城市站;2)ΔT 为冬季平均气温距平;3)括号里的数为满足条件站数占总站数百分比。

在对华中地区未来30 a气候变化趋势进行分析的过程中,存在若干技术问题,如所使用的区域气候模式本身并不完善,尤其是在降水模拟方面还存在着较大的不确定性;再如在订正模式的模拟结果时,并没有找到一种切实有效的方法,这些问题都有待于我们在今后的研究中进一步改进。

致谢:在资料收集和论文写作过程中,承蒙国家气候中心李巧萍博士大力支持,谨致谢忱!

参考文献

[1] 秦大河,陈振林,罗勇,等.气候变化科学的最新认知[J].气候变化研究进展,2007,3(2):63-73.

[2] 高学杰,赵宗慈,丁一汇.区域气候模式对温室效应引起的中国西北地区气候变化的数值模拟[J].冰川冻土,2003,25(2):165-169.

[3] 高学杰,赵宗慈,丁一汇.温室效应引起的中国区域气候变化的数值模拟Ⅰ:模式对中国气候模拟能力的检验[J].气象学报,2003,61(1):20-28.

[4] 李巧萍,丁一汇.区域气候模式对东亚季风和中国降水的多年模拟与性能检验[J].气象学报,2004,62(2):140-153.

[5] 史学丽,丁一汇,刘一鸣.区域气候模式对中国东部夏季气候的模拟试验[J].气候与环境研究,2001,6(2):249-254.

[6] 徐影,丁一汇,赵宗慈.长江中下游地区21世纪气候变化情景预测[J].自然灾害学报,2004,13(1):25-31.

[7] 徐影,丁一汇,赵宗慈,等.我国西北地区21世纪季节气候变化情景分析[J].气候与环境研究,2003,18:19-25.

[8] 任国玉,徐影.气候变化的观测事实与未来趋势[J].科技导报,2004,7:15-16.

[9] 张英娟,董文杰,俞永强,等.中国西部地区未来气候变化趋势预测[J].气候与环境研究,2004,9(2):342-349.

[10] 武汉区域气候中心.湖北省2008年1月12日—2月3日低温雨雪冰冻过程评估报告[R].武汉:武汉区域气候中心,2008年2月20日。

湖北省应对气候变化的方案分析与政策含义 *

摘　要　应对全球气候变化需要地方采取应对措施。根据湖北省"十一五"规划纲要提出的目标和《中国应对气候变化国家方案》提出的具体任务,通过分析论证气候变化的脆弱特性以及经济发展对能源需求增长,提出了湖北省适应和减缓气候变化的应对方案,并分析了湖北省温室气体排放的 3 种情景。湖北省作为国家能源和经济格局中的组成部分,需要协同国家战略及布局,不仅为湖北自身,也要为国家的低碳发展做出贡献。

关键词　应对气候变化;地方方案;湖北

1　引言

根据《联合国气候变化框架公约》(UNFCCC)"共同但有区别的责任"的基本原则,发展中国家的义务之一就是"制定并执行减缓和适应气候变化的国家计划"。中国已于 2007 年 6 月公布国家方案[1]。但省级地方政府编制应对气候变化方案在国内尚处于探索和示范阶段。尽管"湖北案例"研究只是一种带有研究性质的初步成果,尚有许多不尽完善和有待改进的地方,但本方案系统提出的 2010 年湖北省应对气候变化的重点领域和政策措施,可供湖北省有关政府部门、企业和公众决策参考,通过各方共同努力,完全有可能将湖北省的经济社会发展与应对全球气候变化结合起来。

2　湖北省自然与社会经济发展概况[2]

湖北省地处华中,跨长江和汉江两大水系,面积 18.59 万 km^2,占全国总面积的 1.95%。湖北省年平均气温 15~17 ℃,无霜期 200~260 d。全省各地年平均降水量在 800~1600 mm之间,年内分配不均,年际变化大,导致干旱洪涝灾害频繁发生。湖北省土地结构大体是"七山一水两分田",耕地面积 5023.88 万亩(334.93 hm^2),人均 0.87 亩(0.058 hm^2)。2004 年湖北省总供水量 245.1 亿 m^3,其中农业用水占 57%,工业用水占 31.5%,生活用水占 11.5%。

湖北省化石能源较为匮乏,煤炭储量不足全国的 1%,石油剩余可采储量仅占全国的 0.8%,天然气地质储量仅占全国的 1.2%。湖北省境内可供开发的水能资源丰富,达 3340 万 kW,居全国第 4 位。风能和太阳能资源也有一定开发潜力。

"十五"期间,全省国民生产总值年均增长 10.1%,到 2005 年全省人均国民生产总值11390 元,年均增长 9.8%;三次产业结构为 16.5:42.8:40.7,与全国相比,工业化水平略显滞后。汽车、机电、冶金、化工、轻纺和建材建筑为湖北省六大经济支柱产业,重工业比重偏高。轻工业和重工业在工业总产值中的比例由 1990 年的 47.3:52.7 下降到目前的 24.8:75.2。

2005 年,湖北全省的温室气体排放总量[3]为 2.66 亿 t(由于缺乏含氟温室气体(HFC、

* 潘家华,赵行姝,陈正洪,汪金福.气候变化研究进展,2008,4(5):309-314.

PFC、SF6)的数据,此分析中未包括。但含氟温室气体的排放份额较低,在许多分析中均忽略),其排放以化石能源燃烧排放的 CO_2 为主,约占 78.7%;水泥生产过程排放量约占 6.7%;农业非 CO_2 气体数额不大,但全球增温潜力大,使得农业生产的温室气体占总量的比重较高,达 14.9%。森林碳汇吸收部分 CO_2,但总量不大。

3 气候变化对湖北的影响与挑战

对气象观测数据分析表明,湖北省气候正在发生变化。采用 1961—2000 年 71 个气象站逐年平均气温、平均最高气温、平均最低气温资料,分析得出 40a 间全省年平均气温上升速率为 0.2 ℃/10a;但最低气温上升幅度远高于平均气温,达 0.4 ℃/10a,最高气温变幅最小,为 -0.1~0.1 ℃/10a。同期城、乡气象站的气温差值数据表明,城市热岛效应对升温有放大作用[4]。

1960—2004 年,湖北省范围内的强降水过程无论是过程次数,还是降水强度,都有增加趋势,强降水中心多发生在江汉平原及鄂东南地区;干旱有从北部向中东部和南部扩散之势。旱涝灾害不但频率增加,危害也显著加重[5]。

根据区域气候模式预估,到 2030 年,湖北的气温仍将上升。相比而言,2011—2020 年的年均气温的增幅最大;其次是 2021—2030 年的年均气温;而 2001—2010 年的年均气温的增幅最小。2001—2010 年除少数地区的年降水量下降幅度较大外,绝大多数地区变化幅度都不大;2011—2020 年绝大部分地区都呈一定幅度的增加;2021—2030 年各地区的年降水量都呈下降趋势。气候变化预估存在不确定性,特别是降水预估的不确定性比温度的不确定性更大[6]。

气象灾害的发生与气候变化密切相关,而气候变化的加剧致使湖北省气象灾害"灾种增多、频率加快、灾情趋重",成为湖北社会经济可持续发展的主要威胁之一。长江洪灾自汉朝至元朝平均 11 a 一次,明代平均 9 a 一次,清代平均 5a 一次;1995 年以来,长江接连发生了 4 次大洪水。

湖北省在历史上深受洪涝灾害之苦,气候变化的直接后果是加剧这一灾害。尽管三峡和丹江口大坝的防洪功能可以帮助抵御一定程度的洪灾之害,但荆江地上悬河和洞庭湖因淤积减少调洪容量。不仅如此,"米粮之仓"江汉平原的"水袋子"易涝、鄂北岗地"旱包子"、鄂西鄂东北山地水土流失的格局会随气候变化而愈演愈烈。"瘟神"血吸虫有蔓延可能。冬季增温可能缓解严寒,但气温变化可能会比较剧烈。城市热岛效应加剧,夏季酷热,尤其是夏季夜间高温,对人们的身体健康产生不利影响[7]。湖北未来气候变化进一步增温和降雨南增北减的可能格局,湖北省气候变化的不利影响可能不断显现并放大,适应气候变化的任务必将艰巨而持久。

为达到率先实现"中部崛起"的战略目标,湖北省"十一五"规划明确提出要"工业强省"[8]。而湖北的工业结构又以高能耗的重工业为特征,湖北省在"十五"期间能源消费年均增长 7.8%,预计"十一五"期间仍将保持 7%[9]。在经济大规模扩张时期,能源效率会得到提高,但在总体上不会全面采用能源效率最高的技术。湖北目前正处于工业化中期,能源、交通等基础设施将继续大规模建设和发展,各种高耗能产品的产量还会持续增长,相应的温室气体排放也必然增加。湖北经济发展新增加的能源需求,相当一部分需要靠从省外购买大量煤炭来解决。向低碳能源结构转型,湖北省存在较大难度。

随着收入增加,湖北省内居民对住房、汽车等高能耗耐用消费品的需求不断增加;冬天采暖、夏天制冷的时日必将大幅度上升。而人们应对气候变化及节能意识尚十分薄弱。

4 应对气候变化的重点领域及相关政策措施

湖北省应对气候变化的任务十分艰巨,必须进一步明确重点领域并采取相应的政策措施,落实减缓气候变化的各项目标,推动适应气候变化能力的建设[1,10]。

4.1 减缓温室气体排放的重点领域及其政策措施

针对减缓气候变化的主要任务,湖北省控制温室气体排放的重点领域涉及结构优化、节能降耗及能源结构调整。

湖北的工业经济结构存在很大的调整空间。高能耗的重化工业所占比重过高,重工业占全省用电高达 65%;高能效新技术所占比例偏低;规模不占优势的中小企业比重偏大。要实现 2010 年能效提高 20% 的目标,从而相对减少温室气体排放,第一要务是要在工业经济结构调整上下功夫。同时还要加大力度淘汰高能耗、高物耗、高污染的落后技术装备,坚决关闭"十五小"和"新五小"①企业。

在能源消费结构中,天然气和水电比重有所提升;水电以外的其他可再生能源利用将得到长足发展;石油消费数量增加,但比重基本维持不变;煤炭所占比重将有所下降。由于湖北省能源消费总量将从 2005 年的 9850 万 t 标煤增加到 2010 年的 1.26 亿 t(年均增长 7%),温室气体排放在总量上还将继续增加,但单位 GDP 温室气体排放量将有较大幅度的下降。改善能源消费结构,需要采取一系列强有力的政策措施,走能源供给多元化的道路,鼓励和支持可再生能源作为湖北能源的重要补充,并积极争取发展核电。

节约能源、提高能源效率是控制温室气体排放的"无悔"选择。冶金、石化、建材、电力等行业中年耗能总量 10 万 t 标煤以上的 100 户重点耗能企业的节能工作,可以示范并带动高能耗行业乃至于各工业部门的节能降耗,使合成氨、烧碱、水泥、铝冶炼、磷化工、石化等重点行业的年节能率达到或超过 4%。湖北省夏天酷热冬天寒冷,而新开发的房地产和现有公商民用建筑节能效率低,尤其是农村建筑,几乎没有采用现代节能技术。建筑设计和施工中,住宅要严格执行 2001 年 10 月实施的行业标准《夏热冬冷地区居住建筑节能标准》,其他建筑也要参照执行;对现有建筑,需要加大改造力度和速度,尽快满足节能标准。通过上述措施,湖北省建筑节能必然高于全国 50% 的目标。此外,还可采取的政策措施有:提供适当激励机制,加快强制淘汰废旧汽车,高耗能、高排放的老旧公交车型报废期限由 10a 缩短为 8 a;鼓励城镇居民出行乘用公共交通,使公交出行率保持在 60% 以上。

2005 年,湖北省的森林碳汇量达到 109.3 万 tCO_2,力争在 2010 年将全省森林碳汇量提高到 111.3 万 tCO_2[3]。力争到 2010 年,全省森林覆盖率达到 41.0%,森林面积达到 766.7 万 hm^2;到 2020 年,全省森林覆盖率达到 45.0%,森林面积达到 840.0 万 hm^2;到 2050 年,全省森林覆盖率达到并稳定在 48.0%,森林面积达到 900.0 万 hm^2[11]。

---

① "十五小"包括:小造纸、小制革、小染料、小土焦、小土硫磺、小电镀、小漂染、小农药、小选金、小炼油、小炼铅、小石棉、小放射、小炼汞、小炼砷。新五小包括:小火电、小玻璃、小造纸、小炼油、小炼钢。

4.2 适应气候变化的重点领域及其政策措施

湖北省的适应气候变化的重点领域涉及农业、水利、居民健康等[12]，需要采取相应的政策措施，弱化不利影响，减少脆弱性。

调整农业结构和种植制度，发展生物技术，选育适应气候变化的作物、家畜新品种。针对未来气候变化对农业的可能影响，分析光、温、水资源重新分配和农业气象灾害的新格局，改进作物品种布局，有计划地培育和选用抗旱、抗涝、抗高温和低温等抗逆品种，采用防灾抗灾、稳产增产的技术措施，以及预防可能加重的农业病虫害。

保持水土，改善防洪基础设施，提高城市及区域应变能力和抗灾减灾水平。长江汉水的防洪能力建设是湖北适应气候变化领域的重中之重，涉及堤防、分洪区、预防预警等诸多方面。农田水利建设需要强调节水、科学灌溉，研制适应气候变化的农业生产新工艺，开发自动化、智能化农业生产技术，强化综合防治自然灾害的工程设施建设。到 2010 年，单位工业增加值用水量要从 2005 年的每万元 180 m³ 下降到 120 m³，下降幅度 33% 左右。农业灌溉用水有效利用系数从 0.43 提高到 0.48。在城市建立和完善节水及用水配水制度，水表入户，调整水价，遏制浪费。使湖北的森林、湿地和农业生态系统不断适应可能的气候变化。

加强水资源保护，控制和治理水污染，加速污水资源化。水污染会加剧气候变化的不利影响；适应气候变化，需要大力控制水污染。到 2010 年，湖北城市污水集中处理率要从 2005 年的 23.5% 提高到 60.0%。加强农村面源污染防治。

重视人居环境，强化健康保障。由于城市热岛效应和全球气候变暖，湖北城市夏天高温会愈趋突出。将人居环境建设和人体健康改善纳入国民经济和社会发展计划，重点建设与之配套的交通、安全保障、环境卫生、供水供电、通信等基础设施和自然景观、文化遗产的保护设施。

5 温室气体排放情景及政策措施效果分析

湖北省社会经济的发展是未来能源需求增长和温室气体排放量增加的直接驱动力。这主要体现在两个方面。

(1)人口数量的增长与生活质量改善。预计到 2010 年，全省总人口将由 2005 年的 6031 万增加到 6215 万。尽管人口增长率趋低，但绝对量仍会不断增加。不仅如此，生活质量的改善对能源需求的增长，推动力更大。预计 2010 年城市化水平将从目前的 44% 增加到 50%，平均每年增加约 75 万城市人口。2010 —2020 年，城市化率将达到 58%，新增城市人口超过 500 万。

(2)经济规模持续高速扩张。2010 年湖北省 GDP 将从 2005 年的 6484.5 亿元达到 10610 亿元(2005 年价格)。中央关于促进中部地区崛起的若干政策的实施，以及对"湖北省要成为中部崛起重要战略支点"的要求，促使湖北省经济社会加快发展，能源需求和温室气体排放必然呈增长趋势。

湖北省未来温室气体排放情景可以有 3 种选择：(1)按照"十五"期间的发展态势外推，根据经济增长、能源需求和能源结构，得到一种参照排放情景；(2)按照湖北省"十一五"经济社会发展规划和能源规划指标进行匡算[8-9]，定量分析节能和可再生能源利用，得到温室气体排放的节能减缓情景；(3)根据湖北省的资源禀赋和气候特征，采用强化手段，改善工业经济结构，增大可再生能源比例，提高建筑节能率，从而减少化石能源消费，削减温室气体排放，称之为强化情景。由于节能是一种无悔选择,多数情况下成本甚至为负,即减少支出;而增加可再生能源结构的调整,只是要求湖北就地利用水电,减少从外省购煤发电,不仅节省了运输成本,还减少了污染。因而从成本上考虑,湖北省的节能和强化情景均是无悔的,不仅直接成本低,更重要的是有巨大的共生收益[②]。

湖北省未来温室气体 3 种排放情景,经济增长速度和经济总量几乎没有区别,以保障"中部崛起"战略的实施。3 种情景的主要差别在于:(1)能源效率,以单位 GDP 能耗表示;(2)零碳能源在能源结构中的比例(表1)。

表 1　湖北省温室气体排放情景比较

	情景	2005 年	2010 年	2020 年
全省生产总值/亿元		6484	10491	22649
能源需求总量/万 t 标煤	参照情景		13533	24914
	节能情景	9850	12838	22219
	强化情景		12520	19012
清洁能源比例(水电、风电、太阳能、生物)/%	参照情景		14	16
	节能情景	12	15	17
	强化情景		17	21
单位 GDP 能源消耗量/(t 标煤/万元)	参照情景		1.29	1.1
	节能情景	1.51	1.21	0.97
	强化情景		1.18	0.83
化石燃料 CO_2 排放总量/Mt	参照情景		282.37	499.12
	节能情景	212.41	264.63	419.44
	强化情景		251.62	356.54
单位 GDP 二氧化碳排放量/(t/万元)	参照情景		2.69	2.20
	节能情景	3.28	2.49	1.83
	强化情景		2.37	1.56
人均二氧化碳排放量/(t/人)	参照情景		4.54	7.79
	节能情景	3.52	4.26	6.55
	强化情景		4.05	5.57

注:1)2006—2010 年生产总值按"十五"期间年均增长率计算,2011—2020 年按 8% 计算。2)2006—2010 年单位 GDP 能耗按湖北省"十五"期间下降速率(14.7%)计算;考虑到节能难度提高,2011—2020 年仍按 14.7% 计算。3)2005 年湖北省的能源结构(煤炭:石油:天然气:水电)为 73.25:14.21:0.54:12.00;2010 年为 69:16:1:14;2020 为 64:18:3:16。4)原煤、原油、天然气和电力能源折算标煤参考系数分别为 0.7143 kgce/kg、1.4286 kgce/kg、1.3300 kgce/m³ 和 0.4040 kgce/(kW·h)。5)煤、油、气的 CO_2 排放系数分别为 2.56 t CO_2/tce、1.91 t CO_2/tce、1.45 t CO_2/tce

由于湖北省正处于发展阶段,温室气体排放不可能低于基年(2005)的绝对量,但相对于经济发展阶段所需要的排放量,温室气体削减幅度是卓有成效的。相对于参照情景,2010 和 2020 年节能情景和强化情景化石燃料燃烧的 CO_2 排放量将分别减少 1774 万～3075 万 t 和

---

② 共生收益亦称附带收益,指除温室气体减排的效益外,还有生态、环保和健康等方面的收益。

7968万~14248万t。也就是说,两种减缓情景的CO_2减排量在"十一五"期间将分别比参照情景下降6.3%和10.9%;2011—2020年将进一步下降16%和29%。由于温室气体排放总量增速减缓,单位GDP排放量显著减少,人均排放量增速大为下降。到2020年,强化情景的单位GDP排放量的降幅高达近30%。

上述分析可见,减缓措施将是有效的,预期效果非常明显。从温室气体减排的角度看,能源结构的调整最为有效。2005年,如果湖北省能源消费总量中增加1%的水电,则可减少98.5万t标煤的煤炭消费,减少CO_2排放达252万t,即可降低1.2%的温室气体排放。2010和2020年,若增加1%的水电,将减少CO_2排放分别达347万和638万t。由于湖北的原油和天然气基本上从省外购入,原油和天然气替代煤炭的可能性几乎不存在。当然,生物质能、小水电、太阳能、风能和核能均具有零碳特征,而且具有发展潜力,但在未来5~15 a,难以成为湖北省的支撑能源。

节能也是非常有效的温室气体减排措施。2005年,如果节能1%,便可减少CO_2排放212万t;2010和2020年则分别达282万和499万t。节能也有巨大潜力,尤其是电力、钢铁、水泥、建材、化工等重工业部门,还有公商民用建筑物和交通运输等行业,能效潜力可观。

产业结构调整也有一定的潜力。由于湖北省所处的经济发展阶段和产业优势,这种调整的潜力在近期比较有限。需求侧管理促使消费者行为调整而节能也十分有效。对奢侈性、浪费性消费加以遏制,例如鼓励使用公共交通和小排气量汽车,冬天供暖和夏天制冷分别设置最高温度和最低温度限制,则可大量减少能源消费。此外,碳汇措施、甲烷利用、稻田管理等手段,也可以减少温室气体排放。

6 结论与建议

根据湖北省社会经济发展的实际和《中国应对气候变化国家方案》的要求,"湖北案例"研究编制了湖北省应对气候变化方案建议,尽管其具有研究和示范特性,但对于湖北省政策的制定具有重要参考价值。

通过定量分析控制温室气体排放措施的实际效果可见,能源结构的调整最为有效,其次是节能。

湖北省作为国家能源和经济格局的一部分,需要协同国家战略及布局,不仅为湖北省,也要为国家的低碳发展做出贡献。2005年,湖北省原煤消费的86%源于省外,用于省内发电;同年,又有相当于670万t标煤的三峡电力外输,占湖北省能源消费总量的6.9%。如果能减少三峡电力外输,就可以减少省内买煤发电,从而减少运输能源浪费,还可减少温室气体排放、改善大气污染状况。

另外,若能配合国家三峡库区水土保持和南水北调中线工程实施,增大应对气候变化的力度,则可事半功倍,实现国家宏观经济、湖北地方经济和应对气候变化的多赢。

参考文献

[1] 国家发展和改革委员会. 中国应对气候变化国家方案[R]. 北京:国家发展和改革委员会,2007:45.

[2] 湖北省自然地理[EB/OL]. [2007-11-30]]http://www.hubei.gov.cn/.

[3] 中华人民共和国气候变化初始国家信息通报[M]. 北京:中国计划出版社,2004:78.

[4] 陈正洪,王海军,任国玉. 武汉市热岛强度非对称变化趋势研究[J]. 气候变化研究进展,2007,3(5):

282-286.

[5] 刘可群,陈正洪,张礼平,等. 湖北省近 45a 降水气候变化特征分析及其对旱涝影响[J]. 气象,2007,33(11):58-64.

[6] 史瑞琴,陈正洪,陈波. 湖北省未来 30 年气候变化趋势预测[J]. 暴雨. 灾害,2007,26(1):78-82.

[7] 陈正洪,王祖承,杨宏青. 城市暑热危险度统计预报模型[J]. 气象科技,2002,30(2):98-101.

[8] 湖北省人民政府. 湖北省国民经济和社会发展第十一个五年规划纲要[R]. 武汉:湖北省政府办公厅,2006.

[9] 湖北省发展和改革委员会. 湖北省能源发展第十一个五年规划[R]. 武汉:湖北省发展和改革委员会,2006.

[10] 潘家华,孙翠华,邹骥,等. 减缓气候变化的最新科学认知[J]. 气候变化研究进展,2007,3(4):187-194.

[11] 湖北省林业厅. 湖北省林业发展第十一个五年规划[R]. 武汉:湖北省林业厅办公室,2006.

[12] 湖北省环境保护局. 湖北省环境状况公报[R]. 武汉:湖北省环境保护局办公室,2006.

气温和降雨量与 500 hPa 高度场的 CCA 试验及其预报模式*

摘　要　文章对湖北省 9 站 1959—1996 年逐年冬季各月气温和降雨量(预报量场 X_2)与同期北半球(45°—160°E,10°—65°N)内 12 个均匀小区上空的 500 hPa 高度场(预报因子场 X_1)进行扫描式 CCA 试验,寻找最佳 X_1。用典型相关系数 $\geqslant 0.3$ 的相关变量有关参数反演出线性预报方程 $\Delta X_2 = B_0 X_1 + d_0$。经分期检验表明:扫描选优 CCA 试验反演的预报方程拟合程度高,且有一定预报水平,其中气温的预报水平高于降雨量的,距平符号正确率比距平相关系数稳定,试报效果比拟合结果有所下降。

关键词　气温与降雨量;典型相关分析;天气预报

1　引言

典型相关分析(canonical correlation analysis,CCA)是由 Hotelling 于 1936 年在研究非气象问题时首先提出一种场的分析方法,最早主要用于两组变量间相关性的诊断分析[1-3]。在美国,Glahn[4]最早将 CCA 用于气象业务预报上,目前 CCA 在美国国家气象中心和加拿大气象局的赤道太平洋海温或 ENSO 事件的预报上得到切实的应用[5-8]。Barnett 等[9]还将 CCA 用于美国全境气温距平的后报(hindcast)模式的建立,并用于长期超前预报(longleadforecast)业务上,所选因子为前期 SST(太平洋和大西洋分区平均海温)、SLP(140°—0°E,20°—70°N 范围内的海平面气压)及美国各地分布均匀的 33 个站气温,该模式具有较高的技巧水平(skill level)。

国内由施能[3]首先将该方法引进气象研究中,用来做前期北半球各类环流指数与长江中下游 6 月、7 月、8 月降雨量的典型相关分析,并提出 CCA 预报类似于相似预报。此后陈孝源等[10]、黄立文等[11]将 CCA 用于台风路径的后报。

以上研究均是用前期条件来分析或预报后期要素。出于建立湖北省短期气候(月平均气温和降雨量)动力产品释用的 PP(完全预报法)模式或 MOS(模式输出统计法)模式工作的需要,笔者更注意搜集将两个场同期要素进行 CCA 分析或预报的有关文献,可这方面的工作不多,目前已搜集到两份文献。苏州气象局的俞炳启、祝浩敏、潘光照[12]曾在 1984—1985 年利用 B 模式输出产品通过 CCA 做苏州地区的短期降水有关要素预报(属 MOS 类),但他们将预报量场压缩为一个变量,实际上只用了第一对典型变量。最近又有姜宏川等[13]依据北太平洋海温(用自回归模式得到)制作同期 500 hPa 高度场距平预报(属 PP 类)。么枕生等[1]计算了南京与上海之间 14 种气象要素的典型相关。

本文将在以上诸多工作的基础上,试图通过 CCA 方法及其回归方程反演,建立湖北省冬季(12—2 月)逐月 9 站的气温、降雨量与同期 500 hPa 高度场的诊断和 PP 预测模式。

---

* 陈正洪,杨荆安,张鸿雁.气象科技,1999,(2):46-51

2 资料与方法

2.1 资料及预报因子场的扫描式确定

预报量场[X]为湖北省境内分布较均匀的 9 个常规气象站 1959—1996 年间 12 月、1 月、2 月平均气温和降雨量;预报因子场[X_1]的原始资料为同期 500 hPa 上（45°—160°E,10°— 65°N)范围内共 108 个格点高度场,经、纬线上格距各为 10°和 5°。如某月的资料复合矩阵为:

$$[\boldsymbol{X} \mid \boldsymbol{X}'] = \begin{bmatrix} \boldsymbol{X}_{(1)} \, p_1 \times n \mid X_{(1)} \, p_1 \times (N-n)' \\ \boldsymbol{X}_{(2)} \, p_2 \times n \mid X_{(2)} \, p_2 \times (N-n)' \end{bmatrix} = \begin{bmatrix} \boldsymbol{X}_1 \\ \boldsymbol{X}_2 \end{bmatrix} \tag{1}$$

其中,p_1、p_2 分别为两个场的因子数,本文取 $n=30, N=38, p_1=9, p_2=9, p=p_1+p_2=18$,即前 30 年资料[$\boldsymbol{R}$]用于 CCA 分析和建模,后 8 年的资料[$\boldsymbol{X}'$]用于试报和独立样本检验。同样对 X 的相关系数矩阵[$\boldsymbol{R}$]也可分开表示:

$$[\boldsymbol{R}] = \begin{bmatrix} \boldsymbol{r}_{11} \mid \boldsymbol{r}_{12} \\ \boldsymbol{r}_{21} \mid \boldsymbol{r}_{22} \end{bmatrix} \tag{2}$$

将高度场均匀地分为 12 个区(东北、西 南角已各舍去 2 个区),每区 9 个格点(3×3),见图 1(略),然后用每个区的高度场一一与湖北省地面要素做 CCA 试验,根据分期效果检验的好坏直接确立最佳预报因子场。

2.2 CCA 方法简介

先对 $X_{(1)}$ 和 $X_{(2)}$ 前 n 年资料分别进行标准化处理即:

$$X_{ij}^* = (X_{ij} - \overline{X}_i)/e_i \qquad (i=1,2,\cdots,p) \tag{3}$$

其中:$\overline{X}_i = \left(\sum_{j=1}^{n} X_{ij} \right)/n, e_i = \left[\left(\sum_{j=1}^{n} (X_{ij} - X_i)^2 \right)/(n-1) \right]^{1/2}$,然后进行线性组合:

$$u' = T'X_{(1)}, v' = U'X_{(2)} \tag{4}$$

其中,T, U 各为单位正交阵中的对应向量,u、v 为新构成的向量,故 u、v 各自的方差为:

$$\mathrm{var}(u) = T'r_{11}T = 1, \mathrm{var}(v) = U'r_{22}U = 1 \tag{5}$$

它们的相关系数为:

$$d(u,v) = \mathrm{cov}(u,v) = T'r_{12}U \tag{6}$$

所谓典型相关分析,其核心就是要使上式达到最大,即:

$$L = T'r_{12}U - \lambda_1(T'r_{11}T-1)/2 - \lambda_2(U'r_{22}U-1)/2 \tag{7}$$

要达最大,将 L 对 T,U 分别求微分可得

$$\frac{\partial L}{\partial T} = -\lambda_1 r_{11}T + r_{12}U = 0, \frac{\partial L}{\partial U} = r_{21}T - \lambda_2 r_{22}U = 0 \tag{8}$$

可以证明:$\lambda_1 = \lambda_2 = \lambda$,并令 $\lambda \geq 0$,再经一系列 变换可得到:

$$(r_{22}^{-1} r_{21} r_{11}^{-1} r_{12} - \lambda_2 I)U = 0 \tag{9}$$

于是求解 U 的问题就转化为求上述系数矩阵的特征根及相应的特征向量,共有 p_2 个 λ^2 值,即 $\lambda_1^2 \geq \lambda_2^2 \geq \cdots \geq \lambda_{p2}^2$,可以证明各对变量的典型相关系数便是 $\lambda_1, \lambda_2, \cdots, \lambda_{p2}$。有了 λ_1 和 U_1,便可求得 $T_1 = r_{11}^{-1} r_{12}U_1/\lambda_1$,于是可逐对求得典型变量的表示式及累年值。根据回归理论有:

$$X_{(2)} = \Lambda X_{(1)} \tag{10}$$

其中：$\Lambda = \mathrm{Diag}(\lambda_1, \lambda_2, \cdots, \lambda_{p_2})$，于是

$$TX_{(2)} = \Lambda U X_{(1)} \tag{11}$$

经推算后可得 $X_{(2)} = (T\Lambda U' r_{22})' X_{(1)} = B X_{(1)}$

对独立样本有 $X_{(2)}' = B X_{(1)}'$

本工作虽然计算了全部 P_2 对（典型）相关变量的各项指标，但对 B 的求解只选用了相关系数 $\lambda_i \geqslant 0.3$，即特征根 $\lambda_i^2 \geqslant 0.09$ 的前几对典型变量。由于 $X_{(1)}$ 和 $X_{(2)}$ 一开始便经标准化，最后均需还原为距平预报模式，变换如下：

$$B_0 = \begin{bmatrix} b_{1,1} e_{p1+1}/e_1 & b_{1,2} e_{p1+1}/e_2 & \cdots & b_{1,p_1} e_{p1+1}/e_{p1} \\ b_{2,1} e_{p1+2}/e_1 & b_{2,2} e_{p1+2}/e_2 & \cdots & b_{2,p_1} e_{p1+2}/e_{p1} \\ \vdots & \vdots & \vdots & \vdots \\ b_{p2,1} e_p/e_1 & b_{p2,2} e_p/e_2 & \cdots & b_{p2,p1} e_p/e_{p1} \end{bmatrix} \tag{12}$$

常数项 $d_0 = -B_0 X_{(1)}$。

于是 $\Delta X_{(2)}' = B_0 \Delta X'_{(1)}$（输入和输出均为距平）；或 $\Delta X_{(2)}' = B_0 X_{(1)}' + d_0$（输入为高度场~500 dagpm，输出仍为距平）；或 $X_{(2)}' = B_0 X_{(1)}' + d_0 + X_{(2)}'$（输入同上，输出为要素值）。

2.3 检验方法

采用分 2 段（前 30 年为相关分析试验期，后 8 年为独立样本检验期）分别统计各站的距平符号正确率 C_1, C_2 和距平相关系数 r_1, r_2 两项评判标准。

3 结果分析

3.1 高度场扫描式 CCA 试验

按第 1 节介绍的 CCA 试验方法直接选定最佳预报因子场（当然典型相关效果也要好），详细结果见表 1。结果表明：冬季各月平均气温的典型相关区，12 月在本省附近上空，1 月在我国西北地区上空，2 月在鄂霍次克海南部至日本以北地区上空；而降雨量的典型相关区，12 月在我国蒙古至东北地区上空，1 月在本省上空，2 月在青藏高原上空。可见冬季影响湖北省地面气候状况的典型相关区在湖北省及其以北（多为偏西北）地区上空，这与我省冬季气候主要受西风带天气系统影响是一致的。

据此可确定预报因子场的格点分布情况，用 $H_1 \sim H_9$ 代表 $X_{(1)}$ 的空间分布情况，并列于表 2。

3.2 预报方程组

利用表 2 的因子分别与对应月份的对应要素按 1.3 节介绍的 CCA 方法及回归方程反演方法建立拟合与预报方程组，共有 12 个方程组共 114 个方程，其中 3 个方案选优有 6 组共 10×6 个方程，扫描选优有 6 组共 9×6 个方程，由于数量较多，本文不便一一列出，下面仅给出扫描选优得到的 2 月降雨量的预报方程组。

表 1　湖北省 12—2 月 9 站气温和降雨量与邻近本省上空 500 hPa 上 12 个区高度场 (9 点)的最佳典型效果及其相关系数($\lambda_1 \sim \lambda_9$)×100

要素	月份	区号	范围	λ_1	λ_2	λ_3	λ_4	λ_5	λ_6	λ_7	λ_8	λ_9
平均气温	12	8	(105°—130°E,25°—35°N)	93	80	73	60	52	40	38	34	9
	1	4	(75°—100°E,40°—50°N)	98	87	79	70	61	43	31	14	0
	2	6	(135°—160°E,40°—50°N)	92	81	71	66	62	45	31	20	1
降雨量	12	5	(105°—130°E,40°—50°N)	95	92	90	82	55	54	43	14	2
	1	8	(105°—130°E,25°—35°N)	88	86	82	74	59	46	44	27	7
	2	7	(75°—100°E,25°—35°N)	90	83	75	68	63	47	26	22	4

注:区号系指最佳相关区区号,余同表 2。

表 2　用于 CCA 试验的最终预报因子场的经、纬度

因子序号	平均气温(扫描选优)			降雨量(扫描选优)		
	12 月	1 月	2 月	12 月	1 月	2 月
H_1	105/35	80/50	140/50	110/50	105/35	75/35
H_2	115/35	90/50	150/50	120/50	115/35	85/35
H_3	125/35	100/50	160/50	130/50	125/35	95/35
H_4	110/30	75/45	135/45	105/45	110/30	80/30
H_5	120/30	85/45	145/45	115/45	120/30	90/30
H_6	130/30	95/45	155/45	125/45	130/30	100/30
H_7	105/25	80/40	140/40	110/40	105/25	75/25
H_8	115/25	90/40	150/40	120/40	115/25	85/25
H_9	125/25	100/40	160/40	130/40	125/25	95/25

注:表中杠号前后两个数值分别代表格点经度(°E)、纬度(°N)。

$$
\begin{array}{l}\Delta T \text{ 或}\\ \Delta T'\end{array} =
\begin{bmatrix} \Delta R_1 \\ \Delta R_2 \\ \Delta R_3 \\ \Delta R_4 \\ \Delta R_5 \\ \Delta R_6 \\ \Delta R_7 \\ \Delta R_8 \\ \Delta R_9 \end{bmatrix} =
\begin{bmatrix}
-5.372 & -3.097 & 1.266 & 23.862 & -3.758 & 4.808 & -5.501 & 7.591 & -8.35 \\
-5.148 & -1.212 & 6.244 & 12.071 & -4.875 & 4.041 & -2.519 & 13.581 & -14.875 \\
-0.661 & -8.098 & -0.734 & -1.248 & 6.104 & 5.617 & -1.596 & 20.425 & -23.922 \\
1.162 & -4.813 & -0.977 & -13.882 & 5.114 & 4.925 & 0.770 & 21.667 & -22.027 \\
-2.939 & 0.040 & -0.377 & 5.270 & 2.895 & 0.673 & -1.942 & 11.963 & -8.856 \\
-5.256 & -1.231 & 1.780 & 11.559 & -4.220 & 5.383 & -4.838 & 23.832 & -18.062 \\
-1.597 & -7.275 & 2.566 & -0.976 & 4.434 & 2.311 & -1.954 & 23.612 & -240.567 \\
-0.676 & -3.319 & 2.273 & -13.260 & 2.936 & 3.810 & 0.288 & 28.730 & -26.245 \\
0.559 & -4.357 & 1.345 - & 14.274 & 5.345 & 0.021 & 0.122 & 25.651 & -22.097
\end{bmatrix}
\begin{bmatrix} H_1 \\ H_2 \\ H_3 \\ H_4 \\ H_5 \\ H_6 \\ H_7 \\ H_8 \\ H_9 \end{bmatrix}
$$

$$
+ \begin{bmatrix} 1329.83 \\ 2365.57 \\ -938.70 \\ -187.33 \\ -1092.68 \\ -2162.21 \\ 1144.43 \\ -12679.60 \\ 12054.04 \end{bmatrix}
\quad T = \begin{bmatrix} 19.02 \\ 25.68 \\ 31.60 \\ 48.68 \\ 32.19 \\ 26.62 \\ 39.45 \\ 55.24 \\ 77.10 \end{bmatrix}
$$

其中：$\Delta T(\mathrm{℃})$ 和 $\Delta R(\mathrm{mm})$ 的下标分别代表 9 个站，详见表3。

表3　CCA 试验效果检验表

要素	站名	序号	12月				1月				2月			
			C_1	C_2	r_1	r_2	C_1	C_2	r_1	r_2	C_1	C_2	r_1	r_2
			(×100)				(×100)				(×100)			
平均气温	郧县	1	80	75	69	76	67	63	78	49	73	63	53	60
	老河口	2	80	75	71	53	67	50	75	36	67	75	54	57
	随州	3	67	63	73	48	60	50	77	35	76	75	50	61
	麻城	4	70	63	79	21	70	50	72	36	70	75	45	68
	恩施	5	77	50	72	-23	70	38	79	14	63	88	47	53
	宜昌	6	77	63	76	79	77	63	81	58	67	88	49	68
	荆州	7	77	63	78	54	60	63	81	30	73	75	50	61
	武汉	8	80	63	80	34	67	50	74	50	80	75	48	62
	咸宁	9	73	63	79	4	73	75	76	35	67	75	44	65
	9站平均	10	76	64	75	39	68	56	78	38	71	76	49	62
	综合评价		好				好				好			
降雨量	郧县	1	77	38	84	5	80	75	76	16	83	50	67	27
	老河口	2	70	38	79	24	77	88	69	24	63	63	66	23
	随州	3	73	50	84	37	80	63	72	63	63	63	71	33
	麻城	4	73	38	86	-10	77	88	72	-18	73	38	72	35
	恩施	5	80	38	62	41	80	88	64	51	67	50	77	20
	宜昌	6	73	75	82	31	67	88	70	76	73	75	72	24
	荆州	7	60	50	89	5	83	88	80	88	73	50	81	8
	武汉	8	83	63	90	4	67	75	74	93	80	38	77	15
	咸宁	9	70	63	91	-2	80	63	78	36	77	63	71	2
	9站平均	10	73	50	83	16	77	81	73	48	84	54	73	21
	综合评价		一般				好				好			

3.3　拟合及预报效果检验

由表3不难看出，扫描选优作 CCA 后并反演的回归方程以降雨量的拟合效果好于气温，但预报效果仍是气温好些。由于各类方程的拟合及预报效果均较好，相关分析期 C_1，r_1 多在 0.7 以上，个别年可达 0.9 以上，而 C_2，r_2 出现较大差别，尤其是 r_2 有一些负值（表示预报效果极差）。故下面仅以 r_2，C_2 来判断一组模式的好坏。

统计全部 9 个站 3 个月平均的 CCA 试验效果是，平均气温 C_1，C_2，r_1，r_2（×100）分别为 71，65，67，46，降雨量分别为 78，62，76，28。12 个区扫描选优得到的气温、降雨量方无论拟合还是预报效果均较稳定，仅对恩施 12 月气温预报，麻城 12 月、1 月及咸宁 1 月降雨量预报出现弱的 r_2 负值，但综合来看，r_2 均较大，除 12 月及 2 月降雨量预报的 r_2 的 9 站平均分别为 0.16 和 0.21 外，其余均在 0.38（1 月气温）～0.62（2 月气温）之间，接近或超出目前月气温预报相关系数 0.2~0.4 的水平(由王绍武教授综合)[14],属可用模式。

另外还应注意到,扫描选优得到的气温预报方程尽管拟合率(C_1、r_1)不及降雨量的,C_1 平均低 7 个百分点,r_1 均值亦小 0.09,但预报效果(C_2、r_2 均值)均比降雨量好,C_2 平均高 3 个百分点,尤其是 9 站平均 r_2 对气温、降雨量预报方程分别是 0.46、0.28,相差更大。扫描选优得到的气温预报方程以 12 月拟合效果最好,2 月的预报效果最好。

此外笔者还注意到,大多数月份的拟合距平正确率 C_1 比预报的距平正确率 C_2 高,但 2 月气温、1 月降雨量方程相反;而预报的距平相关系数 r_2 普遍低于拟合距平相关系数 r_1,仅 2 月气温例外,这就表明预报效果在多数情况下比不上拟合水平,其中原因之一可能与近年冬季气候格外异常有关,今后考虑拟把后期资料用来做拟合试验而前期资料做预报检验。

最后还以郧县 12 月为例,逐年验证气温和降雨量的拟合及预报效果,尤其是看看对异常年的拟合及预报效果如何,详列于表(略)。

可见,该模式对郧县平均气温的拟合及预报能力是相当强的,前 30 年里距平符号正确的有 24 年,C_1 为 0.80,后 8 年距平符号正确的有 6 年,C_2 为 0.75,若以 $|\Delta T| \geqslant 1.0$ ℃为异常年标准,那么 38 年里有暖、冷异常年分别为 8 年和 6 年。本模式的预报结果为:除 1973 年失败外其余 13 年的拟合和预报距平符号全部一致,正确率为 0.93,远高于所有年的平均情况,尤其是 1996 年 12 月温度是异常高(第一位),实报也是正距平最大。该模式对郧县 12 月降雨量的拟合能力也很强,前 30 年里距平符号正确的达 23 年,C_1 为 0.77,前 30 年 14 个异常年($|\Delta R| \geqslant 10.0$ mm),距平符号正确的有 13 年,但后 8 年的预报出现较多失误,即 C_2 仅 0.38,尽管这样,5 个异常年有 2 年被预报出来。

4 小结与讨论

(1)通过 CCA 试验后,反演得到的冬季各月气温、降雨量预报方程,经分期检验发现均具有一定的预报能力,而且对气温的预报水平高于降雨量,但普遍存在拟合效果好而预报能力下降的问题,有待进一步研究。

(2)预报方程所拟合的距平与实际距平相关系数明显高于两场间的点对点相关结果,表明经 CCA 反演的预报方程能显著提高拟合方程的质量。

(3)预报因子场均位于我省正上空或西北或华北地区上空,且与气温为正相关,与降雨量的相关性为西负东正(110°E 为界),这在天气气候学上可得到较好的解释,即当我国北部有高压维持时(该高压南缘在我省),强冷空气难以南下,相反西南暖槽趁机北抬东扩,并产生扰动,导致频繁小雨,气温亦较高。

参考文献

[1] 么枕生,丁裕国.气候统计[M].北京:气象出版社,1990:463-476.
[2] 马开玉,丁裕国,屠其璞,等.气候统计原理与方法[M].北京:气象出版社,1993:301-308.
[3] 施能,孙力平,申建北.典型相关方法及其在天气分析和预报中的应用[J].南京气象学院学报,1984,2(2):251-256.
[4] Harry R G. Canonical correlation and its relationship to discriminant analysis and multiple regression[J]. J Atm Sci,1968,25(2):23-31.
[5] 李小泉.美国国家气象中心发布的试验性长超前预报公报[J].气象科技,1994(3):1-7.
[6] 王向东,李维京.国外长期预报业务及研究进展[J].气象科技,1996(3):9-17.

［7］Barnst on A G,Ropel ew ski C F. Prediction of ENSO episodes using canonical correlation analysis［J］. J Climate,1992,5(11):1316-1345.

［8］Barnst on A G. Linear statistical short-term climate prediction skill in the Northern Hemisphere［J］. J Climate,1994,7(10):1513-1564.

［9］Barnett T P,Preisendorfer R. Origins and levels of monthly and seasonal forecast skill for United States surface air temperatures determined by canonical correlation analysis［J］. Monthly Weather Review,1987, 115(9):1825-1850.

［10］陈孝源,俞善贤,李汉惠. 典型相关分析在台风路径预报中的应用［J］. 热带气象,1987(3):328-332.

［11］黄立文,胡基福,常美桂. EOF 和 CCA 方法在台风路径预报试验中的比较［J］. 热带气象学报,1997,13 (2):112-124.

［12］朱盛明,曲学实. 数值预报产品统计解释技术的进展［M］. 北京:气象出版社,1988:194-205.

［13］姜宏川,胡基福. 北太平洋海温及其 500 hPa 高度场典型相关及其预报试验［J］. 大气科学(统计气象学专辑),1993:67-74.

［14］王绍武. 美国第 20 届气候诊断年会［J］. 气象科技,1996(3):1-9.

典型相关系数及其在短期气候预测中的应用(摘)*

摘　要　借助典型相关系数,对场与场的关系进行分析,并由短期气候预测理论与实践以及线性方程组理论,提出了多因子场预测未来要素场的新方法,并以湖北省 10 站 1998 年 6—8 月总降水量场预报试验验证。结果表明:除郧县、老河口、麻城趋势预测与实况相反外,其余 7 站趋势预测均正确,其预报效果比较理想。

关键词　广义相关系数;典型相关分析;最小二乘法

1　引言

在近代短期气候预测中,场的分析和预测所占比重越来越大,首先由于用户希望得到一个场的预测,而不是孤立的单站预测;其次人们逐渐认识到局地因素造成的小尺度扰动使得单站要素变化随机性大,规律不易掌握,而大范围场的变化规律随机性小,可预报性大于单点。我们也曾做过场的分析和预报,即将预报对象场中的每一点与因子场中的每一点进行要素相关,选取通过检验相关性好的格点,然后对单站要素进行预测,最后组合成一预报场。另一种做法是用典型相关分析提取的典型变量作为因子,对预报场单点进行回归分析,严格地说这仍是单站预测,因为都是独立的单站分析和预测,没有考虑预测场中点与点之间的相互联系,很可能造成地理位置相邻的站点要素预测值差异很大,这显然与天气学原理相悖。还有一种做法是用因子场的全部典型变量,由回归分析预测预报对象场对应典型变量,最后恢复为预报对象场,由于选用了关系并不好的典型变量,这将直接影响其预报精度。本文将借助典型相关系数,对场与场间的关系进行统计分析,探寻因子场、预报要素场间关系的新方法。

2　资料与方法

对湖北省武汉、郧县、老河口、恩施、宜昌、荆州、咸宁、黄石、麻城、随州 10 站 6—8 月总降水量场进行预报试验。因子场为 1—4 月北半球 500 hPa 高度、海平面气压共 8 个场(均为 576 空间点)。为了保证典型变量的稳定,典型相关分析要求分析样本 n 大于变量场空间点数。而 500 hPa 高度、海平面气压场空间点数目远远大于样本个数,且相邻空间点一般具有较大的相关,致使矩阵求逆困难。针对这种情况,先对预报对象场和因子场分别进行 EOF 分析,将变量场投影到前几个 EOF 上,然后将得到的两场主分量作为两组新变量进行典型相关分析。这不仅减少了变量个数,使变量个数小于分析样本 n,又使同组变量间相互正交,方便了 CCA 中的矩阵求逆运算,且浓缩了原场的主要信息。

3　讨论

月、季尺度的气候变化,是众多因素共同影响的最后结果,很难单独试验某因素所起的作用。所以在做预报时,有必要考虑一切可能影响因素。本文预报方法,考虑的是多因子场对要素场这种场与场间的最主要影响关系,重点考虑大尺度变化,滤去小扰动,力图从尽可能多的方面对要素场变化进行主体描述,这种思路与天气学原理相一致。

---

*　张礼平,杨志勇,陈正洪. 大气科学,2000,24(3):427-432.

OLR 与长江中游夏季降水的关联(摘)*

摘　要　用 SVD 方法分析了 1 月、4 月、7 月全球 OLR 与夏季(6—8 月)华中区域降水场的关系,结果表明:若 1 月 OLR 南非东部沿岸至西印度洋、北美北部 OLR 偏低(偏高),或北非、美国西南沿岸及近海 OLR 偏高(偏低),则夏季长江中游降水将偏多(偏少)。若 4 月 OLR 澳大利亚至东印度洋、日界线以东热带太平洋偏低(偏高),或西北太平洋偏高(偏低),则夏季长江中游降水将偏多(偏少)。若 7 月 OLR 东印度洋-澳大利亚大陆、东亚偏低(偏高),则夏季华中区域长江及其以北降水将偏多(偏少),湖南和江西南部降水将偏少(偏多)。夏季长江中游旱、涝年前期 OLR 明显的区别在于热带太平洋:涝年 1 月东、西太平洋为明显负、正异常,4 月这种异常进一步加剧;旱年 1 月正好相反,东、西太平洋为微弱的正、负异常,4 月转为东、西太平洋为微弱的负、正异常。太平洋暖池 OLR 低值区(强对流区)4 月、7 月持续偏南,是夏季长江中游降水偏多的另一重要信号。

关键词　OLR;奇异值分解;长江中游旱涝

1　引言

OLR(outgoing longwave radiation)为美国 NOAA-CIRES 气候诊断中心提供的卫星观测地气系统向外长波辐射资料。由于 OLR 可精确描述地(海)表观测记录稀少的热带天气系统,尤其是 ITCZ(热带辐合带),在现代气候分析和预测中得到广泛的应用。

长江流域 20 世纪 80 年代初进入多雨时段,中下游 90 年代出现了 1996 年、1998 年、1999 年罕见的大涝。OLR 现已积累有近 30 年资料,有必要用这近 30 年资料对 OLR 场与降水场的关系进行定量分析和研究,特别是对 90 年代涝年 OLR 异常特征的分析和研究。

2　资料与方法

全球 OLR 资料空间范围为 0°—355°E,90°S—90°N,水平分辨率 5×5°,时间长度为 1974 年 6 月—2003 年(缺 1978 年 3—12 月)。夏季(6—8 月)华中区域降水场数据源自国家气候中心 160 站中河南、湖北、湖南、安徽、江西省 27 测站资料。

奇异值分解(SVD)是一种分析场与场关系的方法,由于可清晰展现场与场之间相关结构,易于解释说明其意义,且分析结果与 Barnett 等改进的 CCA 方法类似,因而被认为最有广泛的应用前景。我们用 SVD 定量分析 OLR 与长江中游夏季降水的关系。

3　讨论

冬、春季 OLR 与夏季长江中游降水大尺度关联的可能机制为:若 1 月 OLR 热带东、西太平洋为明显负、正异常,4 月这种异常进一步加剧,也即冬、春季热带太平洋 Walker 环流持续减弱,从而使夏季暖池对流活动减弱,ITCZ 偏南,Hadley 环流偏弱,使夏季西太平洋副热带高压主体位置偏南,导致中国夏季主雨带不能北推至黄河流域,而长期滞留长江中下游,最后造成长江中游降水异常。

---

* 张礼平,丁一汇,**陈正洪**,汪金福. 气象学报,2007,65(1):75-83.

湖北省 20 世纪 60 年代以来降水变化趋势初探（摘）*

摘　要　本文对湖北省 72 个气象台站年季月降水量在 1961—1995 年 35 年间的变化趋势进行了线性拟合，进一步分析回归系数的时空分布表明：年降水量以 112°E 为界东增（61.0 mm/10a）西减（-34.9 mm/10a），冬夏或 1 月、2 月、6 月、7 月、3 月全省（大部）增加，呈南北不均型，春秋或 11 月、4 月、9 月、12 月全省大部减少，呈东西不均型，3 月和 12 月是两型转折期并与我省近年东（南）涝西（北）旱、夏涝冬湿春秋干热事件频繁发生相吻合。鄂东与全国普遍变干不同，成了全国的增雨中心之一。
关键词　湖北省；降水倾向率；东增西减；时空差异

1　引言

自 1980 年以来，湖北省境内尤其是荆州以东洪涝事件明显增多，长江两岸抗洪形势严峻，如 1980 年，1982 年，1983 年，1989 年，1991 年，1993 年，1995 年，1996 年；同时全省尤其是西北部伏秋连旱甚至冬旱连春旱事件亦频繁发生，如 1981 年，1985 年，1986 年，1988 年，1990 年，1992 年，1994 年，1995 年，1997 年。可见 20 世纪 80 年代至今湖北省旱涝事件在时空上交替出现，降水变化明显异常，这是过去所没有的。国内权威专家对全国范围降水变化有诸多研究，指出湖北省与四川省在全国大范围降水呈下降趋势时则是一个明显的增长中心，但这些研究选站少，在全国只选 28～160 个站，用到湖北省的站点只有几个，并只研究年降水量，这样就无法揭示出湖北省降水变化趋势的真实特征和较大的时空差异，更无法得到逐季、逐月演变情况。湖北省内研究又多只集中在气温变化上，尚无专门针对降水变化的研究。众所周知，降水变异与国民经济关系最为紧密，本文将专门针对湖北省 1961 年以来的降水变化作一些初步探索，得到了一些有意义的结论。

2　小结与讨论

1961 年以来湖北省各地降水量存在一定年际（代）递变，尤其时空差异最为明显：

（1）年降水倾向率为东正（增）、西负（减），正、负变中心分别出现在武汉东部和鄂北岗地至清江中段，东、西各 6 个代表站平均 b 值分别为 61.0 mm/10a 和 -34.9 mm/10a，全省平均因东正西负互相抵消而只有弱的增加，空间分布较为均匀的 17 个站平均 b 值仅为 1.5 mm/10a。

（2）冬季全省均为正变，高值中心为武汉周围、鄂西北、鄂西南多处；秋季全省大部为负（仅武汉东部为正），低值中心在鄂西南，春季降水递变情况与年变型基本一致。

（3）逐月降水递变格局差异大但逐月动态演变具有一定稳定性和突变性并存的特点。1 月、2 月、3 月、6 月、7 月、10 月共 6 个月的 b 值 > 0 的站数超过 36，其中 1 月、2 月全部为正，6 月、7 月 72 站平均分别为最大、次大；其余 6 个月的 b 值 < 0 的站数则超过 36，其中 11 月有

---

* 陈正洪，覃军. 暴雨·灾害（三）[G]. 北京：气象出版社，1998：75-82.

70 个站的 b 值<0,4 月有 59 站 b 值<0,9 月、11 月的 72 站平均 b 值为极小、次极小。春季和秋季往往为东、西部 b 值大小、正负差异大(东西型),冬季和夏季往往为南北型,其中 3 月是由正变站数居多向负变站数居多同时由南北型向东西型的显著转折期,12 月则是与 3 月相反的转折期,8 月因正、负变区十分零乱而为调整期。

(4)本研究结果与我省近年旱涝等重大事件的时空变化相吻合,即东涝西旱、南涝北旱频繁,112°E、31°N 是从东到西、从南到北的显著气候分界线,以及夏涝冬湿、春季干热(其中 3 月多低温阴雨),鄂西秋雨显著减弱等。

长江流域降水突变的初步分析(摘)*

摘　要　利用长江流域 109 个气象站 1960—2001 年的逐日降水资料,对长江流域年、四季降水量及年暴雨日数进行了突变诊断。结果表明:长江上游少数地区年降水量在 20 世纪 80 年代末至 90 年代初出现了减少突变,而中游有少数地区 80 年代末至 90 年代初存在增加突变。就季节降水量而言,春、秋季以减少突变为主,而夏、冬季以增加突变为主。暴雨日数的突变主要表现在:长江上游部分地区 70 年代的增加突变和 80 年代末 90 年代初的减少突变,中游湖北、湖南及江西部分地区 70 年代的减少突变和 80 年代末至 90 年代初的增加突变,下游安徽和江苏极少数地区存在增加突变。

关键词　长江流域;降水量;暴雨日数;突变

1　引言

　　自 20 世纪 80 年代以来,气候变化成为全球关注的热点问题,我国许多气象学者对中国近代气温、降水等气象要素的变化规律作了不少研究,但其研究大多侧重气候趋势变化,涉及气候突变方面的研究较少。然而突变是气候变化的重要特征之一,本文旨在通过对长江流域降水量和暴雨日数的突变诊断分析,进一步揭示长江流域降水的气候变化规律。

2　资料与方法

　　中国气象局曾发文明确规定了全国七大江河流域的边界,并明确了其中所属的气象观测站,长江流域内的气象观测站共有 602 个,包括基准站、基本站和一般观测站,但长江流域内国家气象中心有降水资料的只有 138 站,再剔除建站时间在 1960 年 1 月 1 日之后和资料不完整的测站,最终选取了 109 个气象站作为本文的研究对象。

3　结论

　　(1)长江流域仅有少部分地区年降水量有突变发生,主要表现为长江上游少数地区 20 世纪 80 年代末至 90 年代初的减少突变和中游少数地区 80 年代末至 90 年代初的增加突变。

　　(2)春、秋季降水量以减少突变为主,夏、冬季降水量以增加突变为主,但各个季节发生突变的时间不一致。

　　(3)长江上游部分地区年暴雨日数经历了 70 年代的增加突变和 80 年代末 90 年代初的减少突变,中游湖北、湖南及江西部分地区 70 年代存在减少突变和 80 年代末至 90 年代初存在增加突变。

---

　　* 杨宏青,陈正洪,石燕,任国玉.气象学报,2004,62(S1):50-54.

气象灾害影响评估

暴雨洪涝　山洪地质灾害
高温　大风强对流　低温
雨雪冰冻

风雪归途——崔杨　摄

2016年7月2日 武汉暴雨城市内涝——李必春　摄

湖北省 2008 年 7 月 20—23 日暴雨洪涝灾害影响的综合评估*

摘　要　采用空间定位、距平百分率、历史对比、极大值推算、灾害影响分析等多种方法对 2008 年 7 月 20—23 日湖北省出现的一次大范围的强降水过程进行综合评估。结果表明:此次过程的强降水区主要位于湖北省北部、西部,即襄樊、恩施、宜昌、荆门、随州等地;全省 76 个气象站中,共有 13 站过程雨量≥150.0 mm,35 站次暴雨,10 站次为大暴雨事件,襄樊 22 日降水量达 293.9 mm,为超过 100 年一遇的特大暴雨;强降水造成较大范围的渍涝或洪涝,其中 4 县市为严重洪涝,7 县市为较重洪涝,12 县市为一般洪涝,9县市出现了渍涝;部分河流超警戒或汛限水位;最后给出了灾害损失、城市渍涝、农业、交通、江河湖库水位、山洪、地质灾害和雷击事件等方面影响。

关键词　暴雨;洪涝;重现期;灾害评估

1　引言

湖北省地处我国内陆腹地,长江汉江贯穿其中,为北亚热带、东亚季风气候,降水的年内和年际差异大,又由于局地地形和西南季风的共同影响,长期以来暴雨洪涝是湖北省的主要自然灾害之一[1-4],无论是 1931 年、1954 年、1998 年的全流域性大洪水,还是 1964 年、1991 年的区域性暴雨洪涝,都给本地区造成重大损失[2,5]。

随着全球气候变暖,近年来世界上大多数地方强降水事件增多[6]。我国大部地区雨日明显减少但雨强增加,干旱和洪涝频率增加,其中长江中下游夏季暴雨量、日数、强度均明显增多[7]。湖北省也表现出降水强度增加的趋势[8,9]。进入 21 世纪以来,湖北省降水表现出新特点,即强度大、间断性、频繁出现、高影响[10-13]。采用多种方法和手段对 2008 年 7 月 20—23 日湖北省出现的大范围强降水过程进行综合评估,揭示过程的气候特征和灾害影响,对今后防御趋于频繁出现的高影响强降水灾害有借鉴作用。

2　资料与方法

2.1　资料

(1)全省 76 个气象台站自 1951 年或建站以来逐日降水量;2008 年 7 月 20—23 日逐日降水量,过程的雨量、暴雨日数、大暴雨日数、特大暴雨日数;襄樊历年任意连续 4 天最大降水量、最大日降水量序列。(2)全省 1182 乡镇雨量站(部分为自动气象站)逐日降水量资料。(3)湖北省民政、水利、农业、气象等部门的灾情报告。

2.2　方法

对全省 76 个气象台站的过程雨量及距平百分率、不同程度暴雨日数进行空间比较,寻找

---

*　陈正洪,李兰,刘敏,向华,邵末兰,韦惠红,毛以伟,王海军.暴雨灾害,2009,28(2):345-348.

可能的灾害集中区;对襄樊历年任意连续 4 天降水量、最大日降水量序列进行历史排序,并利用 Pearson-Ⅲ 型[14]对前 10 位值的重现期进行推算;根据湖北省洪涝灾害等级标准(表 1),利用气象站点和自动雨量站降水资料对雨涝灾害等级计算,分严重洪涝,较重洪涝,一般洪涝,洪涝,正常等 5 级。

表 1　湖北省市(县)洪涝灾害等级标准

任一站最大日降水量(mm)	洪涝等级
$80 \leqslant R < 100$	洪涝
$100 \leqslant R < 150$	一般洪涝
$150 \leqslant R < 200$	较重洪涝
$R \geqslant 200$	严重洪涝

3　结果分析

3.1　暴雨过程概述

2008 年 7 月 20—23 日,受高空低槽和西太平洋副热带高压外围西南暖湿气流共同影响,配合西南季风爆发引导西南低涡东北向移动,造成湖北省西部、北部出现了大暴雨-特大暴雨过程(图 1)。强降水区位于襄樊、恩施、宜昌、荆门、随州、孝感北部。截止 7 月 23 日 20 时,过程累计雨量全省有 40 个县市超过 50 mm,其中有 22 个县市超过 100 mm,襄樊最大达 345 mm;另外局部强对流也较强烈,如荆门出现了 8 级短时雷雨大风。乡镇累计雨量全省有 485 个乡镇超过 50 mm,其中 228 个乡镇超过 100 mm、32 个乡镇超过 200 mm,最大襄樊城关达 347.6 mm。据民政部门统计,本次强降水过程共造成 44 个县市区 301.26 万人受灾,死亡 10 人,失踪 2 人,直接经济损失 13.2638 亿元[②]。

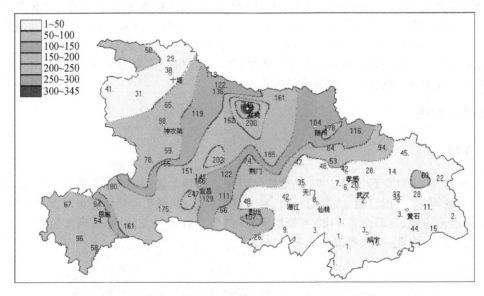

图 1　2008 年 7 月 20—23 日湖北省各站总降水量分布图(单位:mm)

---

② 湖北省民政厅,7 月 20 日以来湖北省暴雨洪涝灾害(续报).湖北灾情简报,第 97 期,2008 年 7 月 24 日。

3.2 暴雨过程评估

3.2.1 暴雨时空分布

此次暴雨过程范围较大,暴雨站次多,强度大。暴雨区主要集中出现在恩施、宜昌、襄樊、随州、荆门、孝感北部等地,有三个明显的暴雨中心,即江汉平原与西部高山交界地带的长阳、远安、襄樊一线,江汉平原中东部、鄂东的降水相对较弱,降水量呈现西多东少的特点、暴雨次数呈现西多、北多的特点。

全省 76 个气象台站中,共发生 35 站次暴雨事件(图 2),其中 1 次的有 22 站,2 次的有 5 站,它们是广水、宜城、秭归、长阳、建始,3 次的 1 站,即远安在 20—22 日连续 3 天出现暴雨。更为严重的是,有 10 站次为大暴雨事件(日降水量≥100.0 mm),分别出现在北部的襄樊、南漳、宜城、枣阳、钟祥、广水以及南部的长阳、五峰建始、鹤峰。其中襄樊 22 日降水量高达 293.9 mm,为一次特大暴雨事件。

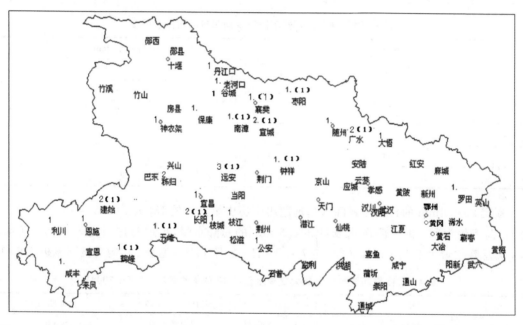

图 2　2008 年 7 月 20—23 日湖北省各地暴雨及大暴雨日数分布情况(括号内数字为大暴雨日数 单位:d)

统计表明,从 20—23 日,湖北省每天都有暴雨事件发生(表 2)。逐时降水资料显示,强降雨时段主要集中在 20 日 20 时至 21 日 03 时和 21 日 20 时至 22 日 14 时。其中襄樊 22 日降水量高达 293.9 mm,22 日 02 时至 22 日 14 时 12 小时雨量高达 252.3 mm,均创当地降水新记录,而 1 小时雨强也达到 42.9 mm。

从乡镇加密站暴雨演变情况,20 日有 3 个乡镇降水超过 50 mm;21 日有 54 个乡镇降水超过 50 mm,其中有 4 个超过 100 mm;22 日降水最大,有 260 个乡镇降水超过 50 mm,其中有 80 个超过 100 mm,6 个超过 200 mm;23 日降水减弱,有 60 个乡镇降水超过 50 mm,其中有 7 个超过 100 mm,1 个超过 200 mm。

表 2　全省所有台站和乡镇逐日各级暴雨次数统计表

日期	暴雨次数(≥50.0 mm)	大暴雨次数(≥100.0 mm)	特大暴雨次数(≥200.0 mm)
7 月 20 日	5(2)*	0	0
7 月 21 日	60(6)	5(1)	0
7 月 22 日	281(21)	88(8)	7(1)
7 月 23 日	66(6)	8(0)	1(0)
合计	412(34)	101(9)	8(1)

* 括弧内仅为台站暴雨次数。另外,7 月 21—22 日夷陵区连续两日出现暴雨,7 月 21 日三峡站出现暴雨。

3.2.2　暴雨极值历史对比

以此次强降水中心襄樊站为例,根据 1959—2007 年近 50 年逐年最大日降水量序列,采取 P-Ⅲ型概率分布推算不同重现期的日降水强度,结果表明:襄樊 22 日 293.9 mm 的降水量,超过了 450 年一遇,接近 500 年一遇(表 3)。

表 3　概率推算的襄樊不同重现期对应的日降水强度

重现期(a)	日降水量(mm/d)
100	228.4
200	258.2
250	267.8
300	275.7
350	282.3
450	293.1

襄樊 293.9 mm 的日极端强降水远远超出了历史第二位的 150 mm(1987 年 7 月 10 日,见表 4),前者约为后者的 2 倍;4 天累计 344.3 mm 的总降水量,也远超过历史第二位的任意连续 4 天总降水量为 215.3 mm(2007 年 7 月 11 日—7 月 14 日,见表 5),均属极罕见极端事件。

表 4　实际观测襄樊历年最大日降水量前 10 位基本情况(1959—2008)

序号	年	总降水量(mm)	出现时段(月.日)	重现期(a)
1	2008	293.9	7.22	>450
2	1987	150.0	7.10	28
3	1967	143.7	7.11	21
4	1963	127.9	7.28	11
5	2004	127.1	8.4	11
6	2007	117.3	7.13	7
7	1980	117.1	8.28	7
8	1992	102.2	6.13	4
9	2000	101.8	9.25	4
10	1984	93.4	5.12	3

表5　襄樊历年任意连续 4 天总降水量前 10 位排序 (1959—2008)

序号	年	总降水量(mm)	出现时段(月.日)	重现期(a)
1	2008	344.3	7.20－7.23	＞100
2	2007	215.3	7.11－7.14	73
3	1963	187.2	7.30－8.2	22
4	1967	187.2	7.9－7.12	22
5	1995	178.0	7.7－7.10	15
6	2004	174.8	8.3－8.6	14
7	1987	171.7	7.10－7.13	12
8	1965	151.9	8.1－8.4	6
9	2000	144.9	7.2－7.5	5
10	1976	141.2	8.9－8.12	5

3.2.3　雨涝灾害等级评估

根据湖北省雨涝灾害等级的评定标准,利用气象站点和自动雨量站降水资料对雨涝灾害等级计算表明,4 县市为严重洪涝,包括襄樊、枣阳、京山、恩施;7 县市为较重,包括老河口、谷城、南漳、保康、宜昌、枝江、五峰;12 县市为一般洪涝,9 县市出现了渍涝(见图3)。

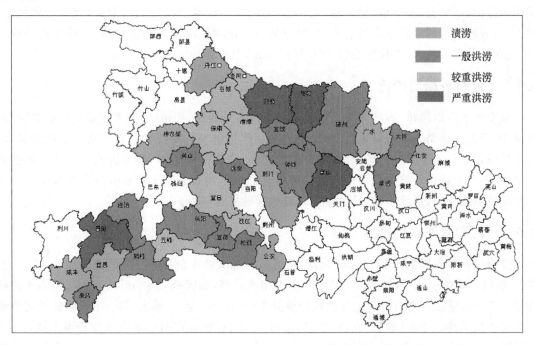

图3　2008 年 7 月 20—23 日湖北省雨涝灾害等级评估图

4 造成的主要影响

4.1 各种灾害损失较大

根据省民政厅统计,截至 7 月 23 日 24 时,7 月 20 日以来的暴雨洪涝灾害造成湖北省襄樊、恩施、宜昌、十堰、荆门、随州、孝感、荆州、林区等市州的 44 个县市区 301.26 万人受灾,因灾死亡 10 人(神农架林区洪水冲走死亡 2 人,长阳县、点军区、兴山县、南漳县洪水各冲走死亡 1 人,宜都市倒房压死 1 人,沙洋县雷击死亡 2 人,安陆市雷击死亡 1 人),失踪 2 人(南漳县、宜恩县洪水各冲走失踪 1 人),紧急转移安置灾民 10.773 万人;农作物受灾 251.361 km^2,其中绝收 31.724 km^2;因灾倒塌房屋 2961 间,损坏房屋 9383 间;造成直接经济损失 13.2638 亿元。

4.2 城区街道大量积水

襄樊、恩施等地城区街道因暴雨或进水受淹,最深达 2 m 多,受淹面积分别为 5 km^2、45.5 km^2,分别占城区面积的 20% 和 45%,严重影响人们正常生活和生命财产安全。

4.3 农业经济损失突出

据统计,宜昌市宜都、点军、远安、长阳、夷陵区,襄樊市襄城区、樊城区、襄阳区、保康县,恩施州恩施市、鹤峰县、利川市、建始县、来凤县,荆门市沙洋县、钟祥市、掇刀区,宜昌市枝江市、兴山县、五峰县等地遭受暴雨洪涝灾害,部分县市农作物被水浸泡和水打沙压,受灾或绝收严重,农业经济损失较大,农作物受灾 251.361 km^2,其中绝收 31.724 km^2。

4.4 交通路桥损毁严重

暴雨洪水冲毁路桥,影响正常交通。襄樊市内多处涵洞、街道、郊区主干道实行交通管制,造成 44 条公交线路无法正常运行,市民出行受到严重影响。通往各区县公路沿线山洪暴发,河水暴涨,12 处交通被迫中断,12 处严重影响行车;许多车辆雨中"乘风破浪",有的车辆在雨水中"抛锚",市民抬着汽车在雨中前行。鹤峰县因洪水冲毁公路 125 km,冲走汽车 1 辆。保康县部分乡镇交通、通讯中断,该县至神农架林区的省道中断。

4.5 江河和水库水位迅速上涨

受持续强降雨影响,22 日 14 时,清江恩施站出现洪峰水位 418.17 m,超警戒 2.67 m,为 2008 年最大洪峰;沮漳河河溶站于 23 日 17 时出现洪峰,超警戒 0.55 m;蛮河朱市洪峰水位超保证 0.60 m;保康县境内沮河流域洪峰径流量 1640 m^3/s,为 50 年来罕见;不设防的沮河洪峰水位超历史最高。十堰、襄樊、宜昌、荆门、黄冈、孝感、恩施等市州的水库水位普遍上涨,23 日超汛限水位的水库增至 434 座,为截止到 2008 年 7 月底以来最多。300 多条山丘河溪突发山洪。

4.6 山洪、地质灾害和雷击事件频发

强暴雨引起山洪暴发(兴山、长阳、神农架)、地质灾害和雷击事件,造成人员伤亡。21 日

凌晨 5 时 30 分,暴雨引发山体滑坡,致使宜都市五眼泉乡弥水桥村 7 组一村民房屋倒塌,死伤各一人。7 月 20 日晚 23 时,宜昌点军区桥边镇双堰口村一村民骑摩托车过漫水桥时被洪水冲走后证实死亡。雷击致沙洋死亡 2 人,安陆死亡 1 人。

4.7　有利影响同时存在

一是有效缓解了湖北前期出现的旱情。二是使高温酷暑天气得到缓和。三是增加了中小型水库的蓄水量,有利于农业生产灌溉和发电。电力部门预计近期来水可多发电量 5 亿千瓦时,相当于节约原煤 25 万 t。四是缓解了湖北省用电紧张局面,中部、北部用电量近日普遍下降。据悉,湖北电力调度中心近期全省停备火电机组总容量高达 500 万 kW,有利于电煤储存,为后期的高温大负荷作准备。

5　结论与讨论

2008 年 7 月 20—23 日的强降水落区主要位于鄂北、鄂西。全省 76 个气象台站中,过程雨量≥150 mm 的有 13 站,共有 35 站次暴雨,10 站次大暴雨,其中襄樊 24 h 降水量达 293.9 mm,超过 450 年一遇;强降水造成 4 县市严重洪涝,7 县市较重洪涝,灾害造成的损失十分严重。

研究表明,中国西北西部、长江及长江以南地区极端强降水事件趋于频繁[6],湖北省位于长江中游,近年来极端天气气候事件呈现出增多趋势且危害趋重,已成为影响全省经济和社会发展的严重障碍[15]。积极防御极端天气气候事件引发的自然灾害必须作为湖北省应对气候变化和防灾减灾的战略重点,其中高影响暴雨洪涝灾害,因为来势猛,出现频繁,危害大,则是灾害防治的重中之重。对其变化趋势、极端情况以及灾害影响进行科学评估,无疑可为灾害防御提供重要的科学依据。

参考文献

[1] 乔盛西,等.湖北省气候志[M].武汉:湖北人民出版社,1989.

[2] 姜海如.中国气象灾害大典·湖北卷[M].北京:气象出版社,2007.

[3] 叶柏年,陈正洪.湖北省旱涝若干问题及其防灾减灾对策[J].气象科技,1998,26(3):12-16.

[4] 杨宏青,刘敏,向玉春.湖北省雨涝灾害的风险评估与区划[J].长江流域资源与环境,2002,11(5):476-481.

[5] 张小玲,陶诗言,卫捷.20 世纪长江流域 3 次全流域灾害性洪水事件的气象成因分析[J].气象,气候与环境研究,2006,11(6):669-682.

[6] 翟盘茂,王萃萃,李威.极端降水事件变化的观测研究[J].气候变化研究进展,2007,3(3):144-148.

[7]《气候变化国家评估报告》编写委员会.气候变化国家评估报告[M].北京:科学出版社,2007.

[8] 杨宏青,陈正洪,石燕,等.长江流域 1960 年以来暴雨日数和暴雨量的变化趋势[J].气象,2005,31(3):66-68.

[9] 刘可群,张礼平,陈正洪,等.湖北省近 45a 降水气候变化特征分析及其对旱涝影响[J].气象,2007,33(11):58-64.

[10] 邵末兰,谢萍.2004 年湖北省主要气象灾害的影响评价[J].湖北气象,2005(3):36-38.

[11] 邵末兰,谢萍.2005 年湖北省主要气象灾害评估[J].湖北气象,2006(1):37-41.

[12] 李兰,史瑞琴,陈正洪,等.湖北 2006 年气候影响评价-主要气候特征与天气气候事件[J].湖北气象,2007

(1):14-16.

[13] 李兰,史瑞琴,陈正洪,等.湖北 2007 年气候影响评价[J].湖北气象,2008(1):28-30.

[14] 马开玉,丁裕国,屠其璞,等.气候统计原理与方法[M].北京:气象出版社,1993:391-419.

[15] 陈正洪.湖北省 2007 年主要天气气候事件[J].长江流域资源与环境,2008,17(1):42.

湖北省降雨型滑坡泥石流及其降雨因子的
时空分布、相关性浅析*

摘　要　从几十个典型事例出发,分析了湖北省降雨型滑坡泥石流的时空分布特征和与之密切相关的降雨气候条件的时空分布规律,较好地揭示了二者间的对应关系。并对 10 项降雨气候因子与逐月滑坡泥石流次数作逐步回归,筛选出日降雨量 ≥50 mm(暴雨)天数为最紧密因子。

关键词　湖北省;降雨因子;滑坡泥石流;时空分布;逐步回归

1　引言

　　湖北省是一个多山省份,山区县市占全部县市的 60% 以上,山地丘陵面积则占 70% 以上。由于山高坡陡危崖多,不时有山崩发生,特别是经长期连绵阴雨的滋润以及暴雨、大暴雨的猛烈冲击,加剧滑坡泥石流的发生,往往造成全省性或局部大范围滑坡泥石流灾害。据笔者统计,我省降雨型滑坡泥石流占全部事例的 50% 以上,甘肃省亦有类似情况[1]。

　　湖北省西部山区由于山体垂直高差大,切割厉害,如海拔高达 3 105.4 m 的"华中屋脊"神农架,著名的长江三峡及清江河谷穿过其腹地,更由于近年人类开发活动加剧,致使滑坡泥石流发生频率增加。据钟荫乾[2]对鄂西山区 700 余外滑坡实地调查表明,其中以降雨为主要动力和受降雨触发的滑坡占 80% 以上。可见降雨对我省大的以及群发性滑坡泥石流有着决定性的作用。

　　降雨本身有一定规律,这是气象学研究的范畴,有些规律已被揭示出来,如湖北省气象水文工作者对全省降雨、夏季暴雨的时空分布特征已有一定了解,若将它与我省滑坡泥石流的时空分布作对应分析可揭示出一些有意义的结论。而且随着气象、水文、地质科学的发展以及减灾的需要,降雨预报水平在逐步提高,可使降雨作为滑坡泥石流发生与否的预测指标[3]发挥重要作用。

2　资料及处理

　　根据中国地质大学(武汉)叶士忠副教授,华中师范大学邓先瑞教授提供的各种滑坡泥石流文献[4],摘抄出有时间、地点、且与降雨有关的滑坡泥石流事例共 50 多个(某一日某县市出现多次仍记为 1 次)。

3　湖北省降雨的时空分布特征

　　下面主要介绍与滑坡泥石流的发生及时空分布密切相关的年(月)降雨量及日数、暴雨、大暴雨日数的时空分布特征。

---

　*　陈正洪,孟斌.岩土力学,1995,16(3):62-69.

3.1 年降雨量的空间分布

我省地处中北亚热带,雨量充沛,年降雨量南部 1400 mm 左右,中部 1100 mm 左右,鄂西北 800~1000 mm(见图 1)。

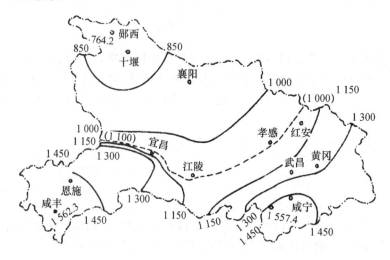

图 1 湖北省年均降雨量分布图(1961—1980 年平均)

由于山区迎风坡对气流的阻挡、抬升增雨作用,使山区的年降雨量、暴雨频次远比同纬度平原地区高出许多。如神农架山体高峻,我们测到主峰附近年降雨量约 2500 mm,在长岩屋(2300 m)处记录到 2760 mm 的年雨量,使之成为我省雨水最多海拔最高的降雨中心[①],另外两个多雨中心在幕阜山区和鄂西南山区,平均为 1300~2000 mm。大别山区地处西南季风迎风侧,雨量也较多。31°N 以北的中、北部雨量较少,邻近河南的地方降雨量减至 800 mm 以下。如从兴山翻越神农架后雨量锐减,到房县则只有 835 mm,丹江口则不足 800 mm。

3.2 年降雨日数的空间分布

湖北省年降雨日数(≥0.1 mm)在 110~190 d 之间,分布趋势是南多北少。31°N 以南为东西多中间少,鄂西南降雨日数最多为 140~180 d,鄂东约为 130~160 d,北部及江汉平原约 115 d 左右。

3.3 年雨日数的时空分布

一般地,降雨量大、降雨日数多的地区暴雨也就多而严重。湖北省年暴雨日数的地域分布特点是:山区多于平原,南部多于北部;多雨的鄂西南、鄂东也是全省的暴雨中心,大多在 15 d 以上;北部仅 1~2 d,最少的是竹山仅 0.9 d。

湖北省暴雨以夏季最集中,冬季少发生,概率几乎为 0;春秋季也时有发生,详见表 1,它与年降雨日数的季节分配是相一致的[5]。

---

① 倪国裕.湖北省综合农业气候区划(胶印本).1988.

表 1 湖北省各地暴雨日数的月变化(1961～1980 年 20 年总计)

月份＼地点	西部山区						中部		东部	
	鄂西北	长江三峡			鄂西南		江汉平原北部	鄂北	鄂东北	鄂东南
	房县	秭归	绿葱坡	宜昌	恩施	五峰	钟祥	枣阳	英山	嘉鱼
1	0	0	0	0	0	1	0	0	0	0
2	0	0	0	0	0	0	0	0	1	0
3	0	0	0	0	0	0	0	0	2	2
4	1	2	5	3	3	2	1	3	5	9
5	1	4	26	5	9	8	9	9	21	17
6	3	8	19	10	17	15	11	17	25	36
7	7	10	20	16	25	20	16	25	22	11
8	8	8	18	19	19	11	5	19	14	11
9	1	6	26	3	20	11	8	20	2	5
10	1	2	8	1	4	2	0	4	2	2
11	0	0	0	0	0	0	0	0	0	1
12	0	0	0	0	0	0	0	0	1	0

3.4 大暴雨的时空分布[②③]

6—8 月大暴雨日数(≥100 mm)最多在鄂东北、鄂西南山区,年平均 1 次左右,另一个在三峡地区,最少在鄂西北武当山区,平均 0.1～0.2 次(表略)。5—9 月大暴雨的时间分布为:两头小中间大的正态分布型,且主要在梅雨期;5 月和 9 月,只占 1/10(表略)。

4 湖北省滑坡泥石流的时空分布特征

4.1 空间分布

将全部降雨型滑坡泥石流事例按发生地点点到湖北省分县市地图上,得到图 2。

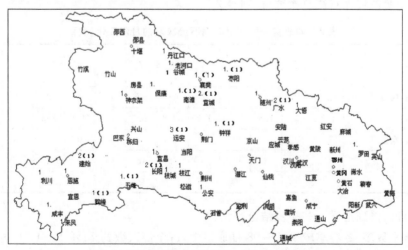

图 2 湖北省降雨型滑坡泥石流空间分布图

② 黄德江. 湖北省 6—8 月大暴雨气候特征. 1989.
③ 《湖北省暴雨研究》成果资料. 1986.

从图 2 不难看出下列几个显著特点：

(1)山区远远多于平原；

(2)南部多于北部，以鄂西北、鄂北这个旱包子最少；

(3)长江三峡、清江河谷两岸最多、最重，这与地貌上深切割，岩石、土体极不稳定，森林覆盖率低及地形增雨多种效应有关；

(4)山区尤其是鄂西山区最严重，一些重大的有影响的滑坡泥石流几乎都发生在该区；

(5)可以粗略地根据此图将全省划分为几个灾区：

　　a.长江三峡最多，为重灾区；

　　b.清江河谷次之，为次重灾区；

　　　大别山南坡(鄂东北)

　　c.幕阜山北坡(鄂东南) ——一般灾区；

　　　中部丘陵岗地

　　d.武当山系(鄂西北)少，为轻灾区；

　　e.平原湖区为无灾区。

将诸图对照便知，我省滑坡泥石流的地理分布与我省降雨量、日数尤其是暴雨、大暴雨频次的分布是相吻合的，说明暴雨及连绵阴雨对触发重大的滑坡泥石流起重要的作用。

4.2　年际变化

不同年份暴雨次数的多寡与各地滑坡泥石流的总次数多少一致，如 1935 年，1954 年，1980 年，1991 年春季的淫雨，夏季的暴雨使这些年大量成灾，而另外一些干旱年，地质灾害少有发生，如邻近的 1959 年，1990 年，1994 年。

4.3　季节分配

按逐月记载滑坡泥石流总次数，得到表 2。

表 2　湖北省降雨型滑坡泥石流次数的月际变化(次)

分类／月份	1	2	3	4	5	6	7	8	9	10	11	12	年
1.一般的：次数	1	0	1	1	1	18	17	8	6	2	0	0	55
(%)	1.8	0	1.8	1.8	1.8	32.8	30.9	14.6	10.9	3.6	0	0	100
2.重大的：次数	0	0	1	0	0	7	12	4	0	1	0	0	25
(%)	0	0	4	0	0	28	48	16	0	4	0	0	100
3.季节	冬		春			夏			秋			冬	

从表 2 可以得到这样一些初步结论：

(1)夏秋季最多，冬春季较少。6—8 月最集中，占全部次数的 78%，9—10 月占 15%，二者共占 93%。

(2)6—10 月中又以 6 月、7 月最多，占全年的 63.6%，且两月几乎相当；8 月次之，与 9 月、10 月两个月总和相当。

(3)较严重的滑坡泥石流更加集中在夏季的 6—8 月，占全年的 92%，春秋季均极小，冬季则根本没有。

总之，一年内这些灾害以暴雨集中的夏季（梅雨、暴雨、热雷雨、早秋雨）最多，在90％以上。而春雨季内极少，可能是因为冬干后，春雨只有淫雨，雨量、雨强均不够，尚只为初始润滑剂作用和初始累加值，起着潜伏诱导作用，只有当夏季梅雨来临，又多暴雨，总值达到一定程度才会导致灾害大面积频发。秋雨只集中在鄂西部分山区[6]，且呈南北移动，虽雨日不减，但雨强已大大减弱，故只有少量灾害发生。冬季11—2月降雨甚少，只占全年的10％左右，往往是干旱期，无法形成灾害。

5 降雨因子的筛选

共选取10项降雨气候因子($x_1, x_2, \cdots, x_{10}$)，它们与滑坡泥石流均有密切的因果关系，但在众多的因子中，哪一类或几类是最主要的呢？将表2的月序列与10项降雨因子x_i的月变化作逐步回归，（x_i选自秭归县气象站1961—1980年20年整编资料的平均值，因为考虑到全部滑坡泥石流个例中秭归和巴东占近1/3，或者说鄂西南、三峡河谷地区共占2/3），计算结果见表3。

表3 逐月滑坡泥石流与10项降水因子的逐步回归分析结果

降雨因子		一般滑坡泥石流：y_1						重大或群发滑坡泥石流：y_2					
序号	名称	r_i	名次	回归项或系数 B_i				r'_i	名次	回归项或系数 B_i			
(i)	(x_i)	/	/	$F_9=0$	1	2~3	4	/	/	$F_9=0$	1~2	3	4
1	降雨量(mm)	0.61		−0.78	✓			0.56		0.05			
2	一日最大降雨量(mm)	0.76	3	−0.02				0.77	2	0.13	✓		
3	≥0.1 mm 降雨天数(d)	0.49		3.12	✓			0.41		−0.07		2.13	
4	≥3.0 mm 降雨天数(d)	0.49		7.12				0.35		−1.03	✓	−3.69	
5	≥10.0 mm 降雨天数(d)	0.58		9.6	✓	8.08		0.46		−0.11			
6	≥25.0 mm 降雨天数(d)	0.75	4	11.04	✓			0.63	3	−6.23	✓		
7	≥50.0 mm 降雨天数(d)	0.89	1	77.83	✓	87.71	31.12	0.81	1	27.17	✓	24.43	16.3
8	≥100.0 mm 降雨天数(d)	0.53		25.68	✓	−73.59		0.52		−125.68			
9	最长连续降雨天数(d)	0.46		−0.31	✓		0.42			−0.08			
10	最长连续降雨量(mm)	0.80	2	0.05	✓			0.633		0.01			
B_0	常数项			−8.27	/	5.38	−0.60			−1.38	/	−10.21	−0.65
R	复相关系数			1.00	1.00	0.98	0.89			1.00	1.00	0.95	0.81

由表 3 可见：

(1)一般滑坡泥石流 y_1 与 10 项降雨因子 x_i 的单相关系数 r_i 全部为正,且最小的 r 亦有 0.46,最大达 0.89,这有力地说明我省滑坡泥石流绝大部分是降雨的次一级效应,对二者作相关分析是有益和必要的。

(2)r_7 最大,则充分说明暴雨(日降雨量$\geqslant$50.0 mm)在滑坡泥石流中的重要作用。日降雨量$\leqslant$25.0 mm($x_3 \sim x_6$,大雨以下)与$\geqslant$100.0 mm(x_8,大暴雨以上)和 y_1 的相关系数均减少(向两头逐渐减少),可见暴雨日数是一项必须重视和有意义的预报指标。

(3)r_{10},r_2,r_6 均大于 0.75,依次为 2、3、4 名,说明长时间连续降雨、极端降雨和大雨与滑坡泥石流的群发和致灾也高度相关,可能与三者均较好地包含了暴雨有关。

(4)将其中 3 个因子筛选出来作拟合时,方程如下:

$$y_1 = 5.38 + 8.08x_5 + 87.71x_7 - 73.59x_8 \qquad (R=0.98, \alpha<0.01)$$

其中,R,α 分别为复相关系数和置信度,诸变量名称见表 3。

由表 3 右边可见：

(1)重大滑坡泥石流 y_2 与 10 项降雨因子的相关分析结论基本同上。如 r'_i 全部为正,仍以 r'_7 最大,前 4 名仍为相同因子(均在 0.6 以上)。

(2)但 r'_i 普遍下降 0.08 左右(降 r'_2 上升 0.01 外),其原因尚不清楚,原因之一可能与资料较少有关。另外前 4 名的位置有所变动,x_2 与 y_2 的 r'_2 是唯一增值项,升到第二次,达 0.77,与最大的 $r'_7=0.81$ 相差不大,可见对于重大的、群发性的滑坡泥石流事件,某一次极端降雨(几十年或几百年一遇)有着决定性作用。拟合方程为

$$y_2 = -10.21 + 2.12x_3 - 3.69x_4 + 24.43x_7 \qquad (R=0.95, \alpha<0.01)$$

6 结语

通过上面的粗浅分析,说明湖北省是暴雨、淫雨导致严重滑坡泥石流的典型区,二者关系密切,物理统计意义明显。降雨可以作为滑坡泥石流群发的最重要外部因子;同时又可作为内部因子;具有诱导和直接触发的综合作用效果。所以深入揭示暴雨的时空分布和提高暴雨发生及落区的预报水平,对滑坡泥石流的预报和防治有着极其重要的意义。

参考文献

[1] 冯学才,等.甘肃省滑坡泥石流灾害及其减灾对策[J].灾害学,1991,6(4),43-46.
[2] 钟荫乾.湖北省西部降雨型滑坡的形成规律与防治[J].湖北省地质学会会刊,1991:18.
[3] 乔建平.不稳定斜坡危险度的判别[J].山地研究,1991,9(2):117-122.
[4] 熊继平,等.湖北地震史料汇考[M].北京:地震出版社,1985.
[5] 乔盛西,等.湖北省气候志[M].武汉:湖北人民出版社,1989.
[6] 梁建洪.华西秋雨的时空分布[J].地理科学,1989,9(1):51-59.

降雨因子对湖北省山地灾害影响的分析*

摘　要　根据湖北省 1950—2003 年间 726 个山洪地质灾害样本,分析了其时空分布特征;滑动 t 检验显示,逐年灾害数在 1974 年、1988 年前后出现两次显著性突变增多(其中山洪、滑坡增多最明显),逐年降雨量也相应有两次增加,二者相关系数可达 0.3。表明湖北省年降雨量趋势性增加是灾害增多的主要诱因;进一步分析表明,暴雨以上强降雨是山洪、滑坡、泥石流、塌陷的主要诱因,连阴雨是崩塌的主要诱因,同时对滑坡、泥石流、塌陷有重要影响,对山洪灾害影响则较小。

关键词　降雨因子;山洪地质灾害;时空分布;相关分析

1　引言

由于地质条件复杂、降雨丰沛、人类工程活动强烈等影响,湖北省山地灾害(山洪灾害和地质灾害的总称)发生频率高、分布广、种类多、灾情重。统计 1950 年以来灾害个例显示,湖北省山地灾害主有山洪、滑坡、泥石流、崩塌、地面塌(沉)陷(包括岩溶地面塌陷和采空地面沉陷)5 类(下称 5 类灾害),占灾害总数的 89%。国内进行山地灾害相关研究的较多,如陈正洪[1]、柳源[2]、余祖湛[3]、姚小平[4]等,并取得一定成果,如陈正洪等[1]研究了湖北省的 50 个降雨型滑坡泥石流灾害个例,重点分析了气候因子如降雨等对我省滑坡泥石流地理分布的影响,认为滑坡泥石流地理分布与我省降雨量、日数尤其是暴雨、大暴雨频次的分布相吻合,暴雨及连阴雨在触发重大滑坡泥石流中也起着重要作用。本文通过对湖北省 1950 年以来较完整的山地灾害资料研究,分析了 5 类灾害的时空分布特征及降雨因子的可能影响。

2　资料来源与处理方法

山地灾害个例主要来源于湖北省水文地质大队和湖北省各地市气象局。共有 1026 例(总样本),剔除没有确切时间、地点、类型的个例后剩余 726 例(筛选样本),降雨量资料则全部来源于湖北省气象档案馆。以下分析的资料,不作具体说明的,均为筛选样本。

图 1 是总样本和筛选样本中五种灾害频率饼图,分别反映的是各类灾害的全貌和筛选样本对总样本的代表性。可见,两类样本中,山洪、滑坡灾害均是湖北的主要山地灾害,二者合计均占灾害总数的 85% 以上,说明筛选的山洪、滑坡样本仍具有较好的代表性;崩塌从 8% 变为 9%;泥石流筛选前后均为 4%。塌陷灾害从 3% 变为 1%。

---

* 毛以伟,周月华,**陈正洪**,谌伟,金琪,王仁乔,王珏.岩土力学,2005,26(10):1957—1662.

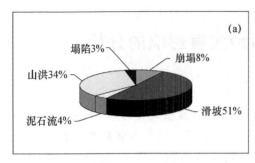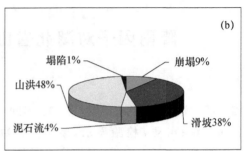

图 1 湖北省山地灾害分类饼图(1950—2003 年)

(a)总样本;(b)筛选样本

3 各类山地灾害的主要分布特征及降雨因子影响分析

3.1 空间分布特征

湖北省山地灾害从重到轻可分为 4 级:重灾区在鄂西山区(占 57%),高值中心在三峡河谷沿线,鄂西南又重于鄂西北(仅竹山有一次高中心),滑坡为主要灾害;次重灾害区在鄂东南(占 14%)、鄂东北(占 13%),主要灾害是山洪;鄂西北为一般灾害区;江汉平原为少灾区(图略)。

以县市为单位统计,秭归最多 86 次,其次是长阳、巴东、竹山各 45 次,宜昌市夷陵区有42 次,可见鄂西南的长江三峡和清江河谷地区是灾害的多发区,且各类地质灾害均可发生。

从灾害类型的分布来看,山洪灾害分布较普遍,各区都有发生,涉及 43 县市区,鄂西山区和鄂东丘陵地区皆是高发区。滑坡和总的灾害分布相类似,鄂西山区最为严重,涉及 22 县市区,秭归最多为 64 次。泥石流主要出现在新洲、巴东、宜昌县。崩塌同滑坡相似,主要出现在鄂西南(含三峡河谷),涉及 11 个县市区,长阳、巴东、五峰较多。塌陷主要出现在巴东。

总之,地形起伏的山区多于地势平坦的平原,雨水丰沛的南部多于干旱少雨的北部,坡陡谷深、人类工程活动较剧烈的西部多于低山、丘陵地貌的东部。虽然地形地貌和地质结构是发生山地灾害的基础,但气候因子如降雨量、降雨强度等是发生山地灾害的主要诱因,下面将重点分析降雨因子对不同山地灾害的影响。

3.2 时间分布特征

3.2.1 年际演变特征及降雨因子影响分析

(1)年分布特征

由湖北省山地灾害总数的逐年演变曲线(图 2)可见,从 20 世纪 80 年代开始呈现增多的趋势,到 90 年代达高峰,至 2003 年又是峰值年份,而五六十年代地质灾害出现的次数较少。采用滑动 t 检验[5]检测该序列是否存在突变,该方法可滑动检验两组子序列的平均值的差异是否显著。

设一系列 x_i,$i=1,2,3\cdots n$,人为设置某一时刻为基准点,那基准点前后两段子序列 x_1 和 x_2 的样本分别为 n_1 和 n_2,两段子序列平均值为 $\overline{x_1}$和$\overline{x_2}$。定义统计量

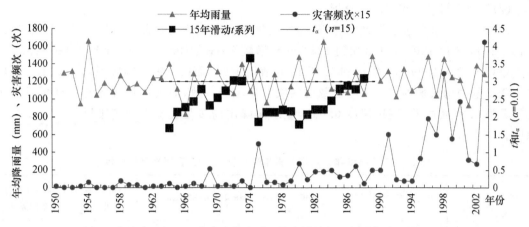

图 2　湖北省逐年山地灾害次数滑动 t 检验结果与逐年平均降雨量对比图

$$t = \frac{\bar{x}_1 - \bar{x}_2}{S \cdot \sqrt{\dfrac{1}{n_1} + \dfrac{1}{n_2}}}$$

其中

$$S = \sqrt{\frac{\displaystyle\sum_{i=1}^{n_1}(x_1(i) - \bar{x}_1)^2 + \sum_{i=1}^{n_2}(x_2(j) - \bar{x}_2)^2}{n_1 + n_2 - 2}}$$

给定信度 $\alpha = 0.01$，查表得出临界值 t_α。如果 $|t| < t_\alpha$，则认为两子序列无显著差异，否则认为在基准年出现突变。本文中两子序列长度取为相同，即 $n_1 = n_2 = N$。

从演变曲线上可知最近 30 年以来，样本序列的变化周期大致为 10 年左右，呈阶梯变化趋势，因故子系列长度选取区间为 10 ± 5，即 $5 \sim 15$，滑动 t 检验结果显示，子序列长度取 $5 \sim 12$ 时，在给定信度，$|t| < t_\alpha$，无突变年份。当取 $13 \sim 15$ 时，1974 年、1988 年前后样本序列均显示有突变发生（信度 $\alpha = 0.01$，$t_\alpha = 3.0$，$|t| > t_\alpha$），具体表现是灾害个例数在 1974 年、1988 年前后逐年样本数出现递进性显著增加，山洪、滑坡灾害增多最明显（图 3）。

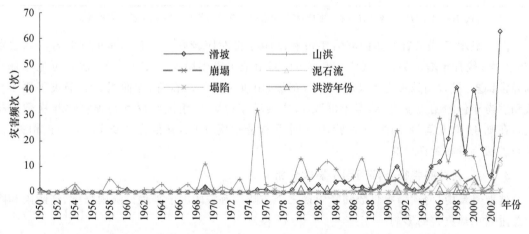

图 3　湖北省山洪、滑坡、崩塌、泥石流、塌陷年际变化及其与洪涝年对应关系

(2)年降雨量及洪涝年影响分析

1974 年、1988 年前后湖北省年降雨量、灾害频次变化情况见表 1。从 1951—1974 年到 1975—2003 年由 1200 mm 增加到 1224 mm，增幅 2％；从 1951—1988 年到 1989—2003 年站点年均雨量从 1199 mm 增加到 1247 mm，增幅 4％。而山地灾害频次则以 9.2、4.8 倍增加。降雨量的两次增加与灾害年次数的两次突增相当一致，而灾害年次数与年降雨量的相关系数为 0.3（通过 F 检验，信度 0.05），显示年降雨增多是我省山地灾害增多的主要自然原因。

表 1   1974、1988 年前后湖北省年降雨量、山地灾害频次变化比较

	1951—1974 年	1975—2003 年	1951—1988 年	1989—2003 年	1974 年前后变化情况	1988 年前后变化情况
年降水量（mm）	1200	1224	1199	1247	增 2％	增 4％
年灾害频次（次）	2.0	19.6	4.9	28.4	增 9.2 倍	增 4.8 倍

注：1950 年降雨量资料未能获取到，故从 1951 年开始统计。

由各地区各类灾害与各地区年降雨量相关性结果（表 2）可见，年降雨量与主要灾害呈正相关，相关系数多在 0.3 以上，鄂东的山洪灾害、鄂西南的泥石流、滑坡与年降雨量相关性普遍较好，鄂西南的滑坡灾害与降雨量相关性较山洪差，可能与滑坡灾害还受降雨日数这一因子的重要影响有关。

表 2   湖北省各地区山地灾害年发生次数与本区年降雨量相关系数

	山洪	滑坡	泥石流	崩塌	塌陷
鄂西北	0.2 *	0.5(0.02)	0.6 *	—	—
鄂东北	0.5(0.001)	—	—	—	—
鄂西南	0.4(0.01)	0.3(0.05)	0.9(0.001)	0.1 *	0.7(0.1)
江汉平原	0.4(0.05)	—	—	—	—
鄂东南	0.6(0.001)	0.2 *	—	—	—

注："—"指示该灾害个数极少或没有而未做统计，括号内数值为 F 检验信度，加 * 指未通过 F 检验。

图 3 显示，5 类灾害发生的峰值年份和洪涝年份对应较好[6]，如 1998 年湖北省降水总量（76 站次）较常年增加 19.2％（17 480 mm），而山地灾害则增加 344.2％（66 次），可见年降水的异常偏多，导致山地灾害的突增。统计滑坡、山洪、崩塌、泥石流、地面塌（沉）陷灾害逐年次数和洪涝年份的相关系数（洪涝年份取 1，非洪涝年份取 0，组成年序列与灾害逐年次数求相关），在 0.4～0.6 间（均通过 F 检验，0.4 时 F 检验信度 0.01，其他为 0.001），均为正相关，山洪与洪涝年份相关性最好。

3.2.2   月分布特征及降雨因子影响分析

选取月暴雨日数、降雨日数和降雨量三个与降雨有关的因子来表征降雨强度、连阴雨和降雨总量对山地灾害的影响。

由图 4 可知湖北省五类山地灾害多集中出现在 6—9 月，尤其 6 月、7 月多出现峰值。其中山洪、泥石流为单峰型分布，滑坡、塌陷为双峰型分布崩塌为三峰型。

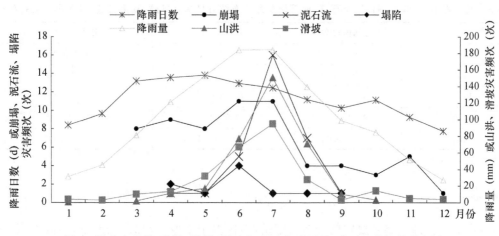

图 4 湖北省山洪、滑坡、崩塌、泥石流、塌陷与降雨量、降雨日数的月分布图

进一步计算 5 类山地灾害月次数与月暴雨日数、降雨日数、降雨量的相关系数(表 3,所有样本均通过了 F 检验,其信度为括号内数值)分析发现:

(1)5 类灾害多以夏季为高发时段,其中 7 月多为峰点,冬季为少发时段。这和湖北省降雨量的季月分布特征相一致,多呈 7 月份为降雨量峰值季、月,冬季为少雨时节,5 类灾害月发生次数与月降雨量相关性很好,相关系数都在 0.75 以上,月降雨量愈多,灾害发生频次相应偏高,显示降雨是五类灾害的主要诱因。

(2)月均暴雨日数与多数灾害相关系数除崩塌 0.61 外,都在 0.9 以上,较其他各因子都要大,显示了暴雨以上强降雨对山地灾害诱发起主要作用。

(3)滑坡为双峰型分布,其与降雨日数的高值月份(3 月、7 月、10 月)有一定对应关系,反映了连阴雨是除降雨量外的又一重要诱因,但发生滑坡的最多月份(7 月)与降雨日数最多月份(5 月)并不吻合,而是与降雨量的最多月份(7 月)相吻合,显示降雨总量对滑坡的发生影响作用较连阴雨要大,分析它们的相关系数可得同样结果,罗菊英[7]分析了巴东的滑坡灾害后有相同结论。

(4)崩塌与月降雨日数相关系数达 0.81,较另外两因子大,突出反映了连阴雨在崩塌致灾中起主要作用。影响崩塌产生的因素主要有斜坡坡度、构造裂隙发育程度,地震高发区崩蹋、滑坡也较为发育,而降雨是最主要的诱发因素,人类活动往往破坏斜坡的平衡状态而促使崩塌产生[2,4,8,9]。山洪与降雨日数相关系数在 0.5 左右,为表中最低值,表明连阴雨对山洪影响较小。

(5)泥石流灾害则与滑坡、山洪相似,与强降水、连阴雨均有密切关系。

(6)塌陷在 4 月、6 月份为高发时段,其峰值月份与降水日数的 3 月、5 月峰值有些错位(落后一个月),可能与连阴雨的滞后效应有关,或者说连阴雨对塌陷的影响较之其他灾害周期要长。有研究结果认为岩溶塌陷是过度抽、排岩溶区地下水的结果[8,10-11]。黄春鹏、刘志逊、苏茂凯认为造成岩溶塌陷的主要原因是开采地下水,其次为降雨[9]。王建秀、杨立中、何静研究发现有些土体塌陷由降雨诱发,特别是久旱逢暴雨时易发生塌陷,其产生与土壤的干湿状态密切相关,在分析了降雨诱发塌陷的成因机制后,认为入渗的水峰会对土体结构中的气体产生驱动作用,对固体骨架也会产生动力作用,从而导致塌陷灾害发生。

表3 湖北省山洪、滑坡、崩塌、泥石流、地面塌陷月总次数与月暴雨日数、降雨日数、降雨量的相关系数

	月暴雨日数(d)	月降雨日数(d)	月降雨量(mm)
滑坡	0.90(0.001)	0.72(0.01)	0.84(0.001)
山洪	0.95(0.001)	0.52(0.1)	0.77(0.01)
崩塌	0.61(0.05)	0.81(0.001)	0.78(0.001)
泥石流	0.94(0.001)	0.69(0.01)	0.75(0.01)
塌陷	0.95(0.001)	0.53(0.1)	0.79(0.001)

注:括号内数值为 F 检验信度。

4 结论

(1)湖北省山地灾害主要空间分布特征是:山区多于平原,南部多于北部,坡陡谷深、人类工程活动较剧烈的西部多于低山、丘陵地貌的东部。

(2)滑动 t-检验显示,湖北省山地灾害发生频次在 1974 年、1988 年前后出现两次显著性突变增多;1974、1988 年前后,我省站点年均降雨量实现了两次递增,增幅由 2% 上升到 4%。这一结果与灾害样本数的两次突变有较好一致性,显示年降雨可能对我省灾害个例的增多趋势有着重要影响。

(3)湖北省五类山地灾害的月分布与湖北省降雨量的月分布特征相一致,月降雨量愈多,灾害发生频次则相应偏高,表明降雨因子是五类灾害的主要诱因;灾害发生的峰值年份还与洪涝年有较好的对应关系,相关系数在 0.4 以上,山洪灾害相关性最好。

(4)连阴雨、暴雨以上强降水和较多的降雨总量是造成众多山地灾害频繁发生的重要原因,但它们对不同灾种的影响作用差异很大。暴雨以上强降雨是山洪、滑坡、泥石流、塌陷灾害的主要诱因;连阴雨是崩塌灾害的主要诱因,对于滑坡、泥石流、塌陷灾害也有重要影响,对山洪灾害影响较小;月降雨总量大小对五类灾害都有重要影响。塌陷的高发时段与降水日数峰值月份落后 1 个月,可能反映了连阴雨对塌陷灾害的影响周期较其他山地灾害的影响周期长。

参考文献

[1] 陈正洪,孟斌.湖北省降雨型滑坡泥石流及其降雨因子的时空分布、相关性浅析[J].岩土力学,1995,16(3):52-59.

[2] 柳源.中国地质灾害(以崩、滑、流为主)危险性分析与区划[J].中国地质灾害与防治学报,2003,14(1):95-99.

[3] 余祖湛,周延奎,谭宏,等.三峡库区秭归段土质滑坡成因、影响因素及整洁措施[J].岩土工程界,2003,6(2):45-47.

[4] 姚小平.浙江省宁海县地质灾害特征及防治对策[J].地质灾害与环境保护,2002,13(4):1-5.

[5] 马开玉,丁裕国,屠其璞,等.气候统计原理与方法[M].北京:气象出版社,1993:97-101.

[6] 周月华,向华.春秋季环流调整对湖北夏季洪涝的影响[J].应用气象学报,2004.15(3):336-344.

[7] 罗菊英.巴东县城关及其周边地区滑坡与降雨的关系初探[J].湖北气象,2001,4:10-12.

[8] 闫满存,王光谦,李保生,等.广东沿海陆地主要地质灾害及其控制因素分析[J].地质灾害与环境保护,2000,11(3):204-211,229.

[9] 黄春鹏,刘志逊,苏茂凯.福建省地质灾害的现状及防治对策[J].地质灾害与环境保护,2000,11(1):21-26,57.

[10] 刘思秀.杭州市西部岩溶山区地面塌陷及地下水资源开发初步研究[J].地质灾害与环境保护,2000,11(1):11-16,20.

[11] 包惠明,周琼芳,刘宝臣,等.工程活动对桂林市西城区岩溶塌陷的影响分析[J].地质灾害与环境保护,2001,12(1):30-32.

[12] 王建秀,杨立中,何静.非饱和土降雨诱发塌陷成因探讨[J].地质灾害与环境保护,2002,13(2):17-21.

[13] 江苏省国土资源厅赴台湾考察团.赴台湾地质灾害防治与地质景观保护考察报告[J].域外借鉴,2003,(1):41-42.

湖北省山洪(泥石流)灾害气象条件分析及其预报研究 *

摘　要　根据湖北省气象部门收集的 1954 年至 2003 年 7 月份的 226 个山洪(泥石流)灾害个例和同期气象资料,分析发现:1)湖北省山洪(泥石流)灾害 3—10 月均有发生,6—8 月最为集中,占总数 84%;空间分布广而不均,鄂东南、鄂西南最多,灾害的时空分布与降雨的时空分布较一致;2)68% 的灾害发生在系统性降雨或集中降雨天气形势下,把握好系统性降雨和集中降雨的预测是有效预测山洪(泥石流)灾害的关键。3)82.3% 的灾害与当日暴雨以上强降雨密切相关。最后用点聚图方法确定了各区致灾的临界雨量,建立了灾害气象预报指标,该指标已投入试用。
关键词　山洪(泥石流)灾害;天气系统;临界雨量;预报模型

1　引言

山洪是山丘区小流域(原则上小于 200 km²)由降雨引起的突发性、暴涨暴落的地表径流,泥石流是一种含有大量泥砂和块石等固体物质、突然爆发、历时短暂、来势凶猛、具有强大破坏力的特殊洪流[1]。一旦两者相伴出现,其后果将十分严重。

国内外对此开展研究工作的较多。国外 John Handmer[2]、Burrell E. Montz 和 Eve Gruntfest[3]、P. Bechtold 和 E. Bazileb[4] 等对山洪灾害,国内吴积善[5]、马为民[6] 等着眼于泥石流等地质灾害研究,姚小平[7]、黄春鹏[8] 等对本地的地质灾害情况及防御对策进行了分析研究,柳源[9-10] 还对国内地质灾害危险区划和滑坡临界暴雨强度等进行了专门研究。本文旨在对湖北省山洪(泥石流)灾害发生的降水条件和主要影响天气系统进行分析,确定临界雨量,建立可业务试用的等级预警指标。

2　资料情况

采用湖北省各级气象部门收集的 1954—2003 年 7 月的山洪(泥石流)个例资料 226 例。其中山洪个例 208 例,无雨量记录的 3 例,有气象站或乡镇雨量站观测记录的 205 例(其中当日雨量采用乡镇雨量资料的有 62 例);泥石流个例 18 例(同一县市区同日多处记录只做 1 次统计),其中有具体日期和雨量记录的 16 例。雨量记录时段为 08—08 时。

3　湖北省山洪(泥石流)灾害时空分布特征

湖北省山洪灾害分布广泛,在统计的 208 例中,五大区均有发生(山洪灾害分布比例见图 1),鄂东南、鄂西南发生比例较高;其次是江汉平原,多分布在江汉平原北部;再次是鄂东北,鄂西北最少仅 20 例。山洪灾害与降雨的区域性特点有相当的一致性,年降雨量较多的地区其灾害发生比例也较高。

＊ 毛以伟,谌伟,王珏,陈正洪,王仁乔,王丽.地质灾害与环境保护,2005,16(1):9-12.

湖北省山洪(泥石流)灾害在一年中的 3—10 月都有发生,其中 6—8 月占总数的 84%,7 月份最多,占 44%(图2)。不难看出,这一季节性分布特点与前所述湖北省雨季分布具有相当一致性。同时,进一步分析 20 世纪 90 年代以来的个例,在近 13 年中(2003 年未参与统计),山洪(泥石流)灾害产生除与降雨的季节性相吻合外,其发生的峰值年份还与省内丰水和洪灾年份有较好的一致性(见图3),如 1991 年、1996 年、1998 年。由于湖北省的山洪(泥石流)灾害大多是由降雨所引起的,其与降雨的季节性特征和丰水年份相吻合也进一步说明了降雨在山洪(泥石流)灾害的分析预测中具有重要的指示意义。

图1　湖北省五大区山洪灾害分布(1954 年 1 月—2003 年 7 月)

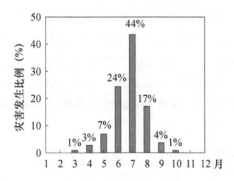

图2　湖北省山洪(泥石流)灾害
月分布图(1954 年 1 月—2003 年 7 月)

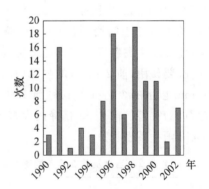

图3　湖北省山洪(泥石流)灾害
逐年变化图(1990—2002)

4　山洪(泥石流)灾害发生当日及前期降雨特征的统计分析

4.1　据降水特征进行的灾害分型

根据山洪(泥石流)灾害发生当日区域两型编码(规定编码方式见表1)及前期降雨情况,将山洪(泥石流)灾害个例分为以下三类:连续暴雨型、暴雨型、局地强降雨型。

连续暴雨型:条件①灾害发生点所在区域雨型编码≥3;灾害发生当日降雨≥50 mm,前 1 日降雨≥30 mm;

条件②灾害发生点所在区域雨型编码≥3;灾害发生当日降雨≥50 mm,前三日内有一天日降雨≥50 mm 且还有另一天≥30 mm。

符合上述条件之一为连续暴雨型。

暴雨型:灾害发生点所在区域的雨型编码≥3,但不满足连续暴雨条件的;

局地强降雨型:灾害发生点所在区域的雨型编码<3。

表1 湖北省五大区域雨型编码方式

某区雨量(mm)	0.0~1.9	2.0~9.9	10.0~24.9	25.0~49.9	50.0~99.9	100.0~199.9	≥200.0
出现站数	≥5站	≥5站	≥5站	≥4站	≥3站	≥2站	≥1站
编码	0	1	2	3	4	5	6

根据以上分型标准,对有具体日期及雨量记录的221例山洪(泥石流)灾害个例进行分类,其中连续暴雨型山洪(泥石流)有62例(占28%),暴雨型山洪(泥石流)88例(占40%),局地强降雨型山洪(泥石流)71例(占32%)。这一分布特点显示,68%的山洪(泥石流)灾害发生在系统性降雨或集中降雨天气形势下,因此把握好系统性降雨和集中降雨的预测,同时加强对中小尺度降雨的技术攻关,也相当重要。

4.2 山洪(泥石流)灾害与当日及前1~5日不同等级降水的关系

226例山洪(泥石流)灾害依据当日及前1日降雨分级统计情况见表2,当日降雨在50 mm以上的灾害个例占82.3%,100 mm以上的个例占58%;灾害发生前1日降雨在50 mm以上的个例占18.3%,100 mm以上的占5%,而前2~5日,日降雨在50 mm以上的个例仅占4.9%~8.0%,100 mm以上的仅占0.5%~2.3%。显示山洪(泥石流)灾害发生当日与暴雨以上强降雨的关系相当密切,与前1日强降雨关系明显减弱,与前2~5日强降雨关系不明显。这一相关性反映了灾害发生当日的强降雨对山洪(泥石流)灾害的发生起主导作用,而前1日强降雨起次要作用,前2~5日的强降雨对山洪(泥石流)灾害的发生影响甚微。同时,当日降雨在10 mm以下的个例占7.1%,前1日占49.8%,前2~5日则占74.2%~80.1%,这显示山洪(泥石流)灾害的前2~5日降雨大多无降雨或微弱,从另一方面说明山洪(泥石流)灾害仅与当日强降雨关系密切。

表2 当日及前5日不同降雨情况下湖北省山洪(泥石流)灾害发生比例表

		无记录	无降雨	微量	0~10 mm	10~25 mm	25~50 mm	50~75 mm	75~100 mm	50 mm以上	100 mm以上
当日	次数	5	2	2	12	10	6	23	32	189	134
	%	2.2	0.9	0.9	5.3	4.4	2.6	10.2	14.1	82.3	58
前1日	次数	5	39	22	49	42	28	16	14	41	11
	%	2.2	17.6	10	22.2	19	12.7	7.1	6.2	18.3	5
前2日	次数	5	100	28	49	21	9	7	2	14	5
	%	2.2	45.2	12.7	22.2	9.5	4.1	3.1	0.9	6.3	2.3
前3日	次数	5	86	30	57	20	15	4	5	13	4
	%	2.2	38.9	13.6	25.8	9	6.8	1.8	2.2	5.8	1.8
前4日	次数	5	88	25	57	22	18	8	2	11	1
	%	2.2	39.8	11.3	25.8	10	8.1	3.5	0.9	4.9	0.5
前5日	次数	5	82	27	55	23	16	10	5	18	3
	%	2.2	37.1	12.2	24.9	10.4	7.2	4.4	2.2	8	1.4

5 湖北省山洪(泥石流)灾害对应的主要影响天气系统分析

重点分析了 1980—2000 年的 150 个山洪(泥石流)灾害个例,根据主要影响天气系统分为以下 7 类(表3)。

表3 湖北省山洪(泥石流)灾害主要影响天气系统分类对照表

分类	西北槽	南支槽	副热带高压/大陆高压	台风低压	高原横槽	华北(东北)横槽	个例数(%)
类型Ⅰ	√	√	√				48(32)
类型Ⅱ	√		√				52(35)
类型Ⅲ	√		两高之间				11(7)
类型Ⅳ	√	√					15(10)
类型Ⅴ		√	副热带高压			√	17(11)
类型Ⅵ	√		副热带高压		√		4(3)
类型Ⅶ	√			√			3(2)

以上统计显示,西北槽、南支槽和副热带高压的相互配合多形成系统性集中降雨,它们是造成山洪(泥石流)发生的重要天气系统,台风低压的登陆也会造成山洪暴发,其破坏性大,但概率较小。

6 引发湖北省山洪(泥石流)灾害临界雨量的确定

山洪灾害发生的临界降雨量(或雨强)[1]指标,是指山洪灾害防治区中,可能导致山洪灾害发生的一定时段的最小雨量,代表了区域内多数地方发生山洪灾害的降雨条件。

用点聚图方法分区域确定湖北省山洪(泥石流)的 24 h 临界雨量值及区间,结果见表4。

表4 湖北省五大区域内山洪泥石流灾害站点临界雨量(单位:mm)

	鄂西北	鄂东北	鄂西南	江汉平原	鄂东南
24 小时	37	64	50	61	50
区间	37~70	64~100	50~80	61~90	50~80

注:鄂西北灾害个例局地降雨占 80%,观测雨量普遍较小,其临界值有调整。

7 湖北省山洪(泥石流)灾害等级预报指标

前面分析可知,山洪灾害仅与当日降雨关系密切,前期降雨对灾害的发生影响较小,这是山洪灾害与其他灾害的不同之处,因此预报因子仅选取未来 24 h 降雨,前期降雨未做考虑,这与国内有关泥石流灾害的研究成果有所不同。这里将灾害等级分为 3 级,1 级为可能性较大,2 级为可能性大,3 级为可能性很大。同样用点聚图方法确定 1—3 级临界指标后,建立如下简易的湖北省五大区域山洪(泥石流)等级预报站点降水临界指标:

$$R \geqslant R_1 \quad (1 级)$$
$$R \geqslant R_2 \quad (2 级)$$
$$R \geqslant R_3 \quad (3 级)$$

式中,R 为某区域内站点未来 24 h 降雨量,R_1、R_2、R_3 分别为 1～3 级临界指标(表 5),以上指标低等级、高等级同时满足时以高等级做等级预报。

表 5　湖北省山洪(泥石流)灾害等级预报站点降水临界指标(单位:mm)

等级	鄂西北	鄂东北	鄂西南	江汉平原	鄂东南
R_1	45	75	55	80	85
R_2	75	128	102	138	132
R_3	105	180	150	195	180
高密度区间	13%～33%	21%～94%	14%～73%	18%～80%	17%～87%

8　结语

(1)山洪(泥石流)灾害产生除与降雨的季节性相吻合外,其发生的峰值年份还与省内丰水和洪灾年份有较好的一致性。68%的山洪(泥石流)灾害发生在系统性降雨或集中降雨天气形势下,因此把握好系统性降雨和集中降雨的预测,是有效预测山洪(泥石流)灾害的关键。

(2)西北槽、南支槽和副热带高压的相互配合多形成系统性集中降雨,它们是造成山洪(泥石流)发生的重要天气系统,台风低压的登陆也会造成山洪暴发,其破坏性大,但我省发生概率较小。

(3)逐日降雨分析表明,82.3%的山洪(泥石流)灾害发生仅与当日暴雨以上强降雨的关系相当密切。

(4)临界雨量及等级预报降水指标的确立,对于我省山洪(泥石流)灾害的预报预警有重要意义。山洪(泥石流)灾害预报预警涉及气象、水文、地质多方面专业知识,需加强跨专业合作。

参考文献

[1] 周黔生,祝有根.浙江省泥石流情况简述[J].浙江水利科技,2002(1):23-24.

[2] Handmer J. Improving flood warnings in Europe:a research and policy agenda. Global Environmental Change Part B:Environmental Hazards,2001,3(1):19-28.

[3] Montz B E.,Gruntfest E. Flash flood mitigation:recommendations for research and applications[J]. Global Environmental Change Part B:Environmental Hazards,2002,4(1):15-22.

[4] Bechtold P.,Bazileb E. The 12-13 November 1999 flash flood in southern France[J]. Atmospheric Research,2001,56(1-4):171-189.

[5] 吴积善,康志成,田连权,等.云南蒋家沟泥石流观测研究[M].北京:科学出版社,1990.

[6] 马为民.承德泥石流预报模型的研究[J].河北水利水电技术,2002(1):41-42.

[7] 姚小平.浙江省宁海县地质灾害特征及防治对策[J].地质灾害与环境保护,2002,13(4):1-5.

[8] 黄春鹏,刘志逊,苏茂凯.福建省地质灾害的现状及防治对策[J].地质灾害与环境保护,2000,11(1):21-26,57.

[9] 柳源.中国地质灾害(以崩、滑、流为主)危险性分析与区划[J].中国地质灾害与防治学报,2003,14(1):95-99.

[10] 柳源.滑坡临界暴雨强度[J].水文地质工程地质,1998,25(3):45-47.

长江上游历代枯水和洪水石刻题记年表的建立*

摘　要　本文首次整理出千年涪陵石鱼出水年表以及长江上游八百年洪水石刻题记年表,为研究长江上游历史洪、枯水位以及与此有关的旱涝问题提供新的历史石刻资料。

关键词　涪陵石鱼;洪水石刻;年表

1　引言

长江上游的洪、枯石刻题记,是刻在岩石上的一种比较少见的洪、枯水位的特殊记载。它是宜昌以上 100 万 km² 集水面积上的降水和径流异常的结果,反映的是大范围的旱涝实况。由此可见,洪枯石刻题记是研究长江上游地区历史时期旱涝规律和洪、枯水位多年变化的新的历史资料,其空间代表性之大,是地方志中的旱涝记载所无法相比的。

对长江上游 100 万 km² 集水面积上的洪、枯水位石刻进行实地调查,绝非是一两个人所能做到的。幸亏前人对此作过几次详细的调查,只因年代久远、资料分散,人们很难找到这些调查资料。本文通过各种渠道获得了上述资料,以年表的形式发表出来,为科研服务。科研人员可以根据这份年表来研究长江上游地区洪、枯水位的多年变化规律,分析间隔时间分布的特征,研究长江上游地区的旱涝规律及其与中下游地区旱涝的关系,为水文、气象预报服务。这份年表在航运、发电等行业中也有重要参考价值。

2　千年涪陵石鱼出水年表

重庆市涪陵县城北靠近长江南岸的大江之中,有一自西向东延伸长约 1600 m、宽约 15 m 的石梁。石梁上刻有鱼形图案,名曰"石鱼"。图 1 是肖拱星于康熙二十四年(1685 年)重刻的双鱼图案。

图 1　清康熙二十四年肖拱星重刻的石鱼(引自文献 3)

肖星拱的《重镌双鱼记》:"涪江石鱼,镌于波底,现则岁丰,数千百年传为盛事。康熙乙丑春正,水落而鱼复出,望前二日,偕同人往观之,仿佛双鱼冥莲隐跃。盖因岁久剥落,形质模糊几不可问,遂命石工刻而新之,俾不至湮没无传耳!且以望丰亨之永兆云尔。……"

＊ 乔盛西,**陈正洪**.暴雨·灾害(三)〔G〕.北京:气象出版社,1999,(1):63-71.

由于石梁的最高处高出年平均最低水位仅 2 m，所以石鱼常年沉没在水下，难以见到。只有当冬春之交（1—3 月）江水很枯的年份，石鱼才露出水面。由于民间有"石鱼出水兆丰年"的说法，所以每逢石鱼出水时，当地官员就高兴地率同僚、亲朋去观赏石鱼，并在石梁上刻有自公元 971 年至 1987 年的一千多年来的石鱼题刻资料。图 2 是现今见到的一幅最早石鱼题刻的拓片照片。拓片文字记述了石鱼的来龙去脉。

图 2　宋开宝四年（971 年）谢昌瑜等题记（引自文献 3）

"大江中心石梁上，（缺字）古记，及水际，有所镌石鱼两枚。古记云：唐广德□□春二月岁次甲辰，江水退，石鱼出见，下去水四尺。问古老，咸云：江水退，石鱼见，即年丰稔。时刺史团练郑令 圭记，自广德元年甲辰岁次至开宝四年岁次辛未二月辛卯十日□□余年又复见者，览此申报。"

注：□□表示缺两个字

2.1　前人对石鱼题刻资料的收集和整理

2.1.1　清光绪四年姚觐元、钱保塘的《涪州石鱼题名记》

清同治、光绪年间，在川东任地方高级行政官员观察（清代对道员的尊称，是省以下、府州以上的高级行政官员）多年的姚觐元，看到四川金石类书籍中没有收录涪陵石鱼题刻资料，而当时新修的《涪州志》，虽有选录但错误较多。所以他认为有必要出一本经过考证的石鱼题刻资料，留给后人使用。光绪三年（1877 年）姚觐元将他捶拓的百余种石鱼题刻拓片带到成都，要什邡知县钱保塘对石鱼题刻的作者的做官履历进行考证，并汇编成书。钱保塘用了半年的时间就完成了考证、编书的任务。但出书时间较晚，到光绪二十一年（1895 年）才由什邡清风室出书，书名叫《涪州石鱼题名记》[1]。这是我国出版最早的一本有关涪陵石鱼题刻资料的汇编专著，有重要的史料和科研价值（见图 3、图 4）。

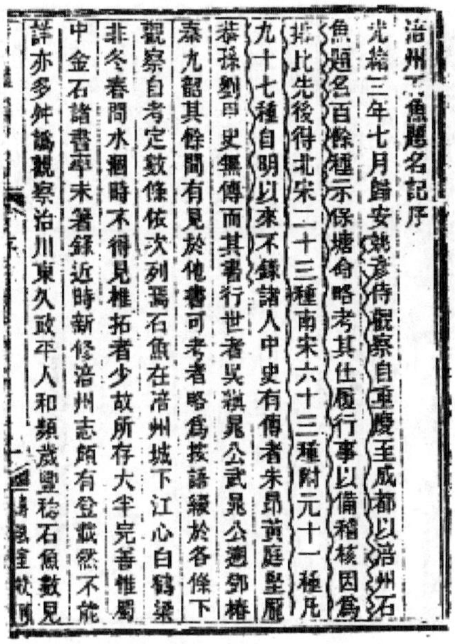

涪州石魚題名記序

光緒三年七月歸安姚彥侍觀察自重慶至成都以涪州石魚題名百餘種示保塘命略考其仕履行事以備稽核因爲排比先後得北宋二十三種南宋六十三種附元十一種凡九十七種自明以來不錄諸人中史有傳者朱昂黃庭堅龐恭孫劉甲史無傳而其書行世者吳縝晁公武晁公遡鄧椿凡九部其餘間有見於他書可考者略爲按語綴於各條下觀察自考定數條依次列焉石魚在涪州城下江心白鶴梁非冬春間水涸時不得見椎拓者少故所存大半完善惟蜀中金石諸書率未著錄近時新修涪州志頗有登載然不能詳亦多舛譌觀察治川東久政平人和頻歲豐稔石魚數見

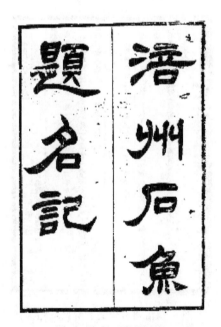

图 3　涪州石鱼题名记序

图 4　涪州石鱼题名记

缪荃孙，光绪进士，生平精研文史，爱好金石。他在光绪三十年（1904 年）得到姚觐元、钱保塘旧藏拓本并进行了校刊，将书名改为《涪州石鱼文字所见录》[2]，编入《古学汇刊》丛书的金石类，于 1911 年由上海国粹学报社出版（见图 5、图 6）。

在上述的两本资料性著作中，姚觐元、钱保塘两人的主要贡献，是系统地整理出北宋至元末的全部石鱼题刻资料，是对长江上游古代枯水记录的系统整理。

缪荃孙的贡献，是通过古学汇刊让更多的读者获得涪陵石鱼题刻资料。

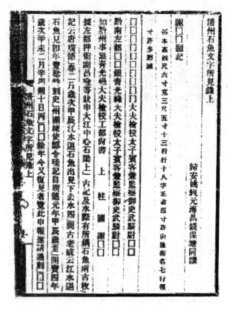

涪州石魚文字所見録上
歸安姚覲元海昌錢保塘同撰
謝□□題記
拓本高四尺六寸寬三尺五寸十三行行十八字正書徑寸許側塗銜名七行徑寸許多剝蝕
□□□□□□□□□大夫檢校太子賓客兼監察御史武騎尉□□
黔南左都□□銀青光祿大夫檢校太子賓客兼監察御史武騎尉□□
知涪州事銀青光祿大夫檢校工部尚書　上柱國　謝□□
據左都押衙謝昌瑜等狀申大江中心石梁上」古記及水際有所鐫石魚兩古枚
記云唐廣德」春二月歲次甲辰江水退石魚出見下去水四」尺古老咸云江水退
石魚見即年豐稔」刺史」州團練使鄭令珪記自廣德元年甲辰歲至」開寶四年
歲次辛未二月辛卯朔十日丙□□餘年今又復見者豐此中報並請通判□□

图 5 《涪州石鱼文字所见录》下

涪州石魚文字所見録下
歸安姚覲元海昌錢保塘同撰
潘居實等題名
拓本高三尺六寸寬一尺二寸凡四行行十三字正書徑二寸
潘居實去華眞□□王良子壽」金湯德濟路謙子益高永子□鐵」之踪益友集
遊觀石魚紹興戊午」申正月念三日也
周翔等題名
拓本高四尺寬二尺五寸凡五行行七字隸書徑四寸
周翔仲彥琦彥瑞」姚邦榮邦才李春」杜時登李恬紹興」庚申歲二月丙午」來覽
覽先春
按桑宇字書不載觀文變古文實玉篇省變古文支始久之謡耳
張崇窊等題名

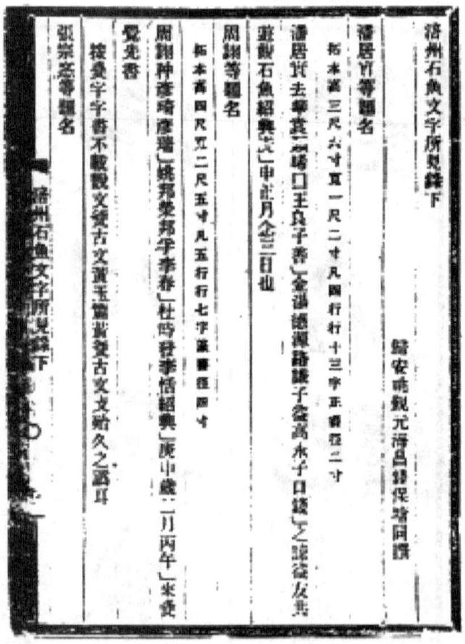

图 6 《涪州石鱼文字所见录》上

2.1.2 1949 年以后重庆市博物馆和长江流域规划办公室的石鱼题刻调查

重庆市博物馆于 1962—1963 年对涪陵石鱼题刻文字进行了勘察、捶拓工作。1973 年元月，因江水特枯，石鱼露出水面，长江流域规划办公室和重庆市博物馆联合组成的历史枯水调查组，登上涪陵的白鹤梁，对石鱼高程进行了测量，发表了明代以来的少数石鱼题刻文字资料和 9 幅石鱼题刻拓片的照片资料[3]。拓片的照片资料，是首次公开发表的有关涪陵石鱼题刻的形象资料，很宝贵。现今凡是写涪陵石鱼的文章，所引用的拓片照片，都是选自这 9 幅，本文也是如此。

2.2 补齐明代以来的石鱼题刻资料

文献[3]附表二给出的明代以来的 7 年石鱼出水资料,仅仅是全部资料中的一小部分。在夏鹏章和汪耀奉二先生的帮助下,我们补齐了 1384 年至 1987 年期间尚未发表的 22 年石鱼出水资料[4-8]。

我们在文献[1]中的一条"姚昌遇等题名"的注释中发现一条明代石鱼出水的记载,因为有具体年份,本文录用了。该条注释为"……末行下方有明代成化辛卯张本仁等题字,不录。"姚觐元、钱保塘在文献[1]的序言中讲明了"自明清以来不录"的原则,张本仁等题记是明代石鱼出水题记,不录是理所当然的事。而本文是整理北宋至今的石鱼题刻资料,又必须录用。成化辛卯是成化七年,即 1471 年。

2.3 年石鱼出水年表

补齐了明代以来的石鱼题刻资料之后,就可以与文献[1]提供的北宋至元代的史料相衔接,建立一份完整的千年石鱼出水年表,为研究长江上游枯水季的极枯或较枯水位年的变化规律、为研究以此为指标反映的秋冬少雨干旱的多年变化提供新的历史资料。有三件事需要加以说明。

2.3.1 确定宋开宝四年为年表开始年的理由

从宋开宝四年(971 年)谢昌瑜题记和宋元 祐六年(1091 年)杨嘉言题名的内容可以看出,宋代人看过白鹤梁上的唐代石鱼题刻。但是,到了清代光绪年间,在姚觐元所收集的石鱼题刻拓片中,却没有唐代石鱼题刻拓片。缪荃孙注意到这件事,在他写的"跋"中作了如下的解释:"……淘沙剔石得宋谢昌瑜题记一百零八段。自宋开宝迄元至顺,而唐刻终不得见。土人云,唐刻尚在下,非水涸不得见。"所谓土人云,也是未经证实的推测。我们认为应以题刻拓片资料为依据来建立年表,才是有据可查的。况且自唐广德元年(764 年)到宋开宝四年(971 年)的 208 年间竟没有出现过石鱼出水,也是难以相信的。因此,本文把宋开宝四年(971 年)作为年表的开始年。

2.3.2 一年只选一条石鱼题刻为代表

在宋代的石鱼题刻资料中,有的年份有几条石鱼题刻记载。在建立年表时,我们只选用其中一条为该年的代表。如宋绍兴十年(1140 年)有 6 条石鱼题刻记载,我们只选了 1140 年 2 月 10 日的晁公武题名为代表。

2.3.3 关于年表中的定量和定性记载的说明

古人关于石鱼出水的记载,有定量和定性两种不同的记载。前者如庞恭孙等题名:"大宋大观元年正月壬辰,水去鱼下七尺,是岁夏秋果大稔。"后者如谢兴甫等题名:"绍定庚寅上元后一日来观石鱼。"所谓"来观石鱼",不是乘船到白鹤梁附近的江面上看看露出水面的石鱼,而是题记人率随员登上白鹤梁,由石工在石鱼附近的石梁上刻某年某月某日来观石鱼。只是没有刻出去鱼下几尺的具体数字。表1给出公元971—1987年出现的81个石鱼出水年表。

表 1 涪陵千年石鱼出水年表(公元 971—1987 年)

971,989
1049,1057,1066,1068,1074(水去鱼下四尺),1086(水去鱼下五尺),1090,1091,1093
1100,1102,1107(水去鱼下七尺),1112,1123,1129(水去鱼下六尺),1132,1133,1135,1136,1138 (水去鱼下数尺),1140,1144(水去鱼下一尺),1145(水去鱼下五尺),1148(水去鱼下数尺), 1153,1155,1156,1157,1167,1171,1178(水去鱼下三尺),1179(水去鱼下四尺),1184,1198
1202,1208,1220,1226(水去鱼下六尺),1230,1243,1245,1248,1250,1254,1255,1258
1312,1329(水去鱼下二尺),1330,1333,1384
1404,1405(水去鱼下五尺),1453,1459,1471
1506,1510,1589
1672,1684,1685,1695
1706,1751,1775,1796(水去鱼下八尺)
1813,1875,1881
1909,1915,1937,1941,1953,1963(水去鱼下四尺),1973,1979,1987

2.3.4 应用石鱼出水资料的举例

1972 年冬季江水特枯,1973 年 1 月石鱼终于露出水面[4]。建国后的资料再一次揭示出,石鱼出水是长江上游江水特枯的指标。1972 年冬,宜昌出现了自 1877 年以来的最枯水位,致使葛洲坝三江航道无水冲沙,葛洲坝电厂发电能力较往年减少一半以上。1972 年年底,一百多艘营运船舶、上万名旅客在荆江河段被搁浅达 7 天之久[9]。据此,我们认为,根据表 1 给出的千年涪陵石鱼出水年表资料,去研究长江上游地区的秋冬干旱和特枯水位的年际变化规律,可以直接为预报、航运和发电等部门服务。

3 历史洪水石刻题记年表

由于长江三峡工程的设计和建设的需要,长江流域规划办公室早在 1952 年 1974 年期间,曾先后 11 次对宜宾至宜昌的川江河段的 178 处洪水碑刻、岩刻进行了实地调查。

由于洪水石刻刻记的多是长江上游较大或特大洪水的洪峰和最高水位出现的日期,刻记高程可靠,为推算历次洪水的洪峰流量提供了可靠的依据。推算的历史洪峰流量,曾在葛洲坝、三峡大型水利枢纽的设计中发挥了重要的作用[7]。

正因为洪水石刻刻记的多是长江上游历史上发生过的较大或特大洪水,它不仅造成了上游地区的洪灾,而且还给中下游地区带来深重的灾难。因此,以石刻洪水资料为指标,再去查阅其他历史文献记载,就可以对长江上游洪水及其与长江中下游洪水的关系进行深入研究。

3.1 长江上游洪水石刻的历史

古人在长江上游的江河岩壁上刻下的洪水记载,有"前事不忘,后事之师"的警示意义,为我们后人留下了宝贵的历史洪水资料。

公元 1153 年的四川忠县东云乡江岸岩壁上刻有:"绍兴二十三年癸酉六月二十六日江水泛涨"和"绍兴二十三年六月二十七日水此"的两幅石刻题记(图 7),是现今发现的最早的洪水石刻题记,公元 1948 年刻于江津县子永桥岩壁上的"戊子水",是现今发现的最晚的一幅洪水石刻。

图 7   公元 1153 年的四川忠县的洪水石刻题记(引自文献 10)

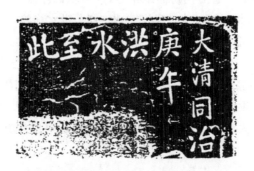

图 8   公元 1870 年的四川六阳县张飞庙洪水题记(引自文献 10)

在公元 1153—1948 年的 796 年间,共有 16 个洪水石刻题记年,平均 50 年一遇,是比较少见的历史洪水。各年洪水石刻题记的处数相差很大,最多的是 1870 年,有 90 处石刻题记,如云阳县张飞庙内岩石上刻的"大清同治庚午年洪水至此"(图 8)。最少的有 1847 年、1931 年和 1948 年,仅有一处洪水石刻题记。

明代以前的洪水题刻年数少,题刻的处数也少,可能与年代久远、风化剥落、刻字不明显、人们难以发现有关。但是自清代乾隆以来,洪水石刻年数和题刻地点都有明显的增多,而且洪水石刻处数的多少与洪水的大小有一定的统计相关。石刻题记处数在 10 处以上的有 4 年,其中的 1788 年(21 处)、1860 年(16 处)和 1870 年(90 处)都是历史上有名的全流域性的特大洪水,而 1905 年(19 处)的洪水,主要发生在长江上游,灾情严重,是区域性大洪水。

3.2   长江上游的历史洪水类型年表

本文根据文献[11]提供的历史推算和近代实测的宜昌洪峰流量资料,以宜昌洪峰流量的大小为标准,将 16 个洪水石刻题记年的长江上游洪水分成两种类型:宜昌洪峰流量大于 8 万 m^3/s,定为特大洪水年;宜昌洪峰流量 6 万~8 万 m^3/s,定为大洪水年。

在推算的宜昌洪峰流量中,文献[11]全部给出大于 8 万 m^3/s 的洪水年资料。在上述资料中没有 1520 年和 1847 年,由此可以推断这两年的宜昌洪峰流量是等于或小于 8 万 m³/s,应划进大洪水年类型。

年表给出 3 个十分有用的数据,一是洪水石刻的年、月、日,二是洪水石刻处数,三是宜昌洪峰流量。如 1153 年的特大洪水,出现日期为 7 月 19—20 日,有 2 处刻有宋绍兴二十三年(1153 年)的洪水石刻题记,当年宜昌洪峰流量为 9.4 万 m³/s,余类推。

3.3 石刻洪水类型年表资料的应用举例

长江中下游地区,建国后被称为百年不遇的 1954 年和 1998 年的大洪水,因灾情严重,给当代人们留下不可磨灭的印象。其实这两年的宜昌洪峰流量并不大,1954 年为 6.7 万 m³/s,1998 年为 6.3 万 m³/s。按照本文划分洪水类型的标准来看,这两年只是大洪水年。由表 2 可以看出,历史上七个特大洪水年的宜昌洪峰流量都比 1954 年和 1998 年大得多,如 1788 年的宜昌洪峰流量为 8.6 万 m³/s,比 1954 年大 28%,比 1998 年大 37%。1788 年的特大洪水所造成的灾害比 1954 年和 1998 年严重得多。荆江大堤在万城至御玉路口一带溃口二十余处,洪水直冲清代重镇——荆州城,"官廨民房倾圮殆尽,仓库积储漂流一空,水积丈余,两月方退,淹死兵民万余"(见民国十年《湖北通志》)。荆江大堤一破,洪水横流,湖北全省被淹三十六县,死者以数十万记[12]。如此惨重的大灾,震惊了乾隆皇帝,惩处了一大批抗洪失职的官员[13]。

由表 2 还可以看出,自 1870 年出现特大洪水之后,长江流域已有 128 年没有出现过宜昌洪峰流量大于万 8 m³/s 的特大洪水了,其间隔年数已超过平均间隔 120 年的事实,按照统计规律,间隔时间越长,特大洪水重现的可能性就越大。因此,我们认为在三峡水库建成之前,要特别警惕长江上游发生特大洪水的可能。对表 2 的资料还可以作其他的统计分析,会得出其他新的结论,如文献[14]。

表 2 长江上游历史石刻洪水类型年表(1153—1948 年)

洪水类型	出现年.月.日	石刻处数	宜昌洪峰流量(万 m³/s)
特大洪水年	1153.7.19—20	2	9.4
	1227.7.21	2	9.8
	1560.8.6	3	9.8
	1788.7.22—23	21	8.6
	1796.7.17	2	8.4
	1860.7.15—17 及 19—20	16	9.2
	1870.7.15—20	90	10.5
大洪水年	1520.7.29	4	—
	1847	1	—
	1892.7.10	2	6.5
	1905.8.8—10	19	6.4
	1917.7.22	3	6.1
	1931.	1	6.5
	1936.8.3	2	6.2
	1945.8.28 及 31	4	6.8
	1948	1	5.7

注:1. 本年表已将石刻洪水题记中的阴历日期换算成阳历日期;

  2. 1847 年、1931 年和 1948 年只有年份而无月、日记载。

4 小结

本文第一部分介绍了涪陵石鱼的由来,石鱼出水与江水特枯的关系,分析了前人收集、整理和出版涪陵石鱼出水记录的历史。在补齐了尚未公开发表的明代以来的涪陵石鱼出水记录之后,首次建立了比较完整的千年涪陵石鱼出水年表。以 1973 年 1 月涪陵石鱼出水为例,具体说明了江水特枯对水力发电和航运的不利影响,进而指出研究特枯水位年际变化的重要性。

第二部分记述了长江上游石刻洪水的历史。根据宜昌洪峰流量的大小,将石刻分成特大洪水和大洪水两种类型,给出其发生的年表,年表中给出洪水发生的年、月、日,石刻处数和宜昌洪峰流量,是研究长江上游两类洪水年际变化的重要数据。根据 1871 年以来已有 128 年没有出现过特大洪水这个事实,指出在三峡水库建成之前,要特别警惕长江上游发生特大洪水的可能。

致谢:本文在收集明代以来的石鱼出水资料的过程中,得到了长江水利委员会的夏鹏章和汪耀奉两位高级工程师的大力帮助。夏先生为我们提供了几篇有关石鱼题刻的分析文章,文章中有 1973、1979 和 1987 年的石鱼出水资料。经夏先生介绍,我们找到了曾经参加过涪陵石鱼题刻调查并保存有明代以来的全部石鱼题刻资料的汪先生,汪先生慷慨支援,给了 1384—1963 年期间出现的 26 年石鱼出水资料(含已发表的 7 年资料)。对夏、汪二位先生鼎立相助,致以衷心感谢。

参考文献

[1] 姚靓元、钱保塘.涪州石鱼题名记[M].清风室丛书,光绪乙末.
[2] 姚靓元、钱保塘.涪州石鱼文字所见录[M].古学汇刊,上海国粹学报刊,民国元年.
[3] 历史枯水调查组.长江上游宜渝段枯水调查[J].水文、沙漠、火山考古,北京:文物出版社,1977:11-36.
[4] 成绥台.石鱼出水兆丰年-漫话涪州石鱼[J].武汉春秋,1985(5):46.
[5] 陶镇均、袁贤纯.隐没江底的珍迹-涪州石鱼题刻[J].水利天地,1987(4):9.
[6] 汪耀奉.从夔门洪枯水石刻水囊看川江行运的改观[J].长行史志通讯,1985(4):34-39.
[7] 夏鹏章.长江历史洪枯水调查[J].万里长江,1991,(1):33.
[8] 汪耀奉.长江涪陵白鹤梁历史枯水题刻研究应用[J].长江志,1997(1):39-49.
[9] 湖北省气候资料室.湖北省 1992 年气候影响评价[J].1993 年 2 月.
[10] 水文考古研究组.从石刻题记看长江上游的历史洪水[J].水文、沙漠、火山考古,北京,文物出版社,1977:37-60.
[11] 梁淑芬、朱煜城、许春福等.湖北省自然灾害及防御对策[M].武汉:湖北科学技术出版社,1992:50-78.
[12] 戴逸.乾隆帝及其时代(清史研究丛书)[M].北京:中国人民大学出版社,1992:356-357.
[13] 许正甫.长江防汛[J].万里长江,1991(1):6.
[14] 乔盛西、陈正洪.历史时期川江石刻洪水资料的分析[J].湖北气象,1999(1):4-7.

鄂东两次暴雨前后近地层物理量场异常特征分析 *

摘　要　利用湖北黄石长江南岸 50 m 高铁塔的风梯度、超声风及气温、湿度观测资料,对 2007 年 5 月 31 日及 7 月 1—2 日两场暴雨前后近地层风温湿场和降水前湍流特征进行了计算分析,探索其异常变化特征,为进一步认识黄石地区强降水的近地面物理过程提供依据。结果表明:(1)降水前温度下降,湿度上升,平均风向发生明显转变,水平风速与垂直气流速度在降水前出现显著增大;降水后,风向平缓变化,平均风速再次增大。(2)垂直气流速度在降水前频繁上下振荡,激发湍流活动。(3)降水前湍流动能增大,湍流动量通量和感热通量增大向上传递湍流强度逐渐增大。湍流动能量最大值的出现早于湍流通量,湍流活动在临近降水时进一步加强。可见暴雨发生前后近地层风温湿场有明显的变化,降水前湍流活动增强。

关键词　暴雨;近地层;湍流;物理要素

1　引言

2007 年 5 月 31 日、7 月 1—2 日发生在湖北黄石境内的雷雨、大风给当地的工农业生产造成了重大损失,降水的第 1 个小时均达到短时暴雨(降水量≥16 mm/h)降水量。5 月 31 日,雷雨大风造成该市 79 间房屋倒塌,经济损失达到 347 万元。7 月 1 日晚 20 时至 2 日上午,黄石再次经历了暴雨雷电的袭击,城区降水量达 119.8 mm,农作物受灾面积 1979 hm²,倒塌房屋 251 间,全市直接经济损失 1075 万元,是 2007 年入夏以来涉及范围最广、经济损失最严重的一次。

以往对暴雨的研究主要从个例的天气系统过程、中尺度数值模拟等方面进行分析,较少关注大气边界层物理量场的变化[1-2,21],强降水过程近地面层物理要素是否有异常变化,降水前近地层湍流活动是怎样的,有待近地面层的观测、分析。

近年来,铁塔观测及先进的超声风观测资料在气象部门得到引用。张光智等[3]采用铁塔上布设的风梯度观测资料及超声风温仪观测资料对北京及周边一次罕见大雾过程边界层动力特征进行分析,指出北京及周边地区起雾前 10 小时,边界层低层的扰动动能有强的前期异常信号出现。胡泽勇等[4]利用超声湍流观测系统分析了我国西北地区一场沙尘暴过境时地面气象要素的变化以及地表能量平衡变异特征,发现风向调整后风速加大同时伴有很强的上升气流,过境前后地表能量平衡关系遭到破坏[5]。庞加斌[6]采用布置在上海市近郊开阔区域离地 20 m 高度的 CSAT3D 型超声风温仪研究浦东地区近地强风特性,宋丽莉[9]研究了广东沿海近地层大风特性,对沿海台风多发区结构工程抗风设计中风参数取值给出了依据。由于铁塔梯度观测资料十分有限,对暴雨、大雾、沙尘暴等灾害性天气过程近地层气象要素变化和大气湍流特征的认识仍很不够。

* 王林,覃军,陈正洪,李建芳.气象,2010,36(12):28-34.

文章利用黄石长江边铁塔梯度观测仪、气温、湿度观测资料分析这两次暴雨过程前后温湿度、平均风向和风速,使用 30 m 处的超声风温仪观测资料计算降水前水平和垂直气流速度、扰动动能、湍流强度和湍流通量,进一步认识区域强降水的近地层物理要素的变化。

2 资料与方法

2.1 资料来源

观测铁塔高 50 m,位于湖北黄石长江水道南岸的平坦江滩(图 1),每 10 m 布设了一层 ZQZ-TF 型梯度测风自动气象观测站并在 30 m 处安放了超声风温仪(美国 R. M Young 公司生产的 CR8100 型,每秒 10 次观测采样)以及气温和湿度观测,观测时间为 2006 年 9 月至 2008 年 6 月。并使用了相应时间段 1 日 4 次的 NCAR/NCEP 高度、温度、风速和垂直速度的再分析资料。黄石气象站提供了逐分钟降水资料。

文章选取了铁塔 30 m 高度风向风速仪、温湿观测仪记录的 5 月 31 日和 7 月 1 日暴雨过程(表 1 为黄石站记录的降水资料)及前后的两个时段(5 月 30 日 16 时至 6 月 1 日 23 时,6 月 30 日 22 时至 7 月 3 日 08 时),经检验,观测资料中没有缺测数据,是可用的。同时选取了同层两场暴雨前超声风温仪器观测资料,时段取 5 月 31 日 02:00—05:00 和 7 月 1 日 15:00—21:00。

表 1 两场暴雨的雨情概况

日期 (年月日)	起止时间	第一个小时降水量	总降水量
20070531	05:55—20:57	31.7 mm	85.1 mm
20070701—02	1 日 20:11—2 日 11:45	35.5 mm	98.5 mm

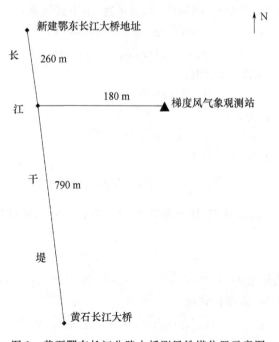

图 1 黄石鄂东长江公路大桥测风铁塔位置示意图

由于降水对超声风温仪的观测结果有较大影响,以前的研究中都直接剔了降水时段的观测值。如庞加斌、宋丽莉等[6-7]的工作在选择大风日时均没有采用降水天气时段的资料。本文在使用超声风温仪观测资料时同样剔除了降水过程的数据。

对降水前原始湍流资料除去野点,除去由于外界环境干扰或仪器内部误差产生的异常值[8]。宋丽莉等[9]在使用 CAST3D 型超声风温仪研究登陆台风近地层湍流特征时,对每个 30 分钟的样本的时间序列采用二项式拟合方法去倾处理。本文用方差检验[10]方法进行野点值剔除检验,检验判据为 $|x_i - x| \geqslant n \times \sigma_x (3 \leqslant n \leqslant 6)$,其中,$x_i$ 是测量值[$u(t)$、$v(t)$、$w(t)$],x 是 30 分钟均值,σ_x 是样本标准差。本文取 n 值为 4,以 30 分钟为移动窗口对 7 月 1 日的降水前数据进行野点值检验。经检验,有效资料所占比例大于 99.99%。

2.2 计算方法

超声风温仪记录的每小时样本包含的实测三维风速 $u(t)$、$v(t)$、$w(t)$ 和温度 $t(t)$。文中用虚温值代替温度值,计算的基本时距取为 1 min。水平平均风速 U 和风向角 φ 由下式计算[11-12]:

$$U = \sqrt{\overline{u(t)^2} + \overline{v(t)^2}} \tag{1}$$

$$\phi = \arctan(\overline{v(t)}/\overline{u(t)}) \tag{2}$$

垂直方向与仪器坐标 z 轴相同,因此垂直平均气流速度为:

$$W = \overline{w(t)} \tag{3}$$

平均温度为:

$$T = \overline{t(t)} \tag{4}$$

将仪器坐标旋转 φ 角,使仪器所测 U 与主风向一致。所得坐标 x、y、z 轴分别代表主导风 $u(t)$、侧风 $v(t)$ 和垂直风向 $w(t)$(与仪器坐标相同),则 $u(t)$、$v(t)$ 在 x、y 轴的投影 $u'(t)$ 为纵向(主风向)脉动风速、$v'(t)$ 为横向(侧风向)脉动风速,由下式计算:

$$u'(t) = u(t)\cos\varphi + v(t)\sin\varphi - U \tag{5}$$

$$v'(t) = -u(t)\sin\varphi + v(t)\cos\varphi \tag{6}$$

垂直脉动风速 $w'(t)$ 由式(7)给出:

$$w'(t) = w(t) - W \tag{7}$$

扰动温度 $t'(t)$ 的计算为:

$$t'(t) = t(t) - T \tag{8}$$

湍流动能特征 $k^t(t)$ 采用以下公式计算[11-14]:

$$k^t(t) = \frac{1}{2}[u'(t)^2 + v'(t)^2 + w'(t)^2] \tag{9}$$

湍流强度反映了风的脉动强度,定义湍流度为 1 分钟时距内的脉动风速标准差与平均风速的比值:

$$I_i = \sigma_i/U (i = u、v、w) \tag{10}$$

其中 σ_i 分别表示风速的标准差:$\sigma_u = (\overline{u'(t)^2})^{1/2}$,$\sigma_v = (\overline{v'(t)^2})^{1/2}$,$\sigma_w = (\overline{w'(t)^2})^{1/2}$。

在计算通量特征时,u_* 为摩擦速度

$$u_*(t) = ((\overline{u'(t)w'(t)})^2 + (\overline{v'(t)w'(t)})^2)^{1/4} \tag{11}$$

动量垂直输送特征 τ_{zz} 计算如下:

$$\tau_{zx} = -\overline{\rho u'w'} \tag{12}$$

感热湍流通量 F_H 的公式为:

$$F_H = \rho c_p \overline{w'\theta'} \tag{13}$$

为方便计算,文章中湍流动量通量和感热通量分别用 $\overline{u'(t)w'(t)}$ 和 $\overline{t'(t)w'(t)}$ 计算。

考虑谱隙的影响,本文以 30 min 为基本观测时段对观测数据分别做 30 min 平均,脉动值等于观测数据减去 30 min 平均值[16],用脉动值计算暴雨前近地层的湍流动能、湍流强度以及动量和感热通量。

3 环流形势演变特征和影响天气系统

2007 年 5 月 30 日 20 时在 500 hPa 高度场上,欧亚中高纬地区维持两槽一脊形势,贝加尔湖、河套西部至西藏中部为东北一西南向冷槽,另一槽位于日本海,我国东北至华北地区为高压脊,湖北省位于西北太平洋副热带高压西北侧的(584 dagpm 线附近)西南气流中;200 hPa,湖北省处高空急流右侧的辐散区;700 hPa,5 月 30 日 20 时至 31 日 08 时,湖北中部始终维持一条东西向切变线,最大风速为 16 m/s 的西南急流中心出现鄂东上空。31 日 08 时,冷槽东移到蒙古、河套至四川中部,湖北仍为槽前西南暖气流所控制。副热带高压稳定少动,其西侧的西南暖湿气流源源不断地把水汽输送到鄂东上空,与北方南下的冷空气交馁,为强降水提供了动力和热力条件。

2007 年 7 月 1—2 日的暴雨发生在湖北省梅雨期。1 日 08 时,500 hPa 上在贝加尔湖西部有冷低压中心,贝加尔湖东侧为高压脊,中纬度地区环流平直而多波动。08 时槽线位于济南—徐州—南阳一带,副高有所增强,脊线抬至 25°N 附近,鄂东处于西太平洋副热带高压西北侧 584dagpm 线附近,西南暖湿气流提供了充沛的水汽和不稳定能量;850 hPa 鄂西北的风反气旋曲率明显,鄂东有明显的风速辐合的低空急流。地面低压中心位于渤海湾东部,冷空气从华北东北部南下,与北上的副热带高压携带的暖湿气流相遇,建立了一条准东西向锋区带。20 时西风槽东移至 115°E 附近,地面冷锋过黄石市,冷空气交绥触发了暴雨的发生。

4 暴雨前近地层风场分析

4.1 基本气象要素变化

前人研究表明,暴雨前边界层的风速是增大的[16],地面配合有能量锋[17],民间也有谚语"风是雨的头,风是雨的尾""山雨欲来风满楼",反映出风对于暴雨的超前变化。

图 2 是两场暴雨过程或地面冷风锋过境前后根据铁塔 30 m 处风向风速仪、温湿观测仪观测气象要素的时间演变实况。可以看到:5 月 31 日暴雨前风向经历了 2 次调整,30 日 16—18 时,风向由西风快速转变为东南风,风速从 1.3 m/s 增大至 3.8 m/s。之后风向基本维持在东南风,风速继续增大,在 30 日 21 时达到峰值 8.1 m/s。31 日 05—06 时风向第 2 次调整,由东风转为北风,风速从 02 时明显增大,05 时再次达到峰值 6.9 m/s。降水结束后风向维持在西北风,风速在 6 月 1 日 12 时增至 6.3 m/s 的峰值。暴雨前温度下降,湿度增大,30 日 18—31 日 05 时,温度在 25.9 ℃左右,湿度在 85%左右,05—06 时,温度从 25.6 ℃降至 22.9 ℃,湿度从 87%增至 97%;降水结束后,湿度逐渐降至 76%,温度变化平缓(图 2a)。

7月1日这场暴雨,6月30日22时—7月1日23时,平均风向经过了2次调整:7月1日19时前风向一直为东风,19时后一度转为西南偏西风,后又迅速转为东风;19时—23时,风向从东风逐步调整为西南风、西北偏北风后,又迅速转为东南偏东风。后一次调整过程中,即20时开始降水,冷锋过境,此后风向稳定少变,从7月1日23时—7月3日08时,基本维持为偏东风。降水前,风速明显增大,18时达到6.1 m/s的峰值,温度30 ℃左右,湿度80%左右。临近降水时,即19—20时温度从29 ℃降至26 ℃,湿度从82%增至94%。暴雨结束后,温度缓慢回升,湿度缓慢下降。风速在雨后逐渐增大,7月2日傍晚达到6.2 m/s的峰值后逐步减小(图2b)。平均风速在暴雨前后均出现峰值,正是"风是雨的头,风是雨的尾",它在暴雨前3、4小时逐步增大的特征用超声风温仪观测、计算。

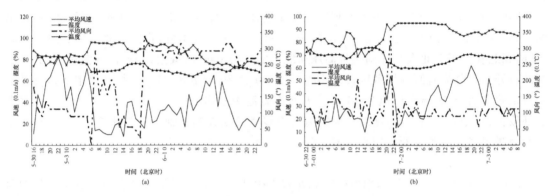

图2　暴雨前后地面气象要素随时间的变化
(a)5月31日暴雨;(b)7月1日暴雨

4.2　超声风温仪观测的水平与垂直风速变化

图3为两场暴雨前,根据超声风温仪观测结果绘制的10分钟平均的水平和垂直风速随时间的变化。可以发现水平方向暴雨前3、4小时近地层风速明显增大,与普通观测仪器结果一致。5月31日02:00—02:40期间,10分钟水平风速从3.95 m/s增至6.03 m/s,之后在5.03 m/s～7.22 m/s之间波动变化。5:00—5:10时段的10分钟水平风速达到最大值7.22 m/s。7月1日15:00—16:30,水平风速从2.22 m/s增至6.39 m/s,之后在4.0～6.8 m/s之间波动变化。17:40—17:50时段的10分钟水平风速达到最大值6.83 m/s。

使用1日4次NCAR/NCEP地面再分析资料,对这两场暴雨发生前sig995层的黄石地区进行分析,发现5月31日00时及7月1日18时,黄石均处于强辐合中心,(30°N,110°E)附近的垂直速度分别接近−35 Pa/s和−20 Pa/s,有明显的上升气流。超声风温仪观测资料表明,5月31日5:10之前垂直气流速度为正直,02:00—02:40期间,风速从0.47 m/s增至0.64 m/s,之后在0.52～0.86 m/s之间波动。05:00—05:10风速达到最大值0.86 m/s。垂直气流速度与水平速度在时间演变上下振荡;7月1日20:11的降水前近地层的垂直速度为正直,即近地层大气以辐合上升运动为主,15:00—18:20风速达到最大值0.85 m/s。与5月31日暴雨相似的是,垂直气流速度在临近暴雨的19:40—19:50频繁上下振荡。暴雨前近地层垂直气流速度上下振荡有利于湍流的激发。

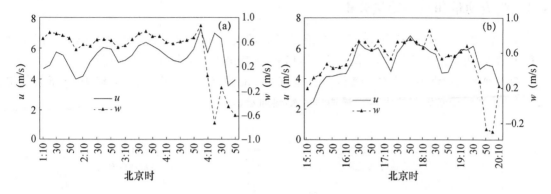

图 3　暴雨前黄石铁塔 30 m 处 10 分钟平均的水平和垂直气流速度

(a)5 月 31 日 1:00—5:50;(b)7 月 1 日 15:00—20:10(以下 a、b 注释相同)

4.3　湍流动能特征分析

清晨或傍晚,大气边界层近中型层结,夜间层结稳定,湍流交换微弱,很多学者排除了摩擦速度 $U_*<0.1$ m/s 的观测数据[18]。本文计算了 2007 年 5 月 30 日 20 时—31 日 05 时及 7 月 1 日 14—20 时的摩擦速度,发现 5 月 31 日暴雨的夜间与 7 月 1 日暴雨的正午和傍晚的摩擦速度较大,极少数低于 $U_*<0.1$ m/s,7 月 1 日暴雨临近时 U_* 达到 3 m/s。可以说,暴雨前近地层的湍流交换活动比较强。

图 4 是利用超声风温仪观测资料计算 5 月 31 日暴雨和 7 月 1 日暴雨前近地层 10 分钟平均湍流动能(k')的时间变化。5 月 31 日 05:00 前,湍流动能在 0.21 m²/s² 左右变化,05:00—05:10,湍流动能从 0.83 m²/s² 增至 7.29 m²/s² 的最大值。注意到图 2a 中风向风速仪观测到风向在 05—06 发生切变,图 3a 中垂直气流速度在 05:00—05:20 快速振荡,风向风速切变促进湍流增长。7 月 1 日 16:20—19:30,风速波动期间,湍流动能的平均值低于 0.32 m²/s²,19:10—19:30,湍流动能从 0.17 m²/s² 迅速增至 3.65 m²/s² 继续增至 8.78 m²/s² 的最大值。从图 2b 平均风向在 19—20 时的切变及图 3b 垂直速度在 19:40—19:50 的频繁振荡来看,风切变有利于湍流动能的发展。可见,暴雨前近地层风切变增大,利于湍流的激发。

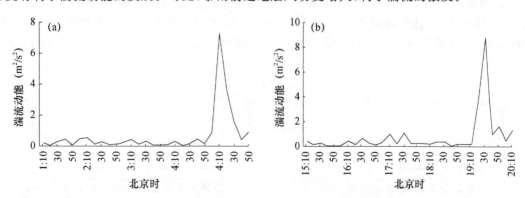

图 4　黄石铁塔 30 m 处 10 min 平均湍流动能的时间变化

4.4 湍流动量和感热动量分析

丁一汇等[19]利用 1991 年 5—7 月江淮及其北部地区的地面与高空资料对陆地表面通量进行了估算,表明地表通量与降水过程密切相关,雨期的动量通量略大于非雨期。

考虑到大气中水平方向的湍流通量比垂直方向的湍流通量小得多,可以略去,文章为方便起见,只计算两场暴雨前的垂直动量通量和感热通量。

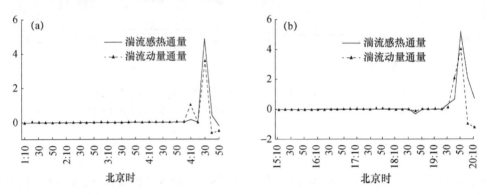

图 5 暴雨前铁塔 30 m 处 10 min 平均湍流强度的时间变化

如图 5 所示,5 月 31 日暴雨前 01:10—05:00,湍流动量和感热通量上下微弱传递,在 05:20—05:30 时段,动量通量和感热通量迅速明显增大至峰值。7 月 1 日暴雨前动量通量和感热通量在 19:30—19:50 时段,湍流动能明显增大后,也迅速增至最大值。两场暴雨动量通量与感热通量明显迅速增大的时段稍落后于各自湍流动能增大的时段,均在降水前 20 分钟左右切变增大,快速向上传递。

4.5 湍流强度特征分析

图 6 是铁塔 30 m 处超声风温仪观测资料计算的和 5 月 31 日和 7 月 1 日暴雨前近地层 10 分钟平均湍流强度(I_u 和 I_v 是水平湍流强度,I_w 是垂直湍流强度)的时程曲线。5 月 31 日 01:00—05:00 的水平湍流强度 I_u 和 I_v 均在 0.06~0.09 之间波动,垂直湍流强度 I_w 在 0.05~0.07 之间波动。05:00—05:50,I_u、I_v 和 I_w 分别逐步从 0.07 增至 0.49、从 0.05 增至 0.41 及从 0.05 增至 0.32,达到峰值;7 月 1 日 15:00—19:30,水平湍流强度 I_u 和 I_v 均在 0.03~0.09 之间波动,垂直湍流强度 I_w 在 0.02~0.06 之间波动。19:30—19:50,I_u 突然从 0.09 增至

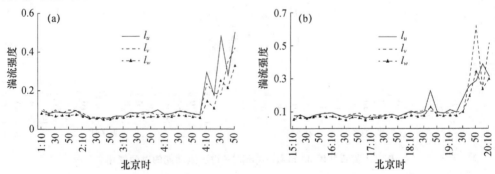

图 6 黄石铁塔 30 m 处 10 分钟平均湍流强度的时间变化

0.29 继续增至 0.61 的峰值,I_w 从 0.09 增至 0.19 继续增至 0.34 的最大值,I_v 在 19:20—20:00 时段,从 0.09 增至 0.38 的峰值(表2)。

湍流强度开始增大的时段与湍流动能、湍流通量切变增大的时段一致,分别在临近暴雨前5分钟和20分钟达到最大值。暴雨前近地层湍流显著变化,湍流动能、湍流能量和湍流强度均切变增大,说明降水前近地层湍流活动比较活跃。同时,湍流特征明显变化的时段恰好与风向突变及垂直气流速度上下频繁振荡的时段一致,说明风切变有利于湍流的激发。

表2 两次暴雨前统计量10分钟平均最大值及其超前于降水时刻的时间(分钟)

统计量单位 暴雨过程	$U/\mathrm{m \cdot s^{-1}}$	$W/\mathrm{m \cdot s^{-1}}$	$k'/\mathrm{m \cdot s^{-1}}$	湍流动量通量	湍流感热通量	I_u	I_v	I_w
070531	7.22 (45)	0.86 (45)	7.29 (45)	4.87 (25)	3.57 (25)	0.49 (5)	0.41 (5)	0.32 (5)
070701	6.83 (140)	0.85 (120)	8.78 (45)	5.13 (20)	3.98 (20)	0.61 (20)	0.38 (10)	0.64 (20)

5 小结与讨论

利用湖北黄石长江岸边铁塔梯度观测仪和铁塔30 m处超声风温仪观测资料,对2007年5月31日和7月1—2日两场暴雨前近地层气象要素和湍流特征进行了分析,结果表明:

(1)降水前温度下降,湿度上升,平均风向发生明显转变,平均风速增大,有利于激发湍流活动。水平风速与垂直速度在时间演变上有较好的一致性,在降水前显著跃升。降水后,风向趋于平缓变化,风速再次增大。垂直速度在降水前快速上下振荡,有利于动量、感热等通量输送,湍流应力比较强。

(2)风向切变与垂直气流速度频繁上下振荡有利于湍流的激发。湍流动能在降水前45分钟左右显著增大,湍流动量和感热通量在降水前20分钟左右明显增大,快速向上传递;降水前,湍流动能切变增大后,垂直湍流速度逐步明显增大,有利于湍流活动发展。

以往进行的近地层强风特性或湍流通量观测中,去除了降水时期超声风温仪观测数据,没有重视暴雨前近地层物理量场的异常变化。本文以黄石的两场暴雨为例,探索降水前近地层的风场和湍流特征,发现降水前近地层风速增大,湍流动能和湍流强度均出现峰值。这对认识区域强降水的近地层物理过程有意义的。后续研究仍需要更多典型暴雨个例,进行样本降水前近地层物理要素的统计分析,探索降水前物理要素突变的规律,以期为进一步认识暴雨发生前近地面层的物理过程提供依据。

致谢:感谢武汉区域气候中心和黄石市气象局在资料观测过程中的大力支持!

参考文献

[1] 赵松年,洪钟祥,胡非.大气边界层湍流的综合观测试验及其动力学特征的研究[J].自然科学进展——国家重点实验室通讯,1992(2):104-111.

[2] 蒋瑞宾,朱平,王邦中,等.一次中尺度天气过程中湍流特征分析[J].气象,1995,26(4):11-15.

[3] 张光智,卞林根,王继志.北京及周边地区雾形成的边界层特征[J].中国科学D辑地球科学,2005,35(增

刊):73-83.

[4] 胡泽勇,黄荣辉,卫国安等.2000年6月4日沙尘暴过境时敦煌地面气象要素及地表能量平衡特征的变化[J].大气科学,2002,26(1):1-8.

[5] 张仁健,徐永福,韩志伟.北京春季沙尘暴的近地面特征[J].气象,2005,26(1):1-8.

[6] 庞加斌,林志兴,葛耀君.浦东地区近地强风特性观测研究[J].流体力学试验与测量,2002,16(3):32-39.

[7] 宋丽莉,毛慧琴,汤海燕,等.广东沿海近地层大风特性的观测分析[J].热带气象学报,2004,20(6):731-736.

[8] 王介民,王维真,奥银焕,等.复杂条件下湍流通量的观测与分析[J].地球科学进展,2007,22(8):791-797.

[9] 宋丽莉,毛慧琴,植石群,等.登陆台风近地层湍流特征观测分析[J].气象学报,2005,63(6):915-921.

[10] 郭建侠,卞林根,戴永久.在华北玉米生育期观测的16 m高度 CO_2 浓度及通量特征[J].大气科学,2007,31(4):695-707.

[11] 杨大升,刘余滨,刘式适.动力气象学[M].北京:气象出版社,2000.

[12] 赵鸣,苗曼倩,王彦昌.边界层气象学教程[M].北京:气象出版社,1991.

[13] 盛裴轩,毛节泰,李建国,等.大气物理学[M].北京:北京大学出版社,2005.

[14] 申华羽,吴息,谢今苑,等.近地层风能参数随高度分布的推算方法研究[J].气象,2009,35(7):54-60.

[15] 王介民,刘晓虎,祈永强.应用涡旋相关方法对隔壁地区湍流输送特征的初步研究[J].高原气象,1990,9(2):120-129.

[16] 杨宇红,王庆国,黄归兰,等.引发南宁市内涝的暴雨及风场特征.气象研究与应用,2007,28(3):20-22.

[17] 王建英,唐晶,张建荣,等.宁夏2006-07-14暴雨天气过程能量场特征分析.宁夏工程技术,2007,6(4):301-304.

[18] Hogostom U. Non-dimensional wind and temperature profile in the atmospheric surface layer[J]. Bound-Layer Meteor,1988,42:55-78.

[19] 丁一汇.地表通量的计算问题[J].应用气象学报,1997,8(S):29-35.

[20] 郭凤霞,朱文越,饶瑞中.非均一地形近地层风速廓线特点及粗糙度的研究[J].气象,2010,36(6):90-94.

[21] 刘学锋,任国玉,梁秀慧,等.河北地区边界层内不同高度风速变化特征[J].气象,2009,35(7):46-53.

湖北省 2009 年夏季极端高温事件及其影响评价 *

摘 要 利用湖北省 77 个气象站 2009 年 6 月 1 日—9 月 10 日(102 天)逐日气温资料,分析了气温的极端特征及对社会经济的影响。结果表明:1)该年属于高温热夏年,高温过程开始早、结束迟、持续长、范围广,其中 6 月、7 月、8 月全省大部各出现了一段长达半个月以上的高温热浪过程,9 月初还出现一段短暂的高温过程;2)高温强盛、极端程度大。日平均气温、最高气温、最低气温的最大值各有 5、4、11 站历史同期新高,可见低温更异常;全省有 2 站极端最高气温创年历史新高,2 站平年历史记录。有 5 站高温日数超过 40 天,通山多达 47 天,公安的 28 天和监利的 37 天创历史新高,武汉 39 天,为 1951 年以来第五位;3)气温变幅度大,高温间歇气温多偏低,如盛夏(7 月下旬—8 月上旬)气温明显偏低,"三伏"不热,8 月底出现强降温过程,过程降温 12~15 ℃,多处极端最低气温创 8 月历史最低记录;4)极端高温对电力、健康、农业影响大。高温期间用电量屡破记录,空调供应断档,武汉市居民中暑及死亡人数同比大幅上升;由于同期降水偏少,8 月中下旬出现大范围农业干旱。

关键词 夏季;高温热浪;极端事件;影响;盛夏低温;干旱

1 引言

1906—2005 年 100 年间地球表面平均温度上升了 0.74 ℃[1]。1905—2001 年中国平均气温也呈现明显的上升趋势,97 年上升了 0.79 ℃,而近 50 年更是上升了 1.1 ℃[2]。气候变化已引起气象界和各国政府越来越多的关注,我国与温度有关的极端气候事件都发生了显著变化[3],华东地区高温日数和高温期日平均最高气温表现出较大的时间动态变化和空间地域差异[4];1956—2006 年全国高温日数呈现"增加—减少—增加"的趋势[5]。在全球气候变暖的背景下,高温热浪灾害影响越来越大。极端高温事件严重影响人们的生活,如会诱发心脏病、中风、中暑等疾病多发以及死亡率上升[6,7],造成水电供应紧张[7-10];会使大范围农作物受旱,引发火灾,生态环境退化,另外还会使旅游、交通、建筑等行业受到不同程度的影响。

2009 年夏湖北省出现了四段高温过程,给人们生活及农业生产造成了极大影响。对其进行诊断分析与影响评价,可为今后应对高温危害提供参考依据。

2 资料与方法

湖北省 77 个气象站 2009 年 6 月 1 日—9 月 10 日共 102 天逐日平均、最高、最低气温,以及各站自 1951 年或建站以来逐日气温资料。农业生产及干旱灾情、中暑人数、用电量(负荷)及空调销售等资料分别来自农业、民政、卫生、电力、商业部门。

并规定:(1)单站日最高气温连续 3 天及以上≥35.0 ℃为一次高温热浪过程,持续 10 天、

* 陈正洪,任永建,王凯.华中师范大学学报(自然科学版),2010,44(2):319-324.

15 天以上分别为一次长、超长高温热浪过程。(2)全省有 3 个及以上气象站日最高气温连续 3 天及以上≥35.0 ℃为一次区域高温热浪过程。(3)自 1951 年或建站以来前五位为一次极端事件。(4)气候参考期为 1971—2000 年。

3 结果分析

3.1 2009 年夏季高温特点

3.1.1 高温强度大,持续时间长,极端程度高

2009 年 6 月 1 日—9 月 10 日,全省平均气温在 22.3 ℃(神农架)~28.9(汉口)℃之间(图略)。与历史同期相比,鄂东及江汉平原偏高 1~1.5 ℃,鄂西大部偏高 0.5~1 ℃,仅鄂西北北部正常偏低(图 1),其中 24 站为历史同期前 5 位,主要分布在长江沿线及以南地区,而崇阳、松滋、仙桃、监利、武汉和赤壁等 6 站创历史同期新高。全省大部高温日数在 20~40 天之间,超过 40 天的有 5 站,最多为通山的 47 天(图 2),与历史同期相比,保康等 22 站排前 5 位,其中公安(28 天)、监利(37 天)创历史新高,武汉 39 天,为 1951 年以来第 5 位。统计表明,日平均气温、最高气温、最低气温的最大值各有 34、23、38 站为历史同期前 5 位,达到极端标准;并各有 5、4、11 站为历史同期新高,可见低温更异常(表 1)。

表 1 湖北省 2009 年 6 月 1 日至 9 月 10 日三项气温最大值异常程度的比较

	日平均气温的最大值	日最高气温的最大值	日最低气温的最大值
历史同期前 5 位站数/个	34	23	38
历史同期第 1 的站数/个	5	4	11
历史同期第 1 的站名	汉川、来凤、松滋、五峰、孝感	汉川、监利、荆州、孝感	房县、公安、红安、汉川、黄陂、麻城、石首、松滋、阳新、枝江、枝城

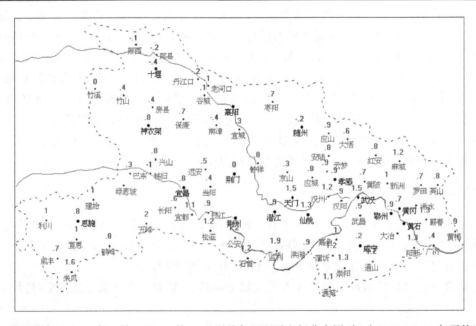

图 1 湖北省各地 2009 年 6 月 1 日—9 月 10 日平均气温距平空间分布图(相对 1971—2000 年平均)(℃)

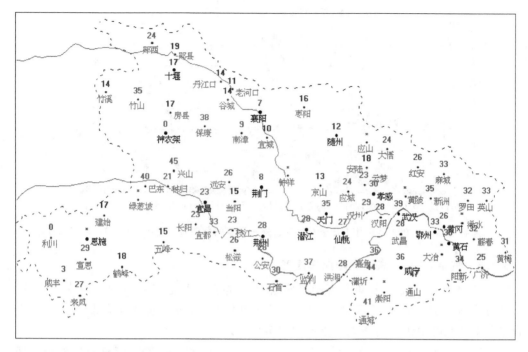

图2 湖北省各地2009年6月1日—9月10日高温日数空间分布图(d)

3.1.2 高温开始时间早,结束晚

气温偏高时段主要出现在6月中下旬、7月各旬、8月中下旬、9月上旬(图3,图4),分别对应四段高温热浪过程,分别为6月12—27日、7月6—25日、8月13—27日及9月4—7日,合计达54天。其中前3段高温过程持续时间均超过15天。空间高温开始于6月中旬,结束于9月上旬,远远超出"热在三伏"(7月中下旬—8月上旬)的时间范围,开始时间提前了一个多月,结束时间推后了20多天。

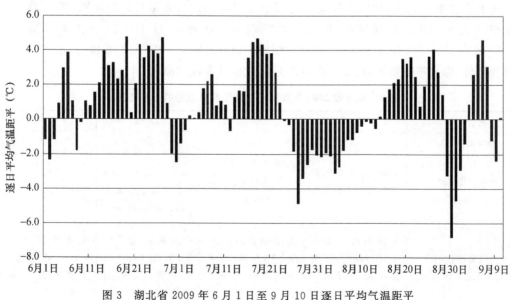

图3 湖北省2009年6月1日至9月10日逐日平均气温距平

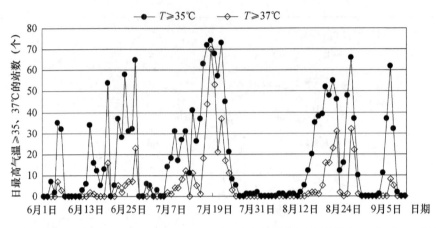

图 4　湖北省 2009 年 6 月 1 日至 9 月 8 日逐日高温站数逐日变化图（≥35 ℃、≥37 ℃）

3.1.3　气温变幅大,高温间歇期气温低

图 3、图 4 可见,高温间歇期气温则以偏低为主,包括 6 月上旬初、6 月下旬末至 7 月上旬初、7 月下旬至 8 月上旬、8 月下旬末,其中 7 月下旬至 8 月上旬全省气温偏低 1.5～2 ℃,人们度过了一个凉快的中伏,8 月下旬末多站气温创历史新低。

6 月 28 日—7 月 5 日,全省大部气温偏低 1 ℃左右,对应着 2009 年夏短暂的梅雨期。7 月 24—8 月 12 日,全省各地气温偏低 2 ℃左右,其中江汉平原、鄂西南局部出现连续 3 日平均气温≤23.0 ℃,为一次弱的盛夏低温过程。8 月 28—30 日,受东路冷空气南下影响,出现强降温过程,中东部地区过程降温达 12～15 ℃,30 日,鄂东、江汉平原平均气温仅 17～19 ℃。30 日武汉市最高气温、平均气温、最低气温分别为 19.3 ℃、17.7 ℃、16.4 ℃,分别创 8 月历史新低。全省最高气温、平均气温、最低气温分别有 16、30、38 站创下 8 月历史同期新低。

3.2　四段高温(热浪)过程比较

由表 2 和图 3、图 4 可见,四段高温过程中,以持续时间、高温日数和站次、极端最高气温等比较,7 月 6—25 日过程最强;但以平均气温距平比较,6 月 12—27 日大部偏高 3.0～4.5 ℃,比 7 月 6—25 日、8 月 13—27 日气温距平(1.5～3.3 ℃)高出 1 ℃以上,由于 9 月初高温过程短暂,综合考虑以 6 月 12—27 日的高温过程异常程度最大。

表 2　湖北省 2009 年夏季四段高温热浪过程的主要特征

起止时间	6 月 12—27 日	7 月 6—25 日	8 月 13—28 日	9 月 4—7 日
持续时间(d)	16	20	16	4
高温日数空间分布及极值	8 站达 10 天以上,最多为 12 天(兴山、保康)。	34 站大于 10 天,16 站 15 天以上。最多 17 天(蒲圻、黄冈、嘉鱼)。	30 站大于 10 天,6 站大于 12 天。最多 13 天(通山、兴山)。	7 站达到 4 天。
平均气温距平空间分布及极端情况	大部偏高 3.0～4.5 ℃,69 位于历史前 5 位,9 站站创新高。	大部偏高 1.5～3.3 ℃,38 站位于历史前 5 位,8 站创新高。	大部偏高 1.5～3.3 ℃,47 站位于历史前 5 位,15 站创新高。	大部偏高 3.0～4.5 ℃,61 站位于历史前 5 位,2 站创新高。

起止时间	6月12—27日	7月6—25日	8月13—28日	9月4—7日
极端最高气温(℃)	39.9(25日竹山、保康)	41.3(18日苏家垴)	39.7(22日赤壁)	38.2(6日苏家垴)
≥35 ℃站次	408	751	548	146
≥37 ℃站次	69	327	156	14
≥38 ℃站次	38	182	38	0
≥40 ℃站次	0	12	0	0

6月12—27日为第一段高温热浪过程,全省大部平均气温偏高 3.0～4.5 ℃,69 站位于历史同期前 5 位,9 站历史同期第一。武汉高温日数达 10 天,与历史上最多的 2006 年持平,最低气温 27 日达 29.6 ℃,位于历史同期第三位,25 日鄂西北竹山、保康最高气温达 39.9 ℃。

7月6—25日为第二段高温热浪过程,全省大部平均气温偏高 1.5～3.3 ℃,38 站位于历史同期前 5 位,13 站历史第一。日平均气温、最高气温、最低气温的最大值各有 46、38、49 站排历史同期前五位,各有 15、10、16 站创新高。其中 17—21 日,9 站次最高气温突破 40 ℃(保康、宜都、竹山、远安、宜都、蕲春、通山),保康在 17 日、18 日、21 日三次突破 40 ℃。武汉 18 日、19 日平均气温分别达到 35.2 ℃,35.3 ℃,历史上仅次于 2003 年 7 月 31 日至 8 月 1 日的高温过程(35.2 ℃;35.8 ℃);武汉日最低气温从 17—22 日持续 6 天在 30 ℃以上。极端高温孝感 39.4 ℃(7 月 18 日)、汉川 38.5 ℃(7 月 18 日)突破年历史极值。7 月 18 日极端高温荆州 38.7 ℃、监利 38.9 ℃平年历史记录。

8月13—28日为第三段高温热浪过程,全省大部平均气温偏高 1.5～3.3 ℃,47 站位于历史同期前 5 位,15 站历史第一。而平均最高气温大部较历史同期偏高 3.0～4.0 ℃,平均最低气温大部较历史同期偏高 1.5～3.0 ℃,可见 8 月高温白天更明显。鄂东大部、江汉平原东南部、鄂西南的平均、最高、最低气温大部位于历史同期前 3 位,并各有 15、8、33 站为历史同期最高。鄂东、江汉平原东南部最高气温≥35 ℃日数达 10～13 天,鄂西南兴山和鄂东南通山最多,各有 13 天,除鄂西局部外,其余大部地区比历史同期高温日数偏多 4～8 天,14 站高温日数达到或创历史同期新高。

9月4—7日为第四段高温过程,全省大部平均气温较历史同期偏高 3.0～4.5 ℃,平均最高气温较历史同期偏高 3.0～6.0 ℃。日最高气温的最大值 22 站排历史 9 月同期前 5 位,其中大悟(6 日 37.7 ℃)、监利(6 日 37.1 ℃)2 站创 9 月历史新高;日平均气温的最大值 32 站排历史 9 月同期前 5 位,其中监利(6 日 32.0 ℃)创历史新高;日最低气温的最大值 16 站排历史 9 月同期前 5 位,其中远安(7 日 26.8 ℃)创历史新高。

3.3 高温热浪对社会经济影响评价

2009 年夏季三段持续高温过程对农业生产及人们生活造成了严重影响。

3.3.1 对农业及干旱的影响

6月12—27日的高温过程对农业生产产生了较大的影响,6 月中下旬为早稻孕穗或抽穗开花的季节,因为持续高温的影响导致结实率下降,应城、汉川、公安、监利、洪湖等地结实率仅 62%～79%,比常年偏低 10% 左右。7 月 6—23 日的高温过程导致高温逼熟,早稻千粒重和结实率下降,棉花蕾铃脱落。8 月 13—28 日,湖北省晚熟中稻处于抽穗开花期,早熟中稻处于灌浆期,高温影响水稻花药开裂,降低花粉活力,导致授粉不良,空秕粒增多,结实率降低,高温导致土壤失墒快,加剧干旱发展。高温伴随干旱导致棉花花铃盛期遇干旱缺水直接导致蕾铃大量脱落,造成减产减收。9月初的高温则可能对农业较有利。

由于7—8月全省大部降水持续偏少,中东部地区8月1—26日无区域性降水出现,同时受中下旬持续高温天气影响,江汉平原、鄂东北出现旱情(图5)。截至8月25日,根据农情调度,我省农作物因旱受灾77180 hm^2,成灾7400 hm^2,绝收550 hm^2,其中水稻受灾409500 hm^2,棉花受灾19600 hm^2,其他16630 hm^2,局部人畜饮水困难。干旱严重的地方主要包括江汉平原的荆州市以及黄冈、孝感、荆门、随州等。

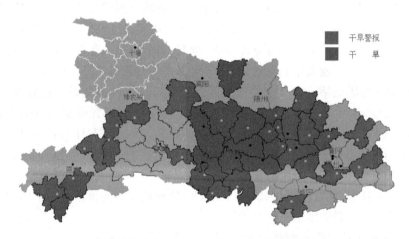

图5 湖北省2009年8月26日干旱监测图

3.3.2 对人体健康的影响

7月6—23日的高温过程对人体健康产生严重影响,根据省卫生厅应急办高温中暑直报系统统计,截至23日武汉市实际中暑人数达139人,其中17—19日有49人中暑。7月21日出现首例因中暑死亡的患者。8月13至28月的持续酷热天气,使武汉市居民高温中暑的总量和死亡数字继续增加,据市职业病防治医院对全市高温中暑监测统计表明,截至8月17日,武汉市已报告178例高温中暑,其中,8人不治身亡,两项数据均较去年有所增长。而且,生产性中暑也有明显增加。而上年武汉市高温中暑85人,死亡1人。

3.3.3 对电力的影响

6月中下旬的高温导致电网负荷增大,6月19日电网最大负荷刷新历史纪录,6月24日起,江城日用电量已连续三天超过1亿kW·h,日用电量过亿kW·h的累计天数更已超过2008年的天数。27日,而武汉电网21时的最大负荷已飙升到539.9万kW,再创历史新高。7月17日晚,武汉电网最大负荷、日用电量第5次刷新历史记录。18日用电量1.18亿kW·h,再创历史新高,而且日用电量过亿kW·h的天数已长达16天,大大超过去年4天的记录,创下历史之最。同时,市民用电故障报修电话最高日接听量达17650个,约是上年最高水平的4倍,其中18时至24时受理的故障占当天比重62%。全天处理报修故障919笔。

7月17日晚湖北省网负荷则首破1800万kW大关。截至7月20日,湖北省主网最大负荷和最大日用电量均9次超过去年最高。20日,主网用电负荷飙升至1912万kW,日用电量达3.89亿kW·h,双双刷新历史最高纪录,电网接受了今夏第四轮大负荷考验。全省13个地区除恩施外,全部刷新用电纪录。其中,黄冈、孝感、襄樊 3 个地区今年首次实现高峰用电负荷过百万千瓦。7 月 1—19 日,全省受理有效故障报修共 2.5 万多笔,同比增长 75.2%。其中尤以低压故障居多,致使部分城乡接合部、城中村及少数偏远地区出现了电压偏低,部分大功率家用电器不能正常使用,影响了居民正常生活。

3.3.4 对空调等夏令产品销售的影响

据报道,今夏空调销售旺季提前到 6 月,而往年要到 7 月中下旬。卖场有关人士分析认为,主要受 6 月天气异常炎热影响所致。又据《长江日报》7 月 24 日的一篇报道,题名为"空调销售高潮罕见地暴发,空调销售随气温节节升高",列举了大量采访事例,如武汉工贸家电销售管理部经理介绍,仅 7 月 21 日一天,空调销量在 3000~4000 台;各经销商、销售网点、消费者都在扎堆抢货;一资深空调销售人员介绍:顾客从看机到开票仅几分钟,这种情景在最近几年十分罕见;美的武汉公司经理介绍,今年持续两个月的热天,让美的空调已完成全年空调销量计划的 40%~50%,与去年同期比,销量增加了 3 倍。这是典型的销售高峰,其实销售高峰每年都有,但今年的势头来得特别猛,造成不少品牌部分型号空调出现断货。由于天气炎热再加上超市的打折促销手段,凉席类商品的销售情况非常好。

4 问题与讨论

2009 年年初以来,湖北省气温整体偏高,但经历了大幅变化。以武汉市 2009 年 1—9 月上旬逐旬气温距平与对应的气候事件或灾害为例(图 6),期间气温正常情况很少,异常事件频繁发生,包括暖冬及冬季的异常热浪、低温连阴雨雪,春热及入春提前、入夏推迟、倒春寒、五月寒,夏季三段异常高温热浪、盛夏低温、强降温以及 9 月上旬的短期高温过程。可见今夏气候延续了年初以来气温持续偏高、起伏大、与气温相关的极端事件频发等特点。随着全球气候变暖,类似情况将会越来越频繁。积极行动,科学应对,方为上策。

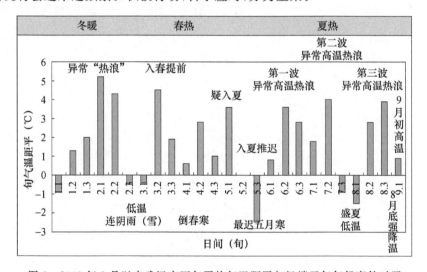

图 6　2009 年 1 月以来武汉市逐旬平均气温距平与极端天气气候事件对照

致谢:本文中部分资料来自省民政厅、农业厅、有关媒体及本单位其他科室,特此致谢。

参考文献

[1] IPCC, Climate Change 2007: The Physical Science Basis[M]. Cambridge, United Kingdom: Cambridge University Press, 2007: 996.

[2] 唐国利, 任国玉. 近百年中国地表气温变化趋势的再分析[J]. 气候与环境研究, 2005, 10(4): 781-788.

[3] 叶殿秀, 邹旭凯, 张强, 等. 长江三峡库区高温天气的气候特征分析[J]. 热带气象学报, 2008, 24(2): 200-204.

[4] 史军, 丁一汇, 崔林丽. 华东极端高温气候特点及成因分析[J]. 大气科学, 2009, 33(2): 347-358.

[5] 高荣, 王凌, 高歌. 1956—2006 年中国高温日数的变化趋势[J]. 气候变化研究进展, 2008, 4(3): 177-181.

[6] 陈正洪, 王祖承, 杨宏青. 城市暑热危险度统计预报模型[J]. 气象科技, 2002, 30(2): 98-101, 104.

[7] 陈正洪, 史瑞琴, 李松汉, 等. 改进的武汉中暑气象模型及中暑指数等级标准研究[J]. 气象, 2008, 34(8): 32-36.

[8] 陈正洪, 洪斌. 华中电网四省日用电量与气温关系的评估[J]. 地理学报, 2000, 55(S1): 34-3.

[9] 魏静, 陈正洪. 武汉市日供水量与气象要素的相关分析[J]. 气象, 2000, 26(11): 27-29, 51.

[10] 翟盘茂, 章国材. 气候变化与气象灾害[J]. 科技导报, 2004(7): 11-14.

2006 年 4 月 11—13 日湖北省大风致灾分析 *

摘 要 2006 年 4 月 11—13 日湖北省各地出现大风天气,给农业、供电、城市公共设施造成极大破坏。根据《建筑荷载规范》,利用各站逐时风速资料,对该过程所产生的基本风压和结构风压进行了详细计算并与历史个例进行对比,结果表明,该次过程产生的在离地 10 m 高度造成的最大风压(瞬时)为 0.53 kN/m²,30 m 铁塔最大结构风压(瞬时)高达 2.60 kN/m²,其破坏力比基本风压放大了 5 倍,足以对铁塔、房屋、广告牌等构筑物产生严重破坏。

关键词 风灾;风压;风荷载

1 引言

严重的风灾损害建筑物,破坏输电线路、威胁人民生命安全。近年来广大气象工作者在风灾的影响评估方面做了大量的工作并获得了可喜的成果[1-4]。但对灾情的评估大多依据风灾造成的实际损失对大风灾害进行定性分级,且主要依据经济损失、人口伤亡等,作为未来风灾预评估的依据,但在风灾的损失中,易损性房屋结构损坏、建筑物损害引起的损失占很大一部分。所以,对各种易损性建筑物在风灾中所承受的风压和风荷载进行计算,可以为今后开展风灾的客观定量评估奠定基础。2006 年 4 月 11—12 日,受地面冷空气南下及中低层低涡的共同影响,湖北省出现了大风、降温和降水天气。全省有 27 个县市出现了 8-9 级大风,本次大风过程最大瞬时风速为 29.2 m/s(11 级),出现在金沙站,14 站次 10 分钟平均风速超过 12 m/s,全省 34 个县(市、区)521 万人受灾,死亡 11 人;因灾倒塌房屋 8906 间,特别是葛洲坝至江夏凤凰山 50 万伏线路的铁塔倒塌,严重影响湖北电网的稳定运行。本文对 11—13 日风灾过程中大风出现的频次、时间变化,风压、以及本次灾害中损害最严重的几种典型建筑物的风荷载进行了计算。其目的是为建立风灾影响的定量评估模型提供参数。

2 资料来源与参数选取

计算所用风资料来至湖北省自动气象站 4 月 11—13 日逐时风资料。风压高度变化系数、各种建筑物风荷载形体系数则根据国家标准《GB50009—2001:建筑结构荷载规范》来确定。

3 大风空间分布与代表站大风统计特征

一般认为 10 分钟平均风速达到 12 m/s 将导致灾害发生,利用湖北省各地自动站逐时风速资料对各站 10 分钟平均风速≥12 m/s 的频次进行统计并绘图(图 1)。由图 1 可见,大风频次有两个中心,一个位于鄂南的金沙附近,另一个位于鄂东北与江汉平原交界的应城、孝感附近。本次过程最大频次为 12,位于金沙,表明本次过程致灾大风出现时间长。大风过程的主

* 李兰,陈正洪. 气象,2007,33(10):23-27.

要影响区为鄂南、江汉平原、鄂东北及武汉。根据上报资料,主要风灾发生在两个大风频次中心及其附近。

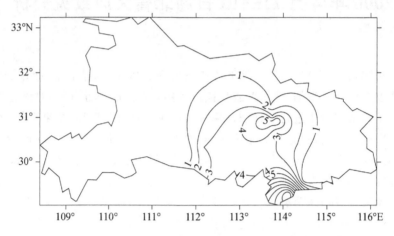

图 1　4 月 11—12 日 10 分钟平均风速≥12 m/s 频次分布图

根据大风的空间分布情况,选取钟祥、云梦、汉口、武昌、金沙 5 个代表站,分别绘制 10 分钟平均风速、瞬时极大风速的时间变化曲线(图 2)。可以看出,除汉口外,其他 4 个站的 10 分钟平均风速均超过了 10 m/s,金沙站最大值达到 20 m/s;从瞬时最大风速图上可以看到大风过程从 11 日 20 时左右持续到 13 日 02 时左右,瞬时最大风速最大达到 29.2 m/s,除武汉站外其他站点瞬时最大风速都超过 20 m/s。

4　大风过程风压与结构风压(风荷载)的计算

风压是垂直于气流的平面上所受的风的压强,一个建筑物上所受到的风压大小和建筑物的体形、高度等有关,建筑物实际受到的风压称为结构风压(风荷载)。

4.1　风压的计算

风压 w_0 计算公式如下[5]:

$$w_0 = \frac{r}{2g}V^2 \tag{1}$$

式中,w_0 是基本风压(kN/m²),$\frac{r}{2g}$ 称风压系数,在标准大气下:$r = 0.0120188$ k/m³;$g \approx 9.8$ m/s²,由于各地的地理位置不同,r 和 g 的取值也有所不同,湖北的风压系数以武汉为代表,可近似取 $\frac{1}{1610}$ [5]。所以;

$$w_0 = \frac{r}{2g}V^2 = \frac{V^2}{1610}$$

经过计算,大风过程在离地 10 m 高度造成的最大风压(瞬时)为 0.5295 kN/m²(见图 3),相当于以 0.53 t 的重物以加速度 1 m/s² 作用于 1 m² 受力面,足以对结构不稳定的建筑造成破坏。同时,由于这次大风持续时间长,增加了本次过程的破坏性。

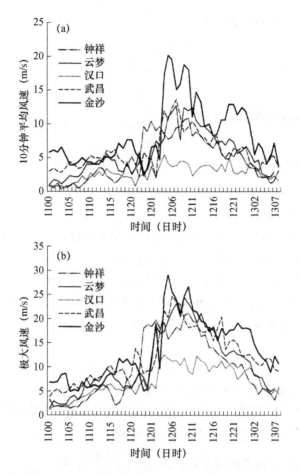

图 2　5 个代表站逐小时 10 分钟平均风速(a)、瞬时极大风速(b)的时间演变图

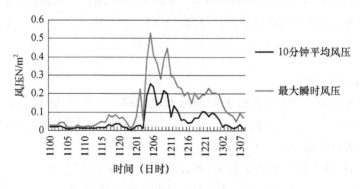

图 3　金沙站两种风速对应的风压时间演变图

4.2　风荷载的计算

　　根据国家标准[6]，分类计算了这次在大风中损坏较多的几种建筑物承受的风荷载：低矮的房屋，电线杆、广告牌，高压铁塔。

4.2.1 主要承重结构风荷载计算方法

$$W_k = \beta_z \mu_s \mu_z w_0 \tag{2}$$

式中：β_z 为高度 z 处的风振系数；μ_s 为风荷载体形系数；μ_z 为风压高度变化系数；w_0 为基本风压。

4.2.2 维护结构风荷载计算方法

$$W_k = \beta_{gz} \mu_s \mu_z w_0 \tag{3}$$

式中：β_{gz} 为高度 z 处的阵风系数。

4.2.3 参数的选取

(1)风振系数、阵风系数

低矮的房屋忽略风振，取 $\beta_z = 1$；广告牌、电线杆按维护结构计算，阵风系数 β_{gz} 直接由表查出：电线杆(15 m)$\beta_{gz} = 1.72$，广告牌(10 m)$\beta_{gz} = 1.78$。

由于对基本自振周期大于 0.25 s 的工程结构(各种高耸结构等)要考虑风压脉动对结构发生顺风向风振的影响。风振计算应按随机振动理论进行，结构的自振周期按结构动力学计算[7-8]。由于输电铁塔为高耸结构，应先计算它的自振周期。

自振周期计算公式：

$$T_1 = (0.007 \sim 0.013)H \tag{4}$$

在公式(4)中，系数的单位为 s/m，按建筑物结构的不同而不同，对于钢结构取高值，钢筋混凝土结构取低值；H 为建筑物的高度，单位为 m。由于输电铁塔塔架为钢结构，故取高值。

铁塔自振周期：$T_1 = 0.013(\text{s/m}) \times 30(\text{m}) = 0.39$ s

由于 0.39 s>0.25 s，铁塔的风振系数按 $\beta_z = 1 + \dfrac{\xi \nu \varphi_z}{\mu_z}$ 计算。

式中，ξ 为脉动增大系数，ν 为脉动影响系数，φ_z 为振型系数，μ_z 为风压高度变化系数(见下)，按地面粗糙度 B 类取脉动影响系数，由表查得：$\xi = 1.83$，$\nu = 0.83$，$\varphi_z = 0.525$，故铁塔的风振系数 $\beta_z = 1 + \dfrac{\xi \nu \varphi_z}{\mu_z} = 1.64$。

(2)风压高度变化系数

按照地面粗糙度的分类，湖北的平原地区和城市郊区可大致认为是 B 类(开阔空旷地区)。四种建筑物高度：低矮的房屋(≤10 m)、电线杆(15 m)、广告牌(10 m)、铁塔(30 m)。实际工作中风压高度按铁塔高度×0.65 计算

按照国家标准，风压高度变化系数 μ_z(地面粗糙度 B 类)取值如下：

$$\begin{cases} 1 & H \leqslant 10 \text{ m} \\ 1.14 & H = 15 \text{ m} \\ 1.25 & H = 20 \text{ m} \end{cases}$$

(3)风荷载体形系数

低矮的房屋体形按封闭式方型，电线杆为圆柱型，广告牌为方形或长形，塔架为角钢。

按照建筑结构荷载规范风荷载体形系数 μ_s 查表得：

电线杆 $\mu_s = 0.6$；广告牌 $\mu_s = 1$；房屋 $\mu_s = 0.8$；铁塔 $\mu_s = 2.4$

4.3 各种易损性建筑物风荷载计算结果

由公式(3)计算电线杆、广告牌的风荷载,由公式(2)计算房屋、铁塔的风荷载见表1。

表 1 金沙各种建筑物风荷载随时间的变化(kN/m²)

时间/日时	房屋(低矮)	电线杆(15 m)	广告牌(10 m)	铁塔(30 m)
4/1202	0.181	0.267	0.403	1.115
4/1203	0.047	0.069	0.104	0.288
4/1204	0.306	0.449	0.680	1.880
4/1205	0.424	0.623	0.943	2.606
4/1206	0.328	0.483	0.730	2.018
4/1207	0.291	0.428	0.647	1.790
4/1208	0.223	0.328	0.497	1.373
4/1209	0.306	0.449	0.680	1.880
4/1210	0.357	0.525	0.794	2.195
4/1211	0.238	0.350	0.530	1.466
4/1212	0.230	0.338	0.511	1.413
4/1213	0.191	0.281	0.425	1.174
4/1214	0.183	0.269	0.408	1.127
4/1215	0.150	0.221	0.335	0.925
4/1216	0.168	0.247	0.374	1.035
4/1217	0.119	0.176	0.266	0.734
4/1218	0.163	0.239	0.362	1.001
4/1219	0.139	0.204	0.308	0.852
4/1220	0.156	0.229	0.346	0.957
4/1221	0.157	0.232	0.350	0.968
4/1222	0.183	0.269	0.408	1.127
4/1223	0.163	0.239	0.362	1.001
4/1300	0.165	0.242	0.366	1.012

由表1可见,金沙站4月12日05时风荷载最大,其中施加在广告牌上的瞬时最大结构风压(风荷载)达到0.9 kN/m²,而30 m铁塔的瞬时最大风荷载高达2.60 kN/m²,其破坏力比基本风压放大了5倍,不仅如此,30 m铁塔风荷载大于1.0 kN/m²的小时数长达17个小时,增加了破坏性。

同时,从表1的数据分析可见,对低矮的房屋,能造成较严重破坏的风荷载约0.23 kN/m²,造成电线杆倒杆约0.40 kN/m²,广告牌倒塌约0.50 kN/m²,而能对铁塔造成威胁的风荷载约1.0 kN/m²。

另外,我们还对1983年4月25日发生在湖北省的一次特大风灾过程风荷载进行了对比计算,该次过程实测极大风速为宜昌地区兴山34 m/s,计算当地低矮的房屋瞬时最大风荷载为0.57 kN/m²,15米电线杆最大风荷载为0.85 kN/m²,10 m高广告牌最大风荷载为1.28 kN/m²;

30 m 输电塔架最大风荷载 3.53 kN/m²。该过程宜昌地区 8 个县受灾,农作物受灾面积 6.8 hm²,柑橘树被吹断 6300 多棵,成材的树木被吹倒折断的共达 6.86 万棵,仅兴山受损房屋达 17289 间。由计算可见,过大的风荷载是风灾损失的重要原因。同时,由于湖北地理位置的特殊性,春季容易发生大风灾害。

5 小结

(1)本次大风过程逐小时 10 分钟平均风速≥12 m/s 出现的频次有 2 个高值中心,一个位于鄂南的金沙附近,另一个位于鄂东北与江汉平原交界的应城、孝感附近,最大频次为 12。大风过程从 11 日 20 时左右持续到 13 日 02 时左右,瞬时风速最大可达到 29.2 m/s。主要灾害就发生在这 2 个大风频次高值中心和附近地区。

(2)金沙站大风过程中在离地 10 m 高度造成的最大风压(瞬时)为 0.5295 kN/m²,足以对结构不稳定的建筑造成破坏。10 m 高处广告牌最大风荷载(瞬时)达到 0.9 kN/m²,而 30 m 铁塔最大风荷载(瞬时)高达 2.60 kN/m²,其破坏力比基本风压放大了 5 倍,30 m 铁塔风荷载大于 1.0 kN/m² 时数长达 17 个小时。

(3)本文应用气象观测资料对春季湖北省一次特大风灾过程中受损最严重的建筑物的风荷载进行了计算分析,得出了一些有意义的结论。今后,若通过更多的大风灾害个例计算分析,将有可能分别对房屋、电线杆等建筑物受损程度分类建立风灾评估业务模型。

参考文献

[1] 肖风劲,徐良炎.2005 年我国天气气候特征和主要气象灾害[J].气象,2006,32(4):78-83.

[2] 杨元琴.我国沿海台风百年遇重大灾害的 Poisson 分布特征[J].气象,2001,27(10):8-12.

[3] 贺芳芳.上海地区因热带气旋侵袭而产生的风灾[J].气象,1992,18(1):22-25.

[4] 王秋香,李红军.新疆近 20 年风灾研究[J].中国沙漠,2003,23(5):545-548.

[5] 朱瑞兆.应用气候手册[M].北京:气象出版社,1991:104-105.

[6] 中国工程建设标准化协会.建筑结构荷载规范:GB 50009—2012[S].北京:中国建筑工业出版社,2002:24-47.

[7] 曹崇高,张相庭.结构风灾经济损失模型的建立及其应用[J].安阳师范学院学报,2000(2):32-34.

[8] 范学伟,徐国彬,黄雨.工程结构的风破坏和抗风设计[J].中国安全科学学报,2001,11(5):73-7.

湖北省 2009 年 11 月 8—9 日强对流灾害异常特征研究 *

摘　要　根据天气气候资料,结合实地灾害调查,对 2009 年 11 月上旬末湖北中东部发生的一次强对流天气过程的异常特征及其危害进行了详细分析。结果表明:(1)8—9 日湖北省自西向东出现较大范围的强天气过程,江汉平原以东大部地区出现中等强度降水且局部出现暴雨,并伴有大风、冰雹、雷电等灾害天气现象,是一次典型的飑线过程;(2)本次强对流发生时间异常偏晚,有可能为湖北省 1951 年以来最晚;风力大破坏力强,瞬时风速最大达 33.5 m/s,达 12 级,局部有龙卷风的特征;冰雹历时长强度大;降水集中且强度大;闪电次数异常偏多;(3)其成因是前期地面温度异常偏高,与南下冷空气遭遇后暖空气抬升所致;(4)强对流对农业、交通、电力及人民生命财产造成严重危害。可以预见,在气候变暖的大背景下,异常强对流事件将更多发生,积极有效预防其危害十分重要。

关键词　强对流天气;大风;冰雹;龙卷;灾害

1　引言

强对流天气是一种发生突然、移动迅速、天气剧烈、破坏力极大的灾害性天气,往往以热对流为主,主要有雷雨大风、冰雹、龙卷、局部强降雨等。强对流天气发生于中小尺度天气系统,其水平尺度小,大约在十几千米至二三百千米,甚至几十米;其生命史短暂并带有明显的突发性,约为一小时至十几小时,较短的仅有几分钟。强对流天气来临时,经常伴随着电闪雷鸣、风大雨急等恶劣天气,致使房屋倒毁,庄稼树木受到摧残,电信交通受损,甚至造成人员伤亡等,因此世界上把它列为仅次于热带气旋、地震、洪涝之后第四位具有杀伤性的自然灾害[1]。

2009 年 11 月 8—9 日发生在湖北中东部的一次强对流天气,导致 3 人死亡、3 人失踪,该过程显然有着一些异常的特征,对其进行调查研究十分必要(见:《湖北省气象灾害评估(11 月8—9 日:暴雨、大风、冰雹、雷电等强对流)》,2009 年 11 月 14 日,武汉区域气候中心)。

2　天气过程概述

2009 年 11 月 8—9 日,受高空低槽东移和中低层切变线影响,湖北省自西向东出现降水天气过程,江汉平原以东大部地区出现中等强度降水,部分县市出现大到暴雨,鄂州、蕲春、云梦、石首、孝昌出现暴雨(见图 1)。鄂州市梁子湖区和武穴市、蕲春县、黄州区、大治市、荆州市、监利县等地发生大风、冰雹、雷电、强降水灾害,属于典型的飑线天气过程[2]。分述如下:

荆州市:9 日 0:40 开始普降大雨,电闪雷鸣,全市共有 17 个乡镇出现 50 mm 以上的暴雨过程,最大值出现在石首东升,为 75.8 mm,其中小时雨强最大值为 41.5 mm,1:00—2:00 出现在荆州浃市。

---

　　*　陈正洪,毛以伟.华中师范大学学报(自然科学版)(T & S),2012,46(4):145-149.

鄂州市：9 日 4：00—11：00，鄂州梁子湖地区沼山镇、梁子镇、涂家垴镇出现了暴雨、大风、冰雹等强对流天气，沼山、梁子、涂家垴、华容、庙岭、葛店等 11 个乡镇过程雨量超过 50 mm，其中 4：00—5：00 沼山镇和涂家垴小时雨强分别达 44.7 mm 和 36.9 mm，8：00—9：00 燕矶福利院和燕矶小时雨强分别达 41.5 mm 和 37.2 mm，暴雨中心在沼山镇，雨量达 80.7 mm，冰雹直径 4 cm 左右。平均风力 6 级、阵风 8～10 级，其中沼山镇 9 日凌晨 4：21 瞬时极大风速高达 33.5 m/s(图 2)，达到 12 级，1 分钟降水量达到 4.7 mm，气温从 4：00 的 22.4 ℃降到 4：21 的 17.6 ℃，21 分钟内降幅 4.8 ℃。

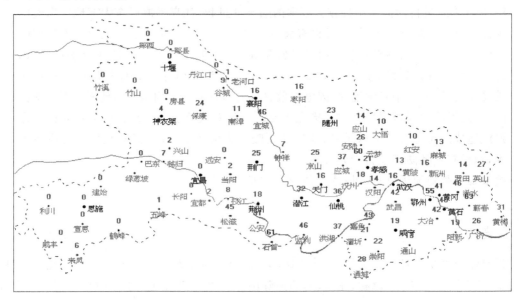

图 1　湖北省 2009 年 11 月 9 日降水量分布图(mm)

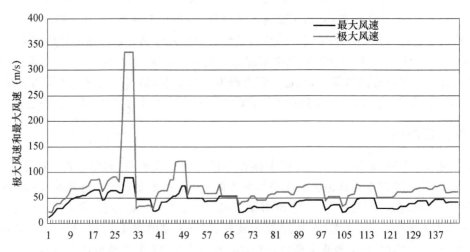

图 2　鄂州梁子湖区沼山镇气象站每 10 min 间隔极大风速和最大风速对比

(4：21 风速高达 33.5 m/s)

黄石：9 日凌晨起出现强对流天气，大冶市保安镇出现大风、冰雹。冰雹出现时段为 03：50—04：28、04：35—04：50，大风出现时段为 04：00—05：00。

黄冈市:9 日 00—12 时,全市大部分地区遭受雷雨、大风灾害袭击,黄州、浠水、蕲春、武穴及黄梅的 16 个乡镇出现暴雨,黄梅柳林过程雨量达 93.2 mm,其中 06:00—07:00 武穴荆竹水库小时雨强达 49.1 mm,07:00—08:00 黄梅柳林和停前小时雨强分别达 38.6 mm 和 35.0 mm,08:00—09:00 黄冈巴驿小时雨强达 36.3 mm。武穴出现 8 级阵风。

3 异常气候特征分析

此次灾害主要由大风、冰雹和强降水等强对流天气造成,异常特征如下。

3.1 发生时间异常偏晚

根据《中国灾害大典·湖北卷》[3]记载,自 1949 年以来至 2000 年间,湖北省强对流集中发生在 3—8 月,2 月、9 月、10 月就已少见,而 11 月、12 月、1 月则没有出现过,所以此次强对流发生时间可推断为是解放以来最晚的一次。

3.2 风力大,破坏力强

根据自动气象站观测资料和作者现场考察推断,重灾区瞬时极大风速可能超过 12 级,达到龙卷 F1 级[4]。灾区现场有大树被吹倒吹断、街道钢制电线杆被吹歪和钢制旗杆被扭曲、地表成片杂草呈现逆时针倒伏等现象,部分屋顶(重约 1~2 t)被整体吹走约 10 m,一些重几十斤的屋盖被吹到约 200 m 以外(即飞射物)(图 3),这些都是龙卷风的典型特征。

图 3 鄂州梁子湖区沼山镇气象站附近果茶园被毁坏情况
(屋顶被吹翻至 10 m 外,门被 30 m 外飞射物砸坏)

3.3 龙卷范围小,局地性强

本次强对流天气过程的龙卷主要出现在鄂州太和、沼山、涂家垴三镇交界处,中心范围大约在 4 km² 左右。在沼山茶场灾害现场调查发现,茶场西南角屋顶被吹走逾 10 m,但其东北角完好无损。

3.4 冰雹来势猛,持续时间长,强度大

本次冰雹灾害发生季节迟,冰雹发生时间在半小时以上,地面出现堆积现象,冰雹直径大,极为异常(图 4)。大冶保安镇冰雹直径达 6~14 cm,即使在强对流多发的春夏季节也属罕见,当地人反映一辈子从未看到过这样大的冰雹。

图 4　鄂州梁子湖区沼山镇冰雹及屋顶被损坏情况

3.5　降水集中,强度大

区域自动气象站观测资料显示,灾区小时雨强大都在 35 mm 以上,其中重灾区沼山镇小时雨强达 44.7 mm、1 分钟降水量达到 4.7 mm。宜城 9 日降雨量突破历史 11 月最大值,鄂州、松滋、云梦、石首、蕲春日降雨量居历史 11 月第二位,这 6 站日降雨量达到了极端气候事件标准。

3.6　闪电次数多

武汉市监测到闪电高达 2580 次,荆州 11295 次(图 5),鄂州、黄冈、黄石 7771 次。湖北省 2008 年 11 月总共只有 135 次闪电,2007 年只有 7 次。

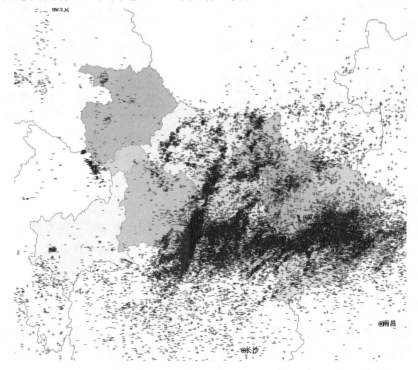

图 5　湖北省 11 月 8—9 日闪电频次分布图

4 成因简析

分析表明,此次强对流天气过程,是因为前段时间寒潮过后,天气回暖过快、北方冷空气南下,两者相遇引起暖空气抬升,引起强对流发生。如鄂州气温从 3 日的 15.3 ℃上升到 8 日的 28.9 ℃,全省 8 日气温大部在 25 ℃以上,中东部大部在 27 ℃以上,甚至有 6 个站超过 30.0 ℃ (图 6),11 月 4—8 日中东部平均气温比历史同期高 1.5～2.5 ℃,地面聚集了大量热能,十分有利于强对流的产生。

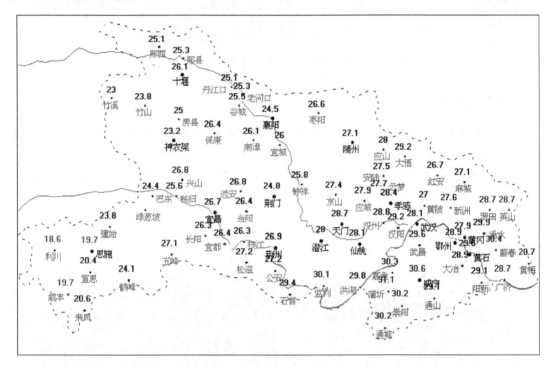

图 6 2009 年 11 月 8 日湖北省最高气温分布图(℃)

5 影响评估

据省民政厅初步统计,此次灾害造成上述 6 县市区 10.4 万人受灾,因灾死亡 2 人(鄂州市、武穴市各 1 人),失踪 3 人(鄂州市),紧急转移安置 2522 人;因灾倒塌房屋 160 户 796 间,损坏房屋 4853 间,直接经济损失 615 万元。

5.1 对农业的影响

农作物受灾 855 hm²,其中绝收 114 hm²。其中梁子湖区油菜等农作物 131285 亩、果林 13941 亩受灾,畜禽 4.33 万只(头)死亡,鸡舍、猪窝等种养设施 61900 m² 损毁。大冶保安 18 个村 2.5 万亩农作物受灾。冰雹砸坏了庄稼、茶叶、蔬菜及大棚,沼山壁玉茶场 100 亩茶树几乎被剃了光头,大量胡柚被砸下(图 7)。

图 7　鄂州梁子湖区沼山镇被冰雹大风砸坏的果茶园

5.2　对交通的影响

沼山镇楠竹村 3 名正在梁子湖水面作业的渔民因船被大风掀翻而落水失踪(图 8)。9 日晨,孝昌县城雨量 63.3 mm,强降水导致县城多处路段积水,给交通带来不便。9 日清晨我省大部地区出现了能见度小于 500 m 的大雾,给交通造成压力。武汉江面因能见度太低,10:30—1:30,轮渡所有航线停航。

图 8　2009 年 11 月 9 日湖北鄂州梁子湖沉船和打捞失踪人员现场(左)及倒房情况(右)

5.3　对电力的影响

此次风灾共造成梁子湖区鄂州梁子湖区 3 座 35 kV 的变电站停电,倒杆 1 处;35 kV 的倒杆 62 处,断线 38 处,配电变压器烧毁 12 台,配电柜烧毁 21 台,28 条线路受损 11 条,5 个乡镇有 3 个乡镇完全中断供电。

持续强烈的雷电致使荆州 11 条 10 kV 的线路出现故障。

6　讨论

随着气候变暖,地表积聚了大量热量,冬暖、春热、夏秋高温出现频繁,一年四季"热浪"事件(任意连续 6 天及 6 天以上平均气温高于历史同期 6 ℃以上)均有可能发生[5],当与南下冷空气遭遇,强对流天气极易发生。近年来湖北省强对流事件发生频繁,雷击灾害尤其是致人死亡事件急剧增尤为显著[6]。可以预见,在气候变暖的大背景下,强对流事件将更多、更异常发生。为了社会的和谐稳定,减少碳排放,减轻温室效应,十分必要;同时尽早开展强对流灾害调查研究,将有利于强对流天气的预报、评估和预防,有利于减轻灾害的危害。

参考文献

[1] 百科名片:强对流天气,http://baike.baidu.com/view/355790.htm.

[2] 陈正洪,刘来林,袁业畅.湖北大畈核电站周边地区飑线时空分布与灾害特征[J].气象,2010,36(1):79-84.

[3] 姜海如.中国气象灾害大典·湖北卷[M].北京:气象出版社,2007.

[4] 陈正洪,刘来林,袁业畅.湖北大畈核电站周边地区龙卷风参数的计算分析[J].南京气象学院学报,2009,32(2):101-105.

[5] 陈正洪,向华,高荣.武汉市 10 个主要极端天气气候指数变化趋势分析[J].气候变化研究进展,2010,6(1):22-28.

[6] 黄小彦,王学良,李慧.2000—2006 年湖北省雷电灾害时空分布特征分析[J].暴雨灾害,2008,27(1):73-77.

湖北省 2008 年初低温雨雪冰冻灾害特点及影响分析 *

摘　要　2008 年初,湖北省出现了自 1954/1955 年冬季以来最严重的低温雨雪冰冻灾害,直接经济损失高达 110 亿元以上,分析评估此次灾害的基本特点及对各行各业的影响,可为今后抗御类似灾害提供依据。结果表明:(1)此次灾害影响范围大,受灾人数多,损失重,第三、四场雪使危害迅速加剧,后续效应强、时间长;(2)影响行业可分为交通、电网及供电系统、通信、农业、林业、企业和市政设施、居民生活、湖泊结冰、社会响应等 8 大类,并可细分为 24 小类,涉及社会和人们生活的众多方面,足见影响面之广,危害之重;(3)影响因子以低温、冰冻(道路结冰、电线覆冰)、雪压等为主,另外还有大风、雪雾、湖泊封冻、冰雪融化等;(4)由于降雪及低温持续时间长,雪量大,对农林业危害严重,由于电力、通信、建筑设施以及道路结冰严重,对电网、电力供应、交通安全以及社会公众生产、生活等造成极大的影响。

关键词　低温雨雪冰冻灾害;各行各业;影响因子;农业;交通;电力

1　引言

2008 年 1 月 12 日—2 月 3 日,湖北省出现了一次严重的低温、雨雪、冰冻天气气候事件,对农业、交通、电力、通信以及日常生活产生极其严重的影响,截止 2 月 11 日 12 时,此次雪灾和低温冰冻灾害造成全省 17 个市、州、直管市、神农架林区不同程度受灾,受灾人口 2279.8 万人,因灾直接死亡 13 人,伤病 22869 人,转移住危房群众和倒房灾民 21.65 万人,饮水困难 320.2 万人,铁路、公路累计滞留旅客 26.25 万人次;农作物受灾 1628.5 千公顷,其中绝收 215.7 千公顷;因灾倒塌房屋 61356 间,损坏房屋 168895 间;因灾造成直接经济损失 113.98 亿元,其中农业经济损失 81.76 亿元[1]。

期间出现了 4 次大范围大到暴雪天气过程(11—15 日、18—21 日、25—28、1 月 30 日—2 月 1 日),连续雨雪日数达 18～22 d,为各站建站以来最长;累计雨雪量鄂西 15～95 mm,大部地区较常年偏多 5 成～1 倍;平均气温大部 $-2.4～-0.3$ ℃,比常年同期偏低 $4.0～6.0$ ℃,为历史同期最低;连续低温日数达 18～23 天,为 1954 年以来最长;只有极端最低气温大部在 $-5～-11$ ℃之间,与历史上典型低温雨雪过程相比并不低。依据以上 5 项指标,从 1 月 28 日开始,该次过程已经演变成 1954/1955 年冬季以来最严重的一次低温雨雪冰冻过程。此外湖北省南部广大地区共有 16 d、先后 54 站次出现冻雨天气,加剧了冰雪灾害[2]。

由于这次灾害影响因子具有多重性(包括低温、雨雪、冰冻,并伴有大风、大雾、低能见度),

---

* **陈正洪**,史瑞琴,李兰.长江流域资源与环境,2008,17(4):639-644.

1)湖北省民政厅.湖北省—雪灾灾情日报(0211).2008 年 2 月 11 日.

2)武汉区域气候中心.湖北省 2008 年 1 月 12 日～2 月 3 日低温雨雪冰冻过程评估报告.2008 年 2 月 20 日.

而这些因子分别有不同的影响对象,如极端低温是橘茶能否安全越冬的关键[1-3],雪压、大风对设施农业、林业、简易建筑有致命损坏[4,5],大雪、冰冻、大雾是交通的限制性因子[6,7],覆冰、大风对电力、通信设施危害最大[8,9],因此极大地扩大了影响面。又由于灾害持续时间长,在气候变暖[10]和经济快速发展的今天,我们抗御低温灾害能力严重不足,如许多大棚过于简陋,盲目扩大不抗寒的脐橙种植范围,城市供水系统防寒能力缺失,交通系统、电力系统设计标准偏低、应急能力不足等,为此付出了沉重的代价。

过去对南方低温雨雪冰冻灾害的影响除了农业,对其他行业影响了解很少[11],严酷的事实和沉重的代价使我们必须正视过去研究的不足,及时全面收集此次灾害的损失以及对各行各业影响,分析灾害基本特点及对各行业的影响,可为今后减轻类似灾害和其他气象灾害影响提供参考[12]。

2 资料与方法

2.1 资料

通过省政府和相关职能部门信息通报、专题报告,主流报纸,气象部门灾情上报系统,调查等,收集了大量这次低温雨雪冰冻灾害及对各行业影响的资料,逐日制作、上报了"湖北各地冰雪冻害影响情况"日报,完成了过程评估报告及部分行业影响日志。

2.2 方法

根据以上资料,对全省直接、间接灾害基本特点及灾害的演变特点进行初步分析,将灾害影响的行业分成 8 大类 24 小类(表 1),并对影响因子进行归因。结合灾情资料和有关行业标准和气象指标,分析灾害对各行各业的影响。

3 结果分析

3.1 全省灾害基本特点分析

3.1.1 直接灾害和后续效应

从湖北省民政厅提供的灾情数据不难得出,全省直接灾害的基本特点为:(1)灾害范围大,全省所有市、州、县都受灾;其中黄冈、咸宁、恩施、宜昌、荆州、十堰、孝感受灾较重;(2)受灾人数多,达到 2000 多万,占全省总人口的 1/3 多;(3)直接经济损失巨大,达 110 亿元以上,是有史以来发生在冬季损失最大的一次灾害;(4)影响面广,包括农林业、交通、电力、通讯、居民生活等;(5)农业、农民受灾重,灾害造成农村倒房、危房,农业设施、露天的农林业受灾最重,农业经济损失高达 80 多亿元,占全省总损失的 71.7%,造成 2008 年农业增产、增收难度加大;(6)对春运影响大,由于灾害发生春运期间,交通受影响大,从而造成大量人员滞留。

农业生产还会受到灾害的后续效应影响。雨停雪融,气温回升,渍害加重,伤根烂根,局部病害加重。冻坏的果茶严重影响当季产量,有些不耐寒果树根部受冻,将影响今后 1—3 年的收成,需要付出较多恢复成本。长时间的冰冻和寡照,使很多温棚蔬菜出现大量死苗、僵苗、僵果;作物生育期普遍推迟,春茶上市推迟半个月,将错过价格"黄金期";小麦、油菜收获推迟,影响后茬播种安苗。当年蔬菜"春淡"问题将更加突出,冰雪灾害影响部门广,将对居民消费价格指数有一定影响。

此外电网受损后,重建费用高,如湖北电网重建费用将达 18 亿元,一旦主网铁塔基座受损,修复期可长达 50 天以上;倒塌房屋、受伤路面和供水系统等也需要大量资金和较长时间恢复;交通事故和摔跤受伤人员的疾病将有可能反复发作。

3.1.2 灾害演变特点

图 1 是省民政厅统计的累积直接经济损失演变情况,曲线陡则灾情重,曲线平缓则灾情轻。可见此次低温雨雪过程的成灾过程是逐步演变的,危害程度逐步加重。1 月 24 日前累积直接经济损失(前两场雪灾所致)未超过 20 亿元,平均每天增加 1.5 亿元左右,灾情相对较轻,1 月 25 日—2 月 2 日,随着第 3、4 场大雪降临,积雪加深,低温进一步下降,低温冰冻持续,受灾面扩散,灾情迅速加重,达到 100.1 亿元,9 天时间增加 80.8 亿,平均每天增加 9 亿元左右。2 月 3—11 日,随着天气好转,冰消雪融,危害显著减轻,9 天时间只增加损失 13.88 亿元,平均每天增加 1.54 亿元。

同期武汉市逐日累积雪量变化曲线(图 1),与累积直接经济损失逐日演变趋势很类似,也具有缓—急—缓的变化过程,说明累积雪量大,以及长时间低温和形成的冰冻,是造成灾害变化特征的根本原因。累积雪量超过 35 mm 后(1 月 26 日),灾害显著加重。

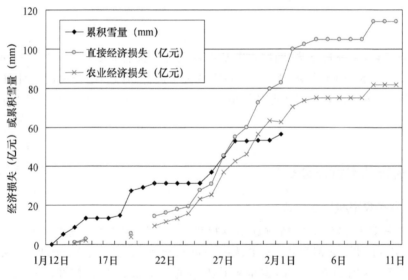

图 1　湖北省累积直接经济损失及累积雪量逐日演变图(1 月 12 日—2 月 11 日)

3.2　受影响行业分类与影响因子归类

根据收集的资料,将此次低温雨雪冰冻过程对各行各业的主要影响及因子归因列于表 1,包括交通、电网及供电系统、通信、农业、林业、企业和市政设施、居民生活、湖泊结冰等 8 大类,并可细分为 24 小类,涉及社会和人们生活的众多方面,足见影响面之广,危害之重。影响因子以低温、冰冻(道路结冰、电线覆冰)、雪压等为主,另外大风、雪雾、融冰化雪、湖泊封冻也有特定的影响。

表 1　低温雨雪冰冻对各行各业的主要影响及因子归因

受影响行业（大类）	灾害影响描述（小类）	相应的影响因子
交通（6）	高速公路：封闭、堵塞、车祸、人员滞留	低温、路面结冰、大雪、积雪、雪雾覆冰（供电系统受损）
	铁路：晚点、停开、车辆及旅客滞留	
	民航：晚点、关闭、旅客滞留	跑道结冰、积雪、大雪、雪雾、大风
	城市交通：暂停、停线、改线、事故增多	低温、路面结冰
	轮渡汽渡：暂停、停线、增加间隔时间	低温、道路结冰、积雪、雪雾、大风
	路面：破损、路边山体滑坡	低温、路面结冰、融冰化雪
电网及供电系统（2）	电网：系统受损严重、大片停电、修复难	低温、覆冰、搭冰、大风、雾闪
	供电：电网受损、电煤不足、缺电、限电	低温、雨雪（电煤运输困难）
通信（1）	基站受损、倒塔倒杆、通信中断	低温、覆冰、搭冰、大风
农业（4）	设施农业：设施和房屋倒塌	
	越冬作物：油菜、小麦、土豆等受冻	雪压、大风、低温、冰冻
	经济作物：菜果茶等受冻	低温、冰冻
	畜禽水产：死亡	低温、冰冻、雪压
	此外，还有暗害（冻害死亡、病害、影响当年及今后产量和收成、增加成本）	低温、冰冻、大雪
林业（2）	林木：倒伏、冻害、暗害	雪压、低温、冰冻、大风
	野生动物：死亡	低温、冰冻、大雪
企业和市政设施（3）	供水：水管、水表、水箱破裂	低温冰冻、融冰化雪
	供气：管道破裂、用气增多	低温冰冻、融冰化雪
	供电：用电增加、电煤不足、缺电、限电	低温
居民生活（5）	蔬菜、物价：倒棚、受冻、价格短期爆涨	雪压、低温、冰冻
	疾病：压伤（房屋倒塌）、冻伤、车祸、骨伤、血量不足、CO 中毒、某些疾病加重	雪压、低温、冰冻
	出行和旅游：交通不畅、滞留、退团、旅行社短期关门，但踏雪寻梅者众	低温、冰冻、积雪、大雪
	保险：理赔数、赔付费增加	低温冰冻、积雪、大雪
	冬令商品销售：取暖御寒、防滑商品俏销	冰冻、积雪（主要引起车祸）
		低温冰冻
湖泊结冰（1）	影响湖中居民生活、生存	低温、湖泊封冻

注：（）内数值为小类数。

3.3　对各行各业影响具体分析

　　这次降雪、降温过程由于降雪持续时间长，雪量大，虽然极端最低气温不低，但平均气温一直维持在 0 ℃以下，对农林蔬菜业危害严重，而且由于电力、通信、建筑设施以及道路结冰严重，对电力供应、交通安全以及社会公众生产、生活等造成极大的影响。

3.3.1　交通（公路、铁路、民航、公交车、轮渡、汽渡、路面）

　　持续性低温雨雪冰冻天气，并常伴有大风、雪雾、大雾等不利天气，极大地影响了湖北省交通运输系统。高速公路、机场频繁封闭，公路堵塞，省内、省际班车和铁路停运、晚点经常发生，造成大量旅客滞留，武汉市部分公共交通线路受阻，交通事故陡增。

(1)高速公路 最严重的情况是受外省影响,第一场雪就在鄂东形成堵点,13日晚从九江一直排到小池,长达50 km,14日晚7时,仍有5000多辆车滞留在黄梅小池境内,这次堵车为九江大桥10年来最严重。1月26—30日受京珠高速公路封闭影响,连续5天京珠高速湖北南段滞留车队长达35 km,滞留车辆超过2万台,滞留司乘人员超过6万人。

14日,汉十、汉宜、合宁、京珠北线等多条高速公路封闭,省内外多条线路延迟发班、停班。直至16日晨,武汉出城高速公路全部关闭。21日,省内多条高速公路再次封闭,荆门、沙市、公安、十堰、襄樊等线路继续停班,有的已停了近10天。26日,全省95%的班车停运,省际客车全部停运。28日,受第3次雨雪过程影响,省内大部分高速公路关闭,国道、省道车辆行驶缓慢,武汉市仅两成路客运班次发车,只运送旅客6.6万人。30日上午,受降雪影响,武汉多个客运站途经高速公路的不少班次均停发。

(2)铁路 在我省范围内,铁路受大雪影响相对较小,一直到26日前,铁路一直承担着分流任务。27日,情况发生不利变化,京广线南段(邵关—州)电力系统受损,铁路客运出现"卡壳",当天,武汉与广东间有20余趟列车停运,约有6000余人滞留火车站;28—29两日,仍有10余趟途经武汉列车停运,部分南行列车继续受影响。

(3)航空 航空在不利天气面前比较脆弱,冬季的大雪(雪雾)、大雾、跑道结冰等均影响空中交通和运输。13日、19日、26—29日影响最大,首场大雪造成武汉天河机场跑道积雪,加上能见度偏低,13日上午无一架飞机起降,所有进港航班都到周边的郑州、长沙等机场备降,延误的飞机多达270多架次,滞留的旅客多达4000多名。28日全天仅飞出11个航班,创下机场封闭新纪录,滞留旅客6000多人。29日上午,机场地面被积雪覆盖,天空被大雾笼罩,关闭14小时,滞留旅客达14000余人。

(4)城市交通、轮渡、汽渡冰雪灾害对公共交通的影响面广,包括公交线路、轮渡、汽渡停运、改线、减少班次等,还要投入大量人力物力进行融冰化雪,清除雪障。从武汉市逐日公交线路停运数统计发现,公交线路停运有3个高峰,分别是1月14—15日、19—23日和16—29日,与几次大雪冰冻过程相对应。其中29日,武汉市停运线路最高达到17条。

(5)路面持续20多天的雨雪冰冻天气,武汉市内一些"年长"的沥青路面、桥梁受损,影响道路使用寿命和通行。

3.3.2 电网及供电系统

因积雪、冰凌载荷增加、树障、冰凌闪络、大风舞动、雾闪等情况,湖北农网电力设施受损严重。截至1月30日8时,全省农网110 kV线路累计跳闸8条次,断倒杆9处,断损线24641 m;35 kV线路累计跳闸25条次,断倒杆28处,断损线45110 m;10 kV线路累计故障834条次,断倒杆5136处,断损线663025 m;低压线路断倒杆12775处,断损线1400 km米。造成停电台区14979个,停电用户1072528户,损失金额5221万元。

由于覆冰厚度严重超标,加之恶劣天气导致线路舞动,发生了500 kV供电铁塔相继倒塌事件(表2)。1月12日—2月2日,咸宁通山覆冰厚达60 mm,倒塌铁塔8座,恩施覆冰50 mm,倒塌铁塔3座,另外20多个塔基不同程度损坏。这些地方覆冰远远超过了30 mm的国家标准[2],从而形成严重灾害。1月31日,利川市汪营镇清江源变电站在组织电力设施抢修过程中,铁塔倒塌造成施工工人两死一重伤。

表 2　湖北省 500 千伏线路电线覆冰和铁塔倒塌事件(1 月 12 日—2 月 2 日)

日期	地点	观测高度	覆冰厚度	主要灾情	致灾指标
1 月 21 日附件	咸宁通山	海拔 971 m	60 mm	铁塔倒塌 8 基	30 mm
2 月 2 日附近	恩施		50 mm	铁塔倒塌 3 基	30 mm

3.3.3　通信

罕见的大雪灾共导致湖北省移动基站受损 4.07 万站次,累计倒杆、断杆 1.1 万余根,受损通信线路总长 2.5 万皮长 km,561 万用户通信遭受影响。京山县遭遇雪灾时,因用电超负荷,九成乡镇拉闸限电,导致大部分基站退服。

3.3.4　农业(设施农业、经济作物)

湖北省各地普遍受灾,其中农业各产业都受到严重影响,农业受灾范围广,农民增收影响大。受灾最严重的是蔬菜,其次是柑橘茶叶,油菜受灾面积大(120 万 hm²),小麦相对较轻,部分农房、蔬菜大棚、禽畜舍被积雪压塌,部分地区交通、电力、通信线路被积雪压断。

根据省农业厅提供的资料,截至 2 月 14 日,全省 90％的蔬菜、70％的柑橘和茶叶、40％的油菜、20％的小麦、15％的马铃薯受灾,蔬菜、柑橘、茶叶损失 30％左右。全省受灾农作物 158.93 万 hm²,占在田作物的 60％,成灾 91.93 万 hm²,绝收 21.33 万 hm²。畜牧、水产业损失历史少见,冻死、砸死生猪 34.7 万头、家禽 266.6 万只、牛羊 11 万只,毁坏圈舍 181 万 m²;渔业受灾 42.33 万 hm²,占养殖面积的 55％,损失成鱼 8.2 万 t、鱼种 12.6 万 t、亲本 2.3 万组。农机缸体冻裂 11.5 万台,损坏农机和泵站 4.1 万台(件)。

3.3.5　林业

(1)林木　截至 2 月 9 日 16 时,全省林业受灾面积已达 154.02 万 hm²,雪灾造成林业直接经济损失 23.65 亿元,其中襄樊、咸宁、黄冈、黄石、孝感、恩施等市州损失惨重。全省雪灾共损毁成林 130.00 万 hm²;楠竹受灾 25.89 万 hm²,损毁立竹 12052.44 万株;冻害损毁新造幼林 14.51 万 hm²,占全省新造幼林的 81.97％;林木种苗受灾面积 9.81 万 hm²,良种培育种苗冻死、冻伤 13410 万株。林业因为生产周期长,恢复生产将是一个漫长的过程。

(2)野生动物　全省共冻死冻伤野生动物 3615 只(头),其中冻死国家一、二级保护动物 600 头。

3.3.6　企业、市政设施(供水、供气)

(1)供水　持续的低温、雨雪、冰冻天气以及后期的化冻使武汉市出现大量水管和一些主管道冻裂、居民楼内水箱漏水或结冰、水表爆裂等故障,有的居民家停水超过 15 天,城市供水系统面临严峻的考验。据武汉市水务集团资料统计(表 3),1 月 12—21 日报修日均 660 笔,最多一天千余笔;随着冰冻灾害加重,1 月 22 日—2 月 3 日报修急剧上升,日均 2000 笔以上。2 月 3 日晚,该市成立供水防冻抢修指挥部。2 月 3—13 日又接受报修 26792 笔,最高峰时 2 月 5 日报修 3000 笔,2 月 6 日抢修 6646 笔,用水问题到 2 月 21 日基本解决。

表 3 武汉市供水故障报修和抢修数量的阶段性变化(1月12日—2月13日)(单位:笔)

阶段	总报修数	平均每天报修数	总抢修数	平均每天抢修数	总未能完成数
1月12—21日	6600	660	5000	500	1600
1月22日—2月3日	28571	2198	19535	1503	9036
2月3~13日	26792	2436	25958	2360	834
合计	61963	1878	50493	1530	11470

(2)供气 1月13日,武汉市天然气用量也攀升到180万 m³,为历年单日最高水平。由于连日持续低温,武汉市有20多个小区的天然气管道经常出现"水堵"情况。1月底,汉阳建华小区、薛丰小区及汉口台北路一小区,因管道冰冻炸裂连发燃气泄漏事故。

3.3.7 居民生活(食品和蔬菜供应、物价、疾病)

(1)蔬菜供应、物价第一场大雪后,各大超市菜价普遍上涨10%~20%。武汉市农业信息中心对45种蔬菜价格监测表明,与1月11日相比,1月27日全市蔬菜批发价格综合上涨81.28%,某些蔬菜价格曾经与猪肉相当。由于政府采取了平抑措施,到1月29—30日之后出现拐点,菜价逐步下滑。

(2)疾病持续性低温、雨雪天气对行人意外摔倒引起的人身伤害事故明显增加,交通事故、建筑物倒塌损毁对人员造成的伤害加大,低温造成人员冻伤和其他次生伤害。截至至2月5日全省急救2.6万多人,其中摔伤1.5万多人,冻伤7千多人,因灾直接死亡13人。因天气寒冷和煤气使用不当,全省CO中毒事件194起,中毒472人,死亡20人。武汉市120急救呼救量和急救出车量骤增,日急救呼救量日均2300次,增长21%;日急救出车量骤增到日均182次,增长30%。最高日急救出车达213次,创历史新高,主要以车祸、摔伤、心脑血管疾病等为主。由于天气寒冷,前往献血的人数也锐减。1月15、20日,2月3日,武汉血液中心分别发出血液库存预警消息。

(3)出行和旅游雪灾期间,全省133家A级景区,除城区博物馆之类的室内景区外,其余停止营业,直接损失两亿多元。雪灾后,部分城区景点恢复游览,春节期间还有大批山岳型、峡谷型景区对游客关闭,九宫山封山、神农架道路通行不便,出现大量退团,神农架游客人数仅为上年同期的1/3。由于交通不便,旅行社推出的多条线路停止组团。春节期间,江城各大游园、景点遇冷。不过第一场大雪后,每天有近千人到武汉梅园踏雪寻梅。

(4)冬令商品销售大雪催生"白雪经济",取暖御寒商品俏销。武汉世贸广场羽绒服的销量是去年的数倍,有的商家两年的库存都被消化了;中商百货不少靴子卖断码;武商亚贸保暖内衣、棉袄大受欢迎;苏宁、工贸取暖器销售猛增四成,电热毯、电靠垫等小型取暖设备销售额增长了200%;沃尔玛超市火锅底料、与火锅相关的配菜销售量显著增加;武商量贩红菜薹、白萝卜、娃娃菜等炖火锅吃的蔬菜销售比同期增长30%~40%。

(5)保险 1月中旬以来,湖北省保险数额比上年同期增加3倍,其中主要是交通事故。

3.3.8 湖泊封冻

东湖、洪湖、梁子岛等大型湖泊相继封冻,并给部分居民生活造成影响。1月29日前后,湖北省最大的湖泊洪湖湖面全部冰封,冰层最厚处超过10 cm。湖面上以船为家的500多名渔民被困,缺衣少食,有关部门组织力量凿冰开路20 km,为渔民们送去御寒衣被和生活物资。东湖从16日开始小湖慢慢结冰,随着风雪的加剧,大湖也开始逐渐封冻。30日,已有98%的湖面封冻,且湖边的冰块有 5~8cm 厚,局部可以站人。2 月 8 日还有人在东湖外湖滑冰。

4 讨论

2008 年初发生在湖北省全境的低温雨雪冰冻灾害,具有危害范围大,受灾人数多,损失重,第三、四场雪危害加剧,农民增收难,影响行业广泛,后续效应强、时间长等特点。

此次灾害在发生过程中,引起全社会的高度关注,政府、职能部门、媒体、个人积极行动,科学面对,采取了种种有效措施,如及时启动应急预案,调动一切力量投入抗灾救灾,对高压线路和铁塔进行人工除冰,对蔬菜大棚连续扫雪,对高速公路和市内道路进行铲雪、融冰化雪,将部分线路、机场关闭,利用雨雪间歇,抢运滞留旅客,设置大量免费取水点、烤火点,及时抢修电力线路、供水设施,及时疏通堵点,及时调运电煤,等等,极大减轻了灾害损失和不利影响。

灾害对我们生活设施的抗灾性能、应急系统的效能、人员的素质等也是考验,暴露了南方地区在防御低温雨雪冰冻灾害的很多不足,如建筑、电力设施设计标准偏低,都是今后需要改进和提高。

致谢:刘可群、杜良敏参加部分数据收集,谨此致谢。

参考文献

[1] 陈正洪.植物抗寒指标研究进展[J].湖北林业科技,1991,(4):17-19.

[2] 陈正洪,杨宏青,倪国裕.湖北省 1991/1992 年柑橘大冻调研报告[J].中国农业气象,1994,17(4):45-48,16.

[3] 陈正洪,杨宏青,倪国裕.长江三峡柑橘的冻害和热害(一)[J].长江流域资源与环境,1993,2(3):221-230.

[4] 陈正洪,史瑞琴,李兰.湖北省 2008 年初低温雨雪冰冻灾害特点及影响分析[J].长江流域资源与环境(学报),2008,17(4):639-644.

[5] 李兰,陈正洪.2006 年 4 月 11—13 日湖北省特大风灾评估[J].气象,2007,33(10):23-27.

[6] 潘娅英,陈武.引发公路交通事故的气象条件分析[J].气象科技,2006,34(6):778-782.

[7] 孙继松,梁丰,陈敏.北京地区一次小雪天气过程造成路面交通严重受阻的成因分析[J].大气科学,2003,27(6):1058-1066.

[8] 龙立宏,胡毅,李景禄.输电线路灾害事故统计分析及防治措施分析[J].电力设备,2006,7(12):26-29.

[9] 谢运华.三峡地区导线覆冰与气象要素的关系[J].中国电力,2006,38(3):35-39.

[10] 陈正洪.湖北省 60 年代以来平均气温变化趋势初探[J].长江流域资源与环境(学报),1998,7(4):341-346.

[11] 李兰,万素琴,史瑞琴,等.湖北 2006 年气候影响评价-对农业及其他行业的影响[J].湖北气象,2007,(1):14-16.

[12] 朱瑞兆.应用气候手册[M].北京:气象出版社,1991.

社会对极端冰雪灾害响应程度的定量评估方法*

摘 要 为了定量评估社会对冰雪灾害的应急响应程度,以湖北省某一影响较大媒体 2008 年 1 月 9 日—2 月 5 日每天刊载相关文章的版面位置、版面数、专版数基础数据构成一个综合指标,研究其动态变化及与气象因子的关系,并建立综合指标的气象评估(预测)方程,划分了灾害等级及对应的气象指标,可供今后防灾工作借鉴。结果表明:(1)该指标能较好地反映社会对冰雪灾害的应急响应程度,其峰谷变化与积雪深度变化一致,并能反映灾害逐步加重以及认识逐步加深的 3 次过程;(2)该指标与积雪深度正相关且最显著,与低温负相关、与雨雪量或雪量不相关,但与前 2~3 天的雪量正相关,与雪量累积以及低温累积的相关性显著提高,说明短期的降雪和低温对社会危害有限,只有持续较长时的降雪、深厚积雪、低温才会对社会产生严重危害;(3)建立了社会应急响应程度的气象因子预测(评估)模型,划分了灾害等级及对应的气象指标,当积雪深度超过 8.0(19.0)cm,或者累积最低气温低于−7.0(−43.0)℃,或者累积雪量超过 24.0(54.0)cm 时,就会开始产生严重(极其严重)危害,社会关注度和响应度就会开始(明显)提高。

关键词 冰雪灾害;社会应急响应程度;相关性;预测(评估)模型;灾害等级划分

1 前言

2008 年年初,我国南方出现了新中国成立以来罕见的持续大范围低温、雨雪和冰冻的极端天气气候事件,期间共出现 4 次大范围低温雨雪天气过程,对电力、交通运输、农业及人民群众生活造成了严重影响和损失,其中湖南、湖北、江西、安徽、贵州等省受灾最为严重,由于此次灾害范围广、强度大、持续时间长,损失极其严重。据民政部统计,全国受灾人口 1 亿多人,直接经济损失达 1 500 多亿元[1]。

此次灾害发生后,有关学者开展了大量研究分析工作,包括成因分析[2]、损失评估[1,3]、历史比较[4]等。此外,应急救灾则被提到了十分重要的程度[5],国家及各省市、各部门纷纷制订应急预案,其核心内容之一为启动灾害应急与否以及应急等级的一套技术指标,这些指标的确定通常有很大的人为性,而且更多考虑是科学层面的纯气象指标,并未直接考虑到全社会的反映。

根据世界各国以及我国的经验,发生严重灾害时,政府、职能部门是抢险救灾的主力军,它们对灾害的应急反应能力是救灾、减灾成功与否的决定性因素[6-9]。同时全社会的积极参与,也是战胜灾害的不可缺少的力量[10-11]。这次灾害有这较长的发生发展过程,全社会也有个逐步认识、重视程度逐步加深的过程,媒体是社会的雷达和了望哨,媒体在重大灾害来临时必然有所反映,因此媒体的反映可以很恰当地代表社会对于某一事件的关注和响应度,分析其中规

---

* 陈正洪.华中农业大学学报(社会科学版),2010,(3):119-122.

律,对今后抗灾救灾将有借鉴作用。

2 定量评估的资料与方法

湖北是此次气象灾害事件的重灾区,根据省民政厅统计,截至 2008 年 2 月 11 日 12 时,全省各地均不同程度受灾,受灾人口 2279.8 万人,直接经济损失 113.98 亿元[3]。以湖北省内影响较大、可以代表社会对某一事件的关注和响应度的《楚天金报》为资料数据来源,该报仅武汉市就发行 40 万份,以每份报纸 2.5 个人阅读,那么影响面为 100 万人(表1)。以该报从 1 月 9日至 2 月 5 日逐日刊载与冰雪相关文章的版面位置、版面数、专版数为基础数据,进一步构成一个综合指标:

$$S = 3 \times S_1 + 5 \times S_2 + S_3$$

式中,S 为社会应急响应程度综合指标;S_1 为头版相关文章篇数;S_2 为刊载相关文章的专版数;S_3 为刊载相关文章的其他版面数(不含头版和专版)。

通常头版文章最重要,对阅读者影响最大,故以篇计算,每篇 3 分;专版,按每版平均 5 篇稿件,每篇 1 分计算;而一般零碎的版面无论相关文章是 1 或 2 篇,均按 1 分计算。

同时获取武汉市日平均气温(T)、日最低气温($T_{\min}$)、日最高气温($T_{\max}$)、日雨雪量(R)、日雪量(SN)、日最大积雪深度(D),并统计逐日累积最低气温($\sum T_{\min}$)、雨雪量($\sum R$)、日雪量($\sum SN$)。

计算 S 与 T、$T_{\min}$、R、D、$\sum T_{\min}$ 间的相关系数,建立 S 与 T、$T_{\min}$、R、D、$\sum T_{\min}$ 间的线性和非线性方程,分析他们之间的关系以及媒体反映的临界气象指标。

表 1 《楚天金报》每日关于冰雪报道数统计(2008 年)

日期	头版篇数	专版数	其他版数(不含头版和专版)	综合指数	日期	头版篇数	专版数	其他版数(不含头版和专版)	综合指数
1月9日			1	1	23日	2	3	0	21
10日			1	1	24日		2	1	11
11日			1	1	25日	3	1	0	14
12日	1		2	5	26日	3	3	0	24
13日	1		2	5	27日	1	6	1	34
14日	1		2	5	28日	1	4	5	28
15日	1	1	1	9	29日	1	7	1	39
16日	1	3	1	19	30日		7	1	42
17日		1	2	7	31日	1	5	4	32
18日			2	2	2月1日	3	5	1	35
19日	2		2	8	2日	2	4	3	29
20日	3	3	2	26	3日	4	4	0	32
21日	1	5	2	30	4日	1	2	1	14
22日	5	5	0	40	5日	2		3	14

3 定量评估的结果与讨论

3.1 社会应急响应程度时间变化分析

从表 1 和图 1 可见,社会应急响应程度综合指标有 3 次峰值变化,以≥15 来为标准,分别在 1 月 16 日、1 月 20—23 日、1 月 26 日—2 月 3 日,与四次大范围降雪时间(1 月 11—15 日、18—21 日、26—30 日、2 月 1 日)基本一致,社会反应时间上仅滞后 1 天左右。

从峰值大小来看,依次为 19、21~40、24~42,是一次比一次大;从持续时间来看,依次为 1 天、4 天、9 天,是一次比一次长。说明灾害的形成以及社会对灾害的认识是逐步加深的,当人们把第一次大雪当成瑞雪,那么第二次大雪成灾就基本确立。其中以 1 月 30 日综合指数最大,达到 42,能较好反映当时灾害最为严重。

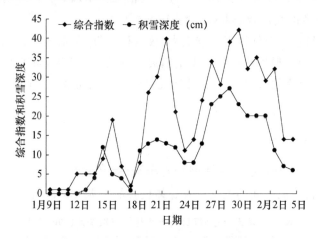

图 1 社会应急响应程度综合指数与武汉气象要素逐日演变曲线(2008 年 1 月 9 日—2 月 5 日)

3.2 社会应急响应程度与气象因子的相关性分析

从图 2 和表 2 可发现,社会响应程度综合指标与积雪深度相关最为显著,两条曲线形状基本一致,相关系数达到 0.88。其次是累积雪量或雨雪量,相关系数达到 0.78,再就是累积最低气温,相关系数达到 0.633。

表 2 社会应急响应程度综合指数与武汉市气象要素逐日变化及相关系数

日期	日平均均气温(℃)	日最低气温(℃)	日最高气温(℃)	累积低温(℃)	积雪深度(cm)	日雪量(mm)	累积雪量(mm)	日雨雪量(mm)	累积雨雪量(mm)
相关系数 1	−0.477***	−0.594****	−0.351*	−0.633****	0.877****	−0.008	0.779****	−0.231	0.776****
相关系数 2						0.324		0.051	
相关系数 3						0.418**		0.126	
相关系数 4						0.414**		0.117	

注:相关系数 1~4 分别表示该气象要素与当日、次日、后日、第 3 日综合指数的相关结果。

*,**,***,**** 分别表示通过 0.1,0.05,0.01,0.001 的信度检验。

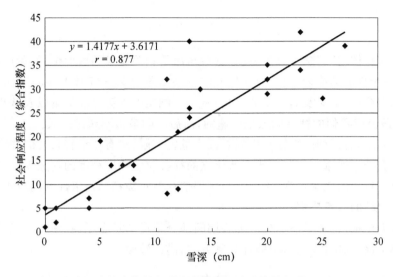

图 2　社会应急响应程度综合指数与武汉市积雪深度的线性相关(1月9日—2月5日)

该指标还与日最低气温、日平均气温显著负相关,与日最高气温负相关不显著。该指标与当日雪量或雨雪量关系不明显,但前2～3日雪量相关性显著。说明短期的降雪和低温对社会危害有限,只有持续较长时间的降雪、深厚积雪、低温对社会危害最大。

3.3　社会应急响应程度的气象因子预测(评估)模型

社会应急响应程度综合指标的多气象因子评估模型如下:

$$S = 2.299 - 0.454 T_{\min} + 1.065 D + 0.139 \sum SN \quad (R = 0.891, \alpha = 0.001) \tag{1}$$

单因子模型如下:

$$S = 3.617 + 1.418 D \quad (r = 0.877, \alpha = 0.000) \tag{2}$$

$$S = 12.17 - 0.416 \sum T_{\min} \quad (r = 0.633, \alpha = 0.000) \tag{3}$$

$$S = 3.035 + 0.507 \sum SN \quad (r = 0.633, \alpha = 0.000) \tag{4}$$

式中,R 为复相关系数,r 为单相关系数,α 信度系数。

可见积雪越深、低温越强和持续时间越长,那么灾情就越重,社会应急响应程度就越强。

根据方程(2),令 $S=5$,可得到 $D=1.0$ cm,积雪开始引起人们关注,危害不大;令 $S=15$,可得到 $D=8.0$ cm,说明只要积雪超过 8 cm,就会开始产生一定危害,社会关注度和响应度就会开始提高。令 $S=30$,可得 $D=18.6$ cm,说明一旦积雪超过 18.6 cm,就会产生严重危害,社会关注度和响应度就会明显提高。同样,对方程(3)、(4)也可以进行如此推算,综合得到表 3。

表 3　社会应急响应程度综合指数、积雪深度、危害程度的等级划分

指标划分(S)	积雪深度(D,cm)	累积最低气温($T_{\min}$,℃)	累积雪量($\sum SN$,mm)	危害程度
$S<5$	<1.0	<17.0	<4.0	危害不明显
$5 \leqslant S<15$	$1.0～8.0$	$17.0～-7.0$	$4.0～24.0$	一定危害
$15 \leqslant S<30$	$8.0～18.6$	$-7.0～-43.0$	$24.0～54.0$	严重危害
$S \geqslant 30$	$\geqslant 18.6$	$\leqslant -43.0$	$\geqslant 54.0$	极其严重危害

4 小结

湖北省主流媒体之一《楚天金报》逐日刊载与冰雪相关文章的版面位置、版面数、专版数为基础数据,进一步构成的综合指标,能很好反映社会对重大天气气候事件的应急响应程度,其峰谷变化与积雪深度、低温及其累积的变化一致,并能反映灾害逐步加重以及认识逐步加深的3~4次过程,还说明我们的社会应急是迅速的,滞后时间最多不超过一天。

同时研究还发现,短期的降雪和低温对社会危害有限,只有持续较长时的降雪、深厚积雪、低温才会对社会产生严重危害。本研究所建立的社会应急响应程度的气象因子评估模型和划分的灾害等级及对应的气象指标,不但适用于评估社会对极端冰雪事件的响应程度,还可作为今后灾害应急启动的参考依据之一。

致谢:《楚天金报》记者于丽娟提供灾害期间部分报道的日志原稿,湖北省气象影视中心副主任刘立成博士提供《中国气象报》稿件计算方法,谨此致谢。

参考文献

[1] 王凌,高歌,张强.2008年1月我国大范围低温雨雪冰冻灾害分析Ⅰ.气候特征与影响评估[J].气象,2008,34(4):95-100.

[2] 高辉,陈丽娟,贾小龙.2008年1月我国大范围低温雨雪冰冻灾害分析Ⅱ.成因分析[J].气象,2008,34(4):101-105.

[3] 陈正洪,史瑞琴,李兰.湖北省2008年初低温雨雪冰冻灾害特点及影响分析[J].长江流域资源与环境,2008,17(4):639-644.

[4] 李兰,陈正洪,周月华,等.湖北省2008年初低温雨雪冰冻过程气候特征分析[J].长江流域资源与环境,2009,18(3):291-295.

[5] 中国科学院学部.建立国家应急机制科学应对自然灾害提高中央和地方政府的灾害应急能力——关于2008低温雨雪冰冻灾害的反思[J].中国科学院院刊,2008,23(3):235-238.

[6] 卢兆辉,崔秋文.美国可持续性减灾战略研究[J].世界地震译丛,2007(2):64-70.

[7] 游志斌.俄罗斯的防救灾体系[J].中国公共安全,2006(9):124-127.

[8] 铁永波,唐川,周春花.政府部门的应急响应能力在城市防灾减灾中的作用[J].灾害学,2005,20(3):21-24.

[9] 李学举.中国的自然灾害与灾害管理[J].中国行政管理,2004(8):23-26.

[10] 郭跃.澳大利亚灾害管理的特征及其启示[J].重庆师范大学学报:自然科学版,2005,22(4):53-57.

[11] 中国气象局.我国将建立重大灾害气象应急响应体系[J].中国减灾,2006(1):4-8.

1961—2008 年湖北省冷冬时空变化特征 *

摘　要　利用湖北省 70 个气象站 1960—2008 年冬季逐日平均气温数据,采用湖北省地方标准《冷冬等级》和自定义的冷冬指数,详细分析了湖北省 1961—2008 年间单站、分区、全省性(强、弱)冷冬事件时空变化特征及其灾害性。结果表明:湖北省单站冷冬频率呈东西部高、中部低的分布特征,强冷冬频率则呈南少北多的分布特征;全省大部单站冷冬指数呈显著下降趋势;以 1986 年为界,前期(1961—1985 年)冷冬事件频率较高,后期(1986—2008 年)冷冬频率显著下降;48a 中全省性冷冬共发生 13 次(年),其中强冷冬(寒冬)共发生 9 次(年),集中出现在 20 世纪 60 和 70 年代,每次冷冬事件均对农业、交通、电力以及居民生活造成严重影响。

关键词　冷冬;冷冬指数;阈值;分区;变化特征

1　引言

在全球和我国气候变暖的背景下[1-3],湖北省冬季气候呈明显的增暖趋势[4-5],自 1986/1987 年冬起暖冬事件频繁出现后,"冷冬"逐步淡出人们的视野。然而 2004/2005 年冬季以来,特别是 2008 年年初的低温雨雪冰冻灾害,对我省农业、交通、电力、通信以及日常生活产生极其严重的影响[6-7],冬季冷事件甚至极端冷事件频繁出现[8],引起了人们的重视。

现阶段,有关研究和现有的气象业务对于冷冬没有统一标准,笔者结合湖北省气候特征及实际业务应用情况,制订了湖北省地方标准《冷冻等级》(即将颁布),给出了单站、分区和全省冷冬的定义及其阈值标准,并在此基础上详细分析了冷冬指数的时空变化特征,结合历史极端灾情记录,验证了冷冬指数和等级标准的合理性,将有利于湖北省防灾减灾部门的工作部署和科学应对极端冷事件、合理利用气候资源及提高湖北省防灾减灾能力。

2 材料与方法

2.1　资料、分区划分和统计方法

湖北省共有 77 个县市气象站,剔除开始观测年代迟于 1960 年的 7 个站(含十堰市和神农架林区),本文采用湖北省气象档案馆整编且经过质量控制的全省 70 个气象站 1960 年 12 月—2008 年年 12 月冬季逐日平均气温数据。按照气候特征和地理位置将全省划分为 5 个区域,分别为鄂西北、鄂东北、鄂东南、江汉平原和鄂西南(图 1)。

上年 12 月至当年 2 月为当年冬季,计算各站 1961—2008 年冬季平均气温及距平。取 1971—2000 年冬季气温 30 a 平均值作为气候平均值。在此基础上计算单站、区域和全省逐年冷冬指数并划分等级,计算冷冬指数的线性趋势并采用 t 检验方法检验趋势的显著性水平[9]。

---

*　陈正洪,马德栗. 华中农业大学学报,2012,31(1):77-81.

图 1 湖北省气象站点分区图

○:气象站点

2.2 冷冬指标及等级划分

根据湖北省地方标准《冷冬等级:DB 42/T 805—2012》,冷冬事件在空间上划分为单站、区域和全省 3 个范围等级,在强度上划分为弱冷冬、强冷冬或寒冬两个等级。

1)单站冷冬。单站冬季平均气温距平 $\Delta t \leqslant -0.5\ ℃$ 定义为单站冷冬,其中:单站冬季平均气温距平 $-1.0\ ℃ < \Delta t \leqslant -0.5\ ℃$ 为弱冷冬,单站冬季平均气温距平 $\Delta t \leqslant -1.0\ ℃$ 为强冷冬。

2)分区冷冬。分区内冷冬站数与该区总站数的百分比为分区冷冬指数 Ica(%)。若 Ica>50% 为分区冷冬;分区范围内强冷冬站点数超过站点数的 50%,定义为分区强冷冬(寒冬)。

3)全省冷冬。全省冷冬站数超过总站数的 50%,定义为全省冷冬。在全省冷冬年,全省强冷冬站数超过总站数的 50%,或冬季任意连续 20 d 或 30 d 平均气温距平 $\leqslant -3.0\ ℃$ 的站点数超过总站点数 50%,定义为全省强冷冬。

4)冷冬指数的定义。单站冷冬指数: $\Delta t \leqslant 0\ ℃$ 时, $I_{cs} = -\Delta t(℃)$; $\Delta t > ℃$ 时,取为 0。

分区(区域)冷冬指数: $I_{ca} =$ 区域内冷冬站数/区域总站数,最大值为 1。全省冷冬指数: $I_{cp} =$ 全省内冷冬站数/全省总站数,最大值为 1。

3 结果分析

3.1 单站冷冬变化特征

图 2 为湖北省 1961—2008 年冷冬发生次数空间分布。其中,鄂西、鄂东大部冷冬次数大于江汉平原中南部,其中鄂西北西部、鄂西南、鄂东北东部和鄂东南南部冷冬次数达到 16～18次,尤其在鄂西北神农架和鄂东北英山等地达到 18 次。而湖北省中部大都在 15 次以下,江汉平原中部出现 14 次,尤其江汉平原南部只有 13 次。这与湖北省三面高中间低独特的地形地势有关,东、西部均为海拔较高的高山,冷空气一旦侵入则不易排出,而中部为地势平坦,系冷空气通道,冷空气不易停留,使江汉平原冷冬次数相对较少。

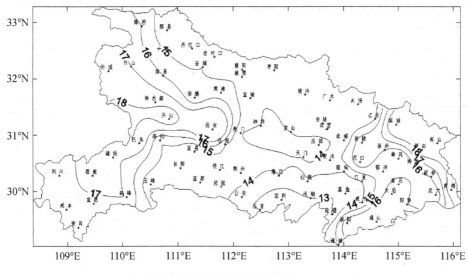

图 2　湖北省单站冷冬次数空间分布(1961—2008)

　　图 3 为湖北省近 48 a 单站冷冬、强冷冬频率分布图。图 3 可见,湖北省冷冬频率为东西高、中间低,与单站冷冬次数空间分布相一致。其中鄂西、鄂东大部冷冬频率在 32％以上,尤其是鄂西北西部和鄂东北东部达到 35％以上;中部大部在 30％以下,其中江汉平原中南部低于 28％。强冷冬发生频率随纬度的升高而增加,呈现从西南向东北、北部逐步增加,与冷冬分布明显不同(图略)。其中鄂西北、鄂北岗地和鄂东大部强冷冬频率高于 14％,尤其鄂东北东部高于 16％;江汉平原中南部、鄂西南和三峡河谷强冷冬的出现频率低于 14％,尤其鄂西南强冷冬出现的频率最低。

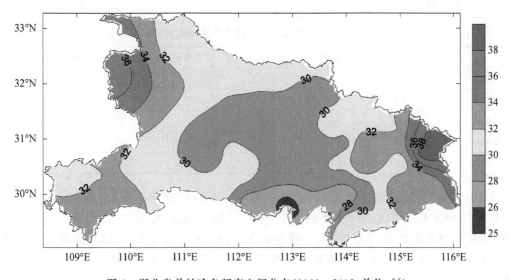

图 3　湖北省单站冷冬频率空间分布(1961—2008,单位:％)

　　图 4 为湖北省 1961—2008 年单站冷冬指数线性趋势空间分布。全省绝大多数站点冷冬指数呈显著下降趋势,仅在三峡河谷局部地区下降趋势不明显。从降幅来看,中东部大于西部,多在－0.3～－0.4 ℃/10a,最大出现在鄂东北东部;鄂西大部降幅较小,一般在－0.1～

−0.2 ℃/10a 之间,仅在鄂西南局部降幅达到−0.3 ℃/10a。冷冬指数的下降表明近 50 年冬季气温明显升高。

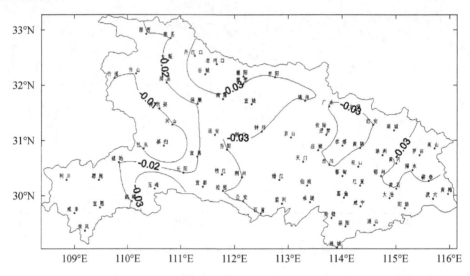

图 4　湖北省单站冷冬指数线性趋势分布(单位:℃/a)

3.2　分区冷冬变化特征

表 1 为湖北省各区不同年代冷冬频率。可见,湖北省冷冬大都出现在 1990 年代以前,1990 年代冷冬频率急剧下降。比较 5 个分区冷冬频率,1960 年代鄂东北冷冬频率较高,1970 年代江汉平原出现频率较高,1990 年代各区冷冬频率急剧下降为 0,2001—2008 年冷冬频率略有回升。

表 1　湖北省各区不同年代冷冬频率比较(%)

区域	1961—1970 年	1971—1980 年	1981—1990 年	1991—2000 年	2001—2008 年
鄂西北	31	23	31	0	15
鄂西南	30	30	30	0	10
鄂东北	33	25	25	0	17
鄂东南	31	26	31	0	12
江汉平原	29	36	21	0	14

以 1986 年为界,分别统计前后两个时段各分区冷冬频率(图 5)。1961—1985 年 5 个分区冷冬频次较多,在 32%(鄂西北)~48%(鄂东北),对应 3 年、2 年一遇;1986—2008 年各区冷冬次数大为减少,冷冬频率显著下降,其中鄂东北、江汉平原冷冬频率均为 13%,为 8 年一遇,而其他 3 个区冷冬频率在 17%~22%之间,约为 5 年一遇,属于比较少见。

1961—2008 年湖北省五个区 I_ca 均为负,但趋势均未达到显著程度。鄂东冷冬指数的变化趋势较中、西部大,其中鄂东南达−0.082/10a;鄂西南冷冬指数变化趋势最小,仅为−0.039/10a。

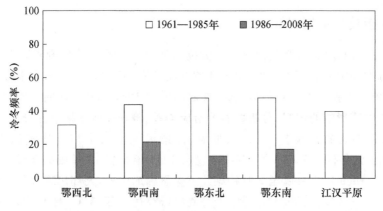

图 5　1961—1985 年和 1986—2008 年湖北省各区冷冬频率比较

3.3　全省冷冬变化特征

　　1961—2008 年湖北省全省性冷冬共发生 13 次（年）（图 6），分别是 1964 年、1967 年、1968 年、1969 年、1972 年、1974 年、1976 年、1977 年、1984 年、1985 年、1986 年、2005 年、2008 年冬季，且大都出现在前半段，其中 1961—1985 年全省性冷冬出现 10 次，占 77％，尤其集中出现在 1960—1970 年代；1986—2008 年仅出现 2 次，占 23％，1986—2004 年 18 年没有出现全省性冷冬。1961—2008 年，湖北省强冷冬（寒冬）事件共出现 9 次（年），分别为 1964 年、1967 年、1968 年、1969 年、1972 年、1977 年、1984 年、1985 年和 2008 年，除 2008 年外，其他强冷冬年出现在 1986 年以前且集中出现在 1960—1970 年代，其中 1967—1969 年全省性强冷冬连续、集中出现，与文献[8]统计的湖北省近 200 a 出现大冻年份相一致。

　　1961—2008 年，全省冷冬指数呈下降趋势，线性趋势为 0.069/10a，但没有通过显著性检验。全省冷冬指数与全省冬季平均气温距平呈良好的负相关性，即冷冬指数越大，冬季气温越低，相关系数达 −0.88，且通过 95％置信度检验。

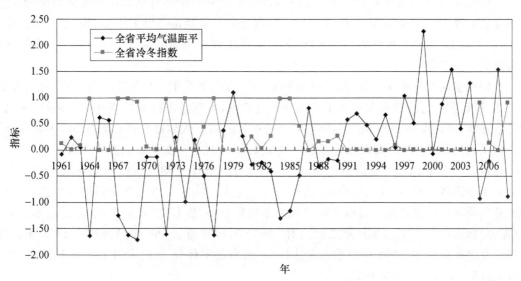

图 6　1961—2008 年湖北省冬季平均气温距平与冷冬指数变化曲线

3.4　强冷冬指数与灾情对比

强冷冬年里气温偏低,大都是由于北方大范围强冷空气南下造成剧烈降温特别是寒潮造成的,持续低温期间常伴有雨雪冰冻,给湖北省国民经济、工农业生产、人类生存环境和人体健康带来很大影响。根据强冷冬年指数,选取文献[10]中1961—2000年间4次严重寒潮冻害影响以及2008年大冻影响的记载,分析两者的对应关系,验证强冷冬指数的合理性。

1964年2月湖北省出现持久雨雪、低温、雨淞天气,上、中旬平均气温为-0.7 ℃和-2.7 ℃,分别比常年低3.7、7.4 ℃,其中武汉市1964年2月18日极端低温达-11.3 ℃,冷冬指数为0.81。1969年1月底至2月初湖北省除恩施地区外,大部出现大雪、低温天气,连续6 d平均气温-8~-3 ℃。1969年1月31日武汉低温达-17.3 ℃;鄂北、鄂东柑橘和早稻重度冻害,鄂东秋播小麦普遍受冻,夏粮减产50%左右,其冷冬指数达到0.88。2008年1月12日至2月3日(23 d)出现历史罕见低温雨雪,气温比常年同期偏低4~6 ℃。大部站点平均气温和最高气温创历史新低。连续低温日数达18~23 d,连续雨雪日数达18~22 d;灾害共造成直接经济损失超过100亿元,此次冷冬指数最强达到1.0。

因此,上述强冷冬年,冷冬指数大,灾害损失重,特别是2008年初南方(包括湖北省)经历了一场罕见的低温雨雪冰冻灾害,给各行业造成严重损失,人们仍记忆犹新。同时,这些灾害除了气温低外,还与积雪冰冻持续时间、严重程度以及作物抗冻性、房屋抗压性等有关,有待进一步深入研究。

4　讨论

1961—2008年,单站冷冬发生频率为东西部大、中部小,而强冷冬发生频率随纬度的升高而增加。大部分站点冷冬指数呈显著下降趋势,中东部冷冬指数下降幅度大于西部,三峡河谷局部下降不明显。1961—2008年,鄂西、鄂东大部出现冷冬的次数(年)大于江汉平原。湖北省分区冷冬大都出现在1985年以前,此后冷冬频率急剧下降,2005年来冷冬频率回升。1961—1985年5个区冷冬频次较多,为2~3 a一遇;1986—2008年各区冷冬年大为减少,冷冬频率显著下降,为5~8 a一遇。1961—2008年湖北省全省性冷冬共发生13次(年),大都出现在1986年以前;强冷冬事件共出现8次(年),集中出现在1960、1970年代,1986年后仅2008年为全省性强冷冬。

我们根据湖北省冬季气候特点,以冬季平均气温距平低于-0.5 ℃、-1.0 ℃分别为弱、强冷冬阈值,同时考虑到湖北省处于南北气候过渡带,出现冬季极端冷事件的可能性,定义冬季任意连续20 d或30 d平均气温距平≤-3.0 ℃的站点数超过总站点数50%,为全省强冷冬。与文献[11-12]相比,我们充分考虑到极端冷事件,且易于在业务上推广应用。

周自江等[13]利用强冷冬阈值(-1.0 ℃)仅从全国冬季平均气温距平上判断1961—2000出现4个全国性强冷冬,我们结合时空特征得出1961—2008年出现9个强冷冬事件,突出了湖北省冬季气候的独特性。显然文献[14]冷冬阈值(-1.5 ℃)要求更严,甚至超出本文强冷冬(寒冬)标准,在1961—2008年之间只有1964年、1967年、1968年、1969年、1977年、1984年等6个冷冬事件年,2008年冬季也未达标准,而寒冬事件仅1977年1次。相比之下,本文标准更科学,更有利于防灾减灾。

研究表明,单站冷冬指数采用气温距平的负值、分区和全省冷冬指数采用冷冬站数占比法,实用易行,同时能够客观的反映全省冬季平均气温变化状况,可以为当前的气候科研、业务提供依据。冷冬虽然大都出现在相对冷阶段,但是在相对暖阶段,冷冬还是会间断出现,其影响和危害会更加严重,夏季低温事件也常发生。我们今后将对极端天气气候事件影响开展深入研究。

参考文献

[1] IPCC. Summary for Policymakers of Climate Change 2007:The Physical Science Basis. Contribution of Working Group I to the Fourth Assessment Report of the Intergovernmental Panel on Climate Change [M]. Cambridge:Cambridge University Press,2007.

[2] 丁一汇,任国玉,石广玉,等.气候变化国家评估报告(Ⅰ):中国气候变化的历史和未来趋势[J].气候变化研究进展,2006,2(1):3-8.

[3] 唐国利,丁一汇,王绍武,等.中国近百年温度曲线的对比分析[J].气候变化研究进展,2009,5(2):71-77.

[4] 陈正洪,史瑞琴,陈波.季节变化对全球气候变暖的响应——以湖北省为例[J].地理科学,2009,29(6):911-916.

[5] 陈正洪,肖玫,陈璇.樱花花期变化特征及其与冬季气候变化的关系[J].生态学报,2008,28(1):5209-521.

[6] 陈正洪,史瑞琴,李兰.湖北省2008年初低温雨雪冰冻灾害特点及影响分析[J].长江流域资源与环境(学报),2008,17(4):639-644.

[7] 陈正洪.社会对极端低温雨雪冰冻灾害应急响应程度的定量评估研究[J].华中农业大学学报(社会科学版),2010,(3):119-122.

[8] 余武安,陈正洪,马德栗.湖北近200年大冻年表的建立及频率特征的初步分析[J].湖北农业科学,2009,48(10):2576-2580.

[9] 魏凤英.现代气候统计诊断与预测技术(第二版)[M].北京:气象出版社,2007.

[10] 姜海如.气象灾害大典·湖北卷[M].北京:气象出版社,2007.

[11] 王凌,张强,陈峪,等.1956—2005中国暖冬和冬季温度变化[J].气候变化研究进展 2007,3(1):106-112.

[12] 陈峪,任国玉,王凌,等.近56年我国暖冬气候事件变化[J].应用气象学报,2009,20(5):539-544.

[13] 周自江,王颖.中国近46年冬季气温序列变化的研究[J].南京气象学院学报,2000,23(1):107-112.

[13] 龚道溢,王绍武.近百年我国的异常暖冬与冷冬[J].灾害学,1999,14(2):63-67.

[14] 王绍武.中国冷冬的气候特征[J].气候变化研究进展,2008,4(2):68-72.

湖北省近 200 年大冻年表的建立及频率特征的初步分析 *

摘　要　本文根据历史文献灾情记载以及近代气象资料,按照一定标准,建立了湖北省过去 204 年(1805—2008 年)大冻年表,并依据大冻年表分析了大冻的年代际变化、周期性及其与太阳黑子变化和拉马德雷现象的关系。结果表明:(1)过去 204 年共发生大冻 33 次,平均每 10 a 发生 1.62 次(约 6.2 a 一遇);(2)在冷期平均每 10 a 出现 2 次大冻,而在暖期平均每 10 a 出现 1 次大冻;(3)20 世纪 70 年代以前,大冻年存在准 80 a、24 a、10 a、4~6 a 周期震荡,此后 24 a、10 a 周期快速衰减,4~6 a 周期依然存在;(4)近 100 年,在拉马德雷冷位相时期,大冻年平均每 10 a 出现 2.3 次,重现期为 4.3 a;暖位相时期,大冻年平均每 10 a 出现 1.3 次左右,重现期为 7.5 a 左右;(5)近 200 年的大冻年并不都出现在太阳黑子的峰值或谷值年,不过最近 100 年太阳黑子谷值年大冻出现频率增加。

关键词　大冻;年表;频率;周期分析;太阳黑子;拉马德雷

1　引言

湖北地处我国南北气候过渡带,季风气候特征明显,冬季大冻灾害发生较频繁[1-2]。大冻往往具有突发性,一旦发生往往持续时间长,危害范围大,损失重[3],大冻又具有反复性(或周期性)[4],可能具有一定的可预见性,但预测难度极大。随着全球气候变暖,大冻问题一度被人们遗忘,而 2008 年 1—2 月我国南方(含湖北省)发生了罕见的持续低温雨雪冰冻天气,大冻问题再次引起了世人的关注[5]。根据丰富的历史记载和近代气候与灾害记录,按照一定的标准,建立长序列的大冻时间序列,揭示其频率变化特征及成因,对减轻大冻对喜温作物以及人民生命财产的危害有重要的指导作用。

2　资料与方法

2.1　资料来源

200 余年大冻年资料来自《湖北省近五百年气候历史资料》(1978)、《气象灾害大典·湖北卷》(2007)[1],最近 100 年还参考了武汉自 1905 年起的逐日最低(平均)气温资料。太阳黑子强度资料来自比利时皇家天文台网站(http://sidc.oma.be/html/sunspot.html),拉马德雷资料来自文献[6]。

2.2　年表建立方法

大冻是指发生在冬季的极端低温雨雪冰冻事件,通常以极端最低气温极低、对越冬作物

---

　* 余武安,陈正洪,马德栗. 湖北农业科学,2009,48(10):2576-2580.

(包括柑橘)危害重以及大江大湖封冻为显著特征[7,8]。

1805—2008 年共 204 年间湖北大冻年表跨越清朝、中华民国和中华人民共和国三个时期。对于清代冻害,主要运用定性方法,依据《湖北省近五百年气候历史资料》中县志记载当年对冻害程度的记载,如"冬大雪,湖冻胶舟""正月大雪,江水冰,树大牲畜多冻死"等记录;民国冻害的确定主要依据《武汉逐日气温资料》(1907—1938、1947—1972)中武汉最低气温记录,如果最低气温记录缺省,以平均气温为依据;新中国成立后冻害的确定则依据《湖北省气象灾害年鉴》[2]和武汉区域气候中心气温数据集中各地最低气温的记录为准。对 1980 年前,武汉极端最低气温须≤−11.0 ℃或连续两天≤−10.0 ℃,考虑到人类活动对气候的影响,此后则放宽至极端最低气温须≤−9.0 ℃或连续两天≤−8.0 ℃。

2.3 分析方法

本研究对大冻年事件以历史发生年的公元纪年顺序排列,统计冻害平均及暖、冷期间的发生频次,利用小波分析法分析大冻年发生的周期性,以及与太阳黑子、拉马德雷等现象间的关系。其中周期分析中的大冻年序列为,在 1805—2008 年共 204 年期间,出现大冻的年份计为1,没有出现冻害的年份计为 0,形成一个 204 个 0、1 组成的序列。

2.4 太阳黑子强度的确定

太阳黑子强度[4,8]分为 WW(很弱)、W(弱)、MW(中弱)、M(中)、MS(中强)、S(强)、SS(很强),分别对应太阳黑子相对值为:0～20、20.1～40、40.1～60、60.1～80、80.1～100、100.1～120、大于 120。

3 结果与分析

3.1 大冻年表的建立及其频次特征

根据以上资料和方法最后得到湖北省 1805—2008 年共 204 年间的大冻年表(表 1)。可见历史上发生过非常严重的冰冻灾害,不仅对农业、林业和民舍产生损坏,还造成严重的人畜伤亡。如 1841 年多县出现"大雪深丈余,民所冻馁""人多冻毙",又如 1873 年沔阳春"大雨雪,野兽冻死,湖中皆冰,冰凌百日,人畜多冻死,民舍倒塌"。还多次发生汉江封冻的严重事件,如 1929 年冬,"钟祥:汉水冰,县长率兵渡汉西履冰而过"。所以研究大冻灾害规律意义重大。

表 1 湖北省近 200 年历史冻害年表

序号	公元	史称年号	冻害程度史实	史例地
1	1805	清嘉庆十年	冬,十二月,大雪,互寒冰厚三尺	枣阳
2	1814	清嘉庆十九年	正月大冰冻,树木多折;冬大雪,湖冻胶舟;大冰雪	黄梅
3	1831	清道光十一年	(1830,清道光十年)十二月二十三日,大雪大风酷寒,冰坚可渡;冬大雪,树木冻折	钟祥、宜都
4	1832	清道光十二年	冬大雪,深三尺,积月不化	恩施

序号	公元	史称年号	冻害程度史实	史例地
5	1834	清道光十四年	木冰,树所冻死;大冻,冰结地为块,树木委地,鸟栖无食死	云梦、宜都
6	1839	清道光十九年	冬,大雪,湖坚冰	云梦
7	1841	清道光二十一年	冬大雪,冰凝四五十日不解;冬大雪,平地数尺,冰坚如石;大雪深丈余,民多冻馁;冬大雪,平地深数尺,人多冻毙	沔阳、咸宁、罗田、蕲春等
8	1851	清咸丰元年	三月雨雹大风,民多冻死;春大雪,平地深数尺	沔阳、麻城
9	1854	清咸丰四年	雨木冰	鄂城、黄冈
10	1860	清咸丰十年	雪深五尺;冬十二月,雪深四尺,牲口多冻死;冬,大雪平地深四、五尺,坚冰弥月不解;大雪厚数尺,行道有僵毙者,山林枯如蝉蜕	光化、枣阳、蕲春、黄梅、等近10县
11	1861	清咸丰十一年	十二月大雪深数尺,隽水坚可渡,山中麂尽(冻)死;冬大雪,湖冰坚,塘水冰冻,童子嬉戏其上,如履坦途;十二月大雪厚数尺,行道有僵毙者,湖冻舟胶山林枯如蝉蜕	崇阳、鄂城、英山、黄梅
12	1862	清同治元年	冬,大雪,深一丈三尺;冬,冰冻奇寒,十二月至春正月,又大冰冻	兴山、咸宁
13	1865	清同治四年	正月大雪,汉水冰,树木牲畜多冻死	钟祥等9县
14	1870	清同治九年	冬,河冰厚尺许;正月连降大雪数日,汉江结冰,可行人	江陵、天门
15	1871	清同治十年	冬,河冰厚尺许,人马径渡;正月连降大雪数日,汉江结冰,可行人	江陵、天门
16	1873	清同治十二年	春,大雨雪,野兽冻死,湖中皆冰,冰凌百日,人畜多冻死,民舍倒塌;冬大雪,汉水冰,经月使解;冬大雪,小河冰厚六寸,经月始解	沔阳、光化、襄阳
17	1877	清光绪三年	冬大雪,汉水结冰甚厚;襄阳河冻,遍地皆冰,岁饥谨	汉口、襄阳
18	1886	清光绪十二年	武昌、汉阳等地大雪,平地五六尺,人冻死	武昌
19	1887	清光绪十三年	江夏大雪,平地二尺深,积月不消,民多冻死	江夏
20	1899	清光绪二十五年	汉水冰厚五、六尺	汉阳
21	1929—1930	民国十八至十九年	钟祥:汉水冰,县长率兵渡汉西履冰而过;汉口:元月大风,大雪,平地积深四五尺,交通阻塞,点水成冰;武汉上旬连续2 d平均气温低于−7 ℃;应山:元月大风,大雪,酷寒异常	钟祥、汉口、应山

续表

序号	公元	史称年号	冻害程度史实	史例地
22	1930—1931	民国十九至二十年	武汉 1 月 10 日平均气温达－6.5 ℃,且连续 2 d 平均气温低于－5 ℃	武汉
23	1932—1933	民国二十一至二十二年	1932 年冬,襄河冰厚不能行船; 武汉 1933 年 1 月连续 6 d 平均气温低于－3 ℃,13 日平均气温达－6.3 ℃	武汉
24	1950—1951	中华人民共和国	武汉 1 月 4 日低温达－11.6 ℃,3 d 在－10 ℃以下	武汉
25	1954—1955	中华人民共和国	武汉 1955 年 1 月低温达－14.6 ℃,5 d 在－12 ℃以下	武汉
26	1955—1956	中华人民共和国	1956 年春大雪 21 d,武汉 1 月低温－14.9 ℃,汉江冻冰	武汉
27	1963—1964	中华人民共和国	武汉 1964 年 2 月 18 日低温达－11.3 ℃,湖北及邻省柑橘严重受冻	武汉
28	1966—1967	中华人民共和国	武汉 1967 年 1 月 2 d 低于－10.0 ℃,16 日最低－10.8 ℃,湖北及邻省柑橘严重受冻	武汉
29	1968—1969	中华人民共和国	汉江冰冻可走人,武汉 1 月 31 日低温达－17.3 ℃	武汉
30	1976—1977	中华人民共和国	湖北、湖南等大冻,武汉 1977 年 1 月 30 日低温达－18.1 ℃	武汉
31	1983—1984	中华人民共和国	降雪 19 d,最大日暴雪量深 1 尺,武汉 1 月 22 日低温达－12.8 ℃	武汉
32	1991—1992	中华人民共和国	武汉 1991 年 12 月 29 日低温达－9.6 ℃	武汉
33	2007—2008	中华人民共和国	1 月 12 日至 2 月 2 日,湖北全境经历了 22 d 的低温雨雪冰冻天气,武汉低温－5.2 ℃,随州低温－11.3 ℃	武汉

　　据此根据表 1 初步统计出湖北省近 200 余年每年代的大冻次数(表 2)。由表 2 每 10 年发生大冻次数可以得到 1805—2008 年共 204 年间湖北省遭受大冻年份 33 个,平均每 10 年 1.62 次。其中 1831—1840 年、1867—1870 年这两个 10 年间是遭受冻害次数最多的时期,各出现 4 次大冻,平均 2～3 年 1 次;1851—1860 年、1871—1880 年、1961—1970 年这 3 个 10 年间各出现 3 次大冻,也相对较为频繁;1881—1890 年、1921—1930 年、1951—1960 年等 3 个 10 年间均出现 2 次大冻,其中 1955 年大冻是建国以来最严重的冻害之一;而 1821—1830 年、1901—1920 年等 30 年间则没有出现大冻;其他年代每 10 年出现 1 次大冻,冻害频率虽然不高,但是 1977 年大冻和 2008 年雨雪冰冻的危害极其严重。

表2 湖北省近200年来每10年大冻次数

时期(年)	冻害次数	时期(年)	冻害次数
1801—1810	1	1911—1920	0
1811—1820	1	1921—1930	2
1821—1830	0	1930—1940	1
1831—1840	4	1941—1950	1
1841—1850	1	1951—1960	2
1851—1860	3	1961—1970	3
1861—1870	4	1971—1980	1
1871—1880	3	1981—1990	1
1881—1890	2	1990—2000	1
1891—1900	1	2001—2010	1
1901—1910	0		

3.2 暖、冷期大冻发生频次

由于地球公转、自转及地轴倾角有规律的摆动,地球上气候也呈现出暖期、冷期交替现象,即寒冷时期:1470—1520年、1621—1720年、1831—1900年;温暖时期:1521—1620年、1721—1830年、1901年至今[8]。由表3可见,1805—2008年间,湖北省的气候经历了暖—冷—暖三个时期,暖期每10年发生0.77～1.29次,重现期为7～13年,冷期每10年发生2.43次,重现期为4年。1831—1900年气候相对较冷,70年间湖北省出现了18次大冻,平均每10年出现2.57次;1901年至今气候则相对较暖,108年间出现13次大冻,平均每10年出现1.20次。这表明,湖北省近200余年来,暖期和冷期发生冻害的频率有明显区别,大约相差1倍,结论与文献[8]基本一致。

表3 1805—2008年湖北省暖期和冷期发生大冻发生频率特征

时期	持续年数	冻害年数	每10年冻害数	气候特点
1805—1830年	26	2	0.77	暖
1831—1900年	70	18	2.57	冷
1901—2008年	108	13	1.20	暖

进一步根据气象仪器观测数据对近代气候分析可知(表4),在变暖的100多年间也有冷暖之分,暖期每10 a发生0.83～1.0次,重现期为10～12 a,冷期每10年发生2.0次,重现期为5年。与整个204年结果极其相似。

表4 1901—2008年湖北省暖期和冷期发生大冻发生频率特征

时期	持续年数	冻害年数	每10年冻害数	气候特点
1901—1948年	48	4	0.83	暖
1949—1978年	30	6	2.0	冷
1979—2008年	30	3	1.0	暖

3.3 大冻发生的周期性

利用 Morlet 小波对大冻年序列进行分析,结果如图 1。由图 1 可知,1805—2008 年湖北省大冻发生的时间具有一定的规律性,出现阶段性特点。20 世纪 70 年代以前,大冻年存在准 84 a、33 a、10~12 a 周期振荡,此后 32 a、10a 周期快速衰减,而 84 a 周期依然存在;19 世纪 80 年代至 20 世纪末,大冻年准 24 a 周期振荡。20 世纪以来,10~12 a 的周期有延长趋势。

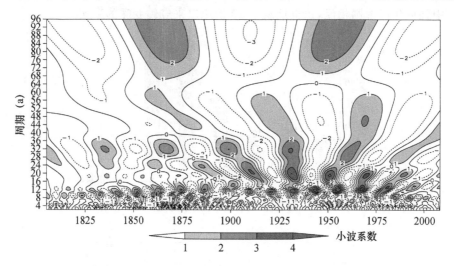

图 1　1805—2008 年湖北省大冻发生年序列(0,1)的小波分析图

3.4 大冻与太阳黑子的关系

图 2 为 1805—2008 年大冻出现的年份与太阳黑子的周期性变化情况,我们发现大冻并不只是发生在太阳黑子低值年,于是考虑近百年气候变化因素,就进行了两个世纪的对比分析,得到图 3 和图 4。

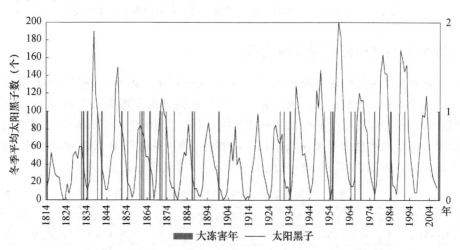

图 2　1805—2008 年湖北省大冻发生年与冬季平均太阳黑子数对照图

图 3 表示 1804—1899 年大冻年出现频数与冬季平均太阳黑子强度的关系,在太阳黑子中强和强年大冻出现的概率较高,特别是中强年发生大冻的频率高达 55.6%。图 4 表示 1900—2008 年大冻年出现频数与太阳黑子强度的关系,从中可以看出,大冻年出现的频率多集中在太阳黑子中强度年及以下,其中频率最高为太阳黑子强度很弱年,频率为 18.8%,这显然与张力田的研究结论较一致;不同的是在太阳黑子强度强年出现大冻的概率也较高,频率达到 16.7%。

对比图 3 和图 4 可知,20 世纪以来,太阳黑子中强度年及以下大冻年出现的概率下降,而太阳黑子中强度年以上则相反,这也反映了 20 世纪以来气候变暖的事实。

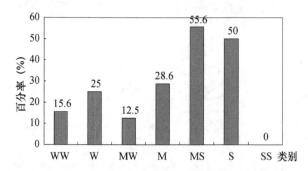

图 3 1804—1899 年湖北省大冻发生频率与太阳黑子强度的关系

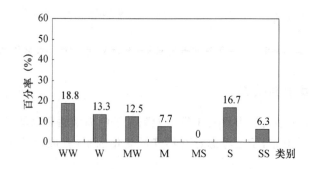

图 4 1900—2008 年湖北省大冻年发生频率与太阳黑子强度的关系

3.5 太阳黑子与拉马德雷现象的关系

拉马德雷现象[7] 在气候学和海洋学上被称为“太平洋十年涛动(PDO)”,并以暖位相和冷位相两种形式在太平洋上空出现。表 5 为 100 多年来拉马德雷现象出现的两个完整的冷/暖相位周期及其在此期间发生大冻的次数和重现期,可见,除 1890—1924 年外,在拉马德雷冷位相阶段出现大冻年的次数大于暖位相阶段。冷相位时期,平均每 10 a 出现 2.3 次大冻,重现期为 4.3 a;暖相位时期,平均每10a 出现 1.3 次大冻,重现期为 7.5 a 左右。

表 5 拉马德雷冷、暖相位对应的大冻频率特征

区间、相位	年数	冻害次数	每 10 年次数	重现期(年)
1890—1924 年(冷)	35	2	0.6	17.50
1925—1946 年(暖)	22	3	1.36	7.33
1947—1976 年(冷)	30	7	2.33	4.29
1977—1999 年(暖)	23	3	1.3	7.67

4 小结

湖北省在 1814—2008 年共 195 年间里共发生大冻 33 次,平均每 10 年发生 1.69 次。大冻年在冷期平均每 10 年出现 2 次,而在暖期平均每 10 年出现 1 次,暖期和冷期发生冻害的频率相差 1 倍。20 世纪 70 年代以前,大冻年存在准 80 a、24 a、10a、4～6 a 周期震荡,此后 24 a、10 a 周期快速衰减,4～6 a 周期依然存在。近 100 年,拉马德雷已经出现了两个冷/暖周期,冷相位年出现大冻年的概率在上升,且明显高于暖相位的发生频率。

前期研究关于大冻与太阳黑子的关系,有着相反的观点,张力田[4]研究认为大冻有 11 年左右的周期,大冻往往发生在“太阳黑子”低值期,因为此间太阳提供给地球的能量较低。而周俊辉等[8]通过更长资料(540 年)研究认为大冻与太阳黑子间并不相关,当然历史越往前,大冻记录的完整性、准确性会受到更大的影响。本研究认为近 200 年的大冻年并不都出现在太阳黑子的峰值或谷值年,不过最近 100 年太阳黑子谷值年大冻出现频率较高,可以较好解释以上两项工作的矛盾。以上工作为我省今后大冻的预测、预报、预防提供了重要依据。

参考文献

[1] 姜海如.中国气象灾害大典·湖北卷[M].北京:气象出版社,2007.

[2] 湖北果树栽培技术手册编写组.湖北果树栽培技术手册[M].武汉:湖北科技出版社,1980.

[3] 陈正洪,杨宏青,倪国裕.湖北省 1991/1992 年柑橘大冻调研报告[J].中国农业气象,1994,17(5):45-48,16.

[4] 张力田.柑橘周期性冻害问题的探讨[J].中国柑橘,1995,24(4):36-37.

[5] 陈正洪,史瑞琴,李兰.湖北省 2008 年初低温雨雪冰冻灾害特点及影响分析[J].长江流域资源与环境,2008,17(4):639-644.

[6] 杨冬红,杨学祥.“拉马德雷”冷位相时期的全球强震和灾害[J].西北地震学报,2006,28(1):95-96.

[7] 黄寿波.我国柑橘栽培北缘地区的柑橘冻害及分布[J].浙江农业大学学报,1983,9(4):373-384.

[8] 周俊辉,章文才,沈廷厚.近 540 年来长江中下游地区柑橘大冻发生规律的初步研究[J].江西农业学报,1996,8(2):102-107.

京九铁路江淮段降水型路基坍塌特征分析(摘)*

摘　要　运用京九铁路江淮段地质资料、1997—2007 年 11 a 间所发生的路基坍塌资料和铁路沿线 10 个气象站雨量实况资料,对京九铁路江淮段地质地岩状况进行了分类,分级处理了不同地质条件下路基坍塌的发生频次和强度,详细分析了路基坍塌发生前 24~72 h 雨量,得到诱发京九铁路江淮段路基坍塌灾害的地质条件和降水阈值,并对各种不同地质条件下发生路基坍塌的降水阈值及其超过阈值后灾害次数上升情况进行评述,绘制出京九铁路江淮段路基坍塌易发程度等级分区图,提出了相应的处治方法和系统图。

关键词　京九铁路;路基坍塌;地质条件;暴雨;诱发条件;易发程度;等级

1　引言

京九铁路是新开辟的连接北京和香港九龙的南北大动脉,1996 年 9 月正式通车。其中江淮段指淮河与长江之间的 306.1 km 区段,自河南淮滨站至湖北蕲春站。由于沿线地形复杂,降水强度大,路基坍塌成为安全运行的主要危害。据统计,1997—2007 年间,发生各种坍塌灾害 455 次,毁坏路段总长约 53000 m。

2　资料与方法

地质地貌资料来自长江水利委员会《长江流域地质灾害及防御》中地质图资料,京九铁路自 1996 年 9 月正式通车运行后 11a(1997—2007 年)全部路基坍塌资料来源于武汉铁路局麻城工务段技术科,同期降水资料来源于河南、湖北两省铁路沿线 10 县(市)气象站。

利用路基坍塌记录和降水资料,分析铁路路基坍塌的发生与地质条件、降水强度等的关系。

3　结果和讨论

(1)诱发京九铁路江淮段路基坍塌的有利地质条件是松散土体和两种不同岩质的过渡带或结合部,主要分布在铁路线北端的吕店以北和大别山北麓河南、湖北交界处。岩性均一的岩组较不易诱发路基坍塌,主要集中在麻城—团风一带。(2)不同地质条件下发生路基坍塌的降水强度阈值不同,分别为 35~85 mm,松散土体要求降水阈值最低,24 h 降水量为 35 mm 以上便可成灾,两种地质岩性的结合部次之。阈值最高的是岩性均一的地表,24 h 降水量 85 mm 以上。(3)前期累计降水量也是诱发路基坍塌的重要因素,当前 3 d 累计降水量达到 20~70 mm 时,可诱发不同等级(区)的路基坍塌。(4)梅雨时期,灾害发生次数与强降水面积关系密切,大面积强降水,可诱发多处同时发生坍塌等灾害,强降水发生的时间与灾害时间显著对应。(5)在各种地质条件下,当降水量超过临界阈值后,随着降水强度的不断加强,发生灾害的次数迅速增加。本研究可为建立铁路沿线地质灾害气象预警系统以及准确预报地质灾害提供支撑。

＊　刘中新,朱慧丽,陈正洪. 岩土力学,2010,31(10):3254-3260.

武汉市气候变暖与极端天气事件变化的归因分析(摘)*

摘　要　根据武汉市 1951—2007 年间年平均、最高、最低气温与 8 类年极端天气日数的序列,计算分析其变化趋势及年平均气温与极端天气日数的相关性,引入格兰杰因果性检验法,探讨气候变暖与极端天气事件之间的因果关系。结果发现:(1)近 57 年来武汉市年平均最低气温增幅 0.45 ℃/10a,明显高于年平均最高气温 0.19 ℃/10a 的增幅,可见气候变暖主要是由夜间气温升高所致;(2)高温和闷热天气事件为增多趋势,其中闷热天气事件最明显,达到 2.8 d/10a,而年雷暴、降雪、低温、大风、雾日则均为下降趋势,雷暴、雾和低温事件降幅明显,每 10 年减少 3.0 d、4.0 d 和 2.1 d。大风和降雪事件,每 10 年减少 1.8 d 和 1.5 d。暴雨事件波动幅度较小。(3)年平均气温与当年及超前、滞后 1—2 年的极端天气事件具有高相关性;(4)格兰杰因果性检验结果发现,气候变暖是闷热天气增多和降雪事件减少的原因,同时亦是大风和低温减少的结果。这种因果关系的存在对极端天气事件的预测和预估有重要的价值。

关键词　气候变暖;极端天气事件;变化趋势;格兰杰因果性检验;归因分析

1　引言

20 世纪 90 年代以来,气候变暖和极端天气事件格外引人关注。极端天气事件是小概率事件,但是其影响制约着社会和经济的发展,甚至直接威胁到人类赖以生存的生态环境。

在气候诊断和预测的研究中,最常用的方法是计算两个变量的相关系数,当其达到一定显著性水平时就认为两个变量有某种因果联系或物理联系。这种方法隐含着一种伪相关性。因此当考察序列间的联系时,应同时考察序列的自身变化和他因变化。那么怎样才能有效寻找不同变量间的因为关系或物理联系呢? 目前气象学上关于气候变化的检测和归因技术主要包括多元回归分析和贝叶斯推断两大类,但是这些技术和方法在考察变量间的关系时,均没有同时考虑自身的变化。

2　资料与方法

资料为武汉市 1951—2007 年间年平均、最高、最低气温与 8 类年极端天气日数的序列(见表 1);引进经济学上的格兰杰因果性检验方法,将其应用于气候变量的实例分析和检验,以探讨武汉市气候变暖与极端天气事件之间的可能联系。

*　姚望玲,陈正洪,向玉春.气象,2010,36(11):88-94.

表 1　极端天气事件界定标准

极端天气类型	标准
暴雨	日降水量≥50.0 mm
雷暴	测站 1 日天气现象有"ic"(闻雷)记录
高温	日最高气温≥35.0 ℃
闷热	日最低气温≥27.0 ℃
降雪	测站 1 日天气现象有"＊"记录
低温	日平均气温<0.0 ℃
大风	日最大风速≥17.2 m/s
雾	测站 1 日天气现象有"≡"记录

3　结果和讨论

(1)近 57 年来武汉市年平均最低气温增幅 0.45 ℃/10a,明显高于年平均最高气温 0.19 ℃/10a的增幅,可见气候变暖主要是夜间气温升高所致;高温和闷热天气事件为增多趋势,其中闷热天气事件最明显,达到 2.8 d/10a,而年雷暴、降雪、低温、大风、雾日则均为降幅明显,每 10 年减少 3.0 d、4.0 d 和 2.1 d.大风和降雪事件,每 10 年减少 1.8 d 和 1.5 d.暴雨事件波动幅度很小。

(2)相关分析表明,年平均气温与当年及滞后−2、−1、0、1、2 年的极端天气事件具有高相关性;格兰杰因果性检验结果表明,年平均气温的升高可能是影响次年闷热天气事件增多的因素,并导致次年降雪事件减少;而大风和低温事件的变化可能是导致次年平均气温发生变化的主要原因。这与简单相关结果有很大的不同,如年平均气温与高温、雷暴、低温、大风和雾日等相关极显著,但格兰杰因果检验发现它们并无明显因果关系,极可能是伪相关。

需要说明的是,实际上无法得到所有信息集,因而经过格兰杰因果性检验得到的因果关系也可能是不完备的,可能会遗漏重要的因子。所以,经过格兰杰因果性检验得到的也可能只是统计上的必要条件,不是充分条件,但检验结果仍能使应用者增强因果性的信心。

格兰杰因果性检验作为气候变化检测与归因的一种新方法,无疑将是天气预报和气候分析中初选有物理意义的因子的一种有效手段。

2008 年冰雪灾害期间地面水热通量
特征推算及应用试验(摘)*

摘　要　使用 2008 年 1—2 月武汉、南昌、长沙、永州四站逐日气象资料,采用一个水热通量参数计算模型反演我国南方 2008 年初冰雪灾害发生前后四个代表站地面水热通量变化特征,并尝试利用反演的地面潜热通量值进行地面积雪、融雪预报试验。结果表明:冰雪灾害发生后,地面水热通量参数值发生明显变化,其中向上感热通量明显下降,潜热通量明显上升,净辐射值较低,部分站点为负值;土壤热流量变化较灾害前变化平稳,随灾情发展,深层土壤热量开始逐渐向表层传输;水热通量参数值对分析灾害发生发展期间的能量传输变化特征具有较好的参考价值;利用水热通量模型,结合降雪预报可拟合融雪量和积雪深度,积雪深度拟合绝对误差在 5 mm 以下。
关键词　冰雪灾害;水热通量;地表能量平衡

1　引言

2008 年 1 月 10 日至 2 月初,我国南方大部分地区发生有气象记录以来罕见低温雨雪冰冻灾害。对这次冰雪过程,陶诗言等和李崇银等从大气环流异常角度分析了持续性冻雨产生的原因;董海萍等利用中尺度模式对冰灾过程进行了模拟,认为低层低温、逆温层的存在及充足水汽是冰冻形成的主要原因。研究表明,近地层形成冰冻灾害,除与冬季大气环流异常导致持续性雨雪天气等条件有关之外,还与地表热量和辐射平衡条件有关。目前,由于地面水热通量观测资料匮乏,本文尝试采用一个能够应用常规气象站资料的水热平衡参数计算模型,计算分析 2008 年我国南方冰雪灾害期间部分站点地面水热通量特征,具体分析冰灾发生前、发展过程中、结束后的地面感热、潜热通量变化以及净辐射、土壤热流量等参数变化,试图揭示其原因。考虑到地面积雪、融雪过程很大程度上取决于水热通量参数的变化,本文以武汉站为代表,尝试利用水热通量参数进行地面积雪、融雪预报试验,以便为将来冰雪灾害期间地面积雪预警预报提供参考依据。

2　资料与方法

本文应用模型计算所使用的资料包括:全国 192 个气象站 2008 年全年逐日的日平均气温、日最高气温、日最低气温、日平均水汽压、日平均风速、降水、日照时数和各站的年平均气压。在模型迭代计算中,由于迭代计算的发散性问题,有部分站点结果没有收敛,所以最终得到了约 120 个站点的地面水热通量参数值。

具体模型选择最初由 Kondo & Saigusa 提出、并经徐健青等改进后可用于东亚实际地面

---

*　成驰,**陈正洪**,刘建宇,徐祥德.暴雨灾害,2011,30(3):266-271.

水热平衡参数计算的多层土壤模式模型。

该模型可以利用全年逐日的日平均气温、日最高气温、日最低气温、日平均水汽压、日平均风速、降水、日照时数等常规要素,利用给定不同土壤质地的热惯量等参数,计算包括感热通量、潜热通量、土壤热通量、向下短波辐射、向下长波辐射、净辐射、蒸发量、各层土壤含水量等水热平衡参数。

在模型实际计算中,土壤被分成 10 层,最表面两层深度分别为 0.02 m 和 0.04 m。根据不同的土壤类型,模式中考虑地表热平衡影响深度为 0.5 至 1.0 m。模式迭代运行的时间步长为 20 s,根据平衡方程迭代计算得到水热平衡各通量参数值。模式所用土壤类型是根据美国制土壤质地三角图(American Texture Triangle),将全国土壤类型分为黏土(clay)、砂土(sand)及壤土(loam)。采用格点形式将全国共分为 420 行、531 列,栅格大小为 10 km×10 km。

3 结果和讨论

(1)利用水热平衡参数模型反演计算了冰雪灾害期间地面感热通量、潜热通量、净辐射和土壤热流量等参数,从地气系统能量交换的角度分析了这些参数的变化特征及其可能的原因,结果对分析地面能量传输的变化与冰雪灾害发生发展的可能相互作用具有较好的参考价值。

(2)冰雪灾害发生期间,地温降至气温以下,大气给地表加热,使向上感热通量明显下降。降水增加导致蒸发增加,使潜热通量明显上升。低温雨雪天气开始后,受寡照影响,净辐射值迅速降至较低值,部分站点降至负值。冰雪灾害期间土壤热流量变化较灾害前平稳,随冰雪灾害灾情发展,热量开始逐渐由深层向表层传输,由深层土壤给地表加温。

(3)不同地面水热通量条件会导致不同融雪强度,进而影响积雪深度的变化。利用潜热通量与地面日融雪量的相关性建立融雪量拟合方程,结合降雪量预报来拟合积雪深度是可行的,在积累一定量的观测和试验数据后可尝试应用于实际预报中。

本文只分析了部分代表站点反演计算结果,其结果是否适合我国南方广大区域,文中没有涉及。因此,在以后的研究中,将继续增加计算反演的站点,对更大范围内的水热通量参数进行探讨。同时,在积雪深度拟合实验中,降雪深度受天气、季节要素影响很大,并非 1 mm 降水量与 8 mm 降雪深度的简单转换,还因观测和实验数据样本有限,积雪和融雪量计算不够精确。

附录 论文、论著总览

一、科技论文一览(1989—2020,按年排序)

编者按:以下收录了陈正洪教授截至 2020 年 12 月的所有独著或合著论文,并按年排序;年序后的第一个数字是当年的论文总数,括号内的数字是陈正洪教授作为第一作者或通讯作者的论文数量;2007 年后将风能太阳能论文集中排在其他论文后面;凡文后标有"(通讯作者)"的指陈正洪为该文的通讯作者,标有"(综)"的指该文为综述类文章,文后标有"(SCI)""(EI)"的指该文为 SCI,EI 收录。教学与研究卷的英文缩写为 T & S。

1989,1(1)

[1] **陈正洪**.大别山北坡油桐果实发育与气象条件[J].湖北林业科技,1989,(3):18-22.(又见:大别山山区农业气候资源论文集[G].北京:气象出版社,1989:172-175.)

1990,5(4)

[2] **陈正洪**.汉口盛夏热岛效应的统计分析及应用//湖北省自然灾害综合防御对策论文集[G].北京:地震出版社,1990:86-88.

[3] **陈正洪**,袁业畅.武汉盛夏低温及其对农业的影响初析[J].湖北农业科学,1990(8):9-12,32.

[4] **陈正洪**.鄂西山地油桐产量与气候条件的关系[J].湖北林业科技,1990(2):25-30.

[5] **陈正洪**.中国亚热带东部丘陵山区马尾松物候特征分析[J].湖北气象,1990(2):37-41.

[6] 李泽炳,毕春群,万经猛,靳德明,**陈正洪**,袁业畅.盛夏低温对光敏核不育水稻育性稳定性的干扰及其克服的预见性对策[J].华中农业大学学报,1990,9(4):343-347.

1991,6(6)

[7] **陈正洪**.我国亚热带东部丘陵山区油桐物候特征分析[J].地理科学,1991,11(3):287-294.

[8] **陈正洪**.枇杷冻害的研究(Ⅰ):枇杷花果冻害的观测试验及冻害因子分析[J].中国农业气象,1991,12(4):16-20.

[9] **陈正洪**,马乃孚,魏静,等.湖北省林火气候的 EOF 解析[J].南京大学学报,1991,27(S1):425-432.

[10] **陈正洪**.城市野地火初探[J].森林防火,1991(3):13-15.

[11] **陈正洪**.枇杷开花习性与品种选择[J].湖北林业科技,1991(1):9-11.

[12] **陈正洪**.植物抗寒力指标的研究[J].湖北林业科技,1991(4):17-19.

1992,5(5)

[13] **陈正洪**.神农架林区森林火灾的火源统计分析[J].华中农业大学学报,1992,11(3):301-304.

[14] **陈正洪**.鄂西山区森林火灾的分布特征及与地形气候的关系[J].地理研究,1992,11(3):98-100.(又见:森林火灾与地形小气候关系的研究——以鄂西山区为例//中国农业小气候研究进展[M].北京:气象出版社,1992:326-330.)

[15] **陈正洪**.枇杷冻害的研究(Ⅱ):枇杷花果冻害的模式模拟及其应用[J].中国农业气象,1992,13(2):37-39.

[16] **陈正洪**,魏静,马乃孚,张如华.神农架林火垂直变化特征的研究[J].森林防火,1992(1):3-5.

[17] **陈正洪**.枇杷冻害研究概况[J].湖北农业科学,1992(1):39-40.

1993,10(9)

[18] **陈正洪**,杨宏青,倪国裕.长江三峡柑橘的冻害和热害(一)[J].长江流域资源与环境,1993,2(3):225-230.

[19] **陈正洪**,杨宏青,倪国裕.长江三峡柑橘的冻害和热害(二)[J].长江流域资源与环境,1993,2(4):304-312.

[20] **陈正洪**.湖北省林火气候的综合分区研究[J].华中农业大学学报,1993,12(4):369-375.

[21] **陈正洪**,杨宏青,张谦,陈洪保,郭享冠,沈峰.(武汉)城市火灾的时间变化特征与(湖北省)森林火灾的对比分析[J].森林防火,1993,(2):26-28.(又见:湖北省自然灾害综合防御对策论文集(二)[G].北京:地震出版社,1994:109-117.)

[22] **陈正洪**.山地林区立体防火体系初探[J].森林防火,1993,(4):13-15.

[23] 娄云霞,刘云鹏,刘万梅,**陈正洪**.温州蜜柑早期生理落果的第一峰点与气象条件关系及其对产量的预测[J].华中农业大学学报,1993,12(2):131-139.

[24] **陈正洪**.火灾气象研究热点[J].湖北气象,1993(1):26-27.

[25] **陈正洪**.湖北省及其分区森林火险天气等级标准的研制[J].湖北气象,1993(4):6-12.

[26] **陈正洪**,马乃孚,魏静.湖北省森林火灾图的研制[J].湖北气象,1993(4):14-16.

[27] **陈正洪**.神农架林区"81·5"重大火灾个例分析.湖北气象,1993(4):24-25.

1994,4(3)

[28] **陈正洪**,杨宏青,倪国裕.湖北省1991/1992柑橘大冻调研报告[J].中国农业气象,1994,15(5):45-48,16.

[29] **陈正洪**,杨宏青,倪国裕,李祥瑞,姜金生.湖北省'91/'92柑橘大冻区域差异[J].华中农业大学学报,1994,13(3):306-309.

[30] **CHEN Zhenghong**, YANG Hongqing, NI Guoyu. The Cold and Hot Damage to the Citrus in the Three Gorges Area of the Changjiang River[J]. Chinese Geogrphic Science,1994,4(1):66-78. (also see: Proceedings of International Symposium on Climate Change//Natural Disasters and Agriculture Disasters and Agricultural Strategies[C]. May 26-29,1993,Beijing:339.)

[31] TANG Renmao,**CHEN Zhenghong**, Inadvertent Impact on Climate by Urbanization and Possible Counter-measures//Abstract Collection of International Symposium on Global Change in Asia and the Pacific Regions[C]. August 8-10,1994,Beijing,China:v-51.

1995,4(3)

[32] **陈正洪**,孟斌.湖北省降雨型滑坡泥石流及其降雨因子的时空分布、相关性浅析[J].岩土力学,1995,16(3):62-69.(又见:湖北省自然灾害综合防御对策论文集(二)[G].北京:地震出版社,1994:43-49.)

[33] **陈正洪**,孟斌.湖北省近40年森林火灾年际变化及其与重大天地现象间的关系[J].华中农业大学学报,1995,14(3):292-296.

[34] **陈正洪**,孟斌,徐安义.神农架林区森林火灾图的研制[J].湖北气象,1995(3):27-28.

[35] 俞诗娟,**陈正洪**.癌症死亡年月差异与环境的关系和对策[J].湖北气象,1995(3):19-22.

1996,10(3)

[36] **陈正洪**,马乃孚,施望芝,李玉祥.湖北省林火气象预报技术研究[J].华中农业大学学报,1996,15(3):299-304.

[37] 乔盛西,吴宜进,**陈正洪**.湖北省1991年度柑橘冻害与避冻栽培区划[J].应用气象学报,1996,7(1):124-128.

[38] 乔盛西,张强,**陈正洪**,傅斌.湖北省60年代以来的气温变化特征[J].华中农业大学学报,1996,15(5):95-99.

[39] 赵文英,危万虎,**陈正洪**,张宙,汪继忠.光敏核不育系 89-7S 育性和开花习性[J].中国农业气象,1996,17(6):32-35.

[40] 彭乃志,傅抱璞,刘建栋,**陈正洪**,詹兆渝.三峡库区地形与暴雨的气候分析[J].南京大学学报(自然科学版),1996,32(4):182-185.

[41] 张强,祝昌汉,**陈正洪**.我国森林火灾的长期预报回顾与展望[J].气象科技,1996,24(3):23-26.

[42] 张霞,冯明,**陈正洪**.湖北省 80 年代以来不同时间温度场时空变化[J].华中师范大学学报,1996,30(S1):30-36.

[43] **陈正洪**,宋正满.神农架林火的时间变化及其成因[J].湖北气象,1996(1):36-38.

[44] **陈正洪**,杨宏青.神农架"69·4"特大火灾个例成因分析[J].湖北气象,1996(2):38-39,45.

[45] 姜芳,何旗艳,**陈正洪**.小儿急性上呼吸道感染与气象条件的关系[J].湖北气象,1996(4):43-45.

1997,4(1)

[46] **陈正洪**,叶柏年,冯明.湖北省 1981 年以来不同时间尺度气温的变化[J].长江流域资源与环境,1997,6(3):36-41.

[47] 陈青云,**陈正洪**.武汉市火灾气候特征分析[J].湖北气象,1997(1):26-27,30.

[48] 杨宏青,**陈正洪**.武汉 1994 年夏半年火灾异常发生的天气气候成因分析[J].湖北气象,1997(1):36-37.

[49] 冯明,叶柏年,**陈正洪**.湖北省气候变化对夏收作物影响的探讨//中国的气候变化与气候影响研究[M].北京:气象出版社,1997:544-550.

1998,8(6)

[50] **陈正洪**,杨宏青.武汉市火险天气等级标准初探[J].应用气象学报,1998,9(3):121-125.

[51] **陈正洪**,杨宏青.城市火灾中关键气象因子的诊断分析[J].火灾科学,1998,7(1):45-55.

[52] **陈正洪**,杨宏青.城市火险天气等级多因子综合预报法[J].火灾科学,1998,7(3):19-24.

[53] **陈正洪**,杨荆安,洪斌.华中电网用电量与气候的变化及其相关性诊断分析[J].华中师范大学学报(自然科学版),1998,32(4):138-143.

[54] **陈正洪**.湖北省 60 年代以来平均气温变化趋势初探[J].长江流域资源与环境,1998,7(4):52-57.

[55] **陈正洪**,覃军.湖北省 20 世纪 60 年代以来降水变化趋势初探//暴雨·灾害(二)[G].北京:气象出版社,1998:75-83.

[56] 杨荆安,张鸿雁,**陈正洪**.降水距平 PP 模式的建立和检验//暴雨·灾害(二)[G].北京:气象出版,1998:100-105.

[57] 叶柏年,**陈正洪**.湖北省旱涝若干问题及其防灾减灾对策[J].气象科技,1998(3):13-17.

1999,8(4)

[58] **陈正洪**.武汉、宜昌 20 世纪最高气温、最低气温、气温日较差突变的诊断分析//暴雨·灾害(三)[G].北京:气象出版社,1999,(2):14-19.

[59] **陈正洪**.投影追踪主成分在湖北省气温变化研究中的应用初报[J].应用气象学报,1999,10(3):128.(又见:中国中部资源环境与持续发展对策[C].武汉:中国地质大学出版社,1999:96-102.)

[60] **陈正洪**,杨荆安,张鸿雁.气温和降雨量与 500 hPa 高度场的 CCA 试验及其预报模式[J].气象科技,1999,27(2):47-52.

[61] 杨宏青,**陈正洪**,张霞.湖北省 60 年代以来气温日较差的变化趋势[J].长江流域资源与环境,1999,8(2):162-167.

[62] 覃军,**陈正洪**.湖北省最高气温和最低气温的非对称性变化[J].华中师范大学学报,1999,33,33(2):286-290.

[63] 乔盛西,**陈正洪**.长江上游历代枯水和洪水石刻题记年表的建立//暴雨·灾害(三)[G].北京:气象出版社,1999:63-71.

[64] 乔盛西,**陈正洪**.历史时期川江石刻洪水资料的分析[J].湖北气象,1999(1):4-7.

[65] **陈正洪**,杨宏青,涂诗玉.武汉、宜昌近100多年暴雨与大暴雨日时间变化特征[J].湖北气象,1999(3): 11-14.

2000,20(7)

[66] **陈正洪**,洪斌.华中电网四省日用电量与气温关系的评估[J].地理学报,2000,55(S1):34-38.

[67] **陈正洪**.武汉、宜昌20世纪平均气温突变的诊断分析[J].长江流域资源与环境,2000,9(1):57-63.

[68] **陈正洪**,杨宏青,曾红莉,肖劲松,赵文莲,姜芳,阮小明.武汉市呼吸道和心脑血管疾病的季月旬分布特征分析[J].数理医药学杂志,2000,13(5):413-415.

[69] **陈正洪**,洪斌.周平均"日用电量-气温"关系评估及预测模型研究[J].华中电力,2000,13(1):26-28.

[70] **陈正洪**.探索和抗御重大自然灾害,促进湖北省社会经济可持续发展[J].湖北农学院学报.2000,20(2): 79-80.

[71] 魏静,**陈正洪**,彭毅.武汉市日供水量与气象要素的相关分析[J].气象,2000,26(11):27-29,51.

[72] 杨宏青,**陈正洪**,刘建安,陈安络.武汉市中暑发病的流行病学分析及统计预报模型的建立[J].湖北中医学院学报,2000,2(3):51-52,62-64.

[73] 杨宏青,**陈正洪**,张霞.湖北省气温日较差与气象因子的相关分析[J].气象科技,2000,28(1):45-47.

[74] 任国玉,吴虹,**陈正洪**.我国降水变化趋势的空间特征[J].应用气象学报,2000,11(3):322-330.

[75] 张尚印,祝昌汉,**陈正洪**.森林火灾气象环境要素和重大林火研究[J].自然灾害学报,2000,9(2):111-117. (又见:气候变化与预测研究——国家气候中心成立五周年文集[G].北京:气象出版社,2000:207-213)

[76] 张礼平,杨志勇,**陈正洪**.典型相关系数及其在短期气候预测中的应用[J].大气科学,2000,24(3): 427-432.

[77] 张霞,杨宏青,**陈正洪**.武汉市城市热岛强度变化的非对称性特征分析//暴雨·灾害(四)[G].北京:气象出版社,2000,(1):75-81.(Also see:Abstracts of Workshop on "Urban Climate and Air Pollution Investigations in Beijing,China,with special regard to Urban Planning"[C].Beijing,China,April 8-12, 2002:82-91.)

[78] 涂松柏,杨维军,王志斌,**陈正洪**.建设城市环境气象业务服务系统的几点构想[J].湖北气象,2000,(3): 4-6.

[79] 杨维军,**陈正洪**.湖北省环境气象业务服务工作中的问题及其对策[J].湖北气象,2000(3):6-7.

[80] 向玉春,**陈正洪**,张东风.两种紫外辐射预测模型的敏感性比较[J].湖北气象,2000(3):8-11.

[81] 王祖承,**陈正洪**,杨宏青,王志斌,杨维军,陈波.城市环境气象预报系统的软件开发[J].湖北气象,2000, (3):11-13.

[82] 张鸿雁,**陈正洪**,杨宏青.武汉市8种常见疾病冬(夏)半年周预报模型[J].湖北气象,2000(3):17-19.

[83] **陈正洪**,王祖承,张鸿雁.炎(闷)热指数在武汉市的试用、修订及检验[J].湖北气象,2000(3):23-25.

[84] **陈正洪**,魏静.武汉市供电量及其最大负荷的气象预报方法[J].湖北气象,2000(3):25-28.

[85] 陈波,杨宏青,**陈正洪**.医疗气象预报业务系统的开发与研制[J].湖北气象,2000(3):29-30.

2001,4(1)

[86] **陈正洪**,杨宏青,张鸿雁,王祖承,陈波.武汉市呼吸道和心脑血管疾病气象预报研究[J].湖北中医学院学报,2001,3(2):15-17,3.

[87] 杨宏青,**陈正洪**,肖劲松,曾红莉.呼吸道和心脑血管疾病与气象条件的关系及其预报模型[J].气象科技,2001,29(2):49-52.

[88] 王祖承,**陈正洪**.冷空气对武汉市人群呼吸道和心脑血管疾病的影响[J].湖北预防医学杂志,2001,12 (1):15-16.

[89] 涂诗玉,**陈正洪**.武汉和宜昌缺测气温资料的插补方法[J].湖北气象,2001,(3):11-13.

2002,7(1)

[90] **陈正洪**,王祖承,杨宏青,陈安络,刘建安,马骏.城市暑热危险度统计预报模型[J].气象科技,2002,(2):

98-101,104.（Also see：Abstracts of Workshop on "Urban Climate and Air Pollution Investigations in Beijing,China,with special regard to Urban Planning"[C]. Beijing,China,April 8-12,2002;68-78.）

[91] 向玉春,**沈铁元,陈正洪**,陈波.城市空气质量预报质量评估系统的研制及应用[J].气象,2002,28(12): 20-23.

[92] 向玉春,**陈正洪**,沈铁元.武汉市空气质量预报与检验[J].湖北气象,2002(2):11-13.

[93] 刘峰,许德德,**陈正洪**.北盘江大桥设计风速及脉动风频率的确定[J].中国港湾建设,2002(1):23-27.

[94] 杨荆安,**陈正洪**.三峡坝区区域性气候特征[J].气象科技,2002,30(5):292-299.（又见:长江三峡工程生态与环境监测系统局地气候监测评价研究[M].北京:气象出版社,2003:59-66.）

[95] 胡江林,**陈正洪**,洪斌,王广生.华中电网日负荷与气象因子的关系[J].气象,2002,28(3):14-18,37.

[96] 胡江林,**陈正洪**,洪斌,王广生.基于气象因子的华中电网负荷预测方法研究[J].应用气象学报,2002,13 (5):600-608.

2003,8(3)

[97] **陈正洪**,杨宏青,向玉春,陈波.武汉阳逻长江公路大桥设计风速值的研究[J].自然灾害学报,2003,12 (4):160-169.

[98] 李兰,**陈正洪**,魏静,刘燕怀,陈少平,秦承平.三峡坝区低空风场特征[J].长江流域资源与环境,2003,12 (S1):63-68.

[99] 李兰,**陈正洪**,魏静,刘燕怀,陈少平,秦承平.三峡坝区边界层逆温特征及其成因分析[J].湖北气象, 2003(1):3-5.

[100] 沈铁元,陈少平,**陈正洪**,杨维军,毛以伟.三峡坛子岭单点地面矢量风分析[J].气象,2003,29(3): 12-16.

[101] 王祖承,**陈正洪**,陈少平,居志刚.三峡坝区的地面风场与大气扩散气候特征[J].气象,2003,29(5):37-40.（又见:长江三峡工程生态与环境监测系统局地气候监测评价研究[M].北京:气象出版社,2003: 67-70.）

[102] 任国玉,**陈正洪**,杨宏青.长江流域近50年降水变化及其对干流洪水的影响[J].湖泊科学,2003,15 (S1):49-55.（also for Chinese-German Workshop on Climate Change and Yangtze Floods,4th-8th April, 2003,Nanjing,China.）

[103] **CHEN Zhenghong**,QING Jun. The Trend of Precipitaion Variation in Hubei Province since 1960's[J]. Chinese Geographic Sciences,2003,13(4):322-327.（also see：Chinese-German Workshop on Climate Change and Yangtze Floods,4th-8th April,2003,Nanjing,China.）

[104] **CHEN Zhenghong**,YANG Hongqing,TU Shiyu. Temporal Variation of Heavy Rain Days and Torrential Rain Days in Wuhan and Yichang in the Last 100 Years[J]. The Proceeding of International Symposium on Climate Change(ISCC),WMO(WMO/TD-No. 1172)in Sep. 2003;199-203.（also see：International Symposium on Climate Change(ISCC),31st March-3rd April,2003,Beijing,China.）

2004,8(3)

[105] **陈正洪**,向玉春,杨宏青,毛夏,张小丽,周新,刘晓东.深圳湾公路大桥设计风速的推算[J].应用气象学报,2004,15(2):226-233.

[106] **陈正洪**,叶殿秀,杨宏青,冯光柳.中国各地 SARS 与气象因子的关系[J].气象,2004,30(2):42-45.

[107] 叶殿秀,张强,董文杰,**陈正洪**,赵宗群.气象条件与 SARS 发生的关系分析[J].气候与环境研究,2004, 9(4):670-679.

[108] 张强,杨贤为,叶殿秀,肖风劲,**陈正洪**.SARS 流行期的气象特征及其影响[J].南京气象学院学报, 2004,27(6):849-855.

[109] 张强,王有民,**陈正洪**,张成林.圈养野生动物疾病与气象因子的相关性及其预测[J].华中农业大学学报,2004,23(4):431-436.

[110] 杨宏青,**陈正洪**,石燕,任国玉.长江流域降水突变的初步分析[J].气象学报,2004,62(S1):50-54.

[111] 李兰,**陈正洪**.三峡水库(湖北侧)蓄水前边界层风温场若干特征//暴雨·灾害(七)[G].北京:气象出版社,2004:64-72.

[112] **陈正洪**,王祖承,冯光柳.新一代环境气象预报业务系统设计——以武汉区域气象中心为例[J].气象软科学,2004(2-3):108-121.

2005,15(5)

[113] **陈正洪**,王海军,任国玉,向华,薛铃.湖北省城市热岛强度变化对区域气温序列的影响[J].气候与环境研究,2005,10(4):771-779.

[114] **陈正洪**,万素琴,毛以伟.三峡库区复杂地形下的降雨时空分布特点分析[J].长江流域资源与环境,2005,14(5):623-627.(又见:中国科协年会专题论坛暨第四届湖北科技论坛优秀论文集[C].湖北省科学技术协会,2007:4.)

[115] 张强,万素琴,毛以伟,**陈正洪**,廖要明.三峡库区复杂地形下的气温变化特征[J].气候变化研究进展,2005,1(4):164-167.

[116] 毛以伟,**陈正洪**,王珏,居志刚.三峡水库坝区蓄水前水体对水库周边气温的影响[J].气象科技,2005,33(4):334-339.

[117] 毛以伟,周月华,**陈正洪**,谌伟,金琪,王仁乔,王珏.降雨因子对湖北省山地灾害影响的分析[J].岩土力学,2005,26(10):1657-1662.(EI)

[118] 毛以伟,谌伟,王珏,**陈正洪**,王仁乔,王丽.湖北省山洪(泥石流)灾害气象条件分析及其预报研究[J].地质灾害与环境保护,2005,16(1):9-12.

[119] **陈正洪**,杨宏青,任国玉,沈浒英.长江流域面雨量变化趋势及对干流流量影响[J].人民长江,2005,36(1):22-23,30-47.

[120] 杨宏青,**陈正洪**,石燕,任国玉.长江流域近40年强降水的变化趋势[J].气象,2005,31(3):66-68.

[121] 刘浴辉,胡超涌,黄俊华,谢树成,**陈正洪**.长江中游石笋年层厚度作为东亚夏季风强度代用指标的研究[J].第四纪研究,2005,25(2):228-234.

[122] 任国玉,初子莹,周雅清,徐铭志,王颖,唐国利,翟盘茂,邵雪梅,张爱英,**陈正洪**,郭军,刘洪滨,周江兴,赵宗慈,张莉,白虎志,刘学峰,唐红玉.中国气温变化研究最新进展[J].气候与环境研究,2005,10(4):701-716.

[123] 胡江林,张德山,王志斌,**陈正洪**.北京地区未来1～3天昼夜气温预报模型[J].气象,2005,31(1):67-68.

[124] **陈正洪**,胡江林,张德山,王保民,汤庆国,王志斌,杨宏青.城市热岛强度订正与供热量预报[J].气象,2005,31(1):69-71.

[125] 王保民,张德山,汤庆国,李迅,孔玉斌,张姝丽,杨世燕,**陈正洪**,胡江林,王志斌.节能温度、供热气象指数及供热参数研究[J].气象,2005,31(1):72-74.

[126] 王志斌,张德山,王保民,汤庆国,胡江林,**陈正洪**.北京城市集中供热节能气象预报系统研制[J].气象,2005,31(1):75-78.

[127] **陈正洪**.湖北省农业可持续发展中的主要气象问题与对策//中国气象学会2005年年会论文集[C].中国气象学会,2005:10.

2006,3(1)

[128] **CHEN Zheng-Hong**,WANG Hai-Jun,REN Guo-Yu. Urban Heat Island Intensity in Wuhan,China[J]. Newsletter of IAUC(Internatiaonal Association for Urban Climate),2006(17):7-8.

[129] 冯明,**陈正洪**,刘可群,吴义城,毛飞,黄永平.湖北省主要农业气象灾害变化分析[J].中国农业气象,2006,27(4):343-348.

[130] 苏布达,姜彤,任国玉,**陈正洪**.长江流域1960—2004年极端强降水时空变化趋势[J].气候变化研究进

展,2006,2(1):9-14.

2007,20(5)

[131] 陈正洪,王海军,张小丽.水文学中雨强公式参数求解的一种最优化方法[J].应用气象学报,2007,18(2):237-241.

[132] 陈正洪,王海军,张小丽.深圳市新一代暴雨强度公式的研制[J].自然灾害学报,2007,16(3):29-34.

[133] 陈正洪,王海军,任国玉.武汉市城市热岛强度非对称性变化[J].气候变化研究进展,2007,3(5):282-286.

[134] 陈正洪,何玲玲,王祖承.武汉市居民中暑综合气象指标分析[J].气象科技,2007,35(6):837-840.

[135] 陈正洪,杨宏青,张强.国家标准"城市火险气象等级"的研制[J].地理科学,2007,27(3):440-444.

[136] REN G Y,CHU Z Y,**CHEN Z H**,REN Y Y. Implications of temporal change in urban heat island intensity observed at Beijing and Wuhan stations[J]. Geographic Research Letters,34,L05711,doi:10.1029/2006GL027927,2007. (SCI)

[137] SU B D,JIANG T,REN G Y,**CHEN Z H**. Trends of Extreme Precipitation over the Yangtze River Basin of China in 1960-2004[J]. Adv Clim Change Res,2007,3(Suppl):45-50.

[138] 刘可群,**陈正洪**,张礼平,刘安国.湖北省近45年降水气候变化及其对旱涝的影响[J].气象,2007,33(11):58-64.

[139] 李兰,**陈正洪**.2006年4月11—13日湖北省大风致灾分析[J].气象,2007,33(10):23-27.

[140] 何玲玲,**陈正洪**.武汉市水环境重金属污染的监测[J].环境科学与技术,2007,30(5):41-42,94,117-118.

[141] 何玲玲,**陈正洪**,李松汉,王瑛,卢明.城市居民中暑流行病学特征及其与气象因子的关系[J].暴雨灾害,2007,26(3):271-274.

[142] 涂小萍,**陈正洪**.宁波市气温及其变化的若干特征分析[J].大气科学研究与应用,2007(2):76-83.

[143] 史瑞琴,**陈正洪**,陈波.湖北省未来30年气温和降水量变化趋势预测[J].暴雨灾害,2007,26(1):78-82.

[144] 王志斌,**陈正洪**,张德山,汤庆国.基于混合编程的北京供热节能调度系统[J].微计算机信息,2007,23(10-3):244-245.

[145] 张礼平,丁一汇,**陈正洪**,汪金福.OLR与长江中游夏季降水的关联[J].气象学报,2007,65(1):75-83.

[146] 曾小凡,苏布达,姜彤,**陈正洪**.21世纪前半叶长江流域气候趋势的一种预估[J].气候变化研究进展,2007,3(5):293-298.

[147] 李兰,史瑞琴,**陈正洪**,等.湖北2006年气候影响评价——主要气候特征与天气气候事件[J].湖北气象,2007(1):14-16.

[148] 李兰,万素琴,史瑞琴,**陈正洪**,等.湖北2006年气候影响评价——对农业及其他行业的影响[J].湖北气象,2007(1):17-19.

[149] 李艳,廖玉芳,**陈正洪**,等.湖南省降水气候变化特征分析及其对旱涝的影响[J].湖南气象,2007,24(4):9-13,24.

[150] 刘可群,**陈正洪**,夏智宏.湖北省太阳能资源时空分布特征及区划研究[J].华中农业大学学报,2007,26(6):888-893.

2008,19(4)

[151] 陈正洪,肖玫,陈璇.樱花花期变化特征及其与冬季气温变化的关系[J].生态学报,2008,28(11):5209-5217.

[152] **陈正洪**,史瑞琴,李兰.湖北省2008年初低温雨雪冰冻灾害特点及影响分析[J].长江流域资源与环境,2008,17(4):639-644.

[153] **陈正洪**,史瑞琴,李松汉,王瑛,卢明.改进的武汉中暑气象模型及中暑指数等级标准研究[J].气象,2008,34(8):82-86.

[154] **陈正洪**,刘来林.核电站周边地区龙卷风时间分布与灾害特征[J].暴雨灾害,2008(1):78-82.

[155] HU C Y,Henderson M G,HUANG J H,**CHEN Z H**,Johnson R K. Report of a three-year monitoring programme at Heshang Cave,Central China[J]. International Journal of Speleology,2008,37(3):143-151. (SCI)

[156] 李兰,**陈正洪**,洪国平.武汉市周年逐日电力指标对气温的非线性响应[J].气象,2008,34(5):26-30.

[157] 史瑞琴,**陈正洪**,陈波.华中地区2030年前气温和降水量变化预估[J].气候变化研究进展,2008(3):173-176.

[158] 袁业畅,**陈正洪**.大畈核电站拟址空气湿球温度推算[J].气象,2008,34(11):69-73.

[159] 张意林,覃军,**陈正洪**.近56 a武汉市降水气候变化特征分析[J].暴雨灾害,2008(3):253-257.

[160] 王海军,涂诗玉,**陈正洪**.日气温数据缺测的插补方法试验与误差分析[J].气象,2008,34(7):83-91.

[161] 潘家华,赵行姝,**陈正洪**,汪金福.湖北省应对气候变化的方案分析与政策含义[J].气候变化研究进展,2008,4(5):309-314.

[162] 周筱兰,**陈正洪**.热浪对人体健康的影响及其研究方法//中国气象学会2008年年会城市气象与城市可持续发展分会场论文集[C].中国气象学会,2008:5.

[163] 鄢素琪,刘昌玉,金建年,吴燕祥,汤建桥,**陈正洪**.喘敷灵穴位敷贴防治儿童哮喘80例临床研究[J].中医杂志,2008(3):221-224.

[164] 王胜,鲁俊,吴必文,**陈正洪**.安徽省夏季降水变化及其对旱涝的影响研究[J].安徽农业科学,2008(7):2870-2873.

[165] 王纪军,裴铁璠,**陈正洪**,柳俊高,吴蓁.河南省春季降水日数变化趋势[J].长江流域资源与环境,2008,17(S1):36-40.

[166] 张德山,王保民,**陈正洪**,李迅,王志斌.北京市城市集中供热节能气象预报系统的应用[J].煤气与热力,2008,28(11):23-25.

[167] 李兰,史瑞琴,**陈正洪**,万素琴.湖北2007年气候影响评价[J].湖北气象,2008(1):27-29.

[168] 史瑞琴,**陈正洪**,周月华.湖北省2007年梅雨期主要气候特点、影响及成因分析[J].湖北气象,2008(1):30-31.

[169] 刘可群,**陈正洪**,梁益同,王海军,谭义晓.日太阳总辐射推算模型[J].中国农业气象,2008,29(1):16-19,41.

2009,15(4)

[170] **陈正洪**,史瑞琴,陈波.季节变化对全球气候变化的响应——以湖北省为例[J].地理科学,2009,29(6):911-916.

[171] **陈正洪**,李兰,刘敏,向华,邵末兰,韦惠红,毛以伟,王海军.湖北省2008年7月20—23日暴雨洪涝特征及灾害影响[J].暴雨灾害,2009,28(4):345-348.

[172] **陈正洪**,刘来林,袁业畅.湖北大畈核电站周边地区龙卷风参数的计算与分析[J].南京气象学院学报,2009,32(2):333-337.

[173] 向玉春,**陈正洪**,徐桂荣,陈波,程亚平.三种大气可降水量推算方法结果的比较分析[J].气象,2009,35(11):48-54.

[174] 李兰,**陈正洪**,周月华,史瑞琴,万素琴,郭广芬.湖北省2008年初低温雨雪冰冻过程气候特征分析[J].长江流域资源与环境,2009,18(3):291-295.

[175] 何玲玲,**陈正洪**.武汉市居民中暑与气象因子的统计特点研究[J].气候与环境研究,2009,14(5):531-536.(通讯作者)

[176] 余武安,**陈正洪**,马德栗.湖北省近200年大冻年表的建立及频率特征的初步分析[J].湖北农业科学,2009,48(10):2576-2580.

[177] 郭广芬,**陈正洪**,汪金福.华中区域夏季日用电量气象预报模型研究[J].华中师范大学学报(自然科学

版),2009,43(2):327-331.

[178] 朱明勇,党海山,谭淑端,**陈正洪**,张全发.湖北丹江口水库库区降雨侵蚀力特征[J].长江流域资源与环境,2009,18(9):837-842.

[179] 陈波,史瑞琴,**陈正洪**.2007年湖北省梅雨期可降水量的GPS观测和分析[J].长江流域资源与环境,2009,18(6):535-539.

[180] 翟红楠,覃军,**陈正洪**,张莉,孙石阳.深圳市大气污染对流感短期效应研究分析//中国环境科学学会2009年学术年会论文集(第二卷)[C].中国环境科学学会,2009:5.

[181] 翟红楠,张莉,孙石阳,覃军,**陈正洪**.深圳市流感高峰发生的气象要素临界值研究及其预报方程的建立[J].数理医药学杂志,2009,22(2):188-192.

[182] 翟红楠,张莉,孙石阳,覃军,**陈正洪**.深圳市流感就诊率季节特征及夏季流感就诊率气象预报模型[J].气象科技,2009,37(6):709-712.

[183] 杨宏青,**陈正洪**,高雪飞,余福志.鄂东桥桥位处风随高度变化及与气象站相关性[J].华中师范大学学报(自然科学版)(T & S),2009,43(2):91-95.

[184] 李兰,**陈正洪**,史瑞琴,向华,邓环.湖北省2008年气候影响评价[J].湖北气象,2009(1):30-34.

2010,25(5)

[185] **陈正洪**,向华,高荣.武汉市10个主要极端天气气候指数变化趋势分析[J].气候变化研究进展,2010,6(1):22-28.

[186] **陈正洪**.社会对极端冰雪灾害响应程度的定量评估研究[J].华中农业大学学报(社会科学版),2010(3):119-122.(又见:气象软科学,2009(1):50-53.)

[187] **陈正洪**,刘来林,袁业畅.湖北大畈核电站周边飑线时空分布与灾害特征[J].气象,2010,36(1):79-84.

[188] **陈正洪**,任永建,王凯.湖北省2009年夏季极端高温事件及其影响评价[J].华中师范大学学报(自然科学版),2010,44(2):319-324.

[189] 王凯,**陈正洪**,刘可群,孙杰.华中区域1960—2005年平均最高、最低气温及气温日较差的变化特征[J].气候与环境研究,2010,15(4):418-424.

[190] 梁益同,**陈正洪**,夏智宏.基于RS和GIS的武汉城市热岛效应年代演变及其机理分析[J].长江流域资源与环境,2010,19(8):914-918.

[191] 李灿,**陈正洪**.武汉市主要年气候要素及其极值变化趋势[J].长江流域资源与环境,2010,19(1):37-41.

[192] 姚望玲,**陈正洪**,向玉春.武汉市气候变暖与极端天气事件变化的归因分析[J].气象,2010,36(11):88-94.

[193] 任永建,**陈正洪**,肖莺,孙杰,孙善磊,赖安伟.武汉区域百年地表气温变化趋势研究[J].地理科学,2010,30(2):278-282.

[194] 刘可群,**陈正洪**,周金莲,刘敏.湖北省近50年旱涝灾害变化及其驱动因素分析[J].华中农业大学学报,2010,29(3):326-332.

[195] 马德栗,**陈正洪**.荆州主要界限温度初终日、持续天数和积温的变化[J].长江流域资源与环境,2010,19(S2):72-78.

[196] 刘志雄,**陈正洪**,万素琴.湖北省近45年≥10℃界限温度的变化特征分析[J].湖北农业科学,2010,49(6):1349-1352.

[197] 杨宏青,**陈正洪**,高雪飞.鄂东长江公路大桥设计风速推算研究[J].气象科学,2010,30(4):526-529.

[198] 文元桥,**陈正洪**.荆岳长江大桥附近大风特征及设计风速推算研究[J].武汉理工大学学报(交通科学与工程版),2010,34(2):306-309.

[199] 文元桥,**陈正洪**,王海军,任永建.武汉市非常规气候要素的变化趋势分析[J].武汉理工大学学报,2010,32(11):177-181.

[200] 何明琼,**陈正洪**.宜昌市主要气候要素及极端事件变化趋势研究[J].华中师范大学学报(自然科学版),

2010,44(2):325-329.

[201] 陈波,史瑞琴,**陈正洪**.近45年华中地区不同级别强降水事件变化趋势[J].应用气象学报,2010,21(1):47-54.

[202] 任永建,刘敏,**陈正洪**,肖莺,万素琴.华中区域取暖、降温度日的年代际及空间变化特征[J].气候变化研究进展,2010,6(6):424-428.

[203] 王林,覃军,**陈正洪**,李建芳.鄂东两次暴雨前后近地层物理量场异常特征分析[J].气象,2010,36(12):28-34.

[204] 孙杰,许杨,**陈正洪**,王凯.华中地区近45年来降水变化特征分析[J].长江流域资源与环境,2010,19(S1):45-51.

[205] 刘可群,王海军,王凯,**陈正洪**,许杨.我国中部年、季平均气温变化的趋势性分析[J].长江流域资源与环境,2010,19(S1):62-66.

[206] 刘中新,朱慧丽,**陈正洪**.京九铁路江淮段降水型路基坍塌的地质、降水条件分析[J].岩土力学,2010,31(10):3254-3259,3264.

[207] **陈正洪**,马德栗,史瑞琴,李兰,刘敏.湖北省2009年气候特征及其影响[J].湖北气象,2010,(1):36-39.

[208] 张礼平,**陈正洪**,成驰,王晓莉.支持向量机在太阳辐射预报中的应用[J].暴雨灾害,2010,29(4):334-336,355.

[209] 何明琼,**陈正洪**,成驰.光伏发电量与气象因子的关系及其预报试验简报//第27届中国气象学会年会气候资源应用研究分会场论文集[C].中国气象学会,2010:4.

2011,21(1)

[210] 马德栗,**陈正洪**,向华.日全食期间武汉市气象要素变化特征[J].气象科学,2011,31(1):54-60.

[211] 马德栗,**陈正洪**,靳宁,郭渠.湖北浠水核电站周边地区龙卷风特征[J].气象科技,2011,39(4):520-524.

[212] 王林,覃军,**陈正洪**.一次暴雪过程前后近地层物理量场特征分析[J].大气科学学报,2011,34(3):305-311.

[213] 王林,覃军,**陈正洪**,王海军.南方冰冻雨雪灾害年的环流及气象要素异常的统计分析[J].长江流域资源与环境,2011,20(S1):173-180.

[214] 李兰,**陈正洪**,刘敏,史瑞琴,邓雯.2008年低温雨雪冰冻对武汉城市公共交通的影响评估[J].长江流域资源与环境,2011,20(11):1400-1404.

[215] 成驰,**陈正洪**,刘建宇,徐祥德.南方冰雪灾害期间地面水热通量推算及应用试验[J].暴雨灾害,2011,30(3):266-271.

[216] 罗学荣,**陈正洪**,龚洁,叶殿秀.夏季高温热浪对武汉市居民死亡的影响[J].湖北气象,2011,(3):30-32.

[217] 杨琳,**陈正洪**,钟保粦.厄尔尼诺(拉尼娜)事件与海温资料的拟合诊断[J].华中师范大学学报(自然科学版)(T & S),2011,45(4):180-183.

[218] 杨琳,**陈正洪**,张丽.深圳旅游气象指数的设计和适用性分析[J].华中师范大学学报(自然科学版)(T & S),2011,45(4):184-188.

[219] **陈正洪**,李芬,王丽娟,唐俊,白永清,代情.并网光伏逆变器效率变化特征及其模型研究[J].水电能源科学,2011,29(8):124-127.

[220] 李芬,**陈正洪**,成驰,段善旭.太阳能光伏发电量预报方法的发展[J].气候变化研究进展,2011,7(2):136-142.

[221] 李芬,**陈正洪**,何明琼,徐静.太阳能光伏发电的现状及前景[J].水电能源科学,2011,29(12):188-192,206.

[222] LI F,**CHEN Z H**,DENG C H,CUI X. Performance Analysis and Non-Linear Models of PV Grid-Connected Inverter Efficiency. 26th European Photovoltaic Solar Energy Conference and Exhibition,Hamburg,Germany,2011:4251-4253(5BV.2.17).

[223] 成驰,**陈正洪**,李芬,崔新强,卢胜.湖北省咸宁市光伏电站太阳能资源评价[J].长江流域资源与环境,
2011,20(9):1067-1072.

[224] 白永清,**陈正洪**,王明欢,成驰.基于 WRF 模式输出统计的逐时太阳总辐射预报初探[J].大气科学学
报,2011,34(3):363-369.

[225] 徐静,**陈正洪**,唐俊,李芬,成驰.太阳能光伏发电预报网站系统设计与实现[J].水电能源科学,2011,29
(12):193-195,216.

[226] 王丽娟,**陈正洪**,李芬.武汉地区太阳总辐射与气象要素的关系研究[J].太阳能,2011(17):15-18.

[227] 付佳,**陈正洪**,唐俊,成驰,李芬,蔡涛,刘航.光伏发电预报资料采集处理子系统设计及实现[J].水电能
源科学,2011,29(9):150-152.

[228] 代倩,段善旭,蔡涛,陈昌松,**陈正洪**,邱纯.基于天气类型聚类识别的光伏系统短期无辐照度发电预测
模型研究[J].中国电机工程学报,2011,31(34):28-35.

[229] 何明琼,成驰,**陈正洪**,白永清.太阳能光伏发电预报效果评价[J].水电能源科学,2011,29(12):
196-199.

[230] 张玉龙,夏小玲,**陈正洪**,党海山,张全发.基于开源 GIS 的长江流域晴日辐射反演[J].长江流域资源与
环境,2011,20(9):1073-1079.

2012,15(3)

[231] **陈正洪**,马德栗.1961—2008 年湖北省冷冬时空变化特征[J].华中农业大学学报,2012,31(1):77-81.

[232] **陈正洪**,毛以伟.湖北省 2009 年 11 月 8—9 日强对流灾害异常特征研究[J].华中师范大学学报(自然科
学版)(T & S),2012,46(4):154-149.

[233] 许沛华,**陈正洪**,李磊,郑慧.深圳分钟降水数据预处理系统设计与应用[J].暴雨灾害,2012,31(1):
83-86.

[234] 张天宇,**陈正洪**,孙佳,程炳岩,任永建,张建平.三峡库区近百年来气温变化特征[J].长江流域资源与
环境,2012,21(S2):138-144.

[235] 刘芳,**陈正洪**,陈盛林,石有建,卢亚军,陈明,陈幼娇.棋盘洲长江公路大桥桥位区短期考察风特征分析
[J].华中师范大学学报(自然科学版),2012,46(6):762-766.(通讯作者)

[236] 刘芳,于文金,**陈正洪**,杨宏青.鄂东江边风特征及与气象站对比分析[J].湖北气象,2012(3):17-20.

[237] FU Jia, WANG Junchao, WANG Jianzong, **CHEN Zhenghong**, HE Mingqiong. Research on Meteorology
Indices Forecasting Framework based on Hybrid Cloud Computing Platforms[C]. The 7th International
Conference on Ubiquitous Information Technologies & Applications(CUTE2012), Hong Kong, China,
Dec. 20-22, 2012. http://www.cute2012.org.

[238] QIN Jun, FANG Hong, **CHEN Zheng-hong**, ZHAI Hong-nan, ZHANG Li, CHEN Xiao-wen. Impacts of
Atmospheric Conditions on Influenza in Southern China. Part I. Taking Shenzhen City for Example[J].
Open Journal of Air Pollution,2012(1):59-63. doi:10.4236/ojap. 2012.13008. Published Online Decem-
ber 2012(http://www. SciRP. org/journal/ojap)(SCI)

[239] WU Jia, GAO Xuejie, Giorgi F, **CHEN Zhenghong**, YU Dafeng. Climate effects of the Three Gorges Res-
ervoir as simulated by a high resolution double nested regional climate model[J]. Quaternary Interna-
tional,2012,282:27-36. doi:10.1016/j. quaint. 2012.04.028. (SCI)

[240] **CHEN Z**, BAI Y, LI F, CHENG C, TANG J, HE M, FU J, XU J, SHEN Y, SUN Y. Study on Solar Pho-
tovoltaic Power Generation Forecast System. 27th European Photovoltaic Solar Energy Conference and
Exhibition, Frankfurt, Germany, 2012. (5CO. 7. 1).

[241] FU Jia, **CHEN Zhenghong**, WANG Junchao, HE Mingqiong, WANG Jianzong. Distributed Storage Sys-
tem Big Data Mining Based on HPC Application — A Solar Photovoltaic Forecasting System Practice
[J]. Information,2012,15(9):3749-3755. (SCI)

[242] 李芬,**陈正洪**,成驰,蔡涛,杨宏青,申彦波.武汉并网光伏电站性能与气象因子关系研究[J].太阳能学报,2012,33(8):1386-1391.(EI)

[243] 徐静,**陈正洪**,唐俊,李芬.建筑光伏并网发电系统的发电量预测初探[J].电力系统保护与控制,2012,40(18):81-85.(EI)

[244] 王明欢,赖安伟,**陈正洪**,白永清,成驰,李芬.WRF模式模拟的地表短波辐射与实况对比分析[J].气象,2012,38(5):585-592.

[245] 成驰,**陈正洪**,张礼平.神经网络模型在逐时太阳辐射预测中应用[J].太阳能,2012(3):30-33.

2013,22(3)

[246] 白永清,林春泽,**陈正洪**,祁海霞.基于LAPS分析的WRF模式逐时气温精细化预报释用[J].气象,2013,39(4):460-465.

[247] 叶殿秀,尹继福,**陈正洪**,郑有飞,吴荣军.1961—2010年我国夏季高温热浪的时空变化特征[J].气候变化研究进展,2013,9(1):15-20.

[248] 杨宏青,**陈正洪**,谢森,叶殿秀,龚洁.夏季极端高温对武汉市人口超额死亡率的定量评估[J].气象与环境学报,2013,29(5):140-143.(通讯作者)

[249] 王瑛,李济超,**陈正洪**,李乐,李松汉,张玲,于力.武汉市高温中暑与气象因素的关系[J].职业与健康,2013,29(7):792-794.

[250] 刘芳,张邵魁,**陈正洪**,罗学荣,杨丹丹,叶殿秀.气象要素对武汉市居民死亡率的影响分析[J].华中师范大学学报(自然科学版)(T & S),2013,47(1):43-46.

[251] 何飞,**陈正洪**,李全忠,王烘炜,李建平.我国烟草种植区划研究进展与展望[J].华中师范大学学报(自然科学版)(T & S),2013,47(1):47-52.

[252] 李建平,林丽燕,**陈正洪**,阳威,向晓琴,李灿.恩施烟草气象条件调查分析及对策建议[J].华中师范大学学报(自然科学版)(T & S),2013,47(1):53-55.

[253] 林丽燕,**陈正洪**,刘静,李建平.气候因子对烤烟质量影响研究进展[J].华中师范大学学报(自然科学版)(T & S),2013,47(1):56-60.

[254] 骆亚军,阳威,熊守权,**陈正洪**,张岸奎,向晓琴.湖北宣恩烟叶产量变化特征及其气象条件分析[J].华中师范大学学报(自然科学版)(T & S),2013,47(1):61-64.

[255] 阳威,**陈正洪**,李建平,李京.基于主成分分析的鄂西烤烟化学成分空间特征分析[J].华中师范大学学报(自然科学版)(T & S),2013,47(1):65-69.

[256] 郑治斌,**陈正洪**,成驰,王林.太阳能开发利用气象服务市场对策研究[J].华中师范大学学报(自然科学版)(T & S),2013,47(1):73-79.

[257] 何卫平,李芳,**陈正洪**,等.三峡库区香溪长江公路大桥桥位区短期考察风特征分析(2013年2—4月)[J].华中师范大学学报(自然科学版)(T & S),2013,47(3):136-139.

[258] **陈正洪**,孙朋杰,成驰,严国刚.武汉地区光伏组件最佳倾角的实验研究[J].中国电机工程学报,2013,33(34):98-105,17.(EI)

[259] 孙朋杰,**陈正洪**,成驰,张雪婷.基于灰色关联度的夏季逐日光伏发电量预报模型[J].中国电机工程学报,2013,33(增刊1):25-29.

[260] 李芬,**陈正洪**,蔡涛,马金玉,徐静.并网光伏系统性能精细化评估方法研究[J].太阳能学报,2013,34(6):974-983.(EI)

[261] 邱纯,蔡涛,段善旭,代倩,申彦波,**陈正洪**.任意辐射强度与温度下硅光伏电池模型参数的计算方法[J].太阳能学报,2013,34(9):1626-1632.(EI)

[262] 许杨,**陈正洪**,杨宏青,王林,成驰,许沛华.风电场风电功率短期预报方法比较[J].应用气象学报,2013,24(5):625-630.

[263] 王林,**陈正洪**,许沛华,许杨.风电功率预测预报系统应用效果的检验与评价[J].水电能源科学,2013,

31(3):236-239,134.(通讯作者)

[264] 孙朋杰,**陈正洪**,成驰,张荣.太阳能光伏电站发电量变化特征及其与气象要素的关系[J].水电能源科学,2013,31(11):249-252.

[265] 许沛华,**陈正洪**,谷春,詹天成.风电功率预测预报系统的设计与开发[J].水电能源科学,2013,31(3):166-168.

[266] 白永清,**陈正洪**,王明欢,赖安伟.关于 WRF 模式模拟到达地表短波辐射的统计订正[J].华中师范大学学报(自然科学版),2013,47(2):292-296.

[267] 张文波,**陈正洪**,陈学君,王亚军.光伏发电功率预测预报系统 V2.0 在甘肃华电公司运行情况[J].太阳能,2013,(23):12-15,11.

2014,15(5)

[268] **陈正洪**,田树青,武泉,代娟,王林,孙朋杰,胡昌琼,刘静.长江山区航道雾情联合调查考察报告[J].华中师范大学学报(自然科学版)(T & S),2014,48(1):158-163.

[269] 胡昌琼,**陈正洪**,刘静,王林,代娟,田树青.长江山区航道雾情调查问卷分析[J].华中师范大学学报(自然科学版)(T & S),2014,48(1):152-156.

[270] SHI Peijian,**CHEN Zhenghong**,YANG Qingpei,Harris M K,XIAO Mei. Influence of air temperature on the first flowering date of Prunus yedoensis Matsum[J]. Ecology and Evolution,2014,4(3):292-299.(SCI)

[271] 林丽燕,**陈正洪**,李建平,阳威,刘静,骆亚军.影响鄂西烤烟品质的关键气候因子与关键期的诊断分析[J].华中农业大学学报,2014,33(3):60-64.(通讯作者)

[272] 林丽燕,**陈正洪**,李建平,阳威,骆亚军.影响鄂西烤烟外观和感官的关键气候指标分析[J].湖北农业科学,2014,53(6):1318-1321.(通讯作者)

[273] 袁正腾,**陈正洪**,陈英英,王慧娟.SWAN 雷达拼图 VIL 产品中鄂西南地物回波特征及其剔除方法[J].干旱气象,2014,32(1):147-150.

[274] 何明琼,**陈正洪**,付佳,高力书.近 4 a 湖北夏季日用电量与气温关系及预测研究[J].华中师范大学学报(自然科学版)(T & S),2014,48(2):99-103.(又见:第 31 届中国气象学会年会 S10 第四届气象服务发展论坛——提高水文气象防灾减灾水平,推动气象服务社会化发展[C].公共气象服务委员会、水文气象学委员会、中国气象局公共气象服务中心、水利部水文局,2014:9.)

[275] 崔杨,**陈正洪**,成驰,唐俊,谷春.光伏发电功率预测预报系统升级方案设计及关键技术实现[J].中国电力,2014,47(10):142-147.

[276] 崔杨,**陈正洪**,张文波,张金满,张雨晴.光伏发电功率预测预报系统 V2.5 在东洞滩光伏电站的安装及运行[J].水电能源科学,2014,32(10):205-208,193.

[277] 王林,**陈正洪**,唐俊.太阳能光伏发电预报方法的应用效果检验与评价[J].气象,2014,40(8):1006-1012.(通讯作者)

[278] 许杨,杨宏青,**陈正洪**,成驰.湖北省丘陵山区风能资源特征分析[J].长江流域资源与环境,2014,23(7):979-985.

[279] 丁乃千,**陈正洪**,孟丹,阳威.1980—2013 年恩施中低空风速变化特征研究[J].华中师范大学学报(自然科学版),2014,48(6):937-943.(通讯作者)

[280] 方怡,**陈正洪**,孙朋杰,陈城.武汉云雾山风能资源定量评价及开发建议[J].风能,2014(7):108-113.

[281] 李芬,**陈正洪**,段善旭,吕文华,刘建锋.太阳能资源开发利用及气象服务研究进展[J].太阳能,2014,(3):20-25.

[282] 刘军,**陈正洪**,孙朋杰.武汉地区光伏电站系统效率评估[J].太阳能,2014,(11):14-17.

2015,17(6)

[283] 代娟,**陈正洪**,田树青,武泉,孙朋杰,白永清.长江山区航道雾的时空分布特征分析[J].长江流域资源

与环境,2015,24(2):333-338.

[284] 白永清,**陈正洪**,陈鲜艳,代娟,祁海霞.长江山区航道剖面能见度分析及局地影响因素初探[J].长江流域资源与环境,2015,24(2):339-345.

[285] 王林,**陈正洪**,汤阳,孙朋杰.长江山区航道雾情等级插值方法研究[J].长江流域资源与环境,2015,24(2):346-352.(通讯作者)

[286] 王林,**陈正洪**,代娟,汤阳.气象因子与地理因子对长江三峡库区雾的影响[J].长江流域资源与环境,2015,24(10):1799-1804.(通讯作者)

[287] 孟丹,**陈正洪**,李建平,阳威,何飞,陈振国.基于 GIS 的湖北西部烟草种植气象灾害危险性分析[J].中国农业气象,2015,36(5):625-630.(通讯作者)

[288] 孟丹,**陈正洪**,李建平,阳威,何飞,陈振国.气候变化背景下鄂西烟草种植气象风险评价与区划[J].中国烟草科学,2015,36(4):50-55.(通讯作者)

[289] 成丹,**陈正洪**,方怡.宜昌市区短历时暴雨雨型特征[J].暴雨灾害,2015,34(3):249-253.

[290] 马德栗,**陈正洪**.基于强降水分布特征的湖北梅雨分类及讨论[J].华中师范大学学报(自然科学版)(T & S),2015,49(1):125-130.

[291] **陈正洪**,孙朋杰,张荣.误差逐步逼近法在太阳辐射短期预报中的应用[J].太阳能学报,2015,36(10):2377-2383.(EI)

[292] 孙朋杰,**陈正洪**,成驰,白龙,张雪婷.一种改进的太阳辐射 MOS 预报模型研究[J].太阳能学报,2015,36(12):3048-3053.(EI)

[293] LI Fen,YAN Quanquan,DUAN Shanxu,ZHAO Jinbin,MA Nianjuna,**CHEN Zhenghong**. A novel model for daily energy production estimation of grid-connected PV system[J]. Journal of Solar Energy Engineering: Including Wind Energy and Building Energy Conservation,2015,137(3):0310131-0310138. (SCI,EI)

[294] 李芬,赵晋斌,段善旭,闫全全,申彦波,**陈正洪**.3 种斜面月平均总辐射模型评估及光伏阵列最佳倾角研究[J].太阳能学报,2015,36(2):502-509.(EI)

[295] 李芬,马年骏,刘邦银,赵晋斌,屈克庆,**陈正洪**.上海地区太阳能资源评估与散射辐射推算方法研究[J].水电能源科学,2015,33(5):207-210.

[296] 张雪婷,**陈正洪**,许杨,孙朋杰.复杂山地下测风塔缺失测风数据插补订正方法的比较分析[J].风能,2015,(1):82-86.

[297] 王丽娟,**陈正洪**,成驰,王俊超.武汉与宜昌太阳总辐射与气象要素的关系对比研究[J].湖北农业科学,2015,54(1):73-77.

[298] 王林,**陈正洪**,成驰.太阳能开发利用气象保障服务进展综述[J].太阳能,2015,(11):9-13.

[299] 陈城,**陈正洪**,孟丹.1958—2013 年武汉市中低空风能资源变化特征分析[J].长江流域资源与环境,2015,24(Z1):30-37.(通讯作者)

2016,12(2)

[300] 王林,**陈正洪**,汤阳.武汉市日平均气温对居民死亡数的滞后影响研究[J].气象科技,2016,44(3):463-467.

[301] 张雪婷,**陈正洪**,孙朋杰,许杨.湖北侧长江三峡河谷地形对风速的影响[J].长江流域资源与环境,2016,25(5):851-858.(通讯作者)

[302] 方怡,**陈正洪**,孙朋杰,陈幼姣,陈城.黄石、大冶两邻近地区设计雨强差异的原因分析[J].气象,2016,42(3):356-362.

[303] 孟丹,**陈正洪**,李建平,阳威,何飞.鄂西烟叶品质垂直变化及其与气象因子的关系研究[J].湖北农业科学,2016,55(5):1194-1198,1346.

[304] **陈正洪**,崔杨.关于提高光伏发电功率预报准确率的若干问题探讨[J].中国电机工程学报,2016,36

(S1):19-28.

[305] 熊一,查晓明,秦亮,**陈正洪**,欧阳庭辉,夏添.基于强对流天气判别的风功率爬坡预报方法研究[J].中国电机工程学报,2016,36(10):2690-2698.(EI)

[306] 孟丹,**陈正洪**,丁乃千,陈城.宜昌地区中低空风速变化特征分析[J].自然资源学报,2016,31(2):354-362.

[307] 李芬,宋启军,钱加林,**陈正洪**,闫全全,杨兴武.基于 IOWA 算子的短期光伏发电量组合预测[J].电网与清洁能源,2016,32(5):109-113,117.

[308] 李芬,胡超,马年骏,**陈正洪**,吕文华,杨兴武.京沪汉地区墙面月平均太阳总辐射的预测模型对比[J].可再生能源,2016,34(3):324-331.

[309] 丁乃千,**陈正洪**,杨宏青,许杨.风电功率预报技术研究综述[J].气象科技进展,2016,6(1):42-45.

[310] 丁乃千,**陈正洪**.风电功率组合预测技术研究综述[J].气象科技进展,2016,6(6):26-29.

[311] 张荣,**陈正洪**,孙朋杰,徐丽娅,孟丹.1968—2012 年湖北省探空站风速变化特征及周期研究[J].湖北气象,2016(1):31-34.

2017,11(3)

[312] SHI Peijian,**CHEN Zhenghong**,Reddy G V P,HUI Cang,HUANG Jianguo,XIAO Mei. Timing of cherry tree blooming:Contrasting effects of rising winter low temperatures and early spring temperatures[J]. Agricultural and Forest Meteorology,2017,240-241.(通讯作者)(SCI)

[313] 成丹,**陈正洪**.湖北宜昌市区暴雨雨型的演变特征[J].干旱气象,2017,35(2):225-231.

[314] 谭静,**陈正洪**,罗学荣,阳威,舒斯,徐金华.湖北省旅游景区大气负氧离子浓度分布特征以及气象条件的影响[J].长江流域资源与环境,2017,26(2):314-323.

[315] 孙朋杰,**陈正洪**,阳威,向芬,叶冬.武汉气象站周边环境对日照观测的影响[J].太阳能学报,2017,38(2):509-515.(通讯作者)(EI)

[316] LI Fen,LI Chunyang,SHI Jing,ZHAO Jinbin,YANG Xingwu,**CHEN Zhenghong**. An evaluation index system for photovoltaic systems statistical characteristics under hazy weather conditions in central China [J]. IET Renewable Power Generation,2017,11(14):1794-1803.(SCI,EI)

[317] 李芬,胡超,马年骏,闫全全,申彦波,**陈正洪**.不同天气类型下计及 $PM_{2.5}$ 的直散分离模型研究[J].太阳能学报,2017,38(12):3339-3347.(EI)

[318] 崔杨,**陈正洪**,刘丽珺.弃风限电条件下复杂地形风电场短期风功率预测对比分析[J].太阳能学报,2017,38(12):3376-3384.(通讯作者)(EI)

[319] 梁允,许沛华,孙芊,周宁,**陈正洪**.基于滚动的 BP 神经网络的光伏发电功率预报[J].水电能源科学,2017,35(9):212-214.

[320] 成驰,**陈正洪**,孙朋杰.光伏阵列最佳倾角计算方法的进展[J].气象科技进展,2017,7(4):60-65.

[321] 李芬,宋启军,蔡涛,赵晋斌,闫全全,**陈正洪**.基于 PCA-BPNN 的并网光伏电站发电量预测模型研究[J].可再生能源,2017,35(5):689-695.

[322] 李芬,刘迪,胡超,马年骏,闫全全,**陈正洪**.基于 PCA-LMBP 神经网络的北京地区直散分离预测[J].水电能源科学,2017,35(4):208-212.

2018,13(5)

[323] 舒斯,肖玫,**陈正洪**.樱花始花期预报方法[J].生态学报,2018,38(2):405-411.(通讯作者)

[324] 成丹,**陈正洪**.不同选样方法对 Pilgrim & Cordery 设计暴雨雨型的对比研究[J].气象与环境科学,2018,41(1):132-137.

[325] 徐琼芳,岳阳,王权民,陈正洪,杜燕妮,张新贝.克氏原螯虾气象因子影响研究现状与展望[J].气象与环境科学,2018,41(2):105-110.

[326] 成丹,**陈正洪**,郭淳薇,刘静.武汉市区暴雨雨型的演变特征及设计分析//湖北省气象学会 2018 年学术

年会论文集[C].湖北省气象学会,2018 年 11 月.

[327] 毛以伟,**陈正洪**,陈茜,谢萍.1951—2016 年武汉市极端气温指数特征[J].沙漠与绿洲气象,2018,12(5):75-82.

[328] 杜裕,**陈正洪**,付晓辉,何卫平,李芳,方怡.武汉、宜昌短历时极值降水特征的比较性研究[J].湖北气象,2018(1):6-9,21.

[329] 方怡,**陈正洪**,何飞,王海,杜裕.宜昌市暴雨强度公式修编与适用范围[J].湖北气象,2018(1):10-15.

[330] 许沛华,**陈正洪**,王明生,许杨.省级风能资源信息管理及辅助决策平台研制[J].南京信息工程大学学报(自然科学版),2018,10(2):252-256.

[331] 崔杨,**陈正洪**,孙朋杰.弃光限电条件下不同纬度地区短期光伏发电功率预测对比分析[J].太阳能学报,2018,39(6):1610-1618.(通讯作者)(EI)

[332] 崔杨,成驰,**陈正洪**.考虑大气透明度修正的光伏发电超短期功率预测方法[J].水电能源科学,2018,36(9):201-204.(通讯作者)

[333] **陈正洪**,何飞,崔杨,张雪婷.近 20 年来风电场(群)对气候的影响研究进展[J].气候变化研究进展,2018,14(4):381-391.

[334] 崔杨,**陈正洪**.光伏电站运行对气候的影响研究进展[J].气候变化研究进展,2018,14(6):593-601.(通讯作者)

[335] 李芬,胡超,马年骏,闫全全,**陈正洪**,申彦波.多时间尺度下基于 K-means 和 SVM 的北京地区散射比建模研究[J].太阳能学报,2018,39(9):2515-2522.(EI)

2019,12(4)

[336] 徐琼芳,王权民,**陈正洪**.潜江市小龙虾养殖气候生态特征及气候风险[J].农学学报,2019,9(5):73-77.

[337] 何飞,**陈正洪**,成驰,廖洁.某铅酸蓄电池电源厂卫生防护距离的研究[J].资源节约与环保,2019(10):32.

[338] 曾琦,**陈正洪**.近年来气象灾害对风电场影响的研究进展[J].气象科技进展,2019,9(2):49-55.(通讯作者)

[339] 张雪婷,李金鑫,**陈正洪**,何飞,崔杨.我国大别山区风电场群对气候影响研究初探——以湖北大悟为例[J].气象科技进展,2019,9(2):56-61.(通讯作者)

[340] 孙朋杰,王彬滨,**陈正洪**,张雪婷,许杨,孟丹.测风塔风速插补订正对风功率密度误差的影响分析[J].气象科技进展,2018,9(2):62-65.(通讯作者)

[341] 李芬,杨勇,赵晋斌,**陈正洪**,高晓清,申彦波.光伏电站建设运行对气候环境的能量影响[J].气象科技进展,2018,9(2):71-77.

[342] 孙朋杰,**陈正洪**,万黎明,张荣.湖北省五峰县两次暴雨特征及对地质灾害影响的分析[J].湖北农业科学,2019,58(11):35-39.

[343] 敖银银,**陈正洪**,成驰,孙朋杰,杨涛.随州市 1961—2016 年太阳总辐射气候学计算与时空分布特征[J].中国农学通报,2019,35(15):91-97.

[344] 霍俊,严国刚,孙霞,王晖,**陈正洪**,孟丹.湖北省大型光伏电站灾害风险及防范对策的研究[J].太阳能,2019(4):13-18.

[345] 严国刚,**陈正洪**,庄玲洁,张铭.多通道光伏组件测试系统的设计[J].太阳能,2019(7):30-35.

[346] 孟丹,**陈正洪**,陈城,孙朋杰,阳威.基于探空风资料的大气边界层不同高度风速变化研究.气象,2019,45(12):1718-1724.(通讯作者)

[347] XU Peihua,**CHEN Zhenghong**,MOU Ling,LIANG Yun,LIU Jun. Research on New Energy Power Forecast and Meteorological Disaster Warning Platform[C]. 2019 the 4th International Conference onPower and Renewable Energy (ICPRE), IEEE, September 21-23, 2019. Chengdu, China. DOI: 10. 1109/ICPRE48497. 2019. 9034849. https://ieeexplore. ieee. org/document/9034849. (EI)

2020,14(3)

［348］徐琼芳,王权民,陶忠虎,**陈正洪**,杜燕妮,乐呼,刘蔚.虾稻共作地虾沟水温与气温的关系及其预报研究[J].江西农业学报,2020,32(2):98-104.

［349］贺程程,邓艳君,王晓芳,**陈正洪**,喻雨知.荆州纪南通用机场预选场址气象条件分析[J].湖北农业科学,2020,59(4):70-75.

［350］黄思先,王保,**陈正洪**.鄂州市近60年高影响天气变化特征及其对农业的影响[J].湖北农业科学,2020,59(10):38-43.

［351］黄思先,王保,**陈正洪**,翟红楠.气候变化背景下鄂州市近60年气温变化特征分析[J].湖北农业科学,2020,59(12):33-39.

［352］程定芳,任永建,**陈正洪**.精细化气象因子对短期电力负荷预测的影响研究[J/OL].华中师范大学学报(自然科学):1-7[2020-08-23].http://kns.cnki.net/kcms/detail/42.1178.N.20200604.1603.004.html.

［353］QIN Jun,SHI Ailin,REN Guoyu,**CHEN Zhenghong**,YANG Yuda,ZOU Xukai,ZHANG Panfeng. Severe historical droughts carved on rock in the Yangtze[J]. Bulletin of the American Meteorological Society,2020.(DOI:10.1175/BAMS-D-19-0126.1)Published Online:16 April 2020.(SCI)

［354］LI Kun,DING Jiehui,**CHEN Zhenghong**. Multi-point measurement stations and adjustment methods for mapping air temperatures of Wuhan City,China[J]. Building and Environment,2020(177),106910. https://doi.org/10.1016/j.buildenv.2020.106910.(SCI)

［355］成丹,陈翠珍,**陈正洪**,刘静,方怡.武汉市暴雨的雨峰和历时及其排水防涝的分析[J].暴雨灾害,2020,39(5):532-538.

［356］何明琼,**陈正洪**,谭静,贾文茜,陈英英,王明.COVID-19在湖北爆发和流行的几种可能的环境因素分析[J].气象科技进展,2020,10(6):143-145.(通讯作者)

［357］李芬,刘迪,闫全全,**陈正洪**,程兴宏,赵晋斌.天文、气象环境因子与散射比关系的建模分析[J].太阳能学报,2020,41(2):203-209.(EI)

［358］孟丹,**陈正洪**,严国刚,孙霞,王晖,霍俊.光伏电站气象灾害风险评估研究——以湖北省为例[J].太阳能学报,2020,41(5):359-364.(通讯作者)(EI)

［359］张荣,**陈正洪**,孙朋杰.山地风电场开发过程中水土流失相关问题研究进展[J].气象科技进展,2020,10(1):47-53.

［360］崔杨,**陈正洪**,许沛华.基于机器学习的集群式风光一体短期功率预测技术[J].中国电力,2020,53(3):1-7.

［361］刘军,**陈正洪**,王必强.基于神经网络和改进相似日的光伏电站功率预测[J].水电能源科学,2020,38(10):203-206.(通讯作者)

已录待刊7篇

［362］谭静,**陈正洪**,肖玫.武汉大学樱花花期长度特征及预报方法[J].生态学报,2021,41(1):38-47.(通讯作者)

［363］CUI Yang,HE Yingjie,XIONG Xiong,**CHEN Zhenghong**,LI Fen,XU Taotao,ZHANG Fanghong. Algorithm for identifying wind power ramp events via novel improved dynamic swinging door[J]. Renewable Energy,2021,171:542-556.(SCI)

［364］成驰,**陈正洪**,孙朋杰,何明琼.基于典型气象条件的风光互补系统容量优化[J].太阳能学报,2021,42(2):110-114.(EI)

［365］崔杨,成驰,**陈正洪**.基于数值天气预报的光伏组件温度预测研究[J].太阳能学报,2021.(通讯作者)(EI)

［366］王必强,**陈正洪**,孙朋杰,严国刚,庄玲洁,党超琪.麻城"7·1"暴雨过程特征及对光伏电站影响分析

[J].气象科技进展,2021.

[367] 许沛华,**陈正洪**,孙延维,王必强,简仕略.湖北山区复杂地形条件下的风电功率预报算法研究[J].干旱气象,2021.

[368] 孙朋杰,王必强,**陈正洪**,张荣,简仕略.考虑复杂地形影响的湖北省降水精细化分布特征研究[J].湖北农业科学,2021.

二、科技(普)著作

(一)科技著作

1. 太阳能光伏发电预报技术原理及其业务系统.北京:气象出版社,2011.(主编)

2. 风电功率预测预报技术原理及其业务系统.北京:气象出版社,2013.(主编)

3. 光伏资源精细化评估与预报技术研究.北京:气象出版社,2016.(副主编)

4. 高温热浪与人体健康.北京:气象出版社,2009.(副主编)

5. 华中区域气候变化评估报告.北京:气象出版社,2013.(副主编)

6. 亚热带东部丘陵山区林木物候的观测分析//《中国亚热带东部丘陵山区农业气候资源研究》.北京:科学出版社,1989.(编委)

7. 现代中暑诊断治疗学.北京:人民军医出版社,2000.(编委)

8. 长江三峡坝区大气扩散规律研究.北京:气象出版社,2002.(编委)

9. 气候变化与中国水资源.北京:气象出版社,2007.(编委)

10. 长江三峡局地气候监测(1961—2007).北京:气象出版社,2009.(编委)

11. 长江三峡库区气候变化影响评估报告.北京:气象出版社,2010.(编委)

12. 气候变化对中国经济社会可持续发展的影响与应对.北京:科学出版社,2011.(编委)

13. 内陆核电极端气象可行性论证内容与方法.北京:气象出版社,2013.(编委)

(二)科普书籍

14. 我们身边的气象.珠海:珠海出版社,2008.(副主编)

15. 湖北省气象灾害防御手册.北京:气象出版社,2007.(编委)

16. 衣食住行话气象(身边的科学丛书).武汉:长江出版传媒/湖北科学技术出版社,2017.(科学顾问)

三、主要科技与创新奖

(一)科技奖

1. 1995,湖北省林火气候综合区划研究.湖北省农业区划优秀科技成果二等奖,排1.

2. 1996,湖北省森林火险等级标准及森林火险预报系统的研究.湖北省科技进步二等奖,排1.

3. 2003,三峡坝区大气扩散规律分析研究.湖北省科技进步三等奖,排11.

4. 2005,北京城市供暖(热)气象节能研究及应用.中国气象局气象科技成果应用二等奖,排6.

5. 2006,气象因素与儿童哮喘辨证论治的相关性研究.武汉市科技进步三等奖,排5.

6. 2010,华中区域百年气温标准序列的研究.湖北省气象科技工作一等奖,排1.

7. 2013,华中区域气候变化评估关键技术及应用.湖北省科技进步三等奖,排3.

8. 2014,长江山区航道可视距离监测研究.交通运输部长江航运管理局科技二等奖,排2.

9. 2017,太阳能光伏发电预报技术研究与应用.中国气象学会气象科技进步二等奖,排1.

10. 2018,我国中低空风能资源变化规律研究.湖北省气象学会气象科技进步成果二等奖,排1.

11. 2020,综合交通气象灾害监测、预警、评估技术与应用.湖北省科技进步三等奖,排1.

(二)创新奖

12. 1999,城市环境气象预报系统开发.湖北省气象局创新工作奖,排1.

13. 2000,医疗气象预报系统开发.湖北省气象局创新工作奖,排1.

14. 2002,空气质量预报系统开发.湖北省气象局创新工作奖,排3.

15. 2004,国家标准《城市火险气象等级》.湖北省气象局创新工作奖,排1.

16. 2011,太阳能光伏发电预报技术及服务体系.湖北省气象局创新工作奖,排1.

17. 2011,积极探索 开创太阳能预报业务新领域.中国气象局创新工作奖,排1.

18. 2017,新能源卫士——新能源发电功率预报与气象预警服务系统.中国气象局气象服务创新大赛优秀奖,排6.

19. 2019,开发区、工业园区区域性气候可行性论证.湖北省气象局创新工作奖,排1.

四、技术标准和技术指南

(一)技术标准

1. 主编国家标准:GB/T 20487—2018:城市火险气象等级(对 2006 年版修订).

2. 主编行业标准重点项目:QX/T 244—2014:太阳能光伏发电功率短期预报方法.

3. 主编地方标准:DB42/T 805—2012:冷冬等级.

4. 参编国家标准:GB/T 21983—2008:暖冬等级.

5. 参编行业标准:QX/T 182—2013:水稻冷害评估技术规范.

6. 参编行业标准:QX/T 187—2013:柑橘冻害等级.

7. 参编地方标准:DB42/T 820—2012:高温中暑等级.

8. 参编地方标准:DB 42/T 880—2013:太阳能光伏发电预报规程.

9. 参编地方标准:DB 42/T 1375—2018:光伏电站效率评估指标计算方法.

10. 参编武汉市地方标准:DB 4201/T 641—2020:武汉市暴雨强度公式及设计暴雨雨型

(二)技术指南

11. 参编中国气象局《桥梁建设抗风设计气候可行性论证技术指南》(气预函〔2011〕104 号)

12. 主编中国气象局《区域性气候可行性论证技术指南》(气预函〔2019〕42 号)

13. 参编湖北省气象局《湖北省区域性气候可行性论证技术导则(试行)》(鄂气规〔2019〕1 号)

14. 主编中国气象局《陆上大规模风电场对局地气候影响评估技术指南》(气预函〔2020〕52 号)

15. 指导完成中国气象局《湿冷火电厂工程气候可行性论证技术指南》(气预函〔2020〕52 号)

五、软件著作权

1.《象脉风电功率预测预报系统 V1.0》，获国家版权局软件著作权（登记号：2012SR013521，主持）.

2.《太阳能光伏发电预报系统 V1.0》，获国家版权局软件著作权（登记号：2012SR009175，主持）.

3.《太阳能光伏发电功率预测预报系统 V2.0》，获国家版权局软件著作权（登记号：2012SR098385，主持）.

4.《光伏阵列最佳倾角计算软件》，获国家版权局软件著作权（登记号：2014SR033467，参加）.

5.《桥梁抗风设计风速推算系统 V1.0》，获国家版权局软件著作权（登记号：2014SR064117，参加）.

6.《湖北省公众气象指数预报系统 V1.0》，获国家版权局软件著作权（登记号：2014SR033298，参加）.

7.《河南省光伏发电功率预报平台系统 V1.0》，获国家版权局软件著作权（登记号：2017SR126295，参加）.

8.《新能源发电功率预测及气象预警服务系统 V4.0》，获国家版权局软件著作权（登记号：2020SR0562193，参加）

9.《开发区气候可行性论证业务系统 V1.0》，获国家版权局软件著作权（登记号：2021SR0168168，参加）

六、科技译文

1. **陈正洪**，译.1983 年 4 月 27 日日本东北地区干燥强风导致森林大火的天气分析和数值预报试验[J].黑龙江气象，1989(4)：47-55.

2. **陈正洪**，译.加利福尼亚州森林火险图解[J].湖北林业科技，1990(4)：40-43.

3. **陈正洪**，译.野火管理决策中的降水量资料分析[J].森林防火，1991(1)：45-47.

4. **陈正洪**，译.美国西部主要野地火的天气条件简析——兼与东部比较[J].科技译辑（地理专辑），1991(2)：56-57.

5. **陈正洪**，译.美国西南部火灾与南方涛动的相关性[J].中国农业气象，1992，13(1)：53-56.

致　谢(代后记)

在本书付梓之际,我要感谢的人很多。

除了感谢父母的生养和教育之恩外,首先当然是我的爱妻俞诗娟,早在前年是我们结婚三十年之际,迎来了"珍珠婚"纪念年。在日常生活中,尤其在我罹患肾病尿毒症、肾移植期间及长达20多年的治疗过程中,妻子承担了几乎全部家务,并给予我无微不至的照料,倾注了全部的爱和心血,使我战胜了一个又一个病魔,才有充裕的时间在应用气象王国里自由遨游,成就了一番事业,获得享受国务院政府特殊津贴专家、党中央和国务院联合表彰的全国先进工作者的崇高荣誉。《人民日报》曾以"服务让社会受益"为题报道我的成绩,这其中离不开妻子三十年如一日服务于这个小家的无私奉献。我对妻子的感激,难以言表,任何文字的表达都是苍白的!再者就是我的哥嫂们,在我人生的每个阶段都不遗余力地关心我、爱护我,浓浓的兄弟情谊使我感受到了人间的温暖和大爱无疆,增添了我战胜疾病的信心。

我还要感谢许多老师和同学,使我对科学产生浓厚的兴趣,有幸涉足自然科学领域,并在应用气象的科研、业务和服务的大道上走得更远。这些老师中,包括大冶县铜山中学的三位初中老师,他们都是我的启蒙老师,其中柯尊槐老师、刘秀英老师均为我的初二数学老师(1977年我考上了高中,由于家庭原因当年无法升学,于是我选择了复读,所以我就有两位数学老师)。他们的精辟讲解和精心引导使我对数学产生了浓厚的兴趣,并在1978年全县数学竞赛中获得初中组一等奖,以至于对我来说,学数学从来不难、做数学题不累,我初中就开始自学高中数学课程,高中就开始自学大学的微积分课程;李名禄老师的理化课生动有趣,使我又喜欢上了理化课尤其是理化实验。其中刘秀英、李名禄两位老师是夫妻,对我生活上也给予了很多关心,由于行政划分的原因,初二复读期间,全村只有我一个人在铜山中学读书,考虑到我的安全,老师就让我吃住在他们家中,与他们的大儿子同睡一床,一起上晚自习和复习考试(他是参加高考),温暖了我那颗幼小的心。

高中班主任兼语文老师、全国优秀教师刘石音老师、化学老师刘道国老师,对我也是关爱有加,另外是刘石音老师在高考前将我的名字由"正红"改为"正洪",从此与气象结缘,冥冥之中似乎有些巧合;大学老师么枕生教授,我国知名的气候学家,给我们新生讲了大学的第一堂公开课,使我认识到气象工作对社会经济的重要性,从此爱上气象这一壮丽的事业;傅抱璞教授、卢其尧教授、虞静明老师,是我大学毕业论文的共同指导老师,也是我从事应用气象工作的引路人。虞老师带领一帮学生去福建省闽江最大的支流沙溪流域进行山区农业小气候考察,那里是我踏上应用气象事业的第一站。卢老师是我报考华中农业大学硕士研究生的介绍人,傅先生则教了我很多小气候分析方法,在以后的工作中常常可以用上,1993年我曾考取他的博士研究生,遗憾的是由于自己身体原因而放弃,失去了深入学习、洞察和继承傅先生深邃学术思想的机会,是我终身之憾事;我的研究生导师王炳庭教授,虽然当时年事已高,但是对我的关心和指导一点也不少。当我把硕士学位论文初稿交给先生时,先生说,你写得不好。当我把第八稿交给先生时,先生说,你还是能写的。我永远忘不了先生及气象教研室的几位老师如黄文郁老师(副导师)、马慰曾老师、刘安国老师(也是大师兄)一遍遍分章改稿的紧张、动人情景。

参加工作后,在我职业生涯的不同阶段,也有不少引路人。其中,对我影响最大的莫过于时任中国气象局气候司司长的沈国权研究员。他组织重大项目("我国亚热带东部丘陵山区农业气候资源及其合理利用")协作攻关的能力对我影响很大,他对年轻人的信任也是坚定果断的,第一次见面就让我承担物候分析专题部分工作。中国气象局大院的黄朝迎研究员、杨贤为研究员、任国玉研究员、张强(大学同学)研究员、翟盘茂(大学同学)研究员、北京市气象局张德山研究员、中国地质大学(武汉)覃军博士及湖北省气象局柯怡明、涂松柏、唐仁茂(大学同学)、杨维军、刘立成(现为平顶山学院教授)、熊守权等领导兼同事,一直鼓励、支持我要走不平常路,持续开展应用气象研究;中国气象局矫梅燕副局长、湖北省气象局原局长崔讲学是我从事新能源气象工作的引路人。新能源产业是"朝阳产业",新能源气象别有洞天,是我最近一些年的研究聚焦点和出彩点,所领衔的"湖北省气象能源业务服务创新工作室"在2016年被湖北省总工会和省直机关工委双双授予"湖北省职工(劳模)创新工作室",在2018年又被评为"湖北省示范性劳模创新工作室",并改名为"陈正洪劳模创新工作室",本人还应邀为中国气象局局领导和全体机关干部做"太阳能资源开发利用进展与思考"的专题报告;乔盛西、夏承仁两位前辈则是我开展医疗气象研究工作的引路人,使我在这个领域做出了一些成绩,被聘为"全国高温中暑协作组成员""中国气象学会医学气象专业委员会委员""湖北省突发公共卫生事件咨询专家",尤其是夏老在我人生最困难的时候,坚定地支持和提携我,实在令人感动。

还要感谢武汉总医院泌尿外科的谢森主任医师。他不但医术高明,医德高尚,20年来一直是我肾移植及术后的咨询医生。因为我要长期服药,通过降低免疫力达到抗排异的效果,这样的治疗方案会有一定副作用,无论我出差到哪里、用任何药都要跟他打电话咨询,哪怕是年节,他也是有问必答,真是人民的好医生!

多年来,丁一汇院士一直关心和鼓励我,每次哪怕我只做出一点点成绩,丁先生也是毫不吝啬地表扬我,我深深体会到老一辈气象学家对后辈的殷切期望。最初我有了出版文集的想法后,丁先生也是大力支持,并时不时地督促我尽快完成,并提笔写序,对我的工作给予了充分的肯定。

在我人生和科研道路上还有许多默默的支持者,在此难以一一列出,只能一并致谢。

古人云:书山有路勤为径,学海无涯苦作舟。我赞成这句话的"勤",对"苦"则难苟同。我几十年如一日,加班加点,攻坚克难,所想、所做都是如何去建立气象与国民经济各行各业的有机联系,怎么去做好气象服务,不是为了写论文而写论文。科技论文只是实现这些想法的载体。所以我从未感到苦,只有快乐和欣慰,尤其是阶段研究快要完成和得到应用时,当然我也很享受科研创新和论文写作的过程。《中国气象报》《武汉晚报》曾分别以"我的名字叫气象""我的名字就叫应用气象"报道我对气象尤其是应用气象工作的热爱和痴迷。当然我有时也会感叹"老天不公",因为肾病尿毒症、冠心病,不得不进行肾移植、心脏支架术,长年与医院、与药物为伴,耗费了我不少宝贵的科研时间,病情严重时候坐都不行,只能在病床上搞科研、写论文。再就是在调研考察过程中,曾遭遇了两次车祸,一次是1990年左右在神农架,一次是2004年在赤壁,后一次两位同事失去了宝贵的生命,本人也严重受伤,至今还有后遗症。可这些都没有难倒我,而今我仍奋斗在应用气象一线,本书出版也将是我人生新征程的再启航。

陈正洪

于武汉

2020—11—18